云南大学服务云南行动计划"生态文明建设的云南模式研究"（项目编号：KS161005）；第二批"云岭学者"培养项目"中国西南边疆发展环境监测及综合治理研究"（项目编号：201512018）。

生态文明建设的云南模式研究丛书

杨林／主编

云南环境保护史料编年第一辑
（1972—1999年）

周 琼　杜香玉◎编

科学出版社

北　京

内 容 简 介

本书按照环境保护史料来源、内容、史料编年进行分类，对 1972—1999 年云南不同地区环境保护情况进行梳理和归纳。全书共分为四章，包括云南省环境保护情况、诸州市环境保护情况、诸县市环境保护情况和云南省环境保护法规条例，内容涉及云南出现的各种环境问题及相应的对策、措施。有利于读者了解 1972—1999 年云南省环境变化趋势，以期为云南省环境保护事业的发展提供坚实的史料基础。

本书可供历史学、地理学、生态学等相关专业的师生阅读和参考。

图书在版编目（CIP）数据

云南环境保护史料编年第一辑（1972—1999 年）/ 周琼，杜香玉编. —北京：科学出版社，2019.6

（生态文明建设的云南模式研究丛书 / 杨林主编）

ISBN 978-7-03-061595-4

Ⅰ. ①云… Ⅱ. ①周… ②杜… Ⅲ. ①环境保护–编年史–云南–1972–1999 Ⅳ. ①X–0927.4

中国版本图书馆 CIP 数据核字（2019）第 113984 号

责任编辑：任晓刚 / 责任校对：韩 杨
责任印制：张 伟 / 封面设计：楠竹文化

科学出版社 出版
北京东黄城根北街 16 号
邮政编码：100717
http://www.sciencep.com

北京虎彩文化传播有限公司印刷
科学出版社发行 各地新华书店经销

*

2019 年 6 月第 一 版 开本：787×1092 1/16
2019 年 6 月第一次印刷 印张：27 3/4
字数：540 000

定价：**138.00 元**

（如有印装质量问题，我社负责调换）

"生态文明建设的云南模式研究"丛书编纂委员会
（按姓氏拼音顺序排列）

丛书顾问：

胡勘平　林超民　王春益　尹绍亭　周　杰

主　编：

杨　林

副主编：

耿　金

编委会主任：

杨　林

副主任：

胡兴东　李　伟　廖国强　周智生

编　委：

杜香玉　段昌群　高志方　贾卫列　李　湘　廖　丽
梅雪芹　聂选华　王　彤　王建革　王利华　夏明方
杨永福　于　尧　张修玉　赵忠龙　朱　勇　朱仕荣

前　　言

在经济全球化背景下，工业化速度日益加快，人口迅猛增长，自然资源的消耗速度也逐日增加。随着社会经济的发展，环境问题日益凸显，如环境污染、水土流失、生物入侵、石漠化、森林植被减少等，生态环境的破坏带来的人与自然之间的冲突与日俱增，人类不得不认真思考如何更好地尊重自然、保护自然、顺应自然，实现社会经济可持续发展。1972年6月5—10日，联合国在斯德哥尔摩召开人类环境会议，此次会议不仅是世界环境保护事业的里程碑，更是中国环境保护事业的转折点；1973年2月16日，云南召开第一次"三废"治理工作会议，标志着云南环境保护事业迈入了一个新的历程。因此，本书将1972年作为云南环境保护工作的起点，自此开始，云南在环境污染治理、环境保护法制、环境监督管理、环境保护宣传与教育、环境保护科研等方面开展了大量工作，并取得了良好的成绩，较好地保护了云南的生态环境。

学术界关于云南环境保护工作的研究开始于20世纪90年代。20世纪90年代以前，云南环境保护事业如火如荼，在环境污染治理及环境法治建设方面取得了一定成效；20世纪90年代之后，环境监测、环境科研机构、环境宣传与教育等方面的环境保护工作逐步展开，极大地推动了云南的环境保护事业。1994年，由云南省环境保护委员会编的《云南省志·环境保护志》出版，包括环境破坏、环境管理、自然环境保护、环境保护法规、环境保护机构五个方面的内容，重点记述了中华人民共和国成立之后，尤其是1972年以来，云南开展的环境保护工作。其中，自然环境保护、环境科学研究、环境教育部分并未作详细梳理，而是在《云南省志·林业志》《云南省志·科技志》《云南省志·教育志》中进行叙述。这是迄今为止较为系统、全面的全省性环境保护资料汇编，对于了解云南在1985年之前的环境保护工作具有重要价值，更指出了当时云南较为突出的环境问题，也总结了当时云南面对各种环境问题带来的挑战所采取的行动、措施及探索的经验，对于后人而言是一笔不可缺少的重要财富。

从保留至今的环境保护史料来看，1972—1999 年的环境保护资料，除了前面所提的专门记述云南环境保护事业的《云南省志·环境保护志》之外，也有一些报刊、论著出版，如云南省环境科学研究所在 1982 年主办的《云南环保》①，就收录了一些学者关于当时流域治理、生态修复、矿区生态环境治理、排污防治等一系列有关环境科研问题的理论与实践研究成果。此外，一些地方性的年鉴、方志等也包含了州、市、县等环境保护情况，其内容更为细致，大到本地，小到乡镇的环境问题皆囊括其中，对于了解云南各地区的环境状况意义重大。

总体而言，1972—1999 年，云南各种环境问题日益凸显，集中于环境污染（尤以工业污染、城乡环境污染为重）、自然生态环境破坏、公众环保意识淡薄三个层面，这一时期，云南省的环境保护工作一直在持续，虽然一些地区取得了较好的效果，生态环境得到了有效的恢复，但有一些地区环境问题仍旧突出。本书严格按照历史学研究方法，对 1972—1999 年云南的环境保护事业进行系统、全面的整理、分类，以期警醒世人，借鉴前人之经验，更好地开展云南生态环境保护工作，推进我国生态文明建设，实现人与自然和谐共生。

---

① 其名称有所更迭，现今更名为《环境科学导刊》。

凡　例

本书遵循详今略古原则，对于 1972 年之前的环境保护史料不再多加记述，重点记述 1972 年云南环境保护事业开始的历程，本书属于云南环境保护史料第一辑，下限截止于 1999 年，为反映事物的完整性，个别情况适当下延。本书采用记、表、录等形式，以志为主体，概述结合；纪事本末体、编年体相结合，以编年体为主，按时间顺序辑录。对 1911 年之前的朝代、年号、纪年，均用文献通称，并统用汉字，后加注公元纪年；1911 年之后的均用公元纪年。此外，由于中华人民共和国成立后，云南省各州、市、县行政区划变动频繁，故一般采用当时旧名，不作变动。本书中所涉及阿拉伯数字、度量衡标准单位的使用均按照国家统一规定，各项数据也以权威部门公布为准。

自 1985 年以来，云南环境保护史料散见于年鉴、方志、报刊之中，为避免重复，本书中的环境保护史料，不再辑录《云南省志·环境保护志》中的内容，由于资料汇集需要，部分史料参考《云南省志·环境保护志》。本书辑录内容偏重环境保护史料较多的地区，环境保护史料记载较少的地区未进行全面搜集，也因限于一些年份环境保护史料有所缺漏。

由于云南环境保护史料较为分散，因此本书按照环境保护史料来源、内容、史料编年三个标准横排门类，纵写史实。其一，就内容而言，本书根据不同地区环境保护情况进行区分，从省级环境保护到州、市、县级环境保护几乎都有涉及，又按照不同地区环境保护政策、措施等进行具体划分，主要分为环境保护概况、环境污染防治、环境保护监督与管理、环境保护法制建设、自然保护区建设、环境保护宣传与教育、滇池治理与保护情况、环境保护交流合作八大类，每一类又按照编年进行梳理。其二，本书主要采用章节体，全书共分为四章，包括云南省环境保护情况、诸州市环境保护情况、诸县环境保护情况及云南省环境保护法规条例，内容涉及云南出现的各种环境问题及相应的对策、措施等，既有其成功经验，亦有失败教训。

导　　读

　　云南气候类型多样、地质地貌复杂、生物多样性丰富、民族文化众多，独特的自然与人文环境为生态环境保护提供了良好的基础。历史时期以来，云南各民族人民在与自然相处的过程中，也形成了一套尊重自然、保护自然、爱护自然的传统生态观，如傣族信仰"竜山"、纳西族祭祀"神林"等，这种生态观念贯穿于个少数民族的风俗习惯之中，反映了人与自然和谐相处的思想观念。云南很多地区都还保留着以碑刻记载保护环境的乡规民约，如楚雄紫溪山（旧名紫金山）于清乾隆四十六年（1781年），由该山寂光寺、紫云寺等17个寺僧众与大紫溪、九族河等8个村村民，共同订约并立《紫金山封山碑记》，以保护山上森林和大龙箐水源；乾隆五十三年（1788年）五月十六日，临安府正堂饬令石屏知州勒石告示乡民，永远禁止开凿青鱼湾，以保护石屏异龙湖湖水[1]，诸如此类之事历代有之，为保护当地生态环境，官方和民间都曾采取措施维持生态平衡，然而，随着人口增加、经济发展等，尤其是1950年以来，追求"大炼钢铁""以粮为纲"，"童山濯濯"的景象成为这一时期的常态，生态环境急剧恶化、自然灾害频发，云南面临着严重的水环境、土壤重金属和农村环境污染，生物多样性丧失、外来物种入侵等突出问题。

　　云南环境保护事业的真正发展时期应该上溯至1972年，因联合国在瑞典首都斯德哥尔摩召开人类首次环境会议，通过了《人类环境宣言》，拉开了全人类共同保护环境的序幕。这一年也是中国环境保护事业开始的重要转折点，云南在1973年召开了第一次治理"三废"工作会议，云南环境保护事业迈入了一个新的历史发展时期。自此，云南省及各州、市、县政府部门，环境保护相关机构等通过制定环境保护政策、采取相关措施保护生态环境，出现了专门统计环境情况的环境公报，专门性的环境保护法律法

---

① 云南省环境保护委员会编：《云南省志》卷六十七《环境保护志》，昆明：云南人民出版社，1994年，第1页。

规，不同地区针对环境问题而采取的环境宣传及教育、环境监测及管理、环境污染防治等，在不同阶段对于解决环境问题起到了重要作用。现将本书四章的主要内容进行概述，以便了解全书。

第一章，中华人民共和国成立以来，随着经济社会的发展，环境问题开始凸显，尤其是一些重工业企业对于大气、水资源、土壤等造成了一定影响，虽然中华人民共和国成立初期并未明确制定相应法规条例、政策等保护环境，但环境污染防治工作却在持续开展。云南在中华人民共和国成立初期没有专门的环境保护机构，1949—1965年是云南环境保护事业的孕育时期，防治污染行动已经有所展现；1966—1971年，因过于强调"以粮为纲"，片面追求"大而全，小而全"的工业体系，云南的环境污染问题急剧恶化，于是政府部门开始重视环境问题，对污染严重的地区开展实地调查工作。1972年，云南设置省级"三废"治理办公室，标志着云南环境保护事业正式起步，云南省真正迈入环境污染治理工作历程；紧接着，在1973年2月16日，云南召开全省第一次治理"三废"工作会议，标志着云南环境保护事业进入发展时期[①]。1994年，云南省环境保护局成为省政府直属局，并保留了1991年由40个委办、厅局负责人组成的云南省环境保护委员会。全省各地州、市和绝大部分县（市、区）都成立了环境保护机构。

从云南环境保护事业的发展历程来看，可划分为四个阶段：第一阶段（1972—1979年），集中于污染源治理，尤其是对一些工业污染点源进行治理。例如，云南印染厂、昆湖针织厂的印染废水治理，昆明钢铁公司烧结厂的粉尘治理，鸡街冶炼厂含铅烟气的回收等，都取得了良好效果。第二阶段（1979年5月—1982年），加强环境保护法制建设，初步结束排污自由和环境保护无章可循、无法可依的局面，并开始使用经济手段，以征收排污费为突破口，开展环境保护工作。第三阶段（1982年9月—1989年），针对自然生态环境遭到普遍严重破坏的状况，在继续抓紧工业污染治理的同时，开展自然环境保护，特别是农业生态环境保护工作。1982年初，开始建设生态农业试点工作，先在昆明市进行，后在玉溪地区通海县试点，到1985年底生态农业试点范围已扩大到曲靖地区、红河哈尼族彝族自治州、楚雄彝族自治州、大理白族自治州，试点数已由1984年的2个增加到1985年底的9个[②]。同时相继建立了一批自然保护区，开展了生态农业试点工作，工业污染从单项治理发展到综合整治。第四阶段（1989年9月至今），环境保护事业围绕工业污染控制和城市环境综合治理及生态环境保护两个重点全面深入开展。特别是1992年联合国环境与发展大会后，云南在提高城市污水处理能力、重点污染源控制、自然保护区建设和生物多样性保护、环境法制建设和争取利用外资方面取

---

① 云南省环境保护委员会编：《云南省志》卷六十七《环境保护志》，昆明：云南人民出版社，1994年，第1页。
② 云南省环境保护委员会编：《云南省志》卷六十七《环境保护志》，昆明：云南人民出版社，1994年，第3页。

得实质性进展，局部地区环境质量和全民环境意识有所提高。

　　从以上四个阶段来看，1982 年之前，云南环境保护工作尚处于探索时期；1982 年以来，环保工作大力开展，并取得较好成果。根据 1972—1999 年云南省年鉴资料①，20 余年来，云南在污染防治、自然环境保护、湖泊治理、环境宣传教育、环境监测等方面做了大量工作，加强了生态环境保护力度。

　　第二、三章，云南省各州、市、县的环境保护工作起步较晚，开始于 20 世纪 70 年代末至 80 年代初。20 世纪 70 年代环境问题较为严重的地区集中于昆明、东川、曲靖、玉溪、开远等经济相对发达地区②，因生态环境急剧恶化，环境污染治理工作逐步开展。20 世纪 70 年代到 80 年代初期，诸州市的环境保护工作主要围绕"三废"（即废气、废水、废渣）治理，此外农业化肥污染问题也日益凸显，环境污染事故更是大幅增加，给人们的生活、经济、社会带来严重影响。20 世纪 80 年代以来，诸州、市、县的环境保护工作逐渐由单向治理转向综合整治，包括城乡环境综合整治；制定了一系列环境管理条例、实施方案等加强环境管控工作，环保部门组织区域性环境质量评价，定期对环境质量情况进行监测；对环保机构人员、中小学生等进行环保宣传与教育，通过印制宣传册、举办环保知识竞赛等促进环保意识深入人心。楚雄、大理、德宏、红河、临沧、西双版纳、普洱、保山、迪庆等州市及昌宁、大姚、德钦、峨山、洱源、富源、个旧、广南、建水、剑川、金平、景谷、景洪、开远、澜沧等县，调查环境污染源、监督环境污染事故、监测环境质量，并开展了一系列的环境法制、环境宣传、环境教育、环境管理、环保科研、环保交流等工作，对于云南环境保护工作的推进起到了重要作用，更是为今后的环境保护、生态文明建设奠定了坚实基础。

　　第四章，环境保护法制建设是云南环境保护事业历程中的第二个重要阶段，通过加强环境保护法制建设，利用法律手段监督环境，开创了云南环境保护工作有章可循、有法可依的局面，大大加强了全省的环境管理工作。

　　1979 年 5 月在开远市召开的第五次全省环境保护工作会议，提出了加强管理、管治并举、以管促治的环保工作方针。根据国家《中华人民共和国环境保护法（试行）》的有关规定，云南省人民政府批准环境保护部门于 1979 年底执行《螳螂川水域环境保护暂行条例》，以征收排污费为突破口，促进了环境保护工作的开展。从 20 世纪 70 年代末到 90 年代末，云南着重于制定一系列地方性、行业性的环境保护法规条例、管理办法。因滇池是我国重要水系，将其列为全国主要保护水系之一，为加强滇池水系、水源的保护管理，1980 年制定《滇池水系环境保护条例（试行）》并实行；同年，为加大

---

① 因云南省年鉴资料中环境保护史料较为分散，搜集工作开展有所局限，所以此部分一些年份的云南省环境保护史料未摘录其中。

② 《云南省志·环境保护志》中对这五个城市的环境污染问题已经详细说明，本书将不再对书中所涉及资料进行重复收录。

管控排污力度，颁布《云南省排放污染环境物质管理条例（试行）》，之后，云南省人民政府又批准颁布了《云南省执行国务院〈征收排污费暂行办法〉实施细则》，昆明市、大理白族自治州、玉溪地区先后颁布了 6 个地方性条例、规定，为合理保护和开发利用滇池水域资源、改善水源环境提供了法律保障。此外，化工、冶金、电子等主管部门和云南锡业公司、昆明钢铁公司、昆阳磷肥厂等大中型企业，也相继制定了行业或企业的环境管理办法。20 世纪 90 年代以来，云南各地州制定了一系列保护水环境、森林资源、动物资源等的地方性条例，尤其以西双版纳傣族自治州较为突出，其 1991 年颁布《云南省西双版纳傣族自治州澜沧江保护条例》、1992 年颁布《云南省西双版纳傣族自治州森林资源保护条例》、1996 年颁布《云南省西双版纳傣族自治州野生动物保护条例》等，为进一步保护当地生态环境、自然资源提供了有效保障。

十几年来，云南省在环境保护法制建设方面做出了贡献，改变了以往无章可循、无法可依的状态，为云南省环境保护事业的发展提供了坚实的基础。在今后的环境保护工作中，环境保护法律法规必须加以完善，建立执法体系，更好地推进环境保护工作。

目　录

前　言

凡　例

导　读

第一章　云南省环境保护史料 ……………………………………………… 1

　第一节　环境保护概况 …………………………………………………… 1

　第二节　环境污染防治 …………………………………………………… 10

　第三节　自然环境保护 …………………………………………………… 21

　第四节　环境保护规划与计划 …………………………………………… 29

　第五节　环境保护监督与管理 …………………………………………… 59

　第六节　环境保护法制建设 ……………………………………………… 66

　第七节　环境保护宣传与教育 …………………………………………… 68

　第八节　滇池治理与保护 ………………………………………………… 71

　第九节　环境保护科研、机构与交流 …………………………………… 75

第二章　诸地级市环境保护史料 …………………………………………… 81

　第一节　昆明市环境保护史料 …………………………………………… 81

　第二节　保山市环境保护史料 …………………………………………… 148

　第三节　大理白族自治州环境保护史料 ………………………………… 153

　第四节　德宏傣族景颇族自治州环境保护史料 ………………………… 172

　第五节　红河哈尼族彝族自治州环境保护史料 ………………………… 175

第六节　临沧市环境保护史料 ································· 186

第七节　西双版纳傣族自治州环境保护史料 ··············· 190

第八节　普洱市环境保护史料 ··························· 197

第九节　迪庆藏族自治州环境保护史料 ················· 208

第十节　开远市环境保护史料 ··························· 210

第十一节　景洪环境保护史料 ··························· 219

第十二节　保山环境保护史料 ··························· 222

第十三节　楚雄彝族自治州环境保护史料 ··············· 236

第三章　诸县环境保护史料 ······························ 255

第一节　昌宁县环境保护史料 ··························· 255

第二节　大姚县环境保护资料 ··························· 257

第三节　德钦县环境保护史料 ··························· 258

第四节　峨山彝族自治县环境保护史料 ················· 262

第五节　洱源县环境保护史料 ··························· 267

第六节　富源县环境保护史料 ··························· 270

第七节　个旧市环境保护史料 ··························· 272

第八节　广南县环境保护史料 ··························· 281

第九节　建水县环境保护史料 ··························· 286

第十节　剑川县环境保护史料 ··························· 291

第十一节　金平苗族瑶族傣族自治县环境保护史料 ······· 294

第十二节　景谷傣族彝族自治县环境保护史料 ··········· 299

第十三节　澜沧拉祜族自治县环境保护史料 ············· 305

第十四节　其他州、市、县环境保护史料 ··············· 309

第四章　云南省环境保护法规条例 ······················ 317

第一节　云南环境保护法规条例 ······················· 318

第二节　水环境保护法规条例 ··························· 342

第三节　环境污染与治理法规条例 ····················· 367

第四节　自然资源保护法规条例 ······················· 376

参考文献 ··· 424

后　记 ·· 427

第一章　云南省环境保护史料

第一节　环境保护概况

一、1981—1985 年环境保护概况[①]

1985 年底，云南省各级人民政府（行署）全部设立了环境保护工作管理部门，有环保部门所属的科研机构 2 个、检测机构 32 个、企业 1 家，全省环保系统人员 887 人，其中科技人员 620 人，约占 69.9%。1980 年成立的云南省环境科学学会拥有会员 650 人。

第一，环保宣传教育方面。1985 年，全省内部发行的环保杂志有《云南环保》《监测动态》等 6 种，摄制环保电视、电影片 5 部，《中国环境报》云南记者站向省内外报刊发稿 60 篇，见报 35 篇，其中 1 篇获云南好新闻二等奖。1981—1985 年，全省举办各种环保培训班 15 期，培训学员 800 人；截至 1985 年，1978 年开始招生的昆明工学院环境工程系已输送 4 届毕业生；1985 年，昆明市、红河哈尼族彝族自治州分别在中小学组织环保教育试点。

第二，制定地方环保条例方面。1979 年底，云南省人民政府颁布了《螳螂川水域环境保护条例》。1980 年 11 月，云南省人民代表大会常务委员会审议通过了《云南省排放污染环境物质管理条例（试行）》。1982 年 6 月，云南省人民代表大会常务委员会通过了《云南省排放污染环境物质管理条例》修订稿；同期，云南省人民政府颁布了

---

① 《云南年鉴》编辑部编：《云南年鉴（1986）》，昆明：《云南年鉴》编辑部，1986 年，第 174 页。

《云南省执行国务院〈征收排污费暂行办法〉实施细则》。1980年以来，昆明市、大理白族自治州、玉溪地区分别制定了各自的环境保护实施条例。

第三，监督执行方面。1981—1985年，全省新扩改建大中型项目57个，其中治理污染设施在设计、投资商落实的有53个，占92.98%；竣工投产的大中型项目57个，治理设施与主体设施实现或部分实现同时设计、同时施工、同时投产的56个，约占98.25%。

第四，征收超标排污费方面。自1979年12月首先对螳螂川沿岸12个企业开征超标排污费以来，到1985年全省收费1380万元，比1984年增加了25.45%。

第五，城市环境综合整治方面。1981—1985年，全省城市环境综合整治完成投资1.49亿元，完成治理项目504个。与1981年相比，1985年工业废水、废气处理率、"三废"综合利用率降低了6.4%。

第六，推广生态农业方面。1984年全省在昆明市和玉溪地区通海县开始推广生态农业，1985年扩大到晋宁县、宾川县、个旧市、楚雄市，共计7个乡、1个场。其中17户农民试办生态户，分属4种生态农业结构。

第七，环保科研与监测方面。1981—1985年，云南省环保部门主持的研究课题50项，已完成40项，占80%，其中获全省科技成果一等奖1项、二等奖1项、三等奖7项、发明奖1项。1981年云南省试编全省及3个地、州、市的《环境质量报告书》，1985年全省及9个地、州、市正式编报《环境质量报告书》。

二、1988年环境保护概况[①]

1988年底，云南省、地、县三级政府共有环境保护部门127个；环境保护系统内有省、市两级环境科研单位3个，有省、地、县各级环境监测站62个，有省、地各级环境监理站（所）6个，其他单位5个，环境保护系统年末实有人数1231人。其中，科技人员925人，约占总人数的75.1%，全省环境保护系统有各类业务用房80 025平方米，各类业务用车88辆，各类主要仪器、设备795台套。

1988年，全省环境保护工作除环境污染治理、自然环境保护取得新进展外，大量工作主要抓了以下几项：云南省一批地方环境法规颁布实施，经云南省人民政府批准，《云南省环境保护暂行条例奖惩实施办法》于1988年4月正式颁布施行，《云南省环境保护暂行条例奖惩实施办法》对《云南省环境保护暂行条例》的有关条文，规定了较为具体的执行措施。1988年，经云南省人民政府批准并颁布实施的还有《螳螂川可溶性

---

① 《云南年鉴》编辑部编：《云南年鉴（1989）》，昆明：《云南年鉴》杂志社，1989年，第450页。

磷酸盐排放标准》和《云南省放射性废物管理实施细则》。

1988 年 6 月 3 日，云南省召开了首次省环境质量新闻发布会，由云南省环境保护委员会领导同志向中央、省、市等 20 余家新闻单位的记者通报了云南省 1987 年的环境质量状况，并回答了记者提出的有关环境管理、城市综合整治、滇池保护和云南省磷肥基地建设的环境污染等问题，通过新闻界的宣传，增加了环境保护工作的透明度，增进了公众的环保意识。

三、1989 年环境保护概况[①]

1989 年，全省环境保护工作以"治理整顿、深化改革"为指导方针，认真贯彻第三次全国环境保护会议精神，积极推行环境保护目标任期责任制、城市环境综合整治定量考核制、排污申报制、污染集中治理控制和污染限期治理制 5 项环境管理新措施，全省环境保护工作有了新进展。

（1）8 月 20—22 日，云南省在昆明召开了第三次全省环境保护会议。会议由副省长、省环境保护委员会主任李树基主持，和志强省长到会做了重要讲话。会上传达了第三次全国环境保护会议精神，总结了 1984 年以来全省环境保护工作，部署了今后一段时间全省环境保护工作的任务。红河哈尼族彝族自治州、昆明市、大理白族自治州等地、州、市和省冶金、化工、电力等 15 个厅局和单位交流了经验。会议讨论了《本届政府（1988—1992）环境保护目标》《云南省人民政府关于进一步加强环境保护工作的决定》《云南省环境保护规划（1989—2000）》。在会上，云南省环境保护委员会副主任李光润做了题为"认真总结经验，加强宏观调控、促进环境保护工作跃上新台阶"的工作报告。

（2）环境保护机构进一步得到调整、充实。到 1989 年底，全省除昆明、曲靖、丽江、怒江傈僳族自治州、德宏傣族景颇族自治州外，均成立了环境保护委员会；云南省农牧渔业厅成立了云南省农牧渔业环境保护委员会，曲靖市、路西县成立了县市级环境保护委员会。德宏傣族景颇族自治州的 5 县 1 市在城乡建设环境保护局内，都增设了环境保护股，定编 3—5 人。

（3）1989 年 8 月 30 日，国务院环境保护委员会召开表彰全国环境保护先进企业和模范人物电话会议。在会上，云南省电力工业局开远发电厂、中国人民解放军 7321 工厂被授予"全国环境保护先进企业"称号，大理白族自治州建设局善榆民、红河哈尼族彝族自治州建设局毕学明、楚雄彝族自治州环境保护委员会石开富、昆明市环境保护局

---

① 《云南年鉴》编辑部编：《云南年鉴（1990）》，昆明：《云南年鉴》杂志社，1990 年，第 311 页。

周克仁、云南省化工厅张仕仁、昆明有色金属公司李铁生、云南省城乡建设委员会周贤德等7位同志，被授予"全国环境保护先进工作者"称号。

（4）《云南省大气环境影响评价技术规范（试行）》颁布实施。这是1989年8月12日由云南省城乡建设委员会、环境保护委员会联合颁发的。它是由昆明工学院环境工程系受云南省环境保护委员会委托制定的，并从1989年9月1日起执行。颁发影响评价技术规范，在全国尚属首次。

四、1990年环境保护概况[①]

1990年，云南省环境保护工作在继续抓好建设项目管理，环境影响评价，自然保护区规划、建设、管理，生态农业试点，乡镇企业环境管理等方面工作的同时，积极扩大推行环境管理新措施，取得了成绩。

学习、宣传、贯彻1989年12月26日第七届全国人民代表大会常务委员会第十一次会议通过并颁布的《中华人民共和国环境保护法》，是云南省1990年环境保护工作的首要任务。1990年2月26日，云南省环境保护委员会、省委宣传部、省司法厅联合行文，向全省各行各业部署了学习、宣传、贯彻《中华人民共和国环境保护法》的工作；4月22—28日，在纪念"地球日"20周年期间，全省组织了"云南省首届环保法律知识竞赛"，全省17个地、州、市的12 000人参加了竞赛活动；10月，云南省环境保护委员会又组织了全省环保系统在职职工、县团以上厂矿业领导及环保干部进行环保法律知识考试。参加考试的3700人成绩全部及格。

环境保护机构进一步得到健全、充实。1990年，德宏傣族景颇族自治州、西双版纳傣族自治州、楚雄彝族自治州和临沧地区先后做出加强环境保护机构建设的决定，要求所属各县一般都要配备3—5名环保专职干部。永德县经县委、县政府同意，成立了专门的环境保护局，这是1983年以来云南省第一个县级（除县级市外）环境保护局。到1990年底，全省环保系统在职工已达1389人。

编制完成云南省环境保护"八五"计划和十年规划的基本思路和计划要点。该要点提出了全省"八五"环境保护总目标，即努力做好生态环境保护和控制环境污染的发展，力争昆明、开远、个旧、曲靖、大理、楚雄等污染较重的城市和镇雄、宣威、兰坪等污染严重的县环境质量有所改善，为"九五"打基础。

全省环境监测网络初具规模。到1990年底，全省已建立各级环境监测站65个，其中，二级站1个、三级站18个、四级站46个；从事环境监测工作的人员747人，每年

---

① 《云南年鉴》编辑部编：《云南年鉴（1991）》，昆明：《云南年鉴》杂志社，1991年，第320页。

为环境管理提供 45 万余个各种环境质量数据。

五、1991 年环境保护概况[①]

（一）环境污染状况

大气环境：全省大气环境质量总体是好的，污染主要集中在部分城市和城镇，主要污染物是总悬浮微粒、降尘和二氧化硫，局部地区还有氮氧化物、氟化物、铅、砷、硫化氢等污染物，其中，二氧化硫 22.70 万吨、烟尘 27.23 万吨，分别比 1990 年减少 1%和 6%，据 15 个城市（城镇）监测结果，大气质量符合二级标准的占 7%，符合三级标准的占 13%，达不到三级标准的占 56%，加重的占 32%，变化不大的占 12%。

（二）水环境

1991 年全省排放废水 5.98 亿吨，其中工业废水 4.35 亿吨，城镇生活污水 1.63 亿吨，与 1990 年相比，分别增加 5%、3%和 12%。与 1990 年相比，铅、石油类、汞、砷、氟化物和镉的排放量分别减少 58%、46%、34%、33%、25%和 22%；六价铬、挥发酚和耗氧有机物的排放量分别增加 34%、26%和 10%。云南 6 大水系 123 个河流监测断面中，水质符合国家地面环境质量 Ⅱ、Ⅲ类标准的占 25%；符合 Ⅳ、Ⅴ类标准的占 52%，达不到 Ⅴ类标准的占 23%。污染严重的河流依次是运粮河、船房河、新河、泸江（开远段）、螳螂川、浑水河、盘龙江、南盘江。已监测的 16 个湖泊中，泸沽湖、抚仙湖水质符合 Ⅰ类标准；洱海、星云湖、程海符合 Ⅲ类标准；滇池外海总体只能满足 Ⅳ类标准；滇池草海、异龙湖水质已达不到 Ⅴ类标准。9 个城市和 4 个主要城镇的 21 个饮用水源中，水质符合集中式生活饮水水源标准的占 76%。与 1990 年相比，主要河流断面中，水质符合 Ⅱ、Ⅲ类标准（可作集中饮用水源）的减少 12%，水质符合 Ⅳ、Ⅴ类标准（只能作集中饮用水源）的增加了 22%，达不到 Ⅴ类水质标准的劣质水域减少 10%。城市河流断面水质污染比干流断面严重，70%的城市河流断面和 22%的干流断面有机污染加重，67%的城市河流断面和 33%的干流断面毒物污染严重。与 1990 年相比，湖泊水质符合 Ⅰ—Ⅲ类标准的减少 5.5%，符合 Ⅳ、Ⅴ类标准的减少 5.3%，达不到 Ⅴ类标准的劣质水增加了 10.8%。滇池水质、草海有机污染指数下降 39%，污染有减轻趋势，外海因昆明地区降水量偏大，地面冲刷导致的面源影响加剧，有机污染和毒物污染均加重。

[①] 《云南年鉴》编辑部编：《云南年鉴（1992）》，昆明：《云南年鉴》杂志社，1992 年，第 264 页。

（三）城市（城镇）噪声

云南省进行交通噪声监测的 20 个城镇都有路段超标，超标路段所占比例为 13.3%—89.0%；进行功能区域噪声监测的 15 个城镇，特殊住宅区噪声普遍超标，居民文教区，除昆明、曲靖和思茅外，其余均超标，与 1990 年相比，交通噪声全省平均等效级值从 70.7 分贝下降到 69.6 分贝。

（四）工业固体废弃物

1991 年，全省产生工业固体废弃物 1902 万吨，未经处理而排入环境的工业固体废弃物量为 518 万吨，其中排入河流和湖泊的为 353.8 万吨。全省工业固体废弃物累积堆存量为 2.4 亿吨，累积占地 1772 公顷，其中占用农田面积 57.7 公顷。

（五）生态环境状况

（1）森林状况。全省的森林覆盖率为 24.38%，有林地面积 953 万公顷，活立木总蓄积 9.88 亿立方米。

（2）水土流失。全省水土流失面积 46 406.3 平方千米，水土流失治理面积 14 059.7 平方千米。与 1990 年相比，水土流失面积增加了 495.3 平方千米。

（3）耕地。全省耕地面积 285.84 万公顷，与 1990 年相比变化不大。

（4）自然保护区及物种。云南省有自然保护区 79 个（风景名胜区除外），面积 176.4 万公顷。其中，国家级 4 个、省级 33 个、地市级 31 个、县级 11 个。全省列为重点保护的野生动物共 193 种，其中，国家级 164 种，约占全国种数（257 种）的 63.8%，省级 29 种。全省列为珍稀濒危保护的植物有 369 种，其中，国家级 151 种，约占全国种数（354 种）的 42.7%，全省已建立珍稀植物引种繁育基地 5 个，面积达 86.6 公顷。

六、1992 年环境保护概况[①]

（一）环境污染状况

（1）大气环境。1992 年，云南省大气环境质量总体规划较好，污染主要集中在部分城市和城镇。全省排放二氧化硫 24.91 万吨，烟尘 29.14 万吨，比 1991 年分别增加 9.7% 和 7.0% 左右。开展大气监测的 16 个主要城市（镇）中，大气质量符合二级标

① 《云南年鉴》编辑部编：《云南年鉴（1993）》，昆明：《云南年鉴》杂志社，1993 年，第 253 页。

准的占 6.25%，符合三级标准的占 18.75%，达不到三级标准的占 75.00%。其中，丽江大研镇符合二级标准；大理市、思茅镇、河口县城符合三级标准；昆明等 12 个城市（镇），因总悬浮微粒或二氧化硫、氮氧化物的日均值超过三级标准的限值，大气质量已达不到三级标准。与 1991 年相比，大气污染减轻的城市占 25.0%，加重的占 18.7%，其余变化不大。

（2）水环境。1992 年全省排放废水 6.35 亿吨，其中，工业废水 4.40 亿吨，约占 69.3%；城市（镇）生活污水 1.95 亿吨，约占 30.7%。与 1991 年相比，废水排放量、工业废水和城市（镇）生活污水排放量分别增加 6.4%、1.1% 和 19.6%。废水中的汞、挥发酚、铅、氰化物、耗氧有机物、石油类、六价铬的排放量分别减少了 74.4%、49.0%、25.7%、13.5%、12.1%、3.7%、0.9%；镉和砷的排放量分别增加了 46.0% 和 14.1%。1992 年，云南省六大水系主要河流断面中，水质符合国家地面水环境质量Ⅲ类标准（适用于集中式生活饮用水水源地一、二级保护区）的占 39.8%；水质符合Ⅳ、Ⅴ类标准（只适用于工业用水）的占 33.9%；污染严重，水质达不到Ⅴ类标准的占 26.3%。城市河流断面的污染较干流断面严重。污染严重的河流依次是泸江、螳螂川、南盘江、盘龙江、浑水河，主要污染物是石油类、挥发酚、铜、氨氮、总磷。16 个湖泊中，水质符合Ⅰ—Ⅲ类标准的占 23.5%；污染严重、水质达不到Ⅴ类标准的占 29.4%。其中，水质较好的主要湖泊依次是泸沽湖、抚仙湖、洱海、星云湖；污染严重的依次是个旧湖、异龙湖、南湖、滇池草海、大屯海、长桥海、杞麓湖、滇池外海。10 个城市和 4 个主要城镇的 21 个饮用水水源中，水质符合集中式生活饮用水水源标准的占 66.7%。与 1991 年相比，云南省主要河流断面中，水质符合Ⅱ、Ⅲ类标准的增加了 13.2%，水质符合Ⅳ、Ⅴ类标准的减少了 19.9%，达不到Ⅴ类标准的增加了 6.7%。16 个湖泊水质类别的比例与 1991 年相比变化不大。滇池外海由于受耗氧有机物的污染，水质总体已从Ⅳ类下降为Ⅴ类，水质达到集中式生活饮用水水源标准的水源地比 1991 年减少 9.3%。

（3）城市（镇）噪声。1992 年，云南省进行交通噪声监测的 13 个城市（镇）均有部分路段噪声的等效声级值超标，超标路段的比例为 16.9%—89.7%。10 个城市（镇）功能区噪声监测的结果表明，特殊住宅区平均等效声级值普遍超标，超标率为 10%—100%。与 1991 年相比，全省交通噪声平均等效声级值从 69.6 分贝上升到 70.6 分贝，其中下降的有曲靖市、景洪市允景洪镇、丽江大研镇；变化不大的有昆明市、文山县城；其余城市（镇）均有不同程度的上升。

（4）工业固体废弃物。1992 年全省工业固体废弃物产生量为 1847.97 万吨，排放量为 535.43 万吨，其中未经处理直接排入江河湖泊的为 392.77 万吨，工业固体废弃物历年累计堆存量为 24 670.72 万吨，占地面积 2.41 万公顷，其中占耕地面积 0.12

万公顷。

（二）生态环境状况

（1）森林状况。1992 年全省森林覆盖率为 24.58%。有林地面积 940.4 万公顷，活立木总蓄积 13.6 亿立方米。

（2）水土流失。全省水土流失面积 467.4 万公顷，水土流失治理面积 147.3 万公顷，水土流失面积增加 3.337 万公顷，水土流失治理面积增加 6.703 万公顷。

（3）耕地。全省耕地面积 285.76 万公顷，新增耕地 4.81 万公顷，减少耕地面积 4.88 万公顷，退耕还林面积 1.79 万公顷，退耕还牧面积 1.08 万公顷。与 1991 年相比，全省耕地面积变化不大。

（4）自然保护区及物种状况。与 1991 年相比，基本没有变化。

七、1993 年环境保护概况[①]

1993 年，云南省环境污染没有因国民经济持续发展发生恶化，污染防治能力得到增强，环境污染得到一定控制。工业废气处理率达到 79.6%，工业废水处理率达 21.8%，比 1992 年均有上升。万元工业产值污染物排放量持续下降。大部分地区环境质量基本保持稳定，主要河流水质，除城市部分河段外，基本保持良好，饮用水源水质达标率有所提高。自然环境保护进一步得到发展。全省已建各种类型自然保护区 92 个，面积 194.4 万公顷，占全省面积的 4.93%，在高原湖泊保护、生态农业建设、珍稀物种保护、乡镇企业环境管理方面也取得显著成绩。此外，在环境立法和执法、贯彻落实各项环境管理制度、实施"1722"工程、环境规划和计划以及环境监测、科研、环境宣传教育、外事等方面取得了长足的进步。

1993 年，省级政府机构改革和政府换届，成立了云南省环境保护局，为省政府直属机构，并成立了由 40 个省属委办厅局负责人组成的新一届环境保护委员会，副省长牛绍尧兼任省环境保护委员会主任，加强了对全省环境保护工作的组织、协调和领导。

八、1997 年环境保护概况[②]

1997 年是云南省环境保护工作取得重要进展的一年。年初，云南省人民政府组织

---

① 《云南年鉴》编辑部编：《云南年鉴（1994）》，昆明：《云南年鉴》杂志社，1994 年，第 274 页。
② 《云南年鉴》编辑部编：《云南年鉴（1998）》，昆明：《云南年鉴》杂志社，1998 年，第 200 页。

召开了历史上规模最大的第六次全省环境保护会议，参会人员达 600 多人，传达全国会议及中央领导指示精神，总结了"八五"环保工作，分析存在的问题，部署"九五"全省环保工作。2 月，国务委员宋健率国务院十多个部委及国家环境保护局领导在昆明召开国务院滇池流域水污染防治工作会议，重新审定了滇池治理目标，加快治理滇池步伐的意见。3 月，中共云南省委、云南省人民政府颁布了《关于切实加强环境保护工作的决定》，明确了今后一个时期云南环境保护的目标、任务及措施，规定了各地机构建设和资金投入的力度。从 1997 年起省级财政每年安排 3000 万元环保专项资金，用于全省综合性、区域流域性重点污染源、环保产业和环保示范工程等。限期关停"15 小"污染企业也取得了积极成果，至 1997 年底，应取缔关停的 1951 家企业，已取缔、关停了 1589 家，关停取缔率约为 81.4%。

国家"三湖"治理重点之一——滇池污染综合治理全面展开，利用世界银行贷款 1.5 亿美元治理滇池项目全面启动，滇池流域已建成 4 个污水处理厂，形成 36 万吨/日城市污水处理能力，占污水总量的 60%；实施了滇池防洪保护污水资源化一期工程（西园隧洞工程）；完成滇池北部截污干管和盘龙江中断截污干管工程及滇池草海底泥疏浚前期工作；在全省实施总量控制，目标与任务已全面分解到各个地、州、市；"云南省跨世纪'1369'绿色工程规划"全面启动。

九、1999 年环境保护概况

1999 年是云南省环境保护工作极不平凡的一年。江泽民总书记、朱镕基总理等中央领导同志视察云南时，对云南省环境保护工作做了一系列重要而具体的指示。国家环境保护总局解振华局长率总局有关领导到云南检查指导工作，对云南省滇池污染治理和自然保护工作给予了充分肯定。在省委、省政府的正确领导下，昆明等重点旅游城市的城市建设和环境保护工作上了一个新台阶。围绕省委、省政府提出的建设绿色经济强省和民族文化大省，全省自然保护工作取得长足发展，已建立各级各类自然保护区 112 个，总面积 240 万公顷。污染治理取得成效，全省工业废气、废水、固体废弃物处理率分别达到 83%、72%、35%，与 1998 年相比有一定提高。滇池污染治理力度进一步加大，并取得阶段性成果。"一控双达标"工作全面启动。部分城市和地区环境质量有所改善，为全省经济社会的可持续发展做出了应有的贡献。[①]

---

① 《云南年鉴》编辑部编：《云南年鉴（2000）》，昆明：《云南年鉴》杂志社，2000 年，第 215 页。

第二节　环境污染防治

一、1985 年环境污染防治

1985年，全省企事业单位共安排污染治理资金2472万元，安排污染治理项目199项，到年底为止，治理资金已全部到位，治理项目竣工 191 项，约占当年安排项目数的 95.98%。全省新增废水处理能力 6.72 万吨/天，新增废气处理能力 21.08 万标准立方米/时，新增废渣处理能力 15.04 万吨/年。昆明市城区噪声平均下降 7 分贝。1985年 8 月，昆明市人民政府决定自同年 9 月 1 日起，在市区东风路、正义路、人民路试行禁止汽车鸣笛。同年 12 月，市政府又将禁止鸣笛的规定扩大到除 8 条较窄街道外的整个城区。经测定，实行禁止汽车鸣笛的规定后，昆明市城区交通噪声已平均下降 7分贝。

1985 年，开远市城区完成了 75 吨锅炉 7 台、35 吨锅炉 1 台、小锅炉 6 台、水泥窑 2 座、磷肥球磨 1 台等烟尘主要污染源除尘系统的改造。与 1983 年相比，城区每年排尘量减少了 1 万吨，下降了 19%。镇雄县小硫黄炉污染治理进展顺利。镇雄县有小硫黄炉 1172 座，1985 年开始治理硫黄烟害污染。1985 年治理措施竣工的 20 座，正在施工的 310 座，完成设计的 610 座，分别占小硫黄炉总数的 1.71%、26.45%、52.05%。[①]

二、1986 年环境污染防治

1986 年 12 月 26 日—1987 年 2 月 20 日，驻昆解放军化肥厂第一次停产治理污染。驻昆解放军化肥厂是开远地区的最大污染源，废气排放的等标污染负荷占全市的 95%。国家、省、市领导及各级政府环保部门，对该厂的污染问题十分重视，该厂也做了一些工作，但由于多种原因，治理效果不明显。鉴于该厂的污染仍然很严重，以及边生产、边治理难以奏效这一情况，云南省人民政府于 1986 年 11 月 6 日，批复开远地区污染治理小组 1986 年 6 月 27 日的报告，同意停产治理。[②]

---

① 《云南年鉴》编辑部编：《云南年鉴（1986）》，昆明：《云南年鉴》编辑部，1986 年，第 176 页。
② 《云南年鉴》编辑部编：《云南年鉴（1988）》，昆明：《云南年鉴》杂志社，1988 年，第 465 页。

三、1987 年环境污染防治

1987 年，全省安排污染治理资金 7751 万元，比 1986 年增长 1.2 倍。其中，基本建设资金 1948 万元，综合利用利润留成 66 万元，环境保护补助资金 1002 万元。安排治理项目 481 个，竣工投产项目 415 个，竣工项目完成投资总额 6427 万元，分别为 1986 年的 1.9 倍、2.0 倍和 4.1 倍。在竣工投产项目中，新增废水处理装置 156 套，年处理能力 4499 万吨；新增废气处理设施 156 套，年处理能力 97.9 亿标准立方米；新增固体废弃物处理设施 37 套，年处理或利用能力 6 万吨；新增其他处理设施 66 套。尤其是镇雄、威信两县硫黄污染治理，硅藻土在工业废水处理中的应用和无污染制草工艺等示范性治理工程，取得了突破性进展。同时，城市环境污染综合整治工作有了新进展。全省新建烟尘控制区 15 个，面积共 126.5 平方千米，削减烟囱 322 个。其中，昆明市除了继续巩固两城区烟尘控制外，工业集中的西山区也开始烟尘控制区建设。另外，全省新建噪声控制小区 16 个，面积共 83.7 平方千米，控制区内噪声平均下降 2—7 分贝。控制区的建设范围，由 1986 年的昆明市两城区，扩展到曲靖市、开远市和楚雄市城区。[1]

1987 年，全省竣工投产的昆明毛纺厂、海口磷矿中试厂、光明磷肥厂 2 号高炉、昆阳矿务局三采区、普坪村电厂一号机组和澄江黄磷厂等 6 个大、中型建设项目，经验收，全部符合规定，而且排放的污染物质均控制在国家或地方规定的排放标准以内，实现了污染物质达标率 100%。同时，1987 年已经通过审查批准的 25 个大、中型建设项目初步设计，都有环境保护措施。按照设计文件中提出的污染治理措施和其他环境保护措施考核，污染物的排放都可以控制在国家和地方规定的标准以内。[2]

1987 年，云南沾益化肥厂把环保引入承包经营责任制，形成了一套科学的环境管理制度，有效防治了污染。云南沾益化肥厂是以焦炭为原料，设计能力为年产 6 万吨合成氨、10 万吨尿素的中型氮肥厂。该厂地处曲靖市花山镇，位于珠江水系南盘江源头，始建于 1973 年，1980 年试车，同年正式投产。投产初期连年严重亏损，财政补贴共达 500 万元；环境形象也极差，曾因废水排放，造成南盘江近 30 千米水域严重污染，鱼虾灭迹，农业生态遭破坏。为此，曲靖市人民代表大会每年都有几十个关于该厂污染的提案，云南省人民代表大会也派出调查组处理过该厂污染事故。1984 年以后，该厂推行以"两量挂钩"为特点的环保责任制，由于全面推行企业承包责任制，经济效益、社会效益和环境效益明显提高。

---

① 《云南年鉴》编辑部编：《云南年鉴（1988）》，昆明：《云南年鉴》杂志社，1988 年，第 464 页。
② 《云南年鉴》编辑部编：《云南年鉴（1988）》，昆明：《云南年鉴》杂志社，1988 年，第 465 页。

四、1988 年环境污染防治

1988 年，全省用于企事业污染治理的资金达 7993 万元，安排治理项目 537 个；当年竣工项目 473 个，竣工项目累计完成投资额 4826 万元，分别占当年计划数的 88.1%和 60.4%。当年竣工项目设计年处理利用"三废"量分别是：废水 4679 万吨、废气 850 673 万标准立方米、固体废弃物 226 万吨。城市环境污染综合整治稳定发展。初步统计，1988 年全省 11 个城市共完成 46 件办实事、见实效的环保项目。主要是：建设烟尘控制小区 7 个，面积为 31.35 平方千米；削减烟囱 113 个；整治河道 8 条，总长 18 千米；开始整治湖泊 3 个；建立噪声控制小区 17 个，面积为 19.6 平方千米；新增固体废弃物处置场 15 个，年处置量 36.8 万吨；新增污水处理装置 41 套，年处理能力 1670 万吨；年新增废气处理 18.7 亿标准立方米；搬迁污染严重的工厂 18 个，转产 8 个。绿汁江流域综合治理工作开始全面展开。绿汁江沿岸由于受易门铜矿废水的影响，污染严重。从 1984 年开始，云南省环保部门组织楚雄彝族自治州、玉溪地区和沿岸受污染的 4 个县，会同昆明有色金属公司，在深入调查、反复研究的基础上提出了综合治理方案，并经云南省人民政府批准。沿岸受污染的 4 个县，在组织贯彻实施经云南省人民政府批准的综合整治方案中做了大量工作。1988 年，在解决人畜饮水、治理污染、还水灌溉工程，以及热区资源开发等方面均有一定进展，已经收到初步成效。例如，双柏、峨山两县已解决 55 个村 799 户 4455 人的饮用水问题；修农灌渠 7 条，可灌溉耕地 1658 亩（1亩≈666.667 平方米），昆明有色金属公司和易门铜矿在资金投入上也给予了积极配合，1988 年底，已完成所承担的一次性补偿 800 万元拨款，这有力地支持了沿江 4 县完成综合整治的任务。1988 年，云南省环境保护委员会第一次直接与昆明市环境保护局签订了限期治理责任书，提出了重点抓好的限期治理项目 20 个（这 20 个项目分布在昆明西山区和螳螂川流域的冶金、化工、电力、建材等行业），并做出了"提前或超额完成要给予奖励，完不成要罚"的具体规定。经省环保部门组织验收，20 个项目如期完成，并全部合格，效果很好。[1]

1988 年，镇雄县小硫黄污染治理在两个方面取得了突破性进展：一是采取了清理整顿和强化管理的措施，对污染严重、炉渣下河、难于治理、群众反映强烈，以及私人非法生产的小土炉，采取了停产措施。1988 年初强制停产 267 支私人炉子和两个集体硫黄厂 136 支炉子。2 月停产，3 月种上玉米，8 月就有了收获，保护了 800 多亩农田。在政府的支持下，县环保部门对各硫黄厂提出了限期治理的要求，颁布了发放生产许可证

---

① 《云南年鉴》编辑部编：《云南年鉴（1988）》，昆明：《云南年鉴》杂志社，1988 年，第 465 页。

的制度。二是加速对老污染的治理，已完成 3 个厂 168 支炉子的技术改造任务。管治结合，防治小硫黄污染取得了明显的经济效益和环境效益。①

1988 年，云南省对 16 个地、州、市的 90 个县（区）的 1751 个单位，开征超标排污费，计划征收 1835.5 万元，实际征收了 2318.2 万元，征收总额比计划征收额约增加 26.3%，比 1987 年征收额提高了 28.1%，是云南省自 1979 年 12 月开征排污费以来增长幅度最大的一年。②

五、1989 年环境污染防治③

1989 年，全省用于企事业污染治理资金达 100 994 万元，安排治理项目 595 个。当年竣工项目 483 个，竣工项目累计完成投资额 7056 万元，分别约占当年计划数的 81.2% 和 69.9%。当年竣工项目设计处理利用"三废"量分别为：废水 3815 万吨、废气 646 872 万标准立方米、固体废弃物 199 万吨。

昆明、大理、开远、个旧试行城市环境综合整治质量考核办法。根据 1988 年 10 月国务院环境保护委员会下达的《城市环境综合整治定量考核实施办法》的规定，自 1989 年 1 月起，这 4 个城市开始试行。结合云南省实际，4 个试点城市分别考核 8 项环境指标。到 1989 年底，4 个城市已经完成了综合整治定量考核实施方案、监测优化布点工作方案的制订和城市环境现状值的自测自评工作。

水污染物排放许可证制度试点工作紧张顺利。1989 年 6 月 29 日—11 月 14 日，开远市、大理市、个旧市和昆明市的西山区、螳螂川，按照云南省《水污染物排放许可证管理暂行方法》的规定，先后开展了水污染物排放许可证试点工作。这项工作是环境管理实现定量化的重要措施。到 1989 年底，三市两区已有 380 个企业完成了废水排放申报登记工作。这些企业排放的废水占当地废水排放总量的 80% 以上。

18 项限期治理项目验收合格。为了进一步推动环境污染治理，第三次全省环境保护会议提出了云南省第二批限期治理的 44 个项目。到 1989 年底，已有 18 个项目完成治理任务，其中，搬迁 3 个企业，转产 5 个企业。大理市西洱河排污干管基本完工。西洱河是洱海的唯一出口，全长 23 千米，每天受纳大量工业废水、生活污水。为了治理西洱河污染，1984 年大理市人民政府委托成都市政设计院提出了在西洱河县铺设排污总干管，截流全部工业废水和部分生活污水到天生桥以下的总体设计。总干管全长 7129 米，工程设计总概算 469.12 万元。设计经省建设厅批准，1986 年，大理市人民政府将

---

① 《云南年鉴》编辑部编：《云南年鉴（1988）》，昆明：《云南年鉴》杂志社，1988 年，第 461 页。
② 《云南年鉴》编辑部编：《云南年鉴（1988）》，昆明：《云南年鉴》杂志社，1988 年，第 461 页。
③ 《云南年鉴》编辑部编：《云南年鉴（1990）》，昆明：《云南年鉴》杂志社，1990 年，第 311 页。

该工程列为 10 件大事之一动工建设。到 1988 年 6 月，排污干管工程完成 6473 米，投资完成 211 万元。到 1989 年底，工程已基本完成。这是云南省当时管线最长、水量最大的排污干管。

六、1990 年环境污染防治[①]

1990 年，全省用于企事业污染治理资金 18 815 万元，安排治理项目 616 个；当年竣工项目 550 个，竣工项目累计完成投资额 9294 万元，分别约占当年计划数的 89.3%和49.4%。

环境管理 5 项新措施试点工作进展顺利。试行环境保护目标任期责任制的昆明、个旧、开远、大理 4 市，落实了本届政府的环保目标。未作为试点的曲靖市、楚雄市，也将环保工作纳入了政府的任期目标。进行水污染物申报登记及发放许可证制度试点的 3 个市（开远、个旧、大理）、1 个区（昆明市西山区）、1 个流域（螳螂川），已经申报登记 120 个企业，重点控制企业 38 个，重点控制企业排水量占总排水量的 85%以上，各试点城市已基本完成了削减污染物排放量和总量分配规划工作，进入审批发证阶段。

国家"七五"科技攻关课题"昆明市城市污水处理系统研究"，在昆明通过由国家环境保护局和云南省环境保护委员会主持的鉴定。该课题是由云南省环境科学研究所、昆明市环境科学研究所、西南林学院和昆明市规划设计研究所等单位共同完成的。由省内外 11 位专家组成的鉴定委员会对课题成果给予高度评价，认为达到了国内先进水平。

又一批企业获全国环境保护先进企业称号或跨入省环境优美工厂行列。国营云南光学仪器厂、云南天然气化工厂、云南锡业公司大屯选矿厂获"全国环境保护先进企业"称号，受到国家环境保护局的表彰。昆钢机修厂、个旧市灯泡厂等 9 个企业，被省环境保护委员会评选为 1990 年全省环境优美工厂。

七、1991 年环境污染防治

1991 年全省用于企事业污染治理资金 17 984.2 万元，安排治理项目 604 个，当年竣工项目 499 个，竣工项目累计完成投资额 16 409.2 万元，分别约占当年计划数的 82.6%和 91.2%。万元产值工业废水排放量为 109 吨，万元产值工业废气排放量为 2.9 万标准立方米，万元产值固体废弃物排放量为 4.7 吨。[②]

1991 年共审批环境影响报告书、报告表、评价大纲 67 项，办理竣工验收手续 13

---

① 《云南年鉴》编辑部编：《云南年鉴（1991）》，昆明：《云南年鉴》杂志社，1991 年，第 321 页。
② 《云南年鉴》编辑部编：《云南年鉴（1992）》，昆明：《云南年鉴》杂志社，1992 年，第 266 页。

项。对迪庆纸厂等全省 19 家企业进行了"三同时"制度检查。排污费征收额有大幅度提高，1991 年计划征收排污费 2700 万元，实际征收 3516.14 万元，比计划超收约 30%，比 1990 年增长 9.6%。同时，全面贯彻执行国家排污费预算会计制度与新的超标污水和噪声的征收标准，举办了多期培训班。[①]

1991 年 12 月，在全省第四次环境保护会议上，昆明、大理、楚雄、红河、曲靖 5 个地、州、市的政府领导与云南省人民政府签订了环境保护目标任期责任书。进行污染物登记和发放许可证制度试点工作的大理、开远、个旧及昆明市西山区、螳螂川流域已基本完成试点工作，有 239 个单位办理了申报登记手续，有 25 家企业领到了环保部门颁发的排污许可证。进行城市环境综合整治试点的昆明、开远、个旧、大理已对 8 项指标进行了考核，并结合实际拟定了省考核实施办法。在实行污染集中控制制度中，兰坪铅锌矿开发对沘江污染的综合治理、镇雄土法炼硫污染治理及绿汁江的综合治理工程已取得了显著成绩。污染限期治理工作已完成国家第二批限期治理项目的落实、上报工作，并提出了云南省 9 项国家限期治理项目，其中有 2 项已经完成。[②]

《综合治理滇池污染可行性研究报告》由云南省环境科学研究所等 14 家省、市科研机构和有关单位协作编制完成。报告提出点污染源治理、面污染源及水土流失控制、内污染源治理和水资源开发利用 4 方面共 31 项工程，分近期、中期、远期 3 个阶段进行，即首先减缓滇池流域生态环境恶化程度，继而基本控制流域生态环境的恶化，最终达到改善流域生态环境的目标，恢复流域生态环境的良性循环。1991 年 12 月，报告已通过由省计划委员会、云南省环境保护委员会、云南昆明市政府组织的专家鉴定。[③]

八、1992 年环境污染防治[④]

1992 年，云南省认真贯彻落实全省第四次环境保护会议上提出的"八五"期间工业污染防治"1722"工程。即"1"——治理 100 家污染重、影响大的工业污染源，这 100 家污染物排放量占全省污染负荷的 70%；"7"——新增城市烟尘控制区 70 平方千米；"2"——新增 20 万吨/日的城市污水处理能力；"2"——抓好滇池、南盘江两个流域的综合治理。经过各级环保部门的共同努力，"八五"期间，云南省重点工业污染源名录及治理要求已编制完成，报经云南省人民政府领导同意并发布实施。滇池、南盘

---

① 《云南年鉴》编辑部编：《云南年鉴（1992）》，昆明：《云南年鉴》杂志社，1992 年，第 265 页。
② 《云南年鉴》编辑部编：《云南年鉴（1992）》，昆明：《云南年鉴》杂志社，1992 年，第 265 页。
③ 《云南年鉴》编辑部编：《云南年鉴（1992）》，昆明：《云南年鉴》杂志社，1992 年，第 265 页。
④ 《云南年鉴》编辑部编：《云南年鉴（1993）》，昆明：《云南年鉴》杂志社，1993 年，第 254 页。

江两个流域的综合治理进一步得到各级政府和社会各界的重视和关注。

1992 年，全省污染防治水平进一步提高。全省安排新老污染源防治资金 2.4 亿元，安排治理项目 557 个，当年竣工项目 436 个，竣工项目累计完成投资 6446.6 万元。新增废水处理能力 24.3 万吨/日；新增废气处理能力 214.7 万标准立方米/时；新增工业固体废弃物处理能力 160.8 万吨/年。与 1991 年相比，工业废水处理量由 3.07 亿吨增加到 3.51 亿吨，增加了约 14.3%，工业废气处理量由 903.0 亿标准立方米增加到 1086.9 亿标准立方米，增加了约 20.4%；工业固体废弃物综合利用量由 285.6 万吨增加到 319.1 万吨，增加了约 11.7%；万元产值工业废水排放量从 109 吨下降为 94.9 吨，万元产值工业固体废弃物排放量从 4.7 吨下降为 4.0 吨，降幅分别约为 12.9% 和 14.9%。

环境管理新老 8 项制度在深化改革、强化管理中不断巩固、提高和推广。适应新形势，积极参与云南省重大建设项目的论证、立项和实施，协调经济发展与环境保护的关系；积极探索建设项目环境管理的新措施，使其进一步规范化、科学化。1992 年，全国各级环保部门参与了兰坪铅锌矿开发、衣康酸工程、阳宗海旅游度假区、文山壮族苗族自治州战区恢复重建等省长现场办公会，积极出谋划策或组织专家论证，不但满足了进度要求，而且坚持了环保方面的措施和要求。省环保部门共审办了 70 个建设项目，参加了 27 个项目的初步设计审查或可行性研究报告审查，对 12 项环保设施进行了竣工验收。

排污监理工作实行目标管理，有效地增强了环境监理人员的责任心和自觉性，排污费征收额大幅度提高。根据 1991 年的征收基数，下达了 1992 年的征收指标，相应制定了《云南省环境监理考评暂行办法》，1992 年全省共征收排污费 2405.2 万元（不包括昆明市）。与此同时，为加强环境监理工作的管理，全省环境监理档案也基本建立。

排污申报登记和许可证制度进展顺利。大理、开远、昆明、个旧开展了水污染物排放许可证制度试点工作验收。全省共对 290 个单位进行了排污申报登记，对 25 家重点污染企业颁发了排污许可证。开展大气排污许可证试点工作的开远市已完成排污申报登记及二氧化硫发证工作。

环境保护目标责任制和城市环境综合整治进一步得到落实。1991 年与云南省人民政府签订政府环境保护目标责任书的昆明、楚雄、红河、曲靖、大理 5 个地、州、市，1992 年按照责任书的要求做了大量工作，成效显著。1992 年，云南省城市全面开展了城市环境综合整治工作，建成烟尘控制区 16 个，面积 9.23 平方千米，建成环境噪声达标区 8 个，面积 4 平方千米；楚雄市开展了城市污水土地处理工作，保山、曲靖、大理也积极准备开展城市污水土地处理工作。

九、1993 年环境污染防治

1993 年，全省污染防治水平进一步提高。共安排新老污染源防治资金 48 662 万元，安排治理项目 570 个，当年竣工项目 489 个，竣工项目累计完成投资 26 455 万元。新增废水处理能力 30 万吨/日，新增废气处理能力 237 万标准立方米/时，新增工业固体废弃物处理能力 175 万吨/年。工业废水处理量达 36 012 万吨；工业废气处理量由 1992 年的 1086.9 亿标准立方米增加到 1151 亿标准立方米，增加了约 5.9%；工业固体废弃物综合利用量由 1992 年的 319.1 万吨增加到 373 万吨，增加了约 16.9%，综合利用率从 1992 年的 17% 上升为 21.8%。[1]

贯彻实施《云南省征收排污费管理办法》。一是省里与各地、州、市签订委托书，委托地、州、市负责当地中央、省属排污单位排放污染物及污染源治理的现场监督管理，核算应缴排污费的数额，按月（季）征收排污费后缴入"省征收排污费专户"。二是排污监理工作继续实行目标管理，按照《云南省环境监理考评暂行办法》对完成 1992 年任务好的单位和个人给予奖励，以调动环境监理人员的积极性和责任感。1993 年全省共征收排污费 4459 万元。三是按《云南省环境保护条例》的要求，建立健全环境监理机构，1993 年新增加 14 个环境监理所，全省累计已有省、地（州、市）、县环境监理所（站）49 个。四是对全省基本具备环境监理员条件的 310 名专、兼职环境监理员颁发了环境监理执法标志。[2]

排污申报登记和许可证制度继续稳步推行。全省 11 个城市的 298 家企业完成了"排污申报登记"工作，占全省重点排污企业的 25%，85 家企业定为发证单位，其中已发 25 家，持证单位已包括了城市的重点污染源。许可证制度的推行强化了污染物削减，使部分城市水环境质量得到改善和控制，持证单位环保管理机制进一步受到了激励。[3]

限期治理初见成效。国家下达的 9 项限期治理项目已完成了两项：昆明电厂的布袋除尘系统改造为电除尘，效果显著，除尘效率达 99.7%；云南冶炼厂污水截流工程实现了污水封闭循环，过量废水处理后不再排入滇池，为综合治理滇池做出了贡献。省内限期治理项目完成了曲靖化工厂三气回收、综合利用，两煤变一煤，治理污染、节能降耗工程已投入使用，效果显著，稀氨水回收已投入使用，是云南小型合成氨厂第一家实现

---

① 《云南年鉴》编辑部编：《云南年鉴（1994）》，昆明：《云南年鉴》杂志社，1994 年，第 274 页。
② 《云南年鉴》编辑部编：《云南年鉴（1994）》，昆明：《云南年鉴》杂志社，1994 年，第 275 页。
③ 《云南年鉴》编辑部编：《云南年鉴（1994）》，昆明：《云南年鉴》杂志社，1994 年，第 275 页。

两煤变一煤的典型。[①]

乡镇企业污染防治。1993 年，全省各级环保部门大力支持乡镇企业的发展。在抓好新建项目选址定点和"三同时"管理，做好服务的同时，狠抓了污染重、影响大的行业的治理。在国家有关部门的重视支持下，重点抓了镇雄县土法炼硫污染治理实用技术的筛选、示范和推广工作。1993 年 8 月，国家环境保护局和农业部在镇雄县组织召开了全国乡镇企业土法炼硫污染治理现场会，国家环境保护局局长解振华到会指导；云南省环境保护委员会还支持在镇雄县建成一个 2000 吨/年规模的土法炼硫试验、示范基地。[②]

十、1994 年环境污染防治

1994 年全省污染防治水平进一步提高。共安排新老污染防治资金 3.9 亿元，安排治理项目 531 个，当年竣工项目 444 个，竣工项目累计完成投资 19 919 万元。新增废水处理能力 27.5 万吨/日，新增废气处理能力 165 万标准立方米/时，新增工业固体废弃物处理能力 90 万吨/年。与 1993 年相比，工业废水处理量由 3.6 亿吨增加到 4.4 亿吨，约增加 22%；工业废气处理量由 1151 亿标准立方米增加到 1187 亿标准立方米，约增加 3.1%；工业固体废弃物综合利用量由 373 万吨增加到 392.9 万吨，约增加 5.3%。[③]

十一、1995 年环境污染防治

1995 年全省安排新老污染源防治资金 6.2 亿元，其中，新建项目"三同时"环保工程 0.87 亿元，企事业单位污染治理资金 2.14 亿元。新增工业废水处理能力 202 万标准立方米/日；新增工业固体废弃物处理能力 501.7 万吨/年。工业废气处理率达到 63.4%，工业废水处理率达到 77.0%，工业废气处理量和工业固体废弃物综合利用量分别比 1994 年增加 8.6% 和 2.7%。1995 年的排污费征收量计划在 1994 年征收 5363 万元的基础上，增加 10%，实际全省征收排污费 6582.62 万元，增加了 12%，征收单位也由 1994 年的 5158 个增加到 6695 个。[④]

---

① 《云南年鉴》编辑部编：《云南年鉴（1994）》，昆明：《云南年鉴》杂志社，1994 年，第 276 页。
② 《云南年鉴》编辑部编：《云南年鉴（1994）》，昆明：《云南年鉴》杂志社，1994 年，第 276 页。
③ 《云南年鉴》编辑部编：《云南年鉴（1995）》，昆明：《云南年鉴》杂志社，1995 年，第 273 页。
④ 《云南年鉴》编辑部编：《云南年鉴（1996）》，昆明：《云南年鉴》杂志社，1996 年，第 226 页。

十二、1996 年环境污染防治

1996 年全省环境保护直接投资 5.9 亿元，其中，新建项目环保投资 1.36 亿元，企业污染治理资金 3.22 亿元，湖泊保护和城市污水处理等区域性综合治理资金 1.32 亿元。新增工业废水处理能力 135.8 万吨/日，城市污水处理能力 6 万吨/日，工业废水处理能力 309.2 万标准立方米/时。工业废水、废气处理量达 4.31 亿吨和 1354.3 亿标准立方米，工业固体废弃物综合利用量达 553.4 万吨。工业废水处理量与 1995 年基本持平，工业废气处理量和工业固体废弃物综合利用量分别比 1995 年增加了 3.5%和 10.3%。去除工业废水中化学耗氧物质 4.3 万吨，回收工业粉尘 102 万吨，化学耗氧物质、二氧化硫、烟尘去除率和工业粉尘回收率分别达 16.9%、38.5%、89.6%和 90%。工业废水、废气处理率和工业固体废弃物综合利用率分别达到 70.1%、81%和 21.8%。[①]

排污收费方面，积极拓宽征收面，全面开征乡镇企业、第三产业、建筑噪声费和污水排污费。1996 年全省共征收排污费 8044.1 万元，比 1995 年增长约 22.2%，征收单位从 1995 年的 6695 个增加到 11 543 个，增加了约 72.4%。昆明市对排污企业加大了收费力度，对昆钢、云冶等大型企业实行达标收费，对市里的宾馆、饭店也扩大开征面，收费增加了 100 多万元。[②]

十三、1997 年环境污染防治

1997 年全省安排新老污染源防治资金 4.7 亿元，其中，新建项目"三同时"环保工程 1.67 亿元，企事业单位污染治理资金 3.02 亿元。新增工业废气处理能力 197.7 万标准立方米/日；新增工业固体废弃物处理能力 5657.5 万吨/年；工业废水处理率达 67.3%；工业废气处理率达 71.9%；工业固体综合治理率达 25.8%。与 1996 年相比，均有不同程度提高。全省 100 家重点工业污染源治理全面启动。在排污收费方面，1997 年全省环境监理人员继续"依法、全面、足额"征收排污费，在提高征收额和拓宽征收面上做了大量工作，全年全省征收排污费 8589 万元，征收单位达到 10 179 个。全省 17 个地、州、市中有 12 个征收总额比 1996 年有所增长。[③]

---

① 《云南年鉴》编辑部编：《云南年鉴（1997）》，昆明：《云南年鉴》杂志社，1997 年，第 224 页。
② 《云南年鉴》编辑部编：《云南年鉴（1997）》，昆明：《云南年鉴》杂志社，1997 年，第 225 页。
③ 《云南年鉴》编辑部编：《云南年鉴（1998）》，昆明：《云南年鉴》杂志社，1998 年，第 201 页。

十四、1998 年环境污染防治

1998 年全省安排新老污染源防治资金 3.02 亿元，其中，新建项目"三同时"环保工程资金 1 亿元，企事业单位污染治理资金 1 亿元，企事业单位污染治理资金 2.02 亿元。1998 年全省共贷出污染源治理专项基金 2845 万元，累计环保贷款污染源治理专项基金 8109 万元。新增工业废水处理能力 20.7 万吨/日；新增工业废气处理能力 335.3 万标准立方米/日；新增工业固体废弃物处理能力 33 万吨/年；工业废水处理率达 74.5%；工业废气处理率达 81.4%；工业固体废弃物综合治理率达 24.9%。在排污收费方面，1998 年全省监理人员继续"依法、全面、足额"征收排污费，在提高征收额和拓宽征收面上做了大量工作，在酸雨控制区新开征二氧化硫排污费。全年全省征收排污费 1.1 亿元，突破亿元大关，征收单位 10 234 个，比 1997 年增加 55 个。①

十五、1999 年环境污染防治

1999 年，全省围绕"1369"跨世纪绿色工程计划，实施了一系列环境治理工程。全省安排城市环保污水处理工程 16 项、工业废水治理项目 116 项、废气治理项目 160 项、工业固体废弃物污染治理项目 26 项。在生态保护方面，安排湖泊底泥疏浚 3 项、生态建设项目 4 项、城市垃圾处理工程 30 项、省地县环境监测建设项目 27 项。通过以上项目的实施，1999 年全省环境治理指标有较大提高，全省工业废气、废水、固体废弃物处理率分别达到 83%、72%、35%，化学需氧量、石油类、有毒污染物、工业固体、烟尘、二氧化碳排放与 1998 年相比，均有不同程度下降。全省机动车尾气污染防治工作力度进一步加大。1999 年 3 月省环保等有关部门赴北京、上海考察了两地机动车尾气污染防治工作，进一步修改完善了云南省机动车尾气污染防治管理办法，已上报云南省人民政府待批。②

1999 年，全省各地环境监理机构克服各种困难，加大征收排污费工作力度，在坚持"依法、全面、足额"原则的基础上，开辟第三产业（主要是宾馆、饭店、饮食服务行业）的排污收费。在酸雨控制区全面开征了二氧化硫排污费，加强监督管理，严格排污费征收程序，减少管理死角和漏洞，不断扩大征收面，努力提高足额征收率。通过全省各级环保部门、监理机构的努力，全面征收排污费达 1.16 亿元（其中征收二氧化硫排污费 2600 万元），比 1998 年增加 600 万元，征收单位达到 1.33 万个。严格

---

① 《云南年鉴》编辑部编：《云南年鉴（1998）》，昆明：《云南年鉴》杂志社，1998 年，第 244 页。
② 《云南年鉴》编辑部编：《云南年鉴（2000）》，昆明：《云南年鉴》杂志社，2000 年，第 216 页。

实行排污费收支两条线，排污费严格纳入财政预算管理，按规定及时解缴国库。严格按规定使用排污费形成的污染源治理基金、环保科技开发基金和环保补助费。根据国家要求，在全省开展了清理整顿排污费"收支两条线"专项检查，对清理检查出的问题基本进行了整改。[①]

第三节　自然环境保护

一、1985 年自然环境保护[②]

到 1985 年底，全省经云南省人民政府批准的各种自然保护区共计 23 个，其中国家级 1 个、地方级 22 个，占地 152 万公顷。在自然保护区中，已有 18 个建立了管理机构，在籍管理人员 351 人。

松华坝水库水系水源保护区综合考察工作全面展开。1981 年经云南省人民政府批准建立的"松华坝水库水系水源保护区"是云南第一个由环保部门管理的自然保护区，地跨昆明市、曲靖地区，占地 6 万公顷、年径流量 2.1 亿立方米。1982—1985 年，由省市 15 个科研单位、大专院校对该保护区开展了社会科学和自然科学的综合考察。

彩色科教影片《凤山鸟会》摄制完毕。由国家环境保护局、云南省环境保护厅委托上海科学教育电影制片厂摄制的彩色科教影片《凤山鸟会》于 1985 年 11 月摄制完毕。影片根据省环保部门 1982 年以来组织的候鸟迁徙科学考察的成果，介绍了候鸟在云南迁徙的规律和洱源县"鸟吊山"的成因，展现了 50 多种候鸟的生活片断和高原湖泊的原始景观。

通海县 12 户农民试办生态农业。通海县自 1984 年开始在九龙乡、黄龙乡试办生态农业，到 1985 年底已有 12 户农民初步形成生态农业专业户。

二、1987 年自然环境保护[③]

1987 年全省的自然环境保护工作主要抓住了三个方面，即野生动、植物资源保护，自然保护区的规划与建设，生态农业试点。

---

① 《云南年鉴》编辑部编：《云南年鉴（2000）》，昆明：《云南年鉴》杂志社，2000 年，第 217 页。
② 《云南年鉴》编辑部编：《云南年鉴（1986）》，昆明：《云南年鉴》编辑部，1986 年，第 176 页。
③ 《云南年鉴》编辑部编：《云南年鉴（1988）》，昆明：《云南年鉴》杂志社，1988 年，第 465 页。

101 种野生动物被列为国家级重点保护对象。1987 年 7 月，国务院环境保护委员会以（87）014 号文件正式公布了国家重点保护野生动物名录，其中包括主要分布在云南省的 101 种野生动物。列入国家重点保护名录的 101 种野生动物，属于兽纲的有 6 个目、15 个科、40 个种，属于鸟纲的有 10 个目，12 个科、52 个种，属于鱼纲的有 2 个目、4 个科、5 个种，属于爬行纲的有 3 个目、3 个科、3 个种，属于两栖纲的有 1 个目、1 个科、1 个种。

全省第一个鸟类保护区开始建设。罗坪山位于云南大理白族自治州洱源县，是云南省候鸟由北向南迁飞时的必经之道，也是全省第一个以鸟类为主要对象的自然保护区。从 1982 年开始，省环境保护部门组织有关单位的科技工作者对这一地区进行了长期、系统的考察，已查明有 107 种候鸟。1987 年洱源县政府投资 3.7 万元，开始了这个占地 11 平方千米的鸟类自然保护区的建设。

三、1989 年自然环境保护[①]

1989 年，全省自然环境保护着重开展了自然保护区规划、建设、管理，野生动植物资源考察及乡镇企业污染与管理研究等方面的工作。

《云南省第一批省级重点保护野生植物名录》正式公布。1989 年 3 月 30 日，云南省人民政府批转了云南省环境保护委员会《关于公布云南省第一批省级重点保护野生植物名录的请示报告》，并转发各地贯彻执行。

1984 年初，国务院环境保护委员会公布了我国第一批国家级《珍稀濒危保护植物名录》。由于云南省特殊的地理环境和复杂的气候条件，植物种类繁多，分布面广，许多珍稀植物未能列入国家保护名录。为了加强对云南省珍稀植物的保护，合理开发利用生物资源，云南省环境保护委员会根据全省的实际，组织编制了《云南省第一批省级重点保护野生植物名录》。经省有关部门和植物方面的专家、教授对保护植物名单、保护级别进行论证、审查，确定云南省第一批省级重点保护野生植物 218 种，其中一级保护植物 5 种、二级保护植物 55 种、三级保护植物 158 种。

《云南大理苍山洱海自然保护区规划纲要》编制完成。大理苍山洱海自然保护区环境优美，自然资源丰富，特定的自然地理位置和特有的气候环境、历史文化、自然遗迹、民族特色，在地理学、地质学、生物学、民族学、历史学等学科的研究上，都具有较高的保护价值。1981 年 11 月 6 日，云南省人民政府将大理苍山洱海正式列为省级综合型自然保护区。1987 年初，云南省城乡建设委员会、云南省环境保护委员会将该保

---

① 《云南年鉴》编辑部编：《云南年鉴（1988）》，昆明：《云南年鉴》杂志社，1988 年，第 312 页。

护区规划任务下达给大理白族自治州建设局，并负责组织实施。通过近两年时间的工作，规划组完成了《云南大理苍山洱海自然保护区规划纲要》编制任务。该纲要提出了规划范围、功能分区和对策措施。该纲要已于 1989 年初在昆明通过了专家评审。

云南省第一个省级地质型自然保护区在晋宁县梅树村开始建设。1989 年 3 月 6 日，云南省人民政府以云政函（1989）22 号文，批复同意在晋宁县梅树村建立"中国前寒武系（震旦系）-寒武系界线层型剖面省级地质自然保护区"。该保护区由云南省环境保护委员会和云南省地矿局共同管理。日常管理工作由昆阳磷矿负责。该保护区总面积 0.58 平方千米，地质剖面总长 2170 米。到 1989 年底，剖面围栏建设、界桩标志、业务用房建设等已全面铺开。

四、1990 年自然环境保护[①]

1990 年，云南省自然环境保护工作在生态农业推广、物种保护和乡镇企业污染调查等方面取得了新进展。

生态农业试点进入总结提高、全面推广新阶段。"七五"期间，全省生态农业试点工作在各有关部门的密切配合下，各种类型、各种层次的试点取得了较好的经济效益、社会效益和环境效益，为在全省范围内大面积推广积累了经验。在此基础上，1990 年着重抓了总结提高和组织推广。到年底，全省已有生态县、生态乡、生态村、生态农场等各类试点 40 多个，试点区面积 124 万亩，试点区人口 42.7 万人。

自然保护区网络开始逐步形成。1990 年，完成了西双版纳纳板河流域国家级自然保护区、大理苍山洱海省级自然保护区、昭通大山包黑颈鹤省级自然保护区的考察、规划和申报工作。到年底，全省自然保护区已发展到 90 个（含国家、省、地、县 4 级），面积 166 万公顷；全省在建的珍稀植物繁殖园 5 个，面积 1300 亩；国家环境保护局扶持的"云南省珍稀濒危植物引种繁殖中心"昆明花红洞基地建设工作已全面展开，进展顺利。

首次乡镇工业污染源调查基本完成。按照国家环境保护局、统计局、农业部的统一部署和要求，1990 年 4 月，云南省环境保护委员会、统计局、乡镇企业局联合行文，部署了云南省首次乡镇工业污染源调查工作。这次调查历时半年多，对全省 17 个地、州、市，以及 127 个县（市、区）45 000 多个企业进行了调查，其中详查近 40 000 个，占应调查企业数的 90%以上，基本查清了全省乡镇工业的主要污染行业、主要污染源及其分布，为加强乡镇企业环境管理提供了重要依据。

---

① 《云南年鉴》编辑部编：《云南年鉴（1991）》，昆明：《云南年鉴》杂志社，1991 年，第 321 页。

五、1991 年自然环境保护①

1991 年，云南省自然环境保护工作取得了新进展。

首次全省乡镇工业污染源调查全部完成。按照国家的布置和要求，云南省对 4.6 万个企业进行了调查，基本查清了全省乡镇工业主要污染行业、主要污染区域和主要污染源，为制定乡镇企业发展规划和加强乡镇企业环境管理提供了科学依据。根据国家验收评比，云南省获国家级优秀集体奖，曲靖地区、保山地区、文山壮族苗族自治州、大理白族自治州及会泽、弥勒、墨江、禄丰县获国家先进集体奖，另有 26 人获国家先进个人奖。

云南省环境保护委员会组织曲靖地区和宣威县环保部门，针对宣威县土法炼锌造成资源能源浪费、环境污染的情况进行了专题调查，基本摸清宣威县土法炼锌的数量、分布、环境污染状况，分析了造成资源浪费和环境污染的原因，提出了对策措施及清理整顿意见，形成的《宣威县土法炼锌调查报告》上报政府后，云南省人民政府把该调查报告作为参阅材料下发各地。

《云南省城乡集体个体企业环境保护管理办法》由云南省人民政府批准，于 1991 年 11 月 20 日正式颁布施行。

完成了云南省人民政府下达的"云南省环境灾害调查"任务，并形成了《云南省环境灾害调查研究报告》，该报告被专家组评为一等奖。

1991 年由环保部门管理的西双版纳纳板河自然保护区正式被云南省人民政府批准为省级自然保护区，并已完成了总体规划和初步设计。

六、1992 年自然环境保护②

1992 年，云南省自然环境保护工作在自然保护区的建设管理、珍稀物种保护和乡镇企业的环境管理方面取得了新进展。起草了《云南省自然保护区管理办法》，制定和下发了《建立省级自然保护区申报书》及《拟建省级自然保护区综合考察工作大纲和综合报告编写大纲》。

狠抓了省级自然保护区的列级评审工作，组织完成了新建轿子山省级自然保护区、楚雄紫溪山省级自然保护区、永平金光寺省级自然保护区、昭通大山包黑颈鹤省级自然保护区、会泽黑颈鹤省级自然保护区的列级评审工作，并向云南省人民政府提出了审批建议。

---

① 《云南年鉴》编辑部编：《云南年鉴（1992）》，昆明：《云南年鉴》杂志社，1992 年，第 265 页。
② 《云南年鉴》编辑部编：《云南年鉴（1993）》，昆明：《云南年鉴》杂志社，1993 年，第 254 页。

组织完成了德宏傣族景颇族自治州瑞丽江流域自然保护区、元谋自然遗迹地质自然保护区综合考察和规划，德宏、楚雄、大理、临沧等地州相继建立了一批州、县级自然保护区。

为抓好自然保护区的建设和管理，探索自然保护区有效管理与合理开发利用的途径，始终把西双版纳纳板河自然保护区的建设作为一项重要工作来抓，在组织完成总体规划和初步设计的基础上，基本建设和生态示范工程开始实施，建立了管理机构。

珍稀植物引种繁育中心昆明花红洞基地建设已趋完善。1992 年新增引种植物 30 余种，播育 17 种珍稀植物 1000 苗，昆明花红洞基地已成为全国同类植物园中珍稀活植物较为集中、科类较为齐全的专业性基地之一。

积极支持云南省乡镇企业的发展，加强环境管理。

七、1993 年自然环境保护[1]

1993 年，云南自然环境保护工作在高原湖泊保护、自然保护区的建设管理、珍稀物种保护、生态农业建设等方面得到加强，取得一定进展。在综合治理滇池开始进入实施阶段的基础上，洱海、星云湖、抚仙湖、杞麓湖、异龙湖、阳宗海等高原湖泊也被列入当地政府的重点保护范围，玉溪地区对抚仙湖机动船进行彻底整顿，防止了机动船油污对湖泊的污染。

理顺关系，强化管理，大力推进自然保护区事业发展。按照国家关于环境保护部门负责对自然保护区实施统一监督管理的分工职责，初步理顺了与有关部门的关系，初步形成了环保部门统一监督管理与各主管部门分工负责相结合的自然保护区管理机制。1993 年，新增大理苍山洱海国家级自然保护区 1 个，待批省级自然保护区有临沧大雪山、永平金光寺等 7 个，新建州、市（县）级自然保护区有德宏瑞丽江流域、兰坪富和山、维西萨马贡、腾冲火山热海、龙陵邦腊掌温泉、澄江古动物化石群等一批自然保护区。至 1993 年底，全省自然保护区已达 92 个，面积 194.4 万公顷。为保证新建自然保护区质量，云南省正式成立了"云南省省级自然保护区评审委员会"，制定并颁布了《云南省省级自然保护区综合考察大纲》和《综合考察报告编写大纲》，使全省自然保护区列级评审和前期工作走上规范化轨道。

珍稀濒危植物引种繁育中心昆明基地建设初具规模，已引种栽培珍稀濒危植物 178 种 8766 株，成为国内珍稀濒危植物最为集中的专业基地之一。同时还开展了改良土壤、基地绿化与生境改造和繁殖技术研究等工作。

---

①《云南年鉴》编辑部编：《云南年鉴（1994）》，昆明：《云南年鉴》杂志社，1994 年，第 274 页。

以治理杞麓湖、改善湖盆区生态环境为重点的通海生态农业试点和生态建设工程取得了长足的进展。已初步建成了四寨、黄龙等几个生态农业村。制定了《杞麓湖综合治理开发规划》，已经玉溪地区行署批准纳入"八五""九五"规划开始实施。

八、1994 年自然环境保护①

1994 年，全省自然环境保护工作进一步发展。在滇池综合治理全面启动进入实施阶段的基础上，洱海、星云湖、抚仙湖、阳宗海、杞麓湖等高原湖泊也被列入当地政府重点保护范围。

进一步理顺关系，强化管理，环保部门统一监督管理与各主管部门分工负责管理相结合的全省自然保护区管理体制已基本形成。1994 年，新增大理苍山洱海国家级自然保护区 1 个，新建昭通大山包黑颈鹤、会泽黑鹤、楚雄紫溪山、永平金光寺、元阳观音山、东川轿子山等 6 个省级自然保护区，新建一批地、州（市）、县（市）级自然保护区。至 1994 年底，全省已建立各级各类自然保护区 98 个，面积达 200 多万公顷。由环境保护局直接管理的西双版纳纳板河省级自然保护区，按照有效管理的思路和规划正逐步加以实施，取得初步效果。

珍稀植物引种繁育工作，在基地建设和珍稀物种引种栽培方面取得进展，珍稀植物引种繁育工作已引起云南省人民政府高度重视，云南省人民政府已批准成立"云南省生物多样性保护委员会"，进一步加强对此项工作的协调领导。

乡镇企业环境管理进一步在监督与服务方面狠下功夫，在积极支持乡镇企业发展的同时，进一步加强对乡镇发展规划、产业布局、选址定点、工艺选择的引导，严格管理，将其逐步纳入规范化管理轨道，促进了经济、社会、环境三个效益的统一。

九、1995 年自然环境保护

1995 年经过省、地、县有关部门的共同努力，红河县阿姆山、南华县大中山、南涧县无量山、龙陵县小黑山等 4 个保护区，经云南省自然保护区评审委员会评审，被同意列为省级自然保护区。组织完成墨江哈尼族自治县长林河流域自然保护区，思茅市信房河、梅子湖水源保护区的综合科学考察，为申报建立省级自然保护区提供了科学依据。环保部门负责抓的西双版纳纳板河流域省级自然保护区的有效管理取得了新进展，完成了一批生态农业建设和土地利用示范项目，组织召开了云南省珍稀植物保护工作会

① 《云南年鉴》编辑部编：《云南年鉴（1995）》，昆明：《云南年鉴》杂志社，1995 年，第 273 页。

议，通过了《云南省珍稀植物保护暂行办法》和《云南省珍稀濒危植物保护大纲》。石屏白浪城镇垃圾综合利用生态农场建设取得较好成果，并通过鉴定验收，受到各方面的肯定和好评，实现了经济、社会、生态三个效益的统一，为小城镇垃圾处理摸索了一条较好的路子。①

十、1996 年自然环境保护

1996 年，云南省自然保护工作有了新的进展。红河哈尼族彝族自治州蔓耗苏铁、思茅地区糯扎渡被批准列为省级自然保护区。金平县分水岭自然保护区面积扩大到 60 万亩，保护区面积增加 5.6 万公顷。至 1996 年底，云南建立各级各类自然保护区 105 个，面积 206 万多公顷，其中国家级 6 个、省级 45 个、地（州、市）县级 54 个。加强了会泽和寻甸黑颈鹤自然保护区的管理，使在云南越冬的黑颈鹤种群数量逐年增加，由 1990 年的 300 只增加到 500 多只。对全省 257 个国有矿山的 55 个中型以上矿山和 3 个典型县（市）的乡镇矿山生态环境破坏及重建进行了调查，建立了矿山生态环境与重建状况的数据库。组织编制了《滇池流域生态保护"九五"行动计划》。对抚仙湖旅游区和石林、金殿、西山等风景区名胜区的环境管理工作进行了检查。组织了全省生态示范区建设规划的编制，通海县、永平县已完成了规划的编写，西双版纳傣族自治州的规划正在编制之中。②

十一、1997 年自然环境保护

1997 年，云南省自然保护工作有了新的进展。云南省环境保护局与林业、地矿等有关部门配合完成了云南省自然保护区的调研工作，通过调研，全面掌握了全省自然保护区建设和管理的基本情况及存在的问题，为进一步加强自然保护区管理，以及各级政府及综合管理部门制定有关自然保护区的政策提供了依据。组织完成了将巍山青华绿孔雀自然保护区、文山老君山自然保护区、澄江动物化石群自然保护区列为省级自然保护区，以及将怒江自然保护区列为国家级自然保护区且并入高黎贡山国家级自然保护区的评审论证工作。云南省人民政府已正式批准将巍山青华绿孔雀自然保护区等三个保护区列为省级自然保护区。至 1997 年底，全省已建立各级各类自然保护区 108 个，其中国家级 6 个、省级 48 个、地（州、市）级 26 个、县级 28 个，面积达 207 万多公顷。进一步加强了旅游、生物、农业自然资源开发及水利水电、交通工程建设项目环境管理，按照

---

① 《云南年鉴》编辑部编：《云南年鉴（1996）》，昆明：《云南年鉴》杂志社，1996 年，第 226 页。
② 《云南年鉴》编辑部编：《云南年鉴（1997）》，昆明：《云南年鉴》杂志社，1997 年，第 224 页。

省政府现场办公会议精神，对取缔阳宗海的网箱养鱼及机动渔船多次进行实地调研，提出了具体治理意见。[①]

十二、1998年自然环境保护

1998年云南省自然保护区工作进一步稳步发展。省委、省政府决定从1998年10月1日起，金沙江流域所有县（市）及西双版纳全州禁伐森林，并已全面实施。进一步加大自然保护区建设和管理力度，组织完成了《云南省自然保护区发展规划》的编制工作，开展了对思茅水源林保护区、建水燕子洞白腰雨燕等自然保护区的综合考察和大理苍山洱海自然保护区建设项目的可行性研究，以及无量山省级自然保护区申请建立国家级自然保护区的论证工作，建立了昭通朝天马和丽江拉市海高原湿地两个省级自然保护区。至此，全省共建立自然保护区111个，其中国家级6个、省级50个、地县级55个。加强对旅游企业及旅游度假区以及丽江地区和迪庆藏族自治州旅游精品项目的环境保护问题进行调研，提出了修改意见；对大朝山电站输电线路通过哀牢山国家级自然保护区以及大理苍山洱海自然保护区旅游索道等项目进行专题评估，确保自然资源的可持续利用。进一步加强区域生态保护，组织完成了西双版纳傣族自治州、通海县、永平县的生态建设规划，组织力量编制建水县、易门县小街乡、镇雄县硫黄产区生态恢复等规划，在永平县、通海县等地开展了小流域治理工作。[②]

十三、1999年自然环境保护

1999年，全省自然环境保护工作进一步发展。经云南省人民政府批准新建了临沧澜沧江和镇康南捧河两个省级自然保护区，新增面积达20万公顷。经评审论证向云南省人民政府上报建立昌宁澜沧江省级自然保护区、思茅水源林省级自然保护区的建议意见；向国家申报了将维西萨马果省级自然保护区列入白马雪山国家级自然保护区和纳板河自然保护区申报国家级自然保护区的建设报告，已通过国家自然保护区评审委员会的审查。金沙江流域和西双版纳傣族自治州各级政府坚决贯彻省委、省政府的决定，从1998年10月起全面停止采伐天然林。全省各级政府加强森林资源保护，全省森林覆盖率已达44.3%。[③]

---

① 《云南年鉴》编辑部编：《云南年鉴（1998）》，昆明：《云南年鉴》杂志社，1998年，第200页。
② 《云南年鉴》编辑部编：《云南年鉴（1999）》，昆明：《云南年鉴》杂志社，1999年，第244页。
③ 《云南年鉴》编辑部编：《云南年鉴（2000）》，昆明：《云南年鉴》杂志社，2000年，第216页。

第四节　环境保护规划与计划

一、1987 年环境保护规划与计划[①]

1987 年 3 月 3 日，云南省环境保护委员会召开了第一次全体会议。3 月 5 日召开了全省环保工作会议，朱副省长（朱奎）、李副省长（李铮友）都到会做了重要讲话。会议提出的环保工作方针是："强化环境监督管理职能，不断完善法规和制定标准。在努力推行城市环境综合整治的同时，积极开展自然环境和农业生态环境的保护工作，继续抓好生态农业的试点和推广。为实现'七五'环境目标打下良好的基础。"一年来，云南省按照这一方针积极推进各项工作。特别是云南省环境保护委员会的成立，加强了对环保工作的领导，云南省人民政府主要负责同志主持召开了两次环境保护委员会会议，有力地支持和推动了全省的环保工作。

（一）基本情况

云南省委、省政府批准成立的云南省环境保护委员会于 1987 年初成立，负责领导全省的环保工作。其办事机构设在云南省城乡建设委员会机关，有专业处、室 4 个，即污染治理监督处、环境开发建设处、自然环境保护处、环境监测法规处。加上在委机关综合处室（如计划、科教、办公室）分管环保工作的同志合计 19 人。直属企事业单位有云南省环境科学研究所（140 人）、云南省监测中心站及放射性废物库（100 人）、云南省环保公司（10 人）、《云南环保》杂志（13 人）等。

一年来，在国家环境保护局的指导下，云南省委、省政府的关心支持下，云南省环境保护委员会、城乡建设委员会党组的直接领导下，云南深化改革、开拓进取，强化环境管理，服务经济建设，保护和改善环境质量，在人少、事多、经费不足的情况下，努力克服困难，工作上取得了较大的进展。

（二）主要工作

1. 地方法规和标准的制定逐步加强

第一，在广泛征求意见和多次讨论修改的基础上，完成了《云南省环境保护暂行条

---

① 李广润：《一九八七年云南省环境保护工作总结》，《云南环保》1988 年第 1 期。

例实施细则》的拟定。实施细则的颁布执行有利于进一步补充完善《云南省环境保护暂行条例》，有利于该条例的贯彻执行。第二，组织制定并在全省范围内执行了《云南省建设环境影响评价管理办法》和《云南省建设项目环境保护设施竣工验收办法》。第三，组织制定了《云南省创建清洁文明工厂活动管理办法》。第四，已组织力量积极制定地方污染物质排放标准。第一批项目主要有：大气中的铅（Pb）、氟（F）含量标准，以及水体中磷酸根、氯根的排放标准。

上述行政性法规的制定和执行，使云南省环境保护工作在纳入法制管理的轨道上又前进了一步。1987 年云南还组织了由云南省人民代表大会有关负责人带队的关于宣传、贯彻、执行《中华人民共和国环境保护法》《中华人民共和国水污染防治法》《中华人民共和国大气污染防治法》《云南省环境保护暂行条例》的检查小组，先后对云南省 6 个地、州和 11 个县进行了检查，听取了各级人民政府、人民代表大会、城乡建设环境保护局关于宣传、贯彻、执行"三个法一个条例"情况的汇报，并对部分地区的县级监测站工作开展情况及一些污染治理项目做了实际调查。调查小组对宣传、贯彻、执行"三个法一个条例"工作做得好的一些地区给予表扬，如楚雄彝族自治州的禄丰县、大理白族自治州的大理市、思茅地区的普洱县，这几个地区从宣传、贯彻、执行"三个法一个条例"入手，严格执行环保法规、条例、政策，环保工作开展得很有声势，也取得了一定的成绩。

2. 积极开展城市环境综合整治，环境监督管理职能正在加强

具体工作如下：①全省办环保实事共 126 件。②新建烟尘控制 15 个，面积共 126.5 平方千米，削减烟囱 322 个。③整治河道 7 条，共 111 千米，整治湖泊 6 个。④新建噪声控制小区 16 个，面积共 83.7 平方千米，噪声下降 2—7 个分贝。⑤新增固体废弃物处置场 15 个，年处理量为 81.4 万吨。⑥新增绿地面积 32 796 亩，植树 125 759 棵。⑦对污染扰民严重的企业实行搬迁、转产的共 14 家。⑧计划对老企业实行限期治理污染的 44 家，完成 23 家。⑨新增污水处理装置 57 家，年处理能力为 2614.6 万吨。⑩新增年处理废气能力 238 497 万标准立方米。

与此同时，云南还狠抓了对开发建设项目的"三同时"管理，云南省人民政府主要负责同志反复强调一定要杜绝新污染源的产生，要动员各方面的力量来加强环境管理。为此，云南省计划委员会等部门共同制定了《云南省建设项目环境影响评价管理办法》，从执行的情况来看，反映较好，调动了各地方、各主管部门的积极性，通过对持证单位的审查，整顿了评价市场，推动了竞争，对提高评价质量、缩短评价周期、降低收费标准起到了很好的促进作用。例如，昆明物理研究所引进热像仪工程评价大纲概算为 1.8 万元，经审定降为 0.9 万元，降低了 50%；云南磷肥基地 18 万吨/年黄磷工程详评大纲概算为 18 万元，经审定为 8 万元，降低了约 56%；沾益化肥厂扩建评价任务工作量大、时间紧，承担任务的单位积极组织力量，深入现场，只用了 3 个月就完成了质量较高的评价成果，受到了有关单位和同行的好评。1987 年仅云南省环境保护委员会直接审批的大纲、评价、初设等就达 136 项，大中型项目"三同时"执行率达 100%。

3. 自然环境和农业生态环境保护工作有了新的发展

在各有关地（州、市）县的配合下，开展了广泛的调查研究，提出了 5 个国家级和 11 个省级的不同类型自然保护区的规划设想，已上报待批。这 16 个自然保护区的面积合计 2786 平方千米。全省 1987 年新建立州、县自然保护区 12 个，面积为 1382.23 平方千米。为了保护全省的珍稀物种，在调查研究的基础上，组织了专家论证，制定了建立昆明珍稀植物引种繁殖中心的设计任务书，提出了重点保护野生动物名录。

红河哈尼族彝族自治州积极组织力量对全州范围内的动物资源进行全面的大规模科学调查，其成果已通过鉴定。这对云南省南部红河地区生物资源的合理开发利用和保护，以及发展民族经济文化，提供了重要依据，具有实际参考价值，并获得云南省 1987 年科技成果三等奖。

生态农业的试点在原有基础上巩固提高，逐步完善，已初见成效。全省已先后办了生态村、乡、农场等类型的点 15 个，试点面积达 25 万亩，分布在热带、亚热带和平坝湖盆及山区半山区，有的已收到了一定的经济效益和生态环境效益。例如，通海县城郊乡制定了生态农业建设规划，并按规划组织实施。该乡建设了果园 300 亩，定植桃、苹果 4000 株，在果园里养猪 20 头、鸡 300 只，利用 65 亩小坝塘养鱼，当年产鱼 6000 千克，同时推广稻田养鱼 103 亩，增加收入 3 万元；同时还加强了村镇规划建设，改善了居住环境，城郊乡 10 个村子，1987 年已有 6 个村子完成了巷道和道路浇灌水泥路面的建设工作，有 7 个村子装上了自来水，解决了群众饮水难的问题。

4. 加强了对排污收费的监督管理

1987 年，云南省在排污收费工作中，认真贯彻了"强化征收、严格管理、改革使用"的工作方针。针对云南省多年来对排污收费工作管理不严、征收面低、使用不当的情况，省政府部门提出了加强排污收费检查审计和监督管理的意见，并组成联合监察组分赴玉溪、曲靖、红河、楚雄、大理、保山、德宏等地州进行检查。云南省有些地、州、县所属企业，由于管理水平低、工艺落后、设备陈旧，企业经济效益差，亏损大，地方财政困难，加上对排污收费认识上的差距，因而排污收费工作更加困难。通过检查，提高了各级干部对排污收费工作的认识，推动了各地的排污收费工作，维护了国务院关于征收排污收费的规定，总结了好的经验，对违反财经纪律的现象进行了批评，为改革排污收费的管理和使用提供了第一手资料。

5. 环境监测、环境科研不断发展

（1）环境监测。第一，全省环境监测网络初步形成。到 1987 年底，全省环保系统共有 53 个监测站，其中 17 个地、州、市均已建站，四级站由原来的 13 个增加到 35 个。房屋建筑面积达 4.6 万平方米，其中监测业务用房 2.8 万平方米，监测人员 585 人。与此同时，省级冶金、化工、有色、农业、电力、机械、地质等部门及一些重点企业相继成立了环境监测机构，并陆续在环保工作中发挥着愈益重要的作用。第二，端正业务方向，开拓业务范围。云南省的环境监测范围，从过去的水质、大气、噪声等扩展到酸雨、土壤、生物、放射量、电磁、辐射、汽车尾气等各方面，而且还进行了环境背景值、工业污染等各种环境问题的专题调查研究，有些研究成果取得了显著成绩，如酸雨的调研课题已获得 1987 年云南省科技成果三等奖。与此同时，各级环境监测站还积极为经济建设提供科技服务，先后完成了几十个项目的环境影响评价。各级环境监测部门按期编制环境质量报告书、监测年鉴、年报，为社会经济发展以及各级政府和有关部门治理污染、保护环境的决策提供了重要的基础资料。

（2）环境科研。云南省环境科研自 1986 年以来，在科研体制改革方面取得了初步进展，1987 年除进一步深化改革内容、健全所长负责制外，重点抓了国家"七五"攻关课题的组织实施；结合云南省经济社会发展和环境建设的需要，开展了高原湖泊、生态农业的研究；为开发生物资源、脱贫致富服务，开展了治理污染的应用技术的研究，如对云南省分布面广的糖厂酒精废墨液处理生产性试验研究已获得云南省 1987 年科技成果三等奖；既开展了为环境管理服务的软科学研究，也开展了为经济建设服务的环境影响评价工作。这些科研工作正在积极进行，有些已经取得了可喜的成绩。通过科研与生产实际的结合，出了成果，出了人才，壮大了队伍，整个科研队伍的技术业务水平稳步提高，省环保系统具有高级职称的科技人员过去一个也没有，到 1987 年底已拥有近 20 人。

此外，在环保宣传教育方面，1987 年也开展了一些别开生面的活动，如举办全省中学生环保智力竞赛、环境美术创作展览等，还办了多期在职环保人员培训班，成立了环保宣传教育中心。同时，成立环保工业协会，建立和发展横向联合，为发展云南省的环保工业、提高治理"三废"设备自给率打下良好的基础。省环保公司积极为治理"三废"服务，1987 年已研制出两个新产品，即新型沥青熔化炉和汽车尾气净化器，并已通过了省级鉴定，获得一致好评。

云南省环保工作还面临不少困难，主要是工作关系尚未完全理顺、机构不健全、各级环保部门人员不足、资金短缺。

（三）1988 年的设想

1988 年，云南省环境保护工作的重点主要有五点。

1. 进一步加强环境保护监督管理职能，促进经济发展

在深化体制改革、实行党政分开、转变政府职能的新形势下，抓环保就是抓监督管理，就是要通过国家法规、标准、政策、条例等来实现监督管理。这就是说，一方面，要继续抓紧制定一批地方性行政法规，完善法制建设；另一方面，要继续组织对贯彻执行情况的检查和宣传，帮助和推动各地的环保工作。

一定要以改革的精神认真做好宏观管理，充分发挥政府部门"规划、指导、监督、协调"的职能作用，把环境保护工作纳入法制轨道，切实做到依法管理、依法治理。

1988 年计划拟定的条例、办法有：①云南省乡镇企业环境管理办法。②云南省环境监察员管理条例。③云南省放射性物质管理条例。④云南省野生动物、植物保护条例。⑤云南省环境保护限期治理项目管理办法。⑥云南省农业环境保护条例。⑦一些地方污染物质排放标准。

2. 城市环境综合整治仍然是环保工作的重要方面，必须一抓到底

1986 年以来，云南省城市环境综合整治取得了初步成效，但发展不平衡、不巩固，深度和广度都不够。1988 年要在继续抓好补充修订规划的基础上，扎扎实实抓好以下几项工作。

（1）配合有关地区和部门，继续抓好城市燃料结构的调整、规划和清洁能源开发（主要是昆明、开远、个旧、曲靖等城市），加速汽车尾气净化器的推广应用，使城市大气环境进一步好转，特别是昆明市区要争取 2—3 年基本建成无黑烟控制区，为此必须：①继续抓好对现有未治理好的工业锅炉、工业窑炉、炊食灶、开水炉的防治工作，要提高治理设施的运转率和达标率。②加快炊食灶大型煤、上点火型煤的研制工作，切实从根本上解决由燃煤造成的大气污染。③抓电炊、煤气化建设，加快电炊发展，争取1988 年昆明市煤气化率达 23%。④积极研制汽车尾气净化装置，严格控制机动车尾气污染大气。

（2）抓好重点水域的治理。结合老企业的限期治理，对于滇池及螳螂川、开远泸江沿岸的工矿企业，要根据工业污染源调查成果来督促检查企业的治理规划与措施，限期完成治理项目，减轻对上述水体的污染。

（3）配合有关部门，加强对交通噪声和工厂噪声的管理，特别是对居住区夜间噪声作业要采取积极措施予以控制。

（4）积极开展创建清洁文明工厂活动，进一步扩大城市绿地面积。

（5）加强对开发建设项目的环境管理，坚决执行环境影响评价制度和坚持"三同时"原则，巩固大中型项目的"三同时"执行率，努力提高小型项目和乡镇企业"三同时"执行率。

（6）注重城市生态环境建设，实现城乡生态环境的良性循环。城市应当既包括城市市区，也包括与其相连的乡村。城市生态系统是包括全部城市在内的生物圈。

从环境的观点来看，城市环境和生态系统是一个综合整体，不应当人为地割裂开来、孤立起来；从经济发展情况来看，随着经济体制改革的广泛深入发展，城乡经济正在逐步交融、汇合成有机联系的经济体系；从云南省城市发展来看，将发展成为以昆明特大城市为中心、中等城市合理布局、小城镇星罗棋布的城镇网络结构；从发展商品生产和人民生活的物质交流来看，城乡更是密不可分。因此，必须及早从全局出发，高瞻远瞩，在规划和进行城市环境综合整治之时，兼顾农村的环境保护，防止乡镇企业的污染向农村转移和蔓延，使之统一规划、一体实施、协调发展、共同前进。

3. 加强对排污收费工作的管理和领导

（1）建立收费管理机构，加强对征收排污费工作的领导。排污收费点多面广，工作量大，牵涉各行各业，触及排污单位和一些部门的经济利益，为了排除来自各方面的思想阻力，需要反复做好调查、宣传工作，向排污单位讲清征收排污费的目的、政策、要求及征收的范围标准，从而提高其主动缴纳排污费的自觉性。因此，需要建立一个从省到地（州、市）、县的专门机构和配备相应的力量才能做好。

（2）要强化征收工作，该收的一定要收起来。各级领导特别是企业负责人一定要提高认识，自觉承担缴纳排污费的义务，绝不能将其看成额外负担，而要将其看成对社会应尽的责任。既然企业对社会造成了污染危害，按环保法规定缴纳排污费就是理所当然的。同时，也不能把这笔缴纳出去的资金视为企业所有。过去规定把所缴纳排污费的80%补助给企业治理污染，是带有鼓励、优惠性质的，如果不治理，或者不能有效地利用这笔资金，这笔资金就不属于企业。

（3）改革排污费的使用办法，建立环境保护基金，以支持社会公益性的环境保护事业，已经到了需要和可能的时候了。这种基金，应该实行有偿使用原则，这种原则是适应正在深入开展的经济体制改革的。就当前来说，环保基金的主要来源可以从两个方面来收集：一是从征收的排污费中提取，其中一部分包括未按期完成限期治理的加倍收费，提高标准部分，滞纳金及罚款等构成的"四小块"，这部分按规定是不作"返还"补助的；另一部分是在"拨改贷"中那些应该收回的部分，因为变无偿补助为"拨改贷"是势在必行的，对那些治理不积极、成效很差或挪用治理补助资金的企业应该按贷款的形式收缴本息，归入其中。二是更新改造资金的有偿使用部分。

4. 积极开展自然环境和农业生态环境的保护工作

（1）首先需要继续解决好认识问题。自然环境和自然资源是人类赖以生存和社会繁荣的基础，对自然资源的不合理开发和破坏，造成了环境污染和生态平衡失调，因而保护自然环境和自然资源成为当今最受关注的问题之一，自然保护区是保护自然环境和自然资源的一项重要措施和重要建设项目，自然保护区可以使人们认识和掌握自然变化规律、人类和自然之间的协调关系，以便合理地开发利用自然资源，保护好自然环境。1986 年以来，云南省自然保护区发展较快，1987 年又提出了 16 个自然保护区的规划设想。

对新规划的自然保护区要根据不同类型和级别，分别组织有关地区和有关部门，进一步落实详细规则和建设工作，对原有自然保护区要通过调查研究，针对管理中存在的问题，会同有关部门，在省内召开一次全省自然保护区工作会议，总结工作、认识，交流经验，研究有关规定办法，以便在保护的前提下合理开发利用，使自然保护区更好地为云南省的经济建设和文化建设服务。云南省环境保护委员会要协助有关部门，重点抓好阿琼山、紫溪山、澄江古动物群及腾冲地热等不同类型的自然保护区的详细规划和建设前期工作。

云南省山区面积占 94%，大部分地区山高坡陡，加上长期以来森林的过量砍伐，植被严重破坏，导致不少地区水土流失、滑坡、泥石流现象十分突出；耕地贫瘠化，质量严重下降；水、旱、冰、涝灾害加剧。保护自然环境不受破坏，减少自然灾害的影响，已经成为一项十分紧迫的任务，从指导思想到实际工作，都应该有一个转变，具体包括：①把合理开发和利用自然资源、维护生态平衡作为国民经济管理的重要内容之一。②在重大建设项目上，必须充分考虑经济与环境这对矛盾，不仅考虑经济价值，还要考虑对环境的影响及生态学价值。③经济发展计划必须建立在环境资源保护发展规划的基础上。

（2）建立生态农业是云南省环境保护工作的重要组成部分。合理开发和充分利用云南省丰富的生物资源和农业资源，使农业生态系统逐步向良性循环转化。农村生态环境有较大改善，走生态农业的道路尤为重要。1988 年要求各地继续抓好一批生态农业乡村的试点，在试验和示范的基础上，各地要组织力量，对当地生物资源的品种、数量及开发条件等情况进行调查研究，拟定开发建设规划，逐步组织实施，并及时总结交流推广，为指导云南省农业生产和农业生态环境保护工作提供好的经验。

5. 积极发展环境科研、教育和宣传等各项工作

（1）环境科研。要进一步深化科研体制改革，密切科研和生产的联系，以多种形式推动技术转让，使应用科学中的研究成果迅速进入生产领域，其中特别是"三废"治

理的研究成果。要进一步搞活科研工作，使科研工作多出效益、多出成果、多出人才、多出经验。

（2）环保宣传教育。提高各民族的环境意识是一项长期的重要战略任务，必须一抓到底。要更加广泛深入地利用各种机会开展环保宣传教育工作，具体包括：①环保宣传工作必须以党的十三大文件精神为指导，在认真学习的基础上，注意在宣传中强调"三个效益"的统一。②要从实际出发，注意反映群众的呼声和要求，配合中心工作，组织好重点活动，如世界环境日、爱鸟周等。③要实现宣传工作的社会化，既要有基本力量（云南省环境保护宣传教育中心），也要有社会力量的配合协作。④要继续加强对中小学生的环境教育。⑤抓好在职教育，提高环保队伍的素质，1988年要继续办好各种培训，包括厂矿企业负责人培训班。

（3）建立环保服务基地，积极发展云南省的环保工业，大力提高云南省环保装备水平，积极引进、推广、试制各种新产品。

1987年是"七五"计划至关重要的一年，是深化改革的一年，一定要在党的十三大文件精神的指导下，办实事，讲实效，争取实现全省环境保护工作的更大进展。

二、1988年环境保护规划与计划[①]

（一）1988年工作总结

1. 全省环保事业在新形势下继续发展

1988年是我国开创环保事业十五周年。根据国家环境保护局的统一部署和省政府领导同志的指示精神，结合云南省实际，在党的十三届三中全会关于治理经济环境、整顿经济秩序、全面深化改革方针指引下，在各级政府重视和领导下，在各部门、各单位的积极支持、配合下，通过全省环保战线全体工作人员的共同努力，全省环保工作总形势良好，四个方面的工作取得了明显的成效。

1）强化环境监督管理

第一，通过大力宣传环境建设和环境管理的关系，进一步明确了各级政府环境保护部门的主要工作职责应该是监督管理。环境建设是指对环境产生有利影响的一切经济建设活动，它体现在国民经济的各个方面（包括工业、农业、城市、乡村等），环境建设只有靠有关方面去做才能做好，环境管理部门是不能代替的。环境管理，从广义上讲，包括各有关部门对其负责的环境领域实施的环境管理。我们这里所说的环境管理是指各

---

① 云南省环境保护委员会：《一九八八年全省环境保护工作总结与一九八九年工作要点》，《环境科学导刊》1989年第1期。

级人民政府的环境管理部门按国家颁发的政策法规、规划和标准要求从事的督促和监察活动。这种督促和监察活动贯穿于经济和社会活动的全过程。环境建设和环境管理是两个不同范畴、不同概念，二者之间既有区别，又有联系。环境管理部门的主要职责是监督，既不要包揽环境建设，又不要包揽其他部门的环境管理工作。

第二，环境影响评价和"三同时"制度的执行情况，有了明显加强。1988年，云南省已有环境影响评价持证单位42个，分布在云南省17个地、州、市的设计、科研、大专院校及监测站。分布比较合理，行业比较齐全，基本能适应云南省评价市场的需要。特别是通过核发评价证书，整顿评价市场，把竞争机制引进环境影响评价，提高了环境影响评价的质量，降低了收费标准。1988年的统计资料表明，各行业的平均收费仅占项目投资的0.12%。评价制度已普遍为人们所接受，并纳入了基本建设程序。

《云南省建设项目环境影响评价管理办法》已逐步为各地区、各部门、各行业、各建设单位所接受，而且调动了各主管部门的积极性。该文件规定，环境影响评价大纲必须报各主管部门予审后再报环保部门审批，变环保部门独家把关为协同共管。

1988年，云南省还把"三同时"执行情况的检查作为建设项目环境管理的重要环节，组织了全省对1985年以来投资在100万元以上的建设项目的检查工作。通过检查，发现了一些问题，取得了第一手资料，提出了解决办法，使"三同时"执行情况更加扎实。这一做法，得到各省、市的好评和国家环境保护局的肯定。1988年，云南省大中型建设项目"三同时"执行率继1985年以来连续四年保持在100%。

云南省还组织力量制定了大气环境影响评价的规模大纲，为评价工作进一步实施规范化、科学化打下了基础。

第三，城市环境综合整治有了新发展。1988年，各地环保部门对老企业提出了一批限期治理项目，其中省环境保护委员会第一次直接与昆明市环境保护局签订了限期治理责任书，提出了重点抓好的限期治理项目20个（这20个项目分布在昆明西山区和螳螂川流域的冶金、化工、电力、建材等行业），做出了提前或超额完成要给予奖励，完不成要罚的具体规定，并且已组织验收，全部验收合格，效果很好。

据初步统计，1988年全省11个城市共完成46件办实事、见实效的环保项目。主要是：①建设烟尘控制小区7个，31.35平方千米。②削减烟囱113个。③整治河道8条，18千米。④开始整治湖泊3个。⑤建立噪声控制小区17个，59.6平方千米。⑥新增固体废弃物处置场15个，年处置量36.8万吨。⑦新增污水处理装置41套，处理能力167.0万吨/年。⑧新增废气处理量18.7亿标准立方米/年。⑨搬迁污染严重的工厂18个，转产8个。⑩新建大中型项目35个，"三同时"率达100%。⑪新增绿化面积8.8平方千米。⑫植树1500万株。

第四，对污染严重的流域加强了督促检查，推动了治理工作。1988年，云南组织了对沘江污染危害的调查，提出了防治措施，并监督其实施。通过一年努力，沘江污染的七项防治措施，全部完成 4 项，约占 57%；部分完成 2 项，约占 29%；未落实 1 项，约占 14%。

对绿汁江流域综合治理方案的实施情况进行了检查。沿岸受污染的 4 个县，在组织贯彻实施经云南省人民政府批准的综合整治方案中，做了大量工作。在解决人畜饮水、治理污染、还水灌溉工程、热区资源开发等方面均有一定进展，已经收到初步成效。例如，双柏、峨山两县，已解决 55 个村 799 户 4455 人的饮用水问题；修农灌渠 7 条，可灌溉耕地 1658 亩。昆明有色公司和易门铜矿在资金投入上给予了积极配合，1988 年底，已完成所承担的一次性补偿 800 万元拨款，这有力地进一步支持了沿江 4 县完成综合整治的任务。

第五，污染严重的重点地区治理污染已经有了显著成效。昭通地区镇雄、威信两县小硫黄污染治理，在以前的基础上，又取得了新的进展。镇雄县一方面，采取了清理整顿和强化管理的措施，对污染严重、炉渣下河、难于治理、群众反映强烈及私人非法生产的小土炉，采取了停产的措施，1988 年初强制停产 267 支，私人炉子和两个集体硫黄厂 136 支炉子。二月份停产，三月份种上玉米，八月份就有了收获，保护了 80 多亩农田。县环保部门在政府的支持下，对各硫黄厂提出了限期治理的要求，颁布了发放生产许可证的制度。另一方面，加速对老污染的治理。已完成了 3 个厂 168 支炉子的技术改造任务，计划 1989 年、1990 年基本完成全部炉子的改造任务。

第六，排污收费管理工作稳步发展。到 1988 年 1 月底，全省各级已建立了 7 个环境监理所，有监理人员 38 人。据统计，开征排污费的县已从 1987 年的 60 个发展到 74 个，预计全年的排污收费将超过 2000 万元，比 1987 年增收 10% 以上。同时，对排污费使用的改革已经开始起步。不少地区开展了深入细致的宣传教育活动，为开征排污费铺平了道路。例如，元江哈尼族彝族傣族自治县环保部门为了确保 1989 年开征排污费，举办了首批开征的十个企业负责人学习班，专门讲有关政策、规定、办法，提高了企业领导人对缴纳排污费的认识。

第七，自然环境特别是农业生态环境的保护工作进一步得到重视。

首先，生态农业已经在云南省部分农村发展起来，并日益受到各方面的重视。由于生态农业具有重要的现实和长远利益，又适合我国人多地少（云南省亦是如此）的国情，它在具有中国特色的社会主义现代化建设中占有重要地位。随着不同类型和不同层次的生态农业试点工作的逐步开展，全省各地已经涌现出一批生态农业的典型。例如，通海县从小流域治理着手，调整农业产业结构和作物布局，建立家庭庭院生态系统。通过生态农业试点与初步建设，不仅促进了全县经济的发展，还有效地保护与合理开发和利用了农业资源，杞麓湖盆区域生态环境逐步得到改善，农业生态系统开始向良性循环转向，取得了较好的效果。镇雄县五谷乡由于人口增加，过度开发，造成山地植被锐减，水土流失严重，农业生态环境极度恶化。当地群众坚持不懈地进行了植树造林，治山治坡治水、育林、蓄水、造田、林农并举，以林养农，五谷乡已经出现了五谷丰牧的可喜局面，农业生产开始向良性循环发展。陆良县的莲花田水库以水库建设为中心，应用生态学、系统学原理，紧紧抓住保持水土这一主要环节，开展多种经营，提高经济效益，使森林—水库—农作物养殖业—加工业生态系统逐步实现良性循环。宜良县小南冲村试点，从宏观和微观生态平衡入手，调整了产业结构，延长了食物链，使产业结构日趋合理，微观生态平衡逐步建立，潜在的经济效益逐渐发挥出来，人均纯收入由 1985年的 296.4 元提高到 1987 年的 428 元。

全省已先后办起生态乡、村及生态农场等类型的点近 20 个，试点面积达 25 万多亩，分布在热带、亚热带和平坝湖盆地及山区半山区，已经收到了一定的经济效益和生态环境效益。

其次，自然环境的保护工作得到加强。各级政府各有关部门，加强了对国土区划和国土整治的领导，积极开展了国土区划和国土整治的编制；积极开展了对各种自然灾害的调查研究和防治，如对滑坡、泥石流的调研和治理，加强了对水土流失的治理，广泛开展了植树造林活动。所有这些工作，对自然环境的保护都能起到积极的作用。

由环保部门组织，完成了全省"七五""八五"期间新建 16 个自然保护区的初步规划。将新增保护区面积 420 万亩；完成了苍洱自然保护区的初步规划设计和楚雄紫金山自然保护区的考察任务；对滇西片自然保护区进行了调查研究；拟定了"云南省农业环境管理办法""云南省自然保护区管理办法""云南野生动植物管理办法"等三个法规初稿。同时，还完成了云南珍稀植物引种繁殖中心建设的前期工作；组织编制了"云南省珍稀动物名录"和"云南省珍稀植物名录"，已送云南省人民政府审批；组织开展了楚雄彝族自治州野生动植物资源考察工作。

2）环保宣传教育工作取得全面进展

全省环保宣传教育工作紧紧围绕纪念环境保护事业开创 15 周年这个中心，省、地（州、市）县各级环保部门开展了多种形式、多种渠道、多种层次的活动，总结 15 年来全省环保事业取得的成就，宣传环保科普知识，宣传环境保护作为基本国策的重要意义，探讨社会主义初级阶段环保工作的基本规律。

同时，还在省内外报刊上发表了数以百计的文章，宣传、报道云南省环保工作的情况，其中，有 7 人、10 篇作品共获 11 个奖。

1988 年，全省环保宣传教育工作具有计划性强、形式多样、动员面广、参与公众多、实效性好、持续时间长的特点。

3）环保队伍建设、地方环境法制建设得到加强

1988 年，全省环保工作的又一个特点是环保队伍建设和地方环境法制建设得到进一步加强

4）环保科研、环境监测取得新进展

环保科研与环境监测作为环境管理的手段，在推行体制改革、岗位责任制等改革措施中得到加强，一批新的研究课题取得了进展。

第一，环保科研。1988 年，全省环保科研的特点之一是国际交流活动活跃，围绕滇池污染治理，云南省与美国、日本、瑞士开展较为广泛的合作，并洽谈了一些合作协议。特点之二是认真组织"七五"国家环保科技攻关项目。"七五"期间，云南省被列为国家环保科技攻关项目的有"昆阳磷矿采空区复土植被""城市污水处理系统""洱海营养化调查与水环境管理""滇池氮磷容量及富营养化综合防治技术"等 9 个。到年底，这些项目都取得了阶段性进展。

第二，环境监测。全省 1988 年的环境监测工作，以贯彻《全国环境监测技术规范》为重点，以推行岗位责任制为突破口，以为环境管理及时、准确地提供环境质量信息为目标，取得了新的进展。

一是提高了环境监测质量。为了贯彻《全国环境监测技术规范》，云南省不仅在全省范围内添置、补充了部分必要的设备仪器，考察、试用了部分原有的设备仪器，调整布置了采样点，还专门举办了两期监测质量控制培训班。通过采取这些措施，全省环境质量有了明显提高，在全国质量考核中，参加考核的 17 个监测站有 16 个取得了合格证书，约占 94%；其中，成绩优秀的 11 个，约占 65%。

二是初步理顺了环境监测工作关系。通过贯彻《云南省环境监测报告制度》，总结全省环境监测网络的工作，明确了各级监测站的职责、任务和权益，规定了网络成员的义务，初步明确了全省环境监测系统的工作关系。

三是进一步开拓环境监测领域。1988 年，全省各级环境监测站除按时完成例行监测工作外，还积极承担外接样品的监测分析、污染源监测和环境影响评价工作，到年底，全省已有 15 个三级站和 2 个四级站取得环境影响评价证书。这些工作的开展，不仅开拓了环境监测领域，还为各级监测站增加了自我发展能力。

特别值得指出的是，遭受强烈地震灾害的思茅地区、临沧地区、澜沧县环境监测站，以及德宏傣族景颇族自治州、西双版纳傣族自治州、保山地区、腾冲县环境监测站，在不可抗御的自然灾害面前，一面抗震救灾，一面坚持工作，为确保全省环境监测数据的连续性、准确性和完整性，做出了应有的贡献。

2. 存在的问题

（1）环境建设投资比例还很低。根据专家的建议，我国环境建设的投资占国民收

入的 1%—1.5%是比较合适的，而我国目前环境建设的投资仅占国民收入的 0.6%—0.7%。据统计，1987 年云南省用于环境建设的投资仅占省每年国民收入的 0.56%，约 1亿元，远远低于国家规定的水平。

（2）环境管理机构不健全、人员素质不高、数量不足。当前云南省仅昆明、个旧、开远三城市有独立的环境保护局，其余从省到各地（州、市）县均无独立的环保机构。而且关系不顺、职责不清，工作难度大，人员缺乏，全省环保系统（包括各级政府、环保行政管理、科研、监测等）共计1200人，这就极大地影响了环保工作的开展。

（3）法规不健全、不配套、执法不严。云南省根据国家有关规定颁布了一些地方环境法规、条例，但不配套、不完善。例如，乡镇企业环境管理方面的法规，农业环境保护法规、地方标准等还没有出台，已出台的需要补充完善，同时，由于监督机构和执法机构不健全，对环境法制宣传不力，这些已颁布、实施的法规、条例，得不到全面贯彻、落实，有法不依、执法不严的现象，还相当普遍。

（4）乡镇企业污染能得到有效的控制。党的十一届三中全会以来，云南省乡镇企业迅速发展，到 1988 年上半年已发展到 38 万余个，产值已占全省工业总产值的 1/4 以上，为促进农村经济发展发挥了极大的作用。但是，相当一部分乡镇企业，尤其是国务院明文规定不准建设的小冶炼、小化肥、小土焦、小造纸等项目，大都没有相应的污染治理设施，加剧了农业生态环境的污染。

（二）1989 年工作要点

云南省环境保护工作要以发展生产力为中心，抓紧治理环境整顿秩序、深化改革的有利时机，以建立社会主义商品经济新秩序为动力，促进环境管理迈上新台阶，主要工作如下。

1. 进一步理顺工作关系、健全机构、充实队伍、强化环境管理

首要任务是，在各级政府的机构改革中进一步理顺关系，按照职能转变的要求，健全机构，充实人员，逐步形成系统的管理、监测、监理网络。同时，要特别注意提高现有环保队伍自身的政治、业务素质，改进思想作风和工作作风，在云南省建设一支懂业务、会管理、高效能的环保工作队伍。

2. 推行新的改革措施，强化老污染源管理

要在全省推行一系列新的改革措施，强化老污染源管理，包括：①在昆明、开远、个旧、大理、曲靖等城市逐步试行排污申报登记和发放许可证制度，即由浓度控制逐步过渡到总量控制，争取 1989 年一季度完成各项准备工作，二季度逐步推开。这是强化环境管理的一个新的"法宝"。②推行任期目标制和限期治理的承包合同制，计划先在

开远、个旧、昆明等城市试行。③召开城市环境综合整治的经验交流会，推动全省城市环境污染综合整治工作全面发展。④继续广泛深入开展清洁文明工厂的创建工作。争取各级经委的支持，把环保指标列为企业上等级的考核指标之一（并纳入承包目标责任制）。⑤加强环境监理、排污收费工作，进一步扩大征收面，建立环保基金。

3. 完善管理办法，严格防止新污染源的产生

环保部门担负着全省基本建设项目的环保审批职能，能否按照国家和地方的有关法律、规定严格履行自己的职责、行使自己的权力、把好"三同时"关，控制那些布局不合理、污染严重的建设项目，不仅关系到新污染源的产生问题，还必然会对压缩基建规模、调整产业结构、防止经济过热起到积极作用。要在继续把好大中型建设项目"三同时"关的同时，严格控制新建乡镇企业的污染，努力使乡镇企业"三同时"执行率不断提高。

在具体做法上，一是要继续做好评价市场的整顿和评价证书的换发工作。二是在全省开展"三同时"执行情况的检查。三是完成并组织实施环境影响评价的有关规范，标准。

4. 促进地方环境法制建设取得新进展，增强法制观念，依法防治污染和保护环境，是环境保护工作中一项长期而艰巨的任务

（1）进一步建立、健全地方法规。①完成"乡镇""农业""排污申报"三个办法的报批和颁布实施工作。②完成"云南省环境监测管理条例实施办法"的起草工作。③完成"云南省大气污染防治管理暂行条例"的起草工作。④组织制定"云南省工业废气中铅、氟污染物排放标堆"。

（2）贯彻云南省人民代表大会、云南省人民政府关于加强执法检查的通知，协同云南省人民代表大会、省政协对云南省环保系统执法情况进行检查。

（3）贯彻国家制定的地面水环境质量标准，会同有关部门完成"云南省水域功能类别"的划分工作。

（4）贯彻执行国家环境保护局颁布的《城市放射性废物管理办法》和云南省人民政府批准执行的《放射性废物管理办法的实施细则》，开展全省放射性废物污染源的调查工作。

5. 深入持久地开展环保宣传、教育工作

1989 年要紧紧围绕着国家环境保护局和全省环保工作的中心任务而展开，着重突出如下几个方面：

（1）继续大力宣传陈云同志的批示。1988 年 8 月，陈云同志批示："治理污染、保

护环境，是我国一项大的国策，要当作一件非常重要的事情来抓。这件事，一是要经常宣传，大声疾呼，引起人们重视；二是要花点钱，增加投资比例；三是抓监督检查，做好落实。"①陈云同志的批示言简意深，符合国情，切中我国环境保护工作的要害，意义非常重大。我们要在各项工作中大力宣传陈云同志的指示精神，进一步提高全民族的环保意识，提高各级领导干部和广大群众对环境保护是一项基本国策的认识。

（2）认真宣传环保工作深化改革的各项改革措施。1989 年国家环境保护局将要有一系列改革措施出台，如各级环境管理部门的目标责任制、环保资金的"拨改贷"试点、推广排放污染物总量控制、实行排污许可证制度和排污费的有偿使用等。我们要及时宣传这些改革措施的重要意义，同时要特别注意宣传和总结贯彻这些改革措施后取得的经验和产生的问题。

（3）进一步宣传环境保护是为经济、社会发展服务的，是促进生产力发展的观念。环境保护是为发展社会生产力服务的，保护环境是人类生存的需要，也是社会经济发展的前提条件，要向广大群众特别是各级领导反复宣传这个观念，使经济发展综合部门、工业交通部门、各地方的行政领导对这个观念的认识逐步提高，在实际工作中有所前进。

（4）广泛宣传环境保护的成就。1989 年是中华人民共和国成立 40 周年，环境保护和全国各条战线一样，也取得了很大成就。因此，在国庆节前后，各级环保部门要利用宣传工具大张旗鼓地宣传环境保护的成就和发展。

在环境教育领域，一方面，要根据强化环境管理工作的要求，继续举办各种专业短训班；筹划与省委组织部联合举办分管环保的"市（县）长环境保护研讨班"。另一方面，要与省教育厅、各高等学校就联合开办环境保护专业函授大专班的问题进行探索和准备，为云南省环保系统在职干部更新知识，进行再学习、再教育创造条件。此外，还要继续推进环保科研体制、环境监测体制的改革。

三、1989 年环境保护规划与计划

1989 年 10 月 26 日，云南省人民政府批转云南省环境保护委员会《关于加强云南省环境保护工作的意见》，要求各州、市、县人民政府，各地区行政公署，省直各厅、局、委、办认真贯彻执行。批文强调，环境保护是我国的一项基本国策，是关系经济和社会发展全局的重要问题，是造福子孙后代的伟大事业。各级政府、各有关部门都要把环境保护工作放到十分重要的位置，切实加强领导。要在全体人民中广泛深入地进行环境保护的宣传教育，使广大干部和群众充分认识保护环境就是保护生产力，就是保护我

---

① 陈云：《关于治理环境污染的信》，http://www.doc88.com/p-1505958532305.html（2018-05-11）。

们国家和民族赖以生存的条件，从而在全社会树立起保护环境人人有责、人人尽责的良好风尚。批文要求各地各部门把治理环境污染、整顿生态秩序作为治理整顿经济环境的一个重要组成部分，在压缩基本建设、克服经济过热、调整产业结构的过程中，对污染环境的单位要逐个进行清理、认真加以整顿。对那些布局不合理、污染严重的项目，已建成的要限期进行治理，同时要坚决禁止再上严重破坏生态环境的新项目，控制新污染源的增加。要引导和鼓励建设项目向不污染环境、不破坏生态的方向发展，把经济效益、社会效益和环境效益很好地统一起来。云南省环境保护委员会从 7 个方面提出了加强云南省环境保护工作的意见，即提高思想，统一认识，进一步加强对环境保护工作的领导；实行环境保护领导任期目标责任制；积极推行深化环境管理的 5 项制度和措施；加强对自然环境的保护，防止生态破坏；必须保证国家已经开辟的用于保护环境、防治污染的资金来源；加强组织建设，进一步充实、健全各级环境保护委员会及其办事机构；依靠科技进步，加强环境保护的科学研究工作。[①]

在第三次全省环境保护会议上，云南省环境保护委员会提出了 1992 年前的全省环境保护目标：努力控制生态环境破坏和环境污染的发展，力争重点城市特别是昆明、大理、曲靖、开远、个旧及镇雄、宣威、兰坪等地的环境质量能有所改善，为实现 2000 年的环境目标打下基础。目标围绕污染治理、自然环境保护两个方面，提出了具体要求：工业废水排放量控制在 4.5 亿吨；生活废水排放量控制在 1.8 亿吨；工业废水排放达标率达到 50%，工业废水治理率达到 40%；废水中重金属、放射性物质和难降解化学物质的总排放量比 1987 年减少 20%；城市污水处理率达到 6%；工业固体废弃物处理率达到 30%；有毒有害废弃物无害化处置率达到 30%；二氧化硫排放量控制在 33 万吨；烟尘排放量控制在 27 万吨；粉尘排放量控制在 15 万吨；自然保护区达到 40 个，保护区面积占全省总面积 4%；力争森林覆盖率比 1984 年提高 2%左右。[②]

1989 年 2 月 14 日，中央顾问委员会委员、云南省原省长刘明辉，云南省人民代表大会常务委员会副主任王仕超等以人民代表的身份，到云南省环境保护委员会视察。4 位代表听取了云南省环境保护委员会负责人关于全省环保工作情况的汇报，观看了云南省部分地区环境污染、生态破坏及其治理的电视录像片，并针对云南省当前环保工作存在的困难和问题指出：云南省的环境污染和生态环境破坏是十分严重的。环境保护作为一项基本国策，必须引起各级政府领导的重视，并且应该纳入重要议事日程。代表们对如何加强全省环保工作提出了几点建议：①云南省乡镇企业的发展，需要一个乡镇企业环境管理办法，依法管理环境、治理污染尤为重要，要加强领导、合理布局、调整产业结构。②森林是保护云南生态环境的重要屏障，要搞好云南省绿化造林工作，认真抓一

---

① 《云南年鉴》编辑部编：《云南年鉴（1990）》，昆明：《云南年鉴》杂志社，1990 年，第 312 页。
② 《云南年鉴》编辑部编：《云南年鉴（1990）》，昆明：《云南年鉴》杂志社，1990 年，第 313 页。

抓提高森林覆盖率和利用树木防治污染的工作。③开远解放军化肥厂污染问题，有关主管部门应该采取坚决措施，不能再任其污染下去。云南省环境保护委员会负责人当即表示，要在今后工作中认真落实这几条重要建议。①

四、1991 年环境保护规划与计划

1991 年，和志强省长、李树基副省长对环境保护工作多次做了重要指示。和省长强调指出：要注意加强对云南省高原湖泊的保护，要特别注意保护好洱海、抚仙湖、泸沽湖等高原湖泊，对滇池污染要认真研究对策，通盘考虑。对江河水系如南盘江、澜沧江、金沙江等的环境保护要提起足够的重视，加强保护工作。随着经济发展速度加快，安宁工业区、昆明-河口工业带也将产生新的污染，因此，同样也要注意，要有超前性。要重视和解决旅游区及旅游线路环境污染问题。云南省环境保护委员会主任、副省长李树基也强调指出：对污染重的城市要有环境规划，对省里确定的 35 个重点建设项目，环境评价要早一点开展；对有些重大项目，在争取立项过程中，环保部门既要坚持原则，又要给予积极支持配合。要加强滇池污染综合治理可行性研究，对污染重的企业单位，要先控制和削减其排污量，要加强解决城市污水处理问题。要加强环保机构队伍建设，注意充分发挥全委工作人员的积极性。②

云南省第四次环境保护会议于 1991 年 12 月 14—16 日在昆明召开。出席会议的有 400 多人。国家环境保护局副局长张坤民到会祝贺，云南省人民代表大会常务委员会副主任杨一堂在开幕式上讲话，云南省环境保护委员会副主任李广润做了工作报告。这次会议全面总结了"七五"云南省环境保护成绩和经验，研究部署了"八五"环境保护目标和任务，布置了 1992 年的工作。在这次会议上赵廷光副省长代表云南省人民政府和 5 个地、州、市的政府领导人签订了环境保护任期目标责任书，并做了总结讲话。会议表彰了"七五"期间为云南省环保事业做出突出贡献的 28 个集体和 119 名个人。会议提出了云南省"八五"环境保护的指导思想、总的目标、主要任务以及实现这些目标的措施和工作思路。③

五、1992 年环境保护规划与计划

云南省第一次环境法制工作会议于 1992 年 8 月 25 日—27 日在昆明召开。出席会

---

① 《云南年鉴》编辑部编：《云南年鉴（1990）》，昆明：《云南年鉴》杂志社，1990 年，第 313 页。
② 《云南年鉴》编辑部编：《云南年鉴（1992）》，昆明：《云南年鉴》杂志社，1992 年，第 265 页。
③ 《云南年鉴》编辑部编：《云南年鉴（1992）》，昆明：《云南年鉴》杂志社，1992 年，第 265 页。

议的有 100 多人。省政府牛绍尧副省长以及国家环境保护局、云南省人民代表大会有关方面的领导出席了会议并讲话。这次会议传达了云南省人民政府法制会议和国家环境保护局环境法制会议精神，总结和布置了云南省环境法制工作，提高了大家对环境法制工作重要性的认识。①

六、1993 年环境保护规划与计划

"1722" 工程是 1991 年云南第四次环保会议上，为实现 "八五" 环境保护目标而提出的具体措施。1993 年，经过各级政府和环保部门的共同努力，各方面都有突破。

（1）治理 100 家污染重、影响大的工业污染源。在云南省重点工业污染源名录及治理要求编制完成并发布实施的基础上，1993 年云南省环境保护委员会又结合第二次全国工业污染源防治办法将本省的环境规划与计划具体化、规范化。

（2）新增烟尘控制区 70 平方千米。1993 年建成烟尘控制区 4 个，面积达 32 平方千米，1991—1993 年共建成烟尘控制区 107 平方千米，新增 70 平方千米烟尘控制区的任务提前超额完成。

（3）新增 20 万吨/日城市污水处理能力。1993 年，昆明市 10 万吨/日处理能力的第二污水处理厂已破土动工。楚雄市 1.5 万吨/日污水土地处理系统已完成可行性研究和初步设计，省州市将其列入 1994 年计划，进入实施工程阶段。江川县 0.5 万吨/日污水处理厂已完成可行性研究和初步设计，进入工程施工阶段。"八五" 新增 20 万吨/日城市污水处理能力的目标，将超额完成。

（4）抓好滇池、南盘江两个流域的综合治理。1993 年 4 月 14—15 日，和志强省长在昆明海埂主持召开现场办公会，集中研究部署治理滇池污染工作。②

环境保护目标责任制试点取得初步成果。《本届政府环境保护目标与任务》（1988—1992 年）通过全省各级政府和环保等有关部门的共同努力，任务已基本完成，确定的目标基本实现，对改善云南省环境质量起到积极作用。在 1991 年全省第四次环保会议上，与云南省人民政府签订环境保护任期目标责任书的曲靖、大理、昆明、红河、楚雄 5 个地、州、市，通过将近两年的努力，进展顺利，效果显著。经云南省人民政府组织对 5 个地、州、市的执行情况进行考评，各项指标都控制在预定目标以内，较好地完成或超额完成了责任书规定的任务。③

1993 年，全省环保部门积极参与重点经济开发区和边境口岸城市的环境规划，超

---

① 《云南年鉴》编辑部编：《云南年鉴（1993）》，昆明：《云南年鉴》杂志社，1993 年，第 254 页。
② 《云南年鉴》编辑部编：《云南年鉴（1994）》，昆明：《云南年鉴》杂志社，1994 年，第 275 页。
③ 《云南年鉴》编辑部编：《云南年鉴（1994）》，昆明：《云南年鉴》杂志社，1994 年，第 275 页。

前做好环境保护工作。石屏县异龙湖区域经济与环境协调发展环境规划已编制完成，规划提出的综合治理异龙湖污染优化方案的工程项目，已报州、省计划委员会，争取列项逐步加以实施；澜沧江流域环境规划第一阶段工作已进入实际研究阶段，1993 年将完成澜沧江流域主要环境问题及对策研究报告、澜沧江流域环境区划图及规划区三级资源数据库；曲靖和大理经济开发区环境规划、思茅孟连通商口岸环境规划、南盘江水污染综合防治规划均已进入实质性研究阶段；抚仙湖、星云湖流域环境规划已开始进行前期工作。①

七、1994 年环境保护规划与计划

1994 年 12 月 8 日，云南省人民政府办公厅正式批准《云南省环境保护局职能配置、内设机构和人员编制方案》。根据该方案，云南省环境保护局为云南省人民政府直属副厅级机构，是云南省环境保护委员会（议事协调机构）的办事机构，履行 11 条主要职责。②

"1722"工程是云南"八五"期间要抓好的重点工作之一。"1"——治理 100 家污染重、影响大的工业污染源。在编制完成《九十年代云南省工业污染防治规划》的基础上，1994 年对 100 家重点工业污染源的治理加强了现场调查和监督检查，已完成治理并通过验收的有 42 家，尚未进行治理的有 7 家，其余的正在积极治理之中。"7"——新增城市烟尘控制区 70 平方千米，这一指标已基本完成，将进一步巩固提高。"2"——新增 20 万吨/日城市污水处理能力。昆明市 10 万吨/日城市污水处理厂、楚雄市 1.5 万吨/日城市污水土地处理系统、江川县 0.5 万吨/日污水处理厂正在积极建设，昆明市 15 万吨/日第三污水处理厂正积极筹建，这些工程建设将形成 30 万吨/日城市污水处理能力。"2"——抓好滇池、南盘江 2 个流域的综合治理。滇池的综合治理已全面开始启动。滇池治理的关键是资金筹措。1994 年，经过省市有关部门的共同努力，国家计划委员会、财政部正式同意将云南环保项目列入国家向世界银行贷款 1996 年计划。世界银行也在首席代表考察滇池后原则上表示承诺。为了迎接世界银行代表团前来认可，云南省人民政府组织有关部门重新编制了《云南环境保护项目利用世界银行贷款项目建议书》（包括总报告和 16 个子项目建议书）。其中利用世界银行贷款 1.5 亿美元。云南省及昆明市成立了利用世界银行贷款环保项目协调领导小组，下设办公室。世界银行于 1994 年 7 月 1 日对云南环保项目进行了考察鉴别，同意以昆明滇池为主体的污染综合治理项目进行前期准备。另外，在世界银行贷款还未到位的情况下，云南省和昆明市

---

① 《云南年鉴》编辑部编：《云南年鉴（1995）》，昆明：《云南年鉴》杂志社，1995 年，第 272 页。
② 《云南年鉴》编辑部编：《云南年鉴（1994）》，昆明：《云南年鉴》杂志社，1994 年，第 276 页。

政府已开始依靠自己的力量来建设几项重点工程，以缓解滇池的污染。滇池防洪保护污水资源化一期工程（西园隧洞工程）已动工，至 1994 年底，掘进深度约 2000 米，二期工程已完成初步设计。外流域引水济昆正在进行方案选择。草海底疏挖已投入 200 万元，试挖了 10 万立方米淤泥。南盘江流域的综合治理，一方面，组织力量编制流域的水污染综合防治规划；另一方面，采取措施加强污染防治工作。[①]

1994 年，通过省、地、县环保部门的共同努力，完成了澜沧江流域环境规划、云南省环保产业发展规划、云南省环境保护"九五"计划和 2010 年长远规划（初稿）。特别是澜沧江流域环境规划在时间紧、任务重的情况下，按质按量完成规划任务，经专家评审，被认为在同类规划中在全国处于领先水平。曲靖和大理经济开发区环境规划、思茅孟连通商口岸环境规划、南盘江水污染综合防治规划、昆河工业走廊环境规划均完成大部分工作，预计 1995 年全部完成计划任务。[②]

八、1995 年环境保护规划与计划[③]

"八五"期间，云南省环境保护工作，一方面，加强环境法制，强化环境管理，积极推行国家行之有效的八项环境管理制度；另一方面，以云南省人民政府提出的实施"1722"工程为重点开展环保工作，加强老污染源的限期治理和严格控制污染源的产生。在云南省经济持续、快速发展，能源、资源消耗大幅度增加的情况下，污染物排放量的增长速度明显低于经济增长速度，万元产值工业废水废气排放量较"七五"期间均有不同程度下降，全省大部分地区环境质量基本保持稳定。在自然保护、资源保护、生物多样性保护以及环境监测、科研、宣传教育和国际合作与交流等方面也取得显著成绩，全省环境保护工作取得了长足的进展。

环境管理水平进一步提高。全省大中型建设项目"三同时"执行率达 95% 以上；环境保护目标责任制全面推行，全省 17 个地、州、市和 100 多个县（市）实行了政府环境保护目标责任制；限期治理和排污许可证制度试点也在积极推行，全省 100 家重点工业污染源的治理，到 1995 年底已完成 56 家，全省共发放排污许可证 1200 多个；组织了每年一度的全省城市环境综合整治定量考核；环境监理和排污收费工作有新进展，到 1995 年底，全省共成立了 79 个监理所（站），持环境监理证上岗人员达到 443 人。"八五"期间共征收排污费 23 862.81 万元，比"七五"期间的 11 609.04 万元增加了一倍多，5 年平均递增约 15.6%。

---

① 《云南年鉴》编辑部编：《云南年鉴（1995）》，昆明：《云南年鉴》杂志社，1995 年，第 273 页。
② 《云南年鉴》编辑部编：《云南年鉴（1995）》，昆明：《云南年鉴》杂志社，1995 年，第 274 页。
③ 《云南年鉴》编辑部编：《云南年鉴（1996）》，昆明：《云南年鉴》杂志社，1996 年，第 225 页。

工业污染防治取得明显成绩。"八五"期间，全省共安排新老污染治理资金20.5亿元。工业废水处理率增加到63.4%；工业废气处理率增加到77%；工业固体综合利用率上升到23.2%。滇池、南盘江两个流域的综合治理已开始启动，特别是争取世界银行贷款治理滇池的工作取得进展较快，已进入最后阶段。在世界银行贷款还未到位的情况下，云南省和昆明市政府已开始依靠自己的力量来建设几项重点工程，减缓滇池的污染。

环境法制建设得到加强。"八五"期间，全省共制定颁布了《云南省环境保护条例》等法规10个，并广泛开始每年一度的执法检查，特别是配合国家三年大检查，查处了在石林风景区违法建设水泥厂和西双版纳猎杀、走私贩卖大象等案件，取得了较好的效果。

自然保护工作稳步发展。"八五"期间，云南新建自然保护区24个，其中国家级2个、省级12个、地（州、市）县级10个，新增保护区面积50多万公顷，到1995年底，全省共建立自然保护区100个（国家级6个、省级43个、地县级51个），保护区面积已达210万公顷，初步形成类型多样、结构合理的保护区网络。成立了"云南省生物多样性保护委员会"，建立了云南省珍稀濒危植物引种繁育中心昆明基地，已引种栽培珍稀植物187种近万株，成为当时国内珍稀植物较为集中和保护较好的专业性基地之一。广泛开展了生态农业建设工作，建设生态乡（村）45个，面积达1713万亩。镇雄县土法炼硫污染治理全面完成，国家环境保护局、农业部联合在镇雄县召开了全国土法炼硫污染防治经验交流现场会，推广镇雄经验。

环境监测、科研进一步加强。"八五"末，全省已建立各级环境监测站88个，比"七五"新增19个，监测人员达987人，比"七五"新增203人，新增设备仪器207台（套）。5年间共获监测数据400多万个。坚持环境质量"五报"制度。环境科研方面，据不完全统计，完成了各级立项的环保科研项目94项，共获各级科技进步奖53项次；完成了一批区域环境规划研究项目；有8项环保实用技术被先后列为国家环保最佳实用技术，在全国推广应用。

环保宣传教育广泛开展。"八五"期间，坚持不懈地开展了环境保护宣传教育。在各种会议以及"六五"世界日、地球日、爱鸟周等节日，利用广播、电视、报刊，举办知识竞赛、征文、专题讲座、演唱会、培训班等多种宣传手段，广泛深入宣传环境保护这一基本国策和可持续发展思想，举办了全省环保法知识讲座及考试和以"环境、和平、友谊、进步"为主题的首届国际燕子洞碑林书画大赛；与云南电视台、云南日报社等单位组织了"云南环保纪行"活动；参加了1995年"中国昆明科技成果暨新技术新产品展览交易会"。这些活动在社会上引起了极大反响，对增强全省广大干部、群众环境意识起到了积极作用。

环保国际合作与交流不断扩大。与美国、英国、荷兰、德国、日本、澳大利亚、东南亚各国以及世界银行、亚洲开发银行等国家及金融组织进行了广泛的国际合作与交流，争取到贷款 15 450 万美元，赠款 545 万美元。

1995 年，通过省、地、县环保部门的共同努力，完成了南盘江流域（曲靖段）水污染防治规划，昆明段的规划已开始前期工作；丽江古城、玉龙雪山环境规划完成了前期工作；抚仙湖、星云湖环境规划通过了工作大纲；《云南省环境保护"九五"计划和 2010 年长远规划》已编制完成，经云南省环境保护委员会审议通过正式上报云南省人民政府和国家环境保护局，滇池污染综合治理项目已纳入《中国跨世纪绿色工程规划》加以实施。

九、1996 年环境保护规划与计划[①]

1996 年 8 月 9 日，云南省委第 17 次常务委员会议召开，会议听取了云南省环境保护局局长李广润关于参加第四次全国环保会议及云南省环保工作的情况汇报。常务委员会议认为：第四次全国环保会议开得及时，意义深远。云南山清水秀，环境优美，将来要建成旅游大省，环保问题迫在眉睫，必须抓好。"九五"期间，云南省环保工作主要从四个方面着手：①坚持基本国策，搞好环境保护；②健全环保机构，依法管理；③坚持开发与保护并重；④加大资金投入，加快治理步伐。会议提出滇池治理步伐要加快，争取 5 年取得阶段性成果。会议决定，尽快以省委、省政府名义召开第六次全省环境保护会议，贯彻全国第四次环保会议精神，总结经验、表彰先进、部署"九五"环保工作，会议规模开到县级。

1996 年 9 月 20 日，云南省省长和志强主持召开省长办公会议，专门研究贯彻《国务院关于环境保护若干问题的决定》和云南省环境保护工作。会议提出要做好 8 个方面的工作：①提高各级干部和全民对环境保护基本国策的认识。②要治理污染源。③抓紧以滇池为重点的 9 个天然高原湖泊的保护和治理工作。④全面实施 6 大水系的保护。⑤加快植树造林速度，坚决完成 2000 年前全省森林覆盖率达到 30%的任务。⑥加大执法力度，强化环境监督管理，依法保护环境。⑦加大对环境保护的投资力度，确保目标的实现。⑧决定召开全省环境保护会议，落实"九五"环境保护计划和 2010 年远景目标。实施"1369"绿色工程计划是实现云南"九五"环境保护目标的关键，也是"九五"期间云南环境保护的主要任务。"1369"工程是指："1"，即"九五"期间筛选 100 家重点工业污染源进行治理；"3"，即新增 30 万吨/日城市污水处理能力；

---

① 《云南年鉴》编辑部编：《云南年鉴（1997）》，昆明：《云南年鉴》杂志社，1997 年，第 224 页。

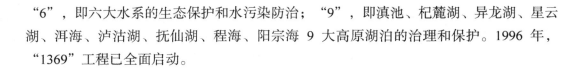

"6"，即六大水系的生态保护和水污染防治；"9"，即滇池、杞麓湖、异龙湖、星云湖、洱海、泸沽湖、抚仙湖、程海、阳宗海 9 大高原湖泊的治理和保护。1996 年，"1369"工程已全面启动。

十、1997 年环境保护规划与计划①

1997 年 1 月 20 日，云南省省长和志强在第六次全省环境保护会议上做了讲话《加强环境保护工作　促进云南经济社会持续发展——在第六次全省环境保护会议上的讲话》。这次全省环境保护会议，是在全省人民认真贯彻执行党的十四届六中全会和省第六次党代会精神，胜利完成国民经济和社会发展"九五"计划第一年各项任务的重要时刻召开的，是云南省实施可持续发展战略的一次重要会议。会议的主要任务：贯彻全国环境保护会议精神，加强云南环境保护工作，保证可持续发展，为实现全省国民经济和社会发展目标创造良好条件。这次会议指出了以下八个方面的内容。

（一）"八五"以来，云南省环境保护工作取得了明显的成绩

"八五"以来，云南省认真贯彻环境保护基本国策，按照"全面规划、合理布局、综合利用、化害为利、依靠群众、大家动手、保护环境、造福人民"的工作方针，经过全省上下共同努力，在生物多样性保护、环境法制建设和严格环境管理等方面做了大量的工作，取得了实质性的进展。局部地区的环境质量有了较大改善，基本上遏制了环境进一步恶化的势头，有效地促进了全省经济的持续、健康、快速发展。

（1）环境保护意识不断增强。云南省成立了环境保护宣传领导小组，各部门密切配合，全面开展了大规模、多层次、多形式的群众性宣传活动，对环境保护基层工作者和企业厂长经理进行了各种培训，使环境宣传日益走向社会。广大干部群众对中央和省委、省政府关于加强环境保护的重要指示有了更加深刻的理解，对加强云南省环境保护工作的重要性、紧迫性有了进一步的认识，全民的环境保护意识普遍增强。

（2）建立了一系列环境保护法律法规。为了使环境保护工作适应建立社会主义市场经济体制的需要，走上法制化、规范化轨道，云南省加快了环境立法的进程，健全了环境保护法律法规体系和管理体系。已颁布了《云南省环境保护条例》《云南省城乡集体个体企业环境保护管理办法》《云南省征收排污费管理办法》《云南省珍稀濒危植物保护管理暂行规定》和抚仙湖、星云湖、杞麓湖、阳宗海等一系列环境保护的法规。监

---

① 和志强：《加强环境保护工作 促进云南经济社会持续发展——在第六次全省环境保护会议上的讲话》，《云南政报》1997 年第 2 期。

督管理工作进一步强化，坚持经常性的执法检查，查处了一批环境保护违法案件，保证了环境保护法律、法规的顺利实施。

（3）对一批工业污染和城市"三废"项目进行了治理。工业污染和城市"三废"是影响云南省环境的两个重要方面。"八五"期间，云南省投入 20 多亿元，集中力量进行工业污染治理，取得了较大成绩。增加工业废水处理能力 98.7 万吨/日，废气处理能力 860.4 万标准立方米/时和固体废弃物处理能力 479.3 万吨/年。1995 年"三废"综合利用率达到 23.6%。全省 100 家重点工业污染源中有 56 家完成了治理任务并通过了验收。建成了 106 平方千米的烟尘控制区；城市污水处理能力从无到有，新建了昆明市第二污水厂、楚雄市城市污水土地处理系统、江川县污水处理厂和昆明第三污水处理厂，日处理能力已达 21.5 万吨，超额完成了新增 20 万吨/日城市污水处理能力的任务。滇池、南盘江流域综合治理开始启动，已建成 3 个污水处理厂，全线贯通了西苑隧洞。

（4）自然保护工作稳步发展，生态环境有所改善。全省已初步形成了类型多样、结构合理的自然保护区网络。加大植树造林力度，5 年中完成植树造林面积 2457 万亩，森林覆盖率提高到 25%。加强了小流域治理，治理水土流失面积 2.02 万平方千米，使水土流失得到初步控制。建立了面积为 202.5 万公顷的 104 个自然保护区和面积为 1713 万亩的 45 个生态乡（村）。全面完成了镇雄县土法炼硫污染治理。全面实施"中国生物多样性保护行动计划"，成立了"云南省生物多样性保护委员会"，建成珍稀濒危植物引种繁育中心昆明基地。

（5）加强环境管理，建立了一批环境保护的监测机构。积极稳妥地推行了政府环境保护的目标责任制等五项环境管理制度。云南省人民政府颁布了《云南省本届政府（1993—1998 年）环境保护目标与任务》，并与全省 17 个地州签订了任期目标责任书；完成了水污染物申报登记，发放了排污许可证；开展了大气污染物排污许可证试点工作；在全省实施城市环境综合整治定量考核工作，对企业的污染治理起到了积极的促进作用。建立各地环境监测站 87 个，初步形成了以省站为中心，各地、州、市监测站为骨干的全省环境监测网络。

（6）加强与各国环境组织的联系，取得了一批环境科研成果。广泛开展与英国、澳大利亚、意大利等 10 多个国家，联合国、欧盟、湄公河委员会等国际组织以及世界银行、亚洲开发银行等国际金融组织的合作与交流，争取到一些国际援助，推进了云南省环境保护科研工作。"八五"期间，开展了 100 多项环境科研项目，其中 53 项获各级科技进步奖，有 8 项环境保护实用技术在全国推广应用，滇池污染治理科研项目为综合治理滇池提供了科学的依据和具体的操作方案。

（二）当前云南省环境保护工作面临的形势仍然严峻

"九五"和今后更长的一段时间内，云南省的环境保护工作仍然面临着严峻的形势，主要表现在以下几个方面：

（1）城市、农村生活环境质量下降。城市和农村居民点是人类的两大生活居住区，对环境的质量要求较高。然而，云南省城市和农村的环境质量状况却不容乐观。据统计，1995年，全省工业废水排水量近5亿吨、生活污水排放量3.7亿吨、废气排放总量2106.5亿标准立方米、工业固体废弃物排放量515.7万吨，都比1994年增长了。由于"三废"不断增加，而治污工作跟不上，所以造成城乡环境质量下降。

全省19个城市（镇）的28个饮用水源中，不符合集中式饮用水源一、二级保护标准的占39.3%，与1991年相比，上升了10个百分点。大气环境质量符合二级标准的仅有丽江，符合三级标准的有曲靖、个旧、保山、景洪、思茅、临沧、河口等城市（镇），达不到三级标准的城镇占53%。由于大气质量下降恶化，城市（镇）出现酸雨的范围比1990年上升30个百分点。城市（镇）噪声污染、交通拥挤、住房紧张、绿化率低等现象也较为突出。农村的环境质量受客观条件的影响，也有不同程度的下降。

（2）水资源污染面扩大，水土流失严重。水环境污染和供水能力紧缺是云南省主要的环境问题之一。由于资源过度开发利用与自然环境退化，江河湖泊不断遭受污染，主要江河湖泊污染面接近百分之百。据1995年统计，全省六大水系水质受污染而达不到国家标准的占37.9%；16个主要湖泊中，水质达不到国家标准的占37.5%。从全省范围看，江河、湖泊水质总的趋势是水质好的比例减少，水质差的比例增加，水质在恶化。

毁草开荒、滥砍滥伐现象时有发生，一些边远贫困地区人口盲目垦荒，"越穷越垦、越垦越穷"，加剧了水土流失。全省水土流失面积已占总土地面积的38%，1995年农业人均占有耕地比1984年减少12.8%，土壤耕层变薄，肥力下降。此外，自然灾害有明显加剧的趋势。

（3）受环境影响，全省珍稀生物物种减少。云南生物物种资源极其丰富，名列国内各省市区首位，仅植物中种子植物、蕨类植物和苔藓植物的种数就分别占全国该类植物种数的一半左右。这些植物广泛地分布于云南省境内从海拔几十米到6740米呈多样性的热、温、寒区域。动物物种也占全国一半左右。正是这些丰富的物种资源使云南省享有"动物王国""植物王国"的美誉。然而，由于生态环境日益恶化，物种逐渐减少甚至有的已经灭绝。据专家估计，仅西双版纳自1957年以来，植物种质资源的流失和处于濒危状态的就有500—800种之多。

（4）环境治理投入仍然不足，新的污染源不断出现。环境保护投入是环境保护的物质基础。省委、省政府加大了对环境保护投入的力度，但环境治理投入的增长赶不上污染速度的增长，目前形成的污水处理能力还远不能满足治污的需要。由于城市化和工业化进程加快以及人口不断增加，新的污染源不断出现。以城市为中心的环境污染有向农村蔓延之势。我们面临着治理污染和防治新污染的双重挑战。

（5）环境管理力度不够。地县环境保护部门不健全，管理不够有力，有法不依、执法不严、违法不究的现象依然存在。有的地方只顾眼前利益而忽视长远利益，"一个厂污染一条河，一个烟囱污染一片天"的问题仍很突出。一些企业由于忽视环境保护，不时造成环境污染事故，带来很大损失，环境纠纷案件逐年增多。滥捕乱猎、走私贩卖珍稀野生动物的案件时有发生。

各级政府必须对这些问题提起高度重视，并采取切实措施，认真加以解决。

（三）按照可持续发展的要求，把云南省环境保护工作推向新阶段

环境保护是一项基本国策，搞好环境保护，对实现可持续发展有着极为深远的影响，是社会文明进步的重要标志，也是树立云南省良好国际形象的重要方面，必须狠下功夫，抓紧抓好。

党中央、国务院高度重视环境保护工作。会议要求各级政府和有关部门切实加强对环境保护工作的领导，采取有效措施，实现"九五"环境保护目标，真正把环境保护基本国策落到实处。会后，国务院做出了《关于环境保护若干问题的决定》，提出了 10 个方面的政策措施，对环境保护工作提出了具体要求。江泽民总书记的讲话及国务院的决定，为全国跨世纪的环境保护工作指明了方向，我们一定要认真学习、深入贯彻，不断开创全省环境保护工作的新局面。

云南省第八届人民代表大会第四次会议批准的《云南省国民经济和社会发展"九五"计划和 2010 远景目标》，勾画了云南省跨世纪环境保护工作的蓝图，主要目标是：到 2000 年，力争部分城市、集镇和水域的环境质量有所改善，环境恶化的趋势得到初步遏制。工业废气处理率达到88%；工业固体废弃物综合治理率达到45%，综合利用率达到30%；工业废水处理率达到70%；森林覆盖率达到30%；自然保护区面积占全省土地总面积的8%。到 2010 年，生态环境恶化的状况得到控制，城乡环境有比较明显的改善。根据以上要求，云南省环境保护局制定了《云南省环境保护"九五"计划和2010 年长远规划》。云南省人民政府经过研究决定批准这一计划，并责成云南省环境保护局认真组织实施。

根据第四次全国环境保护会议的精神，结合云南省实际，"九五"期间，云南省要重点实施三项具有战略意义的计划或工程。

第一，实施云南省污染物排放总量控制计划。要将严重污染水体和大气环境的 10

种主要污染物排放量，按国家总体部署控制在 1995 年的指标内，在经济比较发达但污染严重的地区，尤其是昆明、开远、个旧、大理等城市，要求新建、改建、扩建项目在投产使用时，做到"增产不增污"或"增产减污"，有效控制本地区污染负荷的增加。需要强调的是，云南省的四大支柱产业对生态环境有着较强的依赖性，四大支柱产业的建设项目也必须经过严格的环境评价，主体工程和环境保护工程必须同时设计、同时建设、同时投产，决不允许再走"先污染，后治理"的路子，有的城市在实施"退二进三"战略中，不能因为工厂搬出城市而忽视环境保护工作，也不能搞污染转移。

第二，实施《云南省跨世纪"1369"绿色工程规划》，主要内容是：①在"八五"治理 100 家重点污染源取得成绩的基础上，"九五"再筛选 100 家重点工业污染源进行治理，争取把工业污染控制在较低限度。②新增 20 万吨/日污水处理能力，使重点城市的生活污水得到有效治理。③抓紧进行 6 大江河流域的保护，分不同情况进行水污染防治、生态建设、防护林工程建设等。④重点治理和保护滇池、杞麓湖、异龙湖、星云湖、洱海、抚仙湖、泸沽湖、程海、阳宗海等 9 个高原湖泊，使这些高原明珠重放异彩。

第三，实施大面积、区域性保护生态工程。环境保护要标本兼治，以治为主。为了从根本上彻底扭转生态日益恶化的趋势，需要实施大面积、区域性保护生态工程。例如，滇西北环境保护工程，要逐步停止开发滇西北森林，以保护三江流域生态。1994年撤销了丽江黑白水林业局，1995 年决定中甸林业局逐步转产，1996 年决定在德钦县境内停止开发森林，再采取一些措施后，要进入根本不采伐的时代。再如，西双版纳现场会决定，停止在西双版纳新建、扩建糖厂，分三年完成甘蔗下山，退耕还林，保住这一中国的唯一绿宝石——热带雨林。为了保住高原明珠——九大湖泊，必须统一实行六不准：不准搞机动船，不准网箱养鱼，不准把生产、生活废水排入湖泊，不准乱引物种破坏生态平衡，不准取水量超过规定量，不准破坏水源林等。再如，在边境地区实施"不把刀耕火种带到 21 世纪工程"等。

实施以上工程，要求我们坚决贯彻执行环境保护基本国策，统筹规划，把环境保护作为经济社会发展中的重要组成部分，以环保作为重要的推动力量和经济建设的重要内容，使经济建设、社会发展和环境保护相互协调、互相促进，更好地实现第二步战略目标，并为 21 世纪的发展打下良好的基础。

（四）明确环保重点，增加资金投入

环境保护涉及经济社会生活的各个方面，只有抓住重点、突破难点，才能有效控制污染。从云南的实际出发，环保工作应抓住四个重点：一是工业污染的防治。二是重点城市环境综合整治。昆明、个旧、曲靖、大理、开远、景洪等城市要在控制和治理污染方面加大力度，新建一批污水处理厂、垃圾处理厂。城市发展一定要结合环境保护的需要，做好规划。排污设施要有长远打算，力争做到一次设计，一次施工，30 年以后还能满足需要。三是水资源的保护，抓紧以滇池为重点的 9 个天然湖泊的保护和治理。治理滇池、洱海的条件已经成熟，要尽快组织实施，异龙湖等的治理也要抓紧进行。全面实施六大水系的保护，重点是长江、澜沧江和红河三条水系的防治。要配合国家搞好长江中上游防护林工程和红河流域恢复生态工程。流域内一批砍伐森林严重的森工企业要转产，不利于环境保护的开发项目要坚决停止。六大水系的环境直接影响到东南亚乃至亚洲的广大地区，我们有责任保护好亚洲的水源。四是珍稀动植物保护。云南省是中国乃至世界上难得的物种基因库，珍稀动植物极多。一个物种的形成，有的要几十万年的时间，一旦灭绝，就再难重生。要建设好自然保护区，办好云南省的珍稀生物繁育保护中心，并根据物种分布，在文山、丽江、西双版纳布局一批珍稀生物物种保护中心，形成完整的珍稀生物保护体系。

继续增加对环境保护的投入，建立稳定而有效的资金渠道。云南省人民政府决定，"九五"期间，省财政每年安排 3000 万元的专项资金，主要用于污染治理与公益性强的重大环境建设项目和示范工程。各地也要安排相应的专项资金。要求严格按照"谁污染谁治理""谁开发，谁保护"的原则，多方面筹集环保资金。加大企业排污费收取的力度，城市排污费收取也要逐渐形成制度。排污费必须专款专用，不得挪作他用。

（五）针对云南特点，加强环境科研

环境保护是一项科学性很强的工作。云南省特殊的自然地理，造就了独特的环境，因此云南省的环保工作也有自己的特殊性。要加强环境科学的基础研究和应用研究，完善环境科研体系，使云南省的环保工作建立在科学的基础之上。依靠科技进步，提高监督、监测能力。在重点地区再建一批环境监测站；大力开发和推广使用环保实用技术和生态恢复新技术，推动环保产业发展。大专院校和科研机构也要加强环保研究，提供一批有价值的成果，并选择一批乡镇企业和污染大的小企业试点，取得成果后逐渐推开。

（六）落实环保责任制，增强全社会的环保自觉性

1994 年以来，云南省已经推行了环境保护目标责任制，全省 17 个地、州、市政府（行署）领导与云南省人民政府签订了环境保护任期目标责任书。要继续落实和完善环境保护行政领导负责制，县、乡企业也要同上一级部门签订有奖有惩的责任状，层层落实，层层负责，并且把当地环境质量作为考核政府主要领导工作实绩的一项重要内容。

动员、组织全社会自觉参与环保工作。继续开展全民植树活动，加快植树造林速度，坚决完成 2000 年前绿化云南大地的任务，使全省森林覆盖率超过 30%。帮助农村和边远山区农民改变传统习惯，推广文明的生活方式，以节约资源、减少污染。加快农村电气化县建设，提倡以电代材，以气代材，减少木材消耗。促使还处于游动状态的少数民族定居固耕，废除刀耕火种，发展现代农业，既恢复生态，又加速脱贫。

（七）加快各级环保机构建设，充实环保力量

对环境保护的指导、监督和服务工作，需要环境保护职能机构来执行。云南省环保机构不健全，人员少、力量弱，已难于承担相应的任务，必须加强和充实。按照《云南省环境保护条例》的要求，各地、州、市和环境污染、生态破坏严重的县应设相应工作机构，其他县也应有专门人员进行环境管理。各级政府要不断提高环保经费占生产总值的比重，保证环保工作的需要，并抽调作风过硬、业务较强的人员充实环保队伍。

（八）大力开展国际合作，争取国际社会对云南省环保工作的更多支持

要主动宣传云南的环保工作，争取国际社会更多的支持和援助。在"八五"期间云南省环境保护国际合作已取得重要进展的基础上，继续加大工作力度，力争"九五"期间在红河干热河谷生态恢复、滇南湖群综合治理、澜沧江防护林工程建设、生物多样性保护等方面取得新的突破。进一步开展国际交流，引进国外先进的科学技术，提高云南省环境科研水平。

搞好环境保护是实现可持续发展的基础性工作，踏实工作，努力完成各项环保任务，为云南经济社会持续、快速、健康发展创造更好的环境条件。

十一、1998 年环境保护规划与计划[①]

《云南省跨世纪"1369"绿色工程规划》是实现云南省"九五"环保目标，改善全省环境质量的一项重要措施。对于全省 100 家重点企业工业污染源的治理，为全面掌握治理进度，加强督促检查力度，云南省环境保护局组成两个检查组到 10 个地、州、市 44 家企业进行了现场检查，摸清了重点污染源的治理情况，已完成了治理任务的 45 项（含破产、停产、转产的 12 项）。其余多数已提出治理方案，昆明、玉溪等地、州、市还提出了本地区限期治理项目，要求全部于 2000 年底前完成治理任务。新建 30 万吨/

日城市污水处理能力，全省已建成 6 个城市污水处理厂，形成城市污水处理能力 38.5 万吨/日。抓紧制定澜沧江、南盘江、金沙江、红河、怒江、伊洛瓦底江支流瑞丽江六大水系的生态保护和水污染防治规划。南盘江水污染防治规划已经完成。加大了对九大高原湖泊的治理和保护力度，其中滇池已被列为国家"三湖"重点治理项目，国务院已明确批复治理滇池的三个阶段性治理目标，从宏观上对综合治理滇池水污染起到了重要作用。其余八大高原湖泊环境规划已基本完成。

十二、1999 年环境保护规划与计划

1999 年，云南省委首次召开了计划生育和环保工作座谈会。省委书记令狐安做了重要讲话，对全省环保工作提出了明确要求，要求各地党政一把手要调查研究，安排部署，督促检查，把环境保护作为实施可持续发展的主要措施，抓紧落实，真正做到责任到位、措施到位、投入到位，切实抓住成效。省委座谈会后，全省绝大部分地、州、市相继召开座谈会，贯彻落实省委座谈会精神，各地、州、市党委和政府还采取措施及时解决环境保护工作中存在的问题。昆明市委、市政府结合世界园艺博览会要求，采取措施加大了城市环境综合整治的力度；曲靖、临沧、文山、怒江等四个环境保护任务较重的地、州、市加强环保机构建设，先后成立了独立建制的环境保护局。玉溪市、西双版纳傣族自治州、丽江地区所辖县（市、区）全部成立了环境保护局；昆明市、思茅地区大部分县（市、区）也成立了独立建制的环境保护局。到 1999 年，全省已有 14 个地、州、市，51 个县成立了独立建制的环境保护局。[1]

1999 年，全省围绕滇池污染治理及"1369"跨世纪绿色工程计划，不断增加投入，建设了一批污染防治和生态保护项目。纳入 1999 年省固定资产投资计划的环保项目共安排建设资金 9.746 亿元，其中省预算内资金 6860 万元，世界银行贷款 5.77 亿元，意大利政府贷款 3600 万元，地方自筹和政策性收费 1.13 亿元，国家扩大内需补助资金 1.46 亿元，地方债券 3400 万元。工业企业也积极加大污染防治力度，滇池治理"零点行动"中，滇池流域达标排放重点考核的 253 家企业共投入 1.36 亿元进行治理，加上其他工业企业污染治理和新建设项目"三同时"环保工程投资，1999 年全省工业企业老污染源治理和新建项目"三同时"环保工程工业废水、废气、固体废弃物治理项目超过300 项，投资 4 亿元左右。[2]

---

① 《云南年鉴》编辑部编：《云南年鉴（2000）》，昆明：《云南年鉴》杂志社，2000 年，第 215 页。
② 《云南年鉴》编辑部编：《云南年鉴（2000）》，昆明：《云南年鉴》杂志社，2000 年，第 217 页。

第五节　环境保护监督与管理

一、1990 年环境保护监督与管理

1990 年 6 月 3—10 日，国务院环境保护委员会副主任、国家环境保护局局长曲格平和商业部副部长傅立民率国务院委员会视察组一行 14 人，到云南省视察环境保护工作。视察期间，视察组听取了云南省环境保护委员会副主任李广润关于第三次全国环境保护会议以来全省环保工作情况的汇报，先后视察了昆明的大观河、滇池、云南磷肥厂、昆明三聚磷酸钠厂、昆明市第一污水处理厂和第五自来水厂，西双版纳傣族自治州的中国科学院西双版纳热带作物研究所、药物研究所，西双版纳建设局，州环境监测站。视察组还分别同有关市、州政府的领导就环保工作、城市规划及其实施，尤其是对滇池污染治理和保护等问题，交换了意见和看法。6 月 9 日，中共云南省委、省政府的部分领导同志会见并听取了视察组的视察意见。视察组认为，云南地处高原，交通不便，要解决好粮食自给问题。制约云南农业发展的一个因素是植被破坏、水土流失，因此，保护生态环境很重要。云南省资源丰富、发展工业很有前途，但是磷化工业和有色金属工业都是污染环境的行业，国家一时不可能花很多钱投资于污染治理，因此在发展的同时要注意全面规划、合理布局。大观河的污染已经相当严重，草海的水质也令人担忧，要保护好滇池。在这个问题上，省、市的态度很积极，但是完全依靠地方搞好这项工作看来有困难。视察组回去向中央汇报，争取国家在财力、物力和政策上对滇池保护和治理给予支持。云南省环保工作任务重，需要加强领导、加强管理。普朝柱、和志强在讲话中表示，视察组的意见很好，符合云南省实际情况。云南省经济要发展，必须保护好生态环境。鉴于云南环境保护工作任务重，要加强环保工作的领导，省级环保机构要独立出来，发挥监督职能作用。[①]

1990 年 10 月 30 日，云南省、昆明市各有关部门领导一行 35 人，对滇池污染及其治理情况进行了视察。昆明市政府领导首先向大家介绍了滇池的污染情况。草海的有机污染和砷污染十分严重，总氮、总磷、生化需氧量等全部超过国家标准，水中溶解氧最低值为零。草海水生生物，20 世纪 50 年代时有 100 多种，到 80 年代只剩下 30 多种。水中藻类数量，1988 年是 1982 年的 4 倍。外海达到富营养化水平的水域已占全水

---

① 《云南年鉴》编辑部编：《云南年鉴（1991）》，昆明：《云南年鉴》杂志社，1991 年，第 321 页。

域的 84%。滇池的污染主要来自三个方面：①工业废水，每天受纳 30 万吨。②生活污水，每天受纳 21.7 万吨。③农业、畜牧业污染，每年排入滇池的有毒有害物质不低于 1.3 万吨。

实地视察结束后，李树基副省长表示，治理滇池刻不容缓。滇池的保护和治理是昆明市的一项重要任务，是市政府任期目标的重要内容，是省环境保护委员会的重要工作，要列入市的"八五"计划和规划，也要列入省的计划，争取列入国家计划。[①]

二、1991 年环境保护监督与管理

1991 年，有五项管理制度试行和推广取得突破性进展。1991 年共审批环境影响报告书、报告表、评价大纲 67 项，办理竣工验收手续 13 项。对迪庆纸厂等全省 19 家企业进行了"三同时"制度检查。排污费征收额有大幅度提高，1991 年计划征收排污费 2700 万元，实际征收 3516.14 万元，比计划超收约 30%，比 1990 年增长 9.6%。同时，全面贯彻执行国家排污费预算会计制度和新的超标污水和噪声的征收标准，举办了多期培训班。1991 年 12 月，在全省第四次环境保护会议上，昆明、大理、楚雄、红河、曲靖 5 个地、州、市的政府领导与云南省人民政府签订了环境保护任期目标责任书。进行污染物登记和发放许可证制度试点工作的大理、开远、个旧、畹町及昆明市西山区、螳螂川流域已基本完成试点工作，有 239 个单位办理了申报登记手续，有 25 家企业领到了环保部门颁发的排污许可证。进行城市环境综合整治试点的昆明、开远、个旧、大理已对 8 项指标进行了考核，并结合实际拟定了省考核实施办法。在实行污染集中控制制度中，兰坪铅锌矿开发对沘江污染的综合治理、镇雄土法炼硫污染治理及绿汁江的综合治理工程已取得了显著成绩。污染限期治理工作已完成国家第二批限期治理项目的落实、上报工作，并提出了云南省 9 项国家限期治理项目，其中有两项已经完成。[②]

三、1992 年环境保护监督与管理

环境管理新老八项制度在深化改革、强化管理中不断巩固、提高和推广。适应新形势，积极参与云南省重大建设项目的论证、立项和实施，协调经济发展与环境保护的关系；积极探索建设项目环境管理的新措施，使其进一步规范化、科学化。1992 年，全国各级环保部门参与了兰坪铅锌矿开发、衣康酸工程、阳宗海旅游度假区、文山壮族苗族自治州战区恢复重建等省长现场办公会，积极出谋划策或组织专家

---

① 《云南年鉴》编辑部编：《云南年鉴（1991）》，昆明：《云南年鉴》杂志社，1991 年，第 322 页。
② 《云南年鉴》编辑部编：《云南年鉴（1992）》，昆明：《云南年鉴》杂志社，1992 年，第 265 页。

论证，不仅满足了进度要求，还坚持了环保方面的措施和要求。省环保部门共审办了 70 个建设项目，参加了 27 个项目的初步设计审查或可行性研究报告审查，对 12 项环保设施进行了竣工验收。排污监理工作实行目标管理，有效地增强了环境监理人员的责任心和自觉性，排污费征收额大幅度提高。根据 1991 年的征收基数，下达了 1992 年的征收指标，相应制定了《云南省环境监理考评暂行办法》。与此同时，为加强环境监理工作的管理，全省环境监理档案也基本建立。排污申报登记和许可证制度进展顺利。大理、开远、昆明、个旧开展了水污染物排放许可证制度试点工作验收。全省共对 290 个单位进行了排污申报登记，对 25 家重点污染企业颁发了排污许可证。开展大气排污许可证试点工作的开远市，已完成排污申报登记及二氧化硫发证工作。环境保护目标责任制和城市环境综合整治进一步得到落实。1991 年与云南省人民政府签订政府环境保护目标责任书的昆明、楚雄、红河、曲靖、大理 5 个地、州、市，1992 年按照责任书的要求做了大量工作，成效显著。1992 年，云南省城市全面开展了城市环境综合整治工作，建成烟尘控制区 16 个，面积 9.23 平方千米，建成环境噪声达标区 8 个，面积 4 平方千米；楚雄市开展了城市污水土地处理工作，保山、曲靖、大理也积极准备开展城市污水土地处理工作。[①]

四、1993 年环境保护监督与管理[②]

改进建设项目环境管理。一是正确处理宏观管理和微观管理的关系，省、地（州、市）环保部门在抓好重点项目审批的同时，积极探索宏观管理的途径和方法。二是在不放松环保审批要求、严格把关的同时，改进工作方法，简化管理程序，提高工作效率和管理水平。三是为保证环评质量，对持有建设项目环境影响评价证书的 17 个单位进行了考核。促进持证单位对环评工作的重视、领导和对建设项目环境影响评价中涉及有关政策、法规、标准、技术规范的进一步学习和提高。

环境保护目标责任制试点取得初步成果。在全省各级政府和环保等有关部门的共同努力下，《本届政府环境保护目标与任务》（1988—1992 年）的任务已基本完成，确定的目标基本实现，对改善云南省环境质量起到积极作用。在 1991 年全省第四次环保会议上，与云南省人民政府签订环境保护任期目标责任书的曲靖、大理、昆明、红河、楚雄 5 个地、州、市，通过近两年的努力，进展顺利，效果显著。云南省人民政府组织对 5 个地、州、市的执行情况进行考评发现，各项指标都控制在预定目标以内，较好地完成或超额完成了责任书规定的任务。

---

① 《云南年鉴》编辑部编：《云南年鉴（1993）》，昆明：《云南年鉴》杂志社，1993 年，第 254 页。
② 《云南年鉴》编辑部编：《云南年鉴（1994）》，昆明：《云南年鉴》杂志社，1994 年，第 275 页。

五、1994 年环境保护监督与管理[①]

1994 年，全省环保部门继续在转变职能、提高效率、搞好服务方面狠下功夫，在不放松环保审批要求、严格把关的同时，改进工作方法，简化管理程序，提高工作效率和管理水平。与此同时，加强了"三同时"制度检查和竣工验收工作。省环保部门组织对全省 6 个地、州、轻工类 20 个企业、化工类 7 个企业、冶金类 15 个企业进行了"三同时"制度检查，并及时向云南省人民政府及有关部门反映。促进和保证了"三同时"制度的落实，取得了较好的效果。

全面推行环境保护目标责任制。1994 年，制定了新一届政府（1995—1998 年）环境保护目标与任务，经云南省人民政府批准颁布实施。1994 年 3 月，在全省第五次环境保护会议上，17 个地、州、市政府（行署）均与云南省人民政府签订了环境保护任期目标责任书。随后，曲靖、丽江、玉溪、思茅、楚雄、临沧、大理、东川与所辖县（市）相继逐级签订责任书，将环境保护目标责任制进一步引向深入。

1994 年，在全省 11 个城市组织开展了城市环境综合整治定量考核工作，考核结果为楚雄、保山、昆明名列前 3 名。昆明、曲靖、西双版纳、临沧、昭通、怒江、迪庆先后开展了水污染物排污许可证工作，到年底，总计进行排污申报登记的企业 1119 个，其中昆明市即达 880 个之多。个旧市按规定完成了水排污许可证的复核换证工作，转入正常运转；开远市大气排污许可证工作列为全国试点，经过多年努力终于完成了试点任务，顺利通过国家第二批验收，受到好评。

六、1995 年环境保护监督与管理

为加强建设项目环境管理，1995 年云南省环境保护局与计划委员会、经济贸易委员会、建设厅协商研究，按照"统一管理，分级审批，严格把关，各负其责，协同工作"的原则，调整了云南建设项目环境影响评价审批权限，省今后负责审批 2000 万元以上非生产性建设项目，县（市）审批权限由各地、州、省辖市根据当地机构、人员、管理能力自行确定。大理、红河等地、州制定了相应的贯彻方案和实施意见。在环境影响评价方面，还重点抓了世界银行滇池贷款项目的环境影响评价，并配合可行性研究，按世界银行要求的进度，保质、保量完成任务。配合亚洲开发银行和国家环境保护局在云南举办了亚洲开发银行二期项目环评培训班，培训学员 50 余人。[②]

① 《云南年鉴》编辑部编：《云南年鉴（1995）》，昆明：《云南年鉴》杂志社，1995 年，第 273 页。
② 《云南年鉴》编辑部编：《云南年鉴（1996）》，昆明：《云南年鉴》杂志社，1996 年，第 226 页。

全省 17 个地、州、市政府（行署）和 100 多个县（市）在 1995 年普遍实行了政府环境保护目标责任制。省局在省政府的领导下，重点抓住了本届政府环境保护目标责任制的年度检查和考评工作，组织以省环境保护局和省法制局为主的省政府检查组对玉溪、思茅地区进行了为期 10 天的现场检查和考评。云南省人民政府还组织在曲靖召开了"云南省环境保护目标责任书年度计划检查考评会"，对全省 17 个地、州、市环境保护目标责任书年度计划执行情况进行了检查、考评。通过检查、考评，曲靖、大理、楚雄、红河、玉溪获得好评。①

七、1996 年环境保护监督与管理

建设项目环境管理。据不完全统计，1996 年云南省各地区、各部门向环保部门申报的项目总计 602 项，总投资 142.65 亿元。其中省管项目 59 项，投资 84.87 亿元，地市管项目 226 项，县管项目 317 项，其中有 34 个项目编制了报告书。共审批投资在 2000 万元以上的新建项目环境影响报告书（表）47 项，审批建设项目环境保护设施竣工验收 23 项。对阳宗海电厂等部分在建项目进行了"三同时"执行情况检查。妥善处理了东川铝厂三期扩建工程、大理造纸厂技改项目等一批敏感的建设项目在前期工作中存在的问题，加快了项目前期工作进度。②

八、1997 年环境保护监督与管理③

1997 年是签订本届政府环境保护目标责任书的第 5 年，云南省人民政府发出了《关于进行环境保护目标责任书完成情况终期检查考评的通知》，在 17 个地、州、市进行自查的基础上，云南省环境保护局受云南省人民政府委派于 1997 年 11 月 16—27 日组织两个检查组对 17 个地、州、市本届政府环境保护目标责任书完成情况进行了终期检查考评，重点考评了临沧地区、曲靖地区、红河哈尼族彝族自治州、大理白族自治州，17 个地、州、市政府完成或基本完成了该届政府环境保护目标责任书中确定的各项任务，达到了预期的目标。根据各地完成情况的差异，分为一、二、三等奖给予奖励。

1997 年，完成有审批的建设项目的环评报告书 30 件，其中，国家审批的 3 件，报告表 18 件，履行竣工验收手续 12 件。在新办理的验收项目中，"三同时"执行率达到 100%，且均做到达标排放，技术改造项目的污染物排放总量均有明显的下降。结合新

---

① 《云南年鉴》编辑部编：《云南年鉴（1996）》，昆明：《云南年鉴》杂志社，1996 年，第 225 页。
② 《云南年鉴》编辑部编：《云南年鉴（1997）》，昆明：《云南年鉴》杂志社，1997 年，第 225 页。
③ 《云南年鉴》编辑部编：《云南年鉴（1998）》，昆明：《云南年鉴》杂志社，1998 年，第 201 页。

建项目的管理，对部分在建项目"三同时"执行情况进行了现场检查。

1997 年 12 月 1 日前，昆明、玉溪、开远、楚雄及思茅地区，全部通过了云南省环境保护局组织的验收。加强了云南省的环境监理机构建设，建立健全了相应的环境监理规章，加强了污染源现场监督管理，促进了排污费的征收。完成了排污口规范化整治试点工作，曲靖地区和个旧市列为全国排污口规范化整治试点，经过两年多的努力，两地按国家要求拟定了结合当地实际的实施方案和技术要求，对两地共 34 家重点污染企业的 61 个排污口进行了规范化整治，达到了技术规范的要求，通过了国务院环境保护委员会的验收。

九、1998 年环境保护监督与管理

上一届政府环保目标责任制全面完成。云南省人民政府组织对 17 个地、州、市政府（行署）进行考评，曲靖、红河、大理、玉溪、思茅、楚雄获优秀奖，云南省环境保护局获组织工作奖，37 人被评为先进个人。通过 5 年环保目标责任制的实施，全省城市和地州所在地大气环境质量基本保持在 1993 年的水平，昆明、楚雄、大理等市有所好转，饮用水源水质达标率普遍有所提高，环境管理各项制度进一步加强，环境保护各项工作都取得了进展。在认真总结上一届政府环境保护目标责任制的基础上，云南省环境保护局组织与 17 个地、州、市（行署）拟定了新一届政府环境保护目标责任书，责任书内容更全面，指标更科学合理，目标更明确。1998 年 10 月，云南省人民政府召开会议，对上届政府环境保护目标责任制完成好的先进集体和先进个人进行了表彰，兑现了31.6 万元奖金。牛绍尧副省长代表省政府与 17 个地、州、市政府（行署）签订了任期环境保护目标责任书。①

对新建项目，严格把好选址、审批关，严格控制新污染源的产生。1998 年完成建设项目环评报告书审批 12 件，参与国家审批 4 件，报告表 9 件，履行竣工验收手续 15件，在办理的验收项目中，"三同时"执行率达到 100%，均达到了国家规定的排放标准及总量控制要求。为保证环保"三同时"措施的落实，对全省重点工程昆明钢铁厂 3项工程、曲靖电厂、大理造纸厂、大理啤酒厂、云南铝厂、思茅纸厂等 10 余个在建项目进行了检查。②

1998 年全省环境监理人员加强了对重点污染源的污染物排放情况、污染防治设施运行情况的现场监督检查，增加了现场监理频次。全省各级环境监理机构现场监督检查总次数达 6871 次，处理污染事故 33 次，处理率达 95%；处理污染纠纷 330 次，处理率

① 《云南年鉴》编辑部编：《云南年鉴（1999）》，昆明：《云南年鉴》杂志社，1999 年，第 244 页。
② 《云南年鉴》编辑部编：《云南年鉴（1999）》，昆明：《云南年鉴》杂志社，1999 年，第 244 页。

达 90%；开展了排污口规范化整治工作，共整治 280 家排污单位；加强了环境监理队伍培训，全省环境监理人员基本做到持证上岗。1998 年，进一步加强全省环境监理机构建设，省、地、县环境监理机构达 101 个，比 1997 年增加 6 个，其中派出机构 15 个，全省环境监理人员达 488 人。[①]

召开了云南省第七次环境监测工作会议，研究制定了提高科学检测、增强监测站综合实力和检测系统整体功能的各项措施。成立了云南省环境监测质量保证管理领导小组，组织编写了《云南省环境监测质量保证管理规定》；开展了环境监测计量认证工作，经过初审和正审，已有 14 家检测单位获国家和省级计量认证；强化环境监测报告制度，开展了昆明市环境空气质量周报、个旧市城市空气质量月报、丽江县城环境空气质量季报和丽江古城水环境质量月报工作；组织培训全省机动车尾气检测人员 108 人。1998 年全省各级环境监测站已达 89 个。[②]

十、1999 年环境保护监督与管理[③]

建设项目环境管理。全面贯彻国务院《建设项目环境保护管理条例》，认真做好建设项目环境管理工作，在全省范围内进行了建设项目环境管理执法检查，严格控制新污染源的产生。全年审批环境影响报告书21项，环境影响报告表8项，大中型项目环评执行率和"三同时"合格率达到 100%。

环保科技管理水平进一步提高，积极争取一些重大环境课题的立项和前期工作。滇池蓝藻暴发机理及清除已获科学技术部支持立项；开展了"一控双达标"工作；按照省委、省政府要求，结合云南省实际，积极开展省院、省校及滇池环保科技合作，已拟订全面合作计划并分步实施。继续深入开展环境监测计量认证工作，按照"成熟一个、认证一个、提高一个"的原则，1999 年共完成 21 个三、四级站的计量认证工作。全省 90 个环境监测站已有 35 个完成计量认证工作，有力地促进了全省环境监测水平的提高。

1999 年，云南省把达标排放现场监理作为工作重点，组织各项环境监理机构加大现场监理力度，进一步加强对新建、扩建、改建设项目，限期治理项目，污染治理设施运转和排放口达标的监督检查，保证监理频次。全面履行工作职责，参加了滇池污染治理"零点行动"现场监理，同时为巩固滇池流域工业污染达标排放成果，按要求组织环境监理队伍每月对滇池流域 253 家重点企业进行现场监督检查，重点对 22 家省级重点污染源进行现场监理，到年底共检查 155 家次，检查结果各重

①《云南年鉴》编辑部编：《云南年鉴（1999）》，昆明：《云南年鉴》杂志社，1999 年，第 245 页。
②《云南年鉴》编辑部编：《云南年鉴（1999）》，昆明：《云南年鉴》杂志社，1999 年，第 244 页。
③《云南年鉴》编辑部编：《云南年鉴（2000）》，昆明：《云南年鉴》杂志社，2000 年，第 217 页。

点污染源基本上做到达标排放，关停的污染源没有出现死灰复燃的情况。在全省组织开展了高考、中考期间环境噪声污染现场监督管理工作，全省各级监理机构通过大力宣传，设立举报电话，增强现场监理频次，对重点地区进行突击检查，严肃查处违法行为，有效防止了噪声扰民事件的发生，为考生创造了一个良好的学习环境，赢得了社会的广泛赞誉。

1999 年，全省各级环境监理机构调查处理污染事故 92 起，处理率达 88.5%；调查处理污染纠纷673 起，处理率达86%。继续组织开展了排污口规范化整治工作，全年共整治 136 家单位，整治排污口 282 个，并根据国家要求，部署了对污染防治设施安装自动化监控装置和使用环境监理信息系统软件工作，推动了环境监理的管理现代化。

1999 年，云南省环境保护局共受理云南省人民代表大会代表、政治协商会议委员有关环保建议、提案 24 件，全部按要求分发各地、各单位及时调研处理，获云南省人民政府表彰，被云南省人民政府评为提案办理先进单位。

第六节　环境保护法制建设

一、1993 年环境保护法制建设[①]

在贯彻实施《云南省环境保护条例》的基础上，1993 年初，云南省人民政府颁布实施新的《云南省征收排污费管理办法》，将排污费的征收、管理、使用进一步具体化、规范化，理顺了征收排污费关系，为利用经济手段保护环境迈出了重要一步。此外，云南省环保部门还起草了《云南省开发区建设环境管理办法》《云南省环境保护目标责任制实施办法》，对指导全省环境保护工作的开展起到重要作用。为贯彻落实环境保护这一基本国策，云南省环境保护委员会和云南省人民代表大会财政经济委员会制定了《云南省贯彻〈全国环境保护执法检查方案〉实施意见》，成立了以李树基副主任和牛绍尧副省长为组长的省环保执法检查领导小组，各地、州、市也成立了相应的领导机构，在全省范围内开展了声势浩大的执法检查。这次检查的重点是：不执行环境影响评价制度和"三同时"的建设项目；不按照规定缴纳排污费行为；擅自拆除、闲置污染治理设施行为；违法向水体排污或随意扩大污水排污口行为；非法猎杀、走私、贩运、倒

---

① 《云南年鉴》编辑部编：《云南年鉴（1994）》，昆明：《云南年鉴》杂志社，1994 年，第 274 页。

卖、食用野生动物的违法行为。省环保执法检查领导小组重点抽查了昆明市、红河哈尼族彝族自治州及开远、个旧、河口等地。以全国人民代表大会环境保护委员会副主任杨振怀为团长的全国环保执法检查团对昆明、西双版纳、楚雄、大理、保山、丽江、德宏等地的 10 多个县（市）进行了检查，肯定了云南环保工作的成绩，指出了存在的问题，特别是对路南县在国家级石林风景区内兴建水泥厂一事提出了严肃批评，指出这是一起典型的有法不依、执法不严、屡禁不止、公然无视环保法律法规的事件，必须立即停建，依法做出相应处理，这对提高广大干部群众的环境意识，增强法制观念，促进污染治理和野生动物的保护起到了重要的作用。

云南省高级人民法院环境保护行政执法监督执行室成立。为强化监督，促进环保机关依法行政执法，依据《中华人民共和国行政诉讼法》和《中华人民共和国环境保护法》，1993 年经云南省高级人民法院批准，成立了云南省高级人民法院环境保护行政执法监督执行室，其为云南省高级人民法院的派出机构，在云南省环境保护委员会内挂牌办公。大理白族自治州、开远市、个旧市、建水县也相继成立了执行室，各级人民法院环境保护行政执法监督执行室的成立，表明了云南司法部门对环境保护执法的重视和支持，使环境行政执法制度化、规范化和程序化，对违法排污和破坏生态的行为产生了威慑作用。

二、1994 年环境保护法制建设①

云南省环保部门起草了《云南省环境保护目标责任制实施办法》，1994 年经云南省人民政府批准颁布实施。对规范政府环境保护目标责任制的实施，加强督促、检查起到了重要作用。此外，《云南省边境口岸环境管理办法》《云南省环境保护条例奖惩实施办法》已完成起草上报。

1994 年是全国人民代表大会环境与资源保护委员会和国务院环境保护委员会决定从 1993 年起用 3 年时间在全国开展环境保护执法检查工作的第 2 年，根据云南省人民代表大会、云南省人民政府对开展此项工作提出的要求，各地、州、市结合各地实际认真开展了检查工作。中华人民共和国成立后，罕见的西双版纳捕杀 16 头大象，走私、贩卖象牙一案，已被当地司法部门依法查处，有关人员受到法律的严厉制裁。玉溪地区通过执法检查，更加重视对"三湖一库"的保护，采取措施加强对所辖高原湖泊的保护。云南省人民代表大会、云南省政府环境保护执法检查组对东川、昭通、玉溪、思茅、临沧 5 个地、市环境保护执法检查情况进行了检查，肯定了他们的工作。

---

① 《云南年鉴》编辑部编：《云南年鉴（1995）》，昆明：《云南年鉴》杂志社，1995 年，第 172 页。

三、1998 年环境保护法制建设

组织拟定了《云南省自然保护区管理条例》，该条例经云南省人民代表大会常务委员会批准，于 1998 年 3 月 1 日正式实施，使自然保护区管理进一步走上法制化轨道。起草了《建设项目环境管理办法》并组织审查上报审批。加大执法检查力度，对滇池流域的主要工业污染源、旅游度假区、"15 小"企业关停情况进行了重点检查；督促取缔了阳宗海网箱养鱼和湖泊流域宾馆、饭店的污染治理；昆明、玉溪、大理等地环保部门也对滇池、洱海、抚仙湖、星云湖等地进行了检查。加强环保执法人员的岗位培训。1998 年对全省 182 名环保执法人员进行了培训，颁发了统一的行政执法证。1998 年，全省共受理环境行政处罚案件 200 多件，行政复议案件 2 件，行政诉讼案件 1 件。[①]

四、1999 年环境保护法制建设

环境法制建设进一步加强。拟定了《云南省机动车尾气污染防治管理办法》《云南省建设项目环境管理办法》《云南省风景名胜区环境管理办法》，征求有关部门意见，并修改上报。全省各地、州、市制定地方性法规 3 件、行政复议案 14 件、行政诉讼案 2 件、行政赔偿案 8 件。配合滇池治理中心工作，组织有关部门开展了滇池流域环保执法大检查，共出动 2200 余人次对滇池流域进行 8 轮检查，严厉查处违反《滇池保护条例》的各种违法行为。[②]

第七节　环境保护宣传与教育

一、1986 年环境保护宣传与教育

1986 年 11 月至 1987 年 6 月，云南省城乡建设委员会、省环境保护委员会、省电视台联合举办了"云南省首届中学生环境知识竞赛"活动，昆明、东川、昭通、曲靖、楚雄、玉溪、红河、大理、保山、临沧等地、州、市的 2000 名中学生参加了竞赛。竞赛

---

① 《云南年鉴》编辑部编：《云南年鉴（1999）》，昆明：《云南年鉴》杂志社，1999 年，第 244 页。
② 《云南年鉴》编辑部编：《云南年鉴（2000）》，昆明：《云南年鉴》杂志社，2000 年，第 217 页。

活动分阶段进行，预赛阶段由各地按全省统一试卷分别组织，云南省环境保护委员会统一组织评分，按预赛得分，分别选拔初中组前 4 名、高中组前 4 名、集体组前 4 名在昆明进行决赛。经过预赛角逐，初中、高中、集体 3 个组进入决赛的地、州、市是昆明、玉溪、楚雄、临沧、昆明、昭通、德宏、大理、红河、东川、曲靖、保山。决赛于 5 月 5—7 日在云南电视台演播厅举行，经过激烈竞争，昆明市获得高中个人组、初中个人组第 1 名，红河哈尼族彝族自治州获集体组第 1 名。[①]

二、1987 年环境保护宣传与教育

1988 年 6 月 5 日，云南大姚铜矿、云南锡业公司大屯选矿厂、云南锡业公司新冠采选厂、云南牟定铜矿、昆明钢铁公司龙山熔剂矿、昆明钢铁公司八街铁矿、个旧市有色金属加工厂、云南省开远发电厂、昆明机务段、宜良机务段、云南天然气化工厂、云南沾益化肥厂、中国人民解放军 7321 工厂等 18 个企业，被云南省环境保护委员会授予"环境优美工厂（矿山）"称号，成为全省第一批荣获这一称号的企业。在全省范围内开展评选"环境优美工厂（矿山）"的活动，是云南省环境保护委员会与云南省经济委员会共同组织的，目的在于促进治理污染，美化环境，提高企业管理水平。这一活动得到了全省工矿企业和广大职工的热情关注，得到了各地、州、市环保部门的支持和帮助，同时也得到各工业厅的关心和支持，申请"环境优美工厂（矿山）"称号的企业，首先按计划进行自检评分，90 分以上的，向主管部门申报，由主管部门审核同意后，向同级环保部门申请组织验收。各级环保部门会同主管部门及有关单位对申请企业按标准进行验收评分，合格后签署意见，各地、州、市环保部门再统一上报云南省环境保护委员会进行评选。通过各地认真评选，共评出了 57 个企业，通过省评委会的调查复评，最后评出了云南大姚铜矿等 18 个企业，作为云南省第一批荣获"环境优美工厂"称号的企业。[②]

三、1992 年环境保护宣传与教育

1992 年是中国环境保护宣传教育年，又值联合国《人类环境宣言》发表 20 周年和环境与发展大会在巴西召开。云南省根据上级有关指示精神和云南省情，在全省范围内开展了环境保护宣传教育活动，其范围之广、规模之大都是空前的。领导高度重视，宣传机构落实。省里成立了以牛绍尧副省长为首的环境保护宣传领导小组，17 个地、

---

① 《云南年鉴》编辑部编：《云南年鉴（1987）》，昆明：《云南年鉴》编辑部，1987 年，第 465 页。
② 《云南年鉴》编辑部编：《云南年鉴（1989）》，昆明：《云南年鉴》编辑部，1989 年，第 451 页。

州、市亦相应成立了当地政府主要领导"挂帅"的宣传领导机构，确保宣传教育活动的开展。各部门密切配合，多方位开展宣传教育活动，重点突出、形式多样、材料丰富。重点突出以经济建设为中心，宣传正确处理经济发展与环境保护的关系；突出大环境的宣传思想，结合云南省实际做全方位的宣传报道；突出环境保护促进精神文明建设和物质文明建设的思想，宣传环境保护就是宣传人们和愚昧落后不文明行为做斗争，建立人与自然和谐相处的人类新文明；突出实事求是的原则，肯定好的典型事迹，揭露坏的典型。1992年，全省共编制宣传资料3万多册，散发传单5万多份，征订宣传资料2万多份，省、地电视台共播出环境新闻37条，专题片5部，中央和地方各大报社为云南环保工作发宣传文稿43条。全省各地还举办各种环保专业培训班36个，培训2279人次。[1]

四、1993 年环境保护宣传与教育

1993年，各级环保部门充分利用我国和云南省开创环保事业20周年，以及联合国环境与发展大会之后的机遇，结合声势浩大的全省环保执法大会检查，大张旗鼓地开展环境宣传教育活动，宣传20年来云南环保工作取得的成就、环保工作的地位和作用，以及《中华人民共和国环境保护法》和《中华人民共和国野生动物保护法》的主要内容，公开揭露批评严重违反环保法律法规的行为，以提高广大干部、群众的环境意识。这次宣传教育领导重视，组织得力，做到了统一布置、精心安排。抓住时机，积极行动，与有关部门共同举办了"爱我红土，救我滇池"演唱会、"拯救滇池新闻记者环湖采访活动"、"六五"世界环境日纪念活动等。在云南电视台《人口与家庭》栏目中，开设"人与环境"专题，定期播放有关环境保护的各种节目，取得了较好的效果。[2]

五、1994 年环境保护宣传与教育

由云南省环境保护委员会、红河哈尼族彝族自治州政府、建水县政府共同组织的以"环境、和平、友谊、进步"为主题的首届国际燕子洞碑林书画大赛，历时两年，已于1994年6月5日圆满结束。这次大赛共有4244人参加，收到4352件作品，楚图南、刘开渠、欧阳中石、周而复等知名学者、书画家等寄来作品。这是一次高水平的环境文化活动，对提高各族人民环境意识，促进海峡两岸和海内外文化交流，提高云南省、红河哈尼族彝族自治州、建水县知名度，加快云南改革开放步伐，起到了很好的作用。

---

① 《云南年鉴》编辑部编：《云南年鉴（1993）》，昆明：《云南年鉴》杂志社，1993年，第255页。

② 《云南年鉴》编辑部编：《云南年鉴（1994）》，昆明：《云南年鉴》杂志社，1994年，第276页。

为配合国家"中华环保世纪行"，1994 年云南组织开展了"云南环保世纪行"活动这次活动由云南省人民代表大会财经委员会、云南省环境保护委员会、云南省委宣传部、云南省广播电视厅共同组织，在云南电视台播出 5 集电视片，反映强烈。《云南日报》、《春城晚报》、《中国环境报》、《云南经济日报》、云南人民广播电台等新闻单位也做了多篇报道，对促进广大公众参与环境保护，起到了比较好的宣传效果。[①]

六、1998 年环境保护宣传与教育

云南省环境保护局与云南省科学技术协会、云南省教育委员会联合组织了全省中小学生"六五"科普纪念活动，150 多人参加了"五华杯环保知识竞赛"；实施了国家环境保护总局与国家教育委员会联合组织的公众环境意识调查活动；组织云南大学化学系师生利用暑期在全省4个县、8个乡进行环保意识调查；与云南省妇女联合会联合制订了"妇女、环境、家园"环境教育行动计划，评选出 1 名第二届"全国环保妇女 100 佳"代表。[②]

七、1999 年环境保护宣传与教育

配合滇池治理及"零点行动"，组织省、市主要新闻媒体进行了全方位关于治理滇池、保护环境的宣传报道，设立举报电话，查处破坏环境的违法行为，形成了强有力的宣传和舆论氛围，社会环境意识进一步提高；对"一控双达标"工作也拟定了宣传计划并组织实施。"云南环保世纪行"活动广泛开展，影响深远；开展了几年"六五"世界环境日活动，发布了《1998 年云南省环境状况公报》，进一步引起全社会的关注。[③]

第八节　滇池治理与保护

1987 年 8 月 30 日—9 月 2 日，由云南省政府经济技术研究中心、昆明市人民政府、云南省计划委员会、云南省科技委员会、云南省城乡建设委员会和省环境保护委员会等

---

① 《云南年鉴》编辑部编：《云南年鉴（1995）》，昆明：《云南年鉴》杂志社，1995 年，第 274 页。
② 《云南年鉴》编辑部编：《云南年鉴（1999）》，昆明：《云南年鉴》杂志社，1999 年，第 245 页。
③ 《云南年鉴》编辑部编：《云南年鉴（2000）》，昆明：《云南年鉴》杂志社，2000 年，第 217 页。

6 个单位，联合组织召开了"滇池保护利用开发战略讨论会"。省内近百位专家学者、科技人员和领导干部出席了会议。会议收到论文 29 篇。云南省副省长刀国栋，云南省政治协商会议副主席曲仲湘，昆明市副市长张朝辉，云南省经济技术中心、云南省计划委员会、云南省城乡建设委员会、云南省环境保护委员会及昆明市人民代表大会委员会的领导参加了会议并做了讲话，云南省副省长李铮友提交了书面发言，13 位专家做了大会发言。这次会议是在全国人民代表大会常务委员会和中共云南省委领导的直接关怀下召开的。1987 年 3 月 22 日，全国人民代表大会常务委员会副委员长楚图南交给云南省委书记普朝柱一份滇池污染材料，并批示："救救滇池！请将此作为云南当前的重要任务之一，认真注意一下！"普朝柱书记在这份材料上也做了批示："楚图南同志交给我一份滇池污染的材料，他希望治理滇池的工作要引起省、市政府的足够重视，他的意见很好……我考虑首先把昆明市区污水的处理问题和滇池周围几十个大企业排污的问题认真解决好。如何解决这两大问题，采取的方案是什么？要进行可行性的论证，最好是既节省投资又有效的方案。"①

《综合治理滇池污染可行性研究报告》由云南省环境科学研究所等 14 家省、市科研机构和有关单位协作编制完成。方案提出点污染源治理、面污染源及水土流失控制、内污染源治理和水资源开发利用 4 方面共 31 项工程，分近期、中期、远期 3 个阶段进行，即首先减缓滇池流域生态环境恶化程度，继而基本控制流域生态环境的恶化，最终达到改善流域生态环境，恢复流域生态环境的良性循环。1991 年 12 月，报告已通过由云南省计划委员会、云南省环境保护委员会、昆明市人民政府组织的专家鉴定。②

1996 年完成了以滇池污染综合治理为主的利用世界银行贷款云南环保项目前期准备工作。1996 年 5 月与世界银行谈判成功，世界银行执行董事会将云南环保项目正式列入其 1996 年贷款计划，贷款总额 1.5 亿美元，其中 2500 万美元软贷，1996 年 9 月 13 日在世界银行总部华盛顿正式签字生效。为了有效地减缓滇池污染速度，云南省、昆明市依靠自己的力量建设了几个重大项目。1996 年日处理 6 万吨的昆明第四污水处理厂竣工，日处理 15 万吨的昆明第三污水处理厂也开工建设。截至 1996 年底，昆明市已形成污水处理能力 21.5 万吨/日，占昆明市污水产生量的 35%。1996 年 2 月，滇池防洪保护污水资源化一期工程正式通水，已对草海水进行了 4 次置换。这个项目的建成，使昆明市城市防洪标准由 20 年一遇提高到百年一遇，同时避免了草海受到严重污染的水向外海扩散。③

滇池污染综合治理是国家"三期"治理的重点之一，受到国家和云南省委、省政府

① 《云南年鉴》编辑部编：《云南年鉴（1988）》，昆明：《云南年鉴》杂志社，1988 年，第 465 页。
② 《云南年鉴》编辑部编：《云南年鉴（1992）》，昆明：《云南年鉴》杂志社，1992 年，第 266 页。
③ 《云南年鉴》编辑部编：《云南年鉴（1997）》，昆明：《云南年鉴》杂志社，1997 年，第 225 页。

的高度重视，特别是为迎接 1999 年昆明世界园艺博览会的召开，滇池污染综合治理作为世界园艺博览会最重要的配套工程，已进入攻坚阶段。按照《国务院关于滇池流域水污染防治"九五"计划及 2010 年长远规划的批复》的要求，即到 1999 年 5 月 1 日前，滇池流域工业污染企业（含规模养殖场、宾馆、饭店）排放的废水全部达到国家的标准；城市污水处理率达到 80%；外海水质达到国家地面水环境质量Ⅳ类标准；草海水体旅游景观明显改善。1998 年，国务院、国家环境保护总局领导对滇池治理工作非常重视，多次进行视察和检查，时任国务院副总理李岚清、温家宝分别对滇池治理做了几次批示。云南省委、省政府和昆明市委、市政府认真贯彻中央领导的批示精神，令狐安书记等省、市领导多次对滇池治理工作进行具体批示，牛绍尧副省长两次召开了滇池污染综合治理领导小组会议，研究部署滇池污染治理工作。在省、市政府的统一领导下，省、市有关部门进一步加大了滇池治理工作力度，各项工作取得进展。一是加强法制，依法保护滇池。省、市环境保护局牵头组织了滇池流域环保执法检查；昆明市发布了《关于在滇池流域禁止使用含磷洗涤用品的公告》，从 1998 年 10 月开始实施。二是草海底泥疏浚工程进展顺利。截至 1998 年 12 月 31 日，已疏浚底泥 350 万立方米，底泥疏浚二期工程已进行项目评估。三是滇池北岸截污及大观河治理工程已完工；盘龙江中段截污工程基本完工。四是昆明市第一污水处理厂改扩建和东郊、北郊污水处理厂建设前期工作基本完成，已做好开工准备。五是蓝藻清除应急方案已有小试成功，世界园艺博览会前可以实施蓝藻清除应急措施。六是加大了滇池流域工业企业（含规模养殖场和宾馆、饭店）污染物达标排放工作力度，已确定重点考核 253 家企业，已有 6 家企业实现达标排放并已通过验收，有 159 家企业已经治理达标待验收，有 88 家企业仍未达标。七是制定了《滇池污染综合治理方案》，根据方案建立了实施方案协调督办责任制，进一步明确了工作重点、考核目标及相应工作责任人。[①]

1999 年 12 月 17—23 日，国家环境保护总局解振华局长率总局人事司、科技标准司、污染控制司、国际合作司、政策法规司的有关领导赴滇对云南省环保工作尤其是滇池污染综合治理工作进行了检查指导。在滇期间，解局长一行听取了云南省、昆明市政府关于滇池污染综合治理、昆明市环境综合整治情况汇报；现场视察了滇池治理情况；与云南省人民政府领导就滇池治理情况交换了意见。解局长指出：①滇池治理前一阶段工作目标明确、措施得当，滇池蓝藻"水华"应急清除措施为世界园艺博览会的圆满完成奠定了环境基础，但也要充分认识到滇池治理的长期性、复杂性和艰巨性。②滇池第一阶段治理任务与滇池规划要求相比，还有一定差距，许多问题还有待进一步解决。一是对滇池治理一定要按系统工程来抓，统筹规划，综合治理，不能哪个工作能争取到钱就先做哪个，要按规划目标和轻重缓急，一步一个脚印扎扎实实地抓好；二是点源、面

---

① 《云南年鉴》编辑部编：《云南年鉴（2000）》，昆明：《云南年鉴》杂志社，2000 年，第 243 页。

源和内源的治理还要进一步加强，巩固企业达标排放的任务仍很繁重；三是城镇生活污水处理设施建设进度较慢，雨污混流，管网不配套，生活污水实现处理率比较低，平均只有 30%左右；四是滇池的水体自净能力太小，生态调节能力太弱；五是滇池环境管理力度还不够，法制不是很健全，环保执法力量和监测手段还较弱；等等。③滇池治理工作要坚持统筹规划，综合治理，进一步加强对滇池治污的领导，加大管理和治理力度，加大资金投入力度，加强滇池水质监测。在滇期间，解局长一行还赴丽江、大理看望、慰问了当地环保干部、职工，并对当地环保工作做了指示。[①]

滇池是国家确定的"三湖"治理重点之一，同时作为举办世界园艺博览会重要的配套工程，云南省人民政府高度重视滇池治理工作，加强领导，加大了治理工作力度。省长多次召开省政府常务会和省长办公室专题会研究滇池治理工作；常务副省长牛绍尧四次主持召开滇池污染综合治理领导小组会议研究部署滇池污染治理工作；副省长陈勋儒多次深入检查滇池治理进展情况；国家环境保护总局副局长 1999 年四次来云南省检查指导滇池污染治理工作。云南省借鉴国家在淮河、太湖的做法，精心组织了滇池污染治理"零点行动"，时间从 1999 年 4 月 1 日零时至 5 月 1 日零时，在省、市环保部门和有关部门的共同努力下，省、市环保执法人员共出动 2200 多人次，对滇池流域 253 家企业进行了 8 轮检查。至 5 月 1 日零时，253 家企业有 249 家做到了达标排放，4 家被昆明市人民政府责令关停，达标率约为 98.4%。达标排放后，外海水质高锰酸盐指数、总氮、叶绿素 a 等主要考核指标与 1998 年同期相比，分别下降了 10.1%、13.4%和 60.5%；削减向滇池排放的污染物：化学需氧量 1.29 万吨、总氮 738 吨、总磷 132 吨，分别占 1995年工业排放量的 79%、79%、90%；大河、柴河、护城河的水质也有所好转。完成了草海底泥疏浚一期工程，共疏挖污染底泥 424 万立方米，改善了草海水体景观；清除滇池蓝藻是滇池草海及外海水体景观明显改善的重要措施，"零点行动"指挥中心在时间紧、任务重、压力大的情况下，高度重视此项工作，督促业主及实施单位，机械除藻、生物药剂、物理除藻等多管齐下，全面启动，对改善滇池水体景观具有一定效果。滇池入湖河道环境整治工作是改善滇池旅游景观的又一重要举措，在省、市有关部门的共同努力下，完成了大观河及盘龙江中段环境整治及污染治理工程。滇池治理世界银行项目办公室做进一步理顺，云南环保世界银行项目取得进展。云南省人民政府调整了世界银行办公室领导成员，加强世界银行办公室领导，采取一系列措施，基本改变了世界银行项目的被动局面，世界银行对云南环保项目的评价已由 1999 年初的不满意正式评定为满意。世界银行贷款云南环境项目进展情况良好，世界银行贷款 1.5 亿美元，截至 1999年底到账 1000 万美元。国内配套资金 11.85 亿元，资金到位 5.85 亿元。世界银行共 19个子项目，已启动（开工）14 个子项目，完成投资 4.2 亿元。已有西郊、东郊垃圾填埋

---

① 《云南年鉴》编辑部编：《云南年鉴（2000）》，昆明：《云南年鉴》杂志社，2000 年，第 216 页。

场建成投入使用。全省九大高原湖泊都已编制完成污染防治规划，污染治理保护工作已开始启动，其中杞麓湖底泥疏挖工程已完成 300 万立方米疏浚任务；洱海、阳宗海、程海进一步加大了保护力度。这些工作为进一步搞好高原湖泊保护奠定了良好的基础。[①]

第九节　环境保护科研、机构与交流

一、1986 年环境保护科研、机构与交流

由云南省环境监测中心站编写的《云南省环境监测年鉴（1985）》，于 1986 年 8 月在昆明正式出版。《云南省环境监测年鉴（1985）》根据昆明市、大理白族自治州、玉溪地区、文山壮族苗族自治州、曲靖地区、红河哈尼族彝族自治州、保山地区、思茅地区、丽江地区、东川市、楚雄彝族自治州、临沧地区、西双版纳傣族自治州、昭通地区、开远市、个旧市环境监测站提供的 1985 年地面水、大气监测资料，总篇幅为 33.1 万字，全部以表格形式记述。《云南省环境监测年鉴（1985）》分为两部分：第一部分是全省监测工作的基本情况；第二部分是监测结果。该书是云南省第一次以年鉴形式记载全省环境监测基本数据的重要技术资料。[②]

从 1985 年开始，云南省环境科学研究所按照国家《关于科学技术体制改革的决定》进行科研体制改革。体制改革促进了科研工作的发展。1986 年全所承担的研究项目 31 项，比 1984 年增加了 121.4%，比 1985 年增加了 29.2%。云南省环境科学研究所自 1977 年开始筹建，1981 年基本建成，有固定资产 600 多万元，房产 11 000 多平方米，人员编制 140 人（已有 130 人），其中科技人员占 78%，分属 35 个专业，是云南省具备一定工作条件，又有一定技术实力的综合性环境研究机构。云南省环境科学研究所的体制改革，以实行所长责任制、岗位责任制和人员聘用制为重点，全面推进各项工作的进展。在改革中，明确了研究所、研究室两级管理和所、室、课题组三级责任制，制定了 22 个职责、办法和规定，初步使科研工作有章可循，科研管理向科学化、制度化和程序化发展。科研体制的改革，增进了全所的活力：①调动了不同层次的积极性。1986 年的 31 项研究课题，纵向安排的占 37%，所内自费安排的占 20%，横向联合的占 43%。人均科研经费由 1984 年的 4000 元增加到 1986 年的 6000 元，增长了 50%。②增

① 《云南年鉴》编辑部编：《云南年鉴（2000）》，昆明：《云南年鉴》杂志社，2000 年，第 216 页。
② 《云南年鉴》编辑部编：《云南年鉴（1987）》，昆明：《云南年鉴》编辑部，1987 年，第 410 页。

加了研究成果。从建所以来，全所共承担课题74项，已完成近60项。截至1985年底，共有12项成果获省级科技成果奖，1983年以前有4项，1984年以后有8项。其中国家"六五"科研攻关项目"滇池地区磷资源开发研究"，为把磷资源开发的重点转移到西部地区提供了科学依据。③改善了工作条件和职工生活条件。所长责任制的经济目标以1984年为基数，收入每年递增20%，1985年、1986年都超过了这一规定指标。随着收入的增加，云南省环境科学研究所在1985年、1986年更新、添置了一批仪器设备，新建了招待所、单身宿舍、住宅楼。①

二、1987 年环境保护科研、机构与交流

根据云南省委、省政府的决定，云南省环境保护委员会于1987年1月31日正式成立。副省长朱奎任主任，云南省环境保护委员会下设办公室，负责日常工作。办公室由云南省城乡建设委员会代管，李广润兼任办公室主任。云南省环境保护委员会的主要任务是，贯彻执行党和国家有关环境保护的方针、政策和法规，组织、协调、监督、检查各部门、各地区的污染防治工作和自然保护工作，为全省城乡人民创造良好的生产和生活环境。其主要职责是：会同有关部门编制全省中、长期环境保护事业发展规划和年度计划，经云南省计划委员会综合平衡后组织实施；组织制定区域、流域的环境规划和行业的污染控制规划，并监督实施；拟定云南省的环境保护政策、实施办法和地方法规，以及环境保护标准和规范；监督各部门贯彻执行国家环境保护的方针、政策、法规的情况，并负责指导、协调环保业务工作；负责组织全省环保宣传、教育、科研、监测等工作。②

1987年，根据国家颁布的《建设项目环境保护管理办法》的有关规定，整顿了全省环境影响评价市场。在整顿的基础上，全省首次对23个具备条件的单位颁发了环境影响评价证书。加上由国家环境保护局直接颁发环境影响评价证书的3个单位，全省已有26个持证单位，其中持综合评价证书的单位17个，持专项评价证书的单位9个。1987年，全省完成环境影响报告书19项，环境影响评价大纲28项，环境影响报告表23项。已经完成环境影响报告书，评价周期在3—8月，比1986年缩短了1/2以上。③

三、1990 年环境保护科研、机构与交流

1990年11月15日，《云南省志·环境保护志》编组完成，经复审通过正式定

---

① 《云南年鉴》编辑部编：《云南年鉴（1987）》，昆明：《云南年鉴》编辑部，1987年，第411页。
② 《云南年鉴》编辑部编：《云南年鉴（1988）》，昆明：《云南年鉴》编辑部，1988年，第464页。
③ 《云南年鉴》编辑部编：《云南年鉴（1988）》，昆明：《云南年鉴》编辑部，1988年，第465页。

稿。定稿后的《云南省志·环境保护志》分为概述、大事、正文、附录、图表等 5 个部分。正文部分约 13 万字，分为 5 章：①环境破坏。②环境管理。③环境保护。④环境法规。⑤环保机构。全书按照述而不论、详今略古的原则，详细、系统地记述了全省环境演变、环境保护机构沿革、环境破坏情况、环境质量变化情况、环境污染治理情况和自然环境保护情况，以及环保宣传、教育、科研、立法执法等情况；记录了毛泽东、周恩来、李先念等老一辈无产阶级革命家对云南环保事业的重要指示，以及云南省委、省政府有关环境保护事业的重大活动和各项决定。这是云南环境保护事业的第一部专业志书。①

四、1991 年环境保护科研、机构与交流

1991 年 5 月，经云南省人民政府批准，云南省机构编制委员会决定将云南省环境保护委员会从云南省城乡建设委员会中划分出来，独立建制，设立自然环境保护处、环境治理开发处、科教监测标准处、综合计划财务处、政治处、办公室。9 月，云南省珍稀濒危植物引种繁育中心建立，这样云南省环境保护委员会直属单位增至 8 个。同时，新的领导班子组成，副省长李树基任云南省环境保护委员会主任，李广润为副主任、党组书记；刘福灿为副主任、党组成员；刘余生为党组成员。11 月，云南省环境保护委员会也做了相应调整，主任、副主任、委员共 34 名，来自省政府 32 个部门。②

云南省环境保护委员会成立行政复议委员会，该委员会负责指导全省各地的环境复议工作和组织审理环境行政复议案件，以维护环境保护行政机关依法行使职权，保护公民、法人和其他组织的合法权益，强化各级环保行政机关内部的监督管理。③

五、1995 年环境保护科研、机构与交流④

1995 年，组织完成了 1996 年环境保护最佳实用技术推广计划项目筛选工作，筛选出 KT 型变功能生活污水净水器 1 项以及 1996 年国家环保产业科技开发贷款预选项目；筛选出旋伞式电收尘、KF 单机袋式除尘器、高碳低合金铜高温形变温球化退火工艺自控管理系统等 3 项作为推荐项目上报国家环境保护局。

1995 年是环境外事活动非常繁忙的一年，除积极争取世界银行贷款 1.5 亿美元治理滇

---

① 《云南年鉴》编辑部编：《云南年鉴（1991）》，昆明：《云南年鉴》杂志社，1991 年，第 322 页。
② 《云南年鉴》编辑部编：《云南年鉴（1992）》，昆明：《云南年鉴》杂志社，1992 年，第 265 页。
③ 《云南年鉴》编辑部编：《云南年鉴（1992）》，昆明：《云南年鉴》杂志社，1992 年，第 266 页。
④ 《云南年鉴》编辑部编：《云南年鉴（1996）》，昆明：《云南年鉴》杂志社，1996 年，第 226 页。

池外，在环境外事方面，还取得一些成果。一是由联合国开发计划署、联合国环境规划署无偿援助 71 万美元的"大理洱海流域持续发展投资规划及能力建设项目"正式签字生效，开始实施；二是在省外事办公室的协助下，争取到金利来集团捐赠 500 万元建立"云南金利来环保基金"，用于支持云南省的环境科研、监测、人才培训和宣传教育等；三是申请荷兰政府资助的滇南湖群环境保护规划项目取得较大进展；四是申请德国援助的西双版纳热带雨林修复工程项目已经批准，很快组织实施；五是大理造纸厂碱回收工程争取美国联合进出口银行贷款工作有较大进展；六是大理城市污水处理工程利用意大利政府贷款项目已获批准；七是国家环境保护局解振华局长陪同联合国粮食及农业组织驻华代表艾哈迈德先生对云南环保和扶贫项目进行了考察，云南组织了 12 个环保扶贫项目。此外，还与日本、欧盟针对珍稀植物保护、干热河谷项目进行了合作与交流，取得了一些积极成果。据粗略统计，1994 年以来云南经国家计划委员会批准的环保项目共争取到政府贷款 450 万美元，无偿援助 300 多万美元。

六、1996 年环境保护科研、机构与交流

英国政府无偿援助 300 万英镑开展的利用世界银行贷款云南环保项目前期工作结束，在中外专家和有关部门的共同努力下，云南仅用一年半时间就完成了世界银行贷款项目的前期准备工作，该项目顺利地列入了世界银行 1996 年贷款计划。欧盟援助红河干热河谷生态恢复与社区发展项目进展顺利，欧盟专家完成了项目鉴别。[①]

七、1997 年环境保护科研、机构与交流

1997 年 4 月 22—23 日，由联合国开发计划署和联合国环境规划署共同援助、中华人民共和国对外贸易经济合作部国际经济技术交流中心组织实施的"洱海流域持续发展投资规划和能力建设"项目已进入最后阶段。项目由国际、国内专家完成了流域环境规划、综合预可行性研究及 6 个子项目预可行性研究。[②]

1997 年完成了国家环境保护局科技进步奖、省级科技进步奖的推荐工作及局环境科技进步奖的评审工作。其中，云南省环境科学研究所申报的《西双版纳纳板河自然保护区生物资源有效管理与开发的研究》获国家环境保护局科技进步二等奖；云南省环境监测中心站申报的《昆河线外向型经济带红河哈尼族彝族自治州经济与环境协调发展规划研究》获省科技进步三等奖；昆明市环境科学研究所申报的《昆明市环境保护规划研

---

① 《云南年鉴》编辑部编：《云南年鉴（1997）》，昆明：《云南年鉴》杂志社，1997 年，第 225 页。

② 《云南年鉴》编辑部编：《云南年鉴（1998）》，昆明：《云南年鉴》杂志社，1998 年，第 200 页。

究》获局科技进步二等奖；楚雄市城建环境保护局申报的《楚雄市"烟尘"控制区建设及整改研究》、玉溪地区城建局申报的《玉溪地区固体废物申报登记结果分析及污染防治对策研究》获局科技进步三等奖。积极稳妥地推进省、地两级环境科学研究所的改革，制定了《云南省环保"九五"科技体制改革思路和意见》并上报国家环境保护局；组建了"国家环保最佳实用技术云南推广站"。[1]

1997 年云南省在环保领域进行了广泛的国际合作与交流，主要有日本国际协力机构的生物多样性、瑞典的水污染控制、德国的城市污水技术和环境保护产业、联合国大学的生态保护、美国的民族文化与环境保护、加拿大的环境保护宣传教育等。直接参与亚洲开发银行在湄公河流域的一个项目，承担了"湄公河次区域环境培训和机构强化"项目中国部分工作。根据项目计划，1997 年 11 月与亚洲开发银行在昆明共同组织为期14 天的湄公河次区域云南水质管理培训，由国际专家进行比较高层次的环境管理和技术人员培训，取得了比较好的效果。[2]

八、1998 年环境保护科研、机构与交流[3]

根据国家环保科技发展"九五"计划和 2010 年长远规划及云南省环保科技规划，积极组织项目申报，批准立项 9 项，组织申报的项目获云南省科学技术委员会科技进步三等奖。昆明市同心炉窑机械厂的"新型节能链式炉排加热炉"等 3 个项目被选入国家环境保护总局最佳实用技术项目。云南省环境科学研究所作为云南省科学技术委员会确定的 13 所科技体制改革试点院所之一，制订了"一所两制"方案。云南省环境科学研究所及昆明市环境科学研究所的"湖泊（滇池）城市饮用水源地污染防治技术"获国家环境保护总局 1998 年科技进步一等奖。

联合国开发计划署、环境规划署援助71.5 万美元开展的大理洱海环境能力建设项目经过近 3 年的中外专家研究，完成 7 个子课题，已通过验收；欧盟援助99 万欧元的云南红河环保扶贫项目已在红河哈尼族彝族自治州金平县、元阳县、红河县实施；荷兰政府援助 640 万荷兰盾开展的滇南湖群环境规划进展顺利；意大利政府贷款 450 万美元建设大理市污水处理厂，已开始设备采购；利用世界银行贷款在我国 27 个省、市、区进行的环境信息建设项目，云南省贷款 16 万美元，已开展工作；荷兰政府赠款援助的云南 4个行业清洁生产项目已签订实施合同；争取挪威政府混合贷款援助开展云南丽江和洱海环境项目已列入财政部 1999 年挪威政府贷款备选项目；英国政府援助开展的云南环境

① 《云南年鉴》编辑部编：《云南年鉴（1998）》，昆明：《云南年鉴》杂志社，1998 年，第 201 页。
② 《云南年鉴》编辑部编：《云南年鉴（1998）》，昆明：《云南年鉴》杂志社，1998 年，第 201 页。
③ 《云南年鉴》编辑部编：《云南年鉴（1999）》，昆明：《云南年鉴》杂志社，1999 年，第 245 页。

发展项目已完成国外咨询专家第一阶段项目设计工作。

九、1999 年环境保护科研、机构与交流

认真贯彻全国环保外事工作会议精神，抓住环保国际合作日益活跃的机遇，广泛开展环保国际合作与交流。云南省环境保护局拟定了《云南省环境保护对外合作纲要》，指导全省环保对外合作的开展。1999 年，全省环保系统有 3 人到国外进行短期培训，组织 80 余人分数批到美国、澳大利亚、荷兰进行了考察培训。全省共接待了 50 多个国家政府、国际组织、研究机构 151 人次的考察访问。①

---

① 《云南年鉴》编辑部编：《云南年鉴（2000）》，昆明：《云南年鉴》杂志社，2000 年，第 218 页。

第二章　诸地级市环境保护史料①

第一节　昆明市环境保护史料

一、环境保护基本概况

昆明是发展中的旅游城市，因此协调经济建设、保护环境与发展旅游之间的关系，是其环境保护工作中的重要任务。昆明市于 1972 年 5 月建立环境保护机构，到 1988 年，环境保护工作的发展经历了两个阶段：（1）1972—1979 年是起步阶段。在这个阶段，主要贯彻了第一次全国环境保护会议精神，进行全市动员，开展污染源调查，组织工业污染点源治理，建立昆明市环境监测站、昆明市环境科学研究所和县（区）环境保护办公室，为环境保护事业的发展打下了基础。（2）从 1980 年起进入初步发展阶段，主要标志是：执行国家法规，制定了《滇池保护条例》等十多个地方性环境保护法规，使环境管理从单纯的行政管理发展到依法管理，环境保护工作被纳入法制轨道；征收超标排污费，开始用经济手段进行环境管理，促进污染治理；自然环境保护工作起步，环境保护从单纯的工业污染点源治理发展到环境综合整治，保护和改善生活环境与生态环

---

① 1972—1999 年，诸州市的环境保护史料主要收录在地方志、年鉴之中，1994 年出版的《云南省志·环境保护志》乃是云南省唯一一部专门的环境保护史志，其中包含了 1985 年之前重点污染城市，如昆明、东川、玉溪、开远、曲靖、大理等地的环境污染和治理状况，有关地州的环境立法、环境宣传与教育、环境管理、环境监测等内容涉及较少，且收录的内容集中于 1985 年之前，1985 年之后的环境保护资料则未涉及。因此，本章则在收录的部分州、市、县环境保护资料的基础上汇编而成，因资料来源较为分散，一方面，限于本书章节纳量，一些州、市并未收录其中；另一方面，因一些州、市并非每年的环境状况都有详细描述，所以有些年份的环境情况也未涉及。此外，因收集资料来源所限，并未按其行政区进行排序，而是根据各州、市、县的资料内容进行分类，不考虑行政区划问题。

境，防治污染和破坏生态环境；初步形成市、县（区）环境管理、监测、科研体系，人员素质有所提高。①

从起步阶段到初步发展阶段的工作实践，使人们认识到昆明水源短缺。由于工业、生活、农业污染物的排放，水体受到污染，可使用的水资源减少，水资源短缺的问题更加突出。从这一现实出发，昆明市环境保护工作的指导思想是：以保护滇池为中心，治理水环境为主，兼治煤烟粉尘和工艺尾气，综合利用固体废弃物，控制噪声。在这个思想的指导下，昆明市的环境建设和监测科研工作都围绕保护滇池这个中心开展。②

（1）环境建设方面。1973年，政府组织军民疏挖大观河淤泥，并砌石堤护坡。1981年建立松华坝水源保护区，开始水源保护工作。先后对保护区内出水量大、淤塞严重的龙潭进行疏挖维修，开展植树造林和退耕还林。1973—1988年，共计完成工业污染治理项目394项；对一些污染严重又无法就地治理的项目实行了关、停、并、转、迁；对新建项目的污染进行严格控制；建设烟尘控制区；建成了一批国家级和省级的环境优美工厂。③

（2）监测科研方面。昆明市环境监测中心站对环境质量进行常规监测，监测内容包括地面水、地下水、大气、降水、环境噪声、水生生物、河流湖泊底泥等。同时，对污染源进行监视性监测，监测内容包括工业废水、城市生活水、医院污水、工业废气、机动车尾气、工业噪声等。每年获得有效监测数据5万多个。科研方面完成研究课题22个。5项科研成果获科技进步奖。④

1992年，昆明市的环境保护工作紧紧围绕经济建设这个中心，深入贯彻《中华人民共和国环境保护法》和《国务院关于进一步加强环境保护工作的决定》，突出城市环境综合整治和防治工业污染源这两个重点，进一步强化了环境监督管理，确保市长环境保护目标责任书1992年工作任务的完成，促进了环境保护与经济建设协调发展。⑤

结合昆明市改革开放形势的需要和机遇，昆明市环境保护局制定了简政放权、提高工作效率的措施，一方面积极投身"加快改革开放，促进经济建设"的主战场，坚持环境保护为经济建设服务的指导思想，做到凡是有利于环境与经济协调发展的事，都积极支持；另一方面坚持实事求是的科学态度，依法行政，不断深化完善各项环境管理制度，有效地防治工业污染，深入开发城市环境综合整治，保证各项环境保护目标的实现。⑥

通过强化环境管理监督，严格依法行政，深入调查研究，有效地控制了新污染源的

---

① 昆明市地方志编纂委员会编：《昆明市志》第二分册，北京：人民出版社，2002年，第473页。
② 昆明市地方志编纂委员会编：《昆明市志》第二分册，北京：人民出版社，2002年，第473页。
③ 昆明市地方志编纂委员会编：《昆明市志》第二分册，北京：人民出版社，2002年，第473页。
④ 昆明市地方志编纂委员会编：《昆明市志》第二分册，北京：人民出版社，2002年，第473页。
⑤ 昆明市人民政府编：《昆明年鉴（1993）》，昆明：《云南年鉴》杂志社，1993年，第276页。
⑥ 昆明市人民政府编：《昆明年鉴（1993）》，昆明：《云南年鉴》杂志社，1993年，第276页。

产生，加快了老污染治理等项措施。在昆明市国民经济生产总值年增长 12%、工业总产值年增长 15.3%的情况下，城市总体环境质量与 1991 年比较局部有所改善：大气总悬浮微粒年日平均值降低 2.6%；二氧化硫年日平均值升高 8%；城市区域环境噪声平均值降低 4.4%，交通干线噪声平均值持平；饮用水源水质达标率基本持平；主要饮用水源松华坝水库水质保持了Ⅰ类地面水标准。全市建成"噪声达标区" 8.307 平方千米，在全国 32 个重点城市环境综合整治定量考核中，昆明市列第 23 名。①

1993 年，共审批国有、集体、合资企业建设项目 91 项，验收建设项目 23 项，验收项目"三同时"执行率达 95%。完成并验收污染源限期治理项目 24 项。工业废水处理率达 80%，重点企业工业废水排放达标率达 77.11%，巩固已建成"烟尘控制区"面积 30.84 平方千米，全市"烟尘控制区"覆盖率达 97.39%。建成"噪声达标区"面积 16.98 平方千米。完成贯彻执行国家、地方环保法规、条例，积极推进环境法制建设，在控制环境污染、保护生态环境等方面采取有效措施，使昆明市的环境质量基本处于稳定状态，局部地区环境质量有所改善。在国家对 37 个重点城市环境综合整治的定量考核中，昆明市由 1992 年的第 23 名上升为第 18 名，其环境保护局被授予"昆明市依法治市先进集体"称号。②

1993 年 6 月 5 日，昆明市环境保护局公布《昆明市 1992 年环境状况公报》。1992 年全市工业废水排放量 15 300 万吨，比 1991 年增加 1.06%；工业废气排放量 5 330 294 万标准立方米，比 1991 年增加 7.73%；全市工业废渣产生量 321 万吨，比 1991 年增加 7%。环境质量状况为：大气环境质量有所改善，二氧化硫、氮氧化物均达国家大气环境质量二级标准，总悬浮微粒仍超二级标准，但日均浓度较 1991 年降低 2.6 个百分点，日均超标率降低 3 个百分点。降尘量减少 9.2%，酸雨频率减少 5.7%。水环境质量总体维持在 1991 年水平，部分地面水体污染有加重趋势，主要表现为溶解氧降低、有机污染及氮磷指标升高、"水华"面积加大。环境噪声质量有所改善，区域环境噪声下降 2.6 分贝，交通噪声下降 0.2 分贝，功能区噪声超标情况仍很突出。③

二、污水处理④

（一）污水处理厂

城区污水包括生活污水、工业废水。随着工农业及城市建设的不断发展和城市人

---

① 昆明市人民政府编：《昆明年鉴（1993）》，昆明：《云南年鉴》杂志社，1993 年，第 276 页。
② 昆明市人民政府编：《昆明年鉴（1994）》，昆明：《云南年鉴》杂志社，1994 年，第 259 页。
③ 昆明市人民政府编：《昆明年鉴（1994）》，昆明：《云南年鉴》杂志社，1994 年，第 261 页。
④ 昆明市地方志编纂委员会编：《昆明市志》第二分册，北京：人民出版社，2002 年，第 134 页。

口的增加，1988年城市污水每日近42万吨，大部分未经处理就直接排入滇池。每年排入滇池的工业、生活污水有机污染物质58 484吨，重金属332吨。大量污水的排入，使滇池水体溶解氧减少，各类藻类增多，突出的是水葫芦疯长，湖水浑浊，水质达到严重营养化程度。水质恶化状况未能控制，对城市和滇池沿岸居民的生活、生产是一个极大的威胁。

为了逐步减轻滇池水体的污染，"六五"期间进行了污水处理厂建设的可行性研究及各方案比较，"七五"批准建设，厂址设在城区南面船房村。1987年污水处理厂开工，日处理污水5.5万吨，采用氧化沟工艺，占地135亩，处理后的水质可达到生化需氧量及悬浮物含量均小于20毫克/升，其出水再经全长4千米的船房河净化，最终汇入滇池草海。

（二）排水收费

1983年3月，成立"市政设施收费管理处"，收取排水设施有偿使用费。凡在昆明市规划市区450平方千米内的企业单位、营利的事业单位、个体工商户，均需缴纳排水设施使用费。每排放废水1吨，收费0.08元。对机关、学校、医院、幼儿园、敬老院等福利性单位及部队、城市居民暂时免收。当年共征收排水费180万元。

三、生态环境[①]

（一）水环境

昆明市全市分属金沙江、珠江、红河3大水系。属金沙江水系地区的流域面积为11 469平方千米，属珠江水系地区的流域面积为3875平方千米，属红河水系地区的流域面积为274平方千米。

1950—1959年，昆明市地表水水质普遍良好。此后，由于人口增加，工业发展，农药化肥使用量增大，地表水受到污染，并逐步加重。群众编了一段顺口溜来描述大观河的污染发展过程："50年代淘米洗菜，60年代开始变坏，70年代鱼虾绝代，80年代不洗马桶盖。"昆明市的大清河、船房河、螳螂川等地表水水体也在大体相同的时期内，发生了与大观河类似的变化。

（二）河流、水系

（1）牛栏江。发源于昆明市境内，在市辖区范围内河长59千米，流域面积957平

---

① 昆明市地方志编纂委员会编：《昆明市志》第二分册，北京：人民出版社，2002年，第473页。

方千米。因河水流量小，至 1988 年尚未开展系统的水质监测工作。

（2）普渡河。1970—1988 年，氰化物从 0.003 2 毫克/升降到 0；汞从 0.000 4 毫克/升降到 0.000 2 毫克/升，降低约 50%；氟化物从 0.417 2 毫克/升上升到 0.755 0 毫克/升，增加约 81%。1984—1988 年，悬浮物和化学需氧量有所降低，溶解氧有所增加；其余项目无明显的变化规律。该河主要是接纳上游排下的污染物，沿岸无突出的工业污染源。

（3）盘龙江。1980—1988 年，溶解氧从 6.259 毫克/升降到 4.700 毫克/升，降低约 25%；1984—1988 年，化学需氧量从 3.66 毫克/升上升到 4.48 毫克/升，增加约 22%；生化需氧量从 3.86 毫克/升上升到 5.92 毫克/升，增加约 53%；悬浮物和总磷有明显增加；其余项目无明显的变化规律。主要污染源是军区制药厂、昆明啤酒厂等企业的生产废水和北郊的生活污水。

（4）大清河。1980—1988 年，溶解氧从 1.336 7 毫克/升降到 0。1984—1988 年，化学需氧量从 17.30 毫克/升上升到 26.88 毫克/升，增加约 55%；生化需氧量从 64.72 毫克/升上升到 90.68 毫克/升，增加约 40%；悬浮物和总磷有明显增加；其余项目无明显的变化规律。主要污染源是城市生活污水。

（5）船房河。1980—1988 年，溶解氧从 0.40 毫克/升降到 0。1984—1988 年，化学需氧量从 13.75 毫克/升上升到 24.90 毫克/升，增加约 81%；生化需氧量从 73.61 毫克/升上升到 84.48 毫克/升，增加约 15%；悬浮物和总磷有明显增加；其余项目无明显的变化规律。主要污染源是城市生活污水。

（6）运粮河。1980—1988 年，溶解氧从 1.479 毫克/升降到 0.20 毫克/升，降低约 86%。1984—1988 年，化学需氧量从 21.80 毫克/升上升到 28.81 毫克/升，增加约 32%；生化需氧量从 37.19 毫克/升上升到 60.04 毫克/升，增加约 61%；悬浮物和总磷有明显增加。1976—1988 年，氟化物从 0.710 毫克/升上升到 1.483 毫克/升，增加约 109%。

（7）新河。1984—1988 年，化学需氧量从 23.95 毫克/升上升到 34.37 毫克/升，增加约 44%；悬浮物有所增加。1976—1988 年，砷从 0.046 7 毫克/升上升到 0.214 0 毫克/升，增加约 358%；其余项目无明显的变化规律。主要污染源是昆明冶炼厂、昆明制药厂、昆明制革厂、昆明造纸厂、昆明电化厂等企业的生产废水。

（8）王家堆渠。1976—1988 年，砷从 0.021 3 毫克/升上升到 0.157 0 毫克/升，增加约 637%。1984—1988 年，悬浮物和化学需氧量有所降低；其余项目无明显的变化规律。主要污染源是普坪村发电厂、云南印染厂等企业的生产废水。

（9）螳螂川。1970—1988 年，挥发性酚从 0.103 6 毫克/升降到 0.051 0 毫克/升，降低约 51%；氰化物从 0.055 4 毫克/升降到 0.006 0 毫克/升，降低约 89%；砷从 0.014 5 毫克/升降到 0.003 0 毫克/升，降低约 79%；汞从 0.004 7 毫克/升降到 0.000 9 毫克/升，降低约81%；六价铬和镉分别从0.004 3毫克/升、0.002 0毫克/升降到0；氟化物从0.586 3毫克/升上升到3.183 0毫克/升，增加约443%；铅从0.029 0毫克/升上升到0.064 0毫克/升，增加约121%。1984—1988年，化学需氧量从6.35毫克/升上升到24.60毫克/升，增加约287%；其余项目无明显的变化规律。主要污染源是昆明钢铁公司、云丰造纸厂、云南磷肥厂、昆明三聚磷酸钠厂、云南化工厂等企业的生产废水。

（10）珠江水系。昆明市境内属珠江水系的主要河流是南盘江中游河段，长124千米，境内流域面积3875平方千米。南盘江中游河段砷污染很突出。砷、化学需氧量、总磷值很高；生化需氧量、铅、氟化物值有较高的水样出现。1988年各项指标的年平均值如下：悬浮物163毫克/升、溶解氧6.6毫克/升、化学需氧量4.29毫克/升、生化需氧量2.08毫克/升、氰化物0.005毫克/升、总磷0.420毫克/升、砷0.283毫克/升、铅0.016毫克/升，挥发性酚、汞、六价铬、镉的年平均浓度值为0。

（11）红河水系。昆明市境内属红河水系的主要河流是红河上游绿汁江的支流扒河，境内河长28千米，流域面积274平方千米。因河流流程短，流量小，至1988年尚未开展系统的水质监测工作。

（三）湖泊、水库

（1）滇池。滇池位于东经102°36′到102°47′，北纬24°41′到25°02′之间，汇水面积2920平方千米，属金沙江水系。由于自然演变和人为活动的影响，滇池湖面缩小，湖盆变浅，容积减少。在滇池水位为1887.5米（黄海高程，下同）时：1938年，滇池湖面336平方千米，1983年缩小为311.34平方千米，1988年缩小为306平方千米。1988年与1938年相比，湖面缩小约9%。1938年，滇池容积16.50亿立方米。1983年减少为15.94亿立方米，1988年减少为15.60亿立方米，1988年与1938年相比，容积减少约5%，湖盆平均抬高47厘米。在正常高水位时，滇池相应的平均水深4米，最大水深10米。

从1978年初到1988年，滇池内湖的砷从0.026 9毫克/升上升到0.279 0毫克/升，增加约937%；铅从0.006 8毫克/升上升到0.053 0毫克/升，增加约679%。1984—1988年，溶解氧从5.30毫克/升降到4.10毫克/升，降低约23%；化学需氧量从12.94毫克/升上升到16.35毫克/升，增加约26%；生化需氧量从11.26毫克/升上升到13.29毫克/升，增加约18%；总磷从0.313毫克/升上升到1.080毫克/升，增加约245%；镉和悬浮物有所增加；六价铬有所降低。1988年，叶绿素a平均值139毫克/立方米。其余项目无明显的变化规律。主要污染源是城市生活污水、工业生产废水和农田排泄水。

1984—1988年，滇池外湖化学需氧量从5.42毫克/升上升到6.36毫克/升，增加约17%；生化需氧量从2.81毫克/升上升到3.62毫克/升，增加约29%；总磷从0.088毫克/

升上升到 0.140 毫克/升,增加约 59%。1988 年,叶绿素 a 平均值 36.6 毫克/立方米。其余项目有增加有降低。主要污染源是城市生活污水、工业生产废水和农田排泄水。随着水质的变化,滇池内湖和外湖的生物种群结构也发生了很大的变化。

(2)阳宗海。阳宗海位于昆明市的宜良县、呈贡县与玉溪地区澄江县的交界处,属珠江水系,流域面积 192 平方千米。湖面水位 1770.46 米时,相应的湖岸线长 33.6 千米,最大水深 29.7 米,蓄水容积 6.04 亿立方米,湖面面积 31.9 平方千米,其中在昆明市境内的为 20 平方千米。湖水出口河道向北流,注入南盘江。主要污染源是阳宗海发电厂等企业的生产废水和农田排泄水。

(3)水库。全市共有大小水库和坝塘 3763 个,蓄水总量 6.02 亿立方米,年灌溉面积 82.2 万亩。其中,松华坝水库最大。松华坝水库位于普渡河水系盘龙江上游,汇水面积 629.8 平方千米,总库容 6818 万立方米,兴利库容 4173 万立方米,多年平均调蓄水量 6380 万立方米,是昆明市的重要生活饮用水源。1982—1988 年,松华坝水库生化需氧量从 0.58 毫克/升上升到 1.36 毫克/升,增加约 134%;总磷从 0.001 毫克/升上升到 0.029 毫克/升,增加的速度快。其余项目无明显变化。主要污染源是农田排泄水。

(四)地下水

(1)浅层孔隙水。城区及郊区浅层孔隙水分布面积 350.6 平方千米,沉积厚度 941.1 米,可开采资源量为 630 万立方米/年,已开采量为 300 万立方米/年。主要富水块段分布于盘龙江、东白沙河、梁家河沿岸和宝象河西岸,其次是普吉、黑龙潭、松华坝、城区及东郊。孔隙水多作农业灌溉和农村生活饮用水。

(2)"中-深"层裂隙水和岩溶水。裂隙水多出露于滇池盆地周围山脚,面积 58.2 平方千米。岩溶水分布普遍,是重要的含水层组,绝大多数地下水开采孔均抽取岩溶水。浅层地下水普遍受到污染,大部分已不宜饮用。"中-深"层地下水已开始受到污染,污染面积在逐步扩大。主要污染源是工业生产废水、城郊生活水和农田排泄水。

(3)地下热水。昆明地区地下热水较多,东南部及关上、南坝等地的地下热水水温 30—40℃。随着开采量增加,水位持续下降,下降速率为 0.71 米/年。最著名的地下热水是安宁温泉。该泉最大流量 118.24 升/秒,最小流量 13.35 升/秒,年平均流量 41.14 升/秒,平均水温 44.5℃,矿化度 150—250 毫克/升,可溶二氧化硅 6—40 毫克/升,镭 5×10^{-7}—5×10^{-6} 毫克/升,氟 0.1 毫克/升。泉水无色无味,不含硫化物,未受污染,宜饮宜浴,是优质矿泉水。明代地理学家徐霞客在其游记中写道:"余所见温泉,滇南最多,此水实为第一。"故称之为"天下第一汤"。

四、大气环境①

昆明市大气环境质量的总体情况是城区和工业区较差，农村居住区较好。大气中总悬浮微粒、苯并（α）芘值高，酸雨频率城区高于郊区。

（一）城区

城区大气环境质量以近日公园、翠湖南路、双龙桥为代表。1988 年城区大气环境状况如下。

（1）二氧化硫。日平均浓度范围 0.014—0.147 毫克/立方米，瞬时浓度的最大值出现在翠湖南路测点。

（2）氮氧化物。日平均浓度范围 0.017—0.239 毫克/立方米，瞬时浓度的最大值出现在近日公园附近测点。

（3）氟化物。日平均浓度范围 0.000 3—0.003 7 毫克/立方米，各测点的瞬时浓度值均不高。

（4）总悬浮微粒。日平均浓度范围 0.09—1.13 毫克/立方米，近日公园和双龙桥测点总悬浮微粒浓度大于翠湖南路测点。

（5）苯并（α）芘。日平均浓度范围 0.351—26.692 毫克/立方米，各测点苯并（α）芘浓度值均高，其中双龙桥测点最高，近日公园测点次之。

（6）降尘。平均值 12.24 吨/（平方千米·月），城区降尘量比工业区低，比郊区农村高。

1976—1988 年，二氧化硫年日平均浓度值上升 43%，氟化物浓度降低。1982—1988 年，氮氧化物年日平均浓度值上升 27%，总悬浮微粒年日平均浓度值上升 68%。1984—1988 年，苯并（α）芘年日平均浓度值降低 16%。主要污染源是城市生活燃煤废气、汽车尾气、工业废气扬尘。

（二）近郊工业区

近郊工业区大气环境质量以西郊工业区为代表。1988 年西郊工业区的大气环境质量状况如下。

（1）二氧化硫。日平均浓度范围 0.039—0.184 毫克/立方米，瞬时浓度最大值出现在马街测点。

（2）氮氧化物。日平均浓度范围 0.013—0.088 毫克/立方米，瞬时浓度最大值出现

---

① 昆明市地方志编纂委员会编：《昆明市志》第二分册，北京：人民出版社，2002 年，第 473 页。

在黑林铺测点。

（3）氟化物。日平均浓度范围 0.000 3—0.003 0 毫克/立方米。

（4）总悬浮微粒。日平均浓度范围 0.26—0.87 毫克/立方米，黑林铺测点的总悬浮微粒浓度高于马街测点。

（5）苯并（α）芘。日平均浓度范围 0.474—16.968毫克/立方米，日平均浓度最大值出现在黑林铺测点。

（6）降尘。平均值 21.77 吨/（平方千米·月）。

1982—1988 年，二氧化硫日平均浓度值降低 42%，氟化物年日平均浓度值降低 83%，总悬浮微粒年日平均浓度值上升 22%。其余项目无明显变化。主要污染源是昆明水泥厂、普坪村发电厂、昆明冶炼厂、昆明铁合金厂等企业的工业生产废气。

（三）远郊工业区

远郊工业区大气环境质量以昆明钢铁公司（安宁片）地区为代表。1988 年昆明钢铁公司（安宁片）的大气环境质量状况如下。

（1）二氧化硫。日平均浓度范围 0.004—0.069 毫克/立方米，瞬时浓度最大值出现在昆钢铁氧炼钢测点。

（2）氮氧化物。日平均浓度范围 0.002—0.335 毫克/立方米，瞬时浓度最大值出现在昆钢铁氧炼钢测点。

（3）总悬浮微粒。日平均浓度范围 0.26—0.87 毫克/立方米，日平均浓度最大值出现在昆钢氧炼钢测点。

（4）氟化物。日平均浓度范围 0.000 8—0.006 5 毫克/立方米，瞬时浓度最大值出现在昆钢氧炼钢测点。

1982—1988 年，二氧化硫年日平均浓度值降低 57%，氟化物年日平均浓度值降低 24%，氮氧化物年日平均浓度值上升 55%，总悬浮微粒年日平均浓度值上升 154%。主要污染源是昆明钢铁公司的工业生产废气。

（四）农村

农村居住区大气环境质量以官渡区小街为代表。1988 年官渡区小街的大气环境质量状况如下。

（1）二氧化硫。日平均浓度范围 0.018— 0.101 毫克/立方米，瞬时浓度值不高。

（2）氮氧化物。日平均浓度范围 0.014—0.039 毫克/立方米，瞬时浓度值不高。

（3）氟化物。日平均浓度范围 0.000 3— 0.001 2 毫克/立方米，瞬时浓度值不高。

（4）总悬浮微粒。日平均浓度范围 0.220—12.887毫克/立方米，日平均浓度值和瞬时浓度值均较高。

（5）苯并（α）芘。日平均浓度范围0.220—14.887毫克/立方米，日平均浓度值和瞬时浓度值均较高。

（6）降尘。平均值 7.40 吨/（平方千米·月），瞬时浓度值偏高。

1984—1988 年，二氧化硫年日平均浓度值降低 34%，氟化物年日平均浓度值降低 52%，总悬浮微粒和氮氧化物年日平均浓度值变化不大，苯并（α）芘年日平均浓度值上升 204%。

（五）降水

共设 10 个测点，1988 年获降雨样品 pH429 次，降雨总酸度 pH 为 6.03，获酸雨样品数为 21 次，酸雨频率为 4.9%，其中城区酸雨频率为 10.8%，远郊和近郊区酸雨频率为 1.0%，厂矿酸雨频率为 1.6%。

（六）固体废弃物

（1）工业废弃物。工业固体废弃物有一般废弃物和有害废弃物两大类。1988 年产生量为219 万吨，利用量为 80 万吨，利用率为 37%；处置量为 17 万吨，处置率为 8%；排放量为 122 万吨，排放率为 56%。全市万元产值工业废弃物排放量为 2.54 吨。历年堆存量为 1474 万吨，占地面积 112 万平方米。

（2）一般废弃物。1988 年昆明市的工业固体废弃物主要有：煤矸石，年排放量为 0.3 万吨；锅炉渣，年排放量为 7.5 万吨；粉煤灰，年排放量为 9.9 万吨；钢渣，年排放量为 18.4 万吨；有色冶金渣，年排放量为 11.9 万吨；尾矿，年排放量为 50.2 万吨；工业粉尘（包括回收尘），年排放量为 2.7 万吨；工业垃圾，年排放量为 5.2 万吨；高炉渣，绝大部分都已被利用，排放量很少。合计 9 种工业固体废弃物的年排放量为 106.1 万吨，万元产值排放量为 2.21 吨。

（3）有害废弃物。1988 年工业有害废弃物有冶炼固体废弃物、化学工业废弃物、废原液，年产生量为 30.5 万吨，年利用量为 12.0 万吨，年处置量为 3.1 万吨，年安全填埋量为 0.04 万吨，年排放量为 15.4 万吨。历年堆存量为 61.2 万吨，占地面积 25.9 万平方米。全市工业有害废弃物万元产值排放量为 0.23 吨。

（4）医院废弃物。1988 年城区医院废弃物的年产生量约为 1800 吨。昆明医学院第一附属医院、昆明市红十字协会医院等建有废弃物焚化炉，焚化该院的医疗废弃物。为解决其余医院医疗废弃物的焚化问题，已开始在安宁县太平乡小河村附近建设焚化场，以便对医院医疗废弃物实行集中分化处理。

（5）生活废弃物。1988 年城区生活垃圾的年产生量为 25.5 万吨，年递增速率约为

6%。生活垃圾的主要成分是：有机质，体积占总体积的 25%；炉灶灰，体积占总体积的 50%；其他无机物质，占 25%。使用煤气或电的地区，炉灶灰所占的比重较小，有机质所占的比重增大。生活垃圾中的主要污染物有氮、磷、铬、铁、锰、胺类、硫化物及细菌。

（6）放射性废物。昆明地区使用放射性同位素的工业企业有 19 个，大部分是使用封闭型放射源，在正常情况下对外界环境影响不大。使用开放型同位素的主要是仪表行业，这些企业用开放型同位素来做发光涂料，但它们都在远郊区，建有专用厂房和废物处理设施。医疗卫生部门也使用封闭型放射源来进行放射检查和理疗。1988 年在安宁县建成云南省放射性废物处置站，对放射性废物进行集中统一处理。

（7）地面沉降。由于地质原因和地下水位降低，局部地区地面不均匀沉降，带来一系列地质环境问题：破坏生态环境，导致泉水断流、民井干涸、土地干燥等。例如，翠湖九龙池由 1950 年承压水头高 1 米的上升泉，退为水位低于地表 12 米的落水洞，使翠湖湖水干涸，被迫抽水回灌，经多年回灌，1988 年翠湖累计水位降深仍有 3.02 米。翠湖湖底较大塌陷48处，翠湖环路及翠湖公园内发生直径 1 千米的环状地裂，地裂线与地下水下降漏斗吻合。小团山、北校场、梁家河、关上、羊方凹、跑马山等地带，已形成十多个地下水位下降漏斗。黑龙潭、石嘴龙潭等断流，导致不良工程地质问题，如地面塌陷、开裂、建筑物变形等。1978—1988 年，翠湖公园西侧的云南省农业展览馆北侧地基下沉 5.5—8 厘米，大门圆柱下沉 16 厘米，二楼顶板大梁被拉断。翠湖北侧的糖果厂烟囱歪斜。翠湖公园内部：西厢房从基础到房顶开裂，裂缝上宽下窄，宽度约 4—8 厘米；会中亭 1982 年重建，1983 年又开裂；燕子桥桥基下沉 8 厘米，桥面拱顶开裂 5 厘米，1986 年被迫拆除重建；栖霞桥 1980 年重建，1988 年桥基下沉 10 厘米，桥体开裂 3—9 厘米；旱冰场附近湖堤倒塌。马街地区、金马寺地区也发生局部地区下沉、塌陷、开裂和垮塌。翠湖公园等地采取封井、回灌等措施，情况有所好转，但从整体看，地面下沉、塌陷、开裂的势头还未完全控制住。

五、环保法规[①]

（一）贯彻全国环保会议精神

1973 年 9 月 30 日，昆明市"三废"综合利用领导小组下发了《关于我市贯彻全国环保会议的初步意见（初稿）》，提出昆明市近郊区不再新建、扩建工厂，水源地上游不建排放有毒有害废水的工厂，城市上风向不建排放有毒害气体的工厂。对现有的污染

---

① 昆明市地方志编纂委员会编：《昆明市志》第二分册，北京：人民出版社，2002 年，第 473 页。

严重的单位，要积极制定规划，限期治理。重点是治理污水、净化滇池以及与滇池相通的螳螂川、大观河、盘龙江、金汁河等。基本建设项目一定要做到同时设计、同时施工、同时投产。

（二）滇池水系环境保护条例

1980 年 4 月 1 日，昆明市革命委员会颁布《滇池水系环境保护条例（试行）》《关于控制煤烟粉尘，防治大气污染的几项暂行规定》《关于新建、扩建、改建工程严格实行"三同时"的暂行规定》《关于加强电镀污染的暂行规定》等 4 个地方性的环境保护法规条例。这些法规自 1980 年 5 月 1 日起生效。同年 10 月 21 日，昆明市革命委员会对这 4 个条例、规定进行了补充，颁布了补充规定。

（三）噪声管理规定

1981 年 9 月 24 日，昆明市人民政府公布施行《昆明市噪声管理试行条例》。1985 年 8 月，昆明市人民政府以通告的形式对《昆明市城市交通规则实施细则》进行补充，增加控制交通噪声的规定。1988 年 4 月 18 日，昆明市人民政府公布《关于加强城区噪声管理的补充规定》。

（四）松华坝水库水系水源保护区管理条例

1982 年 2 月 24 日，经省人民政府批准，昆明市人民政府和曲靖行署共同制定和颁布了《松华坝水库水系水源保护区管理条例（试行）》，对松华坝水库水系水源保护区的范围、水源水质保护、管理、监测、奖励、惩罚等做了规定。

（五）滇池保护条例

1987 年起，昆明市人民代表大会常务委员会、市人民政府开始进行保护滇池的立法工作。1988 年 2 月 10 日，昆明市第八届人民代表大会常务委员会第十六次会议通过《滇池保护条例》；同年 3 月 25 日，云南省第六届人民代表大会常务委员会第三十二次会议批准颁布《滇池保护条例》，1988 年 7 月 1 日施行。1982 年昆明市颁布的《滇池水系环境保护条例（试行）》即告废除。

（六）鸟类、蛙类、珍稀野生动物保护规定

1984 年 10 月 29 日，昆明市人民政府发布《关于加强鸟类、蛙类和珍贵稀有野生动物保护工作的暂行规定》。1985 年 12 月 12 日，昆明市人民政府发布《关于保护海鸥的通告》。

六、环境保护宣传与教育①

1978 年以前，昆明市的环境宣传教育主要围绕"全面规划，合理布局，综合利用，化害为利，依靠群众，大家动手，保护环境，造福人民"的环境保护工作方针进行。宣传的重点是国家关于环境保护工作的方针、政策，主要对象是污染严重的企事业单位。1979 年后，环境宣传教育的重点是国家和地方的环保法规、条例，目的是普及环境科学知识、环境保护制度、环境保护政策，宣传对象由污染严重的企事业单位扩大到领导干部、中小学生及人民群众，宣传形式逐步走向多样化、多层次。

（一）市级环境保护会议

1974 年 11 月 5—7 日，云南省、昆明市环境保护领导小组联合召开昆明地区环境保护会议。省、市共 200 人参加了会议。这次会议学习了国务院关于环境保护工作的指示，总结交流了昆明地区环境保护工作的经验，强调要抓好环境保护组织机构的建立。

1976 年，云南省人民政府和昆明市人民政府在昆明剧院联合召开环境保护会议，明确昆明市是云南省环境保护工作的重点城市。

1979 年 11 月 5 日，中共昆明市委召开昆明市环境保护会议。省、市、县（区）负责人 400 余人参加了会议。会议学习了《中华人民共和国环境保护法（试行）》，讨论修订了《滇池水系环境保护条例（试行）》等 4 个环保条例、规定，讨论制定了昆明市 1979—1981 年 3 年调整规划要点，确定了污染严重的 33 个单位作为第一批限期治理单位。

1984 年 6 月 16—18 日，昆明市人民政府召开第三次环境保护会议，传达贯彻全国第二次环境保护会议和云南省第二次环境保护会议精神。这次会议明确：昆明市环境保护工作要认真贯彻执行国家和地方的环境保护法规、条例，要采取有效的方法和措施，把环境污染和生态破坏解决在经济建设的过程中。

1987 年 6 月 5 日，昆明市人民政府召开第四次环境保护会议暨纪念"六五"世界环境日大会。这次会议明确在第七个五年计划期间，昆明市环境保护工作的基本目标是：努力控制环境的进一步污染和生态的进一步恶化，力争滇池、螳螂川水体和两城区、西郊工业区的污染有所减轻，风景名胜区的环境有明显改善，环境噪声有所减轻，废渣综合利用率得到提高，使昆明市的大气环境质量达到二级标准。

（二）西南地区七城市环境保护工作协调会议

1985 年，昆明市环境保护局发起建立西南地区城市环境保护工作协作关系的倡

---

① 昆明市地方志编纂委员会编：《昆明市志》第二分册，北京：人民出版社，2002 年，第 473 页。

议，得到各市的响应。同年 11 月 13—16 日，首届西南地区城市环境保护工作协调会议在昆明召开，重庆市、成都市、贵阳市及昆明市环境保护局（办）的代表出席了会议。会议充分肯定了环保协调会议这种形式，决定每年轮流在各市召开。会议建议邀请南宁市、桂林市、拉萨市环境保护局（办）参加协作交流，形成西南地区七城市环境保护工作协调会议，依次在 7 个城市召开。

（三）环境保护宣传月

1980 年 3 月，昆明市开展为期 1 个月的"环境保护宣传月"活动。这次活动运用讲座、报告会、报刊、广播、黑板报、幻灯片、文艺演出等形式，宣传党和国家的环境保护方针、政策及环境保护法规，普及环境科学知识。在这次活动中，昆明钢铁公司组织了环保专题讲座，举办了环境保护展览陈列室。昆明机床厂、云南冶炼厂在环保宣传月中开展植树造林、美化厂区的工作。

1981 年 4 月 4 日，昆明市再次举行环保宣传月活动。在"环境保护宣传月"活动动员大会上，传达了《国务院关于在国民经济调整时期加强环境保护工作的决定》。中国环境科学学会副理事长、云南省环境科学学会理事长曲仲湘教授在会上做了学术报告。这次宣传月活动中，举办了以"环境科普知识"和"环境与人体健康"为主要内容的科技讲座 4 次，约 1100 人次参加听讲；巡回放映环境保护科普电影 49 场，观看人数45 400 多人次。

（四）"六五"世界环境日纪念活动

从 1983 年起，昆明市在每年"六五"世界环境日均举行纪念活动，主要采用座谈会、表彰先进单位和个人、开展环保咨询、悬挂宣传语口号等形式宣传环保。活动范围由城区逐步扩大到 12 个县（区）。

（五）影视宣传

1981 年，云南电影制片厂拍摄宣传片《让春城春常在》，多年来在有关单位巡回放映，观看人数达几十万。1982 年，云南省治理螳螂川污染办公室和昆明市环境保护局拍摄电视录像片《螳螂川在复苏》，该片记述了螳螂川的污染及治理情况。1985 年10 月，首次出现大批红嘴鸥飞到昆明城区的现象，成为昆明市冬季一大景观。为保护海鸥，记述这一景观，云南电视台等新闻部门相继拍摄了电视片，昆明市环境保护局组织拍摄了反映海鸥在昆明情况的电视片。

（六）普及环境保护法规

1984 年起，昆明市环境保护局坚持向市、县（区）党委、人民代表大会、政府、政治协商会议、纪律检查委员会赠阅《中国环境报》。1986 年在昆明市人民代表大会常务委员会的组织下，昆明市环境保护局开始为市属 12 个县（区）领导班子讲授国家和地方的环境保护法规，并结合县（区）的环境问题，讲解环保知识及防治污染措施，使领导班子对当地的环境问题有进一步的认识。1985 年开始的普法教育中，昆明市环境保护局先后为 3 期市管干部普法学习班、6 个军队转业干部培训班讲授《中华人民共和国环境保护法》。

（七）征文及知识竞赛

1987 年 6 月 1 日起，昆明市环境保护局与云南人民广播电视台等单位联合举办"人与环境"征文，共征集小论文 200 多篇，播出 40 多篇。1987 年 4 月 15 日举办了青年记者环保知识竞赛，有 100 多人参加。竞赛内容包括环保基础知识、鸟类知识、环保法规知识等。通过竞赛，提高了青年记者学习环保知识和报道环境问题的热情。

（八）《昆明环境》季刊

1980 年，《昆明环境》杂志试刊。为使《昆明环境》正式出版，昆明市环境保护局组成了以局长为主编的编辑班子，陆续编印试刊 2 期。1982 年起，《昆明环境》作为内部季刊出版。

其主要宗旨是：宣传党和国家的环境保护方针、政策；宣传贯彻国家和地方环境保护法规、条例、标准；普及环境科学知识；交流环境管理和污染治理经验。《昆明环境》由昆明市环境保护局、昆明环境科学学会主办，1982—1988 年已出版 28 期，发送对象已由环境保护部门扩大到各大图书馆、大专院校、企事业单位、领导机关、街道办事处、部队等。

（九）中小学环境保护课

1984 年，昆明市开始在昆明地区中学初中、高中 3 个年级 10 个班试开环境保护课，由昆明市环境保护局、市环境科学研究所的工程师任授课教师，每周每班授课 1 学时。最初采用讲环保故事的形式，逐渐转为系统地讲授环保知识，开设环保知识讲座。1986 年在春城小学进行小学环保课试点，主要通过讲授通俗易懂的故事启发孩子们的环境意识。截至 1988 年，先后在昆明第五中学、第二十二中学、第十六中学、五华一中、布新小学等开设了环境保护课。

七、征收超标排污费①

（一）征收

1979 年 12 月，云南省革命委员会颁布《螳螂川水域环境保护暂行条例》，根据条例，治理螳螂川污染办公室开始对螳螂川沿岸的排污单位征收超标排污费。1980 年 4 月，昆明市革命委员会颁发《滇池水系环境保护条例（试行）》。根据条例，从 5 月起，对西山区片的 30 多个排污单位征收超标排污费。在征收过程中，一些省属企业及其主管部门不理解征收超标排污费的意义，一再拖延或拒交，直接影响征收工作的开展，后经市环境保护局及有关单位反复做工作，并采取措施，才完成第一阶段超标排污费的征收工作。

1981 年起，昆明市属各县（区）相继开展超标排污费征收工作。县（区）属企事业、乡镇企业以及驻昆部队企事业的超标排污费由县（区）环保部门征收后，留县（区）安排使用。部属、省属、市属企事业单位的超标排污费由县（区）环保部门征收后，并到昆明市环境保护局，汇总上缴市财政。征收超标排污费的项目有废水、烟尘、噪声。1986 年，昆明市排污费监理所建立。1987 年起，市属以上企事业单位的超标排污费由昆明市排污收费监理所直接征收，上缴市财政。县（区）属、乡镇、街道、个体企事业及驻军单位的超标排污费，仍由县（区）环保部门征收、管理和使用。

截至 1988 年 12 月，富民、禄劝两县未开征，其余 10 县（区）均开展了征收超标排污费工作。1988 年全市交纳超标排污费的市属以上企事业单位有 300 余个。

（二）管理

1982 年 6 月以前，昆明市、市属县（区）征收的超标排污费由昆明市环境保护局负责管理，昆明市财政局保管并监督使用。1982 年 7 月起，按照国务院《征收排污费暂行办法》、城乡建设环境保护部和财政部《关于征收超标排污费财务管理和会计核算办法的通知》执行。昆明市环境保护局按要求建立了科目账、银行账和缴费单位的收补明细账，按时填报超标排污费年报表。

1986 年前，市属以上企事业单位的超标排污费账目由市环境保护局行政会计兼管。1987 年起，市排污收费监理所设专职会计管理超标排污费账目。县（区）掌握的超标排污费由县（区）负责管理。

---

① 昆明市地方志编纂委员会编：《昆明市志》第二分册，北京：人民出版社，2002 年，第 473 页。

（三）使用

（1）使用方式。超标排污费主要用于排污单位的污染源治理和环境保护部门的自身建设。1982 年 6 月底以前，执行《滇池水系环境保护条例（试行）》，超标排污费的 50% 用于交费单位的污染点源治理，50% 用于环保部门的自身建设。1982 年 7 月起，执行国务院发布的《征收排污费暂行办法》，超标排污费的 80% 用于补助交费单位治理污染源，20% 用于环保部门的自身建设。环保部门主要将其用于购置检测仪器设备、奖励先进等。

1987 年，为了保证环保补助资金"专款专用"，按期使用，昆明市环境保护局将所安排的污染源治理补助资金全部放入市建设银行专户存储，治理单位统一在市建设银行开户，接受市建设银行的监督，保证专款专用。环境保护部门自身建设补助资金拨入市人民银行专户，再由昆明市环境保护局审核分批拨给各用款单位。结余资金年终不上缴，结转下年度使用。

1981—1988 年，昆明市上解市财政超标排污费 4213 万元，共安排使用 4027 万元，待安排使用的有 186 万元。

（2）超标排污费使用效益。1988 年，昆明市排污费监理所和昆明市环境科学研究所对 1986 年底前超标排污费的使用情况进行了调查。调查对象为使用过环境保护资金、有污染治理设施、较有代表性的 86 个单位。调查单位数占昆明市缴纳超标排污费单位（以 1986 年为基准年）的 34%。

到 1986 年底，这 86 个单位共投资 11 174 万元，建设施 527 套（包括在建、报废、技术改造、更新项目在内）。其中废水治理设施 121 套、工业废气治理设施 28 套、工业废渣治理设施 18 套、工业粉尘治理设施 63 套、工业锅炉治理（主要是改炉与更换锅炉）设施 53 套、工业窑炉治理（包括改造在内）设施 25 套、生活炉灶治理（主要是改灶）设施 15 套、噪声治理声源数 171 个。资金来源包括上级拨款 3057 万元、单位自筹 6459 万元、环保补助 1658 万元。造纸行业的废水处理率达到 40%，工业废气平均处理率达 6%，化工行业的处理率最高为 15%。

调查单位污染治理的环境效益和经济效益：在 1986 年运行的 279 套设施中（不包括噪声治理项目），废水治理设施 92 套，共去除主要污染物 13 万吨；工业废气治理设施 19 套，共处理工业废气 10 亿标准立方米；锅炉烟气治理设施 68 套，去除烟尘 6 万吨；窑炉烟气治理设施 29 套，共去除或减少烟尘排放 0.8 万吨、二氧化硫 6.7 万吨；粉尘治理设施 58 套，共回收粉尘 6.2 万吨；固体废弃物治理设施 13 套，共处理回用固体废弃物 28 万吨。在经济效益方面，到 1986 年为止，受查单位在污染治理方面共获直接、间接经济效益 6927 万元，是全部投资的 62%。其中经济效益最显著的是烟气治理，该项治理投资 3253 万元，共获经济效益 4431 万元，是该项治理投资总额的 136% 左右。云南冶炼厂综合利用转炉烟气中的二氧化硫制硫酸，产值共为 4412 万元，占烟气治理项目收益的 90%。经济效益居第二位的是废水治理，废水治理投资 3552 万元，共获益 2092 万元，是该项治理投资总额的 59%左右。以上两大类治理项目的收益为 6523 万元，占总收益的 94%。经济效益居第三位的是锅炉烟气治理，经济效益为 2.2 万元，是该项治理投资的 2.2%。

八、污染事故处理

1984—1988 年，共处理较大污染事故 23 起。

（一）饮用水源被污染事故[①]

自 1978 年起，昆明市自来水一厂的水源曾多次受到昆明市轧钢厂、无缝钢管厂工业废水的严重污染，被迫减少供水或停止供水。1980 年 10 月，工业废水污染造成昆明市自来水一厂停水。1984 年 10 月 15 日晚，昆明市自来水一厂发现盘龙江取水点水质受到污染，虽增大投药量，出厂水的浑浊度仍超过国家饮用水标准，不能饮用，被迫停机 15 小时。经现场调查、监测，认定这次事故是昆明市轧钢厂外排工业废水造成的，昆明市人民政府决定给予昆明市轧钢厂通报批评、罚款 5000 元、赔偿昆明市自来水一厂经济损失 5000 元的处罚，并责令该厂在 1985 年 6 月以前完善污水处理设施，实现污水的循环使用。1986 年初，昆明市自来水一厂水源再次受到昆明市轧钢厂、市无缝钢管厂工业废水的污染，两厂受到通报批评、罚款的处理，昆明市人民政府决定两厂于 2 月 3 日起停产治理。3 月 11 日，昆明市轧钢厂发生事故，排放污泥、污水，污染市自来水一厂，导致水厂部分停机 6 小时，经济损失达 500 元，昆明市环境保护局对轧钢厂处以 3000 元罚款。1988 年 1 月 25 日，昆明市无缝钢管厂发生事故，排放废水，使市自来水一厂水源受到污染，昆明市环境保护局对无缝钢管厂处以 1 万元的罚款。

1986 年 10 月—1987 年 1 月，昆明焦化制气厂的生产废水输送管在官渡区秧草凹处泄漏，废水渗入溶洞，使杨官庄黑马龙潭饮用水水源和水库水体受到污染，龙潭水中酚、氨氮的含量升高，杨官庄和水电十四局教育中心数百人出现不同程度的中毒症状，直接经济损失达 45 万元。事实查清后，昆明市人民政府决定，对昆明焦化制气厂罚款 5 万元，由该厂赔偿损失。并要求焦化制气厂采取措施，杜绝生产废水对输送管道沿途的污染。

（二）废染料污染水源事故[②]

1987 年 8 月 1 日，昆明市废旧物资处理站仓库雇请农民工运送报废染料到山上填

① 昆明市地方志编纂委员会编：《昆明市志》第二分册，北京：人民出版社，2002 年，第 473 页。
② 昆明市地方志编纂委员会编：《昆明市志》第二分册，北京：人民出版社，2002 年，第 473 页。

埋，运送途中因拖拉机轴销脱落翻车，部分废染料倒入盘龙江的支流，最后汇入盘龙江，使盘龙江水色呈浊红色，昆明市自来水一厂被迫停止供水数十小时。昆明市政府采取从松华坝水库放水冲洗盘龙江等措施后，恢复供水。查清事情经过后，给予负责清理工作的直接责任人员行政警告处分，对 3 名库管人员处以罚款，责令市废旧物资处理站仓库赔偿市自来水一厂的直接经济损失。

（三）农用水被污染事故[1]

1986 年 4 月 18 日，云丰造纸厂排污管道破裂，造纸黑液污染农田，昆明市环境保护局对其处以罚款。1988 年 5 月 23 日，昆明市官渡区云波乡 300 余亩稻田秧苗、慈姑苗根部发黑腐烂，叶尖枯萎，最后全株枯死。经环保等有关部门现场调查、监测，认定是昆明农药厂排放的"扑草净""滴滴涕"废水所引起的。事实查清后，给予昆明农药厂警告、通报全市、罚款 3 万元的处罚，要求该厂采取措施，尽快提出全厂废水处理方案和应急措施，实事求是上报排污情况。

（四）群牛中毒事故[2]

1984 年 11 月 24 日，昆明北郊刘家营的耕牛饮用沟水后，当即暴死 6 头，另有 3 头中毒较轻经抢救未死。经市和区环保部门现场检查和监测后，认定是昆明自行车总厂和福利线标厂的电镀废水引起的。事实查清后，对自行车总厂罚款 5000 元，加收超标排污费 4800 元；对福利线标厂罚款 5000 元，加收超标排污费 1200 元；责令两厂共同赔偿耕牛损失费 9000 元，并限期完成废水治理。

（五）工厂被污染事故[3]

1982 年 3 月 8 日，云丰造纸厂尖山水库贮存的黑碱液大量排入螳螂川，造成昆明钢铁公司主要生产厂停产 57 小时。1983 年 1 月 3—8 日，云丰造纸厂向螳螂川连续排放浓黑碱液 1 万多吨，昆明钢铁公司再次受到严重污染，5 号高炉，3 号、5 号水泵站等处泡沫堆积高达 1—2 米，面积达数百平方米。昆明钢铁公司软水处理系统失效，5 号高炉、95 吨锅炉、焦化回收、中板、薄板、盘元等车间相继被迫停产 32 小时，直接经济损失 130 多万元。事实查清后，昆明市人民政府决定通报批评云丰造纸厂，由云丰造纸厂赔偿昆明钢铁公司的经济损失。

1986 年 4 月 28 日，昆明三聚磷酸钠厂发生事故，排放污水，排污口以下 1 千米的

① 昆明市地方志编纂委员会编：《昆明市志》第二分册，北京：人民出版社，2002 年，第 473 页。
② 昆明市地方志编纂委员会编：《昆明市志》第二分册，北京：人民出版社，2002 年，第 473 页。
③ 昆明市地方志编纂委员会编：《昆明市志》第二分册，北京：人民出版社，2002 年，第 473 页。

河面烟雾弥漫，致使青鱼小学、石龙坝电站严重受害，师生、职工头疼恶心，学校被迫停课。经监测河水，元素磷超标数千倍，市环境保护局对该厂处以罚款，并通报批评。

（六）果木被污染事故[①]

1987 年 7 月，云南铝厂含氟废气外排，造成 150 亩松树枯死，经济损失 13 万元，昆明市环境保护局对该厂处以罚款，并责令赔偿损失 10 万元。1988 年 9 月，安宁化工厂含氟废气外排，污染农田 300 多亩，果树、竹子损失数百棵，造成损失 4 万元，市环境保护局处以 1 万元罚款，并责令该厂赔偿损失。

（七）鱼塘被污染事故[②]

1986 年 4 月，南坝化工厂、市棉毯厂外排工业废水，使周围鱼塘受到污染，死鱼 950 千克，经济损失 3800 元。昆明市环境保护局调查后，决定对两厂处以罚款，加倍征收超标排污费，并限期治理废水。1986 年 4 月 16 日，昆明农药厂"滴滴涕"污水外排，使 80 亩鱼塘受到污染，直接经济损失 2.1 万元。昆明市环境保护局对该厂处以罚款，责令该厂赔偿损失和停产治理。

（八）1993 年环境污染事故[③]

1993 年昆明市发生较大的污染事故 5 起：云南省林业厅下属金沙江林产品公司的一辆东风牌货车将 4 吨多甲醛泄漏入盘龙江；昆明市进出口公司凉亭仓库排放含盐废水，污染了个体户张有林的林场，造成 71 棵松树和 27 棵柏树死亡；昆明市焦化制气厂废水管道泄漏，污染嵩明县四营乡农田；螳螂川沿岸一些企业在暴雨之际超标排放废水，致使安宁县连然镇恩邑办事处甸苴村耕牛饮用后死亡两头，中毒 86 头；昆明平板玻璃厂引上法六机窑因燃烧不完全，造成油烟粉尘污染云南汽车厂厂区。这 5 起事故对肇事单位和有关责任者共处罚赔款 72 550 元。

九、农业损失赔偿

据 1975 年统计，昆明市全市被污染的农田 24 356 亩次，每年损失粮食（大小春[④]合计）325 万千克，工厂赔偿农业损失 1 575 453 元。1979 年 4 月 28 日，昆明农药厂周围

---

① 昆明市地方志编纂委员会编：《昆明市志》第二分册，北京：人民出版社，2002 年，第 473 页。
② 昆明市地方志编纂委员会编：《昆明市志》第二分册，北京：人民出版社，2002 年，第 473 页。
③ 昆明市人民政府编：《昆明年鉴（1994）》，昆明：《云南年鉴》杂志社，1994 年，第 262 页。
④ 大春、小春为农耕用语，指的是农耕时段。大春一般指种植水稻的时期，即 5—9 月。小春指 10 月至第二年 4 月左右，是种油菜、小麦的时期。

的农民用汽车、拖拉机运公分石和混凝土堵塞昆明农药厂的排水沟道，几乎造成昆明农药厂停产。经了解，农民要求每年 5—6 月，昆明农药厂停止排放生产废水，以保证小秧栽插，并迅速妥善解决废水污染问题。1984 年决定昆明农药厂在小秧栽种季节停止生产，以减少农业损失。

加强环境保护工作后，各大企业都采取措施治理污染，同时加强了对污染物的管理，污染农业的纠纷、事故比以前减少，农业损失赔偿额下降。[①]

十、城区污染纠纷[②]

1972—1987 年，由于城区工厂与居民住宅交错，噪声、烟尘扰民问题引起居民与工厂的纠纷较多，居民上告并要求解决。两城区多采取关、停、并、转、迁和限期治理措施解决。到 1988 年止，实行关、停、并、转、迁的污染扰民企业有 48 家。

（一）昆明市翻胎厂污染扰民处理

1980 年以来，地处居民稠密区的昆明市翻胎厂生产废气、废水的污染扰民严重，周围单位和居民反应强烈，多次联名上告。工厂虽然进行了一些治理，但收效不大，尤其是恶臭严重影响周围环境。1985 年，昆明市环境保护局提出搬迁该厂的方案。1987 年，昆明市人民政府决定搬迁昆明市翻胎厂，但因经费不落实，到 1988 年底该厂还未搬迁。

（二）省冶金研究所废气污染纠纷

1981 年 5 月，云南省冶金研究所开展从铅渣中提炼贵金属的试验，排出有毒气体，影响云南省邮电运输总站所属大修车间。5 月 20 日—6 月 20 日，职工和家属出现头昏、呕吐、喉痛、多眠等症状，就医的共 139 人次。大修车间共有职工 104 人，因受毒气影响休假一天以上的 48 人次，造成停产 7 人，经济损失 14 500 元。事故发生后，有关部门和受害单位一起多次到研究所联系，提出停止试验的意见，冶金研究所拒不停止试验，引起纠纷。到 6 月 20 日，大修车间受害职工、家属和过路群众投掷砖头瓦块，打破冶金研究所铅渣提炼试验车间窗户玻璃。事件发生后，省邮电局组织调查组调查了全过程，提出解决方案。经有关部门协商决定后，省冶金研究所停止在城区试验生产有毒产品。

---

① 昆明市地方志编纂委员会编：《昆明市志》第二分册，北京：人民出版社，2002 年，第 473 页。
② 昆明市地方志编纂委员会编：《昆明市志》第二分册，北京：人民出版社，2002 年，第 473 页。

（三）喷水洞电厂污染纠纷

喷水洞电厂的粉煤灰污染农业环境，引起纠纷。1984 年，部分农民堵截喷水洞电厂的拉灰车，要求赔偿损失。4 月 24 日，在喷水洞电厂召开有市环保部门、嵩明县相关政府部门、省电力局、当地政府和农民参加的协商会议。会议商定：由喷水洞电厂完善环保措施，根治灰渣的污染；赔偿问题，由嵩明县政府组织调查和监测，实事求是地协商解决；部分农民堵截电厂拉灰车，影响电力生产是错误的，今后不得再发生类似的情况；未经嵩明县政府批准和电厂同意，当地农民不得在电厂灰渣场、发电机机组旁和职工宿舍下滥开小煤窑，已开挖的立即停挖。

十一、信访、议案、提案①

（一）信访

1960—1969 年，有群众反映环境污染问题，当时主要由排污企业的主管部门调解，排污企业与受害者协商解决。例如，昆阳磷肥厂污染农田问题就是这样解决的。1970 年起，随着环境保护机构的设立、人民群众环境意识的增强，反映环境污染，要求解决环境纠纷、改善环境状况的来信、来访逐年增加。

1974—1978 年，反映环境污染与纠纷的信件有的写给环境保护部门，有的写给市领导再转给环境保护部门办理。1979 年部分县（区）成立了环境保护机构，昆明市环境保护局开始按行政区划处理人民群众的来信来访。基本程序是：来文登记，转有关县（区）环境保护办公室进行现场调查、监测，对复杂问题，市环境保护局同县（区）环境保护办公室共同进行现场调查、监测，办理答复。由市环境保护局直接答复部分的办理程序是：来文登记，现场调查或监测，拟定答复文稿，报市政府信访机构，由市政府答复提案人，抄报有关领导机关。

1986—1988 年，市环境保护局共收到（接待）群众来信来访459 件（次）。其中反映噪声污染的 66 件（次）、反映烟尘污染的 74 件（次）、反映综合性问题（噪声、烟尘、气体、废水两项以上者）的92 件（次）、其他227 次。对于能够解决的问题，及时采取措施解决。对于不具备解决条件的，及时说明情况，采取有效措施，使矛盾缓和。

（二）议案、提案办理

1980 年起，各级人大代表和政协委员关于环境问题的提案、意见、建议逐年增

---

① 昆明市地方志编纂委员会编：《昆明市志》第二分册，北京：人民出版社，2002 年，第473 页。

多，环境保护部门设专人办理人大代表和政协委员的提案、意见、建议。提案、意见、建议的内容，城区多数反映烟尘、噪声、粉尘污染，郊区多数反映工业废水、有毒有害气体污染；其次为保护和改善环境状况的建议。1985 年起要求整治河流污染的呼吁增多。至 1986 年，市环境保护局承办关于要求加强松华坝水源保护工作的市人大议案 1 件，参加承办关于要求加强环境保护工作的市人大议案 1 件，按时完成了承办任务。1987 年和 1988 年共办理各级人大代表和政协委员的提案、意见、建议 39 件。这些提案、意见、建议中，一部分涉及的范围很广，另一部分是多年未解决的困难问题，办理难度较大。

十二、环境统计①

1980 年，国家建立环境统计制度。1981 年初，昆明市环境保护局试编了昆明市 1980 年环境统计年报表，报表内容比较简单。

1982 年，国家统一了环境统计报表的种类与规格。从 1982 年起，昆明市环境保护局每年编制环境统计报表。统计内容包括：废水排放总量，工业废水中汞、镉、六价铬、砷、酚、氰化物、石油类、化学需氧量的排放量；废气排放总量，废气中二氧化硫、烟尘的排放量；工业粉尘的排放量、回收量；工业固体废弃物的产生量、处理量、综合利用量、排放量；已改造锅炉、工业窑炉的数量；综合利用产品的价值、利润；企事业单位的污染处理情况；超标排污费的征收、使用和污染赔（罚）款情况；建设项目"三同时"的执行情况；企事业单位废水处理设施的运行情况；自然资源保护的基本情况；环境保护系统的机构、人员、房屋建筑面积等情况；群众来信、来访情况等。环境统计报表的编制程序是：基层表发给各企事业单位填报；基层表上报后，由昆明市环境保护局核实、汇总、上报。截至 1988 年，昆明市的环境统计工作已制度化，并有专人负责。

十三、环境整治②

（一）规划

（1）松华坝水源保护规划。松华坝水源是昆明市的重要水源。为保护松华坝水源，在 1982—1987 年开展松华坝水源保护区多学科综合考察的过程中，制定了水源保

---

① 昆明市地方志编纂委员会编：《昆明市志》第二分册，北京：人民出版社，2002 年，第 473 页。
② 昆明市地方志编纂委员会编：《昆明市志》第二分册，北京：人民出版社，2002 年，第 473 页。

护区区域综合规划。

（2）滇池污染防治规划。昆明市革命委员会环境保护办公室在 1979 年的规划中明确提出"1979 年环境治理以控制滇池污染为中心，继续确保治理螳螂川为重点，明年狠抓水系工厂污染治理，特别是西山地区的两河（新、老运粮河）、一渠（王家堆渠）的污染治理，推动全市的环境保护工作，最终达到滇池水系的污染五年控制，十年基本解决的目标"。由于各种主客观原因，这个规划未能实现。

1988 年 8 月 10 日，昆明市滇池综合整治领导小组制定的《滇池综合整治大纲》提出了全面整治滇池的规划，主要内容包括"用 20 年左右的时间，分为三个阶段。第一阶段，1989—1995 年基本控制滇池流域生态环境的恶化；第二阶段，1996—2005 年逐步改善滇池流域生态环境；第三阶段，到 2010 年基本达到滇池生态系统的良性循环"。

（3）烟尘控制规划。1981 年 8 月，昆明市人民政府召开昆明市城区环境保护工作会议，会议提出：1985 年内，要继续狠抓消烟除尘工作。并决定：新生产的锅炉必须采取有效的消烟除尘措施，否则不准出厂；旧锅炉必须分期分批实行改造，使煤烟黑度不超过林格曼图二级；逐步推广联片供热和改变燃料结构，逐步实现市内生产、生活煤气化。

（4）固体废弃物综合利用规划。1986 年 7 月，昆明市环境保护局制定《环境保护"七五"规划》，提出全市工业废渣的综合利用率由 1985 年的 29.4%提高到 40%。

（5）交通噪声控制规划。1981 年 6 月，昆明市环境保护局制定《昆明市环境保护十五年设想》，提出噪声治理的要求是：1982 年前，凡允许进城的机动车辆不得鸣喇叭，要撤除固定的高音喇叭，并加强管理。凡有高噪声设备的工厂，一定要采取减震和消声措施，将噪声级控制在 85 分贝内。城市噪声控制在 75 分贝以内。

（二）区域性环境综合整治[①]

（1）螳螂川。从 1974 年起开始进行污染源治理，1979 年在治理污染源的基础上发展成为螳螂川的区域环境综合整治。在综合整治中，螳螂川沿岸企业外排有毒有害物质的数量大幅度减少。每年工业废气中减少的外排有毒有害物质数量为：二氧化硫 2910 吨/年、氟化物 1707 吨/年、氮氧化物 392 吨/年、氮气 1038 吨/年、一氧化碳 704 吨/年、氯气 1038 吨/年、一氧化碳 704 吨/年、硫酸雾 326 吨/年、汞 0.313 吨/年、烟尘 17 951 吨/年、粉尘 61 397 吨/年。每年工业废水中减少的外排有毒有害物质量为：汞 1.47 吨/年、镉 0.008 吨/年、六价铬 104 吨/年、砷 0.41 吨/年、悬浮物 23 723 吨/年、硫化物 82 吨/年、石油类 465 吨/年、氟化物 682 吨/年、硝酸苯类 0.36 吨/年，唯有铅上升到 70

---

① 昆明市人民政府编：《昆明年鉴（1990）》，北京：新华出版社，1990 年，第 343 页。

吨/年。

（2）场地搬迁。两城区对严重污染扰民，又受场地、技术的限制，无法进行就地污染治理的48个小企业实行关、停、并、转、迁。

（3）限制噪声。从1985年9月20日起，开始在环城路以内的主要街道实行机动车辆禁鸣喇叭（以昆明市交通大队为主执行），使环城路以内的交通噪声基本达到国家标准。

（4）烟尘控制区。1987年制定"烟尘控制区"建设规划，1988年开始建设"烟尘控制区"（以两城区人民政府为主来执行），年底建成2.5平方千米"烟尘控制区"，经上级领导机关检查验收合格。

（5）松华坝水源保护区。1982年起开始综合治理、疏控、维修较大的六个出水龙潭，开展并完成松华坝水源保护区多学科综合考察，提出综合整治意见，开展生态农业试验（以上以昆明市环境保护局为主实行）。退耕还林4万亩（以嵩明县人民政府为主实行），植树造林2.7万亩，飞播造林85万亩（以昆明市林业局为主实行）。

十四、污染源治理

（一）限期治理[①]

1974年8月22日，昆明市革命委员会环境保护办公室召开解决昆明市软木厂粉尘污染问题专业会议。会议决定该厂必须在9月5日前治理见效，否则停产搬迁。这是昆明市首次实行限期治理，以后逐年下达市的限期治理任务。

1978年，国家计划委员会、国务院环境保护领导小组等行文下达第一批国家限期治理项目，对昆明市辖区内的云丰造纸厂、西南仪器厂、云南光学仪器厂等3个单位的生产废水实行限期治理。

1986年3月10日，昆明市人民政府批转市环境保护局等5个单位联合调查组提出的《关于部分乡镇、企业污染环境的整治意见的修改报告》，对103个企业实行限期治理和关、停、并、转、迁。限期治理和关、停、并、转、迁的103个单位，除个别的由于治理技术不过关尚未治理外，其余已按市政府文件执行。

（二）昆明钢铁公司污染源治理[②]

（1）废气治理。1973年完成第二套高炉煤气放散点火器工程并按期竣工投产，消

---

① 昆明市地方志编纂委员会编：《昆明市志》第二分册，北京：人民出版社，2002年，第473页。
② 昆明市地方志编纂委员会编：《昆明市志》第二分册，北京：人民出版社，2002年，第473页。

除了安宁公司片大面积煤气中毒的污染源。1974 年投资 19.6 万元，完成了 75 吨锅炉组合式旋风除尘器的改造，除尘效率为 70%—80%。1977—1978 年，对 75 吨锅炉除尘进行改造完善。

（2）废水治理。1980 年焦化溶剂脱酚工程开工，1981 年竣工投产，投资 177.5 万元，每小时处理酚氰废水 100 吨，酚去除率 98.8%，氰去除率 74.34%。1978 年第二炼钢转炉除尘污水处理及造球工程开工，1981 年建成投产，每日可处理废水 6000 吨，可回收含铁 47%的污泥 22 吨，日产可用做炼钢造渣剂的污泥球 40 吨。1980—1981 年实现了高炉渣水封闭循环、五高炉煤洗水及铸铁机废水代替冲渣水及轧钢厂 6 个车间废水除油循环使用。1985 年增建二炼钢污水处理第三座立式除尘池。1986 年实行重点污水排放控制内部考核，外排废水污染物明显减少。1988 年同 1980 相比，酚由 185.7 吨减少到 16.6 吨，氰化物由 115.7 吨减少到 7.6 吨，油由 1934.8 吨减少到 305 吨，去除率分别约为 91.06%、93.43%、84.24%；煤灰渣和高炉、转炉尘泥排放总量比 1980 年少 3 万吨。

（3）固体废弃物治理。1972 年新建泡渣池，使 2—4 号高炉的铁渣全部变成水渣。1976 年，制定了昆钢废渣利用方案及规划：高炉水渣运往水泥厂做掺和料，烧结尘泥、高炉瓦斯灰、转炉尘泥、轧钢氧化铁磷、机修铁屑、铁合金锰尘等均回收做原料，煤灰渣送红砖厂或做煤渣砖，钢渣及工业垃圾送弃渣场堆存，各矿山尾矿全部堆存尾矿坝，全部工业固体废弃物都得到妥善处理和利用。1978 年 10 月，动力厂 75 吨锅炉输灰工程建成投产，投资 23.3 万元，每天可处置粉煤灰 50 吨。

（4）综合利用。昆钢炼铁厂年产水渣 50 多万吨，全部送省内水泥厂利用，创产值 520 万元，获利润 80 万元。1978 年建年产 3 万吨的水泥厂 1 个，主要是利用高炉水渣及龙山矿碎石灰石粉，生产 300 号、400 号水泥。所产水泥除保证昆钢生产建设的需要外，部分向社会销售。1981 年转炉炼钢污泥碳化造球工程投产，每年可回收铁 5000 吨，价值 90 万元；石灰、萤石耗量降低，成本减少 50 余万元。1980—1983 年，先后投产 1000 多万元，建成 10 万立方米高炉煤气柜 1 座、2 万立方米焦炉煤气柜 2 座，用高炉煤气置换出焦炉煤气，统筹用于生产生活上，年利用煤气 13 亿立方米。改造后 6 年共节约标煤 20.5 万吨，直接经济效益 1432.3 万元。到 1988 年已有 8000 多户职工用上煤气，年用气 400 万立方米，节约标煤 2900 吨，减少二氧化硫 15 吨、煤尘 10 000 吨。先后建设 30 多台（套）除尘设备，使烧结尘泥、瓦斯灰、氧化铁磷及铁屑等回收供烧结炼钢做原料，回收利用率达 88.7%，产值 170 万元。

1972 年以来，共投资 2700 万元，新建 100 多台（套）环保设施，其中部检一级设施 34 台（套），累计投资 2058 万元；二级环保设施投资 641 万元。1988 年纳入市环境保护局承包考核范围的 27 台（套）设施，完好率为 95%，运行率为 98%，外排废气合格率为 46%，外排废水合格率为 61%。

（三）云南冶炼厂污染源治理[1]

1973 年在抛渣场修建挡渣坝，1975 年建成硫酸一系列，1979 年电炉电极密封，1980 年废水处理站建成投产。1981—1985 年，新建备料二号电收尘 1 台，建成硫酸二系列，改造综合车间，扩大综合利用能力，增加酸泥回收装置及硫酸污水处理站的污泥脱水设施等。1986—1988 年，改造老工艺、老设备，新建转炉电收尘 1 台、电炉电收尘 1 台，改造原电炉电收尘 1 台，并开工建设硫酸第三系列和鼓风烧结。

1973 年以来，用于环境工程建设的技术更新改造资金 8257 万元。通过改造与治理，实现产量翻一番，废水量及废气中的二氧化硫排放量减少一半，硫利用率由 1980 年的 50.3%提高到 1990 年的 66.6%，硫酸产量由 5.2 万吨提高到 12.6 万吨，资源综合利用率由 1979 年的 36.7%提高到 85.2%。1990 年，已可从铜精矿中回收金、银、铂、钯、铋、铅、锌、镍、硒等有价资源。厂区自然降尘由 83.55 吨/（平方千米·月）下降到 41.6 吨/（平方千米·月），总悬浮微粒由 2.4 毫米/标准立方米下降到 0.826 毫米/标准立方米，污染物综合达标率由 29.5%提高到 69.7%，可绿化率由 42.3%提高到 87.9%。

（四）昆明三聚磷酸钠厂污染源治理[2]

到 1988 年底，昆明三聚磷酸钠厂完成以下治理项目：备料磷矿干燥系统尾气电除尘、焦炭干燥系统尾气电除尘及焦炭干燥系统尾气水膜除尘；含磷废水净化、缓冲回收到封闭使用，洗衣粉废水消泡处理及医院污水处理；招待所及生活区锅炉除尘改造；泥磷回收及二氧化碳的回收；洗衣粉磺化废水、控分冷却水的回收及串级使用；Ⅰ、Ⅱ期磷酸的废酸、废水回收，Ⅰ、Ⅱ期五钠中和液废水回收等，累计投资 477.7 万元。这些治理项目改造措施完成后，工厂污染物的排放量减少，累计回收磷矿粉 8500 吨，回收各类废水 277 万立方米，利用（出售）磷碴 36.2 万吨，回收及综合利用效益 400 万元。

（五）云南昆阳磷肥厂污染源治理[3]

到 1988 年底，云南昆阳磷肥厂的主要污染源"三气""四水""两尘""两渣"已治理和综合利用。"三气"中的钙镁高炉尾气、普钙含氟尾气经治理，含氟浓度均低于 100 毫克/标准立方米；硫酸经工艺流程改造，将原来的一转一吸水洗流程改成两转两吸酸洗流程，尾气中排放的二氧化硫的浓度下降到百万分之四百，二氧化硫的排放量由原来的 160 千克/时下降到 16.3 千克/时。同时，每日可少排 1200 立方米含砷、氟废水。

---

[1] 昆明市地方志编纂委员会编：《昆明市志》第二分册，北京：人民出版社，2002 年，第 473 页。
[2] 昆明市地方志编纂委员会编：《昆明市志》第二分册，北京：人民出版社，2002 年，第 473 页。
[3] 昆明市地方志编纂委员会编：《昆明市志》第二分册，北京：人民出版社，2002 年，第 473 页。

"四水"中的硫酸污水经改造成酸洗后不再排放；钙镁水淬水、黄磷污水、普钙污水经处理实现封闭循环，不再外排。黄磷污水处理封闭循环技术获得 1984 年云南省科技成果二等奖，并已作为环保技术成果得到推广运用。"两尘"中的钙镁球磨尾气粉尘、磨矿球磨尾气粉尘，分别配上了电收尘和袋式收尘装置，经收尘治理，钙镁球磨尾气含尘浓度为130毫米/标准立方米左右，磨矿球磨尾气含尘浓度在正常情况下较好。"两渣"中的黄磷炉渣、硫酸炉渣，每年约 10 万吨，均进行了综合利用。黄磷炉渣做生产水泥的原料，硫酸炉渣供昆钢烧结炼钢。

（六）整治大观河[①]

1972 年，根据中共云南省委关于治理"三废"、净化滇池的指示，昆明市革命委员会多次召开会议进行研究，于1972 年 11 月 22 日向省革命委员会正式报送了《昆明市城市污水治理利用的规划》，提出 1973 年 1—2 月发动群众义务疏挖大观河，力争 5 月完工。具体工程措施是：沿大观河铺设污水管道，把原来流入大观河的部分城市生活污水引入永宁河、鱼翅河等沟渠，用以灌溉两岸近 4000 亩农田。为实施这个方案，昆明市革命委员会正式成立了治理大观河领导小组，昆明市革命委员会副主任潘朔端任领导小组组长。采取专业队伍施工与群众义务劳动相结合的方法进行疏挖，从 1973 年 1 月动工，到 6 月结束，总共动员了党、政、军、民义务工 27 万多个工作日，疏挖河床污泥9.3 万多立方米；专业施工队伍共砌石堤护坡 2.3 万立方米，铺设 500—900 毫米管径的铸铁管和水泥管共 5000 米，建泵站 3 座。大观河综合整治初见成效，水质一度好转，堤岸也比较整齐规范。

（七）整治盘龙江上游[②]

昆明市第一自来水厂从盘龙江取水，日产水 5 万吨，供应城区。在一水厂取水口的上游沿岸有 30 多家工厂、1 个农场的废水排入盘龙江。这些企业排放的废水含有磷、碱、氰、酚、氨氮、亚硝酸盐等多种污染物，污染生活饮用水水源。一水厂因水源污染，多次被迫停产。为解决水源污染问题，昆明市人民政府多次指示市环境保护局等单位进行调查，规划治理。到 1978 年，主要排污单位建成废水处理设施，但仍未从根本上解决水源污染问题。昆明市人民政府决定由昆明市环境保护局出面集资，昆明市城建局负责施工，共向盘龙江上游沿岸部分工厂集资 40 余万元，建成一水厂附近工厂的废水截流工程，把部分工厂的废水引到一水厂取水口下游排放。截流工程完成后，昆明市第一自来水厂水源的水质一度好转。

---

① 昆明市地方志编纂委员会编：《昆明市志》第二分册，北京：人民出版社，2002 年，第 473 页。
② 昆明市地方志编纂委员会编：《昆明市志》第二分册，北京：人民出版社，2002 年，第 473 页。

（八）整治官渡区三条河①

官渡区境内的明通河、枧槽河、海明河污染严重，昆明市政协委员视察后提出意见，昆明市人民政府要求市城乡建设委员会研究处理。1988 年 1 月 19 日，市城乡建设委员会邀请市政协、市水利局、市环境保护局、市城建局、市规划院、市政府办公厅五处和官渡区人民政府，对 3 条河的污染情况和整治方案进行专题研究。会议统一了 3 条意见，即市环境保护局监督沿岸各厂的污染治理工作，把废水排放量控制在规定范围内，并及时检查各厂的废水处理情况；官渡区 3 条河的疏挖工作，由官渡区人民政府制订方案，报市政府批准后由官渡区组织实施。会后，各单位分头组织实施，3 条河的整治按期完成。

（九）打捞水葫芦②

由于滇池水体富营养化，从 1985 年下半年开始，大观河长满水葫芦，并逐步发展到内湖部分地区，最严重时西山脚下部分湖面被水葫芦覆盖，造成鱼类死亡。对此，昆明市人民政府极为重视，在刚发现水葫芦大量生长时就指示组织大观河附近农民打捞。1986 年 9 月 19 日，市政府又专门召开会议，研究打捞水葫芦的问题。会议决定成立以市水利局为主、昆明市环境保护局等有关单位参加的协调小组，负责打捞水葫芦的组织、协调、检查、验收等工作。同时决定由市环境保护局出资 3 万元、西山区出资 20 万元作为打捞经费，由西山区负责组织人力，限 10 月 10 日前打捞完内湖、船房河、大观河区域内的水葫芦。当年打捞水葫芦的工作按时完成。

（十）治理螳螂川污染③

螳螂川的海口至安宁段，沿岸工业企业集中，排污量大，每日排入螳螂川的工业废水达 30 多万吨，严重污染螳螂川，河水发黑发臭，鱼虾绝迹，两岸人畜饮水及农田用水受到严重影响。

为治理螳螂川的污染，1974 年昆明市治理螳螂川污染办公室成立。1978 年，云南省革命委员会提出力争在两三年内解决螳螂川污染问题。为实现这一目标，昆明钢铁公司、光明磷矿厂、云南化工厂、云南磷肥厂、云南光学仪器厂、西南仪器厂、昆明合成洗涤剂厂等大中型企业先后建成一批污染治理设施。

1981 年，云南省人民政府办公厅负责人带领调查组到螳螂川逐厂调查。调查得出

---

① 昆明市地方志编纂委员会编：《昆明市志》第二分册，北京：人民出版社，2002 年，第 473 页。
② 昆明市地方志编纂委员会编：《昆明市志》第二分册，北京：人民出版社，2002 年，第 473 页。
③ 昆明市地方志编纂委员会编：《昆明市志》第二分册，北京：人民出版社，2002 年，第 473 页。

结论："多数工厂的废水已基本得到治理，螳螂川水质已有改善，今后螳螂川水质污染将主要是云丰造纸厂的问题。"后经中共云南省委常务委员会讨论，于 1981 年 8 月 7 日做了"螳螂川年底实现水清有鱼，否则云丰造纸厂停产治理"的决定。云丰造纸厂虽经努力，但治理效果不好，被迫停产治理，直到治理收到成效后才恢复生产。

从 1985 年起，昆明市环境保护局在螳螂川沿岸各厂试行"污染治理经济责任承包合同制"，做法是：市治理螳螂川污染办公室根据市政府下达的限期治理项目，与有关企业的厂长（经理）签订承包合同，到期检查验收，奖罚兑现。后来，这个办法在全市推广，收到较好效果。

经过 10 多年的努力，螳螂川的污染治理已见成效。连续几年的监测统计表明，螳螂川的水质已在向好的方面转化。

（十一）1989 年污染源治理[①]

（1）工业废水治理。历年累计投资 5000 万元，建成较为成型的工业废水处理设施 194 套，每年处理工业废水 7000 万立方米，处理率达 37.7%，达标率达 41.4%（不包含间接冷却水）。万元产值工业废水的排放量下降到 273 立方米（不包含间接冷却水）。经过处理，每年去除工业废水中的有机污染物 9000 吨，重金属和其他有毒有害物质 300 吨，减轻了水体污染负荷。

（2）工业废气治理。历年累计投资 4800 万元，建成工业废气处理设施 204 台，改造蒸汽锅炉 153 台，改造工业窑炉 110 台，每年处理工业废气 225 亿立方米（不含工艺废气和燃煤废气），处理率达 56.6%，减轻了大气污染负荷。

（3）固体废弃物综合利用。一般工业废弃物每年综合利用 80 万吨，综合利用率达到 39%。有毒有害工业固体废弃物每年综合利用 11.9 万吨，综合利用率达到 39%，减轻了工业固体废弃物的污染危害。

（十二）工业污染源治理[②]

1992 年，在工业污染源的治理上，继续推行限期治理制度。完成昆明市人民政府下达的限期治理项目 27 项（其中国有企业 26 项、乡镇企业 1 项）。在螳螂川、西山区鉴定"限期治理任务承包合同"20 项，完成率 100%。国家下达的限期治理项目——云南冶炼厂重金属废水治理截污工程已完成 96.5%。

---

① 昆明市人民政府编：《昆明年鉴（1990）》，北京：新华出版社，1990 年，第 343 页。
② 昆明市人民政府编：《昆明年鉴（1993）》，昆明：《云南年鉴》杂志社，1993 年，第 277 页。

十五、消除烟尘

最先采用的措施是改炉，即在锅炉炉膛内加拱，建烟尘阴井，安装除尘器等，收到一定效果。曾一度反映强烈的烟尘污染扰民问题得到初步解决，但大范围的大气污染问题还未得到解决。[①]

1979 年，经中共昆明市委批准，市革命委员会环境保护办公室、市劳动局、市清仓节约办公室和市革命委员会外事办公室联合召开消烟除尘专业会议。会上交流了前段改炉的经验，组织现场参观学习，最后提出争取在 3—5 年内，使昆明市的煤烟粉尘污染得到基本控制的目标，并下达了 50 个限期治理项目，会后形成改炉、消烟除尘的高潮，第一批限期治理的 50 个单位完成了任务。[②]

1980 年下达第二批限期治理项目，共 70 个单位。以后每年都下达一批。到 1988 年底，全市共改造或停用各种型号的锅炉 279 台，占应改造量的 50%；改造或停用各种窑炉 22 座。[③]

（一）建设烟尘控制区

1987 年 8 月，国务院环境保护委员会提出把点源治理逐步转向集中供热和建立烟尘控制区的方针后，昆明市制定了分 3 年建成烟尘控制区的规划。执行结果如下。

1988 年完成了东风东路、东风西路、南屏街、北京路、翠湖环路锅炉、窑炉、营业性饮食灶的改造工作，四路一街建成"烟尘控制区"，面积 2.5 平方千米。1989年，在盘龙区所辖 7 个办事处、五华区所辖 6 个办事处开展"烟尘控制区"建设工作。年底，经检查验收，盘龙区完成烟尘控制 1046 户，完成率为计划数的 94%，建成烟尘控制区 2 平方千米。1990 年在盘龙区建成"烟尘控制区"1.6 平方千米，五华区建成 7.4 平方千米，合计 9 平方千米。至此，按照昆明市建设"烟尘控制区"的规划，两区 3 年实际建成"烟尘控制区"面积 26.4 平方千米，环城路以内的煤烟粉尘污染状况已得到缓解。[④]

1990 年，昆明市"烟尘控制区"建设集中在繁华街道。这些地方人口集中，饮食行业多，烟尘控制难度大。在五华、盘龙两区人民政府及市、区环保部门的共同努力下，五华区完成 8 个新村（含小区）、29 条街、706 户的烟尘控制任务。治理炉灶 2297

① 昆明市地方志编纂委员会编：《昆明市志》第二分册，北京：人民出版社，2002 年，第 473 页。
② 昆明市地方志编纂委员会编：《昆明市志》第二分册，北京：人民出版社，2002 年，第 473 页。
③ 昆明市地方志编纂委员会编：《昆明市志》第二分册，北京：人民出版社，2002 年，第 473 页。
④ 昆明市地方志编纂委员会编：《昆明市志》第二分册，北京：人民出版社，2002 年，第 473 页。

台（眼），建成"烟尘控制区"7.4平方千米。盘龙区完成4个办事处、52个居委会、152条街巷、449户烟尘控制任务。治理炉灶1178台（眼），建成"烟尘控制区"1.603平方千米。经上级机关检查验收合格，两区当年合计完成烟尘控制面积9.003平方千米。[①]

1992年，五华、盘龙两区在已建成的30.6平方千米的"烟尘控制区"范围内加强了环境监督管理，将反复率控制在3%以下。"烟尘控制区"的建设工作在官渡区、西山区进行。官渡区于该年3月完成了关上片7.63平方千米的"烟尘控制区"建设工作，随即在国家级旅游度假区海埂片12平方千米范围内开展"烟尘控制区"建设工作。西山区在人民西路两侧7—8平方千米范围内进行"烟尘控制区"建设工作。到12月，官渡区完成关上片853个排烟装置、海埂片77户的烟尘控制工作，"烟尘控制区"建成面积19.63平方千米。西山区完成人民西路两侧6个办事处、1个中心区353个单位的烟尘控制工作，"烟尘控制区"建成面积为14.37平方千米。两区共建成"烟尘控制区"34平方千米。全市"烟尘控制区"建成面积已达64.6平方千米。[②]

1993年在巩固已建成"烟尘控制区"的基础上，继续在官渡区、西山区开展"烟尘控制区"的建设工作。计划新增"烟尘控制区"面积28平方千米，实际完成30.84平方千米。其中官渡区建成面积15.5平方千米，西山区建成面积15.34平方千米。全市1988—1993年共建成"烟尘控制区"面积达95.44平方千米。1992年底建成的64.2平方千米"烟尘控制区"在强化管理的基础上，反复率均控制在3%以下。[③]

（二）汽车尾气[④]

1986年8月，昆明市环境监测中心站抽测柴油车39辆，超标的18辆，约占46%；抽测汽油车32辆，超标的13辆，约占41%。这些工作是为控制汽车尾气污染做准备。1988年，全市机动车耗用汽油2.7万多吨、柴油0.5万多吨，汽车尾气污染严重。

（三）固体废弃物处理[⑤]

1966年在西郊建昆明市硅酸盐制品厂，专门处理普坪村发电厂的粉煤灰和云南印染厂等单位的煤渣，截至1987年底，共处理粉煤灰及煤渣68万吨。所生产的煤渣砖用于建筑，价值1581万元。从1983年起，城建部门先后利用电石渣、粉煤灰、铜冶炼渣铺垫公路22万平方米。1986年和1987年，全市综合利用废渣11.25万吨，约占全市废

① 昆明市人民政府编：《昆明年鉴（1990）》，北京：新华出版社，1990年，第453页。
② 昆明市人民政府编：《昆明年鉴（1993）》，昆明：《云南年鉴》杂志社，1993年，第277页。
③ 昆明市人民政府编：《昆明年鉴（1994）》，昆明：《云南年鉴》杂志社，1994年，第260页。
④ 昆明市地方志编纂委员会编：《昆明市志》第二分册，北京：人民出版社，2002年，第473页。
⑤ 昆明市地方志编纂委员会编：《昆明市志》第二分册，北京：人民出版社，2002年，第473页。

渣总量的30%。1988年，全市工业固体废弃物的排放量约270万吨。

为解决医院固体废弃物处理存在的问题，1988年4月26日，昆明市环境保护局、昆明市卫生局联合向昆明市人民政府报告，建议集中处理医院固体废弃物。1989年，昆明市人民政府批准在安宁县建立医院固体废弃物焚化场，集中处理昆明地区各医院的固体废弃物。

（四）噪声控制

1981年9月24日，昆明市人民政府颁布《昆明市噪声管理试行条例》，对昆明地区的噪声标准、管理制度及处理方法等做了规定。该条例贯彻后，噪声得到控制。[1]

1984年，昆明市公安局交通大队和昆明市环境保护局在调查研究的基础上，提出控制交通噪声的意见报市政府。同年9月，昆明市人民政府批准颁布《昆明人民政府关于加强城区噪声管理的通告》。该通告规定在城市中心区的东风路、正义路北段、北京路南段、翠湖环路等，除执行警备、抢救、救护、消防等任务的特种车辆外，一律禁鸣喇叭。12月，禁鸣的范围扩大到环城路以内的主要街道。实行禁鸣喇叭收到了较好的效果，城区交通干道的平均等效连续A声级降低了5—7分贝。[2]

1985年8月29日，昆明市公安局、昆明市工商行政管理局、昆明市环境保护局、昆明市政监察大队联合发布《昆明市区范围内音响设备管理的暂行规定》，对广播音响、商业部门宣传喇叭的音量、舞厅乐队的音量等做了具体规定。这个规定执行后，对保证环境安静、保障人民健康起了重要作用。[3]

1992年5月，昆明市人民政府批准执行《昆明市"城市区域环境噪声标准适用区域"划分方案》。两城区在部分街道办事处开展了"噪声达标区"建设的调查、摸底工作。12月，经市人民政府批准，昆明市环境保护局、市容管理委员会、市工商行政管理局、市公安局交警支队、市卫生防疫站联合下发《关于印发"昆明市噪声达标区建设实施意见"的通知》。该通知明确规定了"环境噪声达标区"的实施标准，建设"环境噪声达标区"的范围和时间、主要措施、组织领导及职责分工、噪声达标区的验收方法及奖惩。[4]

1993年，根据《昆明市噪声达标区建设实施意见》的要求，在五华区、盘龙区开展了以控制工业噪声源和其他固定噪声源为目标的"噪声达标区"建设工作。五华区在虹山、北门、莲华、武成、西站、华山6个地区开展建设工作，建成"噪声达标区"面积9.27平方千米；盘龙区在金碧、拓东、珠玑、换成、东华5个办事处开展建设工作，

① 昆明市地方志编纂委员会编：《昆明市志》第二分册，北京：人民出版社，2002年，第473页。
② 昆明市地方志编纂委员会编：《昆明市志》第二分册，北京：人民出版社，2002年，第473页。
③ 昆明市地方志编纂委员会编：《昆明市志》第二分册，北京：人民出版社，2002年，第473页。
④ 昆明市人民政府编：《昆明年鉴（1993）》，昆明：《云南年鉴》杂志社，1993年，第277页。

建成面积 7.71 平方千米，两区共建成"噪声达标区"16.98 平方千米。[①]

（五）城市环境综合整治

1988 年，国务院环境保护委员会把昆明市列为城市环境综合整治定量考核的城市之一。1989 年 5 月 18 日，昆明市人民政府正式成立了昆明市城市环境综合整治定量考核实施领导小组。[②]

1989 年，国务院环境保护委员会组织全国 32 个城市进行考核，考核结果显示，昆明市总分为 50.7 分，综合名次排在全国第 22 名，其中污染控制的环境建设指标排在全国第 25 名，环境质量指标排在全国第 20 名。[③]

1992 年 8 月，由国家环境保护局、全国爱国卫生运动委员会和国家建设部联合组成的"全国城市卫生、环境综合整治检查团"对昆明市 1991 年的城市环境综合整治定量考核情况进行检查。1991 年，昆明市建成了日处理污水 5.5 万吨的第一污水处理厂；完成了昆明焦化制气厂二期工程，新增用气人口总数 11.3 万人；建成了安石高等级公路，城区部分道路扩宽；建成生活垃圾无害处理厂 1 个。城市烟尘控制区覆盖率达到79.72%；工业固体废弃物的综合利用率达到 45%，比 1990 年增加 17.83%；城市气化率比 1990 年增加了 9.68%。交通干线噪声平均值下降 3.8 分贝。国家规定考核的 20 项指标中，增分的有 15 项，全市环境综合整治定量考核总评分为 64.41 分，比 1990 年增加7.61 分。11 月，国家环境保护局公布 1991 年全国 32 个重点城市环境综合整治定量考核结果，昆明市由 1990 年的第 26 名上升为第 23 名。[④]

1993 年，国家环境保护局对昆明市 1992 年城市环境综合整治工作进行了定量考核。1992 年昆明市在 1991 年城市环境综合整治定量考核的基础上，针对存在的问题，加强了烟尘控制区建设、工艺尾气处理、工业固体废弃物处理、城市污水处理和滇池综合治理工作。加快了旧城改造的速度和城市基础设施的建设。新建、改建道路 20 余条，新增道路面积 50 万平方米，建成区绿化覆盖率达 19.34%，城市气化率达 76.02%，日供水能力达到 46.3 万吨，工业废水处理率达 84.6%，城市污水处理率达 17.07%。按照国家环境保护局城市环境综合整治定量考核项目和计分办法，自检得分 71.59 分，其中环境质量指标值 23.68 分、污染控制指标分值 32.50 分、城建指标分值 15.41 分。比 1991年自检得分（62.48 分）增加了 9.11 分。1993 年 10 月，国家环境保护局公布评比考核结果，昆明市在 1992 年全国 37 个重点城市环境综合整治定量评比考核中，名列第 18 位，

① 昆明市人民政府编：《昆明年鉴（1994）》，昆明：云南年鉴杂志社，1994 年，第 261 页。
② 昆明市地方志编纂委员会编：《昆明市志》第二分册，北京：人民出版社，2002 年，第 473 页。
③ 昆明市地方志编纂委员会编：《昆明市志》第二分册，北京：人民出版社，2002 年，第 473 页。
④ 昆明市人民政府编：《昆明年鉴（1993）》，昆明：《云南年鉴》杂志社，1993 年，第 277 页。

比 1991 年的 23 位上升了 5 位。①

（六）建设环境优美工厂②

1987 年《中国环境报》组织首届"环境优美工厂"评选活动，昆明市辖区内的昆明铁路分局昆明机务段、开远铁路分局宜良机务段、云南仪表厂被评为国家级"环境优美工厂"，受到国家环境保护局的嘉奖。

1987—1988 年，昆明铁路分局昆明机务段、云南仪表厂、开远铁路分局宜良机务段、昆明机床厂、云南机床厂、海口磷矿、昆明力车胎厂、西南仪器厂、云南光学仪器厂、中国人民解放军 7321 工厂、昆明电缆厂电磁线分厂、昆明钢铁公司所属的八街矿、龙山溶剂矿、上厂铁矿、轧钢厂、机修厂被评为省级"环境优美工厂"。

（七）污染源控制③

（1）建设项目选址。为逐步调整工业布局，对新建项目一直坚持从选定厂址开始就进行控制。选址的基本原则是：在城市中心区、松华坝水源保护区、滇池沿岸及风景旅游区，一律不准建设排污量大、污染严重的项目；污染严重又必须建设的项目，往安宁县城以西布点；人烟稀少、经济不发达的地区适当放宽。这样既发展经济，又减轻了污染危害。根据这个原则，黄磷生产基地建设项目不能在滇池汇水范围内建设，经多次论证，最后省、市政府决定，把厂址选定在安宁草铺。同时同意在经济较落后的禄劝彝族苗族自治县崇德乡小平坝和富民县大营镇大麦竜新建小型黄磷厂。选定厂址的程序是：规模小、情况清楚的项目，踏勘现场后定点；规模较大、情况复杂的项目，经现场踏勘，进行环境影响评价、论证、多方案比较后定点。

改建、扩建项目，一般在原有工厂内建设，移地建设的少。乡镇企业的建设项目，因到外乡建厂困难，一般是在本乡范围内定点建设。

（2）审批。建设项目先向所在县（区）的环境保护部门申报，其中投资在 10 万元以下的项目，由县（区）环境保护部门审批；投资在 10 万元以上的项目，由县（区）环境保护部门提出意见后，报市环境保护局审批。市环境保护局的审批程序是：一般项目由经办人草拟审批意见，处长或副处长审核，局长或副局长审定签发；少数重大建设项目提交局办公会议讨论后再签发。批文对建设项目的污染治理提出明确的要求，以正式文件形式发出。到 1990 年，共参加审批新建、扩建、改建项目 884个，其中乡镇企业建设项目 364 个。

---

① 昆明市人民政府编：《昆明年鉴（1994）》，昆明：《云南年鉴》杂志社，1994 年，第 261 页。
② 昆明市地方志编纂委员会编：《昆明市志》第二分册，北京：人民出版社，2002 年，第 473 页。
③ 昆明市地方志编纂委员会编：《昆明市志》第二分册，北京：人民出版社，2002 年，第 473 页。

（3）验收。建设项目完工后逐项进行验收。对达到"三同时"要求的建设项目准予投产；达不到"三同时"要求的建设项目，分情况给予罚款、限期改正、不准投产等处理。通过严格验收，"三同时"的执行率不断提高，1981—1985 年，"三同时"的执行率为 15%—30%，1988 年达 80%，1989 年达 92%，1990 年达 94%。

（八）防治工业污染[①]

（1）控制新污染源。结合在治理整顿中压缩基建项目，调整产业结构等措施，依法对建设项目实行严格的审批制度，防止新污染源的产生。全年审批新建、改建、扩建项目 76 项，批准建设的 70 项，建设总投资 80 241 万元。其中环保投资 669 万元。因选址不当或污染治理困难，不同意建设的 3 项，因污染严重停止生产的 2 项。《环境影响报告书（表）》申报率达 97%。加强了"三同时"竣工验收工作，建立了竣工验收手续，组织了两次"三同时"执行情况和污染治理设施运转率情况检查。"三同时"执行率达 94%。

结合整顿乡镇企业、保护土地资源等措施，严格执行《滇池保护条例》。对乡镇企业建设项目 40 项中的准备建在居民生活区、名胜古迹、滇池沿岸及汇水面积内的有污染的 10 个项目不同意建设。批准建设的 30 个项目要求严格执行"三同时"。

（2）老污染源治理。针对昆明市老污染源治理任务重的实际，继续实行限期治理制度。昆明市人民政府下达限期治理项目 38 项，完成 31 项，新增治理项目 13 项，全年实际完成老污染源治理项目 44 项。继续实行"限期治理承包合同"。对企业承包者实行奖惩，并与企业的经济效益挂钩，保证了限期治理项目的完成。

（3）企业环境治理。加强对老污染点源的监督工作，对有关单位进行了两次突击抽查：一是对部分企业利用夜间排放未经处理超标废水情况进行突击检查；二是对区属以上医院污染治理设施的运转情况进行突击检查。两次检查发现有 13 个单位无正当理由停止治理设施运转或偷排超标工业废水，对其依法进行了处理。对两城区搬迁和各地、州在官渡区所建的 64 个企业进行了清查，并补办了环境影响报告表。

全年处理污染事故 7 起，企业赔偿损失 24.2 万元，罚款 0.5 万元。收到群众反映环境污染问题的来信 143 件，其中噪声污染 45 件、废气污染 29 件、烟尘污染 32 件、废水污染 14 件、综合性污染 12 件。接待群众来访 33 起，处理答复率 95%。收到各级人大代表、政协委员议案、提案 35 件，除 4 件转出外，全部办理完毕，处理率达 100%。

（4）乡镇工业污染源调查。根据国家环境保护局的统一布置，从 1991 年 7 月起，昆明市 10 个县（区）开展了乡镇工业污染源调查及建档工作。昆明市环境保护局、乡镇企业局、统计局共同组成市乡镇工业污染源调查办公室。制定了调查计划、实施办

---

① 昆明市人民政府编：《昆明年鉴（1990）》，北京：新华出版社，1990 年，第 452 页。

法、验收办法及标准，以县（区）分片负责包干的方法进行。各县（区）成立了污染源调查办公室，市环境保护局承担了技术指导工作。经过市、县环保和乡镇企业管理部门的共同努力，污染源调查工作按期完成。经检查评分，有4个县达到优秀。到12月底，市环境保护局已进行汇总及建档工作。

（九）环境管理与治理

1991年12月14日，云南省召开第四次环境保护会议。12月15日，昆明市副市长代表市人民政府与省人民政府签订1991—1995年昆明市市长环境保护目标责任书。责任书目标包括昆明市第九届政府环境保护目标、1992年环境保护工作目标。①

（1）建设项目环境管理。②1991年，结合治理整顿中产业调整的有关政策，对新建、扩建、改建及技术改造项目，继续实行环境影响评价制度和"三同时"制度。采取有效措施，把好审批关。昆明市环境保护局全年审批国营、集体建设项目97项，建设总投资70 038万元，其中环保投资1409.8万元，"三同时"申报率98%。审批乡镇企业建设项目43项，批准建设38项，不同意建设的5项。建立了严格的验收制度，采取有效措施，把好竣工验收关，确保"三同时"制度的落实。全年验收"六五""七五"期间批准的建设项目24项，"三同时"执行率达98%。验收乡镇企业建设项目4个，加强了对企业的管理和检查，污染治理设施运转率在80%以上。

（2）污染源治理。③1991年，继续实行限期治理制度，加速老污染源的治理。1991年昆明市人民政府下达限期治理项目32个，市环境保护局实际完成33项。国家下达的限期治理项目即昆明发电厂烟尘治理项目，已按期完成，云南冶炼厂烟气制酸工程已正式投入运行。重金属废水治理截污流工程已完成设计和征地前期工程。为保证限期治理任务的顺利完成，继续实行和完善"限期治理承包责任书"，全年签订企业"限期治理承包责任书"17份，治理总投资7278.7万元。其中云南冶炼厂治理项目3个，投资7000万元。按照县（区）环境保护工作任务书的要求，市属12个县（区）当年完成县（区）下达的限期治理项目29项，其中历年结转项目9个。

（3）乡镇工业污染源调查。1991年，在对各县（区）乡镇工业污染源调查、验收的基础上，完成了昆明市乡镇企业污染源调查的手工汇总、计算机汇总和输入工作，编印了《昆明市乡镇工业污染源调查工作总结》《昆明市滇池流域乡镇造纸行业环境污染状况专题调查报告》《昆明市乡镇工业污染源分布图》，建立了乡镇工业污染源调查档案，基本查清了昆明市乡镇企业状况，为强化乡镇企业环境管理奠定了基础。④

---

① 昆明市人民政府编：《昆明年鉴（1992）》，昆明：云南人民出版社，1992年，第344页。
② 昆明市人民政府编：《昆明年鉴（1992）》，昆明：云南人民出版社，1992年，第344页。
③ 昆明市人民政府编：《昆明年鉴（1992）》，昆明：云南人民出版社，1992年，第344页。
④ 昆明市人民政府编：《昆明年鉴（1992）》，昆明：云南人民出版社，1992年，第344页。

1993 年，根据省政府治理滇池现场办公会议纪要精神，昆明市环境保护局与市乡镇企业局联合发出开展滇池汇水面积内乡镇企业污染源调查的通知，举办乡镇企业负责人参加的动员与培训会议，在滇池汇水面内的官渡区、西山区、晋宁县、呈贡县、嵩明县开展了乡镇工业污染源调查工作，基本查清了辖区范围内乡镇工业的主要排污单位、排污状况，完成了污染源调查工作数据汇总、调查报告的编写工作，为滇池汇水面乡镇工业污染源治理奠定了基础。①

（4）排污收费。②1991 年，为贯彻新的污水收费标准和噪声收费标准，昆明市举办了两期学习班，对市、县环保系统人员进行培训。县（区）征收工作取得新进展，禄劝彝族苗族自治县新开征了排污费，至此，全市 12 个县（区）全部开展了排污收费工作。在扩大征收面的基础上，加强了对超标排污费的管理和使用工作，全年安排环保补助资金 785.41 万元，发放贷款 178 万元。

1992 年超标排污费征收工作。新增超标排污费征收户 285 户。安排治理项目 89 项，补助治理资金 433 万元。实际完成治理项目 85 项，支出治理资金 936 万元。进一步完善排污费的收、管、用工作。继续执行《污染源治理专项基金有偿使用暂行办法》，安排污染治理专项基金贷款 13 项 183 万元。完成贷款治理项目 14 项（其中 1991 年结转 1 项），全年共安排环境保护补助资金 190 多万元，其中用于综合治理 16 万元。③

1993 年超标排污费征收工作。1993 年昆明市环境保护局对 43 家宾馆、饭店进行抽样调查，结果表明所排污水中化学需氧量、动植物油、悬浮物、矿盐酸等指标均超国家标准 15.8—41 808 倍不等，对于滇池的污染是严重的。为促进宾馆、饭店、招待所治理污染，昆明市对宾馆、饭店、招待所开征了超标排污费，使治理生活污水得到了重视。同时加强了企业超标排污费的征收工作，使治理项目资金得到落实。对少数达标排放企业试征了排污水费。全年开征排污费 460 家［不含县（区）］，征收排污费 1100 万元，安排环保补助资金 1033 万元，发放环保贷款 196 万元，促进了老污染点源的治理。市审计局对 1990—1992 年排污费的征收、使用情况进行审计，没有发现违法行为。④

（5）排污许可证制度试点⑤。1989 年，为实现水污染物总量控制，在西郊片、螳螂川、盘龙江沿岸进行了以总量控制为目标的排污许可证制度试点。排污许可证制度分 4 个阶段进行，三片已完成第一阶段工作，即申报登记，转入第二阶段——污染物总量削减规划分配，确定污染物削减总量。

昆明市的水污染物排污许可证制度自 1989 年 11 月起在螳螂川流域进行试点，试点

---

① 昆明市人民政府编：《昆明年鉴（1994）》，昆明：《云南年鉴》杂志社，1994 年，第 260 页。
② 昆明市人民政府编：《昆明年鉴（1992）》，昆明：云南人民出版社，1992 年，第 344 页。
③ 昆明市人民政府编：《昆明年鉴（1993）》，昆明：《云南年鉴》杂志社，1993 年，第 277 页。
④ 昆明市人民政府编：《昆明年鉴（1994）》，昆明：《云南年鉴》杂志社，1994 年，第 260 页。
⑤ 昆明市人民政府编：《昆明年鉴（1990）》，北京：新华出版社，1990 年，第 453 页。

范围为 15 家大中型企业，排污量占流域的 90%以上，试点按申报、规划分配、发证、监督管理等阶段进行。经过两年多的努力，已完成了技术培训、确定申报范围、控制污染物种类，组织现场踏勘，划定控制断面，绘制取水排水口位置图等工作。在 18 个排污口安装污水流量计，拟定了发证阶段方案和监督管理暂行方法等。1992 年 7 月，此项工作通过省、市有关专家鉴定验收。[1]

十六、自然环境保护

（一）水源区保护[2]

1981 年昆明市环境保护局提出建立松华坝水源保护区的意见，经市人民政府同意后报省人民政府审批。同年 9 月，云南省人民政府批准，正式建立松华坝水库水系水源保护区。当时嵩明县属曲靖地区管辖，故保护区管理委员会成员由昆明市和曲靖地区有关领导共同组成。主任由昆明市人民政府副市长冯俊发兼任，副主任由曲靖地区行署农办主任和嵩明县副县长兼任。管理委员会下设办公室，由市环境保护局代管，办理日常事务。

保护区位于昆明市东北，最近处离昆明市区 13 千米，东面横跨嵩明、官渡，北面与寻甸回族彝族自治县接壤，西部与富民县相交；整个地形由东北向西南倾斜，最高点（大尖山）海拔 2840 米，最低点是松华坝，海拔 1917 米，总面积 629.8 平方千米。据调查，在保护区范围内原有大、小出水龙潭共 160 多个，丰水年年产水量 3.9 亿立方米，平水年年产水量 2 亿立方米，枯水年年产水量 0.8 亿立方米。区内多数地点是山区或半山区，经济落后，"吃穿住，靠砍树"，几十年来，森林覆盖率逐步下降，水土流失严重，蓄水能力降低，有的出水龙潭干涸，有的全年出水龙潭退化为季节性出水龙潭，影响昆明市生活饮用水的供给。

水源保护区建立后，在市环境保护局代管期间内，主要做了以下工作。

（1）1981 年，昆明市环境保护局草拟《松华坝水库水系水源保护区管理条例》，经市政府同意，云南省人民政府批准后，1982 年 2 月 24 日，昆明市人民政府和曲靖地区行政公署联合颁布了《松华坝水库水系水源保护区管理条例（试行）》。

（2）1982—1983 年，对区内出水量大、淤塞严重的青龙潭、黄龙潭、回民龙潭、冷水洞、双哨龙潭、马军龙潭等进行疏挖维修。

（3）1984 年 8 月 28 日，昆明市人民政府批准嵩明县人民政府关于大哨等 6 个办事

---

① 昆明市人民政府编：《昆明年鉴（1993）》，昆明：《云南年鉴》杂志社，1993 年，第 278 页。
② 昆明市地方志编纂委员会编：《昆明市志》第二分册，北京：人民出版社，2002 年，第 473 页。

处退耕还林 4 万亩的报告，并决定对实施退耕还林的地区采取以下扶持措施：①市水利局每年从水土保持经费中安排 14 万元，市林业局每年从营造速生丰产经费中安排 4 万元，用于补助退耕还林地区；②市粮食局每年安排返销粮 25 万千克，用作退耕还林地区群众的口粮补助。从 1984 年起，以上补助 7 年未变。

（4）1983—1988 年，完成《松华坝水源保护区多学科综合考察》，并通过鉴定。

（5）到 1988 年底，共在保护区内零星植树 2.3 万亩，退耕还林 3.8 万亩，工程造林 3.5 万亩，飞播造林 12 万亩（其中有效面积 8 万亩），种植各种果树 15 万株。

（二）风景区保护[①]

（1）石林风景区保护。1985 年 8 月 25 日，昆明市人民政府在石林召开整顿石林风景区会议，专题研究石林风景区的管理和污染治理问题。根据会议决定，昆明市环境保护局牵头组织联合调查组，对石林风景区的污染情况进行调查。在调查的基础上，于 1985 年 9 月 7 日会同昆明市城市规划管理局，提出《关于石林风景区水体污染治理方案的报告》，报经市人民政府批准后实施。第一期工程投资 120 万元，由省旅游局、市人民政府和石林镇人民政府共同承担。治理工程于 1989 年 7 月开工，1990 年 4 月完工，基本解决了石林风景区内的水污染问题。

（2）筇竹寺风景区保护。1980 年，有少数单位夜间拉工业废渣倒在筇竹寺公路两侧的箐沟里，影响观瞻，污染环境。为制止这种行为，1980 年 8 月 10 日，昆明市环境保护局和昆明市园林局联合发出《关于筇竹寺名胜区沿途公路禁止倒垃圾废渣的通知》。通知执行后，筇竹寺公路两侧的环境状况得到改善。

（3）生态农业试验。1985 年开始着手生态农业试验的准备工作。1986 年与云南农业大学、西南林学院联合在松华坝水源保护区内的麦地冲、庄料、老村等地做生态农业试验。同时昆明市环境保护局在陈子营乡的蒋家营建立生态农业试验站，先后盖房 4 间、畜厩 4 间，建 80 平方米的养鱼塘 1 个。开展了养殖业、种植业等方面的试验，养过鱼、兔、鸡。培育果树苗 7 万株，种苹果树及桃树 500 株。从 1990 年 4 月起，这个生态农业试验站移交当地政府管理。

（4）古树名木保护。嵩明县白邑乡南营办事处皮家营村有 1 棵"九心十八瓣"的大茶花树，直径近 1 米，树高 10 米，每年挂蕾数千朵。据专家估计，这棵茶花树树龄在 300 年以上，是十分珍贵的古树名花。1983 年，发现当地群众同意 2 个单位、1 个花农在茶花树上接枝，一次接了 300 多盆，使茶花树受到严重伤害。为惩前毖后，昆明市环境保护局没收树上所接茶苗，交市园林局在公园种植，供大家欣赏。此后，嵩明县人民政府对皮家营的茶花树、阿子营乡鼠街的秤杆红等古树名木采取

---

① 昆明市地方志编纂委员会编：《昆明市志》第二分册，北京：人民出版社，2002 年，第 473 页。

了保护措施。

（5）野生动物保护。1982 年，昆明市人民政府发布《关于加强保护田鸡工作的通知》和《关于严格保护珍贵稀有野生动物的布告》。1984 年 10 月 16 日，经昆明市人民政府批准，昆明市工商行政管理局、昆明市公安局、昆明市园林局、昆明市环境保护局联合发布《关于加强鸟类、蛙类和珍贵稀有野生动物保护工作的暂行规定》，对保护对象和惩罚办法等做了具体规定。此后，滥捕滥杀野生动物的现象减少。

十七、环境监测与科研

（一）监测网络[①]

环境监测涉及面广、工作量大，因此仅靠环保系统的监测力量是不够的，必须组织和协调各单位的监测力量，形成统一的监测网，以适应环境监督管理的需要。

昆明市环境监测中心站是昆明市环境监测网的业务牵头单位。监测网是业务工作的实体，任务是联合协作，开展各项环境监测活动。多年来，昆明市已逐步建立起不同类型、不同层次的环境监测网，如污染源监测网、市区大气监测网、螳螂川流域监测网、降水监测网等。

（二）污染源监测网[②]

1970 年，市卫生防疫站牵头，组织联合调查组对滇池水质进行调查。这次联合调查组的组织形式和工作方式，是污染源监测网的雏形，以后逐步扩大网络，增加监测范围。在污染源监测网协作过程中，仅 1980 年就对冶金、化工、轻工、制药、食品、医院等行业 103 个单位的废水进行监测。1985 年开始的昆明市污染源调查及建档涉及 20 多个行业 740 个工矿企业、事业单位，调查监测中较好地发挥了监测网的力量和作用，1986 年起，市站所以监测网技术力量，加强对区县站的业务指导，使全市环保系统 14 个监测站不同程度地开展了污染源监测，形成辖区内的监测网络。

（三）地面水监测网[③]

1970 年，初步调查滇池水质，以联合协作方式进行。随着区县环境监测站的相继建立，网络的力量增强，已形成既有地区分工、又有侧重的地面水监测网，成员包括市站所、螳螂川监测站和 10 个区县监测站，分别承担滇池、松华坝水库、盘龙江、螳螂

---

① 昆明市地方志编纂委员会编：《昆明市志》第二分册，北京：人民出版社，2002 年，第 473 页。
② 昆明市地方志编纂委员会编：《昆明市志》第二分册，北京：人民出版社，2002 年，第 473 页。
③ 昆明市地方志编纂委员会编：《昆明市志》第二分册，北京：人民出版社，2002 年，第 473 页。

川、普渡河、牛栏江、南盘江、牧羊河、冷水河、新河、运粮河、大清河等国控点、省控点、市控点和区县控点的监测，在地面水监测网的统一协调下，完成全市水系主要湖库、河流的定点、定时例行监测。

（四）市区大气监测网①

1978 年，大气监测协作由几十个单位两百余人参加，1981 年正式建立大气监测网，成员有市站所、西站所、五华站、盘龙站、官渡站、省卫生防疫站、团山钢铁厂监测站、昆明铁路分局卫生防疫站等单位。

（五）城市噪声监测网②

1981 年，昆明市环境保护局组织城市噪声监测，参加单位有盘龙站、五华站、西山站、官渡站、市政监测大队和部分工厂，开远市、个旧市、楚雄彝族自治州监测站也派人参加。1984 年监测网组织 7 个单位，对市区 44 条街道、700 余辆大小汽车的噪声进行监测。1985 年城区部分街道禁鸣喇叭，禁鸣前后监测网对噪声进行监测。另外对晋宁城区、安宁城区、温泉风景区的噪声监测，也是由监测网组织协作完成的。

（六）螳螂川流域环境监测网③

1982 年成立，同时组成网络领导小组，制定工作章程，明确片区负责人及分工责任制，螳螂川监测站是业务牵头单位，市站所参加协调工作，成员单位有昆钢、昆阳磷肥厂、昆明三聚磷酸钠厂、云南磷肥厂、云南化工厂等 23 个单位，共 100 多名网络成员。1986 年安宁县监测站建成后，参加网络工作，成为成员单位。监测网分安宁、昆阳、海口片区，主要承担螳螂川流域 18 个测点、每季度 1 次的大气监测，同时还协作开展污染源监测、环境评价、技术培训。

（七）降水监测网④

1984 年建立，是年开始昆明地区降水监测。成员有市站所、盘龙站、西山站、五华站、官渡站、晋宁站、螳螂川站和昆钢、昆阳磷肥厂、昆明重机厂等。各网点基本做到遇雨必测，降水监测项目逐年增多，1988 年成员单位又有增加。

---

① 昆明市地方志编纂委员会编：《昆明市志》第二分册，北京：人民出版社，2002 年，第 473 页。
② 昆明市地方志编纂委员会编：《昆明市志》第二分册，北京：人民出版社，2002 年，第 473 页。
③ 昆明市地方志编纂委员会编：《昆明市志》第二分册，北京：人民出版社，2002 年，第 473 页。
④ 昆明市地方志编纂委员会编：《昆明市志》第二分册，北京：人民出版社，2002 年，第 473 页。

（八）西山区环境监测协作网[1]

1985 年，经西山区人民政府批准，由西山区城乡建设环境保护局和西山区环境监测站牵头，组成西山区环境监测协作网，成员有团山钢铁厂、昆明制革厂、昆明铁合金厂、昆明冶炼厂、昆明水泥厂等，区政府给协作网技术人员颁发聘书。是年 9 月，协作网举办"西山区工业窑炉烟气治理学术会议"，并先后举办噪声振动及其他监测技术学习班，在区内开展乡镇企业污染源调查，参与环境科研及环境评价工作中的监测分析。1988 年，协作网已基本能够完成西山区的污染源监测。

（九）监测质量控制[2]

环境监测质量控制包括内部和外部质量控制。内部质量控制包括空白试验、校准曲线核查、仪器设备定期检定、平行样分析、加标样分析、密码样品分析、绘制质量控制图等。外部质量控制一般由有经验的人员执行。

（十）实验室质量控制

1985 年以前，昆明市环境监测中心站对水质例行监测采用 10%平行双样、20%加标回收办法进行室内质量控制。随着监测任务的增加，改按 10%平行双样、10%加标样、10%密码平行样进行日常质量控制。新调人员在正式承担监测任务前，须做基础实验，进行标样考核。分析结果实行复核制、分析仪器定期检定。各环境要素监测分析的全程序质量控制尚未进行。[3]

1992 年，为使昆明市环境监测系统的监测数据具有代表性、准确性、精密性、可比性和完整性，市环境保护局成立了市环境保护系统环境检测实验室评比小组，制订了实验室质量控制评比实施方案。11 月 16—25 日对昆明市所辖三、四级站（室）共 15 个实验室进行了检查、考核，并于 12 月 8 日按实验方案规定的评分标准进行了评比。15 个实验室中，大多数加强了制度建设及实验室管理，实验室环境条件改进很大。参加 1992 年质量控制考核总项次是 128 项，参考率为 83%。有的县（区）站在日常监测工作中开展了精度和准确度的检查，填报了质量控制报表。在这次评比中，市环境监测中心站监督检测室、环境监测室、嵩明县监测站、螳螂川监测站、盘龙区监测站获得首次质量控制评比先进单位称号。[4]

---

① 昆明市地方志编纂委员会编：《昆明市志》第二分册，北京：人民出版社，2002 年，第 473 页。
② 昆明市地方志编纂委员会编：《昆明市志》第二分册，北京：人民出版社，2002 年，第 473 页。
③ 昆明市地方志编纂委员会编：《昆明市志》第二分册，北京：人民出版社，2002 年，第 473 页。
④ 昆明市人民政府编：《昆明年鉴（1993）》，昆明：《云南年鉴》杂志社，1993 年，第 278 页。

（十一）质量控制考核①

1983年8月，中国环境监测总站召开全国环境监测"质控"工作会议，部署环境监测质控工作，决定对64个重点监测站进行水质监测质量考核。是年9月，昆明市环境监测中心站参加全国第一次水质监测质量考核，考核项目是：pH（pH计测定）、汞（冷原子吸收法、F732型测汞仪测定）、氰化物（异烟酸-吡唑啉酮比色、721型分光光度计测定）、镉（甲基异丁铜萃取分离、GGX-Ⅱ型原子吸收分光光度计测定）。考核结果，4个项目取得全部合格的优秀成绩。继第一次考核之后，昆明市环境监测中心站相继参加中国环境监测总站、中国环境科学研究院、云南省环境监测中心站组织的多次质控考核。1985年螳螂川环境监测站、官渡区环境监测站参加考核。1988年螳螂川站、官渡站、西山站参加考核。到1988年底，昆明市环境监测部门共参加8次19项质控考核，均取得合格成绩。

（十二）环境质量监测

1970年10月，进行滇池水质调查，环境质量监测开始起步。翌年又开展云南冶炼厂周围的大气环境质量监测。1974年，市卫生防疫站设环境监测科后，监测范围逐步扩大，监测频率和项目逐步增加。1976年，开始城区大气环境质量监测。1978年昆明市环境保护监测站建立后，承担全市的环境监测工作，相继开展底泥、噪声、水生生物、放射性、降雨和其他环境要素监测。1988年，水、大气、水生生物、噪声监测执行国家环境保护局制定的《环境监测技术规范》。②

1986—1988年，每年获有效监测数据5万个左右，为昆明市的污染治理、污染治理设施验收、环境科研、环境影响评价、供排水规划、排污收费、环境管理、环境立法、环境规划和政府决策提供了大量的技术资料。③

1992年加强了基础管理，市环境保护局配备了总工程师负责指导和管理环境监测和科研工作。4月，召开了昆明市环境监测工作会议，进一步明确各级环境监测站的职能和职责。制定下发了《昆明市环境监测管理办法（试行）》《昆明市环境监测系统实验室质控评比实施方案》等规定办法。市环境监测中心站设立了技术管理室和质量控制室，加强了基础工作和制度建设。全年完成各类有效监测数据5.35万个。其中水环境监测数据1.04万个，大气环境监测数据0.73万个，污染源废水、废气监测数据0.97万个，噪声监测数据0.52万个，气象观测数据1.65万个，科研及其他数据0.44万个。对工业

---

① 昆明市地方志编纂委员会编：《昆明市志》第二分册，北京：人民出版社，2002年，第473页。
② 昆明市地方志编纂委员会编：《昆明市志》第二分册，北京：人民出版社，2002年，第473页。
③ 昆明市地方志编纂委员会编：《昆明市志》第二分册，北京：人民出版社，2002年，第473页。

废水重点污染源首次开展了生产周期内排污规律监测，完成国家环境保护局下达的"昆明市重点工业污染源动态数据库计算机软盘"的输入和报送。编报了《昆明市环境质量年报（1991年度）》。①

（十三）地面水监测②

1970 年 5 月，渔业部门反映昆阳、海口一带滇池湖面，每天可捞死鱼两吨左右，既严重影响渔业生产，又可能对群众健康构成威胁。根据上述情况，是年9月，昆明市卫生防疫站向革命委员会除害灭病领导小组提交《关于组织滇池污染情况调查的报告》，并转报省革命委员会爱国卫生运动指挥部，引起省里的关注。10月上旬，由卫生防疫站牵头，省、西山区卫生防疫站等单位参加，开始滇池水质调查。首次调查，按滇池的地理特征和沿岸工业废水的排放情况设置测点，确定以草海中心、海埂外、西华街、海口、昆阳为断面点，以海晏为对照点，进行监测，地面水监测从此开始。是年10月20日，进行第二次监测，同时在螳螂川温泉大桥、安宁大桥设置测点，监测项目24个，共获数据384个，结合对沿岸污染源的调查，基本查清死鱼的起因。

1971年，滇池增设白鱼口测点。次年设永昌河、老运粮河、新河、大观河入湖河口测点。1973 年，螳螂川增设中滩闸门、白塔村大桥、云化排污口下游、昆钢排污口下游、光明磷矿厂下游测点。是年 7 月，开展盘龙江水质监测，设幸福桥、北仓桥、张官营桥、油管桥、大东门桥、南坝4号桥等断面18个测点，同时开始普渡河监测。到1980年，滇池水系上至松华坝出口，下至普渡河，全流程250千米，设测点44个，其中入湖河渠盘龙江设测点3个，大清河、大观河、船房河、王家堆渠、新河、运粮河各设测点1个；滇池湖面内湖设测点10个，外湖设测点20个；滇池下游螳螂川设测点4个，普渡河设测点1个。全年采样6次，重点治理河渠每月1次，监测项目有pH、色度、溶解氧、氟化物、挥发酚、氰化物、总铬、六价铬、砷、汞、铅、镉，部分测点加测元素磷，丰水期第一次采样开始增测化学需氧量、总硬度、氨氮、硝酸盐氮。

1980年，运用挥发酚、氰化物、砷、汞、镉、铬、铅、氟化物等8种污染物的监测数据，对滇池水系的水质状况进行分析研究。分析研究结果表明：螳螂川和滇池部分入湖河渠污染重；其次是内湖和外湖局部水域；污染最轻的是盘龙江上游和外湖中段。污染物浓度季节变化的总趋势是丰水期较枯水期略低。1980 年与 1970—1979 年相比，滇池水系多数水体差异不大，如滇池外湖无明显变化，螳螂川污染物浓度在增高。从整个

---

① 昆明市人民政府编：《昆明年鉴（1993）》，昆明：《云南年鉴》杂志社，1993 年，第278 页。
② 昆明市地方志编纂委员会编：《昆明市志》第二分册，北京：人民出版社，2002 年，第521 页。

滇池水系来看，水质基本保持前几年的状况。

1982年，开始对松华坝水库、冷水河、牧羊河、黑龙宫、黄龙潭的水质进行监测。1984年，在珠江水系南盘江宜良段3个断面设置监测点。次年对金沙江水系牛栏江嵩明段4个断面进行水质监测，并开展路面、禄劝县地面水水质普查。1988年，地面水例行监测执行国家环境保护局制定的环境监测技术规范。

1988年，昆明市池面水设44个测点，其中列为国控点的13个、列为省控点的20个，具体布点是：对照点白邑黑龙潭池入湖河流设冷水河、牧羊河、盘龙江（松华坝口、小人桥、严家村桥）、大观河、新河、运粮河、船房河出口、内湖中心、海埂浮桥测点；滇池外湖设龙门村、灰湾断面（东、西）、罗家营、大清河出口、观音山断面（东、中、西）、白鱼口、大河尾、海口断面（南、北）测点；滇池下游螳螂川设中滩闸门、昆明三聚磷酸钠厂大桥、黄塘大桥、昆钢铁桥、安宁大桥、温泉大桥、富民大桥、马料河（黄塘村）、鸣矣河（通仙桥）、普渡河（普渡河大桥）测点；珠江水系南盘江宜良段设古城、大渡河、狗街大桥测点；牛栏江嵩明段设崔家庄测点（白邑黑龙潭、松华坝出口、龙门村、罗家营为饮用水水源点）。监测频率是：盘龙江、螳螂川每月监测1次；滇池、南盘江和其他河流枯（3月）、丰（9月）、平（12月）水期各监测2次；主要饮用水水源松华坝水库、滇池龙门村每月监测1次。

从1988年的监测结果来看，地面水污染在加重，影响因素有工业的发展、生活污水的增加、水文情况的变化（1988年是1978年以来的最枯年）等。松华坝水库水源水质良好，滇池龙门村水源水质较差。

（十四）水生生物监测[①]

1978—1979年，经有关部门检验，滇池淡水虾含氟量高。为此，昆明市有关部门责成市卫生防疫站对滇池水产的污染状况进行调查。1979年6月至10月开始滇池水生生物监测，共采集滇池不同点位的鲜鱼（鲫鱼、白鱼、鲢鱼、餐条鱼）样品95件，鲜、干虾32件，水生植物（轮叶黑藻、苦草、金鱼藻等）7件，水样38件，底泥43件，对样品中氟、汞、镉、砷、铅、锌等6种有毒、有害物质的含量进行监测。

这次调查，既注意滇池污染与水生生物体内污染物累积量之间的关系，又考虑不同地区因地质化学差异对生物富集的影响。为此，1979年12月—1980年4月，先后采集宝象河水库、柴河水库、车木河水库、安宁水库、呈贡果林水库以及抚仙湖、星云湖、洱海、茈碧湖的鲜鱼、干虾、水生植物、水、底泥样品共126件进行分析，以衡量滇池水生生物的污染程度。调查共获数据2056个。

调查结果显示，6种有毒、有害物质在滇池水生生物体内均有不同程度的累积，其

---

① 昆明市地方志编纂委员会编：《昆明市志》第二分册，北京：人民出版社，2002年，第522页。

中虾的累积量最大，对比湖泊含量也较高。从调查结果来看，虾对氟的富集特性与环境污染的关系不显著。

1981 年 4—12 月，市环境监测中心站开展运粮河、新河微生物优势种群的调查试验。1982—1983 年开展松华坝水源保护区内冷水河、牧羊河、松华坝水库及螳螂川浮游动物与污染关系的调查。1984 年开始对滇池水系和松华坝水库进行细菌监测。1987 年开始进行浮游植物的数量监测。

1988 年起，水生生物监测被列为指令性监测，每年按枯、丰、平三个水期采样。监测范围主要是滇池水体，分项目设测点 4—21 个，监测项目有浮游动物、浮游植物、底栖动物、水生维管束植物、叶绿素 a、水细菌、鱼类残毒。

（十五）底泥监测[①]

1975 年枯水期，云南省卫生防疫站和昆明市卫生防疫站两次采集滇池水系底泥样，进行砷、铅、汞的监测。设监测点 17 个（内湖包括大观河出口、新河口、王家堆渠口、海埂出口；外湖包括灰湾至回龙湾断面 4 个、大河尾至海埂断面 4 个；螳螂川包括白塔村桥、昆钢排污口下、温泉大桥、富民大桥断面；对照点是盘龙江幸福桥）。监测结果是：37 个底泥样中，均检出砷和铅，砷平均含量 4.85—33.57 毫克/千克；铅平均含量 5.80—372.90 毫克/千克（汞因样品处理不当，未列出）。监测结果表明，泥质中砷的平均含量为对照点的 7.8 倍；铅的平均含量为对照点的 34.6 倍。泥质中砷的污染以螳螂川江段最严重，内湖、外湖次之；铅污染以内湖最严重，螳螂川次之，外湖最轻。

1975 年 1—6 月，在螳螂川通仙桥至富民大桥之间设 6 个断面测点，每月采 1 次底泥，进行汞的监测。在 48 个样中，全部检出汞，其中通仙桥测点（云南化工厂排污口上游）含量最低，云化排污口下含量最高，以下各断面含量逐渐降低。如以通仙桥测点为对照点，则云化排污口下测点底泥中汞的含量为对照点的 239 倍，温泉测点为 20 倍，富民测点为 15 倍。如与同期河水中汞的含量比较，则底泥中的汞含量为水中的 310—7903 倍。

1979 年始，昆明市环境监测中心站调整滇池底泥监测点。调整后测点的分布为：内湖设 2 个断面和内湖中心；外湖北部水区设 1 个断面及 2 个辅助点；外湖中部水区设 2 个断面；外湖南部水区设 2 个断面及 2 个辅助点。同时以松华坝水库马家庵为对照点，对大观河、运粮河、新河、船房河、大清河入湖口的底泥进行连续 4 个年度的监测。监测结果是：滇池底泥中的污染主要集中在内湖及外湖南部水区，其中内湖以重金属污染突出，外湖南部以氟污染突出。虽然外湖北部与中部底泥中的污染物含量显著低

① 昆明市地方志编纂委员会编：《昆明市志》第二分册，北京：人民出版社，2002 年，第 523 页。

于内湖和外湖南部，但与对照点比较，已表现出不同程度的累积。在纳污河流入湖口的底泥中，以运粮河入湖口的重金属与砷污染和大河尾入湖口的氟污染最为严重，其次是新河入湖口的重金属污染。

（十六）地下水监测[1]

1976年6月—1979年3月，云南省水文地质公司进行环境水文地质调查，普查范围东至金殿，西达马街，北起黑龙潭，南抵海埂，控制面积为152平方千米。普查过程中，对浅层松散岩类池下水的114组水样进行水质监测。监测项目是：总硬度、矿化度、硝酸盐、氯离子、硫酸根离子、挥发酚、镍、锰、铬、砷、铅、汞、大肠菌群。监测结果显示，9组水样无超标项目，105组水样有超标项目。市防疫站监测科参与地下水水质的普查工作，提供了大量监测数据。

1980—1985年，昆明市环境监测中心站同省地质环境监测站协作，进一步开展地下水普查监测。监测结果，从地下水质的发展趋势看，污染有逐年上升的趋势，污染面积也在逐年扩大。

1987年4月，昆明市环境监测中心站对西郊地区基岩地下水进行普查监测。监测结果显示，27口井中，几乎都有1—3项监测指标不符合饮用水标准，普遍表现为细菌总数、大肠杆菌超标。其次是铅、镉污染，个别井中有砷、挥发酚、氰化物、氨氮、锰、铁污染，地下水中尚未检查出铬。昆明冶炼厂生产区井和昆明电缆厂二号井砷含量偏高。用19个项目的监测结果作等值线分布图，其污染扩散中心与污染源分布基本一致。这次普查监测的结果与1974年的水质资料比较，氯离子、硫酸根离子、总碱度、固形物的浓度范围增大；钠、钙、镁、碳酸氢根、硝氮、总碱度、总硬度、铁、氟化物、铜的含量普遍有所增加。1974—1987年，地下水水质总体上向污染物浓度增大的方向发展。

（十七）大气监测[2]

1976年夏季，昆明市开始大气监测。随着工作的深入，监测范围由城区扩展到近郊区。1982年起，远郊螳螂川流域开始大气监测。开始，监测项目有二氧化硫和氟化物，后逐步增测飘尘、苯并（α）芘、总悬浮物、氮氧化物等项目，频率由每年1次增加到每年4次，并形成例行监测制度。开展大气环境质量监测以来，先后共设置测点近百个。在多年工作的基础上，逐步调整测点。到1988年，大气例行监测按城区、西郊工业区、农村居住区、西山对照区、螳螂川流域地区共设测点23个。降尘按城区、工

---

① 昆明市地方志编纂委员会编：《昆明市志》第二分册，北京：人民出版社，2002年，第473页。
② 昆明市地方志编纂委员会编：《昆明市志》第二分册，北京：人民出版社，2002年，第473页。

业区、郊区共设测点 12 个。1976 年夏季的首次大气监测，按地理位置、污染源分布、结合功能区布点 16 个。监测项目为二氧化硫和氟化物，年频率为 1 次，定在夏季，连续采样 4 天，每天 4 次，共获得监测数据 419 个。

1978 年，为全面掌握市内的大气污染状况，采用等面积方格布点（每个方格约 1 平方千米）进行监测，时间是冬季测 1 次。并设流动测点，测二氧化硫日最大浓度。经过这次普查，初步掌握了市区大气中二氧化硫和氟化物的浓度分布状况，以及二氧化硫浓度日变化规律。同年，在市内交通干道设测点 5 个，监测空气中四乙基铅的浓度，各测点四乙基铅的浓度均不同程度超过国家标准。

1980 年，大气监测按功能区设测点 3 个：工作区测点为西山区马街；商业交通区测点为近日公园花木店；对照区测点为西山华亭寺。监测项目增至 4 项，即二氧化硫、氟化物、飘尘、苯并（α）芘。监测周期 5 天，每天 8 次。1981 年增测氮氧化物、总悬浮微粒，频率由每年 1 次增至 2 次（冬、夏季），设测点 8 个，获二氧化硫、氮氧化物、氟化物、飘尘 4 种污染物浓度数据 1455 个。并开展对降尘的逐月监测，设测点 59 个，获数据 691 个。监测结果表明，大气普遍受苯并（α）芘的污染，其中以市区污染最重，最大值出现在近日楼测点。

1982 年 7 月，远郊螳螂川流域分安宁、海口、昆阳 3 个片区开始大气监测。设测点 20 个，其中海口、昆阳片 7 个，每年监测 2 次，每次连续采样 5 天，监测项目有二氧化碳、氮氧化物、氟化物、颗粒物。监测结果表明，海口、昆阳片区的大气污染以氟污染物为主，位于昆阳磷肥厂下风侧的古城污染最重，最大值出现在距离昆阳磷肥厂 5 千米的昆阳镇，氟化物浓度也偏高，而与昆阳磷肥厂隔滇池相对的白鱼口疗养院测点，氟化物日平均浓度也出现超标。1983 年，螳螂川流域的大气监测由 2 次增至 4 次（1 月、4 月、7 月、10 月），其中安宁片区设测点 12 个。监测结果表明，按功能区划分，工业区测点污染最严重，二氧化硫、氮氧化物、颗粒物一次最大浓度和日平均浓度最高值多出现在昆钢地区，氟化物均出现在光明磷矿厂。受工业区和交通运输影响的安宁县城，其测点的氟化物、颗粒物、氮氧化物均出现在光明磷矿厂。温泉、林学院测点的氮氧化物的浓度也出现过最高值。

1984 年，采用无动力采样系统开展大气中氟化物、硫酸盐化速率的常年监测，测点 14 个，与大气降尘监测同步，到 1988 年获数据 1680 个。1985 年开始，昆明市按春、夏、秋、冬进行每季 1 次的大气定期定点例行监测，设测点 25 个，1986 年调整为 23 个，其中城市和近郊区 7 个，螳螂川流域片区 16 个。

1988 年，昆明市区和近郊大气监测布点 7 个，其中城区 3 个（春城饭店、翠湖南路、双龙旅社）；西郊工业区 2 个（西山区监测点、团山钢铁厂）；农村居住区 1 个（关上镇小街中心小学）；对照点 1 个（西山华亭寺）。监测项目是二氧化硫、氮氧化物、氟化物、苯并（α）芘、总悬浮微粒。降尘监测点 13 个（城区 5 个、工业区 2 个、近郊区 5 个、西山 1 个）。监测结果表明：昆明市的大气污染以降尘为主，在市中心区氮氧化物污染明显；大气受苯并（α）芘的污染仍较重；二氧化硫、氮氧化物浓度日变化明显，以早晨 7 点时段最高；苯并（α）芘、二氧化硫以冬季最高；其他项目无一定变化规律。

（十八）降水监测[①]

1983 年开始降水监测，当年设置测点 4 个，市区为省气象局、市环境监测中心；郊区为晋宁县气象站、大板桥园艺场气象站。全年共获 245 个有效数据。pH 小于 5.6 的共有 68 个，占所有降水次数的 27.8%，酸雨量占总降水量的 33.5%。省气象局、大板桥园艺场、晋宁县气象站测点均检出酸雨。

1984—1985 年，昆明市设置降水测点 10 个，其中城区 3 个（市监测中心站、盘龙区监测站、五华区监测站）、郊区 4 个（西山区监测站、官渡区监测站、晋宁县监测站、螳螂川监测站）、工厂区 3 个（昆明重机厂监测站、昆钢监测站、昆阳磷肥厂监测站）。10 个测点基本上都做到逢雨必测。随着工作的深入，除测降水的 pH 外，还监测降水中硫酸根离子、硝酸根离子、铵离子、钙离子的浓度。两年共获雨样 1135 个，其中酸雨样 146 个，酸雨频率约为 12.9%，降水中离子成分以硫酸根离子浓度最高。1985 年，城区酸雨出现频率较高，酸雨较多，pH 偏低，与 1984 年相比有增加的趋势。

1986 年统一监测方法，各降水测点做到逢雨必测。整个雨季获样品 548 个，其中酸雨样品 127 个，酸雨频率约为 23.2%。硫酸根离子样品 129 个，浓度均值 1.80 毫克/个；硝酸根离子样品 107 个，浓度均值 0.01 毫克/个。全年获降水量 7676.4 毫米，酸雨量 2277.5 毫米，酸雨量约占 29.7%。1986 年昆阳、昆钢、螳螂川站测点酸雨量较 1985 年降低，其余各测点都有所增加，特别是市区和北郊工业区增加较为明显。

1987 年，昆明市共设降水测点 9 个，全年获水样 429 个。一些测点增测硫酸根离子、硝酸根离子、氯离子、镁离子、氟离子、钙离子、电导率，共获 pH 数据 429 个，离子总数 327 个。获总降雨量 3664.9 毫米，其中酸雨量 268.4 毫米，酸雨样 31 个，酸雨频率约为 7.3%。

1988 年，设 10 个测点，即市中心站、盘龙站、五华站、西山站、官渡站、呈贡站、晋宁站、螳螂川站、昆钢站、重机厂站，获降雨样 429 个，酸雨样 21 个，酸雨频率约为 4.9%，其中城区酸雨频率 10.8%，远、近郊区酸雨频率 1.0%，厂矿酸雨频率 1.6%。总体降雨 pH 比 1987 年上升 0.46%，酸雨频率比 1987 年下降 3.2%。

---

① 昆明市地方志编纂委员会编：《昆明市志》第二分册，北京：人民出版社，2002 年，第 473 页。

（十九）环境噪声监测①

1981 年以前，城市噪声仅进行过零星监测。1981 年 1—2 月，昆明市环境保护局与省环境监测中心站牵头，先后 3 次对昆明市区的噪声进行监测，历时 14 天。在 22 平方千米范围内，按网格布区域环境噪声测点 248 个、交通噪声测点 134 个、功能区噪声测点 6 个，获数据近 10 000 个，首次取得市区系统噪声资料。

1982 年 12 月 5—18 日，昆明市环境监测中心在 1981 年监测的基础上，增测近郊城镇关上、黑林铺两个区域，共设区域噪声测点 143 个、交通噪声测点 48 个（39 条主干道）、功能区噪声测点 7 个（工人新村、董家湾、市二轧钢厂、东站旅社、春城饭店、云南大学、南屏街新华书店），测区覆盖面积 35 平方千米。当年全市机动车辆总数 34 837 辆，平均车流量 361 辆/时。监测结果是：测区范围内白天暴露在 51—65 分贝（A）声级中的人口占测区总人口的 58%，面积占测区总面积的 56.4%；在 50 分贝（A）以下安静环境中的人口仅占总人口的 13.5%；处于 80 分贝（A）以上高噪声环境中的人口占总人口的 6.4%。夜间 31—45 分贝（A）声级随时间的变化而变化，且变化幅度较大、噪声值较高的是城区。

为了加强城市噪声管理，1984 年对行驶的百余种车型、安装 30 多种型号喇叭的近 700 辆机动车进行监测，监测结果为交通噪声控制提供依据。

1985 年 9 月，昆明市人民政府颁布《关于加强城区噪声管理的通告》。是年 9 月 3 日—27 日和 11 月 20 日—12 月 17 日，在市区部分道路实行机动车辆"禁鸣喇叭"前后，对禁鸣喇叭控制效果做监测，获数据 40 000 余个。监测结果表明：环城路的等效声级由平均 79 分贝降至 77 分贝，东风路降低 7 分贝，正义路降低 6 分贝；全市平均等效声级从 74.1 分贝降为 68.8 分贝；功能区春城饭店白天由 68.5 分贝降为 65.9 分贝，东站由 61.4 分贝降为 60.2 分贝。1985 年、1987 年分别在安宁、晋宁、禄劝县城进行噪声普查监测。

1987 年，根据国家环境保护局颁发的《环境监测技术规范》的要求调整布点。1988 年正式执行国家规范，环境噪声监测纳入例行监测的范围，24 小时的功能区监测由每天 1 次增至 4 次，测点 10 个，即居民文教区（豆腐营、东华小区、昆明工学院）、一类混合区（东风东路、东风巷）、商业中心区（春城饭店）、工业集中区（市第二轧钢厂）、交通区（汽车东站和西站、人民西路）、特殊住宅区（海埂疗养院区），交通噪声测点 50 个。监测结果是：交通噪声超标路段占总测点的 70%；部分环境功能区夜间受施工影响，超标率高于昼间。

① 昆明市地方志编纂委员会编：《昆明市志》第二分册，北京：人民出版社，2002 年，第 473 页。

（二十）农业环境监测[①]

昆明部分地区以工业废水和城市生活污水灌溉农田，为分析污灌区污染物在土壤、农作物系统中的累积迁移规律、污染程度和发展趋势，以松华坝为对照点，对土壤、农作物中铅、镉、汞、砷、铬、锌等元素的自然含量与生态水平进行了较全面的监测与研究。

（1）工业废水、废气污染区土壤农作物监测。1975 年，在安宁温泉公社前后、小白店、小春 3 个生产队，从用螳螂川水灌溉的 11 块农田中采集 33 个表层土壤、22 个大米样，监测结果均检出汞。灌区土壤中汞的平均含量较对照点高 13 倍；大米中汞的平均含量较对照点高 7 倍。

（2）城市污水灌区土壤农作物监测。船房河灌区是昆明市典型的城市污水灌区，面积 7000 多亩。1979—1981 年，昆明市环境监测中心站对船房河及其灌区的水质、污泥、土壤、稻谷、小麦、蚕豆、油菜籽进行较全面的监测。在初步查明灌区环境质量状况的基础上，1982 年又开展以污水灌溉的环境效应和经济效益为中心的综合研究，对灌区的土壤、农用污泥、肥料、糙米、蔬菜和灌区大气降尘等环境要素进行进一步的监测。对农作物的监测结果表明，污灌区的糙米含蛋白质 8.13%—10.78%，含脂肪 2.24%—3.00%；小麦含蛋白质 10.02%—12.04%，含脂肪 2.28%—2.92%。与滇池湖区（非污水灌溉区）的糙米比较，污灌区糙米的蛋白质含量高 2.47%，脂肪含量低 0.52%。前者与全国 37 个污灌区的调查结果有一致性，后者有差别。污灌区小麦的蛋白质平均含量比滇池湖区小麦的蛋白质含量高 3.17%，脂肪含量高 0.34%。

（3）滇池湖区土壤农作物监测。为满足本地区开展农业环境质量研究工作的需要，昆明市环境监测中心站于 1979—1983 年，两次采集西山区观音山、西山，晋宁县宝峰、白沙，呈贡县大鱼，官渡区阿拉、金殿、松华坝等相对清洁区的土壤、稻谷、小麦、白菜、莴苣、茄子样本 120 多件。除对样本中汞、镉、铅、锌、砷、铬的含量做统一监测外，还对土壤中的氮、磷、钾、pH、有机质、土壤盐基代换量，以及糙米、小麦中的蛋白质、脂肪含量进行测定。

（二十一）放射性监测[②]

1983 年 5 月，昆明市环境监测中心站与北京 401 研究所合作，首次对昆明市的环境辐射本底进行监测。监测采用联邦德国 PTB-7201 闪烁照射量率仪。通过实测和计算，获得天然外照射贯穿辐射的剂量率值为 10.7 微拉德/时；地层 Y 辐射的剂量率平均值为

① 昆明市地方志编纂委员会编：《昆明市志》第二分册，北京：人民出版社，2002 年，第 473 页。
② 昆明市地方志编纂委员会编：《昆明市志》第二分册，北京：人民出版社，2002 年，第 473 页。

5.1 微拉德/时；道路 Y 辐射的剂量平均值为 4.8 微拉德/时。同时在 4 区 6 县共设置 84 个测点，对不同建筑材料墙体建筑物的 Y 辐射量进行监测。

（二十二）污染源监测[①]

（1）工业废水监测。工业废水监测始于 1970 年。是年 11 月，为查明滇池死鱼的原因和促进重点污染源的治理，由省、市防疫站组成联合调查组，在昆阳磷肥厂的积极参与下，对该厂的废水进行调查监测，共计在厂区车间设测点 9 个，在废水进入滇池的排污沟设立测点 7 个，同时在周围农村水井设测点 13 个，共获监测数据 200 余个。工业废水监测由此开始。次年重点对云南冶炼厂进行监测，获废水监测数据 270 个。

（2）医院污水监测。1982—1983 年，对昆明市区较大的 20 家医院的污水水质进行调查监测，监测项目 16 个。监测结果显示，有 7 个项目未超标，其余 9 个项目不同程度超标，大肠菌群和细菌总数有 18 家超标。1984 年开始，医院污水被列入生物监测范围。同时开始医院污水处理设施验收监测。1988 年医院污水监测列为例行监测。监测项目包括细菌总数、大肠菌群、余氯，年监测频率 2 次。

（3）工业废气监测。1971 年 9 月，对云南冶炼厂的污染源进行专题调查，工业废气监测从此开始。这次调查，有市卫生防疫站、云南冶炼厂、昆明医学院、昆明钢铁公司等 7 个单位参加。监测项目为：二氧化硫、砷、铅、降尘。测点布局以 120 米烟囱为观测中心，向各方位不同距离设测点 14 个，最远点 1500 米。每日采样 4 次，连续监测分析 6 日，获监测数据 397 个，尾气监测综合数据 68 个。调查监测结果用于编写云南冶炼厂污染源调查专题报告。

（4）机动车尾气监测。1986 年 8 月，首次开展汽车尾气监测，对昆明市机动车辆排放废气的状况进行摸底调查。尾气监测项目有一氧化碳、碳氢化合物、排烟黑度。调查范围包括昆明大型汽车总站、市公共汽车公司、云南汽车厂等单位。共监测 71 辆机动车，其中柴油车 39 辆、汽油车 32 辆，获 103 个有效监测数据。柴油车中有 18 辆排烟黑度超标，约占总数的 46.2%。汽油车中有 13 辆一项指标超标，约占总数的 40.6%。1987—1988 年，配合一些企业对汽车尾气净化装置进行测定。

（5）工业噪声监测。工业噪声结合新建、扩建、改建工程验收，环境影响评价、噪声治理设施验收、信访签复、噪声扰民纠纷处理等开展零星监测。1986 年，在工业污染源调查中，对全市 774 个调查单位的噪声源、声响设备台数进行调查、统计。

（6）工业固体废弃物监测。1988 年，昆明冶金研究所对螳螂川流域昆钢、云南磷肥厂、昆明三聚磷酸钠厂、云南化工厂、云丰造纸厂的工业固体废弃物进行化学成分分析，同时进行固体废弃物毒性鉴别和腐蚀性鉴别。被鉴别的固体废弃物包括锅炉煤粉、

---

① 昆明市地方志编纂委员会编：《昆明市志》第二分册，北京：人民出版社，2002 年，第 473 页。

盐泥、电石渣、碴渣、磷矿剥离废石、黄磷电炉渣、磷石膏、燃煤渣、碱回收白泥、磷酸氢钙渣。监测分析浸出液中的 pH、钙、汞、砷、铅、铬、氟、总磷。监测结果是：电石渣、磷石膏的浸出液，既具有腐蚀性，又具有浸出毒性，云南化工厂盐泥浸出液中的汞含量高。

（7）放射性水平监测。1982—1983 年，昆明市环境科学研究所在所承担的"昆明焦化制气厂环境影响评价"课题中，开展放射性水平调查及评价。调查除对焦化制气厂厂址进行实地监测外，分别采集土壤、飘尘、水、粮食作物、水果样品，监测镭、钍、钾-40 的含量和总强度。并以昆钢焦化厂为模拟类比区，进行上述项目的监测。从土壤的监测结果看，无论是焦化制气厂还是类比区昆钢焦化厂，其环境的放射性本底中同位素钾-40 都占主要成分。

十八、环境保护机构

（一）昆明市环境保护局[1]

1972 年，昆明市革命委员会"三废"综合利用领导小组建立，昆明市开始设立环境保护行政机构。1972 年 10 月昆明市计划委员会设立"三废"综合利用科，定编 3 人，作为领导小组的办事机构。1973 年昆明市革命委员会"三废"综合利用领导小组更名为昆明市革命委员会环境保护领导小组，1974 年 5 月，在"三废"综合利用科的基础上，成立了昆明市革命委员会环境保护办公室，定编 12 人。1979 年 12 月，昆明市革命委员会环境保护办公室改名为昆明市环境保护局。

（二）县、区环保机构[2]

1978 年西山区建立一级局建制的环境保护办公室以后，县（区）环境保护行政机构相继建立。到 1983 年，昆明市所辖区县全部建立了城乡建设环境保护局，隶属县（区）人民政府领导，局内设环境保护办公室。

（三）区域性机构[3]

1974 年，建立昆明市治理螳螂川办公室，昆明市开设区域性环境管理机构。后经省市协商，划归省管，改称云南省治理螳螂川办公室。1983 年又交市管。1984 年 11 月，昆明市人民政府批准成立昆明市治理螳螂川污染办公室，属事业单位，定编 6 人，

---

[1] 昆明市人民政府编：《昆明年鉴（1990）》，北京：新华出版社，1990 年，第 342 页。
[2] 昆明市人民政府编：《昆明年鉴（1990）》，北京：新华出版社，1990 年，第 342 页。
[3] 昆明市人民政府编：《昆明年鉴（1990）》，北京：新华出版社，1990 年，第 343 页。

由昆明市环境保护局局长兼任办公室主任。

1981 年 11 月，经云南省人民政府批准，建立松华坝水库水源保护区，成立水源保护区管理委员会，下设办公室，作为管理委员会的办事机构，属事业单位，定编 5 人，日常工作由昆明市环境保护局代管。1985 年 7 月 16 日，昆明市人民政府决定，松华坝水源保护区管理委员办公室由市环境保护局移交昆明市水利局代管。

十九、环境法制

从 1980 年起，昆明市开始贯彻执行《中华人民共和国环境保护法〈试行〉》，制定并公布《滇池水系环境保护法规条例》等五个地方环境保护法规条例，昆明市的环境保护工作走上法制轨道。[①]

从 1982 年起，运用报纸、电台、电视台等形式开展保护环境宣传教育活动。先后在昆明五中、昆明二十二中、五华一中、春城小学、大观小学、云南师范大学附属小学等开设环境保护课。从 1984 年起，每年举办一届中小学生环境保护夏令营。1985 年为云南省机械工业厅举办厂长、经理学习班，培训 100 多人；1986 年为三期市管干部普法学习班培训 400 多人；1986 年为部队转业到昆明安置工作的干部普法学习班 500 多人讲授《中华人民共和国环境保护法》；从 1986 年起，为昆明市所辖区县的"五套领导班子"和县（区）属委办局的负责同志讲授《中华人民共和国环境保护法》，上环境保护课。通过这些宣传教育活动，提高了干部、群众的环境意识，促进了环境保护事业的发展，保证了环境保护法规的贯彻执行，使环境保护工作走上了法制轨道。截至 1988 年，仅征收超标排污水费就达 5145 万元，罚款 61 万元；下达限期治理项目 502个；受理审批较大的新建、扩建、改建工程项目 522 项，总投资计划为 188 779 万元，其中环境保护投资计划 8776 万元，约占总投资额的 4.6%。[②]

1989 年，处理较大的环境污染事故 8 起，可见的直接经济损失 58 万元。处理结果为，赔偿损失 1856 万元，罚款 3.55 万元，影响最大的环境污染事故是盘龙香料厂未经批准擅自进行合成乐果原药的扩大试验。1989 年 9 月 21 日，蒸馏釜与冷凝器之间的导气管破裂，大量有毒气体外溢，造成人畜中毒，仅入医院检查、就诊的就达 1072 人次。中毒人员全部恢复健康后，昆明市人民政府确定此事为责任事故，对 5 名责任人员做了行政处分和经济处罚。另外，对违反"三同时"的企业也分别依法处理。10 个郊县（区）的 705 家乡镇企业中，有 25 家被罚款，2 家限期治理，3 家停产治理，11 家责令关闭。昆明市排污收费监理所依法对 245 个企业征收超标排污费，1989 年共征收超标

① 昆明市人民政府编：《昆明年鉴（1990）》，北京：新华出版社，1990 年，第 343 页。
② 昆明市人民政府编：《昆明年鉴（1990）》，北京：新华出版社，1990 年，第 343 页。

排污费 1010 万元，罚款 9 万元。①

1991 年，昆明市环境保护局组织拟定了《昆明市排污许可证实施管理办法》《昆明市烟尘控制区管理暂行规定》《昆明市乡镇、街道企业环境管理暂行规定》。6 月 1 日，昆明市人民政府批转《昆明市烟尘控制区管理暂行规定》，该规定共 6 章 18 条，对"烟尘控制区"的范围、标准、监督管理、防治烟尘和有害气体的污染、奖惩及具体实施办法都做了具体规定。此外，还在县（区）开展了环境保护执法情况检查。②

1993 年，昆明市环境保护局在坚持贯彻执行国家、地方环境保护法规、条例的基础上，加强了环境法制建设，建立健全了环境保护法制机构，在局内部设置了政策法规处；建立并完善了行政处罚程序和行政复议制度，设立了投诉、举报工作程序；开展了《昆明市环境管理条例》《昆明市汽车污染监督管理办法（暂行）》的起草工作，参与了省制定《阳宗海环保暂行条例》的立法基础工作。在全市进行环境保护法检查，查处了一批违法行为，办理人民代表大会、政治协商会议议案、提案 17 件，接待人民群众来访 39 起 58 人次，受理人民群众来信 117 件。查处环境污染与破坏事故 5 起，其直接经济损失 5.655 万元，污染事故赔款总额 3.625 万元。③

二十、环境保护交流与建设

（一）国际学术交流④

1990 年 9 月 11—12 日，昆明市人民政府、云南省科学技术委员会、省环境保护委员会在昆明召开了"湖泊环境有效管理国际学术会议"。日本、巴西、肯尼亚、印度尼西亚、美国、菲律宾、泰国、加拿大和中国的专家学者共 70 多人出席了会议。会议的中心议题是滇池及其流域开发利用和保护、滇池及流域规划和管理。会议由国际湖泊环境委员会主席吉良龙夫（日本）主持。云南省科学技术委员会副主任刘诗嵩致开幕词，云南省环境保护委员会副主任李广润、昆明市人民代表大会城乡工作委员会主任李其煌、中国环境科学研究院院长刘鸿亮等做了特邀报告。20 多位专家、学者在会上交流了自己的学术论文并做答辩。昆明市环境保护局、市环境科学研究所、市环境监测中心站提交了 4 篇论文并在大会上宣读与交流。会议期间，中外专家、学者对滇池进行了实地考察。

① 昆明市人民政府编：《昆明年鉴（1990）》，北京：新华出版社，1990 年，第 343 页。
② 昆明市人民政府编：《昆明年鉴（1992）》，昆明：云南人民出版社，1992 年，第 344 页。
③ 昆明市人民政府编：《昆明年鉴（1994）》，昆明：《云南年鉴》杂志社，1994 年，第 259 页。
④ 昆明市人民政府编：《昆明年鉴（1990）》，北京：新华出版社，1990 年，第 453 页。

（二）环保队伍、自身建设[①]

1990年，昆明市环境保护局举办环境管理学习班1期，对新加入环保队伍的大中专毕业生、企业环保工作者进行了培训和考试。在机构建设方面，安宁县建立了一级局建制的环境保护局。五华区环境监测站完成业务用房和生活用房的基建任务，并投入使用。昆明市环境保护局以工作责任书形式下达县（区）环保工作任务。对县（区）实行环保工作目标考评，年底经检查评比，有9个县区环保工作取得较好成绩。1990年末，市级环保系统有环保工作者142人，其中专业技术人员126人，有高级工程师5人、工程师46人、农艺师1人；县（区）环保工作者97人。

1992年在加强环境保护队伍思想教育的同时，注重了人员培训和知识更新。市环境保护局系统有39人次分别参加了国家环境保护局、国家环境监测总站及有关院校举办的环境统计、污染源动态数据库、环境管理与规划、生物监测微核技术、烟气测试等培训班进行业务学习和知识更新。将1人送往昆明工学院（今昆明理工大学）做定向代培研究生，1人送往西安外国语学院（今西安外国语大学）进行为期一年的定向学习。局系统90%以上的专业技术人员参加了业务学习，累计8000余学时。邀请联合国教育、科学及文化组织有关人员做"人与生物圈的关系"的学术报告，举办了"废水治理"讲座，参加了"国际噪声学术交流会"等学术交流和研讨活动。在自身建设方面，建成市环境保护局机关办公楼、官渡区环境监测站新楼。市环境保护局机关于1992年9月迁往新址——昆明市西坝花园路办公。全市环境保护系统共有职工281人，其中县（区）环保工作人员104人。市级环境保护人员中专业技术人员占85%以上。新增房屋面积2000多平方米，购置配备微型计算机2台。[②]

（三）国家环境保护局视察环保工作[③]

1990年6月3—10日，国务院环境保护委员会副主任、国家环境保护局局长曲格平率国务院环境保护委员会环境视察组到云南检查工作。6月8日，视察组在有关领导的陪同下视察了昆明市大观河、滇池、云南磷肥厂和昆明三聚磷酸钠厂。曲格平局长就滇池污染状况提出了4点意见。

10月30日，省环境保护委员会邀请省、市有关领导视察了滇池污染状况。视察中听取了昆明市关于保护滇池的情况汇报，省环境保护委员会主持召开了讨论会，部分委员就防治滇池污染、保护滇池生态环境发表了意见。副省长、省环境保护委员会主任李

---

① 昆明市人民政府编：《昆明年鉴（1990）》，北京：新华出版社，1990年，第453页。
② 昆明市人民政府编：《昆明年鉴（1993）》，昆明：《云南年鉴》杂志社，1993年，第279页。
③ 昆明市人民政府编：《昆明年鉴（1990）》，北京：新华出版社，1990年，第453页。

树基在讨论会结束时做了总结发言。省、市参加视察和讨论的领导有：省委常务委员会委员、昆明市委书记王广宪，副省长、省环境保护委员会主任李树基，省咨询委员会主任李诤友，省政府副秘书长梁文选，昆明市副市长孙淦。省、市政府 35 个部门的领导同志和其他人员参加了视察和讨论。

二十一、环境管理

（一）简政放权[①]

根据改革开放的新形势和昆明市委、市政府的要求，昆明市环境保护局提出了简政放权、提高工作效率的主要措施，即市环境保护局把除水源保护区、滇池汇水区、风景旅游区、居民稠密区和国务院（1984）135 号文件规定不准从事的生产项目以外的乡镇企业建设项目的审批权、管理权全部下放到区环保部门，经市人民政府批准执行。

（二）建设项目环境管理[②]

为有效地解决环境保护工作中遇到的新问题，在建设项目环境管理上加强了调查研究，继续深化和完善"三同时"制度和环境影响评价制度，严格把好在水源保护区、滇池汇水区、居民稠密区、风景旅游名胜区建设项目的审批关。对大中型企业的重点污染源要求在申报项目时，必须认真落实老污染源的治理措施，实行审批建设项目与老污染源治理相结合的政策。强化了国家重点投资项目的管理监督，促使企业推进技术进步、降低能耗、调整产品结构、提高资源能源利用率等项措施逐步落实。全年审批国有、集体、合资企业建设项目 101 项，建设总投资 118 852 万元，其中环保投资 5245 万元，约占总投资的 4.4%。未同意建设的项目 2 项，另行选址的 2 项。大中型企业"三同时"申报审批率达 100%。在市属县（区）开展了"三同时"执行情况检查，对历年县（区）环保部门审批的建设项目进行了清理。对污染治理设施运转情况进行了经常性的检查，全市污染治理设施运转率达 60% 以上。竣工验收建设项目 20 项，"三同时"执行率达 100%。

（三）乡镇企业环境管理[③]

针对乡镇企业迅猛发展、忽视环保问题的状况，加强了乡镇企业环境管理。昆明市环境保护局深入县（区）现场进行调查了解，帮助解决问题。对于政策法规允许建设的项目，积极提供生产工艺、治理方法等信息，尽快审批。对拟建在环境敏感地区、风景

---

① 昆明市人民政府编：《昆明年鉴（1993）》，昆明：《云南年鉴》杂志社，1993 年，第 277 页。
② 昆明市人民政府编：《昆明年鉴（1993）》，昆明：《云南年鉴》杂志社，1993 年，第 277 页。
③ 昆明市人民政府编：《昆明年鉴（1993）》，昆明：《云南年鉴》杂志社，1993 年，第 277 页。

旅游区的有污染项目，积极向有关部门和当事人宣传环保法规，讲清可能出现的恶果，劝其另行选址或采用污染小的工艺。在劝阻说服无效、发文通知不准建设也无效的情况下，及时向市委、市人民代表大会、市政府报告，请求上级部门采取措施停建。全年审批乡镇企业建设项目 66 项，其中同意建设的 55 项，不同意建设的 11 项。

在乡镇企业老污染源治理上，完成了 1991 年市人民政府下达的限期治理项目 2 个。对 3 个乡镇企业废气、废水进行了治理，停、转、迁 4 个乡镇企业。为解决大企业将废渣转移给乡镇企业加工造成二次污染的问题，选择了滇池汇水面积线以外环境容量大、生产治理条件较好的 5 个乡镇企业作为集中定点生产、集中治理的尝试，并从生产工艺、治理方案、治理工程上给予指导和帮助，使这 5 个企业生产、治理基本合格。

（四）工业污染源治理

昆明市人民政府全年下达污染源限期治理项目 18 个单位 29 项（其中滇池汇水面积内 16 项），已完成并验收 24 项。其余项目均由于省外设备不到或电力供应等问题，延期到 1994 年完成。国家下达的限期治理项目——云南冶炼厂生产废水处理截污工程完成。该工程投资 1100 万元，历经 3 年时间，修建了截污管网、污水站和全长 33 千米的外排污水管道等，使入湖重金属污水实现了处理后外排，不再进入滇池。大幅度减少了重金属废水对滇池的污染。

对国有企业的排污情况和污染治理设施运转情况分片区进行了 3 次检查，督促企业治理老污染源。全市工业废水处理率达 80%，废水处理设施有 62 台套（不含第一污水处理厂），用于工业废水治理的资金达 8000 多万元。废水处理设施运转率达 60%，处理达标率达 70%。对污染扰民严重的单位实行搬迁。督促汽车配件厂、建筑五金厂等搬迁噪声源，为昆明市翻胎厂搬迁治理工程提供了条件。在 600 多个乡镇企业开展了污染源情况、环保设施运转情况等调查。验收昆明市人民政府 1992 年下达的乡镇企业限期治理项目 1 个。关停县（区）未办理环保手续的电镀厂 2 个、印染厂 1 个，停产治理 1 个（皮革厂），限期治理乡镇企业项目 2 个。

二十二、滇池保护

（一）队伍[1]

昆明市滇池保护委员会办公室是在原市滇池渔业管理委员会和松华坝水源保护区管理委员会的基础上于 1990 年 1 月 24 日成立的，直属市政府领导，内部设综合秘书处、

[1] 昆明市人民政府编：《昆明年鉴（1992）》，昆明：云南人民出版社，1992 年，第 346 页。

规划协调处、法规监察处、松华坝水源保护区管理处、昆明滇池研究会（挂靠市滇池保护委员会办公室）。有职工 21 人，其中大专以上 11 人，具有高级职称有 1 人、中级职称有 7 人、初级职称有 6 人，初步形成了一支既有一定管理水平，又有一定专业技术水平、结构合理的职工队伍。

建立党组。1992 年 3 月，为加强行政领导班子力量，市政府抽调原西山区区长张凤保担任办公室主任，于 1992 年 7 月正式成立了"中共昆明市滇池保护委员会办公室党组"，张凤保任党组书记，李国春、张承汉任党组成员。[①]

建立县（区）滇池保护机构。1992 年多次深入七县（区）政府及滇池保护所挂靠主管单位，协调建立滇池保护所。针对各县（区）的不同情况，提出了滇池保护所人员素质要求，印发了滇池保护所工作职责。经过多方努力，除个别县因受机构改革试点等因素的影响未建立滇池保护所以外，绝大多数县（区）已经建起了滇池保护所，落实了办公地点、人员、开办费，并已正式办公。[②]

（二）收集资料[③]

通过深入实际，获得海口、海埂等处的水位、径流、降水、蒸发等水文气象数据 22 180 个；滇池流域中型、小（一）型小库蓄水、灌溉数据 330 个；滇池流域水质污染实测评价指标数据 1500 个；林业资料数据 400 余个；滇池流域内社会经济基础资料数据 500 多个；收集各项科研、考察报告 21 册，共 3500 多万字，以及国内外水葫芦综合利用资料，为各项工作的开展打下了基础。

（三）宣传教育

1991 年，为了集中宣传贯彻《滇池保护条例》，昆明市滇池保护委员会办公室将每年的 7 月 1—7 日定为《滇池保护条例》宣传周，宣传周的主要内容包括：一是采取多种形式宣传贯彻《滇池保护条例》，组织有关单位视察滇池流域内各县（区）、各有关单位贯彻执行《滇池保护条例》的情况；二是配合市人民代表大会，组织人民代表大会代表视察滇池流域，检查昆明市贯彻执行《滇池保护条例》的情况。通过宣传周活动的开展，达到提高全民环境生态意识、保护治理滇池的目的。[④]

《滇池保护条例》宣传周活动。1992 年，为进一步提高保护滇池的整体意识，着重从五个方面开展《滇池保护条例》宣传周活动：一是组织五华、盘龙两城区滇池保护所在辖区范围内首次开展宣传周活动；二是召开了滇池研究会理事、顾问扩大会，李国

---

① 昆明市人民政府编：《昆明年鉴（1993）》，昆明：《云南年鉴》杂志社，1993 年，第 283 页。

② 昆明市人民政府编：《昆明年鉴（1993）》，昆明：《云南年鉴》杂志社，1993 年，第 283 页。

③ 昆明市人民政府编：《昆明年鉴（1992）》，昆明：云南人民出版社，1992 年，第 346 页。

④ 昆明市人民政府编：《昆明年鉴（1992）》，昆明：云南人民出版社，1992 年，第 346 页。

春副主任在会上做了题为"加快滇池综合整治步伐，为昆明全方位开放提供优美环境"的发言，向参加会议的 80 多位理事、顾问及有关领导、专家通报了昆明市委、市政府关于综合整治滇池的九项重大措施；三是在昆明电视台播放了三集保护滇池电视系列片《滇池——春城之源》，由于覆盖面广，收到了较好的宣传效果；四是配合昆明市人民代表大会常务委员会组织部分人大代表、政协委员有重点地视察有关单位贯彻执行《滇池保护条例》的情况，在视察中，张凤保主任向人民代表大会常务委员会书面汇报了滇池综合整治情况；五是组织滇池沿岸部分企业的厂长、经理和部分省、市老干部实地考察滇池，加深他们对滇池污染的直观认识，增强保护滇池的责任感和紧迫感。①

1993 年，昆明市滇池保护委员会办公室始终把提高全民保护滇池的意识作为一项重要的宣传工作来抓，主要开展了以下工作：与《春城晚报》联合举办"保护滇池人人有责"专刊，办公室领导带头撰写宣传文章，报刊做了全文刊登；支持并参与了深圳莱英达昆明商业大厦举办的"拯救滇池"新闻记者环湖采访活动；协助市委宣传部等单位进行滇池保护宣传活动；为香港《大公报》提供了宣传昆明-滇池的文章及图片；摄制了"滇池污染日趋恶化，综合整治滇池刻不容缓"的内参宣传片。在《滇池保护条例》颁布实施五周年之际，召开了《滇池保护条例》颁布五周年座谈会，部分省市领导、有关职能部门的负责人出席了会议。滇池保护委员会办公室主任张凤保对五年来贯彻执行《滇池保护条例》的情况及对今后工作的打算做了专题发言，受到了与会者的肯定；举办了滇池保护法规培训班，对县（区）滇池保护所及依法治县（区）办公室 40 余人进行了培训，以提高滇池保护执法水平；在市内唯一面向农村发行的《昆明科技报》上举办滇池保护专版，全文刊登了《滇池保护条例》和 6 个滇池保护所撰写的有关文章，并下发至滇池沿岸 7 个县（区）和乡（镇）、办事处共 3 万份，增大了《滇池保护条例》的宣传力度和覆盖面。②

（四）实地视察③

1990—1991 年，昆明市滇池保护委员会办公室多次组织有关人员实地视察滇池。滇池沿岸近百个工厂的厂长（经理）实地视察滇池后，一些厂长表示：愿为综合治理滇池出钱、出力；五华、盘龙两城区的 20 余个街道办事处、300 多个居民委员会的负责同志实地视察滇池后，动员居民加入保护滇池的队伍中，据不完全统计，两城区街道办事处、居民委员会组织 7515 人次学习了《滇池保护条例》，出黑板报 598 期；省林业厅机关和所属单位的领导同志视察滇池，看到滇池生态环境日趋恶化的状况，深感忧虑，当即指示有关部门起草滇池面山造林规划项目建议书，报省林业厅及有关部门批准实施。

---

① 昆明市人民政府编：《昆明年鉴（1993）》，昆明：《云南年鉴》杂志社，1993 年，第 283 页。
② 昆明市人民政府编：《昆明年鉴（1994）》，昆明：昆明市人民政府，第 262 页。
③ 昆明市人民政府编：《昆明年鉴（1992）》，昆明：云南人民出版社，1992 年，第 346 页。

（五）新闻媒介宣传①

结合保护、治理滇池这一内容，昆明市滇池保护委员会办公室多次和有关新闻单位联合组织稿件进行宣传，和《昆明日报》共同刊登专版文章、举办"滇池杯有奖征文"，共刊登文章80余篇，照片10多幅，李国春副主任接受了《昆明日报》记者的采访，就滇池有关问题答记者问；积极参加市城乡建设委员会和省广播电台联合举办的"发展中的城市建设"专题节目宣传活动，撰写了答记者问、工作通讯、散文等四篇不同形式的稿件，在省广播电台重播4次；组织滇池研究会新闻专业委员会的新闻工作者，对滇池上游松华坝水源保护区、滇池水体和滇池下游螳螂川沿岸工业区进行实地集体采访，撰写了70多篇保护滇池的文章，分别在《中国环境报》《云南日报》《昆明日报》《春城晚报》《云南环保》和云南人民广播电台、昆明人民广播电台中刊登和播放，取得较好效果。全面系统地反映了滇池与昆明城市人民的生产、生活的关系，体现了滇池在昆明市国民经济和社会发展中的地位、作用；反映了滇池污染现状以及党和政府近年来为治理滇池所做的工作，号召全市人民行动起来，为拯救滇池而努力。

（六）议案、提案、信访②

滇池问题是昆明市人民极为关注的一个问题，市滇池保护委员会办公室成立后每年都会收到不少群众询问滇池治理情况和为滇池治理献计献策的来信，以及人大代表、政协委员有关保护和治理滇池的议案、提案、建议，都分别不同情况做认真的处理。对群众的来信做到来信必答，对有的群众来信甚至做到访问，对议案、提案、建议认真办理。例如，办理市九届人民代表大会一次会议95位代表提的"采取综合治理措施，增加资金投入，尽快保护滇池"等五项议案。由于领导重视，组织得当，较好地完成了此项议案的办理工作，得到了有关部门的好评。

（七）宏观协调

（1）打捞水葫芦③。1991年1月，参与了市政府疏挖大观河、打捞水葫芦工程指挥部的组织协调工作。具体负责协调部队、航运、乡（镇）、办事处等单位，工作中认真按照疏挖大观河、打捞水葫芦工程指挥部有关疏挖大观河、打捞水葫芦精神执行，充分发挥组织协调的职能作用，较好地完成了市政府交给的各项任务。

（2）防治华山松曲蚜虫④。1991年3月，市滇池保护委员会办公室农林社教工作组

---

① 昆明市人民政府编：《昆明年鉴（1992）》，昆明：云南人民出版社，1992年，第346页。
② 昆明市人民政府编：《昆明年鉴（1992）》，昆明：云南人民出版社，1992年，第347页。
③ 昆明市人民政府编：《昆明年鉴（1992）》，昆明：云南人民出版社，1992年，第347页。
④ 昆明市人民政府编：《昆明年鉴（1992）》，昆明：云南人民出版社，1992年，第347页。

在深入松华坝水源保护区工作中，发现 4 万亩退耕还林树木普遍遭受华山松曲蚜虫的危害，疫情十分严重，如不及时采取有力措施进行防治，势必造成严重后果。对此疫情，一方面向市政府及有关部门反映，另一方面积极协调市森防站采取措施进行防治。

（3）建立县（区）滇池保护所[①]。针对各县（区）滇池保护工作范围和重点不同，市滇池保护委员会办公室提出把五华、盘龙两城区的滇池保护所建立在区城建局，核定事业编制 10 名；把西山、官渡、呈贡、晋宁四县（区）的滇池保护所建立在县（区）水电局，核定事业编制 12 名；把嵩明县滇池保护所建立在县林业局，核定事业编制 5 名的设想。并将此设想以昆滇（1990）32 号文件形式上报市机构编制委员会，市机构编制委员会报请市政府同意批复后，为尽快建立县（区）机构，多次到有关县（区）政府协调、催办建立滇池保护所，并在征得七县（区）政府同意的基础上，按三个不同的层次印发了县（区）滇池保护所工作职责。

（4）森林植被的营造和管护[②]。1990 年以来，昆明市滇池保护委员会办公室在松华坝水库面山组织实施工程造林，为保证质量，先对造林地进行规划设计，将造林技术规程印发各有关造林点，按此规程进行预整地，再植树或籽种直播造林，并采取就地育苗、就地移栽和针阔叶树种混交，多品种混交的办法，造林成活率高，效果好。共完成工程造林 23 000 亩、预整地 13 000 亩、施肥 4000 亩。

（5）防治水土流失[③]。长期以来，由于人为的不合理的砍伐和毁林开荒，松华坝水源保护区森林面积逐年减少，原来的密林变成疏林，疏林变成灌木林，荒山秃岭加剧了水土流失，严重威胁着水源的保护。昆明市滇池保护委员会办公室成立后，加强了对该区水土流失的治理工作，组织力量对水土流失严重的破菁、岩溶漏斗进行治理，对短期有滞留的漏斗，在周围栽种滇柏杨和耐水淹树种，对正在发育的漏斗，在周围栽种刺种树，共完成治理漏斗 400 个。

（6）护林防火[④]。加强松华坝水源保护区的护林防火工作是实施《昆明市松华坝水源保护区综合整治纲要》的关键。在有关部门的支持配合下，建立健全了松华坝水源保护区护林防火联防体系，加快了护林防火设施建设，配备护林防火瞭望通信设备，增加护林员，完善护林防火联防承包责任制，加强对护林员的管理和教育，减少了森林砍伐和火灾，1991 年实现全年无山火发生。

（7）营造速生榜样林[⑤]。为恢复滇池面山的森林植被，摸索在滇池面山水土流失严重的地方植树造林的经验，昆明市滇池保护委员会办公室和呈贡县林业局、呈贡县吴

① 昆明市人民政府编：《昆明年鉴（1992）》，昆明：云南人民出版社，1992 年，第 347 页。
② 昆明市人民政府编：《昆明年鉴（1992）》，昆明：云南人民出版社，1992 年，第 347 页。
③ 昆明市人民政府编：《昆明年鉴（1992）》，昆明：云南人民出版社，1992 年，第 347 页。
④ 昆明市人民政府编：《昆明年鉴（1992）》，昆明：云南人民出版社，1992 年，第 347 页。
⑤ 昆明市人民政府编：《昆明年鉴（1992）》，昆明：云南人民出版社，1992 年，第 347 页。

家营乡政府共同在吴家营乡办林场后山 50 亩水土流失严重的破菁和不毛之地植树造林。栽种耐旱、宜瘠薄土壤、速生的柏树种，已经成活，效果良好，长势喜人，为滇池面山水土流失严重的山地造林树立了榜样。

（8）综合整治滇池规划[①]。综合整治滇池的"十年规划"和"八五计划"是昆明市滇池保护委员会办公室成立后完成的第一部综合整治滇池的规划性文献，全文 17 000 多字，共五个部分，它全面、系统地收集了 1980 年以来各部门在法制建设、基础工作、科学研究、综合整治、机构建设等方面所进行的各项工作，给予了充分的肯定和珍贵的评价。比较客观地分析了滇池及其流域的状况和综合治理方面存在的主要问题。它以《滇池保护条例》、《滇池综合整治大纲》及其《附件》为依据，参照市属各有关部门所制订的"八五计划"，因此数据翔实、指导思想正确、目标明确、方案可行。按照"水体""盆地""水源涵养区"三个不同的层次，针对滇池及其流域的主要问题，在"八五"期间从治理方案、加强管理及基础工作等方面所提出的措施，比较科学客观，符合昆明实际。这个规划已于1991年12月19日经有关职能部门和专家正式评审通过。

（9）昆明滇池研究会[②]。挂靠昆明市滇池保护委员会办公室的昆明滇池研究会发展至 1992 年已成为一个具有一定实力、多学科、高层次的科技群团组织，是滇池问题的科研咨询机构。自成立以来，始终遵循着研究会宗旨，团结广大科技工作者、实际工作者和关心滇池湖泊治理的领导同志，紧紧围绕着逐步恢复和建立滇池及其流域的生态系统的良性循环流域资源工作，为综合治理滇池献计献策。在各项学术交流活动中，收到滇池保护和治理的学术论文 70 余篇。这些学术论文无论从深度上还是广度上，都使人们对于滇池问题开阔了思路、提高了认识，为政府综合治理滇池提供了一些有价值的宝贵意见。

（八）滇池"八五"科技攻关课题[③]

该课题是国家科学技术委员会下达的，为了使各项科研工作尽快起动，1992 年 4 月以来，昆明市滇池保护委员会办公室做了大量的协调工作，经过努力，三个专题的科研工作已经全部起动。

（九）治理措施[④]

（1）建立供煤点。随着松华坝水源保护区烤烟种植面积的逐年增加，森林植被的保护受到严重的威胁，为了有效地保护森林植被，减少森林砍伐，1992 年 5 月昆明市滇

① 昆明市人民政府编：《昆明年鉴（1992）》，昆明：云南人民出版社，1992 年，第 348 页。
② 昆明市人民政府编：《昆明年鉴（1992）》，昆明：云南人民出版社，1992 年，第 348 页。
③ 昆明市人民政府编：《昆明年鉴（1993）》，昆明：《云南年鉴》杂志社，1993 年，第 283 页。
④ 昆明市人民政府编：《昆明年鉴（1993）》，昆明：《云南年鉴》杂志社，1993 年，第 283 页。

池保护委员会办公室协调有关部门，在水源保护区的白邑、阿子营两个乡建立了供煤点，落实了烤烟煤的补助，在一定程度上解决了这两个乡农户长期以来用柴烤烟的状况，减少了森林的砍伐。

（2）植树造林。1992年在组织实施松华坝水源保护区植树造林工作中，始终遵循定植一片成活一片，植树一方绿化一方的原则，采取高质量、高成活率的工程造林方法，就地育苗移栽，并严格按照预整地、回塘、定植的程序把关，使1992年定植的12 000多亩幼苗在严重干旱年里成活率仍然高达95%。

（3）护林防火。在有关部门的配合下，组建起由官渡、嵩明二县（区）政府、林业部门、松华坝水库管理处、有关乡（镇）领导参加的松华坝水源保护区护林防火联防指挥部，制定了具有8项护林防火指标，较为全面、具体的护林防火规章制度，采取分项指标奖励、惩罚的办法，建立了乡（镇）、办事处二级森林扑火队伍。

（4）防治水土流失。松华坝水源保护区白邑乡的红石岩菁、老虎菁、阿子营乡的马金村破菁等地，由于森林破坏的结果，水土流失非常严重，一遇暴雨，水土流失，便冲毁民房和农田，严重危及当地人民的生命财产安全。为了治理水土流失，1992年1月完成了红石岩菁、老虎菁提沙坝工程。

（5）1993年滇池治理[①]。1993年4月14—15日，和志强省长在昆明海埂主持召开了治理滇池污染的工作。会议认为，滇池的污染日趋严重，以至于发展到非下决心采取更大工程措施扭转不可的地步。为此，会议对昆明市人民政府提出的滇池综合治理方案做了一些调整，采取重大措施，尽快改变滇池污染速度快于治理速度的局面。根据《滇池综合整治大纲》的要求及昆明市人民政府提出的滇池综合治理方案，按照现场办公会议的部署，综合治理滇池的总目标是：从1993年4月起，用18年时间，投入30亿元，分三个阶段（近期、中期、远期），完成滇池流域的根本治理。近期目标是：在"八五"期间集中力量实施几大工程，对60%的污水进行处理，扼制住滇池水质恶化的趋势。中期目标是：在"九五"期间继续进行几项重要工程，使污水处理达到80%以上，从根本上解决滇池污染的问题。远期目标是：后10年花更大的功夫继续治理，使滇池的生态环境得到恢复，开始转向良性循环。

为贯彻省政府现场办公会议精神，在市政府领导下，各职能部门加紧实施几项治理工程：昆明市第一污水处理厂扩大处理规模及厂外管网配套工程；第二、三污水处理厂工程建设；西园隧洞输水工程。另外还进行了20个重点污染源的治理及外流域引水济昆的前期工作；完成了一批相关的重大科研项目及继续完成工程造林的大部分任务等治理措施。

---

① 昆明市人民政府编：《昆明年鉴（1994）》，昆明：《云南年鉴》杂志社，1994年，第262页。

（十）法规条例

（1）制定《滇池治理基金筹集办法》《治理滇池集资公告》。根据《滇池保护条例》《滇池综合整治大纲》等有关法规和王市长关于制定《滇池治理基金筹集办法》《治理滇池集资公告》的指示精神，本着"以水养水，谁污染谁治理，谁受益谁补偿，水资源有偿使用"的原则和"用经济手段引导节水、用价格政策促进节水"的方针，草拟了《滇池治理基金筹集办法》《治理滇池集资公告》，先后 7 次组织有关单位的领导、专家近 120 人进行了反复论证，听取和吸收了许多宝贵意见，进行了多次修改，并组织滇池治理基金委员会筹备组的有关人员对滇池治理基金筹集进行了测算，编写了《关于制定〈滇池治理基金筹集办法〉、〈治理滇池集资公告〉的说明》，于 1992 年 9 月将《滇池治理基金筹集办法》《治理滇池集资公告》《滇池治理基金委员会建议名单》等文稿一并上报昆明市人民政府。1992 年 12 月 18 日，昆明市人民政府第三十七次常务会议对《滇池治理基金筹集办法》《治理滇池集资公告》等文稿进行了研究，原则上通过了基金委员会名单，同时指示对《滇池治理基金筹集办法》《治理滇池集资公告》中的有关部分进行修改，并再次广泛征求意见后报市政府审批。[1]

（2）制定《松华坝水源保护区管理规定实施细则》。经过深入细致的调查研究和广泛听取意见，1992 年 11 月完成了对《松华坝水源保护区管理规定实施细则》的修改、完善，并先后三次分别召开了水源保护区 7 个乡（镇）、市属各有关单位的领导、专家参加的咨询论证会，听取和吸收了许多宝贵意见，使《松华坝水源保护区管理规定实施细则》更加成熟。[2]

（3）建立滇池综合治理目标责任制[3]。为加快滇池综合治理步伐，根据《滇池保护条例》赋予各级政府的职责以及《滇池综合整治大纲》、"八五"期间的目标要求和省政府现场办公会议研究部署的治理滇池的各项工作，在将近一年调查研究的基础上，经多方征求意见，已完成建立滇池流域县（区）政府及市属各有关部门滇池综合治理目标责任制（1994—1995 年）的分解工作，并正式上报昆明市人民政府。

（4）编制《滇池污染综合治理方案》《滇池污染综合治理工程项目建议书》[4]。由云南省环境保护委员会、云南省计划委员会、云南省财政厅和昆明市人民政府牵头，由昆明市滇池保护委员会办公室、云南省环境科学研究所负责编制的《滇池污染综合治理方案》和《滇池污染综合治理工程项目建议书》已于 1993 年 5 月完成。云南省人民政

---

① 昆明市人民政府编：《昆明年鉴（1993）》，昆明：《云南年鉴》杂志社，1993 年，第 283 页。
② 昆明市人民政府编：《昆明年鉴（1993）》，昆明：《云南年鉴》杂志社，1993 年，第 284 页。
③ 昆明市人民政府编：《昆明年鉴（1994）》，昆明：《云南年鉴》杂志社，1994 年，1994 年，第 262 页。
④ 昆明市人民政府编：《昆明年鉴（1994）》，昆明：《云南年鉴》杂志社，1994 年，第 263 页。

府对此已做了正式批复，并上报国家有关部门。此项工作的完成，为全面贯彻落实云南省人民政府现场办公会议精神，以及综合治理滇池污染提供了基本依据。

（十一）滇池保护交流会议

（1）国内湖泊保护与管理协作网会议①。该协作网是一个跨省市、跨行业的湖泊保护与管理的学术组织，1992 年 4 月，协作网在昆明成功地举行了"国内湖泊保护与管理协作网第一次会议"。会上制定并通过了国内湖泊保护与管理协作章程，与会人员实地考察了高原湖泊滇池和洱海。

（2）昆明市滇池保护工作会议②。1992 年 8 月 24—28 日，在昆明召开了"昆明市滇池保护工作会议"，五华、盘龙、西山、官渡、呈贡、晋宁、嵩明 7 县（区）政府、滇池保护所挂靠主管单位的领导及 7 县（区）滇池保护所的人员参加了会议。会议采用以会代训的办法。经过 5 天的培训学习，全体与会人员对保护滇池的重要性、紧迫性有了一定认识，都感到保护滇池责任重大，任务艰巨。

（3）协助搞好全国湖泊保护与管理第二次协作网会议。为加强全国湖泊协作网建设，在第一次湖泊协作会议在昆明成功召开的基础上，积极协助江西九江市搞好第二次协作网会议。同时开展了湖泊协作网通讯的创刊活动，编印了《国内湖泊（水库）协作网通讯》，提供给第二次协作网会议使用。③

（十二）强化管理工作④

1993 年，基于滇池综合治理必须管理与治理同时并进的原则，在抓紧工程治理的同时，加强了对滇池的管理，具体开展了以下工作：一是在各县（区）已建立滇池保护所的基础上，为建立健全从上到下的执法监督管理体系，开展了深入细致的调查研究，对各县（区）进行了摸底调查，为建立和理顺执法体系做好基础性工作。二是发现典型，培养典型，推广典型经验。支持并推广了盘龙区《化粪池管理办法》的出台及实施的典型经验，为各县（区）制定区内执行《滇池保护条例》的管理办法积累了经验，并起到了促进作用。三是开展经常性的执法监督工作，除对缩小滇池水体的违法行为进行调查外，还配合昆明市环境保护局对西山、官渡、晋宁 3 个县（区）的重点污染源进行执法检查，对违法事件进行了处理及必要的新闻曝光。

① 昆明市人民政府编：《昆明年鉴（1993）》，昆明：《云南年鉴》杂志社，1993 年，第 284 页。
② 昆明市人民政府编：《昆明年鉴（1993）》，昆明：《云南年鉴》杂志社，1993 年，第 284 页。
③ 昆明市人民政府编：《昆明年鉴（1994）》，昆明：《云南年鉴》杂志社，1994 年，第 263 页。
④ 昆明市人民政府编：《昆明年鉴（1994）》，昆明：《云南年鉴》杂志社，1994 年，第 262 页。

（十三）滇池治理基金筹措[①]

1993 年，为积极筹措滇池治理资金，在云南省人民政府的关怀和领导下，昆明市人民政府批准成立了"滇池治理基金委员会及其办公室"，发布了《治理滇池集资公告》。滇池治理基金委员会办公室设在昆明市滇池保护委员会办公室，已正式开展部分集资工作，截至1993 年已收到部分单位和个人捐款100 余万元。草拟了《滇池治理基金章程》和《滇池治理基金筹建办法》，经多方征求意见已定稿。

（十四）完成草海底泥疏挖试点工程[②]

1993 年，滇池草海底泥疏挖试点工程是国家"八五"科技攻关课题依托工程之一，昆明市人民政府计划安排 280 万元，1993 年投入 200 万元，由市滇池保护委员会办公室组织实施这一试点工程。经过采样化验和多方验证，试点范围选择在污染较为严重的西郊老运粮河和小路沟入湖汇水区域葫芦塘，采用绞吸式疏挖工艺进行。试点工程从1993 年 7 月 23 日正式开工，于 1993 年 10 月 6 日完工，开挖水域面积 4.795 万平方米，平均疏挖深度 2.087 米，共疏挖底泥 100 093 万立方米，完成了滇池草海底泥疏挖试点第一阶段的任务，并初见成效，为大面积实施滇池草海底泥疏挖工程积累了许多有益的经验：一是在不造成二次污染的前提下，利用滇池环湖堤内的低洼低产农田或鱼塘将底泥"就地堆放，就近平衡"，这是污染底泥处置的基本出路。二是以长距离自然沉淀为主，辅以必要的滤水、排水的基本技术工艺。三是草海底泥疏挖与综合开发利用相结合，化害为利，变废为宝，滚动发展是解决滇池大面积疏挖工程投资来源的新路子。四是以绞吸式挖泥船为主，辅以其他挖掘设施，这是大面积疏挖滇池底泥的理想工艺。

第二节　保山市环境保护史料

一、环境污染[③]

（一）废气污染

保山城区的大气受煤气、二氧化硫和各种机动车辆排放的尾气污染，农村废气污染

---

① 昆明市人民政府编：《昆明年鉴（1994）》，昆明：《云南年鉴》杂志社，1994 年，第 262 页。
② 昆明市人民政府编：《昆明年鉴（1994）》，昆明：《云南年鉴》杂志社，1994 年，第 263 页。
③ 云南省保山市志编纂委员会编：《保山市志》，昆明：云南民族出版社，1993 年，第 438 页。

甚微。民国初年，保山城区除有一点燃薪炊烟外，无其他废气污染。至 1949 年，有极少量的制皂、印染、木炭、火力发电等工业，对大气的污染也不大。随着人口增长、工厂增多，烧柴、燃煤量逐年上升，城市大气污染日趋严重。1983 年全市废气排放量为 1.03 亿标准立方米，1985 年为 0.7 亿标准立方米。

城市大气污染的连锁反应导致酸雨出现。据地区环境监测站监测，城区降酸雨频率达 17%，酸雨 pH 均达 4.88。

（二）废水污染

1949 年，保山仅有制革、肥皂、印染等少量轻化工业，废水排放量不大。随着工业的逐步发展，排放废水的工厂、企事业单位相继增加。至 1980 年，在保山云集了省、地、市各级各类工厂 190 多个，拥有电力、煤炭、建材、化工、机械、造纸、制革、丝绵纺织印染、制糖、印刷等工业行业。排放废水的主要单位有 40 多个，其中地区造纸厂、地区新华制革总厂、地区针织厂、地区医院、县医院等单位排放的废水污染影响较大。工业废水和生活废水的污染日趋严重，穿城而过的上水河、下水河等变成了废水河、黑水河。东河成了保山生产、生活废水的纳污河，怒江成了几个白糖厂排放废水的纳污干道。1980 年全市排放废水为 130 多万吨，1985 年为 680 多万吨。这些废水中含有耗氧有机物、硫化物、氰化物、铅化物、氯化物、病原体等，直接污染市郊东约 10 平方千米的范围。特别是郊东代官、沈家、红花村一带 3 万多名农民的饮用水源和农田灌溉水的污染较为严重，人体健康受到不同程度的危害，肠道传染病发病率较高，肝肿大率达 19.5%，这些村子的农民反映较为强烈。

（三）废渣污染

废渣包括工业废渣和城市生活垃圾。民国初年，保山的废渣主要是生活垃圾，全部用作农肥，未产生污染。随着人口的增加和工业的兴起，废渣产生排放量逐年增多。1983 年，全市排放废渣量为 3.42 万吨，1985 年为 2.63 万吨。一段时期内，废渣利用率低，只有部分煤渣和制糖滤泥被利用，多数废渣被随意排入老鼠山洼子、黄龙山洼子、黄纸房河山洼、大沙河及公路沿线两边，废渣污染较严重。

（四）噪声污染

随着工业的发展，噪声不断增加。1970 年后，城区交通、工业生产和生活噪声逐渐加重，城区机动车日流量达 1800 多辆，加之针织厂、丝绸厂、棉织厂、手帕厂的织机噪声，以及各单位锅炉风机、建筑搅拌机、各街道商店的噪声混成一片，影响了人民日常工作、学习、生活及休息。1984 年地区环境监测站监测数据为：城市区域环境噪声白天平均等效声级约为 57.7 分贝，超过国家一类混合区标准。其中，城区交通噪声等效声级约为 71 分贝，超过国家交通干线道路两侧环境噪声标准。

（五）农药化肥污染

民国时期，在农业生产中全部使用人畜家肥，植物病虫害大多只是人工捕杀或用少量植物性土农药，基本无农药化肥污染。

中华人民共和国成立后，农药使用量逐年增加，农药器械有很大发展。1956 年，全市农药使用量为 2 种、0.17 吨，1983 年为 16 种、56.58 吨，1985 年为 21 种、102 吨。由于长期大量使用，农药残留于农作物中，引起人畜急慢性中毒，病虫害抗药性增强，形成害虫越治越多、农药化肥越用越多的恶性循环。

（六）生态环境破坏

民国时期，保山境内山清水秀，森林茂密，水土流失不甚严重，生态基本平衡。中华人民共和国成立后，由于各种原因，自然环境和自然资源遭受一定破坏，森林资源剧减，植被覆盖率由中华人民共和国成立初期的 33.2%下降到 1985 年的 23%。水土流失面积达 394 平方千米，汶上、水寨、杨柳、蒲缥等局部地段都发生过泥石流滑坡。1985 年发生了历史上罕见的泥石流滑坡导致的怒江断流，农作物遭受严重破坏；国家规定保护的珍稀动物如穿山甲等多次遭到猎捕；国家二级保护植物黄楠木林源也惨遭破坏。

（七）污染事故

（1）保山县皮革厂废水污染。保山县皮革厂位于大北门街，自 1956 年建厂生产以来，一直使用传统的污染较大的灰法脱毛红矾鞣制革工艺，使用辅助材料有石灰、硫化碱、红矾等。生产中每天直接排放含硫化物、铬化物等污染物的生产废水 20—80 吨。这种废水排入小屯自然村的农田灌溉沟中，污染小屯农民的饮用水源。农民多次向厂方反映，但未得到解决，于是发生了厂群冲突，导致停产两天，从而造成经济损失 1 万多元，成为省内较大的污染事故。经县政府派有关部门人员现场抽查解决，由厂方投资 4100 多元购置自来水管材料，小屯村农民出劳力架通自来水管，解决了饮水污染问题，矛盾得以缓解。此污染事故在云南省环境保护局 1982 年 9 月第八期《环保情况反映》中刊出。

（2）保山地区化工厂氯气泄漏污染。保山地区化工厂位于北郊山脚村，1973 年建成投产，属小型氯碱厂。生产中使用的主要原料为石灰和盐，主要产品为烧碱、盐酸、漂白粉。在正常生产情况下盐水电解出的主要生产原料——氯气不会外排污染。1979

年，因化工厂电解车间工人操作不当，导致氯气泄漏污染了红庙、山脚村农民的水稻0.8公顷、玉米0.53公顷和其他农作物0.49公顷，造成经济损失1932元。经市环保、农业等部门联合调查分析，查处污染情况，要求厂方赔偿损失，并惩罚了肇事者，教育全厂干部工人增强工作责任感，防止类似环境污染事故再次发生。

（3）保山市罗明糖厂废水污染。1983年，保山市罗明糖厂建成投产，位于杨柳乡干田村，属中型蔗糖厂。生产使用的有害辅助材料有硫黄、硫酸。主产品为机制白糖、酒精。这个厂的制糖废水和制酒精废水属高浓度有机废水，未经处理便直接排入干田村用于大畜饮用、农田灌溉的小干河。榨季排废水总量达50多万吨。污染影响了杨柳乡1200多人的人畜饮用水。1985年，杨柳乡政府向市环保部门报告反映了受污染的情况。经调查核实，鉴于糖厂治污条件还不具备，故按照《中华人民共和国环境保护法（试行）》和《中华人民共和国水污染防治法》的规定，责成糖厂解决杨柳乡饮用水污染问题，投资1.13万元打机井1口，架自来水管2000多米，使杨柳乡农民饮用上了自来水。因糖厂对废水污染环境有一定认识，能积极协同环保部门查实污染情况，听从环保部门的意见，故没有给予处罚。

二、治理[①]

保山市环境不同程度地受"四害"（废气、废水、废渣、噪声）污染，自1979年《中华人民共和国环境保护法（试行）》颁布后，按照"谁污染谁治理"的原则，逐步开展了各项治理工作。

（一）废气治理

废气污染源主要是锅炉烟气、造纸工艺废气及汽车和手扶拖拉机尾气。对锅炉烟气的治理，要求新置锅炉配备消烟除尘器，要求原有旧锅炉逐步更新改造，增置除尘器。1981年保山饭店自筹资金，设置了水膜消烟除尘器，对本单位锅炉烟气进行了治理。1985年，烟气治理量为1874万标准立方米。造纸生产工艺废气在20世纪80年代初就开始治理，采用把向高空排放改为向水中排放、用水吸收废气的简单治理方法，但治理净化率较低。

（二）废水治理

保山市废水主要污染源是工业废水和医院病原体污水。制糖工业废水量大，有机物

---

① 云南省保山市志编纂委员会编：《保山市志》，昆明：云南民族出版社，1993年，第441页。

含量高，排入怒江，全靠江水自净，基本没有采取治理措施。而造纸、制革、电镀、选矿、化工废水及医院污水都采取了一定的治理措施。

（1）造纸废水治理。1979 年，云南省环境保护部门拨款 30 多万元给地区造纸厂治理废水，同时还开展了综合利用造纸黑液制腐肥的试验，架通了造纸厂东河口的排污钢管约 3 千米，因造纸厂排废水量大，而管道口径小，排污管常常阻塞，没有达到根治废水的目的。1985 年造纸厂将排污管拆回，采取其他治理方法，同年纸厂技术人员到黑龙江等地进行治污考察，做有效治理准备。

（2）制革废水治理。1983 年，保山市皮革厂自筹资金，征地建制革污水处理厂，因资金不足，建成简易污水沉淀池投入使用。

（3）化工、选矿废水治理。地区化工厂在生产烧碱和漂白粉中排放碱性废水，1973 年自筹资金建成 600 立方米的简易废水沉淀处理池，1976 年又将游泳池（1200 立方米）也改为废水沉淀处理池，使废水初步得到治理，但还未达到国家标准。

三、环境管理[①]

（1）环保宣传教育。1979 年《中华人民共和国环境保护法（试行）》颁布后，向各企事业单位、农村、学校发放宣传布告 500 多份，在县政府礼堂组织放映了《让春城春常在》的环保宣教影片，组织有关企业单位工程技术人员到昆明参观英国环境保护展览。在全市范围内印发了《中华人民共和国水污染防治法》《中华人民共和国大气污染防治法》《云南省环境保护暂行条例》等宣传资料 1000 多份。1983 年后，投资 2 万多元给有关企事业单位、机关、农村、学校征订《中国环境报》数千份。

（2）环境基础调查。环境基础调查是环境管理的重要前提。1985 年在保山市开展了首次全国工业污染源调查建档工作，完成了 38 个企业的污染调查建档，基本查清了市辖区内的主要污染源和主要污染物以及"三废"排放规律、去向，掌握了保山市工业污染环境状况和污染治理状况，建立了保山市工业污染源档案。

（3）推行环境管理三项制度。1984 年后，地区水泥厂新建时执行了主体生产工程与防尘治理设施，执行了同时设计、同时施工、同时投产的"三同时"制度。此后，新建的工厂都执行了这一制度。按照《中华人民共和国环境保护法（试行）》、国务院《征收排污费暂行办法》及云南省人民政府《云南省执行国务院〈征收排污费暂行办法〉实施细则》的规定，保山市于 1983 年实行征收排污费制度。在对市丝绸厂、皮革厂试点征收超标准排污费的基础上，1985 年扩征到市属 11 个单位，征收排污费单位达

---

① 云南省保山市志编纂委员会编：《保山市志》，昆明：云南民族出版社，1993 年，第 442 页。

21 个。

（4）环境统计。1980 年，开展了年度环境统计工作，列入统计的单位有市丝绸厂等 8 个单位，统计内容有"工业企业环境保护基本情况"4 大项、22 个小项。1985 年列入统计的扩大到 24 个企事业单位，统计的内容为"企业环境保护基本情况"3 大项、14 个小项，"企业环境污染状况"6 大项、53 个小项。

第三节　大理白族自治州环境保护史料

大理白族自治州环境保护工作起步于 1971 年，当时由州卫生防疫站开始对下关地区重点工厂的"三废"排放情况及其造成的危害进行调查，1972 年成立了大理白族自治州治理工业"三废"领导小组，下设办公室，1976 年成立大理白族自治州环境保护监测站，1981 年原州环办升格为大理白族自治州环境保护局，下设环境保护科。1984 年成立大理白族自治州环境保护委员会。从 1980 年起，大理白族自治州全面开展了环境要素监测和环境科研，布设了环境质量监测点，获得了 2.5 万多个监测数据，完成了 39 项科研课题，其中获省三等奖 2 个（协作）、州二等奖 2 个、州三等奖 3 个。已拥有一支能开展水、气、渣、噪声、酸雨、生物监测等的科技队伍。大理白族自治州人民政府十分重视保护环境，经十几年的努力，环境污染和生态破坏得到控制。"三废"综合利用产品产值 6 年共 1156.99 万元，综合利用利润 727.56 万元，先后建成废水处理设施 17 套，总投资 876.93 万元，设计处理能力 16 342 立方米/日。生态环境保护逐渐起步，1981 年云南省人民政府公布了大理白族自治州省级 3 个自然保护区，加上 1988 年大理白族自治州人民政府公布的州级 15 个自然保护区（点），面积扩大到 1204 平方千米，已完成《苍山洱海自然保护区规划纲要》及部分州级自然保护区的考察。洱海保护工作走上了法制轨道，大理白族自治州内已出现了一批生态村点。[1]

"七五"期间，是大理白族自治州环境保护事业发展最快的时期。1990 年，环境保护在治理整顿中得到加强，环境污染得到了控制，废水排放总量 2240 万吨，其中工业废水 1560 万吨，废水处理率达 36.89%；工业废渣产生量 12.98 万吨，综合利用率达 14.25%。"三废"综合利用产值 377.68 万元，综合利用利润 276.88 万元。积极稳妥地

---

① 大理白族自治州地方志编纂委员会编：《大理白族自治州年鉴（1990）》，昆明：云南民族出版社，1990 年，第 213 页。

继续推行了环境保护八项制度，继大理白族自治州颁布了第八届人民政府环境保护目标与任务后，大理市公布了市长环境保护目标责任制；大理白族自治州公布了第三批限期治理污染项目 13 个。大理市城市环境综合整治工作初见成效，排污干管建成，为集中治理水污染打下了基础，水污染物排放许可证试点已完成技术准备阶段工作，以县为单位在全州范围内开展排污收费，年内共收取 94.7 万元，建立了州、市两级环境保护污染源治理专项基金。大中型企业及污染严重的项目"三同时"执行率达 100%，坚持了建设项目环境影响评价制度，首次大规模地开展了乡镇工业污染源调查。全州城乡建设环境保护系统有环保专职人员 89 人，除南涧县外，11 个县（市）批准成立了环境监测站，拥有 13 辆环保专用车、106 台各类监测仪器，按时完成了国家、省、州三级环境质量监测控制点任务，完成了一批环保科技项目。[1]

一、环境监督管理和评价

（一）1989 年环境质量[2]

大理白族自治州环境质量总体上是好的，城市环境污染得到了控制，但局部地区环境污染和生态破坏日渐突出。1989 年废水排放总量为 1890.59 万吨，工业废水处理率达 24%；废气排放总量达 37.13 亿标准立方米，处理率达 45.8%；工业固体废弃物产生量为 10.84 万吨，综合利用率达 19.7%。当年安排污染治理项目 21 个，当年竣工项目 15 个，完成投资额 274.42 万元。综合利用年利润由 1983 年的 9.39 万元提高到 1989 年的 263.87 万元，依法征收排污费额从 1980 年的 7 万元增加到 1989 年的 84.73 万元。

（二）大理白族自治州第三次环境保护会议[3]

1989 年 11 月召开的大理白族自治州第三次环境保护会议总结了 1984 年大理白族自治州第二次环境保护会议以来的工作，传达贯彻了全国、全省第三次环境保护会议精神，提出了大理白族自治州第八届人民政府任期环境保护目标 16 项。强化了环境管理，严格执行"三同时"制度及环境影响报告书（表）的审批程序。

① 大理白族自治州地方志编纂委员会编：《大理白族自治州年鉴（1991）》，昆明：云南民族出版社，1991 年，第247 页。
② 大理白族自治州地方志编纂委员会编：《大理白族自治州年鉴（1990）》，昆明：云南民族出版社，1990 年，第213 页。
③ 大理白族自治州地方志编纂委员会编：《大理白族自治州年鉴（1990）》，昆明：云南民族出版社，1990 年，第213 页。

（三）大理白族自治州环境保护委员会举行新闻发布会公布大理白族自治州第八届人民政府环境保护目标与任务①

1990 年 6 月 5 日世界环境日，大理白族自治州环境保护委员会召开了"大理白族自治州环境保护新闻发布会"。大理白族自治州环境保护委员会主任、副州长李有义向社会公布了经 5 月 6 日大理白族自治州人民政府常务会议讨论通过的州政发（1990）32 号文。第八届大理白族自治州人民政府环境保护总目标是：努力控制环境污染的发展和制止自然生态环境恶化的趋势，力争使大理市和北衙地区的环境质量有所改善，为实现 2000 年的环境保护目标打下基础。任务是：深入开展城市环境的综合整治，控制工业污染，加强乡镇环境保护建设和主要流域水污染防治。加强自然生态环境保护，抓好环境监测和科学研究，强化环境保护宣传，积极发展环保产业。大理白族自治州环境保护委员会副主任、州经济委员会副主任段永泰宣布了大理白族自治州第三批治理污染限期项目，大理白族自治州环境保护委员会副主任、大理白族自治州城乡建设环境保护局副局长尚榆民发布了《1989 年大理白族自治州环境状况公报》。

（四）大理白族自治州第一届生态环境学术会召开②

经近半年的筹备，大理白族自治州环境科学学会和生态经济学会于 1990 年 11 月 6—7 日联合召开了第一届生态环境学术会。会议共收到论文 34 篇，评出获奖论文 24 篇。60 多位到会代表认为大理白族自治州生态环境的现状是：局部有好转，总体在恶化，前景令人担忧。会议提出了控制人口增长刻不容缓、提高森林覆盖率改善生态环境、调整经济结构、控制环境污染、加强宣传教育、加强自然保护区建设、建立健全环境管理机构 7 项具体对策。并在会后及时向州委、州政府提交了"建议书"。

（五）省州市签订环境保护目标责任书③

1991 年 12 月 9 日，大理市人民政府和大理白族自治州人民政府签订了《大理市人民政府环境保护责任书》。本届大理市人民政府环境质量目标是保持大气环境质量 GB3095-82 标准二级；洱海水环境质量 GB3838-88 标准Ⅱ类，西洱河一级坝以上河段水环境质量标准Ⅲ类；区域环境噪声符合 GB3096-83Ⅱ类混合区标准；实现城市人均占有

---

① 大理白族自治州地方志编纂委员会编：《大理白族自治州年鉴（1990）》，昆明：云南民族出版社，1990 年，第 247 页。

② 大理白族自治州地方志编纂委员会编：《大理白族自治州年鉴（1990）》，昆明：云南民族出版社，1990 年，第 247 页。

③ 大理白族自治州地方志编纂委员会编：《大理白族自治州年鉴（1990）》，昆明：云南民族出版社，1990 年，第 257 页。

公共绿地面积 5 平方米，市区绿化覆盖率达到 15%。

（六）省政府检查环境保护目标责任书①

1994 年 3 月大理白族自治州人民政府与云南省人民政府签订的第九届人民政府环境保护目标责任书至 1997 年底责任期满，云南省人民政府派出检查组于 1997 年 11 月中旬至大理，对大理白族自治州第九届人民政府环境保护目标责任书完成情况进行中期检查考评。

大理白族自治州人民政府以《关于实施第九届人民政府环境保护目标责任书完成情况的自检报告》向检查组进行了汇报，并报云南省人民政府。自检报告认为：自 1993 年 7 月大理白族自治州第九届人民政府组成以来，对环境保护工作十分重视，大理白族自治州环境保护委员会共召开全委会 8 次，研究部署全州环境保护重大事宜。与辖区内 12 个市、县人民政府签订了环境保护目标责任书，将环保目标责任书中各项任务层层分解、具体落实。通过 5 年的努力，在工业污染物排放控制、城市环境综合整治、强化环境管理、严格执法、环境监测与科研、自然生态保护、加强环保国际合作、加强环保宣传教育和环保队伍自身建设等方面均取得较好的成绩。

总结 5 年来的工作，大理白族自治州人民政府圆满完成了与云南省人民政府签订的目标责任书中规定的任务，但是，工作中也存在一些薄弱环节，问题和困难仍很多，需要进一步努力，把环境保护这一功在当代、利在千秋的伟大事业作为政府的一项长期任务抓紧、抓好。

（七）大理白族自治州人民代表大会开展"环保世纪行"活动②

从 1997 年 8 月 18 日开始，大理白族自治州人民代表大会组织开展了为期 4 天的以"保护洱海、永续利用"为主题的"环保世纪行"宣传活动，并重点视察了洱海"双取消"工作。

大理白族自治州人民政府副州长舒自荣在活动中做了题为"关于洱海环境保护工作情况"的报告，汇报了 1993—1997 年在洱海保护方面进行的工作、取得的成绩、存在的问题及今后的打算。

通过听取汇报以及对洱海、西海沿海乡镇的视察，进行深入了解后，大理白族自治州人民代表大会认为：1993—1997 年大理白族自治州对保护洱海所做的决策正确，成效显著，局部地区的生态环境有所改善。存在的问题是少数干部和群众对洱海生态

---

① 大理白族自治州地方志编纂委员会编：《大理白族自治州年鉴（1998）》，昆明：云南民族出版社，1998 年，第 158 页。

② 大理白族自治州地方志编纂委员会编：《大理白族自治州年鉴（1998）》，昆明：云南民族出版社，1998 年，第 158 页。

环境的重要性和长期性认识不足。要加紧落实大理白族自治州人民政府关于保护洱海的十项决定；加强工作力度，持之以恒，巩固洱海"双取消"成果；要进行广泛宣传，提高广大干部群众的环保意识，使局部利益与整体利益、近期利益与长远利益相结合。

（八）永平县水泄乡工业区环境评价通过审批[①]

由云南省环保应用技术开发总部编制完成的《永平县水泄乡工业区环境影响报告书》于1997年11月17—18日通过专家评审及环保主管部门审批。州级环保主管部门在审批意见中认为，永平县水泄乡工业区以合理开发和充分利用区内丰富的矿藏资源建立采、选、冶联合冶金基地，变松散型管理为集约型管理，形成集团化生产为目标的规划指导思想正确；有利于发展生产和保护环境，对水泄乡脱贫致富、振兴永平县经济有积极作用；对指导大理白族自治州今后乡镇企业的建设具有示范作用。

（九）挪威代表至大理进行投资考察[②]

通过多年的努力，洱海的保护越来越受到国际社会的关注，在世界银行官员推荐下，挪威政府对洱海流域的保护表示了极大的兴趣，并委托该国咨询机构挪迪克公司的托恩·山姆先生于1997年10月27日至大理进行投资考察，并与有关部门进行了会谈。

二、环境治理

（一）城市环境综合整治[③]

大理市是云南省城市环境综合整治的重点城市。1985年5月起，在大理市推行排污许可证制度和城市综合整治定量考核制度试点。排污申报登记53家，年底转入总量控制和污染削减阶段。历时3年的西洱河排污干管工程于1989年9月28日建成通水。该工程由中国市政工程西南设计院设计，1986年1月动工兴建，竣工总干管长6804.65米，南起苍山东路口，北起下沿公路口，至洱滨纸厂前通过河底倒虹吸管汇入南干管，止于一级电站大坝后。沿途建有污水加压泵站1座、检查井136座、截流井7座、沉沙井2座。工程总投资300多万元，其中国家建设部出资150万元，市政府出资30万元，

① 大理白族自治州地方志编纂委员会编：《大理白族自治州年鉴（1998）》，昆明：云南民族出版社，1998年，第159页。

② 大理白族自治州地方志编纂委员会编：《大理白族自治州年鉴（1998）》，昆明：云南民族出版社，1998年，第159页。

③ 大理白族自治州地方志编纂委员会编：《大理白族自治州年鉴（1990）》，昆明：云南民族出版社，1990年，第214页。

14 家排污单位集资 70 万元，不足部分由州、市建设局排污费补助。监测结果表明，每天截流大理市区工业废水和生活污水近 4 万立方米，西洱河上段（天生桥以上）由泡沫覆盖的严重污染，恢复到了洱海清洁水质。

（二）大理市排污干管竣工验收[①]

大理市城市综合整治重点工程西洱河两岸排污干管自 1989 年 9 月建成通水后，经一年的运转完善，1990 年 6 月 6 日通过了省、州、市三级主管部门的竣工验收，正式投入运转。该工程投资概算为 476.12 万元，由于各级政府的重视，设计部门因地制宜地修改完善设计方案，决算比原概算节约资金 100 多万元，达到了预期的设计目标，工程质量被评为"合格"。

据试运行一年来的监测资料，西洱河排污干管通水后水质恢复到洱海水质，化学需氧量降低 64.5%，生化需氧量饱和度由 43% 上升到 80%，挥发酚降低 97.3%，河水变清，无泡沫、无臭味。新成立的排污干管管理站负责日常管护。

（三）大理市实施水污染排放许可证制度[②]

大理市是云南省首批施行水污染排放许可证制度试点的城市之一，1990 年已完成申报登记和规划分配两个技术准备阶段，1991 年进入审批发证和监督管理阶段。这次共有 53 家企事业单位申报，经调查、汇总分析，找出大理市水污染主要原因为化学需氧量高。明确了对水污染物实行上严、中控、下宽的原则，确定保护目标洱海地面水环境质量标准Ⅱ类，西洱河上段（天生桥以上河段）Ⅲ类，西洱河下段Ⅴ类。对占全市工业排污总量 95% 的云南人造纤维厂等 6 个重点污染源实行污染物总量控制的规划分配，同时拟定了《云南省大理市水污染物总量控制档案管理制度》及《云南省大理市水污染物排放许可证管理暂行办法》，12 月此技术方案提交州、市领导及有关部门、部分企业领导技术人员审查评议通过。

（四）首次开展乡镇工业污染源调查[③]

根据农业部、国家环境保护局和国家统计局的安排，大理白族自治州 1990 年 7 月准备和制订计划，9 月在全州范围内铺开了首次对乡镇工业污染源的调查工作，经

① 大理白族自治州地方志编纂委员会编：《大理白族自治州年鉴（1990）》，昆明：云南民族出版社，1990 年，第 247 页。

② 大理白族自治州地方志编纂委员会编：《大理白族自治州年鉴（1990）》，昆明：云南民族出版社，1990 年，第 247 页。

③ 大理白族自治州地方志编纂委员会编：《大理白族自治州年鉴（1990）》，昆明：云南民族出版社，1990 年，第 247 页。

过 4 个多月的紧张工作，此项工作已基本完成，此次系州内首次大规模进行的乡镇工业污染源调查，有 300 多人参加，调查了 4980 个乡镇企业。其中详查 4036 个，普查 944 个，被查行业 14 个，获得几万个数据，找出了主要污染物、分布状况及经济发展水平，做出了客观的评价，提出了防治对策和可供操作的技术方案，为防止污染、保护环境和协调发展经济，以及乡镇企业制订"八五"计划提供了科学依据。12 月上旬，国家环境保护局西南片组进行抽查，调查合格率为 100%，质量达到国家要求。

（五）大理市首次发放排污许可证①

大理市是云南省首批施行水污染排放许可证制度试点的城市之一。1991 年 3 月 20日，云南人纤厂、滇西纺织印染厂、大理造纸厂、大理洱滨纸厂、大理啤酒厂、大理制药厂等 6 家企业通过申报。经大理市城乡建设委员会批准，报大理市人民政府同意，大理市环境保护处给这 6 家企业颁发了排放水污染物许可证。

（六）大理白族自治州开展企业排污申报登记②

企业排污申报登记是一项法定的行政管理制度，对于强化污染源的监督管理，提高企事业单位的环保意识具有重要作用。通过半年的工作，申报登记了全州 12 个县（市）的 127 家企业。其中大理市 57 家，占污染企业登记数的 44.9%，污染物排放总量中，大理市的废水占全州的 76.9%，废气占 63.0%，是大理白族自治州工业污染的重点地区。该项工作摸清了排放污染物单位的分布、基本情况，污染物种类、数量、来源和流向，为编制污染防治规划，保证《国家环境保护"九五"计划和 2010 年远景目标》的实现打下了良好的基础。

（七）大理白族自治州完成第二次乡镇工业污染源调查③

为了查清大理白族自治州辖区内乡镇工业污染源的区域分布、污染排放情况及治理状况，促进乡镇工业企业持续、健康发展，根据国家和省级有关部门的布置，州城乡建设环境保护局、州乡镇企业局、州财政局、州统计局、州计划委员会等部门联合开展了大理白族自治州第二次乡镇工业污染源调查。

① 大理白族自治州地方志编纂委员会编：《大理白族自治州年鉴（1990）》，昆明：云南民族出版社，1990 年，第257 页。

② 大理白族自治州地方志编纂委员会编：《大理白族自治州年鉴（1998）》，昆明：云南民族出版社，1998 年，第158 页。

③ 大理白族自治州地方志编纂委员会编：《大理白族自治州年鉴（1998）》，昆明：云南民族出版社，1998 年，第159 页。

经过近一年的努力，调查于 1997 年 12 月通过省级验收。结果显示，截至 1995 年底，全州共有乡镇企业 35 054 个，其中调查有污染的企业有 13 569 个，约占全州乡镇工业企业总数的 38.7%；全州乡镇工业废水排放量为 155.0 万吨，废气排放总量为 94.31 亿标准立方米，固体废弃物产生总量为 80.11 万吨。调查报告在全面分析的基础上提出了相应的对策措施和建议，为大理白族自治州以后乡镇工业的发展、调整、管理和治理提供了科学依据。

（八）古城—下关截污干管开工[1]

古城—下关截污干管是大理市污水治理工程的重要组成部分，其建设目的是将大理古城及其至下关沿线的污水输送至下关，最后进入大鱼田污水处理厂进行处理，避免西岸城镇污水对洱海的污染。干管全长 14 千米，其中有提升泵站 2 座，污水输送能力近期 1.0 万—3.2 万立方米/天、远期 2.0 万—7.5 万立方米/天。一期工程主要是为了配合大丽公路的施工，以免公路建成后干管施工破挖路面造成大的浪费，先安排与大丽公路交叉的工程。至 1997 年底，已完成与大丽公路的所有交叉工程共 9 段及检查井 18 座。加上勘察设计及阳南河道工程等，共完成工程投资 500 多万元。

（九）大鱼田污水处理厂贷款在京签约[2]

大鱼田污水处理厂是大理市污水治理工程的主要组成部分。大理市污水治理工程包括"三管两厂"，即下关管网、大理管网、古城—下关干管、大鱼田污水处理厂、凤仪污水处理厂。

该项目中方代表为中国南光进出口总公司和云南省进出口总公司；外方代理候选单位 4 家公司，经过 3 次技术交流，报对外经济贸易合作部贷款司批准，选定得利满意大利公司为外方代理。通过 8 天的谈判，最后于 1997 年 12 月 26 日签约，项目金额 78.368 亿意大利里拉（当时折合 450 万美元）。

三、自然保护工作

大理白族自治州已公布的自然保护区 18 个，面积 1204 平方千米，其中省级 3 个、州级 15 个。在 1988 年大量工作的基础上，1989 年 10 月修改上报《云南省苍山洱海自

---

[1] 大理白族自治州地方志编纂委员会编：《大理白族自治州年鉴（1998）》，昆明：云南民族出版社，1998 年，第 159 页。

[2] 大理白族自治州地方志编纂委员会编：《大理白族自治州年鉴（1998）》，昆明：云南民族出版社，1998 年，第 159 页。

然保护区规划纲要》，并积极申报为国家级自然保护区。着手编制《洱海鸟吊山自然保护区规划》，南涧安乐等生态村点建设按计划开展工作，全州有5个县8个乡12个自然村自觉订立了爱鸟护鸟的乡规民约。[①]

1990年，大理白族自治州自然保护区规划工作开始起步。由大理白族自治州环境科学研究所和洱源县城乡建设环境保护局共同编制的《洱源罗坪鸟吊乡候鸟自然保护区规划》已经完成，上报审批。3月，州、县组织了永平金光寺自然保护区考察，听取了由云南林学院编制的《金光寺自然保护区规划》。[②]

四、环境监测和科研

（一）1989年环境监测情况[③]

全州共有7个环境监测站（1个州站、6个县级站），设常规监测点157个，其中水质24个、大气8个、降水酸度10个、噪声107个。上报监测数据5.17万个，其中常规监测数据3.5万个、科研监测数据1.62万个、污染源监测数据500个。

大理白族自治州环境监测网于1989年6月举办了43人的大理白族自治州第四期环境监测学习班，贯彻新的国家监测技术规范。州、市环境监测站参加省监测质量控制考核，取得了连续5年全部考核项目合格的优异成绩。完成了国家"七五"攻关子课题"洱海富营养化调查及水环境管理规划研究"，审查通过了大理白族自治州环境科学研究所承担的《洱滨纸厂臭气回收工程设计》及《土法小炼船厂除尘设计》。

中国环境科学研究院和日本国立公害研究所共同签订的"中日富营养化湖泊水质变化和湖泊学比较"合格研究项目首次检测结果已返回，中日双方科技人员于1988年共同考察大理洱海，并取样分四份分析。大理白族自治州环境科学研究所监测分析数据达到合作要求，为国际环保科技合作打下基础。

联合国开发中心主任佐佐波秀彦一行于1989年5月到大理洱海考察，双方就洱海水资源管理和湖泊治理交换了意见，并商谈了洱海科技合作的可能性。

---

① 大理白族自治州地方志编纂委员会编：《大理白族自治州年鉴（1990）》，昆明：云南民族出版社，1990年，第214页。

② 大理白族自治州地方志编纂委员会编：《大理白族自治州年鉴（1991）》，昆明：云南民族出版社，1991年，第248页。

③ 大理白族自治州地方志编纂委员会编：《大理白族自治州年鉴（1990）》，昆明：云南民族出版社，1990年，第214页。

（二）环境监测和环境科研有新进展①

截至 1990 年底，全州已批准成立 12 个环境监测站（其中三级站 1 个、四级站 11 个）。除南涧县外，各市、县都批准建立了县级环境监测站，完成基建投入工作的有 4 个站，大气监测扩大到 7 个县城。全年共获得各类监测数据 11.5 万个，比 1989 年的 5.17 万个增加了 1 倍。大理白族自治州环境监测站化学室获"云南省环境监测优质实验室"称号。同时，完成了国家"七五"攻关子课题"洱海富营养化调查及水环境管理规划研究"，年底经国家鉴定验收为国内同类研究领先水平。"锰粉尘施放农田试验""土法炼铅除尘技术研究""西洱河排污干管废水利用发电可行性研究"等一批急待解决的环保科技项目已获初步成果。

（三）州环境监测站被定为国家环境监测优质实验室②

大理白族自治州环境监测站成立于 1976 年，1986 年又批准成立大理白族自治州环境科学研究所，是站所合一的科技事业单位。该站成立以来向环境管理部门提供了近 30 万个监测数据，完成了一批环境科研课题，其中获省科技进步奖 2 个、州科技二等奖 4 个、省城乡建设委员会科技二等奖 2 个，参与完成国家"七五"攻关课题 1 个。多次被评为先进单位，荣获国家环境保护局"六五"优秀监测站、云南省"七五"环保先进单位光荣称号。

（四）西南地区资源开发与环境保护学术会在云南大理召开③

1987 年 5 月 14—17 日，由云、贵、川三省和重庆市环境科学学会联合召开的第七次学术会在大理市举行，这次会议的主题是资源开发与环境保护问题。参加会议的除来自三省一市的广大环保科研、监测、管理人员外，还有部分大专院校的专家、教授，以及冶金、煤炭、轻工、林业和部分有色金属厂矿、乡镇企业主管开发建设与行业环保的工程技术人员共 54 名代表，其中，我国著名的环境科学专家曲仲湘教授也应邀参加。这次会上共收到自城乡经济体制深化改革以来各种论文 40 篇，内容丰富，紧密结合西南地区经济建设资源开发与环境保护，具有典型代表意义，引起了广大环境科学工作者的极大关注。这次大会时间短，内容多，采用大会交流，小会讨论，会下交谈。会期还组织大家对著名的洱海及大理石产地开采加工等现场环境进行了实地参

① 大理白族自治州地方志编纂委员会编：《大理白族自治州年鉴（1991）》，昆明：云南民族出版社，1991 年，第 248 页。

② 大理白族自治州地方志编纂委员会编：《大理白族自治州年鉴（1992）》，昆明：云南民族出版社，1992 年，第 256 页。

③ 本刊记者：《西南地区资源开发与环境保护学术会在云南大理召开》，《四川环境》1982 年第 2 期。

观考察。整个会议开得紧凑、气氛热烈、生动活泼，有利于沟通信息，取长补短，共同提高，推动了西南区经济建设与环境保护协调发展。与会代表提出及讨论了一些重大经济、环境问题，遵照党和国家关于既要发展经济，合理开发利用各种资源，又要保护环境的方针，特向有关部门提出以下几点建议：一是继续加强《中华人民共和国环境保护法（试行）》《中华人民共和国矿产资源法》《中华人民共和国森林法》《中华人民共和国土地管理法》等法律的宣传与监督贯彻执行。二是要重视环境意识普及教育与环境科学研究的协同作战。三是要做好经济、社会发展与环境保护的宏观决策规划。四是各级环境科学的挂靠单位要创造条件积极支持学会开展与经济建设相关的环境问题和科研咨询活动，充分发挥学会多学科人才智力优势，推动西南地区经济、社会与环境保护持续健康发展。

五、洱海管理

洱海是云南省第二大淡水湖泊，1984—1989 年，根据《中华人民共和国水法》《中华人民共和国渔业法》《中华人民共和国环境保护法》《中华人民共和国民族区域自治法》《云南省大理白族自治州自治条例》，制定颁布了《云南省大理白族自治州洱海管理条例》等地方性法规，使洱海的生态得到了有效的保护和合理开发利用。[①]

（一）洱海环湖绿化带基本形成[②]

洱海环湖绿化是一项重要的生物治理保护洱海的工程措施，它包括两个部分：一是洱海南、西、北三岸的岸滩地绿化，这部分于 1984 年开始，到 1989 年底除村庄不能绿化地段以外，其余已基本形成绿化带。二是洱海东岸山地的绿化，这部分山地多属裸岩石地，土层薄、瘦，绿化工作较艰巨，到 1988 年才开始试验性的绿化，主要采取以种植苦楝、蓝桉、刺槐耐旱树为主和封山管护自然生灌生木以改善绿化条件的办法。到 1989 年底，环湖绿化造林 101.8 万株，投资 44.22 万元，其中州投资 38.76 万元，大理市投资 5.46 万元，共计绿化 63.09 千米。

---

① 大理白族自治州地方志编纂委员会编：《大理白族自治州年鉴（1992）》，昆明：云南民族出版社，1992 年，第 257 页。

② 大理白族自治州地方志编纂委员会编：《大理白族自治州年鉴（1990）》，昆明：云南民族出版社，1990 年，第 214 页。

（二）洱海环湖绿化情况①

1984—1989年洱海环湖绿化情况如表2-1所示。

表2-1　1984—1989年洱海环湖绿化情况

年份	种植数量（万株）	地区		经费投资（万元）	经费来源		
		大理市（万株）	洱海县（万株）		洱海管理局（万元）	州林业局（万元）	大理市（万元）
1984	24.87	24.87	—	0.70	—		0.70
1985	35.57	35.57	—	0.76	—		0.76
1986	4.93	4.93	—	5.00	5.00		—
1987	8.62	7.10	1.52	5.50	5.50		—
1988	14.54	8.48	6.06	14.26	11.26	3.00	—
1989	13.27	8.47	4.80	18.00	10.00	4.00	4.00
合计	101.80	89.42	12.38	44.22	31.76	7.00	5.46

（三）洱海水资源管理

洱海是全州境内受人工控制的多功能高原淡水湖泊。为合理开发利用洱海资源，促进洱海地区和全州经济、文化的发展，必须加强对洱海水资源管理。1982—1989年，在洱海水资源管理上，严格按《云南省大理白族自治州洱海管理条例》规定的最高蓄水位1974米（海防高程）、最低运行水位1971米进行调度运行；同时坚持"以水养水"的方针，凡是提引用洱海水的用户单位要向管理部门申请并交纳水费。这使洱海水资源管理走上了有法可依的轨道。②

（1）洱海1982—1989年水位及出入水量情况如表2-2所示③。

表2-2　洱海1982—1989年水位及出入水量情况

年份	最高水位（米）	最低水位（米）	净入流量（立方米/秒）	净来水量（亿立方米）	出流量（立方米/秒）	出水量（亿立方米）
1982	1971.92	1970.67	5.00	1.576 8	13.20	4.162 8
1983	1972.39	1970.52	18.50	5.834 2	8.030	2.532 3
1984	1973.43	1971.23	22.10	6.988 6	15.40	4.869 8
1985	1974.02	1971.59	34.60	10.911 5	27.40	8.640 9
1986	1974.14	1971.38	30.98	9.770 0	30.30	9.555 4
1987	1973.73	1971.21	20.42	6.440 0	26.90	8.483 2

---

① 大理白族自治州地方志编纂委员会编：《大理白族自治州年鉴（1990）》，昆明：云南民族出版社，1990年，第214页。

② 大理白族自治州地方志编纂委员会编：《大理白族自治州年鉴（1990）》，昆明：云南民族出版社，1990年，第215页。

③ 大理白族自治州地方志编纂委员会编：《大理白族自治州年鉴（1990）》，昆明：云南民族出版社，1990年，第215页。

续表

年份	最高水位（米）	最低水位（米）	净入流量（立方米/秒）	净来水量（亿立方米）	出流量（立方米/秒）	出水量（亿立方米）
1988	1972.92	1970.89	9.01	2.850 0	15.80	4.996 3
1989	1973.17	1970.73	18.58	5.860 0	14.97	4.720 0

注：净来水量=来水量−蒸发量−渗漏量−环湖提水量（包括农业、工业及生活用水）

（2）1983—1989年洱海水费收入情况如表2-3所示①。

表2-3　1983—1989年洱海水费收入情况（单位：万元）

年份	发电用水水费	工业、生活用水水费	合计
1983	—	4.59	4.59
1984	24.95	5.13	30.08
1985	45.24	7.76	53.00
1986	47.42	6.99	54.41
1987	271.58（包括补偿州电路改造）	6.30	277.88
1988	191.72（包括补偿电路改造50万元）	6.93	198.65
1989	176.90（包括补偿电路改造）	6.82	183.72
累计	757.81（包括补偿电路改造150万元）	44.52	802.33

（3）洱海环湖农用一级泵站基本情况如表2-4所示②。

表2-4　洱海环湖农用一级泵站基本情况

地区	水泵		装机容量（千瓦）	提水流量（立方米/秒）	控制灌溉面积（亩）	年用水量（亿立方米）
	站数	台数				
大理市	59	118	7417	40.775	160 554	0.89
洱源县	14	20	948	4.450	21 950	0.11
总计	73	138	8365	45.225	182 504	1.00

（4）1984—1989年洱海环湖工业、生活用水情况如表2-5所示③。

表2-5　1984—1989洱海环湖工业、生活用水情况（单位：万立方米）

年份	1985	1986	1987	1988	1989
工业用水	122.10	960.00	1016.80	629.00	1060.00
生活用水	353.69	401.00	410.00	428.00	520.00

① 大理白族自治州地方志编纂委员会编：《大理白族自治州年鉴（1990）》，昆明：云南民族出版社，1990年，第215页。

② 大理白族自治州地方志编纂委员会编：《大理白族自治州年鉴（1990）》，昆明：云南民族出版社，1990年，第215页。

③ 大理白族自治州地方志编纂委员会编：《大理白族自治州年鉴（1990）》，昆明：云南民族出版社，1990年，第215页。

（5）在水资源管理上，1991年6月1日起实施取水许可制度，使洱海水资源的管理逐步走向依法管理的轨道。1991年洱海最高蓄水位1974.16米，最低水位1973.53米，洱海管理局共收取以水费为主的经营收入724.9万元，为以水养水、以海养海创造了条件。[①]

（6）在水产资源的管理上，仅1991年就投放各类鱼苗500多万尾，1991年银鱼移植初见成效，捕捞量达500吨，社会产值1000多万元。在引进新品种的同时，还加强了对土著鱼类资源的保护工作，由州洱海管理局、水产站与云南大学生物系共同组成课题组对洱海大头鲤、春鲤、大理鲤进行了人工繁殖驯化试验，1991年终获成功。推广网箱养鱼88.6亩，栏网养鱼20亩，养殖产量达475.75吨，并进行了网箱养鱼投放饲料试验，使网箱养鱼产量由原来的亩产5350千克提高到11 933.93千克。1991年洱海水产品总量达到6352吨，占全州水产品总量的80%以上，比1990年增长11.3%。[②]

（四）抓紧建设洱海水源林[③]

为使洱海水资源永不枯竭，自1990年起，洱海管理局安排以水养水经费4万元，着手对洱海水源林进行保护建设。在洱海县凤羽造林1000亩、牛街造林2870亩，经验收成活率在90%以上。为管护好水源林，还安排在凤羽上寺新建一个管护点，分别在凤羽、牛街、茈碧三个乡配备水源林管护人员11名。1990年洱源县政府已把7万亩水源林列入重点封山育林范围。1991年洱海水源林保护建设工作已安排经费7万元，重点新建两个管护点和安排20名管护人员，以充分发挥水源林的涵养功能，造福子孙后代。

（五）西洱河节制闸动工兴建[④]

于1964年修建的西洱河节制闸，由于西洱河电站建设疏挖河道，于1987年倒塌，失去控制作用。为实施《云南省大理白族自治州洱海管理条例》，合理调度水位，政府决定修复西洱河制闸，预算总投资300万元，其中主体工程投资256.4万元，附属工程投资42.84万元。工程于1989年7月底竣工运行。工程设计为：控制径流面积2472平方千米；闸底高程为1966.5米（海防工程）；闸墩高9.5米、厚1.0米、长12米；闸总

① 大理白族自治州地方志编纂委员会编：《大理白族自治州年鉴（1992）》，昆明：云南民族出版社，1992年，第257页。

② 大理白族自治州地方志编纂委员会编：《大理白族自治州年鉴（1992）》，昆明：云南民族出版社，1992年，第257页。

③ 大理白族自治州地方志编纂委员会编：《大理白族自治州年鉴（1990）》，昆明：云南民族出版社，1990年，第249页。

④ 大理白族自治州地方志编纂委员会编：《大理白族自治州年鉴（1990）》，昆明：云南民族出版社，1990年，第216页。

宽 5×4+4×1=24 米，净宽 20 米，闸室长 13 米；铺盖长 10 米，净面积 4×3.5 平方米（下闸设计进水压力 8 米，动力启闭允许水位差 6 米；上闸设计水头 3 米；上闸底高程为 1971.0 米，下闸底高程为 1966.5 米）；启门机为上闸门 2×8 吨，下闸门 2×16 吨；交通桥面高程 1976.08 米，宽 4 米；下工作桥面高程 1976 米，宽 1.2 米；操作桥面高程 1978.7 米，宽 0.67—0.8 米；上工作桥面高程 1981.4 米，宽 7.2 米；最大流能力为 250（受天生桥洪闸控制）—357 立方米/秒（不受天生桥洪闸控制）；工程量为砼 3700 立方米，钢材 190 吨。

（六）西洱河节制闸修复工程竣工交付使用[①]

西洱河节制闸修复工程经州人民政府审批，大理白族自治州水利电力勘察设计院设计，州水利电力局审核，在节制闸修复工程领导组领导下，由水电部十四局六公司中标后，于 1989 年 4 月 20 日破土动工，在闸门基建办公室密切配合下，历时 17 个月，于 1990 年 10 月按设计完成了节制闸主体工程与景点设施，投资总额近 300 万元。1991 年 1 月 27 日大理白族自治州水利电力局组织了有关部门领导和工程技术人员对施工方工程质量、造价进行了验收审议，并评定节制闸主体工程为合格工程。28 日，由工程领导组主持召开西洱河节制闸修复工程竣工典礼，正式交付洱海管理局行使管理职权，以确保洱海水资源在保护利用上依法得到有效调控。

（七）认真贯彻实施《云南省大理白族自治州洱海管理条例》

《云南省大理白族自治州洱海管理条例》于 1989 年 3 月 1 日起颁布施行。为认真贯彻《云南省大理白族自治州洱海管理条例》，洱海管理局会同有关部门于 1989 年 2 月中旬召开了历时 4 天的沿湖地区干部会议，讨论了贯彻执行《云南省大理白族自治州洱海管理条例》的具体意见和措施。会后，双廊乡政府召开村、社干部会，把《云南省大理白族自治州洱海管理条例》的宣传贯彻工作做到家喻户晓。江尾乡在贯彻《云南省大理白族自治州洱海管理条例》中，召开了 5 次大会，有 3647 人参加，并利用广播、黑板报进行了深入广泛的宣传，对侵占湖区的耕地、房屋、宅基地等做了清理。牛街乡为维护洱海水源林，组建了管理站。大理市林业局在环湖绿化林带营造上加快了步伐。州环保部门与洱海管理局为保护洱海水质开展了洱海富营养化课题研究。为加强洱海的渔政管理，发放了《云南省大理白族自治州洱海管理条例》2050 本。州政府对贯彻《云南省大理白族自治州洱海管理条例》的 25 个先进集体和个人予以了表彰。1989 年 4 月又投资 4 万元，建立洱海水位界桩，完成Ⅳ等水位基点 85 点，环湖共建立了 231 个界桩（每

---

① 大理白族自治州地方志编纂委员会编：《大理白族自治州年鉴（1990）》，昆明：云南民族出版社，1990 年，第 249 页。

500 米一个），其中埋设砼桩 194 个，岩石标准点 37 个。[1]

（八）洱海管理机构设置和主要职责

洱海管理的机构大理白族自治州洱海管理处始建于 1982 年，曾隶属于州水电局。1984 年省政府为加强洱海管理工作的领导，保护好高原明珠，进一步发挥多种功能，确定成立大理白族自治州洱海管理局，使处升格为局，由州水电局代管，贯彻执行"积极保护治理、合理开发利用"的方针，完善了"以海养海、以水养水"走内涵发展的路子，开展了渔政管理、河口治理、营造环湖绿化带和海东面山工程造林试点，还完成了"洱海渔业区划"等合作课题。1989 年 3 月 1 日颁布施行的《云南省大理白族自治州洱海管理条例》使洱海管理工作纳入依法管理轨道。确定洱海管理局是自治州人民政府统一管理洱海的职能机构，充实了人员，理顺了机构设置。本着"统一规划、保护治理、合理开发、综合利用"的方针，依法强化了渔政管理，开创了水政管理的新局面。1990 年人员编制已由 56 名增加到 66 名，其中行政编制核定为 20 名。局内设海水资源管理和计划财务二科，一个办公室，下属事业单位有洱海渔政管理站和洱海水产技术推广站；还有闸门管理和水化室机构与海水资源管理科合署办公，按分工行使统一管理洱海渔政、水政、生态环境保护治理和建设工作的职责，达到洱海生态环境日趋改善，社会、经济、生态三个效益进一步发展的目的。[2]

（九）依法管理洱海

经云南省人民代表大会常务委员会第三次会议批准的《云南省大理白族自治州洱海管理条例》，于 1989 年 3 月 1 日施行以来，在对洱海法定水位线 1974 米高程进行实地测绘的基础上，铺设了 231 个界桩，使洱海的管理范围有了明显的标志；为控制洱海运行水位而修复了西洱河节制闸；洱海环湖绿化林带经过几年的努力共植树 96.64 万株。1990 年洱海水产品总产量达到 5707.25 吨，比 1989 年增加 207.25 吨，约增长 3.8%；洱海管理共筹建资金 223.7 万元，比 1989 年增加 82.1 万元。其中征收发电水费 170.7 万元；工业生产、生活用水费 7.2 万元；渔业资源增殖保护费 37.7 万元；网箱养鱼水面使用费 1.6 万元；渔业资源补偿费 6.5 万元。支出资金 176.2 万元，其中，绿化费 13.21 万元、河道治理费 6.27 万元、修复西洱河节制闸 36.5 万元、渔政管理 11.57 万元、渔种投放和水产业 19.4 万元。[3]

---

[1] 大理白族自治州地方志编纂委员会编：《大理白族自治州年鉴（1990）》，昆明：云南民族出版社，1990 年，第 217 页。

[2] 大理白族自治州地方志编纂委员会编：《大理白族自治州年鉴（1990）》，昆明：云南民族出版社，1990 年，第 248 页。

[3] 大理白族自治州地方志编纂委员会编：《大理白族自治州年鉴（1990）》，昆明：云南民族出版社，1990 年，第 248 页。

（十）洱海渔政管理

1990 年在洱海渔政管理上，一是在鱼类产卵繁殖季节继续坚持封海禁渔。封海期间，认真宣传贯彻《中华人民共和国渔业法》《中华人民共和国渔业法实施细则》和《云南省大理白族自治州洱海管理条例》，坚持正面教育和依法治海，查处各种违章人员 2246 人，没收网具 1570 张、鱼竿 830 根。二是控制入海捕捞强度，共取缔人力密眼小拉网 351 张、迷魂阵 37 起；在 1989 年普查清理船只的基础上，建立了捕捞船只档案卡，坚持一切入海捕捞作业船只必须申报办理捕捞许可证制度，1990 年共办理捕捞许可证 2299 个，比 1989 年减少 434 个。征收渔业资源保护费 29.67 万元。[①]

1991 年洱海的渔政管理工作，一是在重点加强对渔民宣传教育的基础上，在沿湖各乡、村张贴渔业生产通告 1600 份，教育面达 4000 多人次；二是加强渔政队伍建设，截至 1991 年，已配备渔政管理专职检查员 25 人，配备 75 马力（1 马力=735.499 瓦）指挥船两艘，快艇 10 艘，无线电对讲机 10 台；三是实行捕捞许可证制度，1991 年通过对入湖捕捞渔民审批核实，发放捕捞许可证 2524 本，有效地控制了捕捞强度；四是实行封湖禁渔制度，在划分了 7 个常年幼鱼保护区（约 7 万亩）的基础上，3 月 15 日—9 月 15 日又全面进行了封湖禁渔工作；五是划分作业区，规定网目尺寸，在开湖期间，对不同作业方式进行作业区域划分，如机拖虾网船不准进入幼鱼保护区作业等，确定入海作业的网目应在 6 厘米以上，不准炸鱼、毒鱼、电鱼，取缔鱼箔（迷魂阵）、岸滩密眼小拉网作业，控制鱼鹰捕捞；六是依法查处渔业违法案件 943 起，收取资源补偿费 14.79 万元，罚款 0.98 万元，警告 3 人、拘留 7 人，为洱海渔业生产的发展起到了较好的保障作用。[②]

（十一）继续治理洱海河口

治理洱海河口对洱海生态环境保护、防止泥沙充填洱海、农田基本建设起到极其明显的作用。1990 年洱海管理局在资金短缺的情况下，安排河口治理经费 5.5 万元，其中，3.5 万元投在洱源县江尾乡，治理了大排村公所的小张家沟，经费为 3 万元，5000元修复了河尾村的东下李家沟河口工程；2 万元由大理市水电局和洱海管理局海水资源管理科的领导和科技人员实地考察后，确定治理银桥乡的稳仙溪。历年来洱海管理局依

① 大理白族自治州地方志编纂委员会编：《大理白族自治州年鉴（1990）》，昆明：云南民族出版社，1990 年，第 249 页。

② 大理白族自治州地方志编纂委员会编：《大理白族自治州年鉴（1992）》，昆明：云南民族出版社，1992 年，第 258 页。

靠水电部门共治理了 17 个河口，投资共达 70.27 万元。[1]

1991 年，洱海入口河道综合治理和面山绿化又有新进展。1991 年，在河道治理方面，共投资 34.9 万元，治理了 9 个河道口，完成河堤硬化 1534 米、水平坝 24 道、闸 2 座、跌水台 7 个、桥 1 座、河口沉箱 4 个、丁字墙 12 个。投资 22 万元，共完成绿化带种植和补种 14 945 米，插柳 47 287 株，成活率达 85%；面山绿化 3150 亩，植蓝桉 94.5 万株，成活率达 80%，建盖了两个水源林管护房（哨）。[2]

（十二）洱海生态保护取得好效益[3]

1991 年 8 月，州环境监测站对洱海 11 个监测点的取样进行分析，各项水质生化物监测指标均比 1988 年、1989 年有明显好转，洱海水的透明度比这两年同期增加 1.27 米。能够取得这样的好成绩，主要是加强了对洱海环境的生物和工程治理，截至 1991 年底，已由洱海管理部门投资 67 万元，在洱海沿岸造林插柳 101.37 万株，使洱海西、南、北三岸基本上形成了 70 多千米的绿化带；投资 114.7 万元，治理了洱海入水口的 27 条河道，并加强了对苍山、洱源、剑川等地洱海源头地区的森林管护，同时还由州、市环保部门投资 322 万元，修建了洱海两岸 7 千多米的大口径排污管道，有效地防治了污染。

（十三）洱海水行政执法体系初步建立[4]

1991 年 2—9 月，大理白族自治州洱海管理局通过试点初步建立起了洱海水行政执法体系。一是通过试点使《中华人民共和国水法》和《云南省大理白族自治州洱海管理条例》的贯彻更加深入人心，增强了沿海广大群众依法管理保护洱海的自觉性和法治意识。二是依据《中华人民共和国水法》和《云南省大理白族自治州洱海管理条例》起草了《洱海滩地保护管理办法》和《洱海水费收取标准和管理使用办法》，并经州政府批准颁布实施。三是组建了水行政执法队伍，将洱海管理局水资源管理科改设为水政水资源管理科，同时在选拔培训的基础上任命了 14 名专职水政监察员、11 名兼职水政监察员（沿海 11 个乡镇各一人）。四是实行了取水许可证制度，实施对洱海的水行政管理，有效地管理洱海水资源。五是对违法案件进行了清理登记，并选准突破口进行查

---

① 大理白族自治州地方志编纂委员会编：《大理白族自治州年鉴（1990）》，昆明：云南民族出版社，1990 年，第 250 页。

② 大理白族自治州地方志编纂委员会编：《大理白族自治州年鉴（1992）》，昆明：云南民族出版社，1992 年，第 258 页。

③ 大理白族自治州地方志编纂委员会编：《大理白族自治州年鉴（1992）》，昆明：云南民族出版社，1992 年，第 259 页。

④ 大理白族自治州地方志编纂委员会编：《大理白族自治州年鉴（1992）》，昆明：云南民族出版社，1992 年，第 259 页。

处，提高了执法队伍的权威性和执法意识。

（十四）洱海汇水区内全面禁"磷"①

"磷"指的是含磷洗涤用品，它是使湖泊富营养化及水体恶化的重要物质。洱海水体富营养化严重，水质恶化，功能逐渐下降。为了控制和减少磷对洱海的污染，保护洱海生态环境，大理白族自治州人民政府决定采取一系列措施，禁"磷"即是其中重要举措之一。

1996 年 12 月 16 日，大理白族自治州洱海管理局、大理白族自治州城乡建设环境保护局、大理白族自治州技术监督局、大理白族自治州财贸委员会和大理白族自治州工商行政管理局联合发布了《关于禁止使用含磷洗涤用品和推广使用无磷洗涤用品的公告》；1997 年 11 月 27 日，大理白族自治州人民政府颁布了《关于洱海汇水区内禁止生产销售和使用含磷洗涤用品的决定》。该决定指出：从 1998 年 2 月 1 日起，在洱海汇水区（指大理市的两城区、沿湖 11 个乡镇和洱源县的苴碧、牛街、凤羽、三营、玉湖、邓川、右所等乡镇及经济开发区、旅游度假区）内禁止生产、销售和使用含磷洗涤用品。违反规定者，将被处罚；情节严重、构成犯罪的，将被追究刑事责任。

（十五）联合国援助洱海流域环保项目完成②

由联合国开发计划署、联合国环境规划署共同援助79.8万美元进行的"洱海流域持续发展投资规划和能力建设"及"洱海及西洱河流域环境规划"项目，从 1995 年开始，经过两年半的努力结束。

该项目由中国国际经济技术交流中心管理，由大理白族自治州环保利用投资项目办公室组织实施。来自美国、日本、加拿大、意大利、芬兰、瑞典、丹麦等国及国内北京大学、清华大学、中国环境科学研究院、中国科学院有关研究所等单位共30 多位专家，在地方有关部门 20 多位专家的配合下，共完成 7 项预可行性研究及 3 项规划；同时进行了大量的人才培训和设备援助。主要目标就是为洱海流域今后招商引资做准备，其中一子项目"大理市污水处理系统"已获意大利政府 1800 万美元的贷款。

---

① 大理白族自治州地方志编纂委员会编：《大理白族自治州年鉴（1998）》，昆明：云南民族出版社，1998 年，第 158 页。
② 大理白族自治州地方志编纂委员会编：《大理白族自治州年鉴（1998）》，昆明：云南民族出版社，1998 年，第 159 页。

第四节　德宏傣族景颇族自治州环境保护史料

一、德宏傣族景颇族自治州 1997 年环境状况公报①

（一）污染物排放状况

1997 年，全州污染空气的颗粒物排放量为 7392 吨，其中，烟尘排放量 2440 吨，约占 33%（制糖业烟尘排放量 1902 吨，约占 26%）；水泥行业粉尘排放量 3724 吨，约占 50%；金属硅行业粉尘排放量 1228 吨，约占 17%。全州废水排放量 4845 万吨，其中制糖行业 3745 万吨，约占 77%；造纸行业 700 万吨，约占 14%。全州主要工业企业排放有机耗氧物生化需氧量 23 700 吨，其中制糖业 21 500 吨，约占 91%。

随着经济的发展，全州机动车保有量呈直线上升，特别是出租小汽车、摩托车对城市市区的污染日趋严重。其主要交通道路及路口的氮氧化物、一氧化碳浓度比邻近环境分别高 4.4 倍和 3.2 倍，已对城市环境造成了严重污染。因此，加强机动车尾气的监督管理，治理或淘汰尾气超标排放的机动车已是大势所趋，势在必行。

（二）环境质量状况

（1）水环境质量状况。1997 年德宏傣族景颇族自治州主要地面水的情况是：大盈江汇流段达到《地面水环境质量标准（GB3838-88）》Ⅲ类水质，符合要求；瑞丽江夏中段基本达到Ⅲ类水质，基本符合要求；芒市河木康段达到Ⅳ类水质，不符合要求（省上定为Ⅲ类），其超标因子为总磷，超标 0.29 倍；户拉段达到Ⅲ类水质，符合要求；南畹河章凤段有机污染严重；大盈江槟榔江段达到Ⅲ类水质，符合要求；大盈江梁河段达不到Ⅲ类水质，不符合要求；芒究水库水质达到Ⅲ类水质，符合要求。

全州城市河流受城区生活污水的污染，其有机耗氧指标超标严重。流经潞西市市区的南秀河生化需氧量超过Ⅱ类（最低标准）水质 1.5 倍；瑞丽市团结大沟生化需氧量超过Ⅱ类水质 1 倍。全州的水环境质量总体上尚好，局部受工业和生活污水污染。

（2）空气环境质量状况。1997 年，潞西市区总悬浮微粒日均浓度达到《环境空气质量标准（GB3095—1996）》所规定的二级标准，符合要求；二氧化硫、氮氧化物达到一级标准，优于要求值（二级标准）。畹町市区总悬浮微粒、二氧化硫、氮

---

① 德宏年鉴编辑部编：《德宏年鉴（1998）》，潞西：德宏民族出版社，1998 年，第 223 页。

氧化物均达到一级标准，优于要求值。瑞丽市区总悬浮微粒日均值超标率为43.33%；二氧化硫、氮氧化物均达到一级标准，优于要求值。陇川章凤总悬浮微粒日均值超过一级标准，达到二级标准，符合要求；二氧化硫、氮氧化物达到一级标准，优于要求值。

全州的大气环境质量总体上良好，对城市空气质量影响较大的因子为总悬浮微粒，其来源为地面扬尘、生活锅炉烟尘。

（3）城市噪声状况。由于全州所有城市和城镇（县城所在地）噪声功能区划均未做，或者未完成，故无法对区域环境噪声是否超过标准做出评价。此处按《城市区域环境噪声标准（GB3096-93）》所规定的二类标准进行评价。

潞西市区有 17.54% 的区域环境昼间噪声超标，最大超标 10.8 分贝（A）；有 33.3% 的区域交通噪声昼间值超标，最大超标 4.3 分贝（A）。畹町市区有 34.61% 的区域环境昼间噪声超标，最大超标 10.3 分贝（A）；9% 的区域交通噪声昼间值超标。瑞丽市区有 5.71% 的区域环境昼间噪声超标，最大超标 6.8 分贝（A）；有 16.67% 的区域交通噪声昼间值超标。

（三）环境保护工作

1997 年，德宏傣族景颇族自治州在认真贯彻落实中央座谈会和第四次全国环境保护会议精神、《国务院关于环境保护若干问题的决定》和省委、省政府《关于切实加强环境保护工作的决定》的基础上，州委、州政府做出组建州环境保护局的决定。州环境保护局作为独立建制的政府主管部门，负责全州的环境保护工作。

（1）工业污染防治与环境建设。1997 年，全州环境保护直接投资 280 万元，共建成消烟除尘设施 5 套、污水处理设施 2 套、生产性粉尘收尘装置 3 套。

（2）生态环境保护。根据 1997 年省林业规划院所做二类森林资源调查，德宏傣族景颇族自治州森林覆盖率为 60.12%，有林地面积 878 万亩，活立木蓄积量 7007 万立方米，造林面积 10 万亩。全州有自然保护区 3 个，保护区面积达 4.6 万公顷。

（四）环境管理

1997 年，省政府与州政府签订的《1993—1997 环保目标责任书》到期，并通过了省检查验收。同时，州政府对各县、市环境保护目标责任书执行情况做了检查验收。梁河县河西乡因锡矿选厂尾水污染，群众反映十分强烈，州人民代表大会、州政府组成调查组，专门对此事进行专题调查，并提出了明确的解决意见。

全州的环境管理从宣传着手，深入贯彻执行国家出台的八项管理制度，以工业污染防治和生态环境保护为目的，使德宏傣族景颇族自治州的环境建设和保护工作取得了新的进展。

（五）总结

德宏傣族景颇族自治州的主要环境污染问题是制糖、造纸、城市生活污水的有机污染；水泥、金属硅及城市锅炉的颗粒物污染；城区噪声污染。机动车尾气污染呈逐年上升趋势，局部地方已产生严重的污染。生态环境保护是全州环保工作的一个重点。全州交通道路建设突飞猛进，对于改善全州的投资环境、群众的脱贫致富都起到很大的作用，但如果不采取防范措施，势必会加剧沿线的水土流失。因此，用国家的环保法律、法规来规范全州各个行业的工作，使全州人民有一个洁净的生活环境，为全州经济的可持续发展留一个尽可能大的空间，是德宏人民的责任所在，也是党和国家对德宏傣族景颇族自治州的期望。

二、环境管理[1]

（一）检查"环境目标责任制"

1997 年，德宏傣族景颇族自治州人民代表大会、州环境保护委员会联合组成检查组，对全州环境目标责任制进行检查。检查结果为：盈江 91.6 分、陇川 91.4 分、瑞丽 89.2 分、梁河 85.2 分、畹町 88.8 分、潞西 88.6 分。

（二）环境监理

1997 年，德宏傣族景颇族自治州环保系统共进行环境评价 24 家，综合治理 50 次。同时，对 232 个发放排污许可证的单位加强管理。年内新办企业"环评"和"三同时"达 100%。

三、环境监测[2]

1997 年，德宏傣族景颇族自治州环境监测站完成省控点大盈江流域、瑞丽江戛中、芒市河木康三期 3 次水质监测，获有效数据 225 个；对全州 10 座糖厂、7 座水泥厂及造纸厂进行监测，获有效数据 250 多个。

---

① 德宏年鉴编辑部编：《德宏年鉴（1998）》，潞西：德宏民族出版社，1998 年，第 224 页。
② 德宏年鉴编辑部编：《德宏年鉴（1998）》，潞西：德宏民族出版社，1998 年，第 224 页。

四、环境执法[1]

查处走私蛤蚧案。1997 年，畹町城乡建设环境保护局配合林业部门，查处非法走私野生动物蛤蚧 200 只，并全部放归大自然。

第五节　红河哈尼族彝族自治州环境保护史料

一、环境状况

1997 年，红河哈尼族彝族自治州各级政府认真贯彻《国务院关于环境保护若干问题的决定》及第四次全国环境保护会议精神，实现了经济、社会、生态三个效益的同步增长，工业"三废"排放量基本得到控制，生态恶化的趋势有所遏制，部分地区的环境质量有所改善，自然保护区建设有了新的进展。全年工业废气排放量达 4 505 311 万标准立方米，比 1996 年增长 20.85%；主要污染物排放量与 1996 年相比，二氧化硫排放量为 135 862.2 吨，下降了 4.09%；烟尘排放量为 4.45 万吨，下降了 11.18%；工业粉尘排放量为 8381.3 吨，下降了 34%。主要污染物排放量与 1996 年相比，重金属（汞、镉、铅和六价铬）排放量为 74.6 吨，下降了 34.33%；砷排放量为 86.6 吨，增长了 9.9%；挥发酚排放量为 95.5 吨，增长了 0.1%；氰化物排放量为 11.2 吨，下降了 38.8%；石油类排放量为 163 吨，下降了 54.26%；化学需氧量为 31 580 吨，增长了 37.18%。工业固体废弃物产生量达 447 万吨（其中尾矿产生量为 261.5 吨，约占 58.5%），比 1996 年下降了 22.02%；工业固体废弃物排放量达 8.3 万吨，占产生量的 1.86%，比 1996 年增长 1.68%；工业固体废弃物历年累计贮存量达 15 157.6 万吨，累计存贮占地面积达 1053.5 万平方米。[2]

1998 年红河哈尼族彝族自治州各级政府认真贯彻国家强化环境管理的各项法规和制度，使环境保护这项基本国策逐步得到落实，实现经济、社会、环境三个效益的同步增长，"三废"排放量基本得到控制，生态环境恶化的趋势有所遏制，区域环境质量有所好转，环境保护工作取得新的成绩。全州工业废气排放量 433.79 亿标准立方米，比

---

① 德宏年鉴编辑部编：《德宏年鉴（1998）》，潞西：德宏民族出版社，1998 年，第 224 页。
② 红河州年鉴编辑部编：《红河州年鉴（1998）》，潞西：德宏民族出版社，1998 年，第 252 页。

1997年约下降 3.72%；主要污染物排放量与 1997 年相比，二氧化硫排放量达 10.83 万吨，约下降20.29%；烟尘排放量达3.48万吨，约下降了21.8%；工业粉尘排放量达1.58万吨，增加了88.5%。工业废水排放量达4519.4万吨，比1997年下降约9.65%。主要污染物排放量与 1997 年相比，重金属（汞、镉、铅和六价铬）排放量为 71.1 吨，约下降4.69%；砷排放量为 69.6 吨，约下降 19.63%；挥发酚排放量为 119.2 吨，约增加24.82%；氰化物排放量 12 吨，约增加 7.14%；石油类排放量达 163.5 吨，约增加0.31%；化学需氧量为 3.14 万吨，约下降 0.57%。工业固体废弃物产生量为 555.9 万吨（其中尾矿产生量272.9万吨，约占49.09%），比1997年增加24.36%；工业固体废弃物排放量5.9万吨，约占产生量的1.06%，比1997年约下降28.92%；工业固体废弃物历年累计贮存量11 106万吨，累计贮存占地面积达902万平方米。年末，全州有独立建制的州、市、县环境保护局 5 个，环境监理单位 7 个，环境监测单位 7 个，环境科学研究所 1 个，宣传教育工作站 1 个。[①]

二、红河水质

1997 年，红河哈尼族彝族自治州内南盘江、元江水系 15 条干、支流，按国家《地面水环境质量标准》（GB3838-88）评价，符合 II 类水质标准的测点占18.18%，比1996年增加 12 个百分点；符合 IV 类水质标准的测点占 21.21%，比 1996 年减少 3 个百分点；符合 V 类水质标准的测点占 51.52%，比 1996 年减少 6 个百分点。湖泊水质：境内 7 个湖泊、水库，按国家《地面水环境质量标准》（GB3838-88）评价，符合 IV 类水质标准的有北坡水库，符合 IV 类水质标准的有三角海水库，超过 V 类水质标准的有异龙湖、长桥湖、南湖、个旧湖和大屯湖，与1996年相比湖泊、水库水质没有发生变化。[②]

1998 年，红河哈尼族彝族自治州内南盘江、元江水系 16 条干、支流 33 个监测点断面水质，按国家《地面水环境质量标准》（GB3838-88）评价，符合 II—III 类水质标准的测点占 15.15%，比 1997 年减少 3 个百分点；符合 IV 类水质标准的测点占 24.24%，比1997 年增加 3 个百分点；符合 V 类水质标准的测点占 18.18%；超过 V 类水质标准的测点占 42.42%，比 1997 年减少 9.1 个百分点。湖泊水质：境内 7 个湖泊、水库，按国家《地面水环境质量标准》（GB3838-88）评价，符合 III 类水质标准的有北坡水库，符合 IV 类水质标准的有三角海水库，超过 V 类水质标准的有异龙湖、长桥海、南湖、个旧湖和大屯湖，与 1997 年相比，各湖泊、水库水质没有明显变化。[③]

---

① 《红河州年鉴》编辑部编：《红河州年鉴（1999）》，潞西：德宏民族出版社，1999年，第287页。
② 《红河州年鉴》编辑部编：《红河州年鉴（1998）》，潞西：德宏民族出版社，1998年，第252页。
③ 《红河州年鉴》编辑部编：《红河州年鉴（1999）》，潞西：德宏民族出版社，1999年，第287页。

三、城区环境质量

（一）1997 年州内两市一县城区环境质量

（1）空气质量。按国家《环境空气质量标准》（GB3095—1996）评价，个旧市区空气环境中的氮氧化物、二氧化硫符合一级标准，总悬浮微粒符合二级标准；开远市区空气环境中的氮氧化物符合一级标准，二氧化硫、总悬浮微粒符合三级标准；河口县城区空气环境中的氮氧化物、二氧化硫和总悬浮微粒符合一级标准。

（2）降水酸度。个旧市区降水酸度监测样品总数 18 个，酸雨样品 10 个，酸雨出现频率约为 55.56%；开远市区降水酸度监测样品总数 105 个，没有出现酸雨。

（3）降尘。个旧市区大气自然除尘 50.27 吨/（平方千米·年），超标 0.44 倍；开远市区大气自然降尘 343.4 吨/（平方千米·年），超标 4 倍；弥勒县竹园镇大气自然除尘 67.59 吨/（平方千米·年），超标 0.67 倍。

（4）噪声。个旧市区交通噪声超过 70 分贝（A）的路段总长 8.31 千米，占交通干线总长的 60.22%，平均车流量 744 辆/时，等效声级 71.6 分贝；开远市区交通噪声超过 70 分贝（A）的路段总长 10.6 千米，占交通干线总长的 84.29%，平均车流量 890 辆/时，等效声级 73.4 分贝；蒙县县城区交通噪声超过 70 分贝（A）的路段总长 1.45 千米，占交通干线总长的 17.88%，平均车流量 302 辆/时，等效声级 64.9 分贝。[1]

（二）1998 年州内两市一县城区环境质量

（1）空气质量。按国家《环境空气质量标准》（GB3095—1996）评价，个旧市区空气环境中的氮氧化物、二氧化硫符合一级标准，总悬浮微粒符合二级标准；开远市区空气环境中的氮氧化物符合一级标准，二氧化硫、总悬浮微粒符合三级标准；河口县城区空气环境中的氮氧化物、二氧化硫和总悬浮微粒符合一级标准。

（2）降水酸度。个旧市区降水酸度监测样品总数 45 个，酸雨（pH 小于 5.6）样品数 9 个，酸雨出现频率为 20%；开远市区降水酸度监测样品总数 45 个，没有出现酸雨；弥勒城区降水酸度监测样品总数 20 个，也没有出现酸雨。

（3）自然降尘。按《工业企业设计卫生标准》（TJ36-79）（清洁对照点加 3 吨）标准评价，个旧市区大气自然降尘 46.68 吨/（平方千米·年），超标 0.49 倍；开远市区大气自然降尘 176.71 吨/（平方千米·年），超标 3.2 倍。

（4）噪声。按国家《城市区域环境噪声标准》（GB3096-93）评价，个旧市区各类功能区噪声中 1 类区昼夜等效声级 64.9 分贝，超标率 90.6%；2 类区昼夜等效声级 60.4

---

①《红河州年鉴》编辑部编：《红河州年鉴（1998）》，潞西：德宏民族出版社，1998 年，第 252 页。

分贝，超标率 38.5%；3 类区昼夜等效声级 57.0 分贝，超标率 6.3%；4 类区昼夜等效声级 70.6 分贝，超标率 56.3%。道路交通噪声等效声级 70.3 分贝，超过 70 分贝的路段总长 8.36 千米，占交通干线总长度的 60.6%，平均车流量 880 辆/时。开远市区各类功能区噪声中，1 类区昼夜等效声级 45.2 分贝，超标率 24.2%；2 类区昼夜等效声级 49.1 分贝，超标率 14.1%；3 类区昼夜等效声级 50.0 分贝，超标率 7.8%。道路交通噪声等效声级 71.9 分贝，超过 70 分贝的路段总长 11.575 千米，占交通干线总长度的 92.05%，平均车流量 868 辆/时。蒙自县城区各类功能区噪声中，0 类区昼夜等效声级 59.1 分贝，超标率 65.6%；1 类区昼夜等效声级 59.4 分贝，超标率 96.9%；3 类区昼夜等效声级 61.8 分贝，超标率 12.5%；4 类区昼夜等效声级 67.4 分贝，超标率 31.2%。道路交通噪声等效声级 73.4 分贝，超标 70 分贝的路段总长 6.27 千米，占交通干线总长的 77.22%，平均车流量 351 辆/时。[1]

四、环境保护机构

（1）红河哈尼族彝族自治州环境保护局成立。1997 年 8 月根据中共云南省委、省人民政府《关于切实加强环境保护工作的决定》和第六次全省环境保护会议精神，中共红河哈尼族彝族自治州委、州人民政府决定撤销州建设环境保护局，成立州建设局、州环境保护局、州旅游局。州环境保护局人员编制从原来的 4 人增加到 13 人，内设机构从原来的 1 个增加到 3 个，即局长办公室、污染防治科、自然保护科。年末，全州有独立建制的州、市环境保护局 4 个、环境监理单位 7 个、环境监测单位 7 个、环境科学研究所 1 个、宣传教育工作站 1 个，共有工作人员 170 人。[2]

（2）石屏县环境保护局成立。根据中共云南省委、省人民政府《关于切实加强环境保护工作的决定》和第六次全省环境保护会议精神，为适应环境保护和经济持续发展的需要，1998 年 8 月，石屏县环境保护局成立，编制 9 人。[3]

五、环境管理

（一）省环境保护目标责任书考评组到州检查考评[4]

1997 年 11 月 22 日，以云南省环境保护局副局长邓家荣为组长的省环境保护目标责

---

① 《红河州年鉴》编辑部编：《红河州年鉴（1999）》，潞西：德宏民族出版社，1999 年，第 287 页。
② 《红河州年鉴》编辑部编：《红河州年鉴（1998）》，潞西：德宏民族出版社，1998 年，第 252 页。
③ 《红河州年鉴》编辑部编：《红河州年鉴（1999）》，潞西：德宏民族出版社，1999 年，第 287 页。
④ 《红河州年鉴》编辑部编：《红河州年鉴（1998）》，潞西：德宏民族出版社，1998 年，第 252 页。

任考评组到红河哈尼族彝族自治州进行全面检查考评。考评组在听取州政府工作情况汇报后，重点抽查了污染源治理项目——云一冶炼厂低砷污水治理工程。充分肯定了红河哈尼族彝族自治州五年环保目标责任书的完成情况和取得的成绩，最后量化为93.5分，排列全省第三位。

（二）检查考评全州环境保护目标责任书执行情况[①]

1997年12月1—16日，根据《红河哈尼族彝族自治州环境保护目标责任制实施办法》的规定及《红河哈尼族彝族自治州人民政府关于做好任期环境保护目标责任制工作总结考核的通知》精神，红河哈尼族彝族自治州人民政府抽调环境保护局、州政府办公室秘书五科和督办科人员组成检查考评组，对全州13个市、县的环保目标责任书执行情况进行检查考评。在一"听"、二"看"、三"议"的基础上，考评组进行了严格认真的检查考评。

（三）全州坚持重点建设项目环保评价制度[②]

1997年，红河哈尼族彝族自治州环境保护主管部门对弥勒磷肥厂普钙工程、弥勒荣华油脂公司油桐开发工程、金平县金水河锡矿采矿工程、金平县金水河锡矿选矿工程、屏边县香蕉制粉工程、蒙自白牛厂300吨/日综合选矿厂、泸西县泸东焦化厂工程、屏边县冲压电站工程、弥勒县化工厂改建2.16平方米鼓风炉铅项目、红河格林食品有限公司河口菠萝汁厂新建工程、云南999电池股份有限公司、建水锰矿10 000吨/年锰铁技改工程、金平县勐拉腾飞有限公司木材加工厂、元阳黄金冶炼工业试验厂等70项建设项目中的61项填写了环境影响报告书（表），使州内重点建设项目环境影响评价制度执行率达87.14%左右。

（四）坚持建设项目"三同时"制度[③]

1997年，红河哈尼族彝族自治州各级环境保护部门继续坚持建设项目"三同时"（项目主体工程与环保设施同时设计、同时施工、同时投产）制度，对32个在建和建成项目进行检查，应执行"三同时"项目27个，实行执行的25个，执行率达92.59%，执行"三同时"项目合格率达80%。项目设计"三废"处理能力为：废水923吨/日，废气82 833标准立方米/时。

---

①《红河州年鉴》编辑部编：《红河州年鉴（1998）》，潞西：德宏民族出版社，1998年，第252页。
②《红河州年鉴》编辑部编：《红河州年鉴（1998）》，潞西：德宏民族出版社，1998年，第253页。
③《红河州年鉴》编辑部编：《红河州年鉴（1998）》，潞西：德宏民族出版社，1998年，第253页。

（五）红河哈尼族彝族自治州环境保护工作会议①

1998 年 12 月 3—4 日，红河哈尼族彝族自治州环境保护工作会议在个旧举行，州委、州人民代表大会、州政府、州政治协商会议的领导，省环境保护局的领导，州直有关委办局的领导，全州各市、县主管环保工作的市长、县长，各市、县环境保护局（城乡建设与环境保护局）的局长共 58 人出席会议。这次会议认真落实《国务院关于加强环境保护若干问题的决定》和云南省委、云南省人民政府《关于切实加强环境保护工作的决定》。认真总结上届州人民政府实施任期环境保护目标责任制工作，部署本届政府跨世纪环保工作任务，确保实现"九五"和本届政府环保目标，努力把全州环保事业推向 21 世纪。

会上，白保兴副州长做了题为"抓住机遇、迎接挑战、为实现我州跨世纪环境保护目标而奋斗"的重要讲话。州环境保护局局长毕学明做《坚定信心、开拓进取、为推进全州环境保护工作再上新台阶而奋斗》的报告。会上还对上届政府实施环境保护目标责任制做出成绩的个旧市、弥勒县人民政府等 14 个先进集体和赵志坚等 95 名先进个人进行表彰奖励；13 个市、县政府与州政府签订了本届政府环境保护目标责任书。

（六）坚持监督管理②

"九五"期间，全州有 15 家企业的 16 个项目已确定为云南省重点污染限期治理项目。为了掌握情况、确定达标时间，1998 年 6—7 月州环境保护局对部分企业的污染治理情况进行了调查，8 月又配合省环境保护局对蒙自新安化肥厂、个旧鸡街冶炼厂、个旧市化肥厂、开远糖厂等 4 家企业实施重点检查。通过调查和检查，对正在实施治理的 7 个项目和 3 个仍未实施治理的项目进行分析排队，确定具体达标时限。同时，把 15 家企业的 16 个重点污染限期治理项目纳入本届政府环境保护目标责任书，进行目标管理。

（七）坚持建设项目环境影响评价制度③

1998 年，红河哈尼族彝族自治州环境保护主管部门对建水糖业有限公司年产 3 万立方米石膏刨花板技术改造项目、云南省圭山煤矿焦化厂扩建项目、云南红塔蓝鹰纸业有限公司 1 号纸机技术改造项目、云锡公司个旧冶炼厂熔炼系统改造项目、屏边黄磷厂扩建 2 号黄磷炉项目、建水燕子洞二期开发工程、蒙自石榴园旅游开发项目、河口南溪戈浩热带雨林民族风情园工程、元阳金矿年产 6000 吨矿浆电解新工艺处理多金属复杂金

①《红河州年鉴》编辑部编：《红河州年鉴（1999）》，潞西：德宏民族出版社，1999 年，第 287 页。
②《红河州年鉴》编辑部编：《红河州年鉴（1999）》，潞西：德宏民族出版社，1999 年，第 287 页。
③《红河州年鉴》编辑部编：《红河州年鉴（1999）》，潞西：德宏民族出版社，1999 年，第 288 页。

精矿项目、蒙自氯化锌厂、云南红发鞋业公司、屏边大围山熊乐园、蒙自垃圾粪便生态处理场、弥勒县焦化厂、泸西荣润铁合金厂、泸西大沙地电站铁合金厂、屏边九千岩电站宏光福利铁合金厂扩建工程等 35 个建设项目填写了环境影响报告书（表），使州内重点建设项目环境影响评价制度执行率达 100%。

（八）坚持建设项目"三同时"制度[1]

1998 年，红河哈尼族彝族自治州各级环境保护部门继续坚持建设项目"三同时"制度，对 10 个在建和建成项目进行检查，应执行"三同时"项目 10 个，实际执行 8 个，执行率达 80%，执行"三同时"项目合格率达 80%。检查项目投资总额 9058.36 万元，其中环保工程投资 737 万元，约占投资总额的 8.14%。项目设计"三废"处理能力为：废水 332 吨/日、废气 98 697 标准立方米/时。

六、环境污染与治理

（一）查处环境污染事故

1997 年金平金隆有限责任公司高冰镍冶炼厂试产期间，环保设施发生设备腐蚀和烟气管道堵塞，没有及时采取措施排除，导致 6 月 25 日—7 月 5 日停开环保脱硫设施系统，二氧化硫大量排出，时遇大气降水等气象因素影响，造成厂区周围 300—1500 米范围 40 多公顷农作物受到污染减产。州环保部门及时查处这起污染纠纷，经调处，由金平金隆有限责任公司给予金平县大寨乡和个旧市蔓耗镇一次性赔偿 7.5 万元，其中大寨乡 5.5 万元，蔓耗镇 2 万元，妥善解决了矛盾。1997 年全州发生污染事故 25 次，赔偿金额 65.1 万元，罚款金额 0.5 万元。全年处理人民来信 74 件，其中反映水污染 10 件、大气污染 39 件、固体废弃物污染 1 件、噪声污染 22 件、其他 2 件，已处理 71 件，处理率约达 95.95%。接待来访 229 人，反映问题 90 件，其中反映水污染 26 件、大气污染 51 件、固体废弃物污染 6 件、噪声污染 6 件、其他 1 件，已处理 90 件，处理率达 100%。接受人民代表大会、政治协商会议关于环境保护议案、提案 35 件，已办理 35 件，办复率达 100%。[2]

1998 年全州发生污染事故 42 次，赔偿金额 38.05 万元，罚款金额 0.5 万元。全年处理人民来信 78 件，其中反映水污染 8 件、大气污染 43 件、固体废弃物污染 1 件、噪声污染 25 件、其他 1 件，已处理 72 件，处理率约达 92.3%。接待来访 272 人，反映问题

---

①《红河州年鉴》编辑部编：《红河年鉴（1999）》，潞西：德宏民族出版社，1999 年，第 287 页。
②《红河州年鉴》编辑部编：《红河年鉴（1998）》，潞西：德宏民族出版社，1998 年，第 253 页。

84 件，其中反映水污染 30 件、大气污染 27 件、固体废弃物污染 7 件、噪声污染 18 件、其他 2 件，已处理 71 件，处理率约达 84.5%。接受人民代表大会、政治协商会议关于环境保护议案、提案 66 件，已办理 66 件，办复率达 100%。[①]

（二）坚持排污费制度

1997 年全州各级环境监理部门认真贯彻国家排污收费制度，全年开征企业 221 家，征收排污费 738 万元，其中用于污染治理 162.2 万元，占当年 47 次污染治理总投资的 1.35%，促进了污染治理。[②]

1998 年全州各级环境监理部门认真贯彻国家排污收费制度，全年开征企业 251 家，征收排污费 805 万元，其中用于污染治理 317.6 万元，占当年 36 项污染治理总投资的 6.5%，促进了污染治理。[③]

（三）污染源治理

1. 1997 年治理情况[④]

1997 年红河哈尼族彝族自治州环保部门狠抓污染源治理工作，全年投入污染治理资金 12 024.7 万元，其中基本建设资金 6231.9 万元，更新改造资金 1178.7 万元，综合利用利润留成资金 144.2 万元，环境保护补助资金 20.5 万元，环保贷款 141.7 万元，其他资金 4307.7 万元；安排治理项目 47 个，当年竣工项目 39 个。全年完成工业"三废"综合利用产品产值 8956.4 万元，比 1996 年减少 1.79%，实现利润 1129 万元，比 1996 年减少 63.51%。污染源治理主要有以下三个方面：

（1）工业废水治理。投入治理废水资金 3079.3 万元，治理项目 18 个，当年竣工项目 13 个。治理项目设计日处理利用废水能力 8663 吨，累计完成废水处理量 10 243.7 万吨，工业废水处理率达 82.99%，废水排放达标率为 36.66%。万元产值工业废水排放量 59.8 吨。

（2）工业废气治理。投入治理废气资金 6432.8 万元，治理项目 25 个，当年竣工项目 22 个。项目设计每小时处理利用废气能力 386 282 标准立方米，累计完成废气处理 3 995 861 万标准立方米，工业燃料燃烧废气消烟除尘率达 91.62%，生产工艺废气净化处理率 82.8%，工业锅炉烟尘排放达标（台）43.3%，工业炉窑烟尘排放达标（座）24.69%。万元产值工业废气排放量为 5.39 万标准立方米。

---

①《红河州年鉴》编辑部编：《红河州年鉴（1999）》，潞西：德宏民族出版社，1999 年，第 288 页。

②《红河州年鉴》编辑部编：《红河州年鉴（1998）》，潞西：德宏民族出版社，1998 年，第 253 页。

③《红河州年鉴》编辑部编：《红河州年鉴（1999）》，潞西：德宏民族出版社，1999 年，第 288 页。

④《红河州年鉴》编辑部编：《红河州年鉴（1998）》，潞西：德宏民族出版社，1998 年，第 253 页。

（3）固体废弃物综合利用。投入治理工业固体废弃物资金178.7万元，治理项目2个，当年竣工2个。治理项目设计年处理利用固体废弃物能力17 900吨，累计完成工业固体废弃物综合利用量85.7万吨，占产生量的17.97%；固体废弃物处置量24.1万吨，占产生量的5.05%；固体废弃物贮存量406.5万吨，占产生量的85.22%。万元产值工业固体废弃物排放量99吨。

2. 1998年治理情况①

1998年，红河哈尼族彝族自治州环保部门狠抓污染源治理工作，全年投入污染治理资金4887.7万元，其中基本建设资金2345.6万元、更新改造资金150万元，综合利用利润留成资金103.5万元，环境保护补助资金1.5万元，环保贷款336.5万元，其他资金1950.6万元。安排治理项目36个，当年竣工项目40个（含1997年项目4个）。全年完成工业"三废"综合利用产品产值9630.9万元，比1997年增加了约7.53%，实现利润268.3万元，比1997年减少860.7万元。污染源治理主要有以下三个方面：

（1）工业废水治理。投入治理废水资金1055万元，治理项目10个，当年竣工项目11个（含1997年项目1个）。治理项目设计日处理利用废水能力42 320吨，累计完成废水处理量12 289.2万吨，工业废水处理率达88.89%，废水排放达标率为38.52%。万元产值工业废水排放量57.4吨。

（2）工业废气治理。投入治理废气资金3670万元，治理项目23个，当年竣工项目26个（含1997年项目3个）。项目设计每小时处理利用废气能力23.83万标准立方米，累计完成废气处理384.98亿标准立方米，工业燃料燃烧废气消烟除尘率达91.97%，生产工艺废气净化处理率达83.42%，工业锅炉烟尘排放达标（台）52.87%，工业炉窑烟尘排放达标（座）48.22%。万元产值工业废气排放量为5.5万标准立方米。

（3）固体废弃物综合利用。投入治理工业固体废弃物资金108.5万元，治理项目2个，当年竣工2个。累计完成工业固体废弃物综合利用量124.4万吨，占产生量的22.38%；固体废弃物处置量25万吨，占产生量的4.5%；固体废弃物贮存量362.4万吨，占产生量的65.19%。

（四）个旧湖治理②

1997年，个旧市按照市政府制定的"统一规划，加快步伐，综合整治，分期实施"的方针，投入资金3900万元，经过近7个月的紧张施工，初步完成综合整治工程之一的环湖截污干管及湖堤工程，共埋设污水管2919米，修筑混凝土截污沟809米，新旧污水

①《红河州年鉴》编辑部编：《红河年鉴（1999）》，潞西：德宏民族出版社，1999年，第288页。
②《红河州年鉴》编辑部编：《红河年鉴（1998）》，潞西：德宏民族出版社，1998年，第253页。

系统结合沟 1500 米，修建检查井 99 座、沉砂池 8 座、污水泵站 3 座，铺砌地砖道路 8000 平方米、石板路 7086 平方米，混凝土浇灌道路 2500 米，支砌海棠石栏杆 2785 米，种植草坪 21 000 平方米，种植各种树木 5180 株，安装环湖路灯 210 盏、庭院灯 66 盏。

（五）全州铁合金企业污染治理工作会议

1998 年 7 月 24—25 日红河哈尼族彝族自治州环保部门在开远召开铁合金企业污染治理工作会议。会议对前阶段治理工作进行检查和总结，1997 年 12 月 31 日之前必须完成治理任务的 14 家铁合金企业，实际完成的 6 家，停产的 4 家，还有 4 家没有完成治理任务。对 1997 年没有限期完成治理任务的（含已治理但未验收的），都要加倍征收排污费，1998 年每生产一吨锰铁合金收排污费 12 元，每生产一吨硅铁合金收排污费 8 元；限期 1998 年底完成污染治理的企业，每生产一吨锰铁合金收排污费 6 元，每生产一吨硅铁合金收排污费 4 元。[1]

七、环保宣传与教育

1997 年 2 月，为贯彻《国务院关于环境保护若干问题的决定》和第四次全国环境保护会议精神，州环保部门在弥勒县举办有 58 个单位 75 位厂长（经理）参加的培训班。通过学习研讨、专家辅导、参观学习，培训人员提高了认识，为贯彻落实《国务院关于环境保护若干问题的决定》打下了思想基础。5 月和 6 月，组织石屏县磷酸盐厂、云南绿水河发电厂申报州级"环境保护先进企业"的评审工作。9 月，在建水县举办"红河哈尼族彝族自治州'国策杯'环保知识竞赛"，23 个队参赛，通过初赛、预赛和决赛，中国人民解放军第 9777 工厂代表队获第一名，驻昆解放军化肥厂代表队、个旧市新建锡矿代表队获第二名，石屏县城建环境保护局代表队、泸西烟叶复烤厂代表队、建水陈官冶炼厂代表队获第三名。通过以上活动，增强了决策者、管理者和民众的环境保护意识。[2]

1998 年 6 月 5 日，为深入宣传第 25 个"世界环境日"主题，强化公民的环境意识，由州委宣传部、州财政局、州妇女联合会和州环境保护局联合主办的"国策在我心中"的演讲比赛在个旧举行。个旧市环境保护局、开远市环境保护局、建水县城乡建设与环境保护局、泸西县城乡建设与环境保护局和石屏县城乡建设与环境保护局分别获优秀组织奖。[3]

---

① 《红河州年鉴》编辑部编：《红河州年鉴（1999）》，潞西：德宏民族出版社，1999 年，第 288 页。
② 《红河州年鉴》编辑部编：《红河州年鉴（1998）》，潞西：德宏民族出版社，1998 年，第 253 页。
③ 《红河州年鉴》编辑部编：《红河州年鉴（1999）》，潞西：德宏民族出版社，1999 年，第 289 页。

1998 年 5 月，红河哈尼族彝族自治州环境保护局举办一期环境行政执法培训班，组织全州 73 个环境行政执法人员参加学习，通过培训提高了环境执法人员的业务素质和执法水平。经过严格考试，环境行政执法人员全部达到合格，并获得红河哈尼族彝族自治州法制局颁发的云南省行政执法证。[①]

八、环境监测[②]

1997 年，红河哈尼族彝族自治州完成南盘江、元江水系 16 条干、支流 33 个监测断面 3 期 6 次水质监测，获得有效数据 4908 个；完成石屏异龙湖，蒙自长桥海、南湖，个旧大屯海、个旧湖、北坡水库，开远三角海 15 个监测断面 3 期 6 次水质监测，获得有效数据 2124 个；饮用水、地下水 5 个点完成 12 次监测，获得有效数据 1248 个；个旧市区、开远市区、河口城区 15 个空气监测点完成 4 次监测，获得有效数据 3277 个；个旧市区、开远市区、弥勒竹园镇 20 个自然降尘监测点在 12 次监测中，获得有效数据 210 个；个旧市区、开远市区、蒙自市区 18 个功能区噪声监测点和 65 个交通噪声监测点获得有效数据 69 708 个。全州获得污染源及其他各类监测数据 913 个。红河哈尼族彝族自治州环境监测站、个旧市环境监测站被云南省环境保护局授予"八五"期间全省环境保护系统先进监测站；红河哈尼族彝族自治州监测站赵建忠、个旧市环境监测站马骐、开远市环境监测站郑云华被授予全省环境保护系统环境监测先进个人称号。

1998 年，红河哈尼族彝族自治州完成南盘江、元江水系 16 条干、支流 33 个监测断面 3 期 6 次水质监测，获得有效数据 5550 个；完成石屏县异龙湖，蒙自县长桥海、南湖，个旧市大屯海、个旧湖、北坡水库，开远市三角海 15 个监测断面 3 期 6 次水质监测，获得有效数据 2077 个；饮用水、地下水 5 个点完成 12 次监测，获得有效数据 1948 个；个旧市区、开远市区、河口城区 15 个空气监测点完成 4 次监测，获得有效数据 3017 个；个旧市区、开远市区 3 个降水酸度监测点获得有效数据 715 个；个旧市区、开远市区 14 个自然降尘监测点在 12 次监测中，获得有效数据 160 个；个旧市区、开远市区、蒙自城区 18 个工程区噪声监测点和 65 个交通噪声监测点获得有效数据 59 786 个。全州还获得污染源及其他各类监测数据 1241 个。红河哈尼族彝族自治州环境监测站、个旧市环境监测站分别于 1998 年 2 月和 10 月通过省级计量认证。[③]

[①]《红河州年鉴》编辑部编：《红河州年鉴（1999）》，潞西：德宏民族出版社，1999 年，第 289 页。
[②]《红河州年鉴》编辑部编：《红河州年鉴（1998）》，潞西：德宏民族出版社，1998 年，第 254 页。
[③]《红河州年鉴》编辑部编：《红河州年鉴（1999）》，潞西：德宏民族出版社，1999 年，第 289 页。

九、环保科研

1997 年，红河哈尼族彝族自治州环境保护局主持完成的"乡镇工业污染源调查"项目，12 月通过省级有关专家评审验收；个旧市环境保护局承担完成的"个旧市环境空气质量、城市区域环境噪声标准适用区水环境功能分区研究"项目，11 月在个旧通过省、州、市有关专家和领导的联合评审验收。红河哈尼族彝族自治州环境监测站主持完成的"实验室计量认证"和红河哈尼族彝族自治州环境监理所主持完成的"排污申报登记"待验收。[①]

1998 年，红河哈尼族彝族自治州环境保护局主持完成的《红河哈尼族彝族自治州自然保护区发展规划》项目，7 月已正式上报云南省环境保护局；建水县人民政府主持完成的《建水县生态建设规划》《建水燕子洞白腰雨燕自然保护区综合考察报告》、石屏县人民政府主持完成的《石屏异龙湖流域环境规划》修编、个旧市环境保护局承担的《个旧市酸雨控制区二氧化硫污染综合防治规划》和开远市环境保护局承担的《开远市酸雨控制区二氧化硫污染综合防治规划》均已完成编制任务。[②]

第六节　临沧市环境保护史料

一、环境状况综述

（一）"三废"排放

1997 年，临沧地区废水排放量总量 5062.27 万吨，比 1996 年增长 42.3%，其中，工业废水排放量占废水排放总量的 92.8%，万元产值工业废水排放量 286.6 吨，比 1996 年下降 4.8%，废水中主要污染物排放量为：悬浮物 21 780.45 吨，比 1996 年增长 52.2%，化学耗氧物 69 500.2 吨，比 1996 年增长 60.7%。废气排放总量为 43.7 亿标准立方米，比 1996 年增加 39.1%，其中燃料燃烧废气排放量为 39.8 亿标准立方米，比 1996 年增长 41%，生产工艺废气排放量 3.89 亿标准立方米，较 1996 年增加 11.5%。工业废气中二氧化硫和烟尘排放量分别为 11 435.44 吨、2948.5 吨，分别比 1996 年增长 67.5%、40.2%；

---

①《红河州年鉴》编辑部编：《红河州年鉴（1998）》，潞西：德宏民族出版社，1998 年，第 254 页。
②《红河州年鉴》编辑部编：《红河州年鉴（1999）》，潞西：德宏民族出版社，1999 年，第 289 页。

工业粉尘排放量为9607.08吨，比1996年增加90.6%。全区工业固体废弃物产生量10.64万吨，比1996年增加83%，综合利用量为7.37万吨，排放量3.07万吨，全区万元产值固体废弃物产生量0.648吨，比1996年减少1.179吨。[1]

（二）1997年环境质量状况

1997年，临沧地区两大水系的主要河流水质符合国家地面水环境质量Ⅱ、Ⅲ类标准的监测断面占75%，比1996年增加37.5%；水质符合Ⅳ、Ⅴ类标准的监测断面占25%，超过Ⅴ类标准的监测断面比1996年减少12.5%。主要河流中有机污染严重的依次是小黑江、南汀河、西河、凤庆河、罗闸河、澜沧江；毒物及重金属污染严重的河流依次是南汀河、小黑江、凤庆河、罗闸河、西河、澜沧江。经监测，1997年临沧县城大气环境质量符合国家Ⅱ级标准，处于清洁水平，与1996年相比，变化较小。临沧县城区5条主要交通干线噪声的平均等效声级值都有不同程度的超标，超标较严重的是214国道和公园路，功能区噪声，除特殊住宅区的平均等效声级值未超标外，其他各区域平均等效声级值均有不同程度的超标，超标最严重的是交通干线两侧的混合区域。[2]

（三）1998年环境质量状况

1998年，临沧地区废水排放总量4999.89万吨，比1997年减少了约1.23%，其中，工业废水排放量占废水排放总量的92.7%，与1997年基本持平，万元产值工业废水排放量263.6吨，比1997年下降约8.0%，废水中主要污染物排放量为：化学耗氧物50 952.63吨，比1997年减少约26.69%，悬浮物22 179.41吨，比1997年增加约1.8%。废气排放总量22.1亿标准立方米，比1997年减少约49.43%，其中，燃料燃烧废气排放量为19.4亿标准立方米，比1997年减少约51.26%，生产工艺废气排放量2.7亿标准立方米，较1997年减少约3.6%，工业废气中二氧化硫和烟尘排放量分别为8990吨、2231吨，分别比1997年减少约21.38%、24.33%；工业粉尘排放量为1051吨，比1997年减少约89.06%。全区工业固体废弃物产生量为65万吨，排放量2.4万吨。全区万元产值固体废弃物产量3.7吨。区内两大水系的主要河流水质符合国家地面水环境质量Ⅱ、Ⅲ类标准的占87.5%，较1997年增加了12.5个百分点；水质超标Ⅴ类标准的增加了12.5%，水质符合Ⅳ类标准的减少到25%。各河流中，澜沧江、罗闸河、凤庆河、南汀河有机污染有不同程度的加重，较明显的是南汀河，有机污染有所减轻的是小黑江、西河，其中，以小黑江较为明显，污染等级从中污染降为轻污染。毒物污染程度各河流与

①《临沧地区年鉴》编纂委员会编：《临沧地区年鉴（1998）》，昆明：云南民族出版社，1999年，第177页。
②《临沧地区年鉴》编纂委员会编：《临沧地区年鉴（1998）》，昆明：云南民族出版社，1999年，第177页。

1997 年基本持平，变化幅度较小，都处于较清洁状态。临沧县城的大气环境质量符合国家 II 级标准，属清洁区。大气污染类型为煤烟型污染，主要污染物为总悬浮微粒，其次是二氧化硫。与 1997 年相比，临沧县城大气污染有所加重，主要原因是总悬浮微粒污染增加，这与临沧县城房屋建设项目多、公路和市镇改造工程增加及机动车辆增多有关。1998 年，临沧县城 5 条主要交通干线噪声，除 2 号路平均等效声级值未超标外，其他道路平均等效声级值均有不同程度的超标，超标较严重的是 214 国道，这是城市道路基础设施差、路面窄、等级低、车流量大所致。①

二、环境管理

1998 年组织论证审批了 25 个建设项目环境影响评价报告，大中型建设项目环评制度执行率达 100%，比 1997 年增加 4 个百分点。乡镇企业及小型建设项目的执行率达70.3%。对 10 个建设项目环保设施进行竣工验收，已验收项目治理设施运行率达 80%。大中型建设项目"三同时"执行率达 77%。全区年内安排污染治理项目 7 个，完成投资561.1 万元，其中治理废水 2 个项目，投资 415.2 万元；治理废气 5 个项目，投资 145.9万元，当年竣工项目 8 个（其中 1997 年遗留 1 个）。1998 年竣工项目新增设计处理能力：治理废水 210 吨/日，治理废气 56 133 标准立方米/时。完成了全区 3669 个乡镇工业企业污染源调查工作，并通过省专家组验收。对全区 661 家排污单位实施排污申报登记。组织对全区 8 个县人民政府环境保护目标责任制终期完成情况的检查考评，并接受了云南省人民政府检查考评组的考评。按照云南省人民政府关于实施绿色工程计划的要求，组织编制出《临沧地区青山绿水跨世纪"2345"绿色工程计划》，并经行署批转实施。年内组织了一期各县环保部门工作人员及各大中型企业环保人员参加的环保业务培训，培训人数 47 人。②

三、环保法制

1997 年共办理环境行政处罚案件 6 起，接到群众来信 42 封，其中关于水污染的15 封、大气污染的 16 封、其他环境问题的 11 封，当年已处理来信数 35 封，接待群众来访 77 人次、36 批次，来访涉及水污染的 16 批、大气污染的 16 批、其他环境问题 14 批，当年已处理 28 批。年内办理区人民代表大会、政治协商会议关于环境保护的建议、提案 7 件，办理率达 100%。组织有领导干部和社会各界人士参加的"六

---

① 《临沧地区年鉴》编纂委员会编：《临沧地区年鉴（1999）》，昆明：云南民族出版社，2000 年，第 166 页。
② 《临沧地区年鉴》编纂委员会编：《临沧地区年鉴（1998）》，昆明：云南民族出版社，1999 年，第 178 页。

五"世界环境日宣传活动。"六五"世界环境日期间，全区开展宣传活动项目 13 个，接受宣传教育人次达 185 000 人次。组织召开了有行署领导参加的环境保护委员会纪念"六五"世界环境日座谈会，并发布了《1996 年临沧地区环境状况公报》。与地区科学技术协会、行署教育委员会联合举办"全区青少年生物百项活动"，全区共收到推荐参赛作品 41 项，获奖 30 项，7 项推荐到省参赛，4 项获省二等奖。①

1998 年，共办理环境行政处罚案件 8 起，处理来信 14 件，占来信总数的 60.7%；办理区人民代表大会、政治协商会议关于环境保护的建议、提案 9 件，办理率达 100%。全区以学习贯彻党的十五大和中央计生与环保工作座谈会议精神为主要内容，广泛开展环境宣传教育工作，在各种会议及"六五"世界环境日期间，利用广播、报刊、座谈会、培训班等多种宣传手段广泛深入宣传环保基本国策和可持续发展思想。编制和发布《1998 年临沧地区环境状况公报》，完成了全区 1997 年环境统计公报，建立建设项目环境管理软件台账，建立工业企业档案 79 卷。②

四、环境监测

1997 年，地区环境监测站共完成全区两大水系 3 条主要河流 7 个常规监测点的监测和临沧县城大气、噪声常规监测，共获得反映辖区环境质量现状的监测数据 1304 个，其中水质数据 720 个、交通噪声数据 80 个、大气监测数据 504 个。1997 年对全区 20 个主要污染单位进行了污染物排放监测，提供污染源监测数据 492 个，书面监测报告 5 份。对 21 个新建及改扩建项目进行环境影响评价，其中 19 个评价报告经地区组织评审验收，2 个通过省环境保护局评审验收。③

1998 年，共对区内两大水系 5 条河流、8 个控制断面的地面水实施常规监测 3 次，分析项目 21 项，对临沧、耿马两县城大气环境质量、环境噪声进行了监测，共获取反映辖区环境质量现状的监测数据 1907 个。其中水质监测数据 887 个、大气监测数据 900 个、噪声监测数据 120 个。对全区 22 个重点污染企业实施监测，获取监测数据 330 个，提交监测报告 6 份；承担 18 个新建、改建、扩建项目环境影响评价工作，均通过审批部门的审查批准。按预期计划顺利通过省级计量认证，质量保证体系开始正常运转。④

---

①《临沧地区年鉴》编纂委员会编：《临沧地区年鉴（1998）》，昆明：云南民族出版社，1999 年，第 178 页。
②《临沧地区年鉴》编纂委员会编：《临沧地区年鉴（1999）》，昆明：云南民族出版社，2000 年，第 166 页。
③《临沧地区年鉴》编纂委员会编：《临沧地区年鉴（1998）》，昆明：云南民族出版社，1999 年，第 178 页。
④《临沧地区年鉴》编纂委员会编：《临沧地区年鉴（1999）》，昆明：云南民族出版社，2000 年，第 166 页。

第七节　西双版纳傣族自治州环境保护史料

一、生态环境保护概况[①]

西双版纳地处欧亚大陆向东南亚过渡的亚热带气候地段，北有高原屏障，东南和西南临近大洋，光热充足，气候宜人，河流纵横，土地肥沃，生物生长力旺盛，有着十分丰富的植物、动物资源，其中数百万亩热带亚热带原始森林是著名的"物种基因库"。保护好州内的生态环境，不仅对发展自治州有决定性的战略意义，而且对全中国、全世界的科学研究有十分重要的意义。

生活在州内的各族人民，在千百年的生产生活实践中，对保护生态平衡有深刻理解，并且积累了丰富的经验。居住在坝区、以稻作生产为主的傣族人民认为：有森林才会有水，有水才会有田地，有田地才会有粮食，有粮食才会有人的生命。因此，他们十分重视保护原始森林，严禁毁坏"竜林"，家家种柴薪树，户户培育生态庭院，十分重视水资源的合理利用。在20世纪50年代初期以前的数千年中，州内群山处处是莽莽森林。

中华人民共和国成立后，西双版纳各族人民在党中央、国务院和地方各级党政机关的领导下，在开发地方资源、建设边疆、保卫边疆中取得了巨大成就，尤其是几十年中坚持水利建设，兴修了众多的库、塘、沟、坝，有利于生态环境的改善。但是，在保护对生态环境起根本性作用的原始森林方面，由于认识上的片面性，在决策和举措上存在一些问题，因此造成森林覆盖率急剧递减，导致暴雨增多，气温上升，雾日减少，河流变小，草场恶化，相当数量的植物、动物濒临灭绝，生态不平衡日趋严重。

西双版纳的生态环境历来受到党中央、国务院的关注。20世纪50年代中期，受中央领导机关派遣来西双版纳考察的中外专家，就对西双版纳热带植物和气候资源的开发、对保护生态环境，提出过宝贵意见。植物学家蔡希陶等一批科技工作者，对西双版纳天然林资源的开发利用做出了卓越贡献。但由于州内农垦事业在开发与保护的关系问题上尚欠妥善处理，故全州森林受破坏的问题，仍未从根本上解决。1978年5月，方毅副总理专程到西双版纳考察后，6月8日向中央写了专题报告，再次强调保护西双版纳生态环境的重要性、紧迫性，并提出了开发和保护相结合的方向性措施。20世纪80年代中期起，中央的农业、林业方针得到贯彻执行，毁林开荒被逐步制止，植树造林和经

---

① 西双版纳傣族自治州志编纂委员会编：《西双版纳傣族自治州志》上册，北京：新华出版社，2002年，第245页。

济林木稳步发展，天然森林覆盖率逐步上升，"三污"治理不断取得成效，全州生态环境明显地从恶性循环走向良性循环。

然而，千百年来形成的边远山区少数民族刀耕火种的积习，在少部分地区尚难彻底改变，毁林开荒现象难免有反复；不顾国家利益、丧心病狂的少数滥肆盗猎者也可能再度出现；加之在实际工作中也往往存在这样那样的一些困难，因此，西双版纳的生态环境保护工作任重而道远，需要全州领导干部和广大人民严格遵行中央和省、州的有关指示、法律法令，为民族、国家及子孙后代的利益做出坚韧不拔的努力。

二、环境监测

环境监测是环境保护的重要组成部分，是环境质量评价的基础，它为环境立法和环境管理、规划及解决污染纠纷、征收排污费提供了科学依据。1996 年末，全州共有环境监测职工 23 人，其中州（三级）站 15 人，景洪市勐腊县（四级）站 8 人，职工中有专业技术人员 21 人，其中：中级职工 3 人，初级职工 18 人。全州拥有千元以上设备 15 台，监测车 3 辆；能开展环境监测的仅州环境监测站，景洪市和勐腊县由于设备、人员所限，还不能开展环境监测。州环境监测站自 1984 年 3 月成立以来，次年购置监测设备，逐步开展全州地表水、允景洪城区大气、噪声例行监测和全州污染源监测工作。[①]

（一）地表水监测

地表水的例行监测是对澜沧江及其支流普文河、小黑江、流沙河、南腊河、南阿河、南览河、南果河的 11 个断面 21 个监测点进行悬浮物、铅、生化需氧量等污染项目指标的监测、统计。1994 年增设关累国控监测断面，监测点增至 12 个，监测项目 21 项。地表水监测每年获取的数据在 1440 个以上。大气例行监测开展了对允景洪城区二氧化硫、氮氧化物、颗粒物及降尘的监测、统计。二氧化硫、氮氧化物每季监测 1 次，每次监测连续 5 天，每天 4 个时段采样。降尘每月监测 1 次。允景洪城区道路交通噪声监测始于 1986 年。1994 年，据上级安排承担景洪市噪声标准适用区规划监测，对景洪市区域环境噪声进行昼夜监测。1995 年完成勐海县噪声监测 11 个测点 44 个统计数据，为环境管理服务的建筑施工噪声监测统计数据 48 个。通过综合分析，分别编制了历年的月报、季报、年度环境质量报告书。

---

①《西双版纳年鉴》编辑委员会编：《西双版纳年鉴（1997）》，昆明：云南科技出版社，1997 年，第 296 页。

（二）污染源监测

污染源监测始自 1986 年。1994 年，污染源监测重点完成制糖业的景真、勐阿、普文、勐捧、黎明糖厂及橡胶加工业十大国有农场的监测；新开展州内 5 家医院的废水监测工作，取得污染源监测数据333 个。同时对诗风绿果汁饮料厂技改等20 多个项目进行现状监测和环境影响评价。编写完成《澜沧江水系国控监测点位认证验收技术报告》。1995 年完成 5 个糖厂、30 家制胶厂的污水监测，1 家冶炼厂的烟道气监测，3 家医院的污水治理工程验收监测，共取得数据 786 个；受委托对 3 起污染事故监测和仲裁，获数据 70 个。完成勐腊糖厂等 40 多项环境现状建设项目的环境影响评价。编写完成《景洪市〈城市区域环境噪声标准〉适用区域划分技术报告》，通过省环境保护委员会验收，荣获州科技成果三等奖。

三、环境管理

（一）签订环境保护目标责任书

为进一步加强西双版纳傣族自治州环境保护工作，努力实现环境与经济的协调发展，1994 年 4 月，云南省人民政府和西双版纳傣族自治州人民政府签订了 1994—1997 年环境保护目标责任书。该责任书确定了"控制自然生态环境质量下降趋势，景洪市城区大气环境质量保持二级水平，一市两县县城自来水厂取水点水质年均值达 III 类标准"的总目标；责任书还包括景洪造纸厂转产、版纳水泥厂搬迁在内的 6 项主要任务以及实现以上目标的 3 年指标分析，成为指导全州环境保护具体工作的纲领性文件。[1]

（二）固体废弃物申报登记工作完成

根据云南省环境保护局转发国家环境保护局《关于在全国开展固体废弃物申报登记工作的通知》和《云南省固体废弃物申报登记工作实施方案》，西双版纳傣族自治州从1997 年 7 月起，对全州重点排放固体废弃物的 30 家企业逐一发放申报表、填表细则、申报要求等资料。于 1997 年 11 月下旬，收回报表、汇总、建档。此次全州固体废弃物申报登记的主要行业有：造纸、制糖、医药、采矿等行业，通过申报登记，摸清了全州固体废弃物产生的种类、数量、来源与流向，为制定固体废弃物污染防治策略或具体实施污染源治理计划提供了依据，同时对提高企业对固体废弃物的再认识、再利用起到了良好作用。[2]

---

①《西双版纳年鉴》编辑委员会编：《西双版纳年鉴（1997）》，昆明：云南科技出版社，1997 年，第 296 页。
②《西双版纳年鉴》编辑委员会编：《西双版纳年鉴（1997）》，昆明：云南科技出版社，1997 年，第 297 页。

（三）开征建筑施工超标噪声排污费

1995 年，西双版纳傣族自治州城乡建设与环境保护局首次征收建筑施工场地边界超标噪声排污费。州环境保护办公室在州环境监测站的配合下，对施工企业、施工设备、施工场地进行现场监测，获得实测数据后，根据国家有关政策、法规所指定的标准，制定出具体的收费办法。为了使这项工作产生广泛影响并得以顺利开展，1995 年 3 月下旬召开了一次由施工单位负责人参加的宣传动员工作会议。此项排污费实行收费人员现场收费的形式，全年共征收超标噪声排污费 7.2 万元，开征户数 28 户。[①]

（四）排污收费

排污收费制度是环境管理八项制度之一，依据《云南省征收排污费管理办法》，1986 年，全州开展排污费收费，主要对超标排放废水、废气、噪声污染物的国有、集体、个体企事业单位实行征收排污费。

1994 年是逐步实行严格管理、足额征收关键的一年，排污收费工作取得很大进展。全年累计征收废水、废气污染物超标排污费 235.061 1 万元，比 1993 年增长 117.66%。1995 年，在健全收费、强化征收的指导思想下，开征建筑施工场地边界超标噪声排污费，征收排污费总额 274.498 6 万元，比 1994 年增长 16.78%。其中州局 264.954 6 万元。1996 年，勐海县首次开展排污收费（污水排污费），自此，排污收费制度在全州范围内全面实行。全年总计征收建筑施工噪声、废水、废气污染物超标排污费和污水排污费 292.304 9 万元，比 1995 年增长约 6.49%，其中州局 280.344 9 万元。

排污费的收取，既为企业治理污染积累了资金，也为环境监督管理提供了有利的经济手段。征收额逐年稳步增长，增长率逐年下降，说明排污收费工作的不断深入和排污收费制度的日臻成熟。[②]

四、环境污染

1993 年，在云南省热带作物科学研究所胶园里发现一种橡胶树病害，受病害影响的橡胶达 2228.6 亩，共计 59 576 株。其中胶树死亡 1604 株，无产量；重度受害胶树 4874 株，减产 70%；中度 8138 株，减产 50%；轻度 44 960 株，减产 20%。截至 1996 年底，直接经济损失在 200 万元以上，由云南省热带作物科学研究所承担的国家"八五"科技攻关课题"云南地区高产、抗寒、抗病橡胶树新品种选育的研究"也因此受到

①《西双版纳年鉴》编辑委员会编：《西双版纳年鉴（1997）》，昆明：云南科技出版社，1997 年，第 297 页。
②《西双版纳年鉴》编辑委员会编：《西双版纳年鉴（1997）》，昆明：云南科技出版社，1997 年，第 297 页。

严重影响，统计资料数据难以准备，课题被迫中断。

1995 年 8 月，受云南省热带作物科学研究所委托，西双版纳傣族自治州环境监测站对受害胶园一带的大气环境及胶园内 7 家机砖窑厂排放的废气进行监测后，认为胶园内机砖窑厂生产产生废气中的氟化物是造成橡胶发生病害的直接原因，是一起严重的污染事故。该事故发生后，引起各级政府及新闻单位的关注。[①]

五、自然保护区

（一）国家级自然保护区[②]

西双版纳自然保护区是国家重点自然保护区之一，地跨景洪、勐海、勐腊三县，属热带及亚热带类型自然保护区，主要保护对象为热带雨林、季雨林及野象、野牛、长臂猿、孔雀、犀鸟等动物。1958 年 10 月经云南省人民委员会批准，划定勐养、勐仑、勐腊、大勐龙 4 个自然保护区，总面积为 85.85 万亩。之后，因管理不善，自然保护区遭到一定的破坏，至 1972 年，大勐龙自然保护区已被破坏殆尽，全州自然保护区面积减少到 68.7 万亩。至 1978 年，农林部组成联合工作组，对西双版纳的自然资源和保护区进行实地考察后，提出扩建 3 个自然保护区、新增 1 个自然保护区的规划意见。1980 年 3—6 月，云南省林权工作队又根据农林部联合工作组和中共云南省委《关于西双版纳经济发展规划》中有关增划自然保护区的意见，会同当地州、县、社队实地进行勘察和调整，确定自然保护区范围，除保持原有勐养、勐仑、勐腊 3 片外，减去大勐龙片，新增曼稿和尚勇 2 个片，共 5 个片，统称西双版纳自然保护区。1983 年春，由云南省林业厅主持，有 20 个科研、教学和勘察设计部门共 148 名科技人员参加，历时 3 个月的综合考察和总体规划，最后调整确定区划 5 片，总面积 362.68 万亩。在自然保护区总面积中，按不同土地类型划分：天然林地 296.74 万亩，约占保护区总面积的 81.82%；灌木林地占 11.14%。按各主要植被划分：热带季雨林 17.39 万亩，约占保护区总面积的 4.79%；热带山地雨林 3.49 万亩，约占保护区总面积的 0.96%；热带季雨林 4.5 万亩，约占保护区总面积的 1.24%；季风常绿阔叶林 269.75 万亩，约占保护区总面积的 74.38%；落叶针叶林 0.23 万亩，约占保护区总面积的 0.06%；暖性针叶林 0.6 万亩，约占保护区总面积的 0.16%；其余竹林、灌木林、荒山荒草地等 66.72 万亩，约占保护区总面积的 18.40%。1985 年云南省人民政府将西双版纳自然保护区列为省一级自然保护区，1986 年 7 月经国务院批准，西双版纳自然保护区被列为国家级自然保护区。

---

① 《西双版纳年鉴》编辑委员会编：《西双版纳年鉴（1997）》，昆明：云南科技出版社，1997 年，第 297 页。
② 西双版纳傣族自治州志编纂委员会编：《西双版纳傣族自治州志》上册，北京：新华出版社，2002 年，第 249—254 页。

（二）省级自然保护区——纳板河流域自然保护区[①]

西双版纳纳板河流域自然保护区，建于 1991 年 7 月，隶属于云南省环境保护委员会，是由环保部门管理的多功能综合型省级自然保护区，云南省环境保护委员会于1991 年 8 月将该保护区委托给西双版纳傣族自治州政府代管，实行省环境保护委员会及州政府双重领导，保护区经费由省政府安排[②]。

（1）基本情况[③]。西双版纳纳板河流域自然保护区位于景洪市与勐海县接壤处，地理坐标为北纬 22°05′—22°16′，东经 100°34′—100°43′，土地面积 2.66 万公顷。其中属景洪市嘎栋乡的面积为 1.18 万公顷，约占 44.36%；属勐海县勐宋乡的面积为 1.48 万公顷，约占 55.64%。保护区内住有汉族、傣族、哈尼族、拉祜族、布朗族、彝族 6 种民族，共 28 个自然村，738 户 4397 人（1988 年统计数）。保护区地势西北高、东南低、山地占总土地面积的 99%，最高海拔为 2304 米，最低为 539 米，年平均气温18—22℃，年降雨量 1100—1600 毫米。保护区的森林覆盖率达 45.32%，有州内分布的各种植被类型——热带雨林、热带季雨林、亚热带常绿阔叶林、落叶阔叶林、暖性针叶林、竹林，次生植被、河漫滩灌丛和草丛等。保护区内物种资源丰富，已知的高等植物有 215 种 870 属和 1782 种（包括变种），分别占全州所具有各类群的 81.4%、59.1% 和45.7%；已知陆生脊椎动物 164 属 227 种，占全州总数的 36%；列入国家第一批重点保护的植物有 33 种，占全州的 65%；动物 34 种，占 33%。根据"生物圈保护区"的概念和功能，将保护区划分为核心区、缓冲区、试验区（生产示范及科研区）和旅游区四大部分。

纳板河流域自然保护区是我国第一个按小流域生物圈保护理念建设的保护区，它通过对自然资源多功能的科学管理，实现山地自然资源的保护与开发相结合，在保护生物多样性、恢复与建立地区良性生态环境维持系统、力求自然资源永续利用的同时，努力促进贫困地区的经济发展，尽快脱贫致富，使其成为一个多功能综合型的流域生物圈保护区。

1992 年 5 月，云南省机构编制委员会核定保护区管理机构事业编制 15 名，西双版纳纳板河流域自然保护区管理所随即成立。根据自然保护区管理的工作需要，经省公安厅和州公安处批准，于 1992 年 5 月成立纳板河流域自然保护区公安派出所，当年 7 月17 日，保护区公安派出所正式挂牌，干警由管理所中抽出 5 人兼任。

（2）纳板河流域自然保护区管理步入正轨[④]。自然资源是保护区的生命之本，保

---

① 国务院于 2000 年 4 月批准纳板河流域自然保护区为国家级自然保护区。
② 西双版纳傣族自治州志编纂委员会编：《西双版纳傣族自治州志》上册，北京：新华出版社，2002 年，第 255 页。
③《西双版纳年鉴》编辑委员会编：《西双版纳年鉴（1997）》，昆明：云南科技出版社，1997 年，第 297 页。
④《西双版纳年鉴》编辑委员会编：《西双版纳年鉴（1997）》，昆明：云南科技出版社，1997 年，第 298 页。

持好现有自然资源是保护区管理工作的重要组成部分。自1992年5月成立西双版纳纳板河流域自然保护区管理所以来，管理所依据各级政府颁布的法律、法规，投入人力物力，采取多种形式，依法开展自然保护区的管理工作。

（3）扶助保护区内群众脱贫致富[1]。遵照纳板河流域自然保护区总体规划设计中"把促进山区经济的发展，帮助当地人民脱贫致富作为保护区的重要任务之一"的原则，纳板河流域自然保护区管理所在探索永续利用自然资源、增强自身造血机能的同时，还尽管理所之力，力所能及地为区内群众排忧解难，做实事、做好事，积极扶助群众发展生产，走上富裕之路，为建立人与自然和谐相处的模式奠定基础。1992—1995年，管理所或投资或拨款，或出技术，帮助区内群众改善生活条件，发展生产力，为实现脱贫致富而努力，先后完成了如下工作：曼点村746.9平方米的水泥道路及停车场铺设；贷款扶持安麻老寨两户农民发展茶叶生产；出资请州水电局勘测区内未通水电村寨的架设路线；出资在大糯有村发展西番莲种植，涉及全村公所5个自然村；投资建设茶场村自来水工程；支援小糯有村架设高压输电线路；资助曼费村滚水坝建设，学习先进的农业生产技术；依托科技，借助科研课题，调整土地利用结构，推广科学种植、养殖技术；建立生态生产示范户、示范村。这些工作，一方面，密切了与区内群众的关系，居民的环保意识得以加强，有利于自然保护区的保护；另一方面，使群众认识到依靠科学，实行科学种植、养殖发展农业的重要性、必要性，只有结合自身情况，在科学的指导下，科学生产、科学管理，才是解决贫困的有效途径。

（4）纳板河流域自然保护区管理所增强自身"造血机能"[2]。西双版纳纳板河流域自然保护区的规划与设计方案中指出：保护区的建设应体现保护、科研、开发相结合，保护与当地群众的脱贫致富相结合。同时，保护区本身在发展中应逐步走上半自给或全部自给的道路。1992年7月，保护区管理所成立，紧紧围绕这一方案开展工作，努力为国家减轻负担，积极为建立新型自然保护区探索成功之路。管理所在现有科技人才、技术的基础上，利用区内资源，因地制宜，发展种植、养殖业，一方面，逐步开创自养之路，增强"造血机能"；另一方面，为保护区内群众生产致富做出良好示范。管理所开展示范生产始于1993年曼点管理站荔枝、柚子基地的建立。该基地在旧茶园的基础上改造，当年定植荔枝、柚子各5亩。以后陆续在保护区内各种水果适栽区域择址征地，种植柚子、龙眼、香竹、核桃、香蕉等经济作物300亩。兴建了茶场村热带混农林生产示范基地、曼兴良亚热带混农林生产示范基地、纳板香蕉基地。1994年底，在保护区内纳矿村建养牛基地，养牛33头，先后出售12头，获利近2万元。管理所的科技人员发扬自力更生、艰苦奋斗的精神，克服困难，在纳板建成一个育有橡胶、柚子、

---

[1]《西双版纳年鉴》编辑委员会编：《西双版纳年鉴（1997）》，昆明：云南科技出版社，1997年，第297页。
[2]《西双版纳年鉴》编辑委员会编：《西双版纳年鉴（1997）》，昆明：云南科技出版社，1997年，第297页。

桃子、散尾葵、蒲葵等水果、绿化树种及珍稀濒危植物的苗圃。

生产示范基地为保护现有自然资源、引导当地群众走富裕之路做出了榜样，也为管理所走自养之路创造了物质条件。

六、全州城乡建设环境保护工作会议

1996 年 6 月 25—27 日，全州城乡建设环境保护暨先进集体、先进个人表彰会在西双版纳傣族自治州政府小礼堂召开，州委、州政府领导出席会议并在会上做了报告；各有关单位的领导、代表及各乡镇长、乡镇助理员共 150 余名代表与会，省建设厅、省环境保护局的领导亦到会祝贺。会议传达了省建设厅工作会议精神，总结了"八五"期间全州城乡建设环境保护工作，讨论了全州城乡建设环境保护工作"九五"计划和 2010 年远景目标；会议还对在城乡建设环境保护工作中表现出色的 14 个先进单位和 60 名先进工作者进行表彰；副州长还与各市、县分管环保的县、市长签订了环境保护目标责任书。[①]

第八节　普洱市环境保护史料

一、环境保护概况[②]

历史上，思茅地区各族人民就有着保护自然生态环境的传统美德。1989 年普洱哈尼族彝族自治县勐先乡和平村发掘出的清代乾隆六十年（1795）的《护林碑》和同年在镇沅县发掘的咸丰六年（1856）的《种树碑》，反映了当时边疆各族人民保护自然生态环境的真实情况和文明成果。在哈尼族、彝族、佤族、傣族等少数民族长期生活过程中，由于对原始万物有灵的自然崇拜，客观上形成了喜爱山水林木的观念，在村寨周围种植榕树、菩提树，营造柏树林、杉树林和大片茶林、薪柴林，各个村寨都有古树和古树林。水源林被视为"寨神"，成为"竜林""竜树"，受到保护。但由于边疆各民族长期受科技文化落后等历史原因制约，处于刀耕火种、毁林开荒的时期较长；加之，随着经济的发展、人口的增长，人们向自然界索取自然资源能力增强，给自然生态环境带

①《西双版纳年鉴》编辑委员会编：《西双版纳年鉴（1997）》，昆明：云南科技出版社，1997 年，第 297 页。
② 普洱市地方志编纂委员会编：《思茅地区志》，昆明：云南人民出版社，2012 年，第 1036 页。

197

来了影响。

民国年间直至中华人民共和国建立后较长的一段时间，思茅地区工业基础薄弱，环境污染还不明显。环境问题出现于 20 世纪 70 年代，期间经过一个发生、发展到逐步控制的过程。

1978 年，中共十一届三中全会之后，思茅地区环境保护工作提上议事日程，逐步得到发展。在这一时期内大体经历了三个阶段：第一阶段（1978—1981 年）重点是机构建设，开展调查研究和环境保护宣传；第二阶段（1982—1985 年）重点是编制环境规划，充实加强环保力量和培训环保队伍；第三阶段（1986—1989 年）重点是查清污染源，强化环境管理，加强环境法制宣传教育，一手抓控制污染，一手抓污染治理。

1978 年以来，在各级人民政府的领导下，全区环保部门为保护和改善环境做出很大的努力，取得了显著成效。环境保护工作已从单纯的行政管理，向依法行政发展；从工业"三废"治理、单项工程防治，向城市和区域综合治理发展；从工业污染防治，向农业生态及野生动物植物保护发展。

改革开放给思茅地区社会经济发展带来新的生机和活力，但随着全区经济的迅速发展，特别是人口剧增和大规模开发自然资源，环境问题变得越来越突出，既要适应经济高速发展的需要，又要在经济发展过程中遏制环境恶化势头，环境保护工作任重道远。

二、环保机构①

（一）地区环保机构

思茅地区环境保护工作起步较晚。1978 年 11 月 25 日，思茅地区行署在行署基本城乡建设委员会内设 1 名环保专职干部。

1980 年 10 月 22 日，思茅地区行署做出《关于设立环境保护机构的批复》："同意在城乡建设委员会内设立环境保护科，编制 5 人，由人事部门在现有编制内调配，不增加行政编制，科长配备由组织部门审批。"从此，思茅地区环保机构被正式列入政府序列。

1981 年 3 月，行署城乡建设委员会环境保护科调配 1 名环保专职干部，1982 年 4 月底调配 1 名科领导，充实和加强环保工作的力量。

1983 年机构改革时，撤销思茅地区行署基本城乡建设委员会，成立思茅地区行署城乡建设环境保护局，局机关内部仍保留环境保护科，副局长分管环保工作。

---

① 普洱市地方志编纂委员会编：《思茅地区志》，昆明：云南人民出版社，2012 年，第 1037—1038 页。

1987 年 5 月 18 日，根据思茅地区行署《关于成立思茅地区环境保护委员会的通知》，地区环境保护委员下设办公室，原行署建设局环境保护科改为环境保护办公室，为地区环境保护委员会的办事机构，负责日常工作。思茅地区第一届环境保护委员会由行署副专员王嘉钦兼任主任，行署建设局、计划经济委员会、财政局、人事局、科学技术委员会等部门负责人任副主任，委员 7 人。

思茅地区环境保护委员会的主要任务和职责是：贯彻执行党和国家有关环保方针、政策和法规；领导、组织、协调、监督、检查地区各部门、各县的污染防治和自然保护工作；编制全区中、长期环保事业发展规划；制定本地区环境保护政策、实施办法和地方法规，并组织实施，为全区城乡人民创造良好的生产和生活环境。

1988 年 9 月 1 日，思茅地区环境保护委员会决定成立思茅地区环境影响评价论证小组，负责对全区环境影响的评估论证工作。1988 年 9 月 20 日，思茅地区行署发出《关于调整充实地区环境保护委员会部分人员的通知》，王嘉钦继续兼任主任，设 6 名副主任，9 名委员。

1989 年 5 月 23 日，思茅地区行署发出《关于调整增补地区环境保护委员会主任副主任的通知》，地区环境保护委员会主任由行署副专员郑绵盛兼任，同时增补行署建设局副局长黄有俊为副主任。截至 1989 年底，全区环保系统共有干部职工 62 人，其中环保管理干部 26 人，约占职工总数的 42%。在环保管理干部中，文化结构为大专 6 人，中专 15 人，初中 4 人，高小 1 人；平均年龄为 34.5 岁；少数民族干部占 12%。

（二）县级环保机构[①]

1980 年底前，全区 10 县均未设立环保机构。1981 年初，澜沧、景谷两县先后在县爱国卫生运动委员会办公室内设 1 人兼管环保工作。1982 年 1 月 9 日，澜沧拉祜族自治县成立环保办公室。1982 年 12 月，思茅县在城乡建设局内，镇沅县在基建科内配备专职环保干部；景谷成立环境保护委员会。景谷县是云南省最早成立环境保护委员会的县。

1984 年，全区 10 个县在机构改革时，均成立县城乡建设环境保护局。思茅县在局内设置环保办公室，其余 9 县在局内设置环境保护股。

1985 年 4 月 20 日，普洱县人民政府批准在县建设局内配备两名市政环保警察。1985 年 5 月 7 日，孟连傣族拉祜族佤族自治县环境保护委员会成立； 6 月 8 日，普洱县城乡规划环境保护委员会成立；7 月 12 日，镇沅县环境保护及城乡规划委员会成立；1989 年 10 月 20 日，景谷傣族彝族自治县环境保护委员会成立（系成立民族自治县后因易名重新成立）；10 月 28 日，墨江哈尼族自治县环境委员会成立；同年江城哈尼族彝

---

① 普洱市地方志编纂委员会编：《思茅地区志》，昆明：云南人民出版社，2012 年，第 1038 页。

族自治县环境保护委员会成立。

截至 1989 年末，全区 10 县有 6 个县先后成立环境保护委员会，下设办公室，与县城乡建设环境保护局内的环境保护股的关系是"两块牌子，一套班子"，按照其职能依法行政。

三、地方环境管理法规①

1980 年 7 月 30 日，思茅行署制定《思茅城区规划建设管理条例（试行）》，印发各县革命委员会（人民政府）；同时将该条例排版印刷为 64 开小册子分发到思茅城区各单位，印成布告张贴于思茅城区街巷。1982 年 12 月 10 日，思茅县人民政府根据思茅城区总体规划确定的性质，在总结原试行条例实施经验的基础上，进行了修改、补充和完善，同时改称为《思茅城区规划建设管理暂行条例》，共 9 章 44 条。其中第八章为城区环境管理，对城区工业污染源治理、新建项目"三同时"（建设项目中防治污染设施必须与主体工程同时设计、同时施工、同时投入使用）把关、生活饮用水源保护、垃圾粪便处置及市容市貌整治等做了具体的规定。

1980 年 7 月 30 日经思茅行署批准，《洗马河水库管理条例（试行）》颁布实施，并印制成布告和 64 开小册子广为宣传。《洗马河水库管理条例（试行）》共 4 章 18 条，条例对水库周围环境和水环境的保护做了详细的规定和具体的要求。

四、环保宣传教育②

（一）环保方针政策法规宣传

从 1981 年起，凡是国家、省颁布的环境保护政策、法律、法规都征订或翻印发至区内各级领导干部和各有关企业事业单位。截至 1991 年，共征订《环境保护法规汇编》《环境保护文件汇编》《环境保护工作手册》500 余册，翻印《云南省排放污染环境物质管理条例》《中华人民共和国水污染防治法》等法规 15 000 余份。除征订翻印材料外，还召开会议宣传贯彻落实。

1981 年 6 月，召开思茅地区环境保护工作座谈会，各县及地属有关委办局和部分企事业单位代表 40 余人参加。会议主题是"贯彻《国务院关于在国民经济调整时期加强环境保护工作的决定》"。

---

① 普洱市地方志编纂委员会编：《思茅地区志》，昆明：云南人民出版社，2012 年，第 1039 页。
② 普洱市地方志编纂委员会编：《思茅地区志》，昆明：云南人民出版社，2012 年，第 1039—1040 页。

1982 年 11 月，思茅地区第一次环境保护会议在思茅召开，参加会议的有各县主管环保工作的领导，限期治理 10 厂（矿）代表及地属有关委办局的负责人共 41 人。会议传达学习了全国工业系统防治污染经验交流会的主要文件和《征收排污费暂行办法》、《云南省排放污染环境物质管理条例》，表彰了在环境管理、治理污染方面做出成绩的澜沧拉祜族自治县环境保护办公室、澜沧铅矿、普洱水泥厂、磨黑盐矿。

1985 年 3 月，思茅地区第二次环境保护会议在思茅召开，会议传达了云南省第二次环境保护会议精神，结合思茅实际，重点研究了征收超标排污费的目的、作用、性质、依据及具体办法。60 余人参加了会议。

1987 年 12 月，思茅地区第三次环境保护会议在墨江召开，会议主题是贯彻全国大气污染工作会议精神和执行建设项目"三同时"的六个文件；研究排污费的征收、管理、使用问题；交流观摩治理污染情况，落实治理计划；总结表彰在思茅地区工业污染源调查及建立档案工作中取得成绩的集体和个人。会议重点解决的问题是加快治理步伐，强化环境管理。

1988 年 11 月，思茅地区环境保护十周年座谈表彰会召开。思茅地区环境保护委员会委托王国荣做了题为"团结一致艰苦创业开拓前进的十年"的讲话。会议表彰了在开创环保事业十年中取得成绩的先进集体和个人。思茅、普洱、墨江、景谷等县也分别召开了环保十周年座谈表彰会。

1989 年 10 月，思茅地区第四次环保会议召开，参加会议的有各县主管环境保护工作的县长或副县长、建设局局长、环保专职干部、地县环境监测站、重点集镇厂矿代表，地直各委办处局负责人，共 80 余人。思茅地区行署副专员、环境保护委员会主任郑绵盛做了题为"认真贯彻基本国策，为我区环保工作上新台阶而努力"的讲话。会议总结了全区第三次环境保护会议以来的工作情况，布置了后一阶段全区环境保护工作任务及完成任务的具体措施。

思茅地区环境保护委员会成立之后，截至 1989 年末，共召开过 4 次全体委员会议，充分发挥了贯彻执行党和国家有关环保方针、政策、法规、法律，以及领导、组织、协调、监督全区环境保护工作的作用。

（二）环保科普知识宣传①

1978 年 11 月至 1982 年 8 月，地区环保部门组织全区各县及有关部门 133 人次，先后到广州、昆明、贵阳参观全国环境保护展览、英国环境保护展览、中国自然保护展览。

---

① 普洱市地方志编纂委员会编：《思茅地区志》，昆明：云南人民出版社，2012 年，第 1040 页。

从 1979 年开始，地、县环保部门陆续开辟环保宣传专栏，每年结合"4·22"地球日、"六五"世界环境日、爱鸟周活动和环境保护宣传中心开展经常性的环境科普知识宣传活动。

1979—1986 年，思茅地区环保部门与全国 20 个省（自治区、直辖市）的 57 个环保部门建立联系，开展资料、信息交流。

1981—1984 年，为提高人民群众的环境意识，思茅地区城乡建设委员会环保科编印环保科普知识和环保工作手册 5300 余册，其中环境保护知识选编 1000 册、环境保护工作手册 3800 册、环保情况反映 500 册，分发给各单位及领导干部。

1982 年，环保科举办 3 次图文并茂的彩色大幅环保科普知识宣传专栏；先后在思茅、普洱、澜沧等县及部分厂矿组织放映《让春城春常在》等 3 部环保影片 19 场，观众达 2 万余人次。

1982—1989 年，地区环保部门利用报刊、广播、电视等新闻媒介，对思茅地区环保工作情况和环保事业发展动态经常进行宣传报道，共刊登和播出稿件 145 篇。其中，《中国环境报》3 篇、《云南日报》1 篇、《思茅报》119 篇、《云南交通报》2 篇、《思茅信息》9 篇、云南人民广播电台 1 篇、思茅电视台 2 篇。

1984 年，《中国环境报》创刊后，认真做好征订宣传工作，征订份数逐年增加，并免费为地、县领导干部订阅。1984—1989 年共征订《中国环境报》2125 份。

1985 年 6 月，由行署城乡建设环境保护局环境保护科、地区环境监测站、思茅县环境保护办公室联合举办思茅街头环保咨询和环保知识有奖竞赛。

1986 年 3 月，爱鸟周活动期间，思茅地区行署城乡建设环境保护局对镇沅县平掌乡人民政府、平掌乡小学爱鸟护鸟的事迹给予表彰，各奖锦旗一面，赠送环保科普知识丛书若干册及部分物品，并通报全区 10 个县。

1988 年 3 月，思茅地区环境保护委员会举办环保知识有奖竞赛。发出试卷 1.2 万份，参加竞赛的有学生、教师、工人、农民、军人、干部，共 16 个民族，其中少数民族占 41.6%。竞赛结果：白兆林、张天伟 2 人获一等奖；另有二等奖 5 名、三等奖 10 名、纪念奖 50 名、鼓励奖 3 名。1988 年 6 月，思茅地区环境保护委员会办公室组织思茅二中、思茅民族中学、普洱一中、墨江一中、墨江县职业中学等 5 所学校推荐了 5 名优秀学生，赴昆参加"全省第二届环境科技夏令营"活动。

（三）环保教育培训[①]

1978—1989 年，采取离职进修、在职函授、环保部门自办和其他部门合办培训班等形式，开展环保教育。

---

① 普洱市地方志编纂委员会编：《思茅地区志》，昆明：云南人民出版社，2012 年，第 1041 页。

1981—1989 年，全区环保系统职工参加省内举办的环境管理、环境监测等各类培训班（一个月以上）共 18 期，86 人次。

1982—1989 年，思茅地区先后自办和联办环境统计、征收排污费、工业污染源调查、乡镇工业污染调查、军地两用干部环保培训班及工业安全环保培训班等共 6 期，接受培训人员 449 人次。

1984—1989 年，全区共有 29 名环保干部先后参加中国环境保护管理干部学院、苏州城市建设环境保护学院、中国逻辑与语言函授大学、人民日报社新闻协调部、全国环境保护管理干部专业培训班等院校和单位培训。

1987 年 9 月，思茅地区环境保护委员会、思茅行署教育局决定在全区 10 县的第一中学、思茅地区二中、思茅民族中学的初中部，各选择一个班，开设"环境保护知识课"教学试点。教材和教师授课补助费由环保部门负责提供，师资由各学校选配，每学年授课不少于 20 课时。

（四）采访考察①

1981 年 4 月，地区环保部门接待了以全国政治协商会议常委赵宗燠为团长的全国政治协商会议环保、能源视察团。

1985 年 10 月，接待了到思茅地区考察的以伯时博士为团长，寇爱、怀特、雷诺斯、爱尔林、黑格博士为成员的英国环境学家代表团。

1986 年 4 月，接待了由新华社、人民日报社、经济日报社、光明日报社、工人日报社、法制日报社、中国青年报社、中国新闻社、中国环境报社、中央人民广播电台、中央电视台、中国国际电台、健康报社、北京科学教育电影制片厂等 14 家新闻单位的 26 名记者组成的首都记者团。记者团在思茅地区重点采访了思茅、普洱、墨江、景东、景谷、镇沅等县的领导干部。在思茅期间，地委、行署及地区环保、农业、林业、水利、科学技术委员会等单位的领导干部参加了采访座谈会，并接受记者采访。记者团对思茅地区环保工作做了报道。

1987 年 8 月，联合国区域开发中心主任佐佐波秀彦一行 3 人对思茅地区环保和生物资源进行了考察。

1989 年 7 月，美国总统环境咨询顾问、环保专家拉塞尔一行 3 人到思茅考察生态环境、农药污染、水土流失等情况。

---

① 普洱市地方志编纂委员会编：《思茅地区志》，昆明：云南人民出版社，2012 年，第 1041 页。

五、污染源调查①

（一）澜沧铅矿含铅"三废"调查

根据澜沧拉祜族自治县第六届人民代表大会第一次会议议案，1981 年 12 月 11 日，澜沧拉祜族自治县环境保护办公室向澜沧拉祜族自治县人民政府提出《澜沧铅矿含铅"三废"污染调查计划》。1982 年 1 月 16 日，澜沧拉祜族自治县人民政府向思茅地区行署转报了此计划。1982 年 2 月 25 日，澜沧拉祜族自治县人民政府又向思茅地区行署呈报了《关于开展对澜沧铅矿含铅"三废"污染调查的补充报告》。3 月 22 日，思茅地区行署批复："批准同意该调查计划实施。技术调查人员由澜沧县人民政府、澜沧铅矿、行署城乡建设委员会、卫生局、地区防疫站负责抽调组成，具体事项由澜沧县人民政府组织实施。调查经费来源：行署城乡建设委员会环保科负担 5000 元，行署卫生局负担 2500 元，县科学技术委员会负担 500 元，不足部分由澜沧县与澜沧铅矿协商，共同负责。"

1983 年 2 月，成立了由副县长任组长的澜沧铅矿含铅"三废"调查领导小组。调查组下设技术组、样品组、体验组、分析组、大气组、药械组、行政组。2 月中旬，协商抽调的云南省环境监测站，思茅地区卫生防疫站，思茅、普洱、墨江、景东、景谷、镇沅、孟连、澜沧、西盟等县卫生防疫站、基本建设局，以及思茅造纸厂、墨江造纸厂、澜沧铅矿等 28 个部门和单位的 60 余名科技人员全部到位。调查工作于 1983 年 2 月 25 日在澜沧铅矿约 5 平方千米范围内展开。

澜沧铅矿含铅"三废"调查历时 105 天，投入资金 5 万余元。整个调查通过实地勘察、采样分析、测试和搜集研究有关历史资料等工作，共获得 1 万多个有效数据，基本摸清了大气、水体、废渣、植物、土壤和人体、牲畜体内铅含量，铅污染分布范围、形成机理、转移轨迹，以及对生物土壤、人体的危害程度。

1983 年 5 月 30 日，澜沧铅矿含铅"三废"调查结束，并提交了《澜沧铅矿环境质量现状初评》。8 月，云南省环境监测站邀请省内 9 个单位 13 名专家学者对该成果报告进行了技术审定。

《澜沧铅矿环境质量现状初评》还对防治和控制铅污染提出了具体对策及措施。

（二）工业污染源调查

根据国家环境保护局、国家经济委员会、科学技术委员会、统计局和国务院财政部五部委局《关于加强全国工业污染源调查工作的决定》和云南省城乡建设环境保护厅

---

① 普洱市地方志编纂委员会编：《思茅地区志》，昆明：云南人民出版社，2012 年，第 1041—1043 页。

《关于开展工业污染源调查建档工作的决定》精神，1985 年 7 月，思茅地区成立工业污染源调查及建档领导小组，成员 10 人，领导小组下设办公室、技术组。1986 年 1 月，召开全区工业污染调查及建档工作会议，对 150 多名调查人员进行培训。1986 年 2 月，由思茅地区行署计划经济委员会、工业局、建设局联合下发《关于开展工业污染源调查建档工作的通知》和《关于思茅地区工业污染源调查及建档工作安排意见》，各县相继成立了领导机构。1986 年 2 月下旬，全区工业污染调查及建档工作以 1985 年为基准年，在各县全面展开。

这次调查共有 197 人参加，投入资金 10 余万元，调查了 125 个有污染物排放的企事业单位，涉及 10 个行业。按企事业类型分为中型 5 个、小型 108 个、县级以上医院 12 个。按水系分为澜沧江水系 69 个、红河水系 42 个、怒江水系 2 个（不含县级以上医院），调查企业 113 个，合计工业产值为 17 170 万元，占全区工业总产值的 79.28%。调查中，详查单位 51 个，普查单位 74 个。所有详查单位均详细填写《工业污染源调查表》，绘制《厂区平面布置示意图》和《生产工艺流程图》。普查单位填写了《工业污染源调查卡》。在整个调查建档工作中制定了"五定"工作方法，即定工作职责范围、定工作目标任务、定工作标准、定阶段工作时间、定工作考核标准。在调查准备阶段、实测阶段、审图阶段、汇总制图阶段、总结建档阶段、验收阶段都严格按照国家的规定和要求进行。1987 年 2 月，思茅地区工业污染源调查及建档工作顺利通过省级和国家级验收。

思茅地区工业污染源调查及建档工作主要成果有：①完成对全区 125 个企业事业单位污染源调查及建档工作。②完成按水系、分行业、分区域的全区汇总；③完成全区汇总制图工作，制作了图集。④完成全区工业污染源调查及建档工作总结和技术总结。⑤完成全区污染源建档工作，设置了档案室，购置了档案柜，统一档案装帧，制定了管理制度。⑥结合工业污染源调查，完成了 7 个具有应用价值的课题调研。

通过这次调查，基本摸清了全区工业污染源分布情况，污染物种类、排放量、排放浓度、去向和排放规律，为环境管理和污染治理提供了科学依据。

1987 年 12 月，由思茅地区环境委员会、思茅地区行署计划经济委员会、建设局共同组织召开了思茅地区工业污染源调查及建档工作表彰会。

六、环境保护规划①

1981 年 11 月，思茅地区城乡建设委员会环保科编制了《思茅地区环境保护"六

---

① 普洱市地方志编纂委员会编：《思茅地区志》，昆明：云南人民出版社，2012 年，第 1043—1044 页。

五"规划》（1982—1985）。规划内容涉及老污染源治理、城镇环境治理、自然保护区建设、环境保护机构建设四个方面。40 个实施单位提出了具体的环保项目、技术方案和经费来源。

1983 年 5 月，思茅县城总体规划编制完成之后，澜沧、景东、景谷、普洱、墨江、孟连、西盟、镇沅、江城 9 县相继开展县城总体规划，并于 1986 年 5 月全部结束。在各县编制的总体规划中，都有环保规划篇章，将保护环境贯穿于规划指导思想、城市总体布局及专业规划之中。澜沧拉祜族自治县城总体规划，除做了环境污染现状分析和生态环境破坏发展趋势的定性文字描述外，还编绘《澜沧拉祜族自治县县城环境质量现状分析图》，在占有大量调查资料的基础上，融环境科学、地图学和绘图艺术手法，形象直观地反映了县城环境状况、时空变化和污染发展趋势。通过图面的色泽深浅、符号变化、线段走向及几何图形大小传递环境信息，达到既定性又定量的目的。

1986 年 3 月，思茅地区行署计划经济委员会、建设局共同编制了《思茅地区环境保护"七五"规划》，规划在分析总结《思茅地区环境保护"六五"规划》执行情况的基础上，提出了"七五"期间控制环境污染、保护生态平衡、促进经济协调发展、环境保护必须达到的基本目标和要求，以及实现基本目标的措施与对策。

1989 年 7 月，根据云南省环境保护委员会《关于开展全省地面水功能划分工作的通知》，思茅地区成立了农业、水利、卫生、环境监测等单位参加的思茅地区地面水功能类别划分编制小组，按《云南省地面水环境保护功能类别划分技术大纲》，对思茅地区三大水系和思茅城区两个水库，分干流、一二级支流、河段、库点，进行水文参数、历史功能、现状功能、污染程度调查。在调查的基础上，经过数据处理，综合分析评价，确定了思茅地区地面水功能类别，报省里审定。

七、建设项目环境管理[①]

自 1981 年起，思茅地区开始执行"三同时"审批制度。1981—1985 年，全区共审批新建、扩建、改建项目14 项，其中部分执行"三同时"的 6 项，约占 42.9%；没有执行的 8 项，约占 57.1%。

根据国务院环境保护委员会、计划委员会、经济委员会关于《建设项目环境保护管理办法》，思茅地区采取了一系列强化建设项目环境管理措施。

1987 年 6 月，地区环境保护委员会决定强化建设项目环境管理，坚持先评价、后建

---

① 普洱市地方志编纂委员会编：《思茅地区志》，昆明：云南人民出版社，2012 年，第 1044 页。

设，严格"三同时"把关工作。1987 年 12 月，思茅地区第三次环保会议专题研究了严格执行"三同时"制度的具体措施。

1988 年 2 月，地区环境保护委员会决定：一切新建、扩建、改建项目必须严格执行"三同时"规定，没有执行的要限期补上。1988 年 6 月，经请示省环境保护委员会同意，思茅地区环境监测站可以承担环境影响综合评价工作。1988 年 7 月，全区开展"三同时"执行情况检查，重点检查 1979—1984 年 30 万元以上建设项目和 1985—1987 年 100 万元以上建设项目"三同时"执行情况。1988 年 9 月，地区环境保护委员会决定聘请 17 名工程技术人员和环境管理人员，组成"思茅地区环境影响评价论证审定小组"。

1989 年 1 月，地区环境保护委员会决定自 1989 年 1 月 1 日起，一切新建、扩建、改建项目，凡未持有环保部门批准的《环境影响报告书（表）》，不予审批立项，不能"下不为例"，谁批准谁负责。

1986—1989 年，全区共审批新建、扩建、改建中型项目 18 项，执行"三同时"的 3 项，约占 17%；部分执行的 13 项，约占 72%；未执行的 2 项，约占 11%。

八、环境污染[①]

（1）污染状况。思茅地区工业企业不多，规模小，布局分散，就整个区域环境而言，质量是好的。全区"七五"末的工业总产值为 3.18 亿元，比"六五"末的 1.74 亿元增长了约 82.8%，而环境质量基本稳定，并未随工业增长速度而恶化，环境污染物增长综合指数略高于工业总产值增长率 1.5 个百分点。根据历年环境统计资料和环境监测分析综合评价：全区大气环境质量分二级，污染集中的勐朗、磨黑镇为三级；地面水环境质量除少数测点有超标情况外，澜沧江、红河、怒江三大水系及在境内的多数支干流与洗马河、梅子湖水库水质均为Ⅲ类；环境噪声控制质量，除玖联镇、磨黑镇时有超标外，全区大部分地区噪声等效声级值均未超标。

（2）重点污染源。思茅地区有污染物排放的企业 210 个，其中重点污染源 21 个，占全区排污企业总数的 10%，污染物排放量占全区总排放量的 70%。思茅地区废水等标污染负荷排云南省第四位，废气等标污染负荷排第九位，工业用水量排全省第十位，主要污染源为排放工业废水大户的有色金属采选冶工业、制盐工业、制糖工业。

（3）重大污染事故。1978—1985 年，澜沧拉祜族自治县竹塘公社（区）芭蕉林、密西普等 12 个生产队（合作社），因受澜沧铅矿气铅降尘和选矿废水污染，造成耕牛

① 普洱市地方志编纂委员会编：《思茅地区志》，昆明：云南人民出版社，2012 年，第 1046—1050 页。

死亡 328 头、马 22 匹，仅 1985 年澜沧铅矿就赔偿损失达 6 万元。

1987 年 1—4 月，孟连糖厂将未经处理的高浓度废水直接排入南允河，致使河水变黑发臭，沿河 98 口水井因污染不能使用，芒怀、景吭两乡的六个村寨直接受害，三湖社员鱼塘中放养的鱼全部死亡。污染面积约 2.5 平方千米。1987 年 2—4 月，磨黑盐矿冲渣废水、制盐卤水未处理直接排入磨黑河，造成下游庆明、黄庄、老街、平寨 360 亩农田受害，小秧枯死，赔偿损失 11.8 万元。

第九节　迪庆藏族自治州环境保护史料

一、迪庆藏族自治州环境监测站①

迪庆藏族自治州成立环境监测管理机构较晚。1986 年根据国务院第二次全国环境保护会议有关精神，迪庆藏族自治州委、州人民政府决定成立迪庆藏族自治州环境监测站，行政上受迪庆藏族自治州城乡建设环境保护局领导，业务上受云南省环境监测站指导，属独立的全民所有制社会公益性科学技术事业单位，为国家环境监测三级站。

1990 年迪庆藏族自治州环境监测站有职工 6 人，其中事业编制 2 人，站内设大气—物理室、生态—土化室、综合—分析室及行政、财务—后勤室等工作机构。

迪庆藏族自治州环境监测站的主要工作任务是对环境中各项要素进行经常性监测，掌握和评价环境质量状况及发展趋势，对各有关单位排放的污染物情况进行监视性监测，为政府部门执行各项环境法规、标准，全面开展环境管理工作提供准确、可靠的监测数据和资料。

二、自然环境保护

迪庆藏族自治州自然环境保护工作始于 20 世纪 80 年代初期。1982—1983 年，经云南省人民政府批准，先后在自治州境内建立白马雪山、哈巴雪山、纳帕海和碧塔海 4 个省级自然保护区，总面积达 339.7 万亩。1985 年 5 月，国务院批准白马雪山自然保护区为国家级自然保护区。

---

① 刘群主编：《迪庆藏族自治州志》，昆明：云南民族出版社，2003 年，第 891 页。

三、城市环境卫生

中甸、维西、德钦三县县城卫生工作开展较晚。中华人民共和国成立后很长一段时间内，由机关、学校在节日期间组织人员，进行大规模清扫街道工作。

中甸县城老城区路面多为土砾石，有少数石板路，街窄巷深，平直路面不多。中华人民共和国成立前后较长一段时期，街道无下水道，人畜污水随街自流，加之牲畜亦在街巷游荡，"牛溲马勃，遍地皆是。尝谓中甸县城，实系一大牧村"。后来老城区部分街道整修时开始留有排水沟，但因垃圾堆放处理不当，水沟常被堵塞，污水、牲畜粪便等仍随处可见。每逢节日由爱国卫生运动委员会组织城区机关职工、学校学生及居民进行卫生大扫除，清除垃圾、疏通水道等。新城区长征路建成后，先在长征路南段安排清洁工负责街面及人行道清扫，后来待和平路、团结路、文明街、建塘西路等建成后，中甸县环卫站工作人员也随之增加，主要街道都安排有环卫工人进行清扫。县环卫站还先后购置北京130型自装自卸2吨垃圾车1辆，东风牌自装自卸5吨垃圾车1辆，定点放置垃圾桶100多只。在公共厕所安装水龙头，定期处理公厕粪便。每年，政府及州、县城建部门还动员和组织近万个劳力清理龙潭河河道，一般每年清除污物2500多件，垃圾150多吨。

自1949年至20世纪80年代初期，德钦县城的环境卫生主要是依靠县级各机关单位、学校定期开展爱国卫生运动打扫街道、疏通水沟。随着县城人口的增加，城内脏、乱、差的卫生状况比较严重。1984年县城建局雇请4名临时清洁工，每日清扫1次主要街道，每周清扫1次公共厕所，在街道旁设置垃圾桶，购置了1辆自装自卸的垃圾车。1987年又购置一辆东风牌吸粪车，清洁工增至6人，月平均排除垃圾25吨，排粪20吨。

四、工业污染调查

1986年6月，由迪庆藏族自治州城乡建设环境保护土地管理局组织，在全州范围内开展全州工业污染源调查建档工作，并成立"迪庆藏族自治州工业污染源调查技术组"，原计划6个月调查500多家工业企业，实际完成321家，其中详查302家。调查组下到三县有关企业做现场监测、调查、填表，最后完成全州321家工业企业污染源调查汇总工作，绘制了污染分布图，建立污染源档案。经云南省环境监测中心站技术组验收，全州工业企业污染源调查工作合格。

第十节　开远市环境保护史料

一、环境保护概况[①]

民国以前，开远地区社会经济发展迟缓，人口不多，厂矿更少，生态环境是比较好的。民国年间炭木业兴起，森林资源虽有一定耗损，但相对于总量比例不大，1946 年全县森林覆盖率为 35%。

1950 年后，人口增多，农业耕地面积扩大；几度乱砍滥伐，加之山火连绵，屡禁不绝，造成森林面积逐年减小，植被破坏，水土流失，山荒岭秃，生态失衡。1990 年森林覆盖率仅为 10.6%。随着能源、化工、建材、制糖、造纸等一系列工厂企业的建成，市区工业污染日趋严重，逐渐引起人们的关注和忧虑。时至 1980 年，"开远污染确实到了非解决不可的时候了"（红河哈尼族彝族自治州革命委员会批语），严重的工业污染成为制约开远社会经济发展最主要的环境问题。

1973 年，开远成立"三废"处理办公室，调查处理环境污染问题，初步掌握开远地区的"三废"排放情况。1976 年改设县环境保护办公室，由州、县环保办组织对开远坝区 50 平方千米范围内的污染情况进行定量考测，结果证明开远地区的污染问题是严重的。一些污染危害事件的出现，越来越引起群众的强烈不满，他们纷纷通过各种渠道向上级反映。1980 年 10 月国务院总理做出批示，11 月国务院环境保护领导小组 2 人赴开远视查处理，省政府领导多次到开远主持调查和讨论治理工作。1981 年，开远被列为省重点治理污染的地区。1988 年成立开远市环境综合整治委员会，加强综合协调治理。各工业企业的领导和职工也逐步认识到问题的严重性和紧迫性，形成了关心和防治环境污染的强大社会力量。

1979 年后，县（市）政府从实际出发，根据《中华人民共和国环境保护法》的规定，采取法制、行政、经济和技术的措施，积极组织治理，控制污染的扩大，改善当时的环境质量，妥善处理保护环境与发展经济的关系，谋求经济、社会和环境效益的统一，环境保护工作取得了初步成效。

---

① 云南省开远市地方志编纂委员会编：《开远市志》，昆明：云南人民出版社，1996 年，第 416 页。

二、环境状况

（一）污染

开远交通方便，具有丰富的煤炭、水力、建材等资源。1953 年后，逐步建成以煤炭、电力、化肥、制糖、造纸、建材为主体的工业体系。工业企业大部聚集城坝周围，布局不合理，加之设备工艺落后，"三废"排放量大，城市环境污染日益严重。污染母体是褐煤，主要污染物为工业生产过程中排放的烟尘、粉尘、恶臭物、二氧化硫、氮氧化物、有机碳氢物以及天然放射性核素铀、镭和重金属所产生的复合污染；以污染物烟道灰、煤渣为原料建筑的房屋、地面，以及污染物的扬尘构成二次污染，扩大了污染范围。

1976 年 2—5 月，由州、县环境保护办公室联合组织对开远大约 5 平方千米的范围进行调查，在 10 个采样点同时对粉尘、二氧化硫、硫化氢、二氧化氮、酚、氟、砷、铅共 8 种有害物质进行定量测定，其结果是：每日排放到大气中的粉尘、二氧化硫、硫化氢、二氧化氮分别为 189.3 吨、84.9 吨、4.6 吨、9.2 吨，最大日平均浓度分别为每立方米 1 毫克、8.23 毫克、0.114 毫克、2.162 毫克，分别超过最高允许浓度的 5—6 倍、53.9 倍、10.4 倍、13.4 倍。1980 年县环境保护局正式成立后，开始改为全面系统的环境监测。

（二）水体

开远市区东部的泸江，是接纳工业废水和生活污水的河道，自木花果村前南洞河汇入后的总流量平均为每秒 18.82 立方米。1981—1985 年，每年纳入废水 6200 万—7400 万吨，含有害物质 2629—3341 吨，主要有石油类、氟、酚、氰化物、砷、铅、硫酸等。泸江水质发生显著变化，在禄丰桥至河边村河段，酚、氰、砷、石油类的检出率为 100%，酚、石油类、砷、氟化物、化学需氧量均超标，鱼类生存环境遭到严重破坏。

1986—1990 年，纳入泸江的废水平均每年 6570 万吨，其中石油类 1004 吨、酚 335 吨、氰化物 5.46 吨、砷 60 吨、铅 3.3 吨。

（三）大气

开远市区四周环山，全年静风率高，对大气中污染物的稀释扩散能力较差。1981—1983 年，市区主要企业年排放废气 60 亿标准立方米，含有害物质 3.82 万—4.08 万吨。1984—1985 年，每年排放的废气为 71.02 亿标准立方米，含污染物 8.3 万吨，其中二氧化硫和烟尘、粉尘排放量分别为 2.21 万吨和 3.66 万吨。市区废气污染物主要为硫化氢和硫醇等有机硫形成的恶臭物、二氧化硫、尘、氮氧化物、氟化物等，其等标污染负荷之和占全市工业废气等标负荷的 97%。1986—1990 年，废气排放量平均每年达 124.4 亿立方米，其中含有二氧化硫 4.41 万吨、烟尘 1.81 万吨、工业粉尘 0.42 万吨。

（四）固体废弃物

1981—1983 年，工业废渣年产生量为 14.01 万—15.28 万吨，煤渣和化工渣占总量的 91.6%；回收利用的各种废渣 6.71 万吨，占总量的 45.8%。1984—1985 年，全市年排放各种废弃物 25.5 万吨（未包括小龙潭、大庄的煤矸石），工业废渣占总量的 85%，其中燃烧灰渣排放量为 15.1 万吨，占总量的 59.2%；回收利用的工业废渣 12.7 万吨，占总量的 51%。1986—1990 年平均每年产生固体废弃物 33.5 万吨，其中粉煤灰 20.05 万吨、化工废渣 3.38 万吨、炉渣 3.15 万吨。

（五）噪声

1982 年开始对噪声污染进行监测。环境噪声监测范围 4.12 平方千米，环境噪声为 59 分贝。在开远城区市西路、人民路、东风路监测交通噪声，3 条街道平均每小时车流量为 133.4 辆，交通噪声为 70 分贝。1984—1985 年在城区 6 条交通干线 33 个监测点统计，交通噪声平均值为 80 分贝。1990 年监测，环境噪声平均值为 59.7 分贝，交通噪声平均值为 72.9 分贝。

（六）放射性污染

开远地区的放射性污染，是由燃煤排放的尘、渣中含有的放射性物质所造成的。据测算，1956—1984 年，由煤带入开远坝区的放射性核素铀和镭-226，总量分别为 117.31 吨和 1.45×10^{12} 贝克。1984 年市区放射性水平监测结果如下：

（1）大气。每克大气尘中天然放射性核素的含量为：铀 16.34—22.45 微克，钍 6.07—8.11 微克。每平方千米范围内的大气中尘及主要天然放射性核素沉降量为：尘 13.5—29.5 吨，铀 191.6—641.1 克，钍 75.8—252.7 克。每升降雨中含铀 1.92—6.23 微克，钍 0.22—3.43 微克。每立方米空气气溶胶中含铀 0.02—0.056 微克，钍 0.002—0.011 微克，氡-222 子体暴露量 0.002 5—0.005 7 微克。

（2）土壤。分中污染区、轻污染区两部分。中污染区上层土壤每千克土内含铀 5.4 微克、镭-226 101.1 贝克，下层土壤每千克土内含铀 3.68 微克、镭-22 650.8 贝克。轻污染区上层土壤每千克土内含铀 3.89 微克、镭-226 61.6 贝克，中层土壤每千克含铀 3.66 微克、镭-226 50.8 贝克，下层土壤每千克土内含铀 3.96 微克、镭-226 63.6 贝克。

（3）水。分地面水及地下水。地面水以泸江和南盘江测计。泸江在丰水期每升水含铀 0.84—3.03 微克、钍 0.37—2.32 微克，枯水期每升水含铀 0—1.1 微克、钍 0—0.75 微克。南盘江丰水期每升水含铀 0.95—2.24 微克、钍 0.12—1.11 微克，枯水期每升水含铀 0.24—0.97 微克、钍 0—0.6 微克。地下水浅层井水丰水期每升水含铀 1.85 微克，枯水期每升水含铀 1.2 微克。

（4）生物。分中污染区和轻污染区两部分。与规定的对照样对比，中污染区稻米中放射性物质铀、钍、镭-226 的含量，分别为对照样的 26.4 倍、1.6 倍和 2.17 倍；鳝鱼骨中放射性物质铀、钍、镭-226 的含量分别为对照样的 2.4 倍、1.36 倍和 5.96 倍，其中取自下南村水田的 1 千克鳝鱼样品化验，铀含量为 431.07 微克，是对照样的 9.83 倍。

三、危害

（一）事件

1979 年 10 月 1—10 日，开远坝区气温由 22.8℃降到 15.6℃，静风伴有小雨，工厂排放的有害物质不易扩散，造成 10 多天内整个坝区恶臭气笼罩，居民夜间难以入睡，从 7 日开始境内燕子大批死亡，楷甸村一带有的地方 10 多平方米的范围内即有死燕子 1 只。20 世纪 80 年代初，红河哈尼族彝族自治州磷肥厂附近的雨洒等村，耕牛发生慢性氟中毒现象，关节肿大，不能站立，丧失劳动力。

1986 年 4 月，红河哈尼族彝族自治州磷肥厂硫酸尾气放空，危害厂区周围的甘蔗、稻谷 919 亩，稻谷叶尖发黄，产量下降。

1987 年 7 月，小龙潭发电厂冲渣水外排，使龙潭和车站两村的 195 亩稻田、3 个鱼塘被污染，造成损失，赔款 5 万元。

（二）后果

（1）人体健康水平下降。开远城区及邻近农村被污染程度较高，人体健康受到不良影响，突出表现为自 1970 年以来癌症发病率上升，城内重污染区年均发病率为农村的 3 倍，城区肺癌发病率为昆明市区的 2 倍，肝癌发病率为昆明市区的 3 倍。相当数量的人群健康处于代偿减弱到代偿失调水平。

（2）流水变质。泸江、南盘江在境内 60 千米的河段均受污染，严重河段流水变色，鱼类绝迹。

（3）地下水质劣、量少。城市污水及化肥、农药下渗，地下水质局部变坏，细菌污染和油污染较为普遍，亚硝氮的污染加剧；城区局部地段机井过密，形成以州面粉厂为中心的降落漏斗，水位下降范围 4.5 平方千米，下降最大幅度 42.7 米。

（4）环境不宁。公路横穿市区，交通秩序混乱，拖拉机等机动车辆穿街过巷，喇叭嘶鸣，噪声不绝于耳，居民深受其苦。

（5）生态失衡。因乱砍滥伐，山火不断，全市森林覆盖率由 1956 年的 23.0%下降到 1990 年的 10.6%，远低于全省 24.9%的平均水平。光山秃岭增多，水土流失加剧，原生植被常绿阔叶林退居到海拔 1500 米以上的山区。植物资源数量减少，质量降低，气候反常，与 1965 年相比，1984 年雾照日数增加 2.7 倍。许多原有鸟、兽、虫、鱼类绝迹。

四、污染治理

为了迅速改变环境污染的状况，自 1979 年起对原形成的污染源，实行限期治理和停产治理。

1979 年云南省计划委员会、环境保护局等联合发文，要求对解化厂的水洗池放气、硝酸尾气、含酚污水、灰渣，电厂的灰渣、锅炉烟尘，磷肥厂的普钙含氟尾气、废水等共 9 个项目进行限期治理，于 1980 年底按要求治理完工。

1984 年开远市政府要求电厂、水泥厂、解化厂、磷肥厂等 21 个单位共 24 个项目进行限期治理，于 1985 年底完成。

1986 年云南省政府下文指定解化厂二期工程实行为期 55 天的停产治理。

历年来治理环境污染的项目如下：

1979 年，开远市砖瓦厂改产以工业废弃物为原料的煤渣砖，共处理解化厂煤渣 6.1 万吨、烟道灰 1.5 万吨。开远发电厂综合厂 1981—1983 年生产煤渣砖 144 万块；1983 年起利用煤灰生产煤灰水泥，设计年产 5 万吨，受煤灰排放量和市场的制约，实际最高年产 2.4 万吨，1990 年年产 1.9 万吨。

1982 年 1 月，开远发电厂锅炉冲灰水实行闭路循环利用，使泸江上段浑水变清。

1983 年 3 月，红河哈尼族彝族自治州磷肥厂对排放的硫酸污水进行石灰中和处理。同年 5 月解化厂建成 70 平方米隔油池，每月回收焦油 50—70 吨。1983 年 5 月至 1987 年 2 月，开远发电厂完成 6 座锅炉除尘器的改造，除尘效率由 72%—75%提高到 82%—87%，烟尘排放量由每小时 400 千克降低为 200 千克。1983 年 5 月至 1987 年 10 月，部队 59 医院、电厂职工医院、小龙潭煤矿职工医院、开远市人民医院先后建成污水处理系统，排水水质达到国家排放标准。

1984 年 8 月至 1985 年 4 月，解化厂完成 3 座锅炉除尘器的改造，每年减少粉尘排放量 5000 吨。1984 年 10 月至 1985 年 1 月，水泥厂两座老窑除尘设备的高压整流部分实现自动控制，提高除尘效率 2.72%—2.98%。1984 年 12 月，解化厂完成二期硫回收工程，每月回收硫黄 25 吨，使排放的硫化氢有所减少。1985 年 3 月，红河哈尼族彝族自治州磷肥厂完成磨矿粉尘回收工程，排气含尘量由每立方米 10—15 克下降到 0.2—0.3 克，除尘效率达 98%。1985 年 12 月，城区玻璃厂迁往北郊，减少烟尘对城区污染。1986 年 5 月，对水泥厂的散装水泥运输进行整顿，实行准运专车运输，避免途中水泥泼洒、飞扬。1986 年 11 月，开远造纸厂增建白水回收系统，解决污染问题。12 月红河哈尼族彝族自治州磷肥厂回收利用含氟废水生产氟硅酸钠。

1979—1987 年，完成主要治理工程 24 项，总投资 2307.6 万元，工业粉尘总回收率达 96.1%，烟尘总回收率为 80%，废水处理率为 66%，水循环利用率为 49%。

1989 年完成治理废水、废气工程各 2 个，治理噪声工程 6 个，总投资 76.87 万元，新增处理废水量 103.9 万吨。

1990 年竣工治理项目 12 个，其中治理废水 3 个、废气 5 个、固体废弃物 1 个、噪声 3 个，总投资 2253.1 万元。可处理废水 250 万吨、废气 42.12 亿标准立方米，处理利用固体废弃物 27 万吨。

通过上述治理，开远市区环境状况明显改善。1990 年回收工业粉尘量为 4.8 万吨，回收燃煤粉煤灰 22.2 万吨，工业废水处理率为 80%，工业废气处理率为 93.8%；与 1985 年相比，大气中二氧化硫平均浓度下降 19%，氮氧化物下降 60%，总悬浮微粒下降 13%，硫化氢下降 53%，氟化物下降 57%。自然除尘量与 1980 年以前相比下降 44.3%。万元产值排尘量由 2 吨下降为 0.6 吨。

五、环境管理

为了正确处理发展经济与保护环境的关系，谋求环境目标与经济目标相适应，环保部门在治理原有污染源的同时，抓好新建项目的管理。开远是全国实行排放大气污染物许可证制度的 17 个试点城市之一。环境管理的总体目标是：到 2000 年，大气环境质量达到国家二级质量标准，地面水体质量达到国家 V 类地面水域的水质标准。

（一）健全体制

1988 年成立城市环境综合整治委员会，实行"市长负责、部门参加、以块为主、统筹规划、各方办理"的原则。环保部门与计划委员会等配合，制定城市综合整治规划，环保部门负责监督、服务和沟通工作，计划委员会、城建、金融、工商等部门严格把关。对有污染的新建、改建、扩建项目严格执行防治污染设施与主体工程同时设计、同时施工、同时投产使用的原则。

（二）统一规划

实行城市总体规划与城市环境保护规划的统一。1981 年起新开辟东城区，修建环城公路，减少旧城区车流量；搬迁旧城区污染较大的玻璃厂；兴建煤气工程，减少城市生活燃煤的排污量，1990 年底煤气和电能在省生活能源中代煤率达 43%；开辟浑水塘新工业园区，全市工厂企业在横风方向上形成从城区到浑水塘再到小龙潭坝区的串联型发展区域，使工业布局趋于合理；建成城市垃圾处理厂，日处理垃圾 100 吨，生产生化复合肥料。

为缓解发展经济与保护环境的矛盾，按照污染排放补偿的原理，以控制污染物的排放总量为主旨，对新建、改建、扩建项目，在治理新老污染源的同时，按照环境保护分期目标和污染物总量消减分担的原则，确定新污染源的允许排放量，改变市区不得增加新污染源的做法，既不制约经济的发展，又不致造成排污总量失控。对于单项工程建设，审批时根据区域环境规划目标的要求，评价工程的环境影响并确定必要的治理措施。

（三）加强绿化

在城市总体规划范围内，新建、改建、扩建工程单位按建设投资的 1%交纳绿化保证金，新城区绿化面积为建设面积的 30%，旧城区为 25%，由建设单位负责在空地绿化，工程竣工时验收，绿化合格的退还保证金，不按要求实行的不予退还，改由园林部门代为绿化。为绿化周围山坡，开远市林业局与市造纸厂签订为期 10 年（1987—1996年）的合同，由造纸厂每年向林业局交纳造林费 2.5 万元，林业局发展车桑子种植，绿化城市环境，并从第四年开始每年供给造纸厂造纸原料 1.2 万—1.8 万吨。

（四）征收排污费

根据《中华人民共和国环境保护法》及《云南省排放污染环境物质管理条例（试行）》的规定，自 1981 年起对排污单位征收排污费。1981 年至 1982 年 9 月，对 7 个排污企业征收 184.1 万元；1982 年 10 月至 1983 年，对 21 个排污企业征收 79.8 万元；1984年对 20 个排污企业征收 36.9 万元；1985 年对 14 个排污企业征收 101.1 万元；1986 年至1987 年 6 月，对 10 个排污企业征收 101.1 万元；1987 年 7 月至 1990 年对 15 个排污企业征收 460.6 万元。

六、监测科研

1974 年开远县卫生防疫站设环境监测组对城区污染情况进行调查。1978 年 12 月成立环境保护监测站，1980 年后由环境保护局领导，1986 年 10 月改称环境科研监测所，设大气室、水室和办公室，1990 年有工作人员 22 人，其中具有中级专业技术职称的 4 人。开远发电厂、解化厂、水泥厂、州磷肥厂、小龙潭电厂、市糖厂、开远铁路分局等厂矿企业，均设有环保科室（站），负责污染的监测治理工作，环保人员合计 227 人。

（一）污染监测

1976 年在红河哈尼族彝族自治州有关部门帮助下，对开远坝区 50 平方千米的范围进行污染情况调查，采集大气样品 1620 个、粉尘和烟道气样品 183 个、土壤样品 20 个、水样品 2 个，检查病牛 32 头、解剖 2 头，人体健康抽样检查 433 人，大气布点调查 10 处。大量的数据证明开远地区环境污染是严重的。1979 年 4—5 月，监测站组织 15 人对泸江开远段水质进行 8 个项目的监测，对主要厂矿排污口水质进行 15 个项目的监测。1982 年将多次监测的结果汇编成开远地区《环境质量报告书》，对境内环境污染的问题做出详细报告。从 1985 年以后监测工作转为固定网点、人员、时间、项目的常规监测，使用国家规定的仪器设备和监测方法进行测定。

（二）大气监测

根据地理位置、气象条件、工业厂矿分布等特点，在开远坝区 50 平方千米范围内设置大气动力采样点 5 个、降尘监测点 8 个、酸雨监测点 2 个、石灰滤纸测氟点 5 个；在小龙潭坝子 20 平方千米范围内设置大气动力采样点 4 个。按要求进行监测。

（1）大气动力监测。开远坝区每年 1 月、4 月、7 月、10 月各采样点同时进行 1 次监测，每次 6 天，每天 4 个时段。监测项目为二氧化硫、氮氧化物、硫化氢、总悬浮微粒、氟、气温、气压、相对湿度、风向、风速共 10 项。小龙潭坝每年 5 月、12 月各监测 1 次，每次 6 天，每天 4 个时段。监测项目为上述前 8 项。全年共获取大气常规采样监测分析数据 4837 个。

（2）降尘监测。每月测定 1 次，项目为尘，全年共获取降尘数据 83 个。

（3）酸雨监测。监测项目为降雨量、酸碱度、电导、硫酸根、铵根、钙离子等共 7 项。全年中逢雨必测降雨量、酸碱度，其他项目 2 月、5 月、8 月、11 月在有雨的条件下，每个测点每年不少于 5 次测定，全年共获取酸雨监测数据 327 个。

（4）石灰滤纸测氟。每月测定 1 次，全年共获取测氟数据 59 个。

（三）水体监测

（1）地面水监测。监测断面设置在泸江开远段 5 个，南洞河 1 个，南盘江开远段 4 个，开远坝东沟 2 个、西沟 1 个。每年按枯、丰、平 3 个水情期测定，每期每个断面监测 2 次，测定项目为水流量、流速、水温、酸碱度、悬浮物、总硬度、溶解氧、化学需氧量、五日生化需氧量、氨氮、硝氮、亚硝氮、挥发酚、砷、汞、硫化物、铅、氟化物、镉、六价铬、铜、石油类、大肠菌群、电导等。

（2）地下水监测。小龙潭每年按枯、丰两个水情期监测，开远坝按枯、丰、平三个水情期测定。监测项目为酸碱度、色度、总硬度、电导、化学需氧量、五日生化学需氧量、溶解氧、氨氮、硝氮、亚硝氮、氟化物、砷、铅、镉、汞、氰化物、挥发酚、六价铬、大肠菌群、细菌总数共 20 项。全年共获取地面水、地下水监测数据 2445 个。

（四）生物土壤监测

1987 年采集土壤样 14 个，底泥样 6 个，稻谷样 4 个，做部分项目分析，共获取生物土壤监测数据 46 个。

（五）噪声监测

采取定点不定期的监测办法。1987 年 6 月，对城区及附近农村 121 个环境噪声监测点和 55 个交通噪声监测点进行测定，共获取环境噪声和交通噪声监测数据 35 904 个。

七、环保科研

1983 年 9 月，云南省城乡建设委员会、环境保护委员会和云南省科学技术委员会联合下达"开远市区域环境质量评价及污染防治对策研究"的科研课题，由省环境监测中心站和开远市环境保护局承担。在市政府统一领导下，组织 24 个单位 200 名科技工作人员参加，通过调查、监测和综合评价，基本查清开远地区主要污染源和主要污染物排放的数量、规律和方式，污染程度和面积、全市的环境容量和环境资源，为市区强化环境管理，由现行的污染物排放浓度控制过渡到总量控制创造了条件，为环保工作纳入经济建设、社会发展规划提供基础资料，并对城市经济发展、工业布局、城市建设提出可供选择的方案措施。课题研究历时 2 年，于 1985 年底完成，共获取数据 60 万个，编成报告书 7 册。1986 年 10 月在昆明举行课题成果鉴定会，认为这一研究是云南省环境保护领域中一项开创性的成果，达到国内同类研究的先进水平。

1987 年，云南省城乡建设环境保护厅下达题为"开远市生态经济规划研究"的科研任务。在北京市环境科研所、云南省环境监测中心及昆明科研单位专家帮助下，组织市内 30 个单位开展研究。在原有资料的基础上，以生态经济为主题，研究范围扩大到全市城乡，探讨全面发展经济与保护生态、改善环境的关系问题，研究适合开远实际的环境综合整治的新路子。此项研究于 1990 年底完成。

第十一节　景洪环境保护史料[①]

一、生态环境

20 世纪 50 年代前，景洪到处林海茫茫，人烟稀少。城区周围森林密布，野兽时常袭击家畜，动植物资源十分丰富。1953 年 12 月，昆洛公路修通至景洪，开发建设边疆的队伍一批接一批进入景洪，与景洪各族人民共同开发利用这块宝地。

随着生产的发展，人口的不断增长，由于规划、管理不力，乱毁林种粮，乱砍伐林木做燃料，景洪的生态环境遭到严重破坏。

1982 年林业"三定"和 1984 年"两山一地"划分，测出全县森林覆盖率为40.4%，1953—1984 年毁林 200 万亩，加上造林保存率低，森林覆盖率不断下降。

由于森林逐年减少，土壤肥力衰退，全县每年因毁林造成的肥力流失已达 1760吨。气候已发生了变化，雾日由 20 世纪 50 年代的 166 天减少到 80 年代的 82.8 天，雾时由 8.1 小时减少至 5.8 小时。水分蒸发量逐渐增大，50 年代的蒸发量与降水量基本平衡，60 年代大于 200—300 毫米，80 年代大于 501 毫米。年平均相对湿度由 50 年代的84%下降到 80 年代的 80%。生态环境破坏越来越严重。

为保护生态环境，严禁毁林开荒，经植树造林，退耕还林，加强生态保护等措施，至 1993 年森林覆盖率上升到 66.1%，生态环境破坏现象有所改善。

二、环境污染与治理

（一）环境污染

景洪是西双版纳傣族自治州的政治、经济、文化、交通中心，亦是全州工业企业集中地，工业污染十分严重。1990 年工业普查资料统计，景洪境内有 390 个企业，其中城区就有 64 个企业。工业污染问题随着企业的增加日益明显。工业污染调查结果表明，全州工业废水全年排放 254 万吨，其中景洪就有 189 万吨，约占 74.41%。主要污染物来自造纸厂、普文糖厂、三达山铜矿和农垦系统的橡胶加工厂，污染物主要以有机物为

---

① 景洪县地方志编纂委员会编：《景洪县志》，昆明：云南人民出版社，2000 年，第 382 页。

主。全州全年排放 25 905 万标准立方米工业废气，其中景洪排放 16 170 万标准立方米工业废气，约占 64.42%，主要有害物为二氧化硫、酸性氧化物、烟尘、粉尘等。废渣在景洪产生量不大，大部分都直接利用和处理，少量外排。

随着现代工业、交通和航空事业的迅速发展，噪声污染越来越严重。在工厂中，由于机械化水平提高，单机功率的增大和转速的加快，工业生产噪声有增无减。1993 年景洪环境噪声一类混合区白天等效声平均值 55 分贝（A），没有超标，夜间等效声平均值低于标准 45 分贝（A）。在环境噪声声源中，交通和工业噪声影响较大，白天、夜间均有大部分超标值。噪声主要来源于过境公路和处于城区的造纸厂、水泥厂等连续生产的厂家。大部分厂的噪声超标，不符合工业噪声卫生标准。

（二）污染治理

（1）工业污染治理。景洪的燃料燃烧排放的废气，普遍经过消烟除尘装置处理，部分消烟除尘效率不理想，在安装及操作上存在技术问题，另外，在除硫方面，全部未采取有效的措施。工业废气，主要是造纸、食品制造及水泥生产较严重。县造纸厂对蒸煮原料产生的废气进行了水洗吸收处理，减少了致臭面积。1993 年，县城乡建设局依法取缔了破坏地貌和生态环境的砖瓦窑 34 家，炸石场 16 家，并限期 14 家胶厂建设污水处理工程设施。工业"三废"主要集中于几家比较大的企业，便于控制，污染物不复杂。1992 年 1 月，开始按规定标准、数量征收全县范围内有关单位超标污水、废气、噪声排放费。对影响较大的污染源进行限期治理，各部门积极配合执行，合理使用排污费，用奖惩的办法鼓励企业的污染治理，使污染问题得到有效控制。

（2）噪声治理。景洪是西双版纳傣族自治州州府，也是全州政治、经济、文化中心。许多厂矿的噪声超标，不符合工业噪声卫生标准，急需治理，而景洪工矿企业的噪声，从来没有进行过控制。景洪环境噪声声源中，交通和工业噪声影响较大，白天、夜间均有大部分超标，特别是过境公路及处于城区的县造纸厂、水泥厂等连续生产的厂家噪声影响较大。

三、环境卫生

20 世纪 60 年代前，景洪街道全是土路，晴日尘土，雨天泥泞，牛屎马粪遍地可见。城区内无公厕，又无清洁工人，环境卫生脏乱不堪。

1971 年，城区主要街道清洁卫生由允景洪镇负责。1979 年 9 月，成立景洪环境卫生管理站，有人员编制 15 人，其中清洁工 10 人。1983 年，景洪环境卫生管理站职工队伍发展到 87 人，负责城区清扫面积 13 万平方米。

（一）设施

20 世纪 70 年代初期，环卫站只有手推车 2 辆及部分扫帚、粪箕等清扫工具。1982 年后，在各级人民政府的重视下，逐年购置卫生机械设备。截至 1993 年，景洪环境卫生管理站有自动装卸垃圾车 11 辆，吸粪车和洒水车各 2 辆，三轮车 10 辆。城区街道各单位配有垃圾桶 466 只，果皮箱 200 个，公厕 11 座，并建立垃圾处理场 1 个，垃圾中转站 10 个。

（二）清洁卫生

随着城区企事业单位和人口的增加，城区的垃圾、粪便清运量不断增多，1993 年统计，环卫站每年清运垃圾、粪便共 2.4 万吨。路面要求四无四净，即无砖头碎石、无杂草粪便、无垃圾果皮纸屑、无污水和路面、边角、地段、花坛四个干净。街道规定每天晚上 12 点后清扫，下午 2—4 点保洁，当日进行抽查，对不合要求的按规定进行处罚。洒水车负责城区主要街道的洒水任务，根据凉爽变化增减洒水次数，做到减少扬尘、降低路面温度。公厕卫生标准为：要求日清扫 1—2 次，地嵌瓷砖清洗干净，保持厕内无蝇、地面无蛆、无污物积水，并规定每月消毒两次，未达到标准的按 15% 扣发承包费。环境卫生主管部门和单位在主要街口设置宣传栏，向社会公布城市环境卫生管理及国家、州、县颁布的"市貌标准"等条例和有关环境卫生遵守制度，配合县人民政府爱国卫生运动委员会监督检查城区单位环境卫生工作和"门前三包，门内达标"责任制执行情况，并进行评比曝光宣传教育，定期改进措施。

四、绿化

景洪城区的绿化建设成效显著，截至 1993 年，城区绿化面积达 420 万平方米，其中街道绿化面积 19.9 万平方米，人均绿化面积 16.12 平方米，覆盖率达 345.78%。

（1）街道绿化。在 1975 年前，主要街道两旁只种有桉树、凤凰树。树种杂乱，高矮不一，无花坛。1976 年成立了绿化队，县城街道在绿化工人的辛勤劳动、精心培植下，截至 1993 年，已有 16 条街道种植行道树 6331 株。种植椰子、油棕、杜果、鱼尾棕、蒲葵等。县城街心花坛 6 处，面积 2500 平方米，主干道绿化带 8 块，面积 19 575 平方米，铺草坪面积 10 112 平方米。街心空地布置了各种不同类型花坛、草地，花坛内种植有各种奇花异草，鲜艳绚丽，构成了街道绿化系统。

（2）庭院绿化。在城区的各单位和住宅区庭院周围，大部分都种有各种花卉、果木等绿化植物。最有特色的云南省热带作物研究所位于景洪西路，除科研项目外，还种植了各种热带林木、花卉，荟萃了热带作物与花类的精华，已形成了一个环境优美的热带植物公园，成为人们参观和游览的胜地。允景洪镇曼听寨位于县城东南，与曼听公园相邻，全寨有傣族 91 户，人口 400 余人。村寨房前屋后种有柚子、荔枝、杧果、波萝蜜等水果，面积达 500 亩，花木有扶桑、三角梅、热带兰等，高低错落，繁花似锦。还有成片的铁刀木和终年葱郁的槟榔、油棕、榕树、菩提，瓦房竹楼掩映在绿色丛中。

五、县城环境保护

20 世纪 50—60 年代，县城的街道两旁由各单位分片负责清扫，其余地区结合爱国卫生运动，组织机关企事业单位干部、职工、学生、部队进行清扫。1979 年 9 月，景洪环境卫生管理站建立，负责维护县城市容环境，保护环境卫生设施，组织清扫和清运垃圾，并定期检查街道卫生。规定从 1992 年 1 月起，按标准、数量征收全县范围内有关单位超标污水、废气、噪声排放费，加强防治污染环境的管理。1993 年清运垃圾 1.8 万吨、粪便 6550 吨。

1950 年 3 月 27 日，车里县临时人民政府成立，下设建设科，1953 年西双版纳傣族自治州成立，设城乡建设委员会，开始着手负责景洪城镇建设。1958 年正式成立建筑工程处。1973 年成立西双版纳傣族自治州基本建设局，1976 年改为城建规划办公室，1979 年成立西双版纳傣族自治州城乡建设环境保护局，有职工 50 余人，10 个科室。1984 年成立景洪县城乡建设环境保护局。截至 1993 年，共有机关工作人员 28 人，设有秘书（包括财务）、建设、建筑管理、环境保护、建筑设计、建筑质量监督等机构，下辖 10 个基层单位，共有职工 543 人。其中党支部 6 个，有共产党员 64 人；团支部 2 个，有共青团员 52 人；5 个基层工会组织，有会员 395 人。

第十二节　保山环境保护史料

保山地区环保系统有机构 12 个，地级环保办公室、监理所、监测站各 1 个，县级环保股 5 个、监理所 3 个、监测站 1 个；地区及保山市、施甸县、腾冲县环境监理所为 1993 年新增，监理所与环保科（股）一套人马、两块牌子，合署办公。地区和保山市设立了环境保护委员会。1993 年全区环保系统年末总人数 37 人，其中，各级政府环保行政主管部门 12 人，地、县环境监测站 25 人，科技人员占总人数的 83.8%。[①]

一、环保宣传教育

1991 年，保山地区环境保护宣传以《中华人民共和国环境保护法》和《国务院关于进一步加强环境保护工作的决定》为主要内容，以广播、电视、报刊、宣传栏等为主要宣传形式，不断提高全民环保意识。在纪念"六五"世界环境日活动中，保山市召开由人民代表大会、政府、政治协商会议及有关企事业单位领导参加的环保座谈会，并在保山端午花市期间，与保山市广播电台联合举办环境保护有奖征文活动，扩大环保宣传教育面。[②]

1992 年是国家环境保护局和共青团中央联合组织的全国环境保护宣传教育活动年，宣传教育的主题是"环境与发展"以及我国环境保护政策、法规，保山地区共开展宣传教育活动 30 项，接受宣传教育近 50 万人次。"爱鸟周"期间，行署环境保护委员会、行署林业局联合开展了全区性的宣传活动。1992 年"六五"世界环境日正值端午节，行署领导发表了专题电视讲话，保山市于花市上悬挂布标、设环保咨询服务点、散发宣传资料，并举办了专题征文活动；其他四县也采取多种形式进行了宣传。年底进行了环保宣传教育培训及考试，参加的有行署、县（市）委、县（市）人民代表大会、政府和有关部门的领导，乡镇主要负责人、企业厂长经理、环保干部职工，共计 157 人，考试合格率达 100%。保山市、腾冲县培训基层环境统计人员 119 名。[③]

1998 年 6 月 5 日为"世界环境日"，行署环境保护局在环境日前对全区的活动做了专门的安排部署。在世界环境日，各县、市开展了丰富多彩的活动，县、市领导在电视上发表了讲话；昌宁县在《昌宁报》开辟了专栏，保山、腾冲在主要街道上设了宣传点，播放了《国务院关于加强环境保护若干问题的决定》，发放了《云南省环境保护条例》等小册子。地区妇女联合会向全区发出了《爱我家园，保护地球，美化环境》的倡议书。行署副专员杨光在《保山日报》发表了题为"保护环境，为了地球上的生命"的文章。针对当时公众环保意识不强、环保法制观念淡薄的实际，行署环境保护局把抓好宣传教育、提高公民的环保意识列为全年的工作重点之一。年内，利用各种宣传媒体宣传环保的法律、法规，适时报道环保工作的动向、重点，交流环保工作的经验，研讨环保工作的对策措施。全年先后在《云南环境保护》《保山日报》《活水》《保山经济》《雄风》等报纸杂志发表文章 30 余篇。局机关还办了《环保工作简讯》，1998 年共发

①《保山地区年鉴》编辑委员会编：《保山地区年鉴（1993）》，昆明：《云南年鉴》杂志社，1993 年，第 180 页。
②《保山地区年鉴》编辑委员会编：《保山地区年鉴（1992）》，潞西：德宏民族出版社，1992 年，第 183 页。
③《保山地区年鉴》编辑委员会编：《保山地区年鉴（1993）》，昆明：《云南年鉴》杂志社，1993 年，第 180 页。

21 期。首次向社会公布了《保山地区环境状况公报》。云南电视台于 1998 年 5 月 29—30 日在《今日话题》播出了"记垃圾造就的生态农业，访保山行署环境保护局局长许本祥"的专题片。[①]

二、环境管理

1991 年环境统计报表和排污收费年度决算报表表明，全区有环境统计汇总工业企业 86 个，非工业企事业单位 12 个。其中缴纳排污费单位 49 个，共征收排污费 70.9 万元（含补缴 1990 年数）。环保治理资金支出 19.64 万元，环保补助费支出 7.05 万元。同时，按照《建设项目环境保护管理办法》，审批了保山民用机场扩建工程等 18 个建设项目，验收了保山七〇一厂桉叶油精加工厂车间等 6 个竣工项目。[②]

1992 年保山市从排污收费、建设项目环境保护管理、城市环境综合整治三个方面进行环境管理：第一，行署环境保护委员会于 1992 年 7 月召开了全区排污收费工作会，11 月制发了《保山地区环境监理工作考试暂行办法》。1992 年全区缴纳排污费单位 65 个，当年新增 21 个，征收排污费总额较 1991 年增长 51%；龙陵县为新开征，至此，排污收费工作在全区五县、市铺开。[③]第二，审批了保山市供销社速溶咖啡厂等 40 个建设项目的环境影响报告表（书），环境影响报告制度执行率为 78.4%。其中大中型建设项目的执行率达 84.2%。[④]第三，1992 年保山市被纳入云南省城市环境综合整治定量考核范围，并在烟尘控制、噪声防治、饮用水源保护、工业固体废弃物综合利用、城市污水处理、城市电气化普及、生活垃圾无害化处理等方面取得了一些进展。[⑤]

行署第一期（1993—1997 年）环保目标责任书期满，通过云南省人民政府检查验收。保山市参加 1996 年全省 16 个城市环境综合整治定量考核，总计得分 74.65 分，名列乙组第 3 名，与 1995 年持平。在建设项目环境管理中，全区地、县（市）环保部门办理环境影响评价 41 个［省批 3 个、地批 2 个、县（市）批 36 个］；当年建成投产应执行"三同时"的项目有 9 个，"三同时"执行率为 64.3%。全区征收排污费单位 210 户，共征收排污费 174.06 万元。全面开展排放污染物申报登记工作，全区申报登记单位共计 274 户。[⑥]

1998 年 10 月底，在全省环保工作会议上，云南省人民政府与保山地区签订了

① 《保山地区年鉴》编辑委员会编：《保山地区年鉴（1999）》，潞西：德宏民族出版社，1999 年，第 211 页。
② 《保山地区年鉴》编辑委员会编：《保山地区年鉴（1992）》，潞西：德宏民族出版社，1992 年，第 183 页。
③ 《保山地区年鉴》编辑委员会编：《保山地区年鉴（1993）》，昆明：《云南年鉴》杂志社，1993 年，第 180 页。
④ 《保山地区年鉴》编辑委员会编：《保山地区年鉴（1993）》，昆明：《云南年鉴》杂志社，1993 年，第 180 页。
⑤ 《保山地区年鉴》编辑委员会编：《保山地区年鉴（1993）》，昆明：《云南年鉴》杂志社，1993 年，第 180 页。
⑥ 《保山地区年鉴》编辑委员会编：《保山地区年鉴（1998）》，潞西：德宏民族出版社，1998 年，第 148 页。

《1998—2002 年环境保护目标责任书》，行署副专员杨荣新代表保山地区在责任书上签字。通过签订责任书，实行党政一把手环保目标责任制，把环境保护的责任和任务层层分解，落实到各级政府、有关部门和单位，以调动全社会的力量共同搞好环境保护。地委、行署已按与云南省人民政府签订责任书的目标任务，分解到全区各县、市。[①]

城市环境考核。1998 年，国家启用"九五"城市环境综合整治考量指标体系考核，考核指标增至 22 项，分为 4 类。保山市参加全省 16 个城市考核，成绩 55.96 分，名列 16 个城市第 6 位，乙组第 4 位。[②]

项目审批。1998 年，全区办理的建设项目 408 个（化工 1 个、造纸 1 个、有色冶金 2 个、建材 3 个、其他 401 个）。向环保部门申报的项目 378 个（省级 4 个、地级 82 个、县级 292 个），其中编制报告书的 1 个、编制报告表的 20 个、办理登记的 357 个，环评执行率约达 92.9%。申报项目投资总额 10.41 亿元，其中环保投资总额 0.31 亿元。经行署环境保护局审批（查）报告书、报告表的建设项目有龙陵邦纳掌旅游度假区配套设施工程、腾冲热海旅游度假区二期工程、昌宁达丙金属硅冶炼厂、龙陵小河水库、昌宁明山水库、保山玻璃制品厂、保山定向刨花板厂、腾冲天河水库除险加固工程、保山瓦窑中和铁矿厂。[③]

"三同时"验收。1998 年，全区建设投产应执行"三同时"建设项目 10 个［省批 3 个、地批 3 个、县（市）批 4 个］。实际执行"三同时"项目数 6 个［省批 2 个、地批 3 个、县（市）批 1 个］，其中新建项目 1 个，扩建项目 4 个，技改项目 1 个。实际执行"三同时"项目投资总额 1.53 亿元，其中环保投资 0.12 亿元，约占投资总额的 8%。"三同时"合格项目数 4 个，"三同时"执行率达 60%，合格率达 57.0%。经行署环境保护局验收的建设项目 6 个，即柯街糖厂综合利用酒精废醪液工程、罗明糖厂技改扩建工程、上江糖厂技改扩建工程、湾甸糖厂技改扩建工程、龙坪糖厂建设工程、保山水泥股份有限公司挖潜节能技改工程。[④]

环境监理。1998 年，全区环保部门认真贯彻执行《云南省征收排污费管理办法》，实行"统一领导，分级管理"的原则，通过依法征收排污费，促进了排污单位加强经营管理，节约和综合利用资源，治理污染，改善环境。全区 5 县（市）开征 181 户，征收排污费合计 95.37 万元，其中，保山市开征 19 户，征收排污费 12.41 万元；腾冲县开征 140 户，征收排污费 57 万元；昌宁县开征 18 户，征收排污费 18.66 万元；施甸县开征 1 户，征收排污费 1.2 万元；龙陵县开征 3 户，征收排污费 6.1 万元。加强了排污费的使用管理，发挥资金的使用效益。1998 年全区环保治理资金支出 50.88 万元，环

①《保山地区年鉴》编辑委员会编：《保山地区年鉴（1999）》，潞西：德宏民族出版社，1999 年，第 211 页。
②《保山地区年鉴》编辑委员会编：《保山地区年鉴（1999）》，潞西：德宏民族出版社，1999 年，第 212 页。
③《保山地区年鉴》编辑委员会编：《保山地区年鉴（1999）》，潞西：德宏民族出版社，1999 年，第 213 页。
④《保山地区年鉴》编辑委员会编：《保山地区年鉴（1999）》，潞西：德宏民族出版社，1999 年，第 213 页。

保贷款 172 万元，环保补助费支出 34.69 万元。[①]

1998 年，全区环境监理人员依法对企事业单位污染治理设施运转情况、排污申报登记和建设项目"三同时"执行情况进行巡查、监督，共计 100 多次。地区环境监理所对腾冲威霖木业公司、腾冲联谊木业公司、保山澜沧江啤酒厂、湾甸水泥厂、保山水泥股份有限公司、保山市永昌粮管所、泛洋木业有限公司等 20 多个单位进行了现场监理。[②]

1998 年 6—7 月，行署环境保护局首次组织全区开展高考期间的环境噪声污染现场监督管理。发布了《关于在高考期间严禁噪声扰民的通告》，设立了举报电话，分别在保山电视台、《保山日报》播放、刊登，并广泛散发。该通告要求在高考期间和高考前半个月内，禁止产生噪声超标和扰民的建筑施工作业；禁止营业性文化娱乐场所边界噪声超过标准和干扰学生学习；严禁使用高音广播喇叭，严格控制机动车辆喇叭噪声扰民。在为期一个多月的时间内，共接到举报电话 21 个，环保部门派出监理人员，及时对群众的举报进行查处，对重点建筑施工工地、营业性文化娱乐场所进行巡查。[③]

1998 年，全区查处污染事故及纠纷 18 件，其中较为严重的是保山澜沧江啤酒厂废水污染、保山烟叶复烤厂废水及工业固体废弃物污染、腾冲泰安宾馆锅炉烟尘及噪声污染、腾冲火柴厂噪声污染、腾冲明光乡粮管所选矿厂废水污染、昌宁达丙饭店洗车废水污染。查处污染事故及纠纷共赔款 16.75 万元，罚款 0.5 万元。全区查处生态破坏事件 3 起，对腾冲北海湿地西北方采石场做了处理，与矿管部门联合取缔了 2 个无证采矿点。[④]

三、污染治理

1991 年，全区工业废水排放量 2128.28 万吨，废水处理回用量 75.61 万吨，处理回用率约为 22.8%，废水处理达标量 120 吨。工业废气排放量为 287 698 万标准立方米，其中燃料燃烧废气 210 773 万标准立方米，燃料燃烧废气消烟除尘率达 39.5%。工业粉尘产生量 9469 吨，排放量 3720 吨，回收量 5749 吨，回收率约为 60.7%。工业固体废弃物产生量 11.27 万吨，工业固体废弃物综合利用量 6.44 万吨，其中利用往年堆存量 0.25 万吨，综合利用率约为 54.9%；工业固体废弃物排放量 3.9 万吨，其中排入江河的为 2.5 万吨。1989 年 9 月，地区造纸厂"回收和利用纸机排水工艺及设备——同向流斜板沉淀池"治理项目开始研制，1991 年 5 月完成，同年 11 月通过省、地级鉴定验收。总投资

① 《保山地区年鉴》编辑委员会编：《保山地区年鉴（1999）》，潞西：德宏民族出版社，1999 年，第 213 页。
② 《保山地区年鉴》编辑委员会编：《保山地区年鉴（1999）》，潞西：德宏民族出版社，1999 年，第 213 页。
③ 《保山地区年鉴》编辑委员会编：《保山地区年鉴（1999）》，潞西：德宏民族出版社，1999 年，第 213 页。
④ 《保山地区年鉴》编辑委员会编：《保山地区年鉴（1999）》，潞西：德宏民族出版社，1999 年，第 213 页。

54 万元，日处理废水 3000 吨。[①]

1992 年，保山市大力开展污染治理工作。

第一，工业"三废"排放及处理利用。全区汇总工业企业 93 个，较 1991 年增加 6 个。工业废水排放总量 2625 万吨，较 1991 年增长约 23.3%，直接排入江河的 2375 万吨。工业废气排放总量 29.81 亿标准立方米；燃料燃烧过程废气排放量 22.21 亿标准立方米，其中经过消烟除尘的 15.00 亿标准立方米。燃料燃烧废气消烟除尘率 67.5%，较 1991 年增加了 28.0 个百分点；生产工艺过程中废气排放量 7.60 亿标准立方米，其中经过净化处理的 6.19 亿标准立方米，工艺废气净化处理率 81.4%。工业二氧化硫排放量 3691 吨，较 1991 年增加约 27.8%。工业烟尘产生量 13 015 吨，其中排放量 7026 吨，去除量 5989 吨，工业烟尘去除率 46%，工业粉尘回收率 58.5%，较 1991 年减少 2.2 个百分点。工业固体废弃物产生量 14.03 万吨，较 1991 年约增长 24.5%；工业固体废弃物历年累计堆存量 6.66 万吨，占地面积 9.28 万平方米。[②]

第二，重点工业污染源。1992 年云南省环境保护委员会公布了"八五"期间云南省 100 家重点工业污染源（其中 70 家为废水重点工业污染源、30 家为废气重点污染源），保山地区造纸厂、腾冲县造纸厂、昌宁县柯街糖厂也包括在内，分别排列在废水重点工业污染源的第 30、42、49 名。[③]

第三，医院污水治理。解放军第六十四医院、地区人民医院、武警保山医院建立了污水处理设施，1992 年共计处理医院污水 1.49 万吨。[④]

1998 年，全年用于污染治理资金 663.1 万元，其中建设项目环保"三同时"投资 189 万元，企业污染治理使用 87 万元，城市环境建设投入 387.1 万元。新增工业废气处理能力 6 万标准立方米/时。[⑤]

达标排放。按照《国务院关于环境保护若干问题的决定》，到 2000 年全国所有工业污染源排放污染物达到国家或地方规定的标准。云南省环境保护局公布全省重点考核企业，包括保山地区 45 家企业。行署环境保护局转发了云南省环境保护局《云南省工业污染源 2000 年达标排放考核实施方案》，对全区达标排放工作做出要求和安排。[⑥]

重点污染源治理。1998 年，保山地区列入云南省政府"九五"期间 112 家重点污染源限期治理项目的 5 个项目中，柯街糖厂酒精废醪液治理已通过省级验收；腾冲纸业公司白水回收工程完工，黑液治理未启动；保山造纸厂易地搬迁扩建改造工程土建工程完

① 《保山地区年鉴》编辑委员会编：《保山地区年鉴（1992）》，潞西：德宏民族出版社，1992 年，第 184 页。
② 《保山地区年鉴》编辑委员会编：《保山地区年鉴（1993）》，昆明：《云南年鉴》杂志社，1993 年，第 180 页。
③ 《保山地区年鉴》编辑委员会编：《保山地区年鉴（1993）》，昆明：《云南年鉴》杂志社，1993 年，第 180 页。
④ 《保山地区年鉴》编辑委员会编：《保山地区年鉴（1993）》，昆明：《云南年鉴》杂志社，1993 年，第 180 页。
⑤ 《保山地区年鉴》编辑委员会编：《保山地区年鉴（1999）》，潞西：德宏民族出版社，1999 年，第 211 页。
⑥ 《保山地区年鉴》编辑委员会编：《保山地区年鉴（1999）》，潞西：德宏民族出版社，1999 年，第 211 页。

成 90%；施甸纸箱纸板厂采取以回收废弃旧纸为主要原料的措施，减少了废水污染物的排放；卡斯糖厂酒精废醪液治理未启动。①

1998 年，行署继续组织全区开展"15 小"关停、取缔工作。行署环境保护局、监察局联合进行检查落实。截至 1998 年，全区共关停 15 种污染严重小企业 6 家（含车间），未新增"15 小"企业，已关停的无"死灰复燃"现象。②

1998 年，保山地区排放污染物申报登记工作通过省级验收，并获二等奖。行署环境保护局对辖区内《污染物排放申报登记表》审查合格的排污单位发放了排污申报登记注册证。③

四、信访议案

1991 年，全区收到环境方面人民来信 9 封，当年处理 3 封；接待来访 47 人次，反映问题 27 个，当年处理 21 个；各级人民代表大会、政治协商会议关于环境保护的议案、提案 6 项，当年全部办理完毕。④1992 年，全区收到环境保护方面人民来信 13 封，当年处理 11 封；接待来访 48 人次、反映问题 32 项，当年处理 32 项。各级人民代表大会、政治协商会议关于环境保护的议案、提案 7 项，当年全部办理完毕。⑤1997 年，全区收到环境保护方面的人民来信 11 封，当年处理 11 封；接待来访 35 批 39 人次，当年已处理 34 批次。各级人民代表大会、政治协商会议关于环境保护的建议、提案 11 项，当年全部办理完毕。⑥

五、环保机构

1991 年，保山地区行署城乡建设委员会环境保护办公室和保山市城乡建设委员会环境保护科分别荣获云南省"七五"期间环境保护先进单位称号。⑦按照国务院国发（1996）31 号文件、云南省人民政府云政发（1996）172 号文件、云南省委云发（1997）4 号文件的要求，保山地委、行署在编制较紧、地方财力较困难的情况下，克服一切困难，成立保山地区行政公署环境保护局，为行署的一级局。保山地区机构编制

---

① 《保山地区年鉴》编辑委员会编：《保山地区年鉴（1999）》，潞西：德宏民族出版社，1999 年，第 211 页。
② 《保山地区年鉴》编辑委员会编：《保山地区年鉴（1999）》，潞西：德宏民族出版社，1999 年，第 211 页。
③ 《保山地区年鉴》编辑委员会编：《保山地区年鉴（1999）》，潞西：德宏民族出版社，1999 年，第 212 页。
④ 《保山地区年鉴》编辑委员会编：《保山地区年鉴（1992）》，潞西：德宏民族出版社，1992 年，第 184 页。
⑤ 《保山地区年鉴》编辑委员会编：《保山地区年鉴（1993）》，昆明：《云南年鉴》杂志社，1993 年，第 181 页。
⑥ 《保山地区年鉴》编辑委员会编：《保山地区年鉴（1998）》，潞西：德宏民族出版社，1998 年，第 147 页。
⑦ 《保山地区年鉴》编辑委员会编：《保山地区年鉴（1992）》，潞西：德宏民族出版社，1992 年，第 184 页。

委员会以保地机编字（1998）1号文件，下发了《关于设置保山地区行政公署环境保护局的通知》，明确了行署环境保护局的主要职责、内部机构设置及人员编制。[1]

六、自然环境保护

截至1991年，全区有两个自然保护区，其中高黎贡山国家级自然保护区面积81 018公顷。主要保护对象为暖温带针阔叶林、垂枝香柏、长尾叶猴、白眉长臂猿等。内设高黎贡山自然保护区管理处。1987年建立的板桥镇朗义村生态农业试点面积为9.5平方千米。[2]

从1989年开始，实施《保山市市区西山泥石流综合防治规划》，截至1998年，综合防治工作治理和生物治理工程基本完工。10年累计投资300多万元，其中，工程治理投资100多万元，建设拦沙坝23座、肋坝30座、挡墙2369米、溢流道3条1212米。生物治理投资100多万元，治理面积6.33万亩。种植水源涵养林和改造现有林5.8万亩，新造防护林、防冲林及经济林0.53万亩。[3]

七、污染调查

（一）乡镇工业污染源调查

1989—1991年，全区完成乡镇工业污染源调查工作，共调查企业4741个，覆盖率达100%，占乡镇工业总数的32.4%；调查企业的工业总产值占乡镇工业总产值的94.7%。1989年，调查企业工业用水总量551.03万吨，其中新鲜用水量551.02万吨。工业废水排放量485.92万吨，废水中主要污染物为悬浮物、化学需氧量、砷、镉等，各种污染物排放量总计1.29万吨。废水主要污染行业为有色金属采选业和造纸业，主要污染区域腾冲县和保山市，主要污染源有保山市沙河选矿厂等12个企业，工业废气排放量111 572.56万标准立方米。废气主要污染物是氟化物、烟尘、铅、二氧化硫等，其中烟尘排放量3880吨，二氧化硫500吨。废气主要污染行业为砖瓦、石灰及金属冶炼业，主要污染区域有保山市和腾冲县，主要污染源有保山冶炼厂等24个企业。工业固体废弃物产生量19.68万吨，其中综合利用量0.56万吨，综合利用率仅为2.84%左右；工业固体废弃物排放量18.44万吨，约占产生量的93.7%。工业固体废弃物主要排放区域为腾

①《保山地区年鉴》编辑委员会编：《保山地区年鉴（1999）》，潞西：德宏民族出版社，1999年，第211页。
②《保山地区年鉴》编辑委员会编：《保山地区年鉴（1992）》，潞西：德宏民族出版社，1992年，第184页。
③《保山地区年鉴》编辑委员会编：《保山地区年鉴（1999）》，潞西：德宏民族出版社，1999年，第214页。

冲县，主要排放行业为金属矿采选业，主要排放源有腾冲县小龙河锡选厂等 16 个企业。排放量最大的尾矿，占排放总量的 96.7%。全区乡镇工业污染源调查，经省级验收，获云南省第一次乡镇工业污染源调查第一名；调查办公室被国家环境保护局、国家统计局、农业部评为先进集体；有 5 人被评为省级先进个人，2 人被评为国家级先进个人。1991 年 7 月，行署环境保护委员会、城乡企业局和统计处联合召开全区乡镇工业污染源调查总结表彰会，表彰先进县（市）4 个，先进个人 23 名。[1]

（二）污染事故

1993 年，全区发生污染事故 6 次，均属一般事故。农作物受害面积 40.63 万平方米，污染鱼塘面积 0.27 万平方米，直接经济损失约 4.60 万元。污染事故罚款总额 0.20 万元，污染事故赔款总额 4.60 万元。[2]

1997 年，全区发生污染事故 4 次，其中重大事故 1 次、一般事故 3 次，水污染、大气污染事故各 2 次。污染事故造成农作物受害面积 6.67 万平方米，污染鱼塘 100 平方米，污染饮用水源点 1 个，直接经济损失 5.5 万元。污染事故罚款 0.5 万元、赔款 0.5 万元。[3]

（三）电磁辐射环境污染源调查

为摸清保山地区辖区内伴有电磁辐射装置的分布情况、运行功率、频率范围及屏蔽等情况，为电磁辐射环境监督管理提供科学依据，根据国家、云南省的统一部署及保山地区行署要求，行署环境保护局组织开展全区电磁辐射环境污染源调查。调查结果：5 大电磁辐射系统本地区占有 4 个，其中广播电视发射设备 28 台，运行总功率 47.276 千瓦；通信、雷达及导航发射设备 186 台，运行总功率 128.035 千瓦；工业、科研、医疗高频设备 17 台，运行总功率 348.9 千瓦；高压电力系统输电线总长度 116.295 千米；升压站 2 座，总功率 55 250 千瓦；降压站 3 座，总功率 60 775 千瓦。该项工作通过省级验收[4]。

八、污染治理[5]

（一）工业"三废"排放及处理利用

全区工业（含县及县以上和乡镇工业）废水排放总量 2886 万吨，较 1997 年增长

①《保山地区年鉴》编辑委员会编：《保山地区年鉴（1992）》，潞西：德宏民族出版社，1992 年，第 184 页。
②《保山地区年鉴》编辑委员会编：《保山地区年鉴（1993）》，昆明：《云南年鉴》杂志社，1993 年，第 181 页。
③《保山地区年鉴》编辑委员会编：《保山地区年鉴（1998）》，潞西：德宏民族出版社，1998 年，第 148 页。
④《保山地区年鉴》编辑委员会编：《保山地区年鉴（1999）》，潞西：德宏民族出版社，1999 年，第 213 页。
⑤《保山地区年鉴》编辑委员会编：《保山地区年鉴（1998）》，潞西：德宏民族出版社，1998 年，第 147 页。

23.5%；工业废水处理量 311 万吨，处理率达 10.2%。全年耗煤量 34.08 万吨（含生物质燃料），工业废气排放总量 49.60 亿标准立方米，较 1997 年增长 60.8%；燃料燃烧废气排放量 25.48 亿标准立方米，其中经过消烟除尘的 22.03 亿立方米，燃料燃烧废气消烟除尘率 86.5%；生产工艺废气排放量 24.12 亿立方米，其中经过净化处理的 16.63 亿立方米，工艺废气净化处理率约为 69%。工业二氧化硫排放量 6443 吨，去除量 4937 吨。工业固体废弃物产生量 67.05 万吨，较 1997 年增加 41.2%；工业固体废弃物综合利用量 44.82 万吨，综合利用率达 66.8%；工业固体废弃物贮存量 13.70 万吨，排放量 8.53 万吨，较 1997 年增加 34.3%；工业固体废弃物历年累计堆存量 13.70 万吨，堆存占地面积 2.61 万平方米。

（二）污染治理

1997 年，全区用于污染治理资金 676.8 万元，其中建设项目环保"三同时"投资 73.3 万元，企事业单位污染治理资金 603.5 万元。新增工业废水处理能力 300 吨/日，工业废气处理能力约 12 万立方米/时，新增施甸县人民医院污染处理站。

（三）环境建设

全区用于泥石流防治、城市绿化及排污设施、生活垃圾处理等区域性综合治理资金 335 万元。保山市马王垃圾生态处理示范基地建成，日处理城市垃圾 40 余吨。[1]

九、环境监测

截至 1991 年，保山地区环境监测站对怒江、澜沧江两大水系监测共设点 7 个，其中 5 个为省控点。监测项目 19 项，即 pH、总悬浮物、总硬度、溶解氧、化学需氧量、生化需氧量、氨氮、亚硝酸盐氮、硝酸盐氮、挥发性酚、总氰化物、砷、汞、六价铬、铅、镉、氟化物、总磷、电导率，获数据 1276 个。保山市自 1985 年起对降水及降尘进行监测，1987 年起对大气环境质量及噪声进行监测，1990 年起对饮用水源进行监测。其中对保山市区的监测点有 3 个，即龙泉河、上下水河、仁寿河，获数据 240 个；大气环境布点 3 个，监测项目为二氧化硫、氮氧化物，获数据 480 个；降水、降尘分别布点 2 个，获数据 281 个；龙泉门、老鼠山饮用水源，获数据 226 个；交通噪声布点 30 个，获数据 80 个。保山市酸雨出现频率多年平均值为 9.6%，且酸雨污染呈下降趋势。龙泉门、老鼠山饮用水源均出现生物污染。市区功能区噪声，除交通干线两侧外，道路交通

---

[1]《保山地区年鉴》编辑委员会编：《保山地区年鉴（1997）》，潞西：德宏民族出版社，1998 年，第 147 页。

噪声连续两年超过国家一类混合区标准2.3—2.4分贝。腾冲县环境监测站自1988年起进行降水、降尘监测，1989年起，分别进行噪声和伊洛瓦底江水系水质监测，在龙川江、大盈江、槟榔江设点4个，其中2个为省控点，监测项目19项，获数据248个。在腾冲城区设大气环境监测点3个，监测项目2项，获数据234个；设降水、降尘监测点3个，获数据83个；设区域环境噪声监测点51个，获数据5381个。监测结果表明，腾冲县未出现酸雨，怒江干流、伊洛瓦底江水系的龙川江和槟榔江水质良好；伊洛瓦底江水系的大盈江为典型的有机污染，且水质呈恶化趋势，腾冲城区区域环境噪声，白天平均等效声级值在55.9—60.5分贝，超过国家一类混合区标准。[①]

1992年保山地区对大气、地面水、噪声等进行了监测，并与1991年的环境质量情况进行了比较。

保山地区环境监测站新设北庙水库水质、大气环境总悬浮微粒监测，腾冲县环境监测站新设侍郎坝水库水质、饮用水水质监测，施甸县、龙陵县、昌宁县新开展降水、降尘监测，全区获监测数据6764个，其中，大气环境879个、降尘116个、降水1734个、水质2255个、噪声1780个。

1997年，保山地区环境监测站获监测数据4049个。腾冲县环境监测站获监测数据826个，其中水质294个、空气360个、降水136个、降尘36个。[②]

1998年，保山地区环境监测对保山城区大气环境、噪声进行监测，共获监测数据1920个。腾冲县监测站对腾冲城区大气环境进行监测，共获数据474个，其中，空气360个、降水78个、降尘36个。此外，保山地区环境监测站还对澜沧江、怒江水系进行了监测，共获数据1439个。对保山地区烟叶复烤厂、保山水泥股份有限公司等6家企业排放的废水、废气、废渣等污染物进行8次监测。其中，保山地区烟叶复烤厂废水综合监测分析属污染纠纷鉴定分析；对昌宁县达丙镇金属硅冶炼厂、腾冲县大河水库除险加固工程、龙陵邦纳掌旅游度假区配套设施工程、龙陵小河水库、昌宁明山水库、保山森林有限公司定向刨花板厂、保山瓦窑中和有限铁矿厂7个建设项目，依法进行了环境影响评价。腾冲县环境监测站对伊洛瓦底江水系进行监测（新增澡塘河热海监测点），共获数据338个。[③]

1998年11月2日，保山地区环境监测站顺利通过省级环保计量认证，取得了为环境监督管理、产品质量评价、成果鉴定、工程验收、污染纠纷仲裁和环境质量评价等出具有法律效力的监测数据的资格。[④]

---

① 《保山地区年鉴》编辑委员会编：《保山地区年鉴（1992）》，潞西：德宏民族出版社，1992年，第184页。
② 《保山地区年鉴》编辑委员会编：《保山地区年鉴（1998）》，潞西：德宏民族出版社，1998年，第148页。
③ 《保山地区年鉴》编辑委员会编：《保山地区年鉴（1999）》，潞西：德宏民族出版社，1999年，第214页。
④ 《保山地区年鉴》编辑委员会编：《保山地区年鉴（1999）》，潞西：德宏民族出版社，1999年，第214页。

十、环境质量

（一）水环境

1997 年保山地区三大水系 6 条主要河流 10 个监测断面中，水质符合国家地面水环境质量 Ⅱ、Ⅲ类标准的占 40.0%，符合Ⅳ、Ⅴ类标准的占 50.0%，水质达不到Ⅴ类标准的占 10.0%。按《云南省地面水功能区划分类》的要求，10 个监测断面中，水质达到功能要求的占 70.0%。主要污染物为化学需氧量、生化需氧量、氨氮，有机污染严重的河流依次是枯柯河、大盈江。保山北庙水库、腾冲侍郎坝水库水质均符合Ⅳ类标准。保山市、腾冲县 4 个饮用水源中，符合《生活饮用水卫生标准》的 3 个，占 75.0%。[1]

1998 年，全区三大水系 6 条河流的 10 个监测断面水质良好，符合国家地面水环境质量Ⅱ类标准的占 50%，比 1997 年增加 10%；符合Ⅲ、Ⅳ类标准的占 30%；仅达到Ⅴ类标准和已劣于Ⅴ类标准的占 20%，比 1997 年增加 10%。按《云南省地面水功能区划分类》的要求，水质达到功能要求的占 70%，与 1997 年持平。各主要河流中，枯柯河的双桥、柯街段，大盈江的和顺桥江段受有机污染严重，主要污染物为高锰酸盐指数、生化需氧量、氨氮和挥发酚。新增大盈江支流澡塘河热海监测点，热海断面水质类别为Ⅲ类，满足功能要求。保山北庙水库水质达到Ⅱ类标准，满足功能要求，比 1997 年略有好转。腾冲侍郎坝水库符合Ⅲ类标准，已达不到功能要求。[2]

（二）城市（镇）空气环境

保山市、腾冲县空气中二氧化硫日均浓度为 0.000—0.332 毫克/立方米，最大值超过《环境空气质量标准》（GB 3095—1996）二级标准限值 1.2 倍，出现在保山市；氮氧化物日均浓度为 0.003—0.048 毫克/立方米，优于二级标准；保山市总悬浮微粒日均浓度为 0.081—0.712 毫克/立方米，最大值超过二级标准限值 1.4 倍。保山市用三种主要空气污染物衡量，达不到三级标准；腾冲县用两种主要污染物衡量，符合一级标准。1997 年，在监测的保山市、腾冲县未出现酸雨。[3]

1998 年，保山市大气环境，二氧化硫日均浓度范围为 0.001—0.348 毫克/立方米，超标率为 17.5%，最大值超过《环境空气质量标准》（GB 3095—1996）二级标准限值 1.3 倍。氮氧化物日均浓度范围为 0.006—0.042 毫克/立方米。符合一级标准。

① 《保山地区年鉴》编辑委员会编：《保山地区年鉴（1997）》，潞西：德宏民族出版社，1998 年，第 147 页。
② 《保山地区年鉴》编辑委员会编：《保山地区年鉴（1999）》，潞西：德宏民族出版社，1999 年，第 214 页。
③ 《保山地区年鉴》编辑委员会编：《保山地区年鉴（1997）》，潞西：德宏民族出版社，1998 年，第 147 页。

总悬浮微粒日均浓度范围为 0.091—0.571 毫克/立方米，超标率为 31%，最大值超过二级标准限值 0.9 倍。用三种主要污染物衡量，达不到三级标准，与 1997 年持平。从主要污染物浓度值看，比 1997 年略有好转。主要大气污染物是总悬浮微粒和降尘，属于明显的尘污染。腾冲县二氧化硫、氮氧化物日均浓度范围分别为 0.000—0.024 毫克/立方米、0.006—0.042 毫克/立方米。用两种主要污染物衡量，仍保持一级标准。1998 年保山市降水 pH 范围为 4.02—8.10，pH 均值为 6.69，出现酸雨样品 3 个，出现频率由 1997 年的 0 上升为 3.7%。腾冲县降水 pH 范围为 6.53—7.90，pH 均值为 7.16，未出现酸雨。[①]

（三）城市噪声

1997 年，保山市监测交通噪声干线总长 14.70 千米，交通噪声平均等效声级值超标路段长 8.9 千米。保山市各类功能区平均等效声级值有不同程度超标，2 类区、3 类区、4 类区昼间达标率分别为 56.2%、96.6%、48.4%，夜间达标率分别为 87.5%、93.8%、37.5%。[②]

保山市因城市扩大，道路扩建，1998 年增测了 8 条道路，所测交通干线总长由 1997 年的 14.70 千米增至 23.95 千米。道路状况的明显改善使车辆拥挤状况有所缓解，全市交通噪声平均值由 1997 年的 70.9 分贝降到 68.2 分贝，等效声级值超标路段占总干线的比例由 1997 年的 60.26%降到 37.1%，噪声污染相对降低。各路段比较，城内道路噪声污染重于城外道路。保山市各类功能区平均等效声级值有不同程度的超标。混合区、工业区、交通干线两侧白天等效声级值达标率分别为 87.5%、100%、96.9%，夜间分别为 100%、100%和 81.3%。[③]

（四）贯彻落实《国务院关于环境保护若干问题的决定》和云南省委、省政府《关于切实加强环境保护工作的决定》

昌宁县人民政府责令关停珠街乡金宝水银冶炼厂和子堂村雄黄矿冶炼厂。截至 1997 年底，全区共关停 15 种污染严重小企业 5 家。行署发文实施"'九五'期间全国主要污染物排放总量控制计划"，分解下达 12 种污染物排放总量控制指标。1997 年 12 月，保山地委、行署决定成立行署环境保护局。[④]

①《保山地区年鉴》编辑委员会编：《保山地区年鉴（1999）》，潞西：德宏民族出版社，1999 年，第 214 页。
②《保山地区年鉴》编辑委员会编：《保山地区年鉴（1997）》，潞西：德宏民族出版社，1998 年，第 147 页。
③《保山地区年鉴》编辑委员会编：《保山地区年鉴（1999）》，潞西：德宏民族出版社，1999 年，第 214 页。
④《保山地区年鉴》编辑委员会编：《保山地区年鉴（1997）》，潞西：德宏民族出版社，1998 年，第 148 页。

十一、成果奖励[1]

保山地区造纸厂"回收和利用纸机排水工艺及设备——同向流斜板沉淀池"项目获云南省环境保护委员会 1991 年科技进步三等奖，3 人受到嘉奖。行署环境保护委员会组织编写的保山地区 1986—1990 年《环境质量报告书》通过了地级科学技术研究成果鉴定。

十二、环境保护调研工作、会议[2]

（1）1998 年 3 月 9—12 日，全省环境保护统计年报会在保山地区腾冲县召开。云南省环境保护局领导及工作人员、全省各地州市及省有关厅局的领导和业务人员 60 余人出席了会议。会议期间，保山地区行署环境保护局局长许本祥、腾冲县委副书记陈自锋分别向与会代表介绍了保山地区的区情和腾冲县情、自然资源优势、经济发展情况及环保工作现状。省局领导还抽出时间先后视察了龙陵邦纳掌、腾冲火山口、火山湖、热海、来凤山国家级森林公园、污水处理厂、垃圾处理厂等，分别与龙陵县委、县政府，腾冲县委、县政府进行了座谈，对保山地区的环保工作进行帮助指导。

（2）云南省政府调查组到保山地区热海帮助指导工作。由于多种原因，腾冲热海的出水量及水温发生了一些变化，引起各级党委、政府的关注与重视。1998 年 9 月 13—17 日，按照云南省长、副省长的指示，由云南省环境保护局牵头，云南省建设厅、地矿厅、旅游局、广播电台等部门组成的云南省政府调查组一行 10 人，到腾冲帮助指导热海的保护工作。云南省政府调查组到保山地区后，与保山地委、行署交换了意见；听取了腾冲县委、县政府的汇报；到实地进行了调查。在充分调查了解的基础上，对热海的保护问题提出了处理意见。地委、行署对省政府调查组的意见非常重视，行署专员王广兴听取行署环境保护局的汇报后，多次召集有关部门进行研究。1998 年 9 月 23 日行署召开办公会议，专题研究热海的保护问题。

（3）组织调研组分赴各县、市帮助指导工作。地委召开贯彻落实省政府保山现场办公会议精神动员大会后，行署环境保护局组织调研组，分赴各县、市帮助指导环保工作。调研组到各县、市后，召开座谈会分析研究搞好环保工作的对策和措施，深入部分企业进行现场指导。在调研的基础上，针对各县、市的具体情况，按照一县一策、一企一策的方法，提出了整改措施和后期的工作重点。

---

①《保山地区年鉴》编辑委员会编：《保山地区年鉴（1993）》，昆明：《云南年鉴》杂志社，1993 年，第 181 页。
②《保山地区年鉴》编辑委员会编：《保山地区年鉴（1999）》，潞西市：德宏民族出版社，1999 年，第 211 页。

第十三节　楚雄彝族自治州环境保护史料

一、林业①

1988 年 2 月 27 日，楚雄彝族自治州首次实施行政首长任期目标责任制。楚雄彝族自治州人民政府发出《关于各级行政首长保护发展森林资源任期目标责任制的规定》，提出州、县（市）、乡（镇）人民政府各级行政首长在任期内，在植树造林、森林限额采伐、毁林开荒、森林火灾四个方面要实现的指标和检查考核奖惩方法。各级行政首长十分重视这项工作，自觉抓林业生产，带头办样板林，把营造样板林与工程造林、义务植树相结合，突出营造经济林木，促进群众性植树造林的开展。经检查验收，全州共营造样板林 39 464 亩。其中州长样板林 1399 亩；10 个县（市）长样板林 4612 亩；47 个乡（镇）长样板林 11 290 亩；176 个村公所（办事处）样板林 21 274 亩；林业局局长样板林 378 亩；国有林场场长样板林 511 亩，平均成活率 88.2%。在各级领导的带动下，尽管全州干旱严重，但仍完成了荒山造林 23.61 万亩，为计划量的 78.7%，"四旁"植树 1954 万株，其中双柏、牟定、南华、姚安、大姚、禄丰、楚雄超额完成了国家计划，楚雄彝族自治州人民政府给予表彰，并按造林承包合同兑现了奖励。元谋县林业生产任务完成较差，受到了黄牌警告。

二、环境保护宣传与教育

1989 年 12 月 26 日，第七届全国人民代表大会常务委员会第十一次会议通过并由国家主席杨尚昆于同日颁布施行《中华人民共和国环境保护法》。1990 年元旦刚过，楚雄彝族自治州环境保护委员会及时部署并组织全州范围开展对《中华人民共和国环境保护法》的学习、宣传、教育活动。一年内，全州共印发《中华人民共和国环境保护法》小册子 10 000 册、《环境保护法规选编》1000 册、《环保先进单位评选标准》200 份，发到了各县（市）、乡镇、机关、厂矿、学校，普遍组织了学习、宣传《中华人民共和国环境保护法》的活动。州委机关各部门、楚雄报社和州计划经济委员会、州直各经济主管部门，都专门安排一天时间，逐条学习，联系楚雄彝族自治州实际，进行了深入讨

---

① 楚雄彝族自治州地方志编纂委员会：《楚雄年鉴（1989）》，昆明：云南大学出版社，1989 年，第 157 页。

论。州农牧局印发农业环保宣传资料 2500 份，举办环保培训 500 余人次。

1990 年 2—3 月，州县（市）人民政府领导同志相继在电视台、广播电台及报纸上发表了学习宣传《中华人民共和国环境保护法》的讲话和文章。截至 1990 年底，各县（市）广播电台（站）全文播放《中华人民共和国环境保护法》45 场次，放映环保录像及幻灯 85 场次，办环保宣传专栏 25 期，书写制作张贴《中华人民共和国环境保护法》宣传标语 1000 余条，录制《中华人民共和国环境保护法》录音磁带 85 盘，出动宣传车到 47 个乡镇进行宣传。大姚、双柏、元谋等县党政领导一方面带头学习、宣传《中华人民共和国环境保护法》；另一方面召开动员大会，布置组织学习《中华人民共和国环境保护法》，并调用宣传车到各乡镇开展《中华人民共和国环境保护法》宣传教育活动。

为了深入学习贯彻《中华人民共和国环境保护法》，提高广大人民的环保意识，州、市环保部门，省环保公司，楚雄报社于1990 年 4—11 月联合举办了"环境有奖征文竞赛"活动。其间，收到来自全州各条战线的文稿 300 多篇，在《楚雄报》上发表了 34 篇。这些文章从不同角度和侧面，结合楚雄彝族自治州实际，阐述了环境与人类生存、森林与人类文明、工业污染防治、环境变迁等环境保护知识，在全州产生了积极反响。经评选，有 14 名各条战线的作者获奖。

1990 年 8 月，楚雄彝族自治州环境保护委员会办公室分别组织了全州环保系统职工和楚雄彝族自治州委委员、各工业主管部门领导同志、各县（市）政府分管环保工作的副县（市）长、大中型企业及污染严重的厂矿行政领导等共 200 多人参加的环保法律考试，进一步促进了学习宣传《中华人民共和国环境保护法》，贯彻执行《中华人民共和国环境保护法》的活动。[①]

1991 年 3 月 5 日，楚雄彝族自治州环境保护委员会转发了国家环境保护局印发的《1991 年环境宣传要点》和《1991 年环境宣传教育工作计划要点》。一年来，全州各级环保、林业、农牧、水电、工业、交通、新闻、司法等部门，以宣传贯彻《国务院关于进一步加强环境保护工作的决定》和全国人民代表大会通过的《国民经济和社会发展"八五"计划和十年计划》为主线，着重在全州城乡组织宣传学习了《中华人民共和国环境保护法》《中华人民共和国大气污染防治法》《中华人民共和国水污染防治法》《中华人民共和国环境噪声污染防治条例》《中华人民共和国野生动物保护法》等法律法规及环境保护知识。据统计，共开展宣传活动项目 42 个，有 80 余万人受到教育。楚雄彝族自治州环境保护委员会办公室还在云南省环境宣传中心的协助下，摄制环境专题片，以大量翔实的直观资料反映楚雄彝族自治州"七五"期间经济建设与环境保护协调发展、防治污染和生态环境保护的成就，同时也揭示了当时面临的环境污染和生态恶

---

①《楚雄州年鉴》编辑委员会编：《楚雄州年鉴（1991）》，昆明：云南大学出版社，1991 年，第 147 页。

化的严峻现实。①

1998年6月，俸志琴获"中国妇女环保百佳"荣誉称号。环境问题是当今国际社会普遍关注的重大问题。保护环境是我国的一项基本国策，也是全体公民义不容辞的责任和义务。中华人民共和国成立后，特别是改革开放以来，我国广大妇女为改善、保护生态环境做了大量卓有成效的工作。为了表彰她们的先进事迹，激励广大妇女积极投身到环境保护事业中来。1998年6月，全国妇女联合会、国家环境保护总局在全国范围内授予了100名"中国妇女环保百佳"，楚雄市城乡建设环境保护局环境保护处处长俸志琴获此荣誉称号。②

三、农业环境保护

1990年3月，楚雄彝族自治州人民政府召开了全州第一次农业环保工作会议，在州农牧局成立了农业环境保护办公室。并与禄丰县农业部门联合对禄丰境内的金山、勤丰、川街3个乡镇开展了农业环境调查和监测。调查结果表明：禄丰县工业废水排放量占全州的62.2%，废气排放量占67.1%，废渣排放量占82.3%，禄丰境内工业污染对农业环境质量的影响居全州之首。1990年11月23—26日，禄丰县人民政府召开第一次生态农业建设工作会议，邀请九三学社云南省委的赵丛礼等5位生态学专家做了学术讲座。会后，禄丰县人民政府决定成立生态农业城乡建设委员会及其办公室。1990年底经农业部批准列为农业部在云南的两个生态农业试点县之一。截至1990年底，全州已有楚雄、南华、禄丰、元谋等4个县（市）不同程度地展开了生态农业试点工作，其余6个县已把农业环境保护列入了议事日程，各县农牧局均明确了分管农业环保的领导，配备了专（兼）职人员开展工作。楚雄彝族自治州农业环境保护办公室已完成了《楚雄彝族自治州农业环境保护"八五"计划和10年规划的基本思路与计划要点》编制研究工作。③

1991年3月5日，楚雄彝族自治州农牧局发文对发展生态农业加强农业环境保护做出部署：1991年起在禄丰建立县级规模的生态农业试验示范县；各县（市）要建立行政村或乡镇级规模的生态农业试验示范点2—3个，各乡镇要建立生态农业试验示范户5—10户，以便总结经验，逐步推广生态农业建设，各地在抓好生态农业试点的同时，要认真执行《农药安全使用标准》，控制农药对环境和农产品的污染。

1991年3月11—12日，禄丰县良种猪试验场进行的生态循环试验项目由省、州科

---

①《楚雄州年鉴》编辑委员会编：《楚雄州年鉴（1992）》，昆明：云南大学出版社，1992年，第256页。

②《楚雄州年鉴》编辑委员会编：《楚雄州年鉴（1999）》，昆明：云南科技出版社，1999年，第436页。

③《楚雄州年鉴》编辑委员会编：《楚雄州年鉴（1991）》，昆明：云南大学出版社，1991年，第148页。

学技术委员会、环保、农牧渔业等方面的生态专家进行鉴定。一系列科学数据表明，这一试验研究取得了明显的经济社会和生态效益。这是该场继 1990 年 9 月 10 日对 0.7 亩池塘高密度试样江鳅项目验收之后的又一研究课题。[①]

四、污染治理

（一）环境污染[②]

民国以前，楚雄彝族自治州境内人口稀疏，工业不兴，生物资源长期处于原始状态，城乡自然生态环境相对平衡，加之在城市居民中有着保护山林、水源，掘塘蓄水的传统习俗，如至今尚保留的小坝塘及《紫溪封山护持龙泉碑》、富民地区的《保护山林禁砍树林合同碑》、云庆大龙潭的《护林护水碑》等，都记载着民间联村联户保护自然生态环境的业绩。

随着人口的剧增、工业的发展，人们将生产和生活的废物倾注于生态环境之中，对环境的污染日趋加重。区域环境污染源较集中于市区，1985 年楚雄彝族自治州、楚雄市环保部门监测的结果如下：

（1）水质。境内龙川江河水严重污染，主要污染源有两个：第一，全年接纳工业废水 79.31 万吨，其中经过处理，符合国家排放标准的仅占 7.96%，工业废水中主要污染物为化学需氧量 1245.54 吨、氨氮 456.5 吨、硫化物 6.97 吨、石油类 6.05 吨。第二，全年接纳城镇生活污水 163.45 万吨（其中医院排放 14.65 万吨），由于合成洗涤剂的大量使用，生活污水中生物化学需氧量、总磷及氨氮含量较高，而溶解氧为零。未经处理的生活和医院排放的污水及粪便等所含大肠菌群、细菌总数及各种病毒极其严重。龙川江的常流量小，稀释自净能力弱，以国家地面水二级标准衡量，溶解氧、需氧量、色度等指标，在枯水、平水、丰水期均超标，加之农村普遍使用化肥农药，不易分解，部分渗入水域，给龙川江内的鱼类生长和沿河两岸的农业生产带来了一定影响。

鹿城有民用水井 457 口，1983 年楚雄彝族自治州环境监测站布点 59 口，进行监测分析得出优质级井 4 口，约占 6.8%；良好级井 10 口，约占 16.9%；安全级井 31 口，约占 52.5%；轻污染的 9 口，约占 15.3%；严重污染的 5 口，约占 8.5%。毒物指标锰检出率 30.5%，超标率达 47.51%；硝酸盐氮超标率 30.5%；玻璃厂附近水井中砷检出率达 76.9%。农村饮用水源中，被粪便、乡镇企业废水污染的占 52.12%。

1984 年，经楚雄彝族自治州防疫站化验，城区自来水符合饮用标准。

---

① 《楚雄州年鉴》编辑委员会编：《楚雄州年鉴（1992）》，昆明：云南大学出版社，1992 年，第 258 页。
② 楚雄市地方志编纂委员会编：《楚雄市志》，天津：天津人民出版社，1993 年，第 193 页。

（2）大气。1985 年在城区 16 平方千米的范围内，工业用原煤 14 万吨，年排放废气 3.059 2 亿标准立方米，其中燃煤废气 23 043 万立方米，废气中二氧化硫 1050.6 吨，烟尘 6300 吨，另外还有氮化物、氟化物、碳氢化物等，加上各种机动车尾气及扬尘（市区每小时过往车辆达 244—289 辆次）的影响，构成了综合大气污染。以国家二级大气质量标准衡量鹿城 5 个点的总悬浮物颗粒，瞬间浓度及日平均浓度均出现超标，东瓜工业区的烟尘、粉尘及氟化物的污染也较为突出。由于二氧化硫、氮化物的影响，在鹿城上空时有酸雨的危害。

（3）废渣。据环境部门提供的数据，1985 年市区工业固体废弃物产生量为 2.45 万吨，垃圾、粪便为 4.6 万吨，固体废弃物堆放量为 2.09 万吨。

1958 年以来，境内因废水、废气的排放造成的直接经济损失所支付的赔偿费年均 15 万元。东瓜地区由于水质、大气污染，造成蚕桑、烤烟、蔬果及牲畜的损失较为严重，多次由地方财政和责任单位偿付农作物及耕牛损失费。

（4）噪声。市区工业企业机械设备普遍无隔音装置，加之城市建设施工场地点多面大，噪声管理难度大。1985 年对鹿城监测的结果显示，交通、商业、建筑施工地带周围的噪声等效声级平均为 61 分贝，上半夜为 55—70 分贝，下半夜为 45—55 分贝，仅次于昆明市区的 62 分贝。1985 年，停止使用沿街装置的高音广播喇叭，加强对入城机动车辆的管理，城区噪声有所抑制。

（二）污染防治①

1979 年 9 月，根据《中华人民共和国环境保护法（试行）》，楚雄地区在宣传贯彻国家有关环境保护的政策、法规过程中，调动各方面的力量，组织科研人员、有关部门和领导干部，先后对生态建设、城市"三废"治理、城市饮水工程等进行现场考察、分析、总结和论证，认识生态环境恶化的危害，寻求治理的对策。在总体发展战略的思想指导下，制定出生态环境规划，采取治标与治本兼顾、生物措施和社会措施相结合的办法改善环境面貌。

（1）生态建设。坚持"规划先行、分步实施，分层次综合治理，重点以生物治理为主，辅之以工程措施"的原则，以扩大绿色植被为总的战略目标，建设生态农业和生态林业。

1980 年开始，从逐步治理荒山、荒坡入手，种树、种草、种果结合，退耕还林、还草、还果，严禁滥开荒，稳定耕地，大力扶持贫困地区农民多途径开展种植业、养殖业、加工业，增加经济收入，脱贫致富，以求摆脱生态经济的恶性循环。截至 1985 年，境内护林绿化、保持水土、改灶节柴节煤等工作得到加强，坝区部分荒山已呈现成

---

① 楚雄市地方志编纂委员会编：《楚雄市志》，天津：天津人民出版社，1993 年，第 194 页。

片种有青松、蓝桉、灌木的林地，山区采取了护林种草推广烧煤措施，森林植被增至 35%—40%。出现了一些良性生态典型，如坝区车坪、新柳的千工坝周围，进行大面积云南松带状整地工程造林 5000 多亩后，使原已枯水断流的沟壑重新流出清泉，山区的九街村利用荒地种植牧草 3130.5 亩，以白三叶、黑麦草等优良品种为主，平均亩产鲜草 4420 千克，比自然草场产草量提高 22.9 倍，促使牛羊总头数比种植牧草前增长 68.6%。

（2）"三废"治理。根据国家发布的关于环境保护的法规，楚雄彝族自治州、楚雄市人民政府贯彻执行"谁污染谁治理"的原则，要求对排放"三废"的单位积极治理。扩建、新建及技术改造项目，坚持污染防治工程与主体工程同时设计、同时施工、同时投产制度。1980 年以来，州、市建立了环保监测和管理机构，楚雄彝族自治州环境监测站负责城区工业污染源和大气、噪声质量的监测工作，及时反映和提出防治污染的情况和意见。1981 年，州磷肥厂实现了生产废水闭路循环，高炉废气安装了尾气吸收装置；州冷冻厂安装了生物转盘处理屠宰废水；对于污染危害严重、短期又无法治理的州制药厂皂素车间，楚雄彝族自治州人民政府于 1982 年 10 月责令其停产；州造纸厂利用旧河道修建了容积 1.2 万立方米的黑液贮存池；云机四厂修建了电镀工艺废水处理池。对超标排放烟尘、废水的单位实行排污收费后又返还治理污染的办法，截至 1985 年城区排放废气净化处理率占 62.47%，废渣综合利用率占 14.43%。通过治理，楚雄市局部环境污染和生态恶化受到控制，但摆脱生态经济恶性循环的形势仍然严峻。

（三）强化征收超标排污费[①]

1990 年全州缴纳超标排污费的企业已达 90 个，征收总额在 1989 年突破 60 万元的基础上，年内又突破了 84 万元。1990 年征收的排污费中 80% 的部分作为环保信贷，贷出金额 21 万元，用于企事业治理污染源。其中州磷肥厂 5 万元、州水泥厂 10 万元、姚安县医院 3 万元、大姚县医院 3 万元。

1991 年，全州缴纳超标排污费的企事业单位达 131 个，征收总额达 917 377.78 元，比 1990 年征收总额 84 万元增长约 9%。其中，省属单位 9 个，缴纳了 384 656.46 元；州属单位 22 个，缴纳了 253 870.05 元；县属及乡镇企业 100 个，缴纳了 278 851.27 元。1991 年，所征收排污费总额的 80% 进入了环保信贷基金，年内共贷出 58.33 万元，用于 9 个企业治理工业污染项目 11 个。其中，州水泥厂 10 万元、元谋县水泥厂 5 万元、武定水泥厂 10 万元、大姚橡胶厂 9 万元、南华龙川镇炼锌厂 1.5 万元、南华有色金属化工厂 1 万元、牟定纤维板厂 6 万元、武定咸菜厂 0.33 万元、禄丰钢铁厂 15.5 万元。元谋县环境保护委员会办公室用环保补助资金补助元谋水泥厂 3 万元，补助苴林糖厂 2 万元，用于治理污染源。截至 1991 年底，已有武定水泥厂、州水泥厂、武定咸菜厂的治理项

---

①《楚雄州年鉴》编辑委员会编：《楚雄州年鉴（1991）》，昆明：云南大学出版社，1991 年，第 148 页。

目先后竣工，环保设施投入使用，达到了预期的效果。年内对完成治理项目并经检测达到国家排放标准的，按政策对原贷的环保信贷基金给予豁免，计 33 827.20 元。其中武定咸菜厂 2640 元、大姚县医院 2160 元、武定水泥厂 19 027.20 元、楚雄磷肥厂 10 000 元。对治理达标的项目和因特殊情况造成损失的企业，免征排污费。其中，禄丰钢铁厂烧结废气自 1991 年 1 月起，月免征 657.42 元；大姚县医院医疗废水自 1991 年 1 月起，月免征 200 元；牟定纤维板厂废水自 1991 年 1 月起，月免征 134 元；南华烟叶复烤厂废气自 1991 年 7 月起，月免征 858.3 元；永仁人造板厂因遭水灾，免征 1991 年 7—9 月排污费 540 元。对治理有一定成效，企业遇重大困难的，从实情出发，减免部分排污费。其中，禄丰县水泥厂减免 25%，即 3350 元；州水泥厂减免 50%，即 14 612.50 元。1991 年所征收排污费总额的 20%，支出用于环境宣传教育、环境监测设备购置及环境管理业务。[①]

（四）严格执行"三同时"制度，是控制新污染源的有力措施

1990 年共审批 18 个新建、改建、扩建项目的环境影响评价，其中国有企业 7 项、乡镇企业 11 项。达到环保法规要求的 15 项。

加强对建设项目"三同时"执行情况的检查。1990 年，楚雄彝族自治州环境保护委员会办公室对元谋新建 15 万吨/年钙镁磷肥厂、禄丰羊街磷肥厂 2 万吨/年硫酸扩建工程、牟定 800 万件/年民族瓷器厂、张武庄煤矿塑料包装厂、云南燃料二厂柠檬酸生产线有机废水土地处理系统的环保设施进行检查，其中 4 个项目执行了"三同时"，占 80%，1 个项目根本没有执行，占 20%。

1990 年抓了一批老污染源治理示范工程，如滇中化工厂造气废水全封闭循环、楚雄彝族自治州水泥厂原料烘干系统除尘、楚雄彝族自治州磷肥厂高炉淬水处理系统完善、大姚及姚安两个县医院医疗废水治理等，环保部门给予了技术帮助、资金扶持，取得了良好效果。[②]

1991 年，全州环保部门共审批有污染源产生的建设项目环境影响报告 22 项，其中省属企业 2 项、县（市）属及乡镇企业 19 项、个体企业 1 项。年内已竣工项目 5 项，均已执行《中华人民共和国环境保护法》规定的"三同时"制度，投产后防治污染的设施运转较好。其中禄丰钢铁厂新建煤气发电项目和机械烧结项目、昆冶一分厂新建铅渣冶炼项目，属于"三废"综合利用项目。

1991 年，"三同时"项目利用"三废"能力为：废水 13 071 吨/日，废气 70 283 立

---

①《楚雄州年鉴》编辑委员会编：《楚雄州年鉴（1992）》，昆明：云南大学出版社，1992 年，第 260 页。
②《楚雄州年鉴》编辑委员会编：《楚雄州年鉴（1991）》，昆明：云南大学出版社，1991 年，第 148 页。

方米/时，固体废弃物 2 406 000 吨/年。执行"三同时"总投资 3371.3 万元。[①]

（五）楚雄东瓜氮肥厂设备改造更新

1990 年 7 月，楚雄东瓜氮肥厂进行设备大修，投资 26 万元对锅炉除尘系统增置一台氨回收清洗塔，使锅炉烟气达到国家排放标准，改变了过去空中落黑雨的局面。增设了玻璃钢软水系统后，解决了碳化冷却水箱结垢问题，防止了水箱泄漏、废水排入龙川江的现象。增置氨回收清洗塔后，回收了废氨水，可增产碳铵 4900 千克，经过大修和设备改造更新，基本上消除了废气废水对环境的污染，从中直接提高经济效益 99.9 万元。[②]

（六）全州乡镇工业污染源调查[③]

1990 年 8 月，楚雄彝族自治州环境保护委员会召开了全州乡镇工业污染源调查工作会议，9 月，在武定举办了技术培训班。参加学习的人员 47 名，历时 3 个月，完成 4496 个企业的污染源调查，占应调查企业数的 125%，其中详查企业 2510 个、普查企业 1986 个，分属于 22 个行业。调查表明，楚雄彝族自治州乡镇企业行业繁杂、种类齐全、点多线长、面广分散，1989 年末，全州有乡镇企业 29 407 个，其中，乡镇工业 11 359 个，总用水量 2 897 804 吨，新鲜水占总水量的 40.4%，年排放废水 941 339 吨，废水处理率为 18.14%，达标排放的仅占 0.98%。乡镇企业废水 34.66%排入元江水系，65.54%排入金沙江水系。工业废水中共排放各种污染物质 4174.30 吨，其中，化学需氧量 3211.6 吨，约占 76.94%；悬浮物 960.96 吨，约占 23.02%；挥发酚 1.74 吨，约占 0.04%。

全州乡镇企业固体废弃物排放量为 17 190.64 吨，其中，煤渣 9335 吨，约占 54.30%；冶炼渣 4936.64 吨，约占 28.72%；尾矿渣 2859 吨，约占 16.63%；化工渣 60 吨，约占 0.35%。乡镇企业固体废弃物历年堆存量已达 7327.30 吨，占地面积为 5850 平方米。

（七）"三废"排放量处理暨综合利用[④]

1990 年，全州 104 个企业、13 个事业单位的"三废"排放、处理量及综合利用情况如下：

（1）废水排放总量为 1814.42 万吨，其中大中型企业 700.24 万吨，外排废水中工业废水 1073.11 万吨，经过处理的 457.76 万吨，符合排放标准的 429.34 万吨，经过处理达标的 150.03 万吨。工业废水中含有六价铬化合物、砷及其无机化合物、铅及其无机化合

①《楚雄州年鉴》编辑委员会编：《楚雄州年鉴（1991）》，昆明：云南大学出版社，1991 年，第 258 页
②《楚雄州年鉴》编辑委员会编：《楚雄州年鉴（1991）》，昆明：云南大学出版社，1991 年，第 148 页。
③《楚雄州年鉴》编辑委员会编：《楚雄州年鉴（1991）》，昆明：云南大学出版社，1991 年，第 148 页。
④《楚雄州年鉴》编辑委员会编：《楚雄州年鉴（1991）》，昆明：云南大学出版社，1991 年，第 149 页。

243

物、酚、氰化物、石油类、耗氧有机物等物质。

（2）废气排放总量为 712 125.58 万标准立方米，其中大中型企业排放量为 141 903.89 万标准立方米。废气总量中，燃料燃烧过程中废气排放量为 513 351.86 万标准立方米，经过消烟除尘的 167 964.42 万标准立方米；生产工艺过程中废气排放量为 198 773.72 万标准立方米，经过净化处理的 112 890.86 万标准立方米。废气总量中，二氧化硫排放量 14 443.50 吨，烟尘 14 821.19 吨。工业粉尘排放量 9666 吨，工业粉尘回收量为 6268 吨。

（3）工业固体废弃物产生量为 187.02 万吨，其中大中型企业为 146.50 万吨。历年工业固体废弃物堆存总量为 1289.79 万吨，占地面积 116.37 万平方米，其中占农田面积为 33.58 万平方米。

（4）"三废"综合利用产品产值。1990 年"三废"综合利用产品产值达 1092.69 万元，"三废"综合利用利润为 170.9 万元。1990 年用于企事业治理污染资金为 259.71 万元，安排治理项目 37 个，当年竣工 32 个，竣工项目完成投资额 148.31 万元。

（八）城市环境综合整治[①]

1991 年，楚雄市城市环境综合整治迈出了新的步伐。

（1）1991 年 12 月 30 日，九龙甸输水工程竣工，改善了市区生活饮用水条件。

（2）州、市两级政府共投资 18 万元，委托云南省环境科学研究所进行楚雄市区域环境规划研究，年底已提交"区域水环境""大气环境""生态环境""社会经济历史分析""现状评价及预测"等五份书面研究报告。目的在于促进该市社会经济与环境保护持续稳定协调发展，为工业布局和环境管理提供科学依据。

（3）楚雄市人民政府委托云南省环境科学研究所进行"楚雄市城市污水土地处理示范工程可行性研究"，寻求生活污水再生利用的新途径。年底完成的书面研究报告表明，这项工程是楚雄市环境保护局等拟定报请云南省、楚雄彝族自治州计划委员会立项并在"八五"期间组织实施的工程，是云南省环境保护委员会"1722"工程与楚雄市国民经济和社会发展"八五"计划的组成部分，主要是解决城市日排 2 万立方米含有机污染物质的污水长期对龙川江的污染，同时经工艺处理，可供农业灌溉和一般工业用水，二次回用，化害为利。

（4）1991 年初，楚雄市决定实行水污染物排放许可证制度。年内已有楚雄卷烟厂、东瓜氮肥厂、州磷肥厂、楚雄丝绸厂、州柠檬酸厂、州粮油机械厂、州造纸厂、新华造纸厂、市纸板厂、州制药厂等 10 个地处龙川江流域的企业单位，对所排放水污染物浓度、数量、种类进行了申报登记。申报排污总量为 133.01 万吨/年。

---

① 《楚雄州年鉴》编辑委员会编：《楚雄州年鉴（1992）》，昆明：云南大学出版社，1992 年，第 257 页。

（九）治理工业污染源

1991年，全州有17个企事业单位共投资248.5万元，用于治理工业污染源。其中云南省企业有一平浪煤矿、一平浪盐矿、滇中化工厂、昆冶一分厂等4家，州属企业有南华烟叶复烤厂、禄丰钢铁厂、州水泥厂、龙江餐厅等4家，县属企事业有姚安县医院、大姚橡胶厂、禄丰磷肥厂、武定水泥厂、元谋水泥厂、武定咸菜厂等6家，乡镇企业有楚雄市纸板厂、勤丰化肥厂等2家，个体企业有南华龙川镇炼锌厂1家。治理项目21项，其中属治理废气的13项，治理废水的7项，治理废渣的1项。经过一年来企事业单位和环保部门的努力，已有楚雄市纸板厂、龙江餐厅、一平浪盐矿、禄丰钢铁厂、州水泥厂、勤丰化肥厂、昆冶一分厂、禄丰磷肥厂、武定水泥厂、武定咸菜厂、南华烟叶复烤厂、南华龙川镇炼锌厂等12家企业完成了治理项目，取得了明显效果。其中治理废气7项、治理废水4项、治理废渣1项。[①]

（十）继续解决龙川江沿岸人畜饮用水问题

1991年2月，楚雄彝族自治州环境保护委员会办公室继续对龙川江中下游的牟定、元谋两县沿江村寨人畜饮用水情况进行实地调查。着重调查了安东、羊街、老城、江边、黄瓜园等5个乡镇9个行政村（办事处）45个自然村，对其中还饮用受污染的龙川江水的14个村，年内楚雄彝族自治州城乡建设委员会从城市维护费用拨出21万元，帮助两县的14个村解决饮水问题。[②]

（十一）关停十五类严重污染环境小企业[③]

1996年10月21日，楚雄彝族自治州人民政府分管环境保护工作的樊以云副州长主持召开州人民政府办公会议，形成了《楚雄彝族自治州贯彻〈国务院关于环境保护若干问题的决定〉有关问题的会议纪要》，做出对楚雄彝族自治州境内20家小企业务必于1996年11月10日前实施取缔、关闭、停产、暂缓的处理决定。其中，取缔南华县西勘304荣华皮革厂、永仁县皮件厂、姚安县造纸厂、双柏县皮革厂、百乐炼焦厂、大窝煤炼焦厂、一平浪皮革厂；关闭禄丰县清水河冶炼厂、土官炼铅厂、一平浪煤矿顺达公司冶炼厂、云丰胜冶炼厂、金凤冶炼厂、南华县龙川镇有色金属化工厂、楚雄市前进炼锌厂、楚雄市石油化工厂；停产一平浪煤矿炼焦厂、姚安金矿、楚雄市新村乡小水井金矿；暂缓楚雄彝族自治州造纸厂、元谋县造纸厂（暂缓的原因：楚雄彝族自治州人民政府常务会议已决定楚雄彝族自治州造纸厂从1997年1月1日起转产，元谋县造纸厂制浆

① 《楚雄州年鉴》编辑委员会编：《楚雄州年鉴（1991）》，昆明：云南大学出版社，1991年，第258页。
② 《楚雄州年鉴》编辑委员会编：《楚雄州年鉴（1992）》，昆明：云南大学出版社，1992年，第260页。
③ 《楚雄州年鉴》编纂委员会编：《楚雄州年鉴（1998）》，昆明：云南科技出版社，1998年，第396页。

黑液已用于浇灌甘蔗进行综合利用）。按行业分，小冶炼 7 家、小土焦 3 家、小化工 1 家、小制革 4 家、小造纸 3 家、小选金 2 家。

1997 年 2 月 12—23 日，3 月 2—7 日，楚雄彝族自治州城乡建设环境保护局、楚雄彝族自治州监察局先后抽 9 人组织督查组，对 20 家实施取缔、关闭、停产、暂缓企业的执行情况进行了检查。4 月 28 日，楚雄彝族自治州人民政府发出《关于认真做好关停十五种污染严重小企业工作的通知》，要求各县（市）以后不准再批准这 15 种污染严重企业的新建、改建、扩建项目。

截至 1997 年底，楚雄彝族自治州境内共有 19 家严重污染环境的企业或工段实施了取缔、关闭或停产，关停执行率达 90.5%。

（十二）乡镇工业污染原因调查[①]

楚雄彝族自治州城乡建设环境保护局于1997年1月向楚雄彝族自治州人民政府上报了《关于开展全州乡镇工业污染源调查的请示》。经楚雄彝族自治州人民政府同意，由楚雄彝族自治州城乡建设环境保护局、乡镇企业局、财政局、计划委员会、统计局各抽调 1 人成立调查领导小组，下设调查办公室、技术组。全州调查工作从 1997 年 4 月开始，历时半年，于 1997 年 10 月完成。调查基本情况为：共调查 21 个行业，乡镇企业 2705 个（其中乡级企业 199 个、村级企业 357 个、村以下企业 2148 个、三资企业 1 个）；有职工 30 269 人，固定资产 31 410.4 万元，工业总产值 48 561.1 万元。污染调查企业覆盖率 11.8%。污染物排放情况为：废水 241.8 万吨/年（其中排入长江水系 193 万吨，约占 79.82%；排入元江水系 48.8 万吨，约占 20.18%）。主要污染物为：挥发酚 0.445 6 吨、氰化物 0.005 1 吨、石油类 4.72 吨、化学需氧量 0.078 万吨、悬浮物 1.77 万吨、铅 0.61 吨、镉 0.001 9 吨。废气排放总量为 27.76 亿标准立方米（其中燃烧废气 23.8 亿标准立方米，工艺生产废气 3.96 亿标准立方米），经过净化处理的为 0.011 亿标准立方米，约占工艺废气的 0.28%。排放主要污染物为：二氧化硫 4943.92 吨、烟尘 11 334.51 吨、工业粉尘 5275.8 吨、氟化物 517.71 吨。固体废弃物产生总量 96.26 吨（其中，危险废弃物产生总量 3.06 万吨，工业固体废弃物综合利用量 19.66 万吨，约占产生总量的 20.4%；工业固体废弃物排放量 43.8 万吨，约占产生总量的 45.5%）。

（十三）排放污染物申报登记[②]

楚雄彝族自治州于 1997 年 7 月 16—17 日召开排污申报登记工作会议，参会人员为各县（市）城乡建设环境保护局分管环境保护工作的副局长及环境保护工作人员，中

---

① 《楚雄州年鉴》编纂委员会编：《楚雄州年鉴（1998）》，昆明：云南科技出版社，1998 年，第 397 页。
② 《楚雄州年鉴》编纂委员会编：《楚雄州年鉴（1998）》，昆明：云南科技出版社，1998 年，第 397 页。

央、省、州属企业法人代表及申报登记工作人员，共 100 余人。全州申报工作于 1997 年 7 月中旬全面展开，12 月中旬结束，通过省级验收合格。

全州申报登记填报正式表企业 52 户（其中，楚雄市 15 户、禄丰县 11 户、其余 8 县共 26 户），申报排污项目 99 项，其中废气排放 50 项、废水 39 项、噪声 10 项。年排放废气量 34.7 亿标准立方米，工艺废气排放量 14.87 亿标准立方米，废气排放达标量 23.58 亿标准立方米。年排放废水总量 612 万吨，其中达标排放量 311.21 万吨。噪声混合区 2 个，工业区 3 个，未划区 5 个。

填报《云南省申报登记简表》378 户（其中楚雄市 247 户、禄丰县 51 户、牟定县 25 户、大姚县 12 户、南华县 10 户、姚安县 10 户、武定县 9 户、元谋县 8 户、双柏县 4 户、永仁县 2 户）企事业单位，30 余个行业。年排放废水量 150.8 万吨，废气 80 138.52 万标准立方米。

（十四）实施污染物排放总量控制[①]

云南省人民政府下达楚雄彝族自治州 2000 年大气、水、工业固体废弃物 3 种 20 项主要污染物控制指标，主要有：烟尘排放量 1.5 万吨；工业粉尘 2.2 万吨；二氧化硫 1.9 万吨；化学需氧量 2.5 万吨；石油类 5 吨；氰化物 3.1 吨；砷 2.6 吨；铅 3 吨；汞 2 千克；镉 100 千克；六价铬 100 千克；工业固体废弃物 14 万吨。

1997 年 7 月，制定了《楚雄彝族自治州污染物排放总量控制实施方案》，将 12 项污染物控制指标分别下达到 10 个县（市）和中央、省、州属重点排污企业，再由各县（市）将 12 项污染物排放总量控制指标分解、落实下达到其他各排污企业。另外还制定了 13 条实施总量控制的措施及 5 条总量控制检查考核办法，确定了省、州、县治理达标排放的重点排污企业。1997 年 11 月 14 日，楚雄彝族自治州人民政府把《关于印发楚雄彝族自治州污染物排放总量控制方案的通知》下发各省、州、县（市）属重点排污企业，要求认真贯彻执行。

（十五）雄德铁合金厂电炉除尘治理通过验收[②]

1990 年雄德铁合金厂建成 3 台半封闭式矿热炉，经云南省环境保护局批准投产。因污染治理设施未建成，故限期在一年内建成治理设施，又因多方因素一直未实现，外排烟气长期严重污染环境，"八五"和"九五"期间均被列为全省国家重点污染源治理项目。1997 年雄德铁合金厂被昆明钢铁公司兼并后，投标治理，由辽宁鞍山市除尘设备总厂中标承建，于 1997 年 12 月 23 日开工，1998 年 4 月 1 日建成投入试运行。1998 年

---

①《楚雄州年鉴》编纂委员会编：《楚雄州年鉴（1998）》，昆明：云南科技出版社，1998 年，第 397 页。
②《楚雄州年鉴》编纂委员会编：《楚雄州年鉴（1999）》，昆明：云南科技出版社，1999 年，第 435 页。

9 月上旬，经楚雄彝族自治州环境监测站现场监测，炉窑外排烟尘符合《工业炉窑大气污染物排放标准》（GB 9078—1996）；电炉操作区岗位粉尘低于《工业企业设计卫生标准》（T36-76），设施运行正常。1998 年 9 月 18 日，云南省环境保护局主持，昆明钢铁公司，楚雄彝族自治州环境保护部门联合组成验收组，对 2 台矿热炉除尘设施进行现场检查、监测数据，审查、讨论、评审，一致认为，该污染防治设施设计合理，安装规范，除尘效果符合国家标准和行业标准，通过验收。

（十六）楚雄市城市污水土地处理厂正式运行[1]

1997 年 4 月，楚雄市城市污水土地处理示范工程建成，设计日处理规模为 1.5 万吨，总投资为 920 万元。1998 年楚雄市人民政府批准成立污水处理厂机构，人员编制定编 35 人，组建业已完成，于 1998 年 11 月 12 日正式挂牌开始连续试运行生产。

五、环境监测

1990 年，楚雄彝族自治州环境监测站在保证例行常规监测任务的基础上，抽调专门监测力量，对 40 多个工厂污染源加强了监督监视性监测，对勤丰磷肥厂、大石铺铝厂、雄德铁合金厂、楚雄市纸板厂等建设项目"三同时"执行情况进行验收监测，对大姚铜矿医院、牟定铜矿医院、广通铁路医院、州人民医院、79 医院、大姚县医院、姚安县医院的医疗废水进行监测。一年内，州监测站共完成地面水、大气、降水、噪声、降尘、底泥、污染源等监测数据 16 238 个，圆满完成了 1990 年例行监测和指令性监测任务，为环境管理提供了科学依据。

禄丰县监测站开展了厂矿污染源监测，为查处污染事故纠纷、合理征收超标排污费、治理项目竣工验收等提供了监测数据。1990 年新开展了对星宿江水系、东河水库、自来水厂等的水质分析，对城区降水酸雨、市镇噪声监测，对 5 个企业的外排废水监测等，共获得监测数据 1760 个。在 1990 年全国统一组织的监测业务考核中，报考 9 个项目，7 项取得合格证。楚雄市监测站 1990 年完成了土建工程及水电安装、人员培训及仪器安装。元谋县监测站于 1990 年 11 月破土动工，开始土建工程。[2]

1991 年全州社会燃料煤耗量为 66.25 万吨，比 1990 年增加 7.07 万吨。废气排放总量 792 907 万标准立方米，燃料燃烧过程中废气排放量 572 087 万标准立方米。二氧化硫排放量为 14 114 176 千克，比 1990 年减少 29 932 千克；烟尘排放量 19 038 937 千克，比 1990 年增加 4 217 747 千克。1991 年工业耗煤量为 51.65 万吨，工业废气排放量为

① 《楚雄州年鉴》编纂委员会编：《楚雄州年鉴（1999）》，昆明：云南科技出版社，1999 年，第 436 页。
② 《楚雄州年鉴》编辑委员会编：《楚雄州年鉴（1991）》，昆明：云南大学出版社，1991 年，第 149 页。

445 528 万标准立方米，燃料燃烧过程废气排放量为 224 708 万标准立方米。工业二氧化硫排放量为 6 166 595 千克，工业烟尘排放量为 5 009 514 千克，工业粉尘排放量为 9 377 976 千克，工业废气中消烟除尘和净化处理量为 365 758 万标准立方米。[①]

1991 年工业固体废弃物产生量为 1 899 371 吨，其中综合利用量 492 996 吨，贮存量 1 355 811 吨，处置量 33 701 吨。工业固体废弃物综合治理率为 98.81%。全年工业固体废弃物排放量为 10 119 吨。历年累计堆存量 14237 111 吨。[②]

1998 年 10 月 27—29 日，云南省计量认证环保评审组对楚雄彝族自治州环境监测站进行了计量认证评审。评审组听取该站情况汇报后，分软件、硬件和考核 3 个组全面察看了该站各科室情况，查阅了质量保证体系所涉及的有关材料，审查样品采集、测定、监测记录、监测报告，报表、仪器设备的校验、验定、使用记录、标准、规范、监测档案等情况。并随机抽考有关人员计量认证的质量保证及环境监测理论。通过听、看、问、查、考、议等方式，按照环境监测机构计量认证评审内容和考核要求，进行严格、认真评审。评审组认为：楚雄彝族自治州环境监测站管理制度健全，监测规程、规范、标准等技术文件齐全，原始记录规范，监测仪器设备、监测人员等素质均具备了对外提供准确、可靠、公正数据的能力，所提供的报告及成果均符合计量认证的条件。1998 年 11 月 23 日云南省技术监督局颁发给楚雄彝族自治州环境监测站计量认证合格证书。[③]

六、环境科研[④]

1990 年完成了"马龙河砷污染调查""楚雄彝族自治州水功能划分研究""吕合电厂环境现状评价""楚雄彝族自治州陆生脊椎动物资源考察""楚雄彝族自治州水域及鱼类资源考察"等五个科研课题。

七、环境污染事故

1990 年，共收到反映环境问题的人民来信 64 件、来访 145 人次，环保部门依法处理污染事故及污染纠纷 12 起。环境污染事故主要有：广通机务段洗车废水 1 次、禄丰钢铁厂生产废水 2 次、禄丰磷肥厂含氟废水 2 次、牟定铜矿的固体废弃物 1 次、大姚铜矿生产废水 2 次。以上 8 次事故，共付污染赔款 4.776 万元，污染罚款 0.1 万元。1990 年 6

---

①《楚雄州年鉴》编辑委员会编：《楚雄州年鉴（1992）》，昆明：云南大学出版社，1992 年，第 259 页。
②《楚雄州年鉴》编辑委员会编：《楚雄州年鉴（1992）》，昆明：云南大学出版社，1992 年，第 259 页。
③《楚雄州年鉴》编纂委员会编：《楚雄州年鉴（1999）》，昆明：云南科技出版社，1999 年，第 434 页。
④《楚雄州年鉴》编辑委员会编：《楚雄州年鉴（1991）》，昆明：云南大学出版社，1991 年，第 149 页。

月 7 日发生在禄丰县土官乡的大理造纸厂液碱运输泄漏污染，为全年环境污染的重大事故，造成当时在污染区 25 户农民的 44 头耕牛蹄子灼伤、10.94 亩水稻田不同程度受污染，其中被碱烧死和严重灼伤的秧苗 2 亩，67 岁的五保户王应芬面部和小腿被液碱灼伤。事后，经楚雄、大理两州环保部门和禄丰县人民政府及有关部门共同现场调查并做出裁决；此次突发事故由大理造纸厂负责，并赔偿经济损失 57 969.04 元。①

1991 年全州共发生工业污染事故 6 起，其中按地区分：禄丰境内 5 起，楚雄境内 1 起。按企业隶属关系分：省属 2 起（州水泥厂污染西平街三队、禄丰钢铁厂污染荛瓜塘村），县属 1 起（禄丰磷肥厂污染北甸办事处），镇属 1 起（勤丰化肥厂污染马官营办事处）。污染事故造成农作物受害面积 237.04 亩，由企业赔偿受污染造成的农、林、牧、渔等经济损失共 46 742.86 元。1991 年发生工业"三废"和城区生活污水、臭气污染纠纷 6 起，其中按地区分：禄丰 2 起，牟定 1 起，姚安 1 起，元谋 1 起，大姚 1 起。按排污单位隶属关系分：中央属 1 起，州属 1 起，县属 2 起，乡属 1 起。由企业赔款受害人经济损失或工时费 58 878 元。②

八、环境管理

（一）签订环境保护目标责任书

根据 1990 年 12 月 5 日《国务院关于进一步加强环境保护工作的决定》中实行环境保护目标责任制的要求，1991 年 12 月 16 日在云南省第四次环境保护会议上，李春和副州长代表政府在昆明与云南省人民政府签订了《楚雄彝族自治州人民政府任期环境保护目标责任书》；12 月 30 日，李春和副州长代表州政府在楚雄分别和楚雄市人民政府、禄丰县人民政府领导签订了环境保护目标责任书。③

1998 年 10 月 26—29 日云南省环境保护工作会议上，云南省人民政府对楚雄彝族自治州上届人民政府（1992—1996 年）环境保护目标责任书各项指标圆满完成给予了充分肯定。环境保护目标已基本实现，经云南省人民政府组织综合考评，楚雄彝族自治州荣获云南省人民政府授予的一等奖，并发给奖牌一块，奖金 2 万元。有 3 人被云南省人民政府授予先进个人荣誉称号。10 月 28 日在云南省环境保护工作会议上，楚雄彝族自治州人民政府与云南省人民政府签订了本届政府（1998—2002 年）环境保护目标责任书，向云南省人民政府做了承诺。④

---

① 《楚雄州年鉴》编辑委员会编：楚雄州年鉴（1991），昆明：云南大学出版社，1991 年，第 149 页。
② 《楚雄州年鉴》编辑委员会编：《楚雄州年鉴（1992）》，昆明：云南大学出版社，1992 年，第 259 页。
③ 《楚雄州年鉴》编辑委员会编：《楚雄州年鉴（1992）》，昆明：云南大学出版社，1992 年，第 257 页。
④ 《楚雄州年鉴》编纂委员会编：《楚雄州年鉴（1999）》，昆明：云南科技出版社，1999 年，第 434 页。

（二）环境保护目标责任书届满考评①

1997 年 4 月和 10 月，楚雄彝族自治州环境保护局认真组织对任期目标责任书的总结和考评。根据《云南省环境保护目标责任制实施办法》的规定和云南省环境保护局《关于调整环境保护目标责任书有关指标请求的复函》的精神，楚雄彝族自治州环境保护局于 4 月中旬组织有关人员对 1991 年所签订的责任书各项责任指标完成情况逐条进行对照检查和自评，8 月底完成自检工作，自检评分 88 分，9 月将自检总结报告上报至云南省人民政府。11 月 22 日，向云南省环境目标责任完成情况终期检查考评组做详细汇报，接受云南省考评组考评，评分 91 分。

（三）环境保护"八五"计划和十年规划②

1991 年 8 月 8 日，楚雄彝族自治州环境保护委员会李春和主任主持举行了第六次楚雄彝族自治州环境保护委员会全体会议，审议通过了《楚雄彝族自治州环境保护"八五"计划和十年计划》，并于同月发布实施。这是楚雄彝族自治州国民经济和社会发展计划的重要组成部分。其指导思想是：坚持党的基本路线，认真贯彻落实环境保护这一基本国策和国家各项环保方针、政策和法律法规，围绕经济建设这个中心，继续强化环境管理，把防止污染、保护生态环境与促进经济建设紧密结合起来，努力推进经济与环境协调发展，实现经济效益、社会效益和环境效益的统一。"八五"环境保护总目标是：努力控制生态破坏和环境污染的发展，力争楚雄的鹿城、东瓜，禄丰的金山、一平浪等污染较重的城镇环境质量有所改善。抑制自然生态恶化趋势，争取自然生态环境保护再上一个台阶，为实现 2000 年的环境保护目标打好基础。主要任务是：继续抓好城市环境综合整治和工业污染防治，积极改造落后的燃煤方式，搞好消烟除尘，控制烟尘排放量，大力开展工业固体废弃物综合利用，变废为宝，提高综合利用率，做好生态环境保护，注重开发农村新能源，继续抓好节能改灶和植树造林，增加植被覆盖率，保护好饮用水源，积极防治水土流失，进一步推广生态农业，加强自然保护区规划建设和管理。

（四）召开全州环境保护工作会议③

1998 年 12 月 1—2 日，楚雄彝族自治州人民政府召开全州环境保护工作会议。在会上，楚雄彝族自治州人民政府副州长周发洪做了题为"总结经验、坚定信心、开拓进取、狠抓落实，为实现楚雄彝族自治州此届政府环境保护目标任务而奋斗"的工作报

---

① 《楚雄州年鉴》编纂委员会编：《楚雄州年鉴》（1998），昆明：云南科技出版社，1998 年，第 396 页。
② 《楚雄州年鉴》编辑委员会编：《楚雄州年鉴（1992）》，昆明：云南大学出版社，1992 年，第 257 页。
③ 《楚雄州年鉴》编纂委员会编：《楚雄州年鉴（1999）》，昆明：云南科技出版社，1999 年，第 434 页。

告。上届政府任期中，由于坚定不移地推行了政府环保目标责任制，实行政府对环境质量负责，坚持经济建设、城乡建设、环境建设同步协调发展的环保战略方针，楚雄彝族自治州初步实现经济持续发展，污染负荷下降，生态植被上升，环境质量改善。上届政府环境保护责任目标基本实现，取得较好的效果。经楚雄彝族自治州人民政府组织考核，楚雄市、一平浪盐矿被评为一等奖；禄丰县、滇中化工厂、一平浪煤矿被评为二等奖；武定县、元谋县、大姚县、州工业局被评为三等奖；城建环境保护办公室被评为组织奖；云南燃料二厂不奖不惩。获奖单位分别由楚雄彝族自治州人民政府发给奖牌和奖金，以视鼓励。

（五）明确政府各部门环境保护职责与任务[1]

1991 年 10 月，楚雄彝族自治州人民政府批准了楚雄彝族自治州环境保护委员会拟定的《楚雄彝族自治州人民政府各部门环境保护职责与任务》，共涉及州政府 20 余个部门的工作，其目的是做到职责分明、各司其职、各负其责、齐抓共管，共同为保护和改善全州环境质量而努力。同年 11 月，云南省环境保护委员会批转全省各地参考借鉴。

（六）禄丰政协委员视察环保工作

1991 年 4 月 19—26 日，由禄丰县政治协商会议副主席张东顺带队，组织县政治协商会议经济科学技术委员会、农牧局、水电局、各部委、城乡建设委员会、一平浪盐矿等单位的县政治协商会议委员，一行 12 人，对 17 个企业的环境保护工作进行了视察，总结了各厂的经验，尤其对省、州属企业的环保工作给予了充分肯定。同时发现了一些问题，主要有：全县森林过度砍伐，植被减少；工业污染日趋严重；生态环境破坏。视察组针对禄丰的环境问题向县委和县人民政府提出了 9 条建议。[2]

（七）办理人大、政协议案、提案[3]

1991 年环保及有关部门共接收各级大代表、政协委员对环境保护方面的议案、提案 26 项，其中已办理 24 项。政治协商会议楚雄彝族自治州第四届委员李庆书所提的《要求解决炼锌厂对果园三队的严重污染问题》提案，经楚雄彝族自治州、楚雄市环保部门会同楚雄彝族自治州、楚雄市工商行政管理部门到现场调查，证实工业废气烟尘污染对果树及三队职工身心健康造成了危害。经查明，该炼锌厂是楚雄市居民李寿国个体

①《楚雄州年鉴》编辑委员会编：《楚雄州年鉴（1992）》，昆明：云南大学出版社，1992 年，第 257 页。
②《楚雄州年鉴》编辑委员会编：《楚雄州年鉴（1992）》，昆明：云南大学出版社，1992 年，第 258 页。
③《楚雄州年鉴》编辑委员会编：《楚雄州年鉴（1992）》，昆明：云南大学出版社，1992 年，第 261 页。

经办的土法炼锌厂，未经工商部门核发营业执照，擅自开业投产。依据工商法规和环保法规，做出了处以 1800 元罚款和限期取缔该炼锌厂的决定，使这一炼锌产生的大气污染问题得到了解决。

（八）加强环境管理力度[①]

1998 年楚雄彝族自治州环境保护局狠抓内设机构人员配置、岗位责任制、环保队伍思想工作建设和业务培训，认真贯彻执行环境保护法律、法规和环境管理，较好地完成了各项工作任务。1998 年全州审批建设项目环境影响评价 51 项，其中编报告书 1 项、报告报表 50 项；建设项目竣工 22 项，"三同时"执行率为 90.48%；完成治理老污染 20 项，其中治理水污染 6 项、废气 10 项、固体废弃物 2 项、噪声 1 项、其他 1 项，已投入污染治理资金 672.1 万元。雄德铁合金厂废气、昆明冶炼厂一分厂粗铝废气两项云南省限期治理项目已通过验收。1998 年全州征收排污费 360 万元，比 1997 年增长 9.8%，排污费用于治理污染 115.2 万元，占排污费的 32%。1998 年处理大代表、政协委员议案、提案及群众来信来访 159 件。1998 年编制楚雄彝族自治州 1998—2010 年自然保护区规划，开展自然保护区及乡镇企业现状基本情况调查，贯彻执行国务院、云南省《关于进一步加强自然保护区管理工作的通知》。1998 年组织参与环保法制培训 3 期共 34 人次，编制印发《楚雄彝族自治州环境保护局行政执法责任体系实施方案》，出刊《楚雄环境动态》4 期。楚雄市开展了"酸雨控制区"、"二氧化硫控制区"和"环境空气功能区"规划。楚雄市城市污水土地处理厂正式运行。

发布《关于支持个体私营经济发展建设项目环境管理暂行办法》。为贯彻中共云南省委、云南省人民政府《关于大力发展个体私营经济的决定》和楚雄彝族自治州人民政府八届三次会议精神，促进全州个体私营经济的发展，根据国家环境保护总局《建设项目环境保护管理办法》及有关规定，楚雄彝族自治州环境保护局行文发布《关于支持个体私营经济发展建设项目环境管理暂行办法》，该办法规定在对企业项目新建、扩建、技术改造进行环境影响评价时，"坚持依法审批，提高办事效率，实行收费优惠，服务择优及时、周到的原则"，积极支持个体私营经济的发展。

九、环境保护机构[②]

根据中共云南省委、云南省人民政府颁布的《关于切实加强环境保护工作的决定》的精神，为了加强环境保护的力度，经中共楚雄彝族自治州委于 1997 年 8 月 8 日常务委

①《楚雄州年鉴》编纂委员会编：《楚雄州年鉴（1999）》，昆明：云南科技出版社，1999 年，第 435 页。
②《楚雄州年鉴》编纂委员会编：《楚雄州年鉴（1998）》，昆明：云南科技出版社，1998 年，第 396 页。

员会讨论决定：同意成立楚雄彝族自治州环境保护局，为政府系列一级局，核定编制15 人。并于 1997 年 12 月 28 日在楚雄市双建路州环境监测站处挂牌成立。任命李书林为副局长主持工作，内设办公室、污染治理开发科、自然保护科、宣传法规科。从1998 年 1 月 1 日起独立行使楚雄彝族自治州环境保护局的职能。

十、环境执法

（一）查处破坏野生动物资源案件①

1991 年是全州查处乱捕滥猎、倒卖、走私野生动物违法案件最多的一年，共查处755 件，其中双柏县境共查处 160 件。共没收乌龟 231 只，环颈雉、白腹锦鸡、猛禽、猕猴、穿山甲等255 只。查处并制止了杨家庄、一平浪、鹿城一都酒家等 10 余个餐馆出售"野味"的违法行为。②

（二）环境保护执法培训③

1998 年 5 月 5—10 日及 10 月 8—13 日，楚雄彝族自治州州级及各县（市）环境保护干部共 29 人参加由云南省人民政府法制局、云南省环境保护局在昆明举办的第二、三期环境保护行政执法岗位培训班。系统学习了行政执法监督、行政执法、行政复议、行政诉讼和《中华人民共和国国家赔偿法》、《中华人民共和国行政处罚法》等法律、法规。经培训和考核，全部学员达到合格，取得了执法证和执法资格。通过学习，楚雄彝族自治州环境保护干部普遍增强了法律意识和执法责任感，为以后进一步提高执法水平、规范执法程序、强化执法监督打下了良好基础。

---

① 《楚雄州年鉴》编辑委员会编：《楚雄州年鉴（1992）》，昆明：云南大学出版社，1992 年，第 257 页。
② 《楚雄州年鉴》编辑委员会编：《楚雄州年鉴（1992）》，昆明：云南大学出版社，1992 年，第 260 页。
③ 《楚雄州年鉴》编纂委员会编：《楚雄州年鉴（1999）》，昆明：云南科技出版社，1999 年，第 434 页。

第三章 诸县环境保护史料

第一节 昌宁县环境保护史料

一、动植物保护[①]

野生动植物和生态环境的破坏，引起各级政府的注意。1956 年 7 月，昌宁县人民委员会对各区、乡发布指示：在农业生产运动中，沟帮河堤及乡村道路两旁只准割草、积绿肥，一律禁止铲草皮；严禁刀耕火种，只准开不长树的常年荒地、轮耕地与轮歇地；45 度以上的坡地，特别是主要河流的河头及沿河两岸一律禁止开荒。之后，又多次发布保护森林的通告，使大部分山区靠毁林开荒吃饭的传统习惯得到改变，有效地保护了森林资源。

为了贯彻国家有关保护森林的一系列政策，恢复自然生态平衡，促进农、林、牧各业的发展，1980 年后，昌宁县人民政府对保护农业生态环境、发展生态农业采取了一系列措施，多次发布通知通告，号召全县人民开展退耕还林和植树造林活动，绿化荒山荒地；严格执行《中华人民共和国森林法》，严禁乱砍滥伐和毁林开荒，防治森林火灾，增加城乡绿化面积。尤其是 1982 年后，在全县范围开展的"文明村（单位）"建设活动中，植树造林、种花种草逐渐成为城乡人民的自觉行动。仅 1982 年和 1983 年，全县就绿化荒山荒地 1.25 万亩，提高了森林覆盖率。据有关部门统计，截至 1984 年，全县"四旁"（路旁、村旁、宅旁、水旁）植树已达 113.7 万株，种植花果 17.7 万株，

[①] 昌宁县志编纂委员会编：《昌宁县志》，芒市：德宏民族出版社，1990 年，第 411 页。

对保护自然生态、美化环境起到了良好作用。

对境内尚存的数量极少的珍稀动植物，昌宁县人民政府责成有关部门制定各种保护措施，严禁捕猎和毁坏。栖息在更戛、湾甸、卡斯、柯街、大田坝等地的孔雀；生长在沧江两岸及耇街、更戛等地的獐子；各地山区都有分布的穿山甲；生长在翠华、文沧、二母佑、里睦、小桥等地河边的水獭（俗称水獭猫）；大田坝、漭水、耇街沿澜沧江边的马鹿，以及豹、熊、岩羊、野猪等动物，都明令严禁捕杀。对境内更戛、西桂、西河及漭水、明德、明华一带生长的珍贵野生稻、玉米草、铁壳麦等珍稀植物，也禁止采集出售。1982 年昌宁县人民政府发布布告，将鸡飞温泉、龙潭寺等风景点规定为自然保护区，严禁任何单位和个人在保护区内挖土、采石、建筑。

二、"三废"治理[1]

20 世纪 70 年代以前，昌宁县工业企业较少，工业废气、废渣、废水对大自然的自净能力的危害不十分明显。

20 世纪 70 年代末至 80 年代，昌宁县工业有了较大发展，但因只重生产而忽视环境保护，大量的工业"三废"未经治理便任意排放，致使环境污染日趋严重，形成了污染源分布广、种类多的恶劣局面。到 1985 年，全县共有国营工矿企业 19 个，以采煤、采锡、制糖、制茶和建材生产为主，多分布在交通发达、人口众多的右甸、枯柯、湾甸等坝区和半山区。上述工矿企业的"三废"排放，给该地区造成了不同程度的环境污染。据对红星煤矿、柯街糖厂等 9 个企业的调查，年排放工业废水 450 多万吨，废气 25 208 多标准立方米，工业固体废弃物 19 万多吨。

境内主要河流是达丙河、枯柯河，其污染源多来自水泥厂、煤矿、锡矿、糖厂。据调查，每天注入枯柯河的废水量为 11.38 万吨。大气污染主要来自糖厂、砖瓦厂、水泥厂的烟尘排放和大量的农药施用，直接影响人畜健康及植物的生长。随着汽车、拖拉机等机动车辆的大量增加，县城噪声污染也日趋严重，对城区机关、居民和中小学校的工作、生活和学习造成不良影响。

为了加强对工业"三废"和城市噪声污染的防治，1984 年，昌宁县成立了城乡建设环境保护局，配备专职环保人员，对城乡环境污染进行监督并逐步加以改造。1985 年，从柯街糖厂等 8 个主要污染源企业提取更新改造资金 103.4 万元，用于全县环境保护。在柯街糖厂安装水模消烟除尘器 1 台，除尘率达 80%，大大减少了烟尘对当地环境的污染。城内部分具有噪声、粉尘污染和其他环境污染的企事业单位，如县建筑公司圆

---

① 昌宁县志编纂委员会编：《昌宁县志》，芒市：德宏民族出版社，1990 年，第 411 页。

锯车间、县防疫站、妇幼保健站等，逐步采取转产、搬迁等形式，减少其对城区环境的污染。对所有基本建设项目和区域开发项目，一律按国家《基本建设项目环境保护管理办法》要求，须经环卫部门审批后方可定点施工。对废渣垃圾要求定点倾倒和堆放。逐步开发和使用有利于保护环境的能源，通过以煤、电、太阳能取代木柴，推广节能灶等措施，逐步消除污染源，改善自然生态环境。

第二节　大姚县环境保护资料

一、环境状况[①]

由于生产力水平低下，历史上长期存在刀耕火种、毁林开荒，造成森林资源的破坏和水土流失，使生态环境不断恶化。1949 年后，虽然不断采取农田基本建设和绿化造林等措施，但因林业法制的不健全等原因，收效甚微。

随着人口的增长和工农业的发展，引起环境状况恶化的因素大大增加。由于科技的进步，人们的环境保护意识也不断增强。20 世纪 80 年代初期，全县 315 个大小企业中，有小砖瓦窑 247 个、酒厂 55 个、造纸厂 1 个、化工厂 1 个、土陶厂 3 个、采矿企业 8 个。多数小砖窑、酒厂都以木柴为燃料，木柴年消耗量达 2717 吨，农村民用燃料年消耗木柴 4698 吨。年排放废水 3.59 万吨、废气 3078.7 万立方米、废渣 130 吨。每年排放的"三废"中含二氧化硫 239.96 吨、氟化物 6.44 吨、烟尘 329.02 吨、一氧化碳 582.76 吨、氮氧化物 159.06 吨。其中砖瓦窑和制陶的污染物占总量的 95.41%。

全县均不同程度地存在水土流失，流失面积达 2718.18 平方千米，其中，达到强度流失的有 514.59 平方千米，约占 18.93%；极强度流失 41.99 平方千米，约占 1.54%；剧强度流失 10.54 平方千米，约占 0.39%。水土流失年均侵蚀量 874.48 万吨，每平方千米每年达 3371.4 吨。水利工程淤积量 39.42 万立方米，约为总有效库容 6130.7 万立方米的 0.64%，每年减少有效灌溉面积 7880 亩耕地。全县泥石流、山体滑坡地段有 63 处，面积 725.03 平方千米。这些地带危及 2360 人的生产生活，已被迫搬迁 357 户 1781 人，耗资 21.89 万元。还有 205 户 860 人待搬迁，需资 43.4 万元。特别严重的如三岔河乡 1 次泥石流使 17 户受灾，死亡 17 人，冲毁房屋 70 间。

其他如农药污染、噪声污染、垃圾污染等也都逐年加重。

---

① 云南省大姚县地方志编纂委员会编：《大姚县志》，昆明：云南大学出版社，1999 年，第 564 页。

1983 年，大姚县委、大姚县人民代表大会、大姚县人民政府经认真研究，组建了大姚县环境保护委员会，综合协调各有关部门分管环境保护、监测、治理工作，多次听取县城乡建设局、县环境保护委员会关于环保工作的报告。每年 6 月 5 日的世界环境保护日，采取多种形式，广泛宣传《中华人民共和国环境保护法》，使环保工作逐步走上正常的法治轨道。

二、环境监测

1984 年以来，大姚县城乡建设局、环境监测站对城乡环境污染状况进行监测，逐步形成资料，建立了档案。1986 年进行了全县工业污染源调查，1990 年 9—12 月进行了乡镇工业污染源调查监测。

（1）废水排放。县属工业排放量仅 1986 年就有 115.51 万吨，后因地方工业发展，到 1988 年达 424.26 万吨，两年增长 2.67 倍。此后，加强废水排放管理，废水逐步减少。

（2）废气排放。据 1986 年监测记录，县属工业企业排放量为 55 866.95 万标准立方米，1988 年为 41 181.86 万标准立方米。二氧化硫最高年 1987 年达 1613.21 吨，最低年 1994 年达 84.8 吨。烟尘最高年 1988 年达 2414.87 吨。

（3）固体废弃物。据监测资料，县属工业总排放量呈上升趋势。1991 年为 245 吨，其中冶炼渣 29 吨、炉渣 161 吨、其他 55 吨。

（4）噪声监测。据 1989 年 4 月 5—7 日对县城 10 个点的监测，居民、文教区白天 55.3 分贝，夜间 41.3 分贝，超标数分别为 5.3 分贝和 1.9 分贝，按噪声污染指数评价，为"坏"的级别。一类混合区白天 52.3 分贝，夜间 42.7 分贝，均未超标。商业中心区白天 65.6 分贝，超标 5.6 分贝；夜间 47.8 分贝，未超标。

第三节　德钦县环境保护史料[①]

一、环境保护

德钦县地处云南西北地区，是云南省乃至世界上生物多样性最丰富和最独特的地

---

① 德钦县志编纂委员会编：《德钦县志（1978—2005）》，昆明：云南人民出版社，2011 年，第 263 页。

区之一，又是生态环境十分脆弱、经济社会发展相对滞后的地区，面临着加快发展和加强保护的双重压力。1978 年以来，德钦县委、县政府高度重视环境保护工作，切实做好土地规划、管理、保护和利用，从严从紧管好资源，1983 年成立了白马雪山国家级自然保护区。

二、土地矿场资源管理

（一）机构

国土资源机构伴随着经济建设的发展而变化。1981 年以前，建设用地、矿产开发由德钦县民政部门管理；1981 年 5 月 1 日，建设征用土地管理（建成土管）由德钦县民政局移交德钦县计划经济委员会管理；1987—1989 年，在德钦县城乡建设局内设土地管理机构；1989 年 8 月，德钦县人民政府发出通知，各乡（镇）1 名副乡（镇）长兼任乡（镇）土地管理员，国土由县、乡、村分级负责管理；1989 年 4 月，从县城乡建设局分设土地管理局。1996 年 4 月 13 日，经德钦县委常务委员会研究，决定成立德钦县矿产资源管理局，为德钦县人民政府隶属的一级行政管理部门。

（二）土地资源

根据国务院和云南省人民政府的文件精神，成立了由德钦县人民政府分管县长为组长、德钦县土地管理局和农牧局领导为副组长，相关部门领导为成员单位的德钦县土地利用现状调查领导小组，下设德钦县土地详查办公室，及时开展了德钦县土地利用现状调查。云南省土地利用现状调查技术指导组于 1995 年 4 月 27 日至 5 月 1 日派出验收组，在县级验收的基础上，对德钦县的土地利用现状进行验收，调查质量为良好。

（三）矿产资源

德钦县矿产资源丰富。规模较大的羊拉铜矿于 1993 年开展勘察工作，是 1985—1995 年国家 "'三江'特别找矿计划" 重点项目之一。

（1）铅锌矿。1958 年由滇西北地质队进行调查，圈出两个矿化带，位置在云岭乡南佐，矿体分布在距澜沧江 500—800 米内岩石壁上。1983—1985 年，进行矿点检查，1986—1987 年云南省地矿局第三地质大队对该矿区进行初查，并提交《云南省德钦县南佐铅锌调查地质报告》，圈定出 6 个铅锌矿体、2 个小铜矿体。1989 年初在 1 号矿体发现两个旧矿洞，开采年代不明。

（2）石棉。根据云南省地质厅第十八地质队勘探提交的《云南省德钦县贡坡石棉第一期勘探报告》和建筑材料工业部 301 地质队提交的《云南省德钦县贡坡石棉矿北矿体 5—13 勘察线间补充地质工作报告》，该矿床石棉纤维柔绵，全矿区平均总含棉率 3.89%。该矿于 1958 年开采，1987 年停止开采。

（四）矿产资源补偿费征收

矿产资源补偿费征收是矿管工作的主要组成部分。1996 年德钦县完成矿产资源补偿费征收 5 万元；1997 年完成 6 万元；1998 年完成 7.5 万元；1999 年完成 7 万元；2000 年完成 7.5 万元。1996—2000 年累计完成征收矿产资源补偿费共 33 万元。

（五）执法监督

国土资源执法工作即围绕贯彻落实《中华人民共和国土地管理法》、《中华人民共和国矿产资源法》和相关法规认真开展执法监察和违法案件的查处工作。1996 年，取缔采矿证 1 家，换证 2 家，调处矿界纠纷 2 起（尼仁铜矿矿界纠纷、鲁春北端矿界纠纷），发放处罚决定书 1 份。1997 年，加强采矿许可证的发放管理，查处违法开采，实行县、乡、村三级管理责任制。通过清理，对持证不采的燕门乡木达铜矿依法注销采矿许可证，封闭影响环境保护的升平镇北端采矿厂，杜绝无证开采和乱采滥挖，加大资源补偿费的征收力度。1998 年，为了确保使有限的资源得到适度合理利用和保护好“三江并流”世界自然遗产，把德钦县城周边 10 平方千米申请为矿产资源保护区，强化对矿山企业环境保护的监督管理，及时调处矿业纠纷 7 起。按照迪庆藏族自治州国土资源局的要求，新换证 2 家，换证率 100%。同时完成勘查许可证复查和重新登记工作。1999 年，坚持资源保护与开发并重的原则，对因矿业开发而严重影响生态环境的升达采选厂采取停厂关闭的措施。2000 年，全面开展矿业秩序治理整顿工作，规范采矿权，杜绝无证采矿，继续关闭对生态严重破坏的矿业企业，加大资源补偿费征收力度，组织安全生产检查，制定安全生产目标责任制，树立“安全生产第一”的安全意识。1996—2000 年，德钦县地矿局连续 5 年被迪庆藏族自治州人民政府授予“矿产管理工作先进单位”的称号。

三、白马雪山国家级自然保护区

（一）机构

白马雪山自然保护区于 1981 年由云南省森林资源勘察第四大队踏勘规划，经德钦县自然保护区规划领导小组反复讨论，根据保护目的、对象，确定了该保护区的四至范围和境界。1983 年云南省人民政府以云政函（1983）58 号文批准设立自然保护区，德钦县设立了白马雪山省级自然保护区管理所，确定了临时编制，纳入国家计划，属国家事业单位。行政上直属德钦县人民政府领导，业务上受云南省林业厅和迪庆藏族自治州林业局指导，同年底开始组建。1988年5月，国务院以国发（1988）30号《国务院关于公布第二批国家级森林和野生动物类型自然保护区的通知》，特此将其列为国家级自然保护区，同时白马雪山省级自然保护区管理所更名为云南白马雪山国家级自然保护区管理局。2000年经云南省人民政府上报，国务院办公厅以国办函（2000）35号《国务院办公厅关于调整扩大白马雪山国家级自然保护区有关问题的通知》，同意将德钦县的施坝、各么茸林区和维西萨玛阁林区划入保护区，将保护区面积由原来的19.01万公顷扩大9.15万公顷，增至28.16万公顷。其中德钦县境内有21.66万公顷，维西傈僳族自治县境内6.50万公顷。云南白马雪山国家自然保护区管理局下设德钦、维西两个管理分局。

（二）野生动物肇事补偿制度

保护区建立之始，就实施了野生动物肇事补偿制度。刚开始由于保护有限、交通不便、宣传不够等原因，每年因野生动物造成的损害不多。自1991年开始，区内野生动物造成的损害逐年增多，甚至出现野生动物伤害人的事故。其中原因有：①由于保护力度的不断加强，保护区内野生动物的数量逐年增多。②由于人类生产活动范围不断扩大，干扰了野生动物的栖息地，特别是毁林开荒、松茸、羊肚菌采集，家畜养殖增多造成牧场扩大而使野生动物无法在栖息地正常生活。③生态系统的失衡。造成危害的主要野生动物有狼、黑熊、猕猴等。在管理人员少的情况下，一是加强宣传教育，指导社区农户积极防范野生动物危害，引进国外资金建设野生动物危害防范示范区，以点带面，减少野生动物危害。二是做好补偿资金发放，管理人员亲自将补偿款送到受损农户的家中，保障有限的资金都能投入社区补偿中。三是做好野生动物肇事补偿登记的张榜公布，防治虚报漏报。

（三）社区共管

（1）参与社区设施建设。白马雪山国家级自然保护区内居住着大量的社区村民，由于自然和历史的原因，当地村民生产生活水平低下，对自然资源的需求和依赖大，给保护区实现保护目标带来诸多困难。为实现保护目标，保护区采取了相应措施：①国内外援助项目实施之前，保护区节约资金为社区解决了人畜饮水、防洪等问题。还购买了电影机、电视机、放像机，修建了卫星接收站，修补了校舍、电站。并组织乡村干部及护林员到外地参观考察，共计投入资金24.08万元。②争取国内外非政府环保组织援助。从1998年起随着改革开放的不断深化，国外非政府环保组织也开始进入保护区参与保护和发展，同时也带来了先进的管理模式和管理理念。

（2）世界自然基金会项目。该基金会自 1998 年进入保护区以来，主要在保护区的北部奔子栏镇叶日村和书松村与保护区冲突较为尖锐的村民小组开展项目，该项目包括社区保护与发展项目和环境教育项目两部分。社区保护与发展项目开展的内容有：社区技能培训 88 次；农作物品种改良（小麦 84 亩、玉米 84 亩、洋芋 37 亩）；提供地膜 282 千克、喷雾器 2 台、有机肥 74 包、粮食生产基金 1.4 万元、兽医周转金 2500 元；造林 560 亩，修建青贮饲料池 104 户，扩大和改良农田 19 亩，封山育林 1.66 万亩，农田旱改喷灌 1000 米，修建三面光水泥沟 1800 米，水泥替代木桥 1 座，建固定牛棚 1 个，人畜饮用水渠 2600 米，52 户卫生厕所，节柴灶 65 座，小型发电引水渠 2000 米，苗圃 2 个，生物围栏 200 米，提供粮食加工机械 11 台、变压器 1 台、炸药 1 箱、铁皮火炉 84 座，并在保护区内设立了 18 个固定松茸市场，制定各片区的松茸管理办法，有效地保护了松茸资源，增加了社区村民的经济收入。共计投入资金 46.19 万元。环境教育项目开展的内容有：建立 2 座社区中心，种植经济果木 7 亩，办了一期藏文培训班，为社区提供一些大牲畜种源，推广三位一体（沼气、畜圈、厕所）110 户，修建 5 座水泥桥，植树 3700 棵，传授古典热巴舞 78 个学时，兽医培训 2 次共 60 人次，并每人赠送器械药品，价值 500 元，在学校内开展环境教育、作文比赛等，在东竹林寺开展环境教育宣讲活动，组织僧人巡山，建设里尼公卡学校，支持普利藏文学校，共计投入资金 83 万元。

（四）基础设施建设

1992 年底开始，在国家的支持下启动了保护区第一期工程建设，共计投资 260 万元，其中中央投资 110 万元，省投资 150 万元，用于管理局和所辖 4 个管理所基础设施建设，1995 年工程基本结束，2000 年云南省林业厅组织相关单位和专家进行了验收。

第四节　峨山彝族自治县环境保护史料

一、环境状况[①]

1949 年前，县内森林茂密，土壤植被良好，工矿企业少，环境污染较轻，从 1958 年开始，森林大量被砍伐，工矿企业陆续兴建，又未进行治污，农药、化肥大量施用，

---

① 峨山彝族自治县志编纂委员会编：《峨山彝族自治县志》，北京：中华书局，2001 年，第 304 页。

致使环境污染严重加剧。

（一）工业污染

峨山彝族自治县内工业污染主要是"三废"，即废水、废气、废渣，以废水污染尤为突出。

自 20 世纪 50 年代易门铜矿及其尾矿开采以来，每年排入绿汁江的废水、废气1114.9 万吨，对矿区下游农田及人畜饮水造成污染危害，使农作物减产，人畜饮水困难。经技术人员在绿汁江小江口取水样进行化学分析发现，pH 达 9 以上，悬浮物、固溶物、氯离子和硫酸根含量均超标，细菌总量高达59 600 个/毫升，超标596 倍；大肠菌群2380 个/升，超标 760 倍。1985 年 12 月实地调查发现，县内受污染的有大龙潭、富良棚 2 个乡 6 个村公所 20 个自然村，474 户 2470 人，农田 2175 亩，占受害自然村耕地面积的 48.42%。

（二）河流污染

（1）亚尼河。据1985 年调查，塔甸煤矿、化念农场煤矿每年排放工业废水 21.51万吨，直接流入亚尼河，危害亚尼、七溪、统邑等 10 个村庄，污染农田 1288.97 亩。

（2）棚租坝河。1978 年兴建他达铁矿，因露天剥离，加之未采取环保措施，致使水土流失严重，进入雨季后，大量泥沙冲入棚租坝河，造成上游河床及两岸农田被淹埋，棚租坝水库被泥沙淤积 30 余万立方米，人畜饮水困难。

（3）猊江。上游为江川县九溪乡、玉溪市，九溪乡镇企业排出的废水和玉溪市的化肥、造纸、冶炼、印染等工矿企业及城乡生产生活废水、废物排入江中，县内沿江两岸氮肥厂、制革厂、钢铁厂、水泥厂等和县城区污水排入江中，造成水源污染。1979年后，玉溪地区环境监测站需每年对江水进行两次监测，监测结果显示，江水中 pH、硫化物、悬浮物、溶解氧、化学需氧量、生化需氧量、氨氮、总氮、六价铬、氧化物、总磷均超标。有时氮肥厂氨水泄漏，致使下游水生物死亡。

（4）化念河。化念糖厂每年排放的工业废水约 5280 吨，直接流入化念河，造成下游水源污染。1988 年 4 月和 9 月玉溪地区环境监测站监测，废水中悬浮物、生化需氧量、pH 均超标，化念农场、化念镇、新平扬武镇的 2 个村和 12 个农业社，628 亩农田和人畜饮水受到污染。

（三）农业污染

峨山彝族自治县于 1954 年开始在农田中施用化肥和农药，20 世纪 60 年代化肥施用量、品种逐年增加。据《峨山彝族自治县农牧志》，1966 年氮磷肥施用量为 5700 吨，

1978 年化肥总施用 10 630 吨，1993 年达 20 924 吨。又据《峨山县水资源调查评价成果统计表》，1965—1982 年，施用化学农药 1582.8 吨，年均约 87.93 吨，化肥 112 870 吨，年均约 6271 吨。在化学农药、化肥增加的同时，农家肥等有机肥逐年减少，化肥、农药的推广使用，促进了农作物产量的提高，但也带来一些害处：破坏和改变了土壤结构，给水体、大气环境带来污染危害。化学农药"六六六""滴滴涕"等对水体、土壤、庄稼、蔬菜、鱼类构成严重威胁，施用过多或过晚，有害物质残留于土壤和农作物中，通过食物引起人、畜中毒。未被植物吸收的部分，从土壤表面挥发成气体，进入大气，使大气中的氮氧化物含量增加。地区环境监测站监测发现，峨山彝族自治县属轻污染区。

（四）噪声及其他

噪声污染区域主要是工矿区。213 国道穿县城而过，机动车辆增加，加之城内加工企业、建筑施工未实行全面管理，噪声污染逐渐加剧。峨山县城由于人口的增加，生活用水的增大，生活中大量的煤灰、变质蔬菜、果皮纸屑、瓶罐等废弃物日益增多，加剧了城市环境污染。据统计，1989 年县城清除垃圾 1 万吨，排放生活废水 85 万吨。

二、污染治理

绿汁江是峨山彝族自治县内受污染较严重的河流之一。1984 年在云南省人民代表大会六届二次会议上，峨山选区云南省人大代表柏兴祥等向大会提出第 33 号议案：《要求解决绿汁江污染和造成的损失》，列为云南省人民代表大会常务委员会的议题，请省政府有关部门及时调查研究，提出解决办法，报云南省人民代表大会常务委员会审议。1985 年 4 月 10—11 日，云南省城乡建设环境保护厅、玉溪地区行署组织省、地有关部门和易门、双柏、峨山、新平 4 个县政府领导及工程技术人员共 39 人，在玉溪市召开治理绿汁江方案论证会，确定了《综合治理绿汁江污染方案》。1985 年 4 月 16 日，云南省城乡建设环境保护厅将上述方案呈报云南省人民政府。7 月 24 日，云南省人民政府批转上述方案，同意对绿汁江进行综合治理。11 月 26 日至 12 月 28 日，玉溪地区行署组织联合调查组对绿汁江受污染危害情况进行实地调查，调查后提出综合治理绿汁江的建议和意见。

根据《综合治理绿汁江污染方案》，云南省人民政府下拨 800 万元专项资金做一次性解决，在三四年内，根据综合治理计划和进度，将资金拨给受污染地区。经省、地有关部门对受污染地域实地踏勘调查，分给峨山彝族自治县 225 万元，分 3 批下拨。资金使用情况：对多年受污染而生活十分困难的社队，一次性补助 18 万元；用 16 万元安装自来水管 20 126 米, 解决 21 个村社、430 户、1710 人的人畜饮水问题; 用 47.8 万元架设 36.95 千米高压线和抽水站; 用 97.7 万元兴修公路 52 千米; 用 11 万元修复农灌沟渠和水库; 用 40.5 万元建设丫勒热带经济作物试验基地。

为减少对亚尼河水源的污染, 1981 年 8 月, 塔甸煤矿用玉溪地区返还的 4.355 万元资金安装矿井污水中和滚筒处理设施, 建成后因废水处理效果不佳于 1984 年停止使用。后改用搅拌器加入石灰进行废水处理, 年处理废水 16.71 万吨。1982 年 11 月, 塔甸煤矿自筹资金 32.56 万元, 建成矿井污水监测化验室。1984 年 8 月, 又自筹资金 4.84 万元, 建成四水平矿区污水拦水坝和清水坝各 1 座, 加强对污染源的综合治理。另外, 塔甸煤矿、化念农场煤矿每年分别对亚尼河沿岸受污染的 10 个村社给予经济赔偿, 但未达到综合治理的目的, 1991 年两个单位共同赔偿 48 万元。1992 年, 塔甸煤矿投资 40 万元, 帮助兴建阿罗代水库, 一次性解决问题。

三、污染事件

1980 年 12 月 27 日, 昆钢上厂矿尾矿库塌陷, 使甸中镇昔古牙大树龙潭水堵塞, 水量锐减, 附近 9 个村社 2366 亩农田灌溉及人畜饮水发生困难, 经省、地、县、镇有关部门开会协商决定由上厂矿赔偿损失。1981 年赔偿污染损失费 17.34 万元。1982 年一次性补助损失费 5 万元; 上厂矿在 1983 年 4 月 15 日前打一隧道, 将大桥菁水引至昔古牙大树龙潭村, 解决人畜饮水和农田灌溉问题。1983 年 4 月 10 日, 隧道竣工通水, 矿库塌陷污染事件即告结束。

1978 年, 易门钢铁厂在峨山高平他达建年采矿 5 万吨的露天采矿场, 因露天剥离, 剥离土堆集于矿山周围山坡, 每逢雨季, 剥离土下滑, 大量泥沙流入岔河农田, 使土壤板结, 农作物减产, 水库淤积, 造成人畜饮水困难。1984 年 7 月, 经地、县有关部门多次调查协商, 责成易门钢铁厂赔偿棚租坝河沿岸污染损失费 3.85 万元, 但污染仍未得到有效控制。1987 年 9 月再次协商, 决定由易门钢铁厂他达矿分 3 年赔偿岔河乡和高平乡污染损失费 16.5 万元, 其中岔河乡 15 万元, 高平乡 1.5 万元, 用于解决农田灌溉基础设施和赔偿农户粮食减产损失。

1981 年 4 月, 化念糖纸厂工业废水造纸黑液未经处理直接流入化念河, 造成下游大开门 9 个生产队农田受到污染, 损失稻谷 15.65 万千克, 赔偿 3.44 万元, 1991 年赔偿 0.3 万元。1992 年由糖纸厂出资, 给冲山村安装自来水管, 解决人畜饮水。

四、环境管理

（一）宣传教育

1979 年峨山彝族自治县环境宣传教育，主要是传达贯彻全国环保会议精神，《中华人民共和国环境保护法（试行）》颁布后，环境宣传教育围绕宣传贯彻《中华人民共和国环境保护法（试行）》和《云南省环境保护暂行条例》，结合纪念"六五"世界环境日，利用宣传栏、广播、电视、幻灯、标语、橱窗、黑板报等形式进行。1985 年开始，县城乡建设局订阅《中国环境报》38 份，送发县委、人民代表大会、政府、政治协商会议和厂矿企业。1988 年 1 月，县城乡建设局与县美术协会联合举办"环境保护科普画廊"。1989 年组织全县工矿企业参加玉溪地区组织的"环境优美工厂"评比活动，县玉林酒厂被玉溪地区评为"环境美化工厂"。1990—1993 年，县城乡建设局牵头，有关部门配合，利用街天宣传《中华人民共和国环境保护法》，树立全民环保意识。

（二）法制建设

1988 年峨山彝族自治县根据国家、省、地环保法规，制定了《峨山彝族自治县贯彻实施〈中华人民共和国环境保护法〉的暂行办法》，6 月 30 日，经峨山彝族自治县第十届人民代表大会第八次会议通过，于 10 月 1 日正式实施。

（三）执行"三同时"制度

1985 年峨山彝族自治县根据《中华人民共和国环境保护法（试行）》第六条中建设项目中"防止污染和其他公害的设施，必须与主体工程同时设计、同时施工、同时投产"的规定，首次在峨山钢铁厂推行"三同时"制度。之后，凡境内一切建设工程项目，包括新建、改建、扩建工程，有可能产生环境污染的，就按计划、投资规模拟建地点、"三废"治理措施等，提出环境影响评价报告书，报县环保部门或上级环保部门审查，符合环境保护有关规定的予以审批，否则不予审批兴建。县城乡建设局参与选址、定点、可行性论证等项工作。截至 1993 年，经环保部门审查批准，符合环保规定的工程项目 42 项。

（四）排污收费

1982 年峨山彝族自治县开始对峨山氮肥厂、化念糖厂、县食品公司、县医院征收排污费，由县财政局办理。1985 年改由环保部门征收，征收单位增加塔甸煤矿、化念农场、制革厂、水泥厂、钢铁厂，1989 年增加到 14 个企业。1982—1993 年，全县累计征收排污费 102.74 万元。

第五节　洱源县环境保护史料①

一、自然环境保护

洱源县自然环境保护工作主要有严禁乱砍滥伐林木、禁止开荒毁林、防止森林火灾、保护自然风景区、保护野生动植物、防治湖区水体污染及植树造林等。

护林机构有县林业局、森林防火指挥部、制止乱砍滥伐办公室及国有林管理所。1982 年，全县调处森林案件 1428 起。1983 年，坚持"谁开发，谁保护"原则，落实开发性自留山 83.2 万亩（由县填发给自留山证）、责任山 125.3 万亩，规定收益分成、承包年限，分别与 30 288 户农户签订了合同，全县集体山林 70%以上的面积有专人管理。将植树造林和护林工作列入建设文明乡村的内容。1984 年底，营造和管护面积共 65 万余亩。划定罗坪山候鸟自然保护区、余金庵自然风景保护区、苍山云弄峰和双廊自然风景保护区、乔后水土保持森林区。对违反有关规定、破坏动植物资源者，绳之以法。

境内原有天然湖泊 4 个及洱海的东北部水面，右所东湖已干涸，全县湖泊水面尚有60.6 平方千米（含境内洱海水面 40.7 平方千米）。1956—1957 年政府投资 13.5 万元修建茈碧湖水库，群众出工 594 000 个工日，完成土方 59 万多立方米、石方 4500 多立方米、修围湖堤 15 千米，使 9000 余亩的浅湖区及沼泽地变成良田。1972—1975 年，政府投资 41.6 万元，再次扩建茈碧湖水库，修筑高 3 米、宽 4 米的围堤 5.5 千米。将原来的 14 孔木匣改为深水机械匣，并设有水管所，用机械匣控制水量，灌溉邓川坝子近 5万亩农田。

茈碧湖保护区范围为 8 平方千米。保护内容为：水体不受污染，严格保护水源，禁止围湖造田和过量放水，防止破坏湖泊生态平衡，保护沿岸景观，禁止采摘茈碧花和捕杀海鸟，并将茈碧湖现有的水面面积及沿湖岸边的水源山石、树木花鸟均列入重点保护范围，不准任何人随便损毁。其余湖泊的主要保护内容为：湖区自然植物及水源不受污染，禁止在沿湖岸边开山取石、围湖造田，控制在湖区大量使用农药及血防药物，防治水体污染和退化。

从 1980 年起，大理白族自治州环境监测站每年对湖泊监测 2 期 4 次。监测结果显示，洱源县境内茈碧湖环境质量为"尚清洁"级，西海、海西海的环境质量为"清

---

① 洱源县志编纂委员会编：《洱源县志》，昆明：云南人民出版社，1996 年，第 304 页。

洁"。其中海西海是全州 6 个湖泊中水质最好的湖泊。

二、城镇绿化

原城区（玉湖镇）无绿地，街道两侧也未植树。后来各企事业、机关单位在"两个文明"建设中，栽花种树美化环境。1983 年以后，公路养护段修建了大小花台 13 个，种植花卉 60 多种、182 丛，植树 52 棵，职工人均养花 15 盆，总数 960 盆，绿化面积为总面积的 50%。洱源一中校园内原有各种老树 832 棵，品种仅有 8 种。经过几年努力，植树 4 万多棵，竹子 2000 余丛，并开辟了一个"百草园"，建花台 10 个，栽培花卉 400 多盆。全校宜绿化面积 4800 平方米，已绿化 4320 平方米，占宜绿化面积的 90%，被云南省、大理白族自治州人民政府评为"甲级绿化学校"和"文明单位"。

义务植树活动是全县绿化工作的主要方式。从 20 世纪 50 年代起，洱源县委、县政府每年都安排一定时间，布置机关、学校及企事业单位在划定区域义务植树，由于管理等多种原因，成活率较低。20 世纪 70 年代每年植树 2 万—3 万棵，80 年代每年植树 4 万—5 万棵。

三、环境卫生

县城环境卫生原先归洱源县爱国卫生运动委员会办公室负责，管理办法是单位及居委会对主要街道分段清扫、维护。1967 年有 3 个临时清洁工，工资由财政拨款，归洱源县防疫站领导。1981 年添置了 1 部小马车清运垃圾。1983 年配备专职干部一人管理环境卫生工作，临时工增至 4 人。1986 年 1 月 1 日，环卫工作划归城乡建设环境保护局领导，成立洱源县环境卫生管理站，设站长 1 人，管理员 2 人，垃圾车驾驶员 1 人，清洁工 4 人。其主要工作是清扫城区主要街道，清运城区垃圾，管理城区公厕、市容和环境卫生。1985 年配备"哈尔滨-130L2 吨"垃圾车 1 部，铁皮手推车 4 部，垃圾筒 20 只，年清运垃圾 2160 吨。

县城的环境保护工作由洱源县环境卫生管理站具体负责。其日常性工作是每天清扫农贸市场及街道两次，单次面积为 46 000 平方米；每天清扫一次城内 6 个公厕，并定期对其进行修补、粪便处理，疏理城内下水道，管理城内什物堆放、农作物打晒，收取占地费用。对什物堆放和农作物打晒逾期者，给予罚款处理。另外，在县城各单位门前或院内安置垃圾筒，实行门前三包，垃圾由环境卫生管理站拉运处理，清洁卫生情况由环境卫生管理站检查督促。1984 年以来，洱源县城环卫工作连年受到州级表彰，环境卫生管理站被评为全州环卫系统先进单位。

乡村卫生由洱源县建设局环保股负责管理。截至 1989 年底尚未全面开展乡村卫生工作，只在人口密集的邓川、凤翔、碧云、乔后等集镇开展环卫工作。

各自然村的环卫工作，主要靠各村乡规民约来约束，由自然村干部负责管理。乡村环境卫生工作的主要任务是四旁植树，环境绿化，铺筑道路，实行林、田、水、路一起抓。

四、污染防治

洱源县是农业县，仅有小型工矿企业 213 个，但据大理白族自治州 1985 年工业污染源调查结果，环境污染程度居全州首位。其主要污染源来自乔后盐矿、邓川奶粉厂、县水泥厂、县医院，其次是农药及灭螺用药对湖泊、水源和农田的污染，另外，一些小型冶炼厂等也不同程度地造成污染。乔后盐矿、邓川奶粉厂、县水泥厂等工业企业年用水330.69 万吨，年废水排放 207.57 吨。废水中主要污染年排放 205.6 吨，工业废气年排放总量 25 828.69 万立方米，其中有害物质年排放量 1499.19 吨。

经权衡利弊，撤销了对茈碧湖水源和周围农田造成严重污染的县属企业造纸厂。对未经环保部门审查批准而擅自破土施工，可能造成危害苍洱风景区自然景观的沙坪花水泥厂，做出限定 5 年生产期的决定，并规定 5 年生产期内不准开山炸石，不准排污到农田，烟尘、粉尘治理必须达到国家标准，5 年生产期满后，必须转产或拆迁。凤羽上寺村公所申请要求开办粗铅冶炼厂，经州、县环保部门实地调查，因其选址于河水源头，直接影响茈碧湖水质，并对周围村庄和农田有污染，故不允许该村建厂。县医院在原址时，有病床 150 张，设有门诊、内科、外科、妇产科、传染科及化验、心电图、X 光、制剂室等，却无防污设施，故确定搬迁，1987 年已在新城区建成 1978 平方米门诊大楼一幢，减少了对县城的污染。县水泥厂在新建过程中，原来只设计主体工程，没有防污染的设计，经州、县两级环保部门严格把关，该厂增加投资，设计安装 XLP/B 型旋风降尘器，经测定各项指标合格后，才准予投产。右所冶炼厂在选址时，经州、县环保部门实地考察过，批准建厂后发现该厂未采取防污措施，已对周围村庄、农田造成污染，环保部门责令其在 2 个月内治理改善，否则停产。乔后盐矿的污染问题也得到部分治理，真空锅炉安装了水温降尘器，其效率为 75%—95%，但还未得到根本治理，该矿仍是县内产生污染物的主要企业。邓川奶粉厂在未安装除尘设备之前，污染严重，安装湿式除尘器后，虽然控制了空气污染，但又造成水源污染。经环保部门督促，更换上"SN110-13-1"锅炉防尘器后，除尘率大于 70%、小于 95%，废水排放达标，对废渣亦采取填埋处理。

运用行政和经济手段征收排污费。全县共有工矿企业 16 个，1986 年前由大理白族自治州征收排污费的有 2 个厂矿（乔后盐矿和邓川奶粉厂）。洱源县环境保护局根据法律规定，对污染较重的 7 个企业进行污染情况普查，按法律规定标准，报请上级批准从 1987 年起征收排污费。

第六节 富源县环境保护史料

一、环境管理[①]

1986 年富源开展全国性的第一次工业污染调查，查清全县 22 个工业污染源的基本情况，重点对 7 个县级以上企业进行详细调查。1990 年开展全国性的第一次乡镇工作污染源调查，查清全县酿酒、淀粉、炼焦、铸造、炼磺、土纸、砖瓦、屠宰等行业的 209 个乡镇工业污染源的基本情况。1995 年对十八连山自然保护区进行重点调查。1997 年开展全国第二次乡镇工业污染源调查。对全县 1227 个乡镇企业中的 909 个有污染的工业企业进行调查。2000 年对全县的水、土地、森林植被、矿产等资源及其开发利用现状、污染与破坏现状等生态环境现状进行调查。结果表明，全县的生态环境脆弱，后天污染与破坏较为严重。在调查的基础上，于 1996 年完成全县"九五"环境保护规划，2000 年完成全县"十五"环境保护规划和 2010 年环境保护远景目标规划纲要的编制工作。

二、污染控制与治理

1986—1990 年，全县环境保护工作处于起步阶段。仅有碳素厂、冶化厂、富矿水泥厂 3 个项目执行环境影响评价和"三同时"制度。1990—1995 年，建立新立项目执行环境影响评价制度。对云南省后所煤矿 800 万块/年煤矸石蒸汽养护砖厂和煤矸石发电厂一期工程及 500 吨/年黄磷项目、富源矿厂 4 万吨/年水泥厂和 2×1500 千瓦煤气发电厂、县铸锅厂化铁炉技改工程、县碳素厂 2.5 万吨/年倒引窑焦化厂、县氮肥厂 7000 吨合成氨填平补齐技改工程、县水泥厂 4 改 6 机立窑技改工程及 10 万吨/年水泥填平补齐工程、大河 30 万吨洗煤厂、黄泥河铁路货场、富源县综合铁路货场、富源县 20 万吨/年焦化制气厂、富源县 1200 万千克/年烟叶复烤厂等 19 项县级及以上项目执行环境影响评价制度，执行率达 86.3%。对这期间立项的后所乡岔河 18 万吨/年选煤厂、大炭沟煤矿 2.5 万

---

① 富源县志编纂委员会编：《富源县志（1986—2000）》，昆明：云南人民出版社，2006 年，第 227 页。

吨/年、大罗冲煤矿 2.5 万吨/年无回收封闭式倒引窑焦化厂、云湘 6 万吨/年简易洗煤厂、老牛场煤矿 15 万吨/年扩建工程等 23 个项目执行环境影响评价制度，执行率 30%。大部分乡镇煤矿没有办理环境影响评价手续，没有执行"三同时"制度。

1996—2000 年，是全县环境保护深入发展时期。1998 年把《富源县人民政府环境保护目标责任书》指标分解下达到各乡（镇）和 12 个相关部门。有 56 个建设项目 5 亿多元的投资办理环境影响评价审批手续。2000 年环境影响评价和"三同时"制度执行率达100%。"三同时"环境影响总投资达 5369.5 万元，基本控制新的污染和新的生态破坏。后所煤矿煤矸石发电厂投资 2400 多万元，采用高压静电除尘干法布袋除尘，减轻冲渣废水处理系统的负担，实现了废气排放达标；县氮肥厂投资 350 万元进行废水沉淀、曝气等净化处理，实现两水闭路循环，减轻对块泽河上游的污染。2000 年依法取缔 4050 座土法炼焦窑、44 座土法炼锌炉和 3 个土法洗金点，恢复补占耕地 13.8 万平方米。与贵州盘县联合组织 44 人的联合执法队，取缔影响较大的"八角田"片区土法炼焦窑 1700 座；对县城规划区范围内的 379 家大气污染进行逐户检查登记，对使用有烟煤营业性炉和民间生活锅炉的单位和个人发出限期治理通知书 278 份，在规定时限内改用清洁燃料。

"九五"期间，全县工业废水处理率达 95%，废水处理回用率达 90% 以上。块泽河流域水质稳定在地面水田类水体标准，全县林地覆盖率达到 30% 以上，建成城市垃圾处理场，削减烟尘 9.8 万吨，工业粉尘 19.97 万吨，二氧化硫 9300 吨。环境污染加剧的趋势在总体上得到基本控制。

三、排污费征收

富源县排污费工作始于 1983 年。1985—1990 年，对县氮肥厂、水泥厂、玻璃厂、铸锅厂、棉纺厂、粮油加工厂、运输公司修理厂、副食品加工厂、公路养护段、人民医院征收排污费，对县饮食服务公司等 12 户饮食企业征收饮食超标排污费。1992 年对原开征的 23 个单位和个人应缴纳的超标排污费征收额进行调整。1994 年，开征建筑施工超标噪声和炼焦企业超标废气排污费。1995 年，对歌厅、舞厅、卡拉 OK 厅开征社会生活噪声超标费。

1996—1990 年征收排污费 37.15 万元，1991—1995 年征收排污费 121.72 万元，1996—2000 年征收排污费 263.69 万元。

四、监理保护

1990 年 9 月，国家环境保护局正式颁布实施《环境监理工作暂行办法》，富源县环保职能部门依据环境保护法律、法规和标准进行污染源现场监督、检查和处理。1991—1995 年主要用排污收费的经济手段促使污染源单位对原有污染治理设施进行管理和污染源进行治理。1996 年、2000 年，对全县 18 个重点排污单位现场监督检查累计 740 人（次），污染治理设施 280 台（套）次；调查调解污染纠纷 8 起，调查答复处理群众来信 12 件，来访 20 人（次），人大代表议案 7 件，政协委员提出的批评和意见 9 件、提案 3 件；对单位和个人的环境违法行为进行现场处罚 1.7 万元。1999—2000 年被曲靖市环境保护局分年度评为一等奖和二等奖。

五、自然保护

富源县自然保护工作分别由土地、林业、水利、矿管、农业植保等部门具体负责，富源县环境保护职能部门主要是对这些部门履行自然保护职能的情况进行统一监督。全县除 1985 年经云南省人民政府批准建立的十八连山自然保护区外，"八五""九五"期间未建立其他保护区。

第七节　个旧市环境保护史料

个旧属老工业区，长期以来环境保护工作未受到重视，随着生产发展和人口增长，环境受到污染，城市环境质量逐渐下降。1972 年个旧市成立治理"三废"领导小组，着手治理环境，局部地区环境污染得到一定控制。1980 年个旧市环境保护局成立后，积极治理老污染源，严格控制新污染源产生，环境监测、管理和污染治理进一步加强，局部地区环境质量有所改善。截至 1990 年，个旧市各级环境科研监测机构和环境保护机构普遍建立，规章制度趋于完善，环境保护工作多次获得市、州、省及全国级奖励。[①]

一、环境质量[②]

（一）大气

个旧城区大气污染属于煤烟型污染。除生源外，造成大气污染的主要行业为有色金

---

① 个旧市志编纂委员会编：《个旧市志》，昆明：云南人民出版社，1998 年，第 186 页。
② 个旧市志编纂委员会编：《个旧市志》，昆明：云南人民出版社，1998 年，第 186 页。

属冶炼业及轻工业。污染物主要有二氧化硫、氮氧化物、总悬浮微粒、砷、铅、氟化物、降尘等。

（二）降水

城区降水酸雨化学组分以硫酸根为主，属于硫酸型。城区能源以燃煤为主，燃煤排放的大量硫氧化物是导致酸雨形成的主要因素。

1983—1900 年，酸雨样品数占总样品数的 20%—91%，降水 pH 平均值范围为 4.41—5.33，酸雨 pH 范围为 3.12—5.60，酸雨年平均值范围为 4.32—4.92，硫酸根浓度值范围为 6.481—8.280 毫克/升。1989 年、1990 年酸雨样品数占总数的百分率呈上升趋势。

（三）水质

辖区的地面水、地下水分属于元江和珠江两大水系。监测的河流元江水系有红河、龙岔河、普洒河、清水河等；珠江水系有乍甸河、绿冲河、沙甸河（工农桥点）、个旧湖等。

受污染河流主要有浑水河、沙甸河等，主要污染物为悬浮物、砷、铅、汞等，水质量均超过《地面水环境质量标准》（GB3838-88）V 类标准；个旧湖污染物主要为悬浮物、砷、氟、总磷、总氮等，水质量均大于《地面水环境质量标准》（GB3838-88）V 类标准；饮水水源的污染主要为细菌学指标（细菌总数、大肠菌群）不合格；地下水质量良好。

（四）噪声

（1）区域环境噪声。环境噪声污染主要来自交通噪声、工业噪声、施工噪声和社会生活噪声。城区区域环境噪声主要是交通噪声，其次是社会生活噪声和工业噪声。交通噪声和社会生活噪声占环境噪声来源的 65%。区域环境噪声等效声级分别为 1982 年 56 分贝、1990 年 57.1 分贝。总体看，区域环境噪声水平仅达《城市区域环境噪声标准》（GB3096-82）中的 2 类混合区（工业、商业、少量交通与居民混合区）标准，超过 1 类混合区（一般商业与居民混合区）、居民和文教区标准。

（2）交通噪声。城区交通噪声污染比较突出，车流量逐年增多，从 1981 年至 1990 年，由 119 辆/时增至 327 辆/时。1990 年车流量构成百分比为货车 49.4%、公车 8.6%、拖拉机 1.3%、其他车 40.6%。噪声等效声级除 1982 年外，其余各年均超过国家规定的 70 分贝标准。

二、环境污染源①

个旧是一个以有色金属采、选、冶炼为主，兼有化工、机械、轻纺、建材、建筑和运输等行业的工业城市，工业主要集中在城区、老厂、卡房、乍甸、鸡街和大屯等地。环境污染源广泛，工业污染源为主要方面。其次是生活污染源和噪声污染源等。

三、环境监测②

个旧市环境监测工作始于 1956 年。当时由市卫生防疫站和云锡卫生处对污染较突出的局部地区进行不定期的大气、水、土壤及农作物等调查监测。1979 年环境监测工作由市环境监测站承担，对个旧辖区内水、大气、降水及噪声进行例行监测。1985 年市环境监测站机构、业务加强，全面开展个旧市环境监测工作，基本掌握个旧市环境质量状况。1989 年环境监测执行国家规定的大气、水、噪声 3 个环境监测技术规范，环境监测工作走向制度化和规范化。

四、环境管理③

（一）环境保护规划

（1）"三废"治理规划。1973 年 2 月 21 日个旧市"三废"治理办公室制定《个旧市 1973 年"三废"治理规划（草案）》，治理单位 11 家，治理项目 19 项，技术措施、基本建设、研究项目 19 项，计划投资 370.65 万元。

（2）城市环保规划。1973 年 11 月 20 日个旧市召开第一次环境保护工作会议，提出《个旧市 1974—1975 年环境保护规划要点（讨论稿）》。主要内容为继续做好污染调查工作；抓紧"三废"治理和环保工作；加强环境监测机构的建设，开展监测工作；加强环境保护科研工作及安排好环保所需资金、材料和设备。

1981 年，环境保护纳入国民经济和社会发展第六个五年计划。个旧市城市规划建设领导小组编制《个旧市城市总体规划（1981—2000 年）》，其中提出环境保护规划，主要内容为自云锡一冶炼厂至东风商店以北地区规划为工业区，以南为生活居住

---

① 个旧市志编纂委员会编：《个旧市志》，昆明：云南人民出版社，1998 年，第 190 页。
② 个旧市志编纂委员会编：《个旧市志》，昆明：云南人民出版社，1998 年，第 191 页。
③ 个旧市志编纂委员会编：《个旧市志》，昆明：云南人民出版社，1998 年，第 195 页。

区。生活居住区内除保留云锡锌冠选厂、中试所、电修厂、市供水厂、胶木制品厂不再扩建，并限期治理污染，达到国家排放指标外，其他工厂需逐步迁至北部工业区。云锡一冶炼厂、中试所从长远考虑，以后也应迁出城区。

（3）环保"七五"规划。1986 年 3 月，个旧市环境保护局正式编制《个旧市环境保护"七五"规划（1986—1990 年）》，主要内容为"六五"期间环境状况、存在的主要环境问题、"七五"规划指导思想、1990 年环境目标、"七五"期间主要环境指标和整治措施、环境监测科研工作及环境管理。

（二）企业污染治理[①]

1973 年个旧市"三废"治理办公室成立后，逐步开展工业污染源治理。截至 1990 年，先后投入 3000 万元资金治理污染，完成治理项目 30 项。

（1）云锡一冶炼厂治理。1978 年投资 103 万元建成电热旋转窑蒸馏回收白砷治理工艺，到 1989 年已处理高砷烟尘 6969 吨，回收砷 3914 吨、锡 646 吨，仅白砷一项就创利 450 万元。1980—1989 年累计投资 200 万元，建成高砷、低砷污水处理系统，减少外排污水量，年节约水费 11 万元。

（2）市鸡街冶炼厂治理。1985—1988 年，累计投资 300 万元治理鼓风炉、烟化炉排放的生产废气，使废气中烟气、铅、砷污染物去除率达 95%。

（3）市化肥厂治理。1985 年投资 40 万元建成一套氟吸收系统，减少废气排放量80%，年回收氟硅酸 60 吨，获利 17 万元。1989 年投资 200 万元建成一套污水二级处理系统，正常运行后，废水中污染物去除率达 80%，处理后的部分废水返回使用，年节约水费 3 万元。

（4）云锡三冶炼厂。投资 50 万元，于 1985 年完成全生产废水二级处理，废水排放量达到允许排放控制量。

（三）城市环境污染综合整治[②]

1983 年起，个旧市人民政府按照国务院《关于结合技术改造防治工业污染的几项规定》要求，坚持经济建设、城市建设、环境建设同步规划、同步发展的原则，开展以城区为中心的城市环境综合整治工作。

（1）老污染源搬迁治理。市灯泡厂是城区上风侧的主要污染源之一，长期以来该厂排放的废气严重污染环境，影响周围的学校和居民。1983 年个旧市环境保护局根据调查情况，对该厂做了"市灯泡厂搬迁工程环境影响评价"（获云南省科学研究 4 等

---

① 个旧市志编纂委员会编：《个旧市志》，昆明：云南人民出版社，1998 年，第 196 页。
② 个旧市志编纂委员会编：《个旧市志》，昆明：云南人民出版社，1998 年，第 196 页。

奖），依据城市规划和经济与环境协调发展方针，提出将工厂迁至市区下风侧。搬建后的灯泡厂产值增长 1.33 倍、废水重复利用率达 68.7%、水煤气脱硫率达 99%、池炉除尘率 90%。1990 年该厂被云南省环境保护委员会命名为"环境优美工厂"。个旧市人民政府对城区污染较大，又不利于治理和布局不合理的市沥青厂、橡胶厂、水玻璃厂、搪化厂硫化锑车间、云锡研究所物质组成实验室进行搬迁治理及对 14 家污染重、经济效益差的企业进行产品产业结构调整为主的兼并处理。

（2）个旧湖治理。长期以来，城区工业废水和生活污水排入个旧湖，库容逐年减少，水质恶化。1985 年个旧市人民政府成立个旧湖领导小组和个旧湖治理工程处，制订"腾库容、拿金属、治污染、建公园"的综合治理方案，发出禁止选矿废水排入个旧湖等通知。清除、处理湖底淤泥，并投资 400 多万元，在湖畔筑长堤、建码头和营造红袍台春苑等。个旧湖得到综合整治，水质有了好转。

（3）能源结构调整。据宝华山清洁点监测统计，1988 年新建成的宝华小区出现酸雨，酸雨频率 49%，酸雨均值 4.64，对临近的宝华公园动物和植物构成污染威胁。个旧市人民政府采取调整城区生活能源结构的措施，要求宝华小区居民全部安装使用炊用电，其他区域逐步使用炊用电，并推广石油液化气和合成燃料等清洁能源。另外，对城区锅炉进行消烟除尘改造治理。截至 1990 年，城区使用炊用电 2 万户，部分居民使用液化气和合成燃料，减少二氧化硫等对大气环境的污染。

（4）卡房大沟治理。1989 年卡房大沟治理领导小组成立，经多次调查、论证，提出"完成尾矿库，分段拦截泥石，回采利用尾矿，防洪绿化造林"的治理方案，采取分步实施办法，先以疏通河道为主，引洪排洪，保障公路和村寨的安全。对前进矿和新建矿重点选矿废水排放大户下达限期治理通知，并完善尾矿库建设。卡房大沟治理累计投入 30 万元资金，治理起到减少淹地和顺利输送尾矿的效果。

（5）大屯五号引洪沟治理。由于沿沟企业外排尾矿水造成该沟长约 8 千米沟道淤塞，影响排洪、大屯海水质及农灌。大屯镇政府和个旧市有关部门多次下文严禁向沟内排放尾矿，并调集上万人次清理洪沟。为彻底解决问题，个旧市环境保护局提出综合治理措施，如成立大屯镇环境保护办公室，依照国家法规对沿沟排放尾矿的企业和个人进行监督管理。对情节严重的集体和私营企业实行限期治理，逾期未完成者，依法罚款直至停厂处理。对沿沟小选厂依法征收排污费等。五号引洪沟得到彻底治理。

（6）污染源限期治理。个旧市环境保护局根据老污染源情况，对环境影响较大的污染源提出限期治理计划，强化行政管理手段，加速排污企业的治理工作，实现环境质量目标。

五、建设项目管理①

1979 年个旧市环境保护局根据《中华人民共和国环境保护法（试行）》第六条"在进行新建、改建和扩建工程时，必须提出对环境影响的报告书，经环境保护部门和其他有关部门审查批准后才能进行设计"的规定，对建设项目进行审批。1984 年按照国务院发布的《关于加强乡镇、街道企业环境管理的规定》，严格控制乡镇企业从事石棉制品、土硫黄、电镀、制革、造纸制浆、土炼焦、漂染、炼油、有色金属冶炼、土磷肥和染料等小化工及噪声振动严重扰民的工业项目，其建设项目必须填写《云南省乡镇街道企业环境影响报告表》，按基本建设"三同时"的规定办理。1986 年执行国务院环境保护委员会、国家计划委员会、国家经济委员会联合颁布的《建设项目环境保护管理办法》，个旧市建设项目环境管理逐步规范化。

（1）"三同时"项目审批。1980 年以后，对新建、改建、扩建的建设项目进行环保方面规定的审批，包括厂址选择合理及污染治理工程必须与主体工程同时设计、同时施工、同时投产的"三同时"工程项目审核。个旧市环境保护局审核"三同时"合格后，建设项目方可办理立项、征地、营业执照等有关手续。截至 1990 年，个旧市环境保护局共审批建设项目 77 项。

在建设项目的环境管理中，根据建设项目对环境污染影响大小实行分类管理。建设项目对环境影响小的，实行审查初步设计环保篇、审批环境影响报告书（表）、项目竣工验收 3 个办理程序。建设项目对环境影响大的，实行环境影响评价、审查初步设计环保篇、审批环境影响报告书、项目竣工验收程序。1980—1990 年，共组织审批"个旧市灯泡厂搬迁工程环境影响评价"等 6 项环境影响评价工作。

（2）"三同时"监督管理。实行建设项目"三同时"审批和执行环境影响评价制度后，对"三同时"执行情况加强监督管理。个旧市环境保护局制定具体措施，对所审批的建设项目中环境保护设施建设情况跟踪检查，对环境保护设施进行竣工验收，设专人负责建设项目"三同时"审批资料的整理、归档、登记、年终汇总审批项目统计报表管理工作。

根据云南省环境保护委员会《关于开展全省建设项目"三同时"执行情况检查的通知》的要求，个旧市环境保护局对全市 1985—1987 年投资在 100 万元以上的建设项目进行检查，大、中型项目"三同时"执行率达 100%。

---

① 个旧市志编纂委员会编：《个旧市志》，昆明：云南人民出版社，1998 年，第 197 页。

六、环境统计[①]

环境统计工作始于 1981 年，统计的企业数从 1981 年的 18 家增加到 1990 年的 42 家，积累较完整和系统的环境统计数据。随着环境管理日益科学化、定量化，环境统计工作成为环保工作的重要组成部分，为个旧市工业污染源治理、城市环境综合整治定量考核、城市环境质量控制计划及爱国卫生城市评比等工作提供重要数据。该项工作由个旧市环境保护局环境管理科承担，并设专职人员负责，每年按照国家环境保护局环境统计规定的要求和内容统计，按期上报国家、省、州、市环保部门，多次获云南省环境保护委员会和红河哈尼族彝族自治州环境保护委员会授予的一、二、三等奖。

七、城市环境综合整治定量考核[②]

1989 年国务院发布《关于城市环境综合整治定量考核的决定》，云南省环境保护委员会制定《云南省环境综合整治定量考核实施办法》，并将个旧市列为 5 个试点考核城市之一。考核指标为大气总量悬浮微粒年日均值、二氧化硫年日均值、饮用水源水质达标率等 12 项。个旧市人民政府对城市环境综合整治定量考核做了规定和安排，由个旧市环境保护局负责组织实施。城市环境综合整治工作纳入市长环境目标责任书，城市环境综合整治的任务分解落实到有关部门和单位。个旧市参加全省城市环境综合整治定量考核，1989 年获第 3 名，1990 年获第 1 名。

八、排污收费[③]

（1）征收。根据《中华人民共和国环境保护法（试行）》第十八条中"超过国家规定的标准排放污染物，要按照排放污染物的数量和浓度，根据规定收取排污费"的规定，个旧市从 1981 年开始正式征收企事业单位的排污费。1982 年云南省制定《云南省执行国务院〈征收排污费暂行办法〉实施细则》，明确排污费由所在地环境保护部门征收、专项管理，个旧市的排污费逐步扩大。1981—1990 年，被收费厂家 272 户，共收取超标排污费 1019.91 万元。

（2）管理。1982—1985 年，按《云南省执行国务院〈征收排污费暂行办法〉实施细则》的规定，市属单位的排污费缴入市财政；中央和省属单位的排污费由个旧市

---

① 个旧市志编纂委员会编：《个旧市志》，昆明：云南人民出版社，1998 年，第 199 页。
② 个旧市志编纂委员会编：《个旧市志》，昆明：云南人民出版社，1998 年，第 200 页。
③ 个旧市志编纂委员会编：《个旧市志》，昆明：云南人民出版社，1998 年，第 200 页。

税务局转入金库后，退给红河哈尼族彝族自治州财政并由红河哈尼族彝族自治州环境保护办公室管理。

（3）使用。排污费资金使用遵循专款专用、先收后用、量入为出原则，由环保、财政、银行3方联合监督使用。凡动用排污费治理资金必须由使用单位申请，审批后使用。该费主要补助重点排污单位用于污染源的治理，并不得高于其所缴纳排污费的80%，其余20%用于环保部门自身建设。

1981—1986年，个旧市排污费按比例无偿返给缴费单位治理污染。1987年起将分散资金集中使用，实行"拨""贷"双轨制。治理资金的安排、使用实行审核企业上报的治理项目计划、审核治理工艺方案的可行性、审核治理投资预算的合理性及检查企业治理工作进展情况的"三审一查"制度。若发现贷款或拨款治理项目自收到贷款或拨款之日起，3个月内无充足理由不动工或擅自停用治理设施者，由银行扣回贷款或拨款资金。到期无力还贷者，若属达到治理效果又暂无还贷能力的，可适当延期还贷。对不专款专用者，扣回贷款或拨款资金。另外，采用重点污染区重点治理和重点投资的办法。1981—1990年，全市污染治理资金重点投资市区、鸡街、卡房和大屯4个重点污染区，共计排污收费资金使用837.9万元。其中，拨给缴费单位治理资金486.13万元，贷款180.2万元，完成治理工程11项；用于自身环保事业建设资金171.57万元。

九、建议、提案、信访办理[1]

（1）人民代表大会建议与政治协商会议提案办理。1985—1990年，个旧市环境保护局共收到人民代表大会建议和政治协商会议提案68件，办理68件。其中大气42件、废水14件、废渣2件、噪声8件、放射性2件。建议和提案均书面写出办理情况并打印送交个旧市人民政府法规科分别答复代表和委员。

（2）群众来信来访办理。1985—1990年，个旧市环境保护局共收到人民群众来信64封，主要为大气污染、噪声污染、水污染等内容。个旧市环境保护局设专人负责办理，对信访逐一调查了解，监测分析后责成有关单位解决。

十、环保宣传教育[2]

1972年以后，逐步开展和加强环境保护宣传教育工作，利用专栏、专刊、图片、电视、竞赛等多种形式，向全市人民宣传国家有关环境保护的方针、政策、法规及科学

---

① 个旧市志编纂委员会编：《个旧市志》，昆明：云南人民出版社，1998年，第201页。
② 个旧市志编纂委员会编：《个旧市志》，昆明：云南人民出版社，1998年，第201页。

知识。

（1）环境报征订。个旧市环境保护局组织有关单位征订《中国环境报》，订阅份数：1984 年 200 份，1985 年 200 份，1986 年 557 份，1988 年 594 份，1989 年 300 份，1990 年 300 份。

1982 年个旧市环境保护局编发第 1 期《个旧环境专刊》3000 册。1990 年翻印《中华人民共和国环境保护法》3350 册，发到各部门及企事业单位，同时购进《环保法讲话》200 册，进行宣传学习。

（2）其他宣传活动。1985 年个旧市环境保护局、教育局、青少年科技爱好协会联合组织个旧首届青少年环保夏令营活动，共 112 人参加。1987 年个旧市环境保护局、教育局联合举办个旧首届中学生环保知识竞赛活动，前 3 名选手代表红河哈尼族彝族自治州参加云南省首届中学生环保知识竞赛，获团体总分第 1 名。1988 年个旧市环境保护局、教育局联合举办以环保为主题的中学生文学作品朗诵比赛，并将前两名选手的朗诵录像送往昆明参加云南省以环保为主题的中学生文学作品电视朗诵比赛。1989 年《中华人民共和国环境保护法》颁布实施之际，通过电视进行宣传，介绍个旧环保工作和执行环保法规情况，组织市属部委办局领导进行《中华人民共和国环境保护法》学习、考试。并组成个旧市环保执法检查组，历时 7 天到各厂矿企业对环保法律执行情况进行检查。1989 年，个旧市环境保护局、红河哈尼族彝族自治州环境保护局、云锡环保处联合举行"六五"世界环境日纪念会。

（3）教育。1979—1990 年，个旧市环保系统职工共计 80 余人次分别参加全国、省内外举办的环境管理、环境统计、环境监测、分析质控、监测分析仪器、基础理论等学习培训。

十一、环境保护机构①

（1）管理机构。1972 年 11 月 16 日个旧市"三废"治理领导小组成立，1973 年 2 月 21 日个旧市环境保护办公室成立。隶属个旧市革命委员会办事组。1980 年 4 月 3 日个旧市环境保护局成立，隶属市人民政府，局内设办公室和管理科。1990 年局内设办公室、管理科、法规科和宣教科。辖区内大、中型企业设有环境保护处（科）。1990 年 3 月 16 日，个旧市环境保护委员会成立，委员 30 人，来自城建、公安、财政、经委、计划委员会等部门。

（2）监测监理机构。1979 年前，环境监测工作由个旧市卫生防疫站监测科负责。

---

① 个旧市志编纂委员会编：《个旧市志》，昆明：云南人民出版社，1998 年，第 202 页。

1979 年 1 月 22 日，撤销个旧市卫生防疫站监测科，正式成立个旧市环境监测站，隶属个旧市环境保护办公室。1984 年 4 月起改属个旧市环境保护局。1986 年 3 月 29 日个旧市环境监测站改名为个旧市环境科研监测站。1990 年，站内设办公室、综合技术室、大气物理室、水质室、生物土壤室，共有 24 人，其中工程师 7 人，助理工程师 10 人，技术员 4 人。辖区内大、中型企业设有环境监测站（室）。1989 年 1 月 28 日，个旧市环境监理所成立，隶属个旧市环境保护局，事业编制 10 人。1990 年有 4 名工作人员，其中助理工程师 3 人。

第八节　广南县环境保护史料[①]

一、保护生态

县境气候温和，雨量充沛，适宜各种植物生长。1843 年，广南知府何愚到任后，看到县内茂密的森林和秀丽的自然风光，写下了"深山岂有绿莎厅，厅外句畦一片青"的诗句。村寨百姓习惯将村旁、近山的山林养护称"龙山""龙菁""龙树""风水山"等，形成山菁清泉长流水、林间鸟语花香、禽兽自由出没的自然生态环境。但是，民间有"火不烧山地不肥"等破坏自然生态和乱砍森林的不良行为。清道光年间，旧莫汤盆寨、莲城坝洒寨分别立下护林碑，告知村民保护森林，违者受罚。1950—1958 年，全县人工造林 77 804 亩，由于毁林多于造林，全县森林覆盖率下降到49.63%，水土流失 50 平方千米。1966—1976 年，大片森林破坏，水土流失严重，生态失去平衡，气候反常，自然灾害日趋频繁。进入 20 世纪 80 年代，人口不断增加，薪炭耗量剧增，毁林开荒、开矿、修路、修水利、建房和森林火灾，使大片森林、植被被毁，到 1985 年森林覆盖率下降到 26.77%。1987 年，水土流失累计 3055.77 平方千米，约占全县土地总面积（7810 平方千米）的 39.1%。1987 年，广南县人民政府发出封山育林的公告，对森林和野生动物保护起到一定作用。1991 年 11 月，为控制水土流失，20个乡（镇）成立水利水土保持管理站，对水土流失采取有计划的治理。1993—1994年，根据《中华人民共和国野生动物保护法》的规定，由工商、公安、林业部门，取缔野生动物收购点，查处收购、贩运野生动物 17 起，没收蛇 48 条、猫头鹰 6 只、野猫 2只，放归大自然。广南县人民法院对板蚌乡 4 人乱捕杀 20 余只猕猴案依法进行了判决。

---

① 广南县地方志编纂委员会编：《广南县志》，北京：中华书局，2001 年，第 298 页。

1995 年，全县森林面积 1 924 508 亩，水土流失 180 平方千米。1995 年，工商、公安、林业部门在有关单位的配合下，没收蛇216千克、乌龟32只、野鸡29只、猫头鹰1只、云猫1只、猴子2只、鹧鸪11只，放归大自然。

二、环境卫生

（1）设施。1950 年前，县城无公共卫生设施，垃圾自行堆放，厕所私家自行设置，府衙、庙宇、会馆、校舍备有厕所。1951 年，广南县人民防疫委员会制作 15 只方形铁皮垃圾桶设于县城 5 条主要街道。1952 年，广南县人民政府拨大米 400 千克，由广南县防疫委员会发动群众义务搬运城砖在莲湖西南角、观音塘建公厕 2 处。20 世纪 60 年代，陆续在莲湖边、方公祠、仓上街、小东门、西门外等空地石砌 5 个露天垃圾坑。1972—1974 年，分别在南街农贸市场、果者岔路口、邮电局对面各建一公厕。政府拨款 700 元购置小马车 3 辆用于清除城内垃圾。1977 年，拨款 6000 元购手扶设施拖拉机两台，用于清除县城垃圾。1980 年，广南县人民政府拨款 1.8 万元，文山壮族苗族自治州财政拨款 1 万元，购蓝箭牌 130 型自动装卸汽车 1 辆，用于垃圾运输。到 1989 年，县城共购圆形垃圾桶131 只，其中配备给机关或企事业单位 17 只，其余放置于 5 条主要街道和农贸市场、莲湖旁、运动场以及莲城西路、南路、北路。并在电影广场、小东门改建和新建公厕两座。县城公共厕所共有蹲位117 个（男 68 个、女 49 个）。生产队建盖公厕有东街弄里巷、南外土地庙 2 座。机关、企事业单位、学校及私人住宅大多建有厕所。1990 年，县城垃圾桶锈坏 100 只，1991 年投资 1.76 万元购置75 只。1993 年，陆续配备 130 型沈阳金杯牌自动吸粪车 1 辆，远大牌东风 140 型密封式自动装卸垃圾车 1 辆，手扶拖拉机 2 辆。1995 年底，设有垃圾桶98 只，坑点54 个。除县城外，其余 19 个乡（镇）卫生设施有所改善。

（2）队伍。1988 年 7 月，设广南县环境卫生监测站，1995 年，编制 6 人。自环境卫生监测站建立后，聘用临时工清扫街道。

三、环境监测

（一）自然环境监测

（1）井水。1978 年，由广南县卫生防疫站对城区用水进行抽样检验。县城内机关单位和私家水井共有 367 口，对其中 130 口进行抽检，其 pH 为 6.5—8.5 的有 111 口，约占 85.4%；总硬度在 250 毫克/升以上的有 14 口，约占 10.8%；硫酸盐在 250 毫克/升以上的有 44 口，约占 33.8%；氯化物在 250 毫克/升以上的有 82 口，约占 63.1%；锌在 1 毫克/升以上的有 1 口，约占 0.8%；大肠菌群在 3 个/升以上的有 2 口，占 1.5%；细菌总数在 100 个/升以上的有 59 口，约占 45.4%；有辐氏痢疾杆菌的有 1 口，约占 0.8%。

（2）自来水。抽检 27 处，pH 为 6.5—8.5 的有 12 处，约占 44.4%；总硬度在 250 毫克/升的有 1 处，约占 3.7%；硫酸盐、氯化物、氟化物、碘化物、锌、砷理化指标均在国家标准内；细菌总数在 100 个/升以上的有 26 处，约占 96.3%，有辐氏痢疾杆菌的有 4 处，约占 14.8%。

1982 年，广南县卫生防疫站对全县 41 处水源水质进行调查，含水库、井、塘、河、泉、沟等水源种类。饮用地下水（井、泉水）的人数占 46.7%，饮用地面水（水库、江、河、塘、沟）的人数占 53.3%。1983—1985 年，文山壮族苗族自治州环境监测站对广南县莲峰水库、西洋江水质进行监测。

截至 1993 年，监测站对全县降水酸度进行监测 342 次，pH 平均最大值 7.48，最小值 6.3。1994—1995 年，全县未做自然环境监测。

（二）企业环境监测

1984 年 4 月，文山壮族苗族自治州环境监测站对木利锑矿声源噪声、坑道粉尘、选厂废水进行监测。监测结果显示，噪声、粉尘超国家标准。废水中有砷、化学需氧量、悬浮物超国家排放标准。环保单位提出发放保护用品给工人，加强坑道通风、建尾矿坝、沉淀矿砂等措施。

1990 年，云南省环境科学研究所、文山壮族苗族自治州监测站对化工厂扩建年产 2000 吨黄磷、6000 吨磷酸工程前排放的污染物状况及厂区周围环境质量状况和县红砖厂大气做监测。化工厂用水以地表水 Ⅲ 类标准衡量，溶解氧和非离子氨超标分别为 1.5 倍和 1 倍，其余均符合或低于 Ⅲ 类水质标准。红砖厂大气中二氧化碳、悬浮微粒浓度均未超标，符合国家大气环境质量二级标准。

四、污染治理

（一）污染

1950 年前，全县无工矿企业，只有一些加工小作坊，污染小。进入 20 世纪 50 年代后期，广南县才相继建起了一批工矿企业。到 1993 年由文山壮族苗族自治州管的国营木利锑矿和县办国营集体企业45个，乡镇及个体企业485个。企业中包括矿采选、金属冶炼、轻工机械、化工、酿酒、印染、砖瓦、水泥、食品加工等。生产中所排放的"三废"逐年增加，对工矿区及周围环境产生不同程度的污染。

省、州统一部署，于1986年2—10月对国营工业企业、县城大集体工业企业进行污染源调查，以 1985 年为调查基准年。通过调查，确定木利锑矿、水泥厂、县酒厂为建档单位。水厂、县红砖厂、农机厂、白云洞酒厂、染织厂、鸭绒厂、食品加工厂、轻工机械厂、茶叶精制厂、民族银饰厂、桐油厂、那椰酒厂、糕点厂、酱菜厂、食品小组、粮油加工厂等为填卡单位。

1990 年 7 月 30 日至 12 月 10 日，进行乡镇工业污染源调查，计 459 个，约占州部署调查企业数 399 个的 115%，调查基准年为 1989 年。在被调查企业中，黑色及有色金属冶炼 3 个，砖瓦制造 182 个，石灰业 30 个，酿酒 39 个，矿产采选 177 个，化工 1 个，印染 4 个，食品业 23 个。

（1）工业"三废"。第一次调查，各企业排放"三废"为：用水 1 481 621 吨，废水排放 1 341 481 吨，其中悬浮物 82.8 吨，化学需氧量 34.63 吨，生化需氧量 0.37 吨，硫化物 0.02 吨。能源消耗：耗电 182 863 度，耗煤 7702 吨，废气排放总量 6934.507 6 万标准立方米，其中生产工艺废气 4084.047 3 万标准立方米，燃烧废气 2850.4603 万标准立方米。污染物种类排放量分别为：一氧化硫 481.13 吨/年，一氧化氮 77.35 吨/年，烟尘 301.04 吨/年，粉尘 365 吨/年。固体废弃物及有害废弃物排放量：煤矸石 2731 吨/年，炉渣 161 吨/年，煤渣 817 吨/年，尾矿 26 075 吨/年，粉尘 356 吨/年，工业垃圾 50 吨/年，占地面积 546.3 平方米，堆存量 3758 吨。

第二次调查，以 1995 年为基准年，乡镇企业污染源"三废"排放量：用水总量 39 699 吨，废水排放总量 24 384 吨，其中印染业排放 16 632 吨，酿酒业排放 1764 吨，食品加工业排放 5988 吨。有机废水 1774 吨，碱性废水 16 632 吨。废水中污染物为：化学需氧量 36.61 吨，悬浮物 12.21 吨，氮氧化物 1.95 吨，生化需氧量 23.84 吨，硫化物 0.11 吨。废水向河、沟、塘排放。能源消耗：乡镇工业能源耗煤量 5437 吨，木柴 14 901 吨，焦炭 500 吨，电 51 300 千瓦时。工业炉窑 202 座，石灰窑 17 座，有色金属冶炼炉 3 座。废气年排放量 5171 万标准立方米，生产工艺废气 899 万标准立方米。废气中污染物排放量为：二氧化硫 299.62 吨，氟化物 2.76 吨，烟尘 107.45 吨，化学需氧量 7.5007 吨，氮氧化物 52.478 吨，铅 0.3 吨，工业粉尘 7.15 吨。全县乡镇砖瓦窑主要燃料是木柴，对森林破坏较为严重。固体废弃物为煤渣和高炉渣，年排放量 3068 吨。

（2）其他污染。由使用农家肥逐渐转到使用化肥，防治作物病虫害也逐步从用灶灰、石灰、苦蒿、油枯等转为使用各种农药，对农作物的增产和防治病虫害带来了好处，但也对生态环境造成了污染。车辆噪声、排放废气、尘土飞扬也给环境造成了污染。

（3）污染源评价。根据《工业污染源调查及其技术规定》，对国营工业、大集体工业企业进行污染源评价。广南县酒厂位于莲峰水库上游，工业废水排放占等标污染负荷的 91%，主要污染物是化学需氧量，废水首先流入莲峰水库，1980 年，水库内水生动物两次大量死亡，纳污水体是西洋江。木利锑矿是工业固体废弃物及有害废弃物的排放源，排放物是尾矿，尾矿进入西洋江，江水受污染。莲城西郊县红砖厂是工业废气污染主要来源，生产中排放的烟雾随风飘移扩散。

乡镇工业污染源评价：一是工业废水，主要污染源为八宝染布业，等标污染负荷 0.30 吨/年；珠琳酿酒业 0.19 吨/年；查培云酒厂 0.06 吨/年。主要污染物生化需氧量、化学需氧量、硫化物，等标污染负荷分别为 0.51 吨/年、0.30 吨/年、0.14 吨/年。二是工业废气污染源，主要是阿章铅锌矿联营厂、莲城红砖厂、八宝红砖厂，等标污染负荷分别为 2339.81 吨/年、1423.44 吨/年、98.16 吨/年。主要污染物是二氧化硫、氟化物、氮氟化物，等标污染负荷分别为 1997.46 吨/年、550.00 吨/年、524.20 吨/年。三是工业固体废弃物，主要排放源是有色金属冶炼业中的阿章铅锌矿联营厂、八宝锑氧粉厂、莲城镇锌冶炼厂，其固体废弃物排放量分别为 1657 吨、480 吨、360 吨。

（4）事故及处理。1985—1993 年，广南县环境监测管理站根据《中华人民共和国环境保护法》《中华人民共和国水污染防治法》《中华人民共和国大气污染防治法》等有关规定，对木利冶炼厂水塘污染；化工厂废水泄漏致使农户放的牛、鸭饮水后死亡和不同程度中毒；莲湖边屠宰户将污水排入莲湖；坡顶高做豆腐户和民族染织厂将污水从明沟排放，污染居民生活环境；木利锑矿污染板蚌老寨群众饮水；小东门一个个体户在街道旁开设碎石场，噪声影响居民休息；木利冶炼厂烟雾污染农田；嵩明县个体户来广南县用土法制黄磷污染等，分别做赔偿、搬迁、停业、改进建设措施处理。

1994—1995 年，广南县化工厂、益广锑制品厂、黑支果阿章村洗选氧化锌矿等厂矿的污水、废气外排或泄漏，造成农户饲养的鸭子和鱼死亡，种植的秧苗枯黄等 14 件污染事故。广南县环境监测管理站都做了调解处理。

（二）治理

1984 年，根据《中华人民共和国环境保护法（试行）》第六条中"一切企业、事业单位的选址、设计、建设和生产，都必须充分注意防止对环境的污染和破坏。在进行新建、改建和扩建工程时，必须提出对环境影响的报告书，经环境保护部门和其他有关部门审查批准后才能进行设计；其中防止污染和其他公害的设施，必须与主体工程同时设计、同时施工、同时投产；各项有害物质的排放必须遵守国家规定的标准"的规定，对建设单位开始实行由本单位向环保部门提出新建、扩建或改建项目的环境影响评价报告书，环保部门做环境影响审批意见，对项目主体工程与防治污染设施同时设计、同时施工。1984 年环境保护组对县水泥厂的技改、鸭绒厂新建被服车间、桐油厂新建浸出车间、新建年产 800 吨黄磷的化工厂提出环保审批意见，使水泥厂改造后的排放污染物符合国家标准，鸭绒厂同时安装防尘设备，桐油厂要求有环保设备和减震措施，化工厂要有"三废"治理设施，与主体工程同时设计、同时施工、同时投产。1987 年 10 月，将环境保护内容列入木利锑矿—期扩建 3000 吨/年精选锑工程设计中，对废气中二氧化硫采用石灰石填料搭湿式洗涤法脱硫，减少冶炼废水，含硫、铅，不外排，澄清后循环使用。

废渣：采矿、选厂废石堆于废石场；冶炼中各类废渣，无毒性和腐蚀性的堆于渣场，可用作水泥原料或铺路，砷碱渣堆于专门仓库，以综合利用。

噪声：装置消声器降低噪声、隔声和个人防护。

1991年，环保部门完成《化工厂扩建工程环境影响评价意见书》《杨柳并铁合金厂建设环保意见书》《精制茶厂扩建环境意见书》，并审批桂滇科学技术协会广南铁合金厂。1992年，审批莲城镇、那洒镇锑氧粉厂、县民族染织厂、铵松蜡炸药厂、富厂炼铁厂、嵩明县个体土法制泥磷厂。1993年，共审批 4 个工程项目，从图纸、选址、"三废"处理工艺流程严格把关，防止新的污染产生。对于未办理环境影响评价报告的 6 户企业，处理补办 5 户，责令搬迁 1 户。

（三）宣传

1986年，环境监测站设环境宣传栏，并订购《环保工作通讯》《中国环境报》，分送给机关和企业厂矿。1987年6月5日，世界环境日利用广播、电视、电影、幻灯片和标语等形式向群众进行环境保护宣传。1988年，组织中学生参加"环境知识文学作品电视演讲比赛"。环境监测站派人到厂矿企业调查了解企业环保状况，并对工人讲解环保知识，协调治理环境措施。1991年，在县城播映环保教育电视剧《英雄还是罪犯？》。1992年，环保部门与县委宣传部配合，应用广播、电视在县城进行宣传，利用街天开展《中华人民共和国环境保护法》《中华人民共和国水污染防治法》《中华人民共和国大气污染防治法》等咨询服务。

1986—1995年，环境监测宣传栏每年出 6—8 期宣传环境保护专栏，"六五"世界环境日采取各种宣传方式进行环保法律和科技知识宣传。

第九节　建水县环境保护史料

一、环境卫生①

1970年以前，建水县没有专门的街道清洁工人，每天清晨由各单位、各家各户自

---

① 建水县地方志编纂委员会编：《建水县志》，北京：中华书局，1994年，第545页。

觉清扫门前地段。1970 年 6 月，城关镇雇用 2 名清洁工打扫建中路和东正路的主要地段，工具只有扫帚、铁铲、箩筐。1973 年，清洁工增至 4 名。1980 年，增至 8 名。1980 年 12 月，城关镇环境卫生管理站设管理人员 2 名、清洁工 15 名。1981 年，划归城乡建设局管理。相继添置洒水车、自动装卸车、垃圾车各 1 辆、铁皮手推车 12 辆、小保洁车 6 辆、铁皮垃圾桶 150 只。每月约清理垃圾 170 吨。1987 年，有清洁工 30 人，清洁垃圾 1644 吨，公厕由郊区农民承包，用粪车、粪桶清除。

二、污染调查[①]

建水县的环境污染主要来自工业"三废"，其次是城镇生活污水、垃圾及城市、交通噪声。另外，对自然资源的不合理开发利用，农业生产中滥施化肥、农药造成生态环境的改变和破坏，也是不可忽视的环境问题。

1985 年工业污染调查表明：全县主要环境污染源为食品、金属采选、冶炼、化工、建材、造纸、织染等行业的 14 个企业，其中城区 3 个、郊区 11 个；按所处环境功能分，城镇居民区 3 个、农业区 10 个、荒山非农业区 1 个。调查后县城附近的东坝区、陈官区又有造纸、有色金属冶炼、建筑材料等行业的 6 个新建、扩建项目上马和完成。东坝南营寨工业区、陈官牛石工业区已具雏形。两个相连区域的污染状况及对县城环境质量的影响也比调查时增大。

（一）水体污染

主要污染源 14 个企业的年用水量共 792 万吨，其中生产用水 728 万吨、生活用水 64 万吨。按水类分：新鲜水用量 665 万吨，其中地面水 274 万吨、地下水 390 万吨、自来水 0.22 万吨；重复用水量 127 万吨。由于大部分企业无污水处理设施，水的重复利用率仅为 15.9%。

（二）工业废水污染

1982 年共排放工业废水 198.8 万吨，其中经过处理排放的 9.9 万吨。废水中主要有害物质年排放量分别为：砷 0.847 吨、铅 0.0073 吨、酚 0.0029 吨、氰化物 0.0065 吨、石油类 36 吨、悬浮物 2597 吨、生化需氧量 526 吨、化学需氧量 2477 吨。

1985 年共排放工业废水 444.2 万吨，其中经过处理排放的 6.5 万吨，处理率仅为 1.5%左右。符合排放标准的废水 46.6 万吨，达标率仅为 10.5%左右。按 14 个主要污染

① 建水县地方志编纂委员会编：《建水县志》，北京：中华书局，1994 年，第 548 页。

企业的总产值与年排放废水总量相比，万元产值排放废水为 1013 吨。

工业废水主要来自食品、制糖、造纸、冶炼等行业。各排污企业无专用排污沟渠，又缺乏有效的污水处理设施，污水都直接排入城镇下水道或农用沟渠，流入农田，最终均排入泸江河。1985 年直接或间接排入泸江河的工业废水 255.5 万吨，占主要污染源所排废水总量的 57.5%。泸江河成为全县废水的主要接纳河。1985 年 12 月，聚集在著名风景区燕子洞口的泡沫厚达 0.5 米。水中的污染物质有化学需氧量、生化需氧量、硫化物、悬浮物、氨氮、六价铬、砷、铅、锌、镉、氟化物等。按等标污染负荷比排列，废水中的主要污染物质为化学需氧量、硫化物、悬浮物，与县内食品工业、造纸工业的经济结构和比重是吻合的。

农户直接截用造纸厂、锰矿所排废水长期污灌，破坏了农田土壤结构。造纸厂附近的蔗田土壤中混杂了大量碱性纸浆，也出现土壤板结和翻碱现象，甘蔗糖分降低，略呈咸味。稻田里纸浆大量悬浮于田泥之上，稻秧难以着根，出现漂秧、死秧、返青时间长等现象。锰矿附近的农田则呈油黑色，土壤结块，甘蔗矮小，红薯黑心。又由于纸厂、锰矿的混合废水中氮含量时有超标，长期污灌后，使土壤中氮、磷、钾比例失调，再施化肥就出现水稻疯长、不抽穗或空瘪率增加、稻米适口性差等现象。

（三）大气污染

建水县内的大气污染源主要是有色金属冶炼、建材、化工、食品、造纸等厂矿排放的烟气、粉尘，其次是民用炉灶。

1982 年全县主要污染企业共排放工业废气 12 315.8 万标准立方米，废气中的各类污染物排放总量 4394 吨，其中二氧化硫 634 吨，二氧化氮 13 吨，一氧化碳 2519 吨，烟尘 1038 吨。工业粉尘排放量 712 吨。

1985 年 14 个主要污染企业共排放工业废气 63 970 万标准立方米，每万元产值排放工业废气 14.6 万标准立方米，其中燃料燃烧产生 31 237 万标准立方米，生产工艺过程中产生 32 733 万标准立方米。污染物排放量 8528 吨，与 14 个企业的产值合计 4383.6 万元相比，每万元产值排放大气污染物 1.95 吨。废气中的污染物排放量分别为：粉尘 3239 吨、二氧化硫 861 吨、烟尘 1356 吨、二氧化氮 302 吨、一氧化碳 2768 吨、硫化氢 2.6 吨。14 个企业中以建材、黑色金属采选冶炼、食品工业的废气排放量最大。

（四）固体废弃物

主要来自采矿、冶炼、化工等厂矿排放的尾矿、冶炼渣、化工渣和工业锅炉、窑炉排放的炉渣、粉煤灰及煤矸石、工业垃圾等。截至 1985 年，全县历年固体废弃物堆存量已达 8.74 万吨，占地 9.35 万平方米。

1985 年全县共排放工业固体废弃物 2.32 万吨，其中一般固体废弃物 1.33 万吨，有害固体废弃物 0.99 万吨。一般固体废弃物如锅炉渣、粉煤灰、煤矸石、工业垃圾等，尚可用作农肥、筑路和建筑填充材料，综合利用量 1.04 万吨，利用率约达 78%。有害固体废弃物主要是冶炼渣、化工渣和尾矿等。各类有害物质折纯量达 283.87 吨，其中，砷 0.31 吨、铅 0.73 吨、钙 0.23 吨、锌 3.72 吨、二氧化硅 278.88 吨。有害固体废弃物的综合利用量为 0.3 万吨，主要是锰矿尾矿的烧结，利用率约为 30.3%。其余有害固体废弃物均汇同一般固体废弃物一起送往废渣库、尾矿库堆存。按 14 个主要污染企业的总产值与废渣排放量相比，每万元产值排放工业固体废弃物 5.3 吨。

（五）噪声

1982 年在云南省、红河哈尼族彝族自治州环境监测站帮助下，测试建水城区环境噪声及交通噪声，在城区以 200 米×200 米网格布点 55 个，面积约 2.2 平方千米，分 5 组以白天（14:00 时开始）、夜间（23:00 时开始）两个时段使用 ND-Ⅱ型精密声级仪测试。交通噪声主要在东正路、建中路、北正街及环城公路采取 300 米等距离布点 17 个，分 5 组，从 8:00 时开始测试。

测试结果表明城区噪声源的分布和污染程度与环境构成特点有关。由于厂矿大都距城较远，城内过往车辆较少，生活噪声比例最大，约为 56%，交通噪声占 24%，其他噪声占 20%。生活噪声为建水城区环境噪声的主要污染源。昼间的等效连续 A 声级为 53.9 分贝（A），夜间的等效连续 A 声级为 38.5 分贝（A），超过国家环境噪声标准建议值 3 分贝（A）。

1985 年对 14 个工矿企业的工业噪声测试结果显示，噪声等效声级为 90—102 分贝（A），对厂区作业环境的影响较为严重。城内工业噪声污染问题虽不太突出，但是由于街道工业多与民房、机关、学校混杂在一起，且机器设备较陈旧，昼夜轰鸣，其噪声对周围局部环境造成的污染还是比较严重的。

三、环境监测[①]

（1）水质监测。1974 年开始对泸江河水质进行监测，由红河哈尼族彝族自治州卫生防疫站承担，后一度中断。1979 年红河哈尼族彝族自治州环境监测站成立，承担整个泸江水系水质的监测。在县内的河段上布点 3 个，位置在团山桥、天缘桥和燕子洞。每年 3 月、4 月、7 月、9 月、11 月监测。监测结果：氨氮、亚硝酸盐氮、硝酸盐

---

① 建水县地方志编纂委员会编：《建水县志》，北京：中华书局，1994 年，第 548 页。

氮、三价铬、六价铬、铅等污染物各测点均有检出，尤以位于红星造纸厂、建水锰矿下游的天缘桥、燕子洞检出率高，且另有挥发性酚、砷、汞、氟化物、镉等有害物质检出。位于造纸厂、锰矿等主要污染源上游的团山桥测点，各项监测指标终年均达到或接近国家一级地面水环境质量标准。泸江河每年11月至次年4月为枯水期，流量仅为 0.1 立方米/秒。此时正值农田用水时节，造纸厂、锰矿所排废水大部分被农户截用。流至颜洞口时已近乎断流。颜洞口以下河段水量主要靠颜洞地下伏流和沿岸潭泉补给，再流至燕子洞时，水质状况有所改善，主要指标可达到或接近国家地面水环境一级质量标准。丰水期（5—10月）泸江河最大流量可达 168 立方米/秒，此时农田用水相应减少，造纸厂、锰矿每月均有21.3万吨污水直接排入河里，经过20多千米流程的河水自净作用，燕子洞测点的主要有害物质虽有检出，需氧量也较大，但主要水质指标仍可达到国家地面水环境二级质量标准。

（2）大气监测。1985年开始对城区大气降尘监测，每月必测。布点 8 个，即建民中学、防疫站、第一中学、人民医院、第四小学、工人俱乐部、粮食局、民族贸易公司，各置盛蒸馏水之采样缸。委托矿产公司化验室用重量法测定。监测结果显示，城区每月平均大气降尘 4.34 吨/平方千米。

（3）酸雨监测。1983年开始酸雨监测，逢2月、5月、8月、11月遇雨必测，每个点的月采样次数不少于 3 次。在城区及城郊布点 3 个：气象站（东郊）、防疫站（城区）、州民族师范学校（南郊）。取样后委托防疫站测定分析。所做的项目有硫酸根、硝酸根、pH。分析方法依次为氯化钡比浊法、酚二磺酸比色法、酸度计测定法。监测结果，1984年8月，在红河哈尼族彝族自治州民族师范学校测点出现酸雨现象，该测点2次水样的 pH 最高值5.48，最低值5.13，平均值5.41（国家规定酸雨标准为 pH 5.6）。

四、污染防治

根据建水县工业基础薄弱、起步较晚的特点，环境保护工作主要放在新建、扩建、改建项目的可行性研究，扩建、初建设计审批及严格执行"三同时"制度上，严格控制新污染源的产生。对老污染源主要是抓好污染大户的治理工作。

1982年建水县城乡建设环境保护局内设环境保护办公室，截至1987年底，参与22个项目的可行性研究和扩建、初建设计的审批，参审项目总投资1.03亿元，其中环保投资336万元。已建成投资项目8个，总投资3003万元，其中，环保投资252万元，环保投资约占总投资的 8.39%。还督促和审查所有申报项目的环境影响报告书，参与审查并督促实施建水锰矿两座 3000 千瓦锰铁炉扩建工程、红河哈尼族彝族自治州水泥厂扩建项目、云南红星造纸厂日产 15 吨高级卷烟盘纸扩建项目的环境影响评价。1987年6月在红河哈尼族彝族自治州监测站支持下对建水县陈官冶炼厂、精锑厂、铁合金厂做区域性环境质量现状调查，为指导该区域今后经济发展和环境科学管理提供依据。

为了利用经营杠杆来配合环境管理工作，增强企业治理污染的紧迫感和责任感，自1984年3月起对污染较为严重的云南建水锰矿、云南红星造纸厂、建水县水泥厂、建水糖厂、曲溪糖厂征收超标排污费，截至1987年底共征收17.76万元。

对污染大户的老污染源，督促其治理。截至1987年底，共有建水锰矿、云南红星造纸厂等的9个治理项目在建或已投入使用。治理总投资83.15万元，其中环保补助资金9.8万元，约占治理项目总投资的11.8%。

第十节　剑川县环境保护史料

一、环境[①]

（一）自然环境

（1）森林覆盖率下降。1950年以前，境内山区多有毁林开荒习惯，西部盐路山、千柏山，中部老君山、石钟山，东南部华丛山等，年年有新荒开垦，大片原始森林被烧毁，毁林开荒十分严重。1953年以后，经剑川县人民政府反复教育，号召固定耕地，禁止毁林开荒，直至1961年以后，毁林开荒始得控制。1979年以后局部地区再度出现毁林开荒现象，剑川县人民政府采取严厉措施，制止了局部地区毁林开荒行为。在经济改革过程中，一部分社队和私人于1982年再度兴起毁林开荒不法行为，剑川县人民政府组织力量，深入林区，广泛宣传教育，明确指出"无毁林开荒，无山林火灾，无乱砍滥伐"三大管理目标任务，截至1985年，全县范围内才制止了荒林开荒。据不完全统计，1954—1984年全县毁林开荒面积累计达1.23万亩，毁树861万株。

（2）水土流失。随着森林覆盖率急剧下降，全县水土流失面积剧增。据不完全统计，1950—1985年，全县水土流失面积达42.3平方千米。水土流失区域主要分布在东岭乡螳螂河，甸南乡石狮子河、玉华、文华，沙溪乡沙坪、北龙，羊岑乡兴文等地。其中主要几次因植被受到破坏，造成水土流失的灾害为1985年8月30—31日沙坪后山泥石流，受灾面积1490亩；1971年以后马登乡磨坊箐电站附近滑坡，受灾面积约1平方千米；海尾河弯道滑坡，受灾面积约0.5平方千米。此外，尚有石狮子河沿岸、沙溪四联至北龙一带

---

① 云南省剑川县志编纂委员会编：《剑川县志》，昆明：云南民族出版社，1999年，第308页。

黑潓江沿岸连年水土流失，米子坪电站、弥沙河电闸、文华西周关村后泥石流、滑坡等。

（3）湖泊退化。由于以金龙河、石狮子河为主的各大支流不断向剑湖输入泥沙，加上海尾河改道加深加宽，造成严重排湖泄湖。1956—1971 年，剑湖四周已围垦土地约 700 亩，剑湖湖面由 1951 年的 7.5 平方千米缩小到 1971 年的 6.2 平方千米。随着剑湖水面的下落，西湖、前舍登湖日益退化，1965 年西湖水面尚保持在 2.9 平方千米范围内，至 1990 年丰水期，西湖水面只剩 2.5 平方千米，前舍登湖则所剩无几。

（二）疫病环境

1950 年以前，剑川县境内天花、鼠疫、伤寒、霍乱、结核、乙型脑炎、乙型肝炎、脊髓灰质炎、麻病、白喉、猩红热、百日咳、流行性感冒等传染病曾严重流行。1956 年以后消灭了天花、霍乱、人间鼠疫传染疾病，其他传染病得到控制。境内地方病有克山病、甲状腺肿大、地方性氟病。寄生虫及原虫病有血吸虫病、旋毛线虫、钩虫、绦虫、蛔虫、鞭虫、疟疾、梅毒、钩端螺旋病等。全县已基本消灭血吸虫病、疟疾、梅毒等疾病，其他地方病、流行病均得到控制。各类传染病、地方病的形成，与气候、水质、地方环境、土壤有直接关系，更主要是受环境卫生、人们长期形成的饮食卫生条件影响而导致传染流行。

二、污染

（1）废水。县内废水排放污染源主要为县城、集镇人口集中地区的生产生活污水排放，还有双河煤矿、县农机厂、乳制品厂、县商业局酒厂、炼铅厂、硅铁厂、工业污水年排放量 54.68 万吨。其中，金华镇污水排放污染地带为永丰河下游，向湖、前舍登至剑湖排水沟；双河煤矿污水排放污染地带为石菜江——剑湖入水口一带。其余为各乡镇生产生活用水污染，分布于全县各水系之中。1990 年对金华坝及几个主要工业污染点进行污染情况调查。初步查出生活用废水和工业用废水约 54.3 万吨/年。其中煤炭生产废水和生活用废水排放量最大，有色金属冶炼废水排放量次之。废水中主要有害物质为：悬浮物 46 吨/年，锌 42.21 吨/年，磷 14.4 吨/年，镉 4.99 吨/年，pH 7.55，硫化物 0.17 吨/年，还有氟化物、铅、钾等少量污染。

（2）废气、尘渣。废气排放污染源主要为炼铅厂、农机厂、商业局酒厂、甸南砖瓦窑、东岭石灰窑等。年耗煤约 1.4 万吨，废气排放量 8578 万标准立方米，烟尘 523.7 吨，废渣 10.32 万吨。金华镇及各乡镇集市年产垃圾物 9.7 万吨。

（3）农药、化肥。20 世纪 70 年代末期，全县农药、化肥使用量逐年增长，年销量平均 1940 吨。80 年代以后，私人用农药、化肥量猛增，出现重化肥、轻农家肥状况。

随着地膜覆盖栽培方法的兴起，塑料薄膜使用规模越来越大，农田土壤板结、有机质含量减少的状况越来越突出。大量使用农药后，害虫被杀灭的同时，越来越多的益虫也被杀灭，农业生态环境已受到不同程度污染。

三、绿化与森林保护

剑川境内素有植树造林、绿化环境的传统美德，明弘治初年，境内水寨至县城一带即种植柳树，清代直至民国全县主要河道及各乡村周围均广植杨树、柳树、桉树。1925年，国民政府将3月12日定为"植树日"，年年号召植树造林。1934—1936年全县造林1046亩。1978年全国人民代表大会规定每年3月12日为"植树节"。剑川县委、县政府还制定出林木植造规划，分别提出经济林木、用材林木、道路河道林木种植规划任务。全县绿化种植已形成有组织领导、有计划措施、有具体时间任务的稳定局面。据不完全统计，1951—1990年，全县绿化种植面积37.11万亩，绿化了全县村镇道路和部分靠山。

明代以来，剑川各村寨宗族乡民即形成保护森林意识，清乾隆四十八年（1783年）剑川即制定《保护公山碑》，清光绪年间各乡村纷纷建立《乡规碑》。《乡规碑》禁止乱砍滥伐。1950年以后剑川县人民政府不断召开林业工作会议，宣传护林防火。1984年《中华人民共和国森林法》公布后，进一步巩固护林组织，设置专职兼职护林人员，不断制止乱砍滥伐，控制森林火灾，使全县森林覆盖率逐步增长，1990年全县森林覆盖率上升至39.6%，比1986年增长了2.7%。

四、改造卫生环境

1950年以后，全县年年坚持爱国卫生运动，改变卫生环境状况，其中，1955—1958年开展以除"四害"为中心的爱国卫生运动，1980—1990年全县开展以"文明礼貌"为中心的爱国卫生运动。1984年开始实行卫生"门前三包"（包卫生、包绿化、包秩序）制度。全县卫生环境有了明显改善。

1950—1956年，通过防治甸南狮河、沙溪长乐鼠疫病，全县广泛开展以除"四害"灾病为中心的防疫卫生工作，消灭了人间鼠疫病。1974—1990年反复追踪调查，查明剑川县高山森林鼠疫疫源地范围、面积，建立起监测点、地方病防治站，进一步控制鼠疫病发生和流行。

1952—1990年全县范围查治麻风病89人，治愈25人，麻风病基本得到控制。1953—1990年全县在防治血吸虫病过程中，结合灭螺工作，在沙溪寺登、沙坪、四联、鳌凤、文凤、东南、溪南，羊岑新松、六联、新文等地大搞农田基本建设，消灭钉螺滋生环境，累计全县灭螺面积 277.64 万平方米，彻底治理了血吸虫病中间宿主钉螺的滋生环境，达到基本消灭血吸虫病条件。1983—1990 年对地方性氟中毒进行调查，对全县 3 个地氟病流行区改设自来水管道，引清泉入村，有效控制地氟病扩散流行。此外，对克山病、甲状腺肿大、结核病等多发地区，在环境卫生、食品卫生、引水工程改造方面加强管理措施，使疾病得到控制，防止蔓延。1990 年以后，进一步对水质、土壤、环境进行调查，逐步制定卫生环境改造规划。在采取预防地方性流行病各种措施的同时，加强城镇卫生管理制度。

五、环境监测与治理

1987 年，剑川县建立环境监测站，监测站制订计划，每年定期、定点对全县环境污染进行监测。1987—1990 年分别对金华镇城区水泥厂、奶粉厂、炼铅厂、酒厂、双河煤矿等单位的空气污染、噪声标准、废水污染程度进行监测，配合卫生防疫部门，对受到污染的金龙河河道、剑湖等地进行实地调查，对地氟病、克山病多发地区的水质土壤状况进行调查监测，对超标或影响较大的污染源向剑川县人民政府报告处理。1988 年以后，监测站向政府报告后，对炼铅、选矿、奶粉、酿酒各生产厂家生产加工设备实行防止污染设备改造。水泥厂建设项目批准后，即增加了防污设置，基本做到防污设施与主体工程同时设计、同时施工、同时投产，降低了水泥厂废气、尘灰、噪声造成的污染程度。

截至 1990 年，全县各类企业规模小，不足以进行环境影响评价。监测工作中主要坚持上报《环境影响报告》，坚持建设项目中防止污染影响的审批制度。农业生产污染尚未具体监测管理，对于所造成局部污染损害，做一般处理，农村防治污染仍处于初级管理阶段。

第十一节　金平苗族瑶族傣族自治县环境保护史料①

一、环境保护

环境保护工作，以科学发展观为指导，以改善县域环境质量为目标，以泥石流、滑

---

① 金平苗族瑶族傣族自治县地方志编纂委员会编：《金平苗族瑶族傣族自治县志（1978—2007）》，北京：方志出版社，2012 年，第 215 页。

坡治理为重点，以退耕还林种草、植树造林为突破口，加大污染防治和生态保护工作的力度，深入贯彻落实《中华人民共和国环境保护法》等各项环保法律、政策和法规，大力实施可持续发展战略，各项工作取得显著进展，使生态环境恶化的态势得到初步有效的遏制。

二、环境管理

1990 年，对县内新建、改建、扩建的项目实施"环境影响评价"与"三同时"环境保护管理制度。1994 年 4 月，直接参与排污企业建设选址定点与"环境影响评价"工作。1997 年 9 月，对金平金鹏淀粉酒精厂环境保护设施验收。

三、污染治理

20 世纪 70 年代初，大力倡导植树造林，引进和繁殖杉树、香竹、核桃、优质梨苗木，积极发动城乡人民广泛营造各种人工林，起到缓解环境恶化和绿化环境的作用。此间，县城始建混凝土街道和排水沟，减少街道灰尘及淤泥污水污染。同时，雇用 2 名清洁工负责清扫主街道垃圾和清理下水道。1978 年后，集体、私人掀起种花养草热，家庭、单位及公共场所、工人俱乐部等处广种花草树木，美化县城环境。1985 年建立环卫站，配垃圾车辆，清扫清运主街道垃圾，解决垃圾随意堆积问题。1993 年 11 月起，重视城区建设废土废渣综合利用，停止直接倒入金河。

1995 年 2 月，金平苗族瑶族傣族自治县造纸厂污染治理贷款 6 万元，购制煤渣砖机 1 台，利用锅炉废渣生产煤渣砖，年产 4 万块，当年获利 8 万元。1996 年，蛮耗硅铁合金厂污染治理效果显著，投入资金 45 万元，烟尘排放浓度每标准立方米 2.47—11.85 毫克，二氧化硫浓度为 0.008%，低于国家规定排放标准并在红河哈尼族彝族自治州推广。1996 年 12 月，金隆公司高冰镍冶炼厂解决二氧化硫烟气无组织排放问题，投资 400 万元，占总投资的 19.1%，建成鼓风炉收尘系统（沉降室、旋风除尘、布袋收尘器、瑞球塔、多功能净化槽、石灰乳综合池）。1999 年 1 月，红河哈尼族彝族自治州环境保护局对县内污染限期整治工作进行检查，确定山河硅铁厂、金平鑫合电冶公司、高冰镍冶炼厂、111 硅铁厂、金平水泥厂、金水河田房锡矿、金平金鹏淀粉酒精厂为限期治理厂家。1999 年 12 月 29 日，召开 2000 年污染源达标排放整治工作会议，实行年排污总量控制管理，工业废气处理达标率 99%，工业废水处理率 97%，工业废水达标率 90%，工业固体废弃物综合利用率 12%，烟尘排放量 400 吨。

四、县域环境综合整治

1999 年 10 月，对十字街口至乡镇局段老城区街道进行改造，首次使用砼铸排污管道，长 1.26 千米，在城区种植垂榕绿化树 167 株。

五、环境保护执法

1995 年 11 月，对金平苗族瑶族傣族自治县有色金属矿产公司蛮耗铁合金厂违反环境保护法律行为进行"责令整改"行政处罚，并处罚金 1.5 万元。1998 年 3 月，5 名环境保护执法人员在个旧市经云南省法制局培训合格取得环境保护行政执法证。1999 年 7 月，成立苗族瑶族傣族自治金平县环境监理所，在县域内实施环境现场执法监理。

六、污染监测

全县的主要污染物有二氧化硫、一氧化碳、氨氮、氰化物、烟气、噪声、粉尘、固体废弃物等，监测露天剥离开采金、铁、锡等矿产对地表自然生态造成的破坏状况。

（一）生活与生产污染监测

（1）生活污染监测。1980 年以前，环境污染主要是生产生活产生的少量烟尘、垃圾、废水、粪便与其他废弃物，因受经济发展制约和生活习俗影响，随意堆放垃圾及牲畜粪便、废弃物等，污水无节制排放，在房前屋后与僻静处随意大小便现象随处可见，天长日久，臭气扑鼻，蚊蝇滋生，传播疾病。县城主街道由环卫站负责清扫，非主街道、居民区无专人清扫与收运垃圾，垃圾多弃入庙沟、金河，缺乏封闭良好的垃圾收运点与垃圾处理场，部分居民自建卫生间多无化粪池，生粪直接排入下水道流入金河。城区街道坡度较大，排水沟入水口较少，每逢雨天污水污物满街横流，金河镇卫生院与县经济贸易局门口段常造成垃圾污染积留，污水漫入居民家中的现象时有发生。1999 年 5 月，建苦竹林水库，库容 233 万立方米，金河水经水库沉淀后下排，下游水质有所改观，但库中污染仍未改变。庙沟垃圾晴时堆积腐臭，遇雨污水暴涨，垃圾粪便废物一应涌入水库，各种垃圾大量漂浮沉积，使苦竹林水库成为一大污染物"容纳池"，垃圾有时还落入金河造成下游电站水轮机阻塞事故，大部分垃圾长期在交通沿线堆腐发臭，形成二次污染。

（2）生产污染监测。因受设备和资质限制，县内主要河流生产污染水质一直由红河哈尼族彝族自治州环境监测站每月取样化验。长期固定监测点为金水河加油站附近、勐拉河金水河吊桥、金子河勐拉农场一连附近大桥 3 处。1982 年，设环境噪声监测点 16 个，噪声等效声级昼间 58 分贝，超标率 53.8%，夜间等效声级 40 分贝，未超标。道路交通噪声设测点 5 个，等效声级 63 分贝，超标率 20.8%。1983 年，酸雨监测样品 12 次，降水酸度 5.9—6.64，平均值 6.68。1984 年，酸雨监测样品 7 次，降水酸度 5.75—7.26，平均值 6.0。1986 年，红河哈尼族彝族自治州环境监测站酸雨监测样品 15 次，降水酸度 5.11—6.46，平均值 5.35，酸雨出现频率 60%，酸雨平均值 5.20。1985 年 7 月，对县铜矿、国营金平农场橡胶制品厂、县造纸厂污染源现场监测。1994 年 5 月，对县城区大气与声环境监测。1998 年 4 月，金平苗族瑶族傣族自治县有色金属高冰镍冶炼厂环保技术改造后，红河哈尼族彝族自治州环境监测站曾对该厂二氧化硫污染进行监测。1998 年 6 月，监测结果达到国家规定排放标准，环保设施通过红河哈尼族彝族自治州环境保护局验收。

（二）大气与噪声污染监测

1978 年以来，县城各种加工修理与建筑施工及娱乐业噪声排放频繁，无有效防治措施。城区 6.9 平方千米范围内各种车辆上千台，主城区 7:00—23:00 车辆如流，车辆尾气噪声及粉尘污染日趋严重。1994 年 5 月，为编制《昆河经济带发展环境规划》，红河哈尼族彝族自治州环境监测站对县城区大气与声环境进行监测，设监测点 8 个，监测结果为：城区大气环境年废气排放总量 2941 万标准立方米，废气污染物年排放总量 79.44 吨，等标污染负荷 3.7，负荷比 0.03%。二氧化硫每标准立方米 0.002 毫克，Ⅰ级。氮氧化物每标准立方米 0.004—0.014 毫克，Ⅰ级。空气总悬浮微粒每标准立方米 0.007—0.158 毫克，Ⅰ级。车流量每小时 29 辆，噪声污染昼间平均 50 分贝，超标率 53%；夜间 40 分贝，达到国家规定标准。交通噪声 63 分贝，超标率 20.8%。1997 年 10 月 14 日，县政府划定县城Ⅰ、Ⅱ、Ⅲ类"声环境质量标准适用区"，城区生产生活噪声污染测定始有基准监测测算标准。

（三）土壤污染监测

1983 年，土壤普查表明，全县土壤划分为 9 个土类、11 个亚类、37 个土种。类型有棕壤、黄棕壤、黄壤、红壤、砖红壤性红壤、砖红壤、燥红土、水稻土、冲积土等。气候湿热，土层深厚，但多处山区，土壤类型多样、肥力易下降。耕地 pH 为 5.5—6.5 的占地域总面积的 61.5%，五、六级土地占 76.2%。降水酸度 5.9—6.69，pH 平均为 6.42，土地氮磷钾不平衡，土壤偏酸。耕种主要靠自然肥力，因过度开垦和化肥农药使用量逐年增加，以及人口增长及森林覆盖率下降，土壤污染逐年加剧。

（四）固体废弃物与放射性污染监测

1998 年，县内固体废弃物产生源 6 个，年固体废弃物产生总量 579 吨，综合利用量

104吨，年贮存量175吨，历年贮存量1050吨。2005年，固体废弃物排放量300吨，占全州固体废弃物排放量的3%。

七、污染纠纷

（1）104矿高冰镍冶炼厂二氧化硫污染。原建有高冰镍冶炼厂1座，年产量2222吨。1996年12月28日起生产，年产废气总量560万标准立方米，主要污染物为二氧化硫，浓度为5%—8%。1997年11月，为满足生产需要，在河滩露天直接烧结镍原矿土法脱硫，每4天1个周期，每周期产量320吨，二氧化硫大量外溢，造成周围铜厂乡长安冲、勐谢，营盘乡老街、大芦山、罗戈塘、太阳寨、水塘等村农作物不同程度受损，涉及2183户，营盘乡稻田受损227公顷、玉米受损67公顷、花生21公顷，当年减产稻谷724吨、玉米61吨；铜厂乡稻田受损284公顷，减产891.5吨，玉米受损125公顷，减产118吨。当地农户与104矿高冰镍冶炼厂发生严重污染纠纷。1998年1月，在10矿高冰镍冶炼厂召开环境监测现场会，由县环境保护、农业、经贸部门人员组成污染监测小组，为解决104矿高冰镍冶炼厂污染问题提供统计数据。1998年4月，停止南邦河露天镍烧结。

（2）蛮耗高冰镍冶炼厂二氧化硫污染。1997年12月，金隆公司蛮耗高冰镍冶炼厂开始试生产，但其多功能吸收塔不能正常运转，后多方改进。1998年投入环境保护设施建设资金460余万元，占总投资的24.2%，但仍然有少量高冰镍冶炼二氧化硫污染，纠纷主体转向周边村民与个旧市蛮耗镇，每年均由该厂给予被污染区村民适当损失补偿。1998年6月，环保设施通过红河哈尼族彝族自治州环境保护局验收。

（3）蛮耗硅铁厂一氧化碳污染。1996年2月8日，个旧市蛮耗镇居民400余人，因金平有色公司蛮耗硅铁合金厂一氧化碳污染，聚众拥至厂区，砸坏部分厂房机械设备，造成工厂停工，经红河哈尼族彝族自治州环境保护局协调恢复生产。

八、环境科技

1996—1999年，金平分水岭自然保护区管理局与中国科学院昆明植物研究所、中国科学院昆明动物研究所、云南大学、云南师范大学、西南林学院及云南省林业科学院合作，完成分水岭自然保护区分水岭、五台山和西隆山林区综合科学考察，出版发行《云南金平分水岭自然保护区综合科学考察报告集》，完成金平苗族瑶族傣族自治县国家重点保护野生动物调查、金平苗族瑶族傣族自治县国家重点保护野生植物调查，摸清县内国家重点保护野生动物分布情况及生物学特性，建立保护区植物区系和种子植物目录数据库，开展野生珍稀濒危植物引种、驯化、繁育。根据物候、海拔条件，建设 7 公顷海拔珍稀濒危植物快繁基地、3.3 公顷中海拔珍稀植物拯救中心、0.7 公顷高海拔珍稀乡土树种苗圃，成功培育出珍稀植物 30 余种 100 万余株，部分苗木返种保护区，增加保护区植物种群数量。

九、排污费征收

1983 年 12 月 1 日，制定下发《征收排污费暂行办法》。1985 年 2 月，对县水泥厂、县医院、造纸厂、铜矿、砖厂、国营金平农场橡胶制品厂污染排放单位征收排污费，在环境保护整治管理上迈出新步。1986 年 3 月，开展金平苗族瑶族傣族自治县水泥厂、造纸厂、国营金平农场橡胶制品厂、铜矿、县医院等单位的污染征费普查建档工作，起始排污费征收标准为：每个单位按每月 10 元收取，后根据经济发展情况逐步调整，收费范围项目逐步扩大。

十、宣传教育

1982 年 8 月，金平第二中学（营盘中学）被云南省教育厅授予"云南省绿化美化校园甲级学校"称号。长期以来，金平第一中学对校园绿化建设倍加重视，植树种花种草蔚然成风，在校园北面建"学林"一座，林中以种植金平珍稀保护植物为主。为提高全民环境保护意识，全县每年举行"六五"世界环境宣传日活动，1992 年 12 月，在全县开展环境保护宣传教育活动，组织 300 余名机关干部职工及在校学生开展"环境保护宣传教育竞赛"活动，为乡镇和相关部门免费订阅《中国环境报》20 份，在全县掀起学习贯彻环境保护基本国策新高潮。

第十二节　景谷傣族彝族自治县环境保护史料

一、自然保护区[①]

1981 年 10 月 6 日，云南省人民政府批准景谷建立威远江思茅松原始林自然保护

---

① 云南省景谷傣族彝族自治县志编纂委员会编：《景谷傣族彝族自治县志》，成都：四川辞书出版社，1993 年，第 174 页。

区，1983 年 10 月 19 日，景谷傣族彝族自治县人民政府正式行文建立。

保护区位于县境南部，北起威远江马勒渡口、绵竹棚；南以威远江支流昔汉河、老筏口后山麻黑团山为界；西至碧安乡文明村绵竹棚后山梁子经何饭山、大落塘、石老虎至云中村、麻黑梁子；东至益智乡石寨村盐水箐、勐堆、芒冒、石头寨、大沙坝、老筏口、昔俄社集体林界。南北约长 20 千米，东西宽 5 千米，面积为 11.47 万亩，森林蓄积 87.4 万立方米，思茅松占 92.3%，覆盖率 89.1%。区内有较多的珍贵动物、植物资源。

保护区设置管理机构：1983—1984 年，委托碧安、益智林业站代管；1985 年，成立保护区管理所，编制 26 人；1988 年，设置保护区公安派出所，定编干警 5 人，隶属县公安局、林业局领导。

保护区内一切植物、动物一律予以保护，禁止砍伐、狩猎、放牧、种地和采集林副产品。

二、节能减耗

（一）燃料消耗

1949 年以前，景谷无电，煤未开采。产制盐、茶、糖，居家生活、照明均以木柴作为燃料，消耗大量森林。以熬盐为例，生产 1 吨食盐耗 2 吨烧柴，清雍正二年（1724 年）至 1950 年，共耗木柴 84 万吨，折合 105 万立方米，农村居民生活用柴，不计其数。

1950 年后，景谷傣族彝族自治县委和县人民政府重视森林保护，提倡合理利用，采取措施节能减耗，曾多次对燃料消耗做调查。1957 年，用于烧柴 30.3 万立方米。以后，随着地方工业的发展及人口的增加，木柴耗量渐增。1975 年，全县烧柴 39.5 万立方米，占当年木材耗量的 74.7%。1984 年，据云南省林业规划院调查，全县烧柴 47.75 万立方米，占全年木材耗量的 53.63%，其中，民用柴占 49.1%，地方用柴占 4.53%。1988 年林业局调查，全县年耗烧柴 30.77 万立方米，占木材总耗量的 37.86%，生活用柴占 94%，生产用柴占 4%。烧柴用量山区多于坝区，山区人均年消耗 2.13 立方米木柴，坝区人均年消耗 1.62 立方米木柴。

（二）节能

1949 年以前，木材消耗无人过问。1950 年后，景谷傣族彝族自治县委、县人民政府根据"保护森林，合理利用"的原则，逐步推行煤、电、沼气代柴和改造节柴。县政府曾于 20 世纪五六十年代多次行文，要求县城机关、厂矿、生产、生活改用煤代柴，节省木材。1954 年，开辟煤矿供煤。从 1985 年起，一年一度制订节能减耗计划，把"三代一改"（即煤、电、沼气代柴，改灶）措施列入常年工作，推进节能减耗。

（三）以煤代柴

1954 年，新建景谷煤矿采煤，机关、厂矿开始用煤作为燃料。1956 年凤岗盐矿改烧柴为烧煤煮盐，节省木柴 1.17 万立方米。1958 年后，在新建糖厂、砖瓦厂、茶厂及机关食堂、食馆中推行以煤代柴，纳入计划供应。1956—1990 年，仅制盐一项，累计节约木柴 198 万立方米，年均节省 5.83 万立方米。机关单位累计节看木柴 14 万立方米。

（四）以电代柴

1965 年后，农村开始兴办小电站。1970 年，新建景谷河梯级电站。1983 年在县城推广使用电炉烧水做饭，以后扩大到部分通电乡镇。截至 1990 年，全县有城乡电站 16 个，有 60 个乡村通电，用于生产、照明。1983—1990 年，共安装电炉 15 918 盘，用电 980 万千瓦时，节省了大量木柴。

（五）沼气代柴

沼气利用早在 1958 年曾试点推广，但不持久，也未能巩固。1982 年，复又试点、示范、推广。景谷傣族彝族自治县科学技术委员会组织参观学习，办训练班、培训技术力量，从点到面推开。1985 年有沼气池 260 个，总容积 2427 立方米，既供生活又供照明，1990 年，共有户办、联户办沼气池 328 个，改善了部分农家的照明条件，节省了木柴。

（六）改造节柴

"老虎灶，烧柴一大抱"，农村、集镇广用此灶。1950 年后，县政府曾多次提倡节能省柴灶，但涉及千家万户，收效甚微。1981 年，县设节能机构，根据"农民自办为主，国家、集体辅助为辅"的原则，组织科学技术委员会、林业、城建、计划经济委员会等部门进行宣传、试点、示范、培训技术、参观学习等活动，从点到面，逐步推广节柴灶。1982—1985 年，共改灶 6491 盘。1986 年以后，系统培训改灶技术，参训人员 200 人次，设置技术辅导员 32 人，既宣传，又指导。截至 1990 年，全县共改节柴灶 16 041 盘，节省木柴 24 063 立方米。

（七）机构

1981 年，成立节能办公室，归景谷傣族彝族自治县科学技术委员会管理。1984 年划归县计划经济委员会领导，经费由县林业局划拨。1985—1990 年，共拨扶持款 45.97 万元。1990 年，有职工 5 人。据林业部门调查，推广"三代一改"节能措施后，每年节省木柴 10 万立方米，对保护森林资源具有明显成效。

三、城乡环境保护①

城区环境卫生由卫生部门主管，各机关单位不定期打扫垃圾、清除污水，一般每星期 1 次，逢节假日前 1 次，不时组织交叉检查、评比。1980 年，成立县爱国卫生运动委员会，有专职干部 2 人，负责指导全县爱国卫生工作，城区安排 2 名临时工，每天清扫县城主要街道 1 次。

1974 年起，先后在环南路、威远路、环东路、三棵树、文明路修建公厕 5 个，总建筑面积 600 平方米；县城主要街道设垃圾桶 175 只，路面及公厕日清扫 1 次，总清扫面积 44 000 平方米。粪便垃圾清运、路灯维修，实行责任到人。

随着县城建设的发展，1982 年 12 月成立环境卫生管理站，隶属建设科。1985 年划归县爱国卫生运动委员会管理，1987 年又划归县城乡建设局管理。截至 1990 年底，有固定职工 7 人，临时清洁工 12 人，有 4.5 吨垃圾车 1 辆，2 吨吸粪车 1 辆，垃圾手推车10 辆，资金由城市维护费中列支，1981—1990 年底，共开支经费 66.9 万元。1990 年，清运垃圾 9600 立方米、粪便 1440 吨。

四、环境监测

1988 年 1 月 6 日，成立景谷傣族彝族自治县环境监测站，工作人员 3 人。有林格曼测烟望远镜、噪声声级计等设备。对凤岗盐矿、松香厂、粮油加工厂、苏家大营酒厂等单位进行了抽查，厂矿企业所排放的烟、气，林格曼黑度平均都在 2 级以上，超过了国家"1 级以下排放"的规定。对粮油加工厂进行了噪声测试。1989 年，景谷傣族彝族自治县环境监测站承担了威远江地控点（水文站点）的采样工作。

五、污染治理

（一）污染

1986 年工业污染源调查发现，污染县城的主要因素是燃烧废气、工业生产、医疗卫生排放的废水、工业固体废弃物及噪声。1985 年各种污染物的排放量为：废气排放量 23 503.5 万标准立方米，其中烟尘排放量 1197.57 吨，二氧化硫排放量 1176.24 吨，氮氧化物排放量 345.44 吨，一氧化碳排放量 49.62 吨，碳氢化合物排放量 16.43 吨，废水

---

① 云南省景谷傣族彝族自治县县志编纂委员会编：《景谷傣族彝族自治县志》，成都：四川辞书出版社，1993 年，第 334 页。

排放量 1128 吨。经测定，废水中的悬浮物、生化需氧量、硫化物等有害物质的含量都超过国家允许的排放标准。上述有害物质未经任何处理就直接排放自然界，污染环境，影响和危害人民群众的身体健康。此外，永平镇于 1987 年建成 1 座日处理甘蔗 1000 吨的白糖厂，对糖厂周围环境造成一定污染。

（二）治理

1986 年工业污染源调查结束后，本着"谁污染谁治理"的原则，在景谷傣族彝族自治县环境保护部门的协助下，凤岗盐矿、县松香厂、县粮油加工厂、苏家大营酒厂、江边酒厂、酱菜厂、钟山白糖厂 7 户企业分别针对废气、废水、废渣等项目进行治理。

（1）废脂回收。县松香厂整套生产工艺缺乏污染防治设施，废脂随污水而下，严重污染农田和鱼塘。据 1986 年调查统计结果，仅 1985 年废脂排放 59 吨。厂方曾多次向农民赔款。1987 年 2 月，厂方自筹资金 3468 元，县环保部门补助 2880 元，建废脂回收池 1 个，容积 130 立方米，容量 130 吨。1987 年共回收废脂渣 100 吨，收益 1 万多元。

（2）锅炉更新改造。江边酒厂使用 2 吨锅炉 1 台，除尘设备简陋，除尘效率低，生产过程中排放废气，1985 年烟气排放量 947 万标准立方米，其中烟尘排放量 11.95 吨，二氧化硫排放量 23 吨。1986 年 3 月，厂方自筹资金 3600 元，县环保部门补助 4000 元，从保山锅炉厂请来技术员，对生产锅炉及除尘设备进行更新改造，除尘系统采用鼓风、引风、旋风除尘，在引风过程中采用水淋降低设备温度，提高了除尘效果，更新改造后的锅炉于 1987 年 5 月投入使用，取得了明显的环境效益。

（3）除尘设备更新。苏家大营酒厂原使用的 1 吨生产锅炉配套旋风除尘器较简陋，降尘效率低。1985 年废气排放量 299 万标准立方米，其中烟尘排放量为 7.6 吨，二氧化硫排放量为 14.56 吨。1988 年 7 月，厂方自筹资金 1179 元，县环保部门补助 5400 元，购买 XND/G 型旋风除尘器 1 台，并加高烟囱，当年投入使用，提高了除尘效率。

（4）废气水膜除尘及噪声处理。县粮油加工厂地处县城中心，原使用的 1 台 2 吨锅炉设备陈旧，除尘效率低，机械生产噪声大。1988 年 7 月，厂方自筹资金 6620 元，县环保部门补助 7200 元，新建了废气水膜除尘及噪声密壁消声夹层墙设施，对废气和噪声进行治理，减轻了对周围环境的污染，效果较好。

1988 年 12 月，酱菜厂自筹资金 4735 元，县环保部门补助 5500 元，对锅炉废气进行水膜除尘处理，治理效果明显。

（三）"三废"综合治理

1989 年 11 月，凤岗盐矿自筹资金 29.78 万元（其中向环保部门贷款 10 万元，县环保部门补助 19.21 万元）对生产过程中排放的废气进行消烟除尘，对废水做循环澄清处理，采用废渣制砖三项措施，综合治理效果明显，并取得一定经济效益。

医疗废水治理。1989年6月，县环保部门补助500元，县中医院修建了1个废水净化处理池，对带病菌废水做灭菌处理，治理效果较好。

六、动植物保护[①]

（一）野生动物保护

1983年7月，景谷傣族彝族自治县人民政府发出保护野生动物的通知，禁止乱捕滥猎野生动物，并规定每年2月、3月、4月为禁猎期，在禁猎期内严禁进山狩猎，违者严肃处理。1988年11月，《中华人民共和国野生动物保护法》颁布实施。1989年1月，林业部和农业部联合发布《国家重点保护野生动物名录》；10月，云南省林业厅和云南省农牧渔业厅联合发布《云南省珍稀保护动物名录》。全县依据《中华人民共和国野生动物保护法》和国家、省规定重点保护的野生动物名录，加强对野生动物的保护。

1991年，景谷傣族彝族自治县人民政府发出《关于切实加强野生动物保护，坚决打击违法犯罪活动的通知》，在全县范围广泛深入地开展宣传教育活动，严厉打击破坏野生动物资源的违法犯罪活动，全面加强对野生动物的管理保护工作。1991年9月1日至1994年3月1日，在全县范围内实行封山禁猎。同时，县野生动物保护管理委员会成立，各乡（镇）相应建立健全野生动物保护管理委员会（或领导小组）及其办事机构，将野生动物保护列入重要议事日程，并实行各级行政首长任期目标责任制。依法保护野生动物资源，严厉打击破坏野生动物资源的违法犯罪活动，有效地制止乱捕滥猎、非法经营、走私野生动物的违法犯罪活动，促进全县野生动物保护工作的顺利开展。

（二）珍稀植物保护

景谷珍稀植物种类多，数量少，分布零星，且珍稀树种以阔叶树种居多，与其他阔叶树种混生。20世纪70年代，红椿等珍贵树种一度遭到砍伐破坏，有的珍贵树种也常被当作"杂木"砍毁。1995年12月，云南省人民代表大会常务委员会颁布实施《云南省珍贵树种保护条例》后，保护珍贵树种工作开始加强。2000年，贯彻实施"绿色保卫"行动，进一步强化对保护珍贵树种的宣传教育，全县的珍稀树种得到有效保护。

---

① 景谷傣族彝族自治县地方志编纂委员会编：《景谷傣族彝族自治县志（1978—2008）》，昆明：云南人民出版社，2012年。

七、林区自然保护[1]

1983 年 4 月，威远江自然保护区经云南省人民政府批准成立，10 月 19 日正式建立，界定保护区的四至界线。威远江自然保护区位于威远江下游，距县城 61 千米，其地理坐标为北纬 23°06′—23°17′，东经 100°31′—100°35′，南北长约 20 千米，东西宽约 5 千米，总面积 11.57 万亩。其中，林地面积占 89.1%，疏林地面积占 6.9%，灌木林地面积占 1.8%，无林地面积占 1.2%，非林地面积占 1%。森林蓄积 87.36 万立方米。保护区内海拔 1000—1500 米，坡度多在 20—40 度。保护区内有粗穗石栎林、华南石栎林、麻栎林等少量阔叶林分布，零星分布的有红椿、桢楠等珍贵树种；珍稀野生动物有蜂猴、长尾叶猴、蟒蛇、巨蜥、绿孔雀、白鹇、原鸡等。威远江自然保护区以保护思茅松原始林为目的。其不仅是良好的种源基地，也是研究思茅松生长、发育和自然演替的科研、教学基地。

1983 年，沿保护区分界的麻黑梁子、大梁子山脊修建长 60 千米、宽 15 米的防火线，修建大空海瞭望台 1 座。1985 年，保护区管理所成立，云南省林业厅下达保护区管理所编制 26 人。1990 年，为确保自然保护区内不发生森林火灾，将保护区内原住的 4 户农户（27 人）迁往钟山乡安置。保护区管理所还建立电台等通信设备，购置汽车、摩托车等交通工具，建盖职工宿舍、办公室。保护区管理所建立后，保护区内未发生过森林火灾和乱捕滥猎野生动物的情况，动植物资源得到有效保护。

第十三节　澜沧拉祜族自治县环境保护史料

一、环境保护机构[2]

1982 年，成立澜沧拉祜族自治县环境保护办公室，1984 年 1 月，将其划归澜沧拉祜族自治县城乡建设环境保护局并设立环境保护股，配人员 2 人。1985 年 1 月，成立澜沧拉祜族自治县环境监测站，属国家监测四级站，行政上隶属澜沧拉祜族自治县环境保护

---

① 景谷傣族彝族自治县地方志编纂委员会编：《景谷傣族彝族自治县志（1978—2008）》，昆明：云南人民出版社，2012 年。

② 澜沧拉祜族自治县地方志编纂委员会编：《澜沧拉祜族自治县志（1978—2005）》，昆明：云南人民出版社，2012 年，第 477 页。

局领导，业务上接受上级检测部门指导，承担澜沧、孟连、西盟 3 县的大气、水、噪声、土壤、生物等环境保护监测任务以及省控监测段面南朗河 70 号、南垒河 72 号、南马河 73 号的 3 条水系监测任务。1999 年，取得云南省计量认证合格证。1994 年 2 月，成立澜沧拉祜族自治县环境监理站，为股所级事业单位。

二、环境监测调查[①]

1982 年建立环境保护办公室，在县城及各厂矿企事业单位开展环境保护方针、政策、法令及环境科学知识宣传。1983 年 2—5 月组织技术人员首次对澜沧铅矿污染状况进行监测，参加监测的有县内及省、地、邻县科技人员 60 余人。经过对大气、水质、植物、动物、土壤和人体 6 个项目的监测分析，取得有效数据近千个，编写了《澜沧铅矿环境质量现状初评》，并获思茅地区科技成果三等奖。同年 6 月，在勐朗坝分 3 个点开展酸雨监测，获有效数据 582 个。监测结果，pH 最小值为 6.1，表明城区尚未出现酸雨监测。

1984 年，将环境保护办公室改在建设局内，设环境保护股，配人员 2 名。1985 年 1 月，建立澜沧拉祜族自治县环境保护监测站，投资 18 万元建监测、科研楼 1 幢。同年 7 月，首次对县城的环境噪声、交通噪声进行监测，共获有效数据 2.5 万余个，并编写了《澜沧噪声调查评价报告》。1986 年 1—9 月，对上允白糖厂、澜沧铅矿、竹塘铅厂、县砖瓦厂、县酒厂等工业企业的污染源进行全面调查及建档工作，共提供计算书 55 份，基本查清了县内的污染源和主要污染物，编写了《澜沧拉祜族自治县污染调查技术总结报告》。1989 年，完成了国家环境保护局下达的《澜沧铅矿所排废水灌溉渠农田土壤背景值调查》。

（1）地表水监测[②]。20 世纪 90 年代，县内水环境的监测主要是对省上确定的水质常规监控点（县城温泉路大桥南朗河点）和县城饮用水质量监控点（小桥头佛房河点）进行监测，一般于每年 3 月、8 月、11 月进行 3 次监测，以随时了解、掌握水质量状况。

（2）环境噪声监测[③]。1985 年 7 月，首次对县城的环境噪声、交通噪声进行监测，共获有效数据 2.5 万余个，编写了《澜沧噪声调查评价报告》。20 世纪 90 年代后，澜沧噪声监测分为交通噪声测定和区域环境噪声测定，一般每年进行 1 次常规监

---

① 澜沧县地方志编纂委员会编：《澜沧县志》，昆明：云南人民出版社，1996 年，第 416 页。

② 澜沧拉祜族自治县地方志编纂委员会编：《澜沧拉祜族自治县志（1978—2005）》，昆明：云南人民出版社，2012 年，第 477 页。

③ 澜沧拉祜族自治县地方志编纂委员会编：《澜沧拉祜族自治县志（1978—2005）》，昆明：云南人民出版社，2012 年，第 477 页。

测。其中，交通噪声主要沿交通沿线进行监测，设 15—30 个点。2005 年交通噪声监测，昼间平均值中的监测值69.8分贝，与标准的 70 分贝比，未超标；夜间平均值中的监测值 60 分贝，与标准的 55 分贝比，已超标。区域噪声测试分为昼间测试和夜间测试，设 20—30 个点。2005 年区域环境噪声监测，昼间平均值中的监测值 56 分贝，与标准的 60 分贝比，未超标；夜间平均值中的监测值47.9 分贝，与标准的 50 分贝比，未超标。

三、环境污染及防治

20 世纪 70 年代以前，因无环境监测机构，对县内的环境污染情况不清，1982 年后，逐步开展环境污染情况的调查工作。据 1983 年澜沧拉祜族自治县环境保护办公室对勐朗坝的大气、水质、生物、土壤等进行取样分析，县城附近的大气、水质、生物、土壤均受到不同程度的污染。造成污染的主要有害物质是铅、二氧化硫、氮氧化物、粉尘等。主要污染源是工业污染、生活废水废渣污染和化肥农药污染。工业污染中以铅污染最为突出，澜沧铅矿周围的芭蕉林等村寨曾有牲畜中毒死亡。1983 年对一头死亡的耕牛的肝脏化验发现，含铅量高达 7.09 毫克/千克，澜沧铅矿也因污染给群众造成损失而先后赔款数万元。[1]

（一）废水污染[2]

1983 年监测数据显示，县城废水年排放量为 46.9 万吨，其中工业废水 6.8 万吨，约占 14.5%；生活废水 40.1 万吨（含医疗废水 480 吨），约占 85.5%。这些废水大部分未经处理直接排入南朗河，造成水体和水生物污染。工业废水中的有害物质以铅含量最高，20 世纪 50 年代初设计建成的澜沧铅矿每年向南朗河排放选矿和冶炼废水，使南朗河水中的铅含量上升到 0.109 毫克/升，超过国家对地面水和饮用水规定的含量标准，人畜已不能直接饮用。且直接污染了南朗河及附近稻田中的水生物，使水生物的种类逐年减少。据对河中的鱼和附近水田中的泥鳅进行采样化验，所采样 100%被验出铅，浓度范围分别为 2.51—5.85 毫克/千克和 3.37—4.03 毫克/千克。

（二）废气污染[3]

1983 年统计，县城年排入大气中的废气为 68 316 万标准立方米，折合废气量 122.9

---

① 澜沧县地方志编纂委员会编：《澜沧县志》，昆明：云南人民出版社，1996 年，第 416 页。
② 澜沧县地方志编纂委员会编：《澜沧县志》，昆明：云南人民出版社，1996 年，第 416 页。
③ 澜沧县地方志编纂委员会编：《澜沧县志》，昆明：云南人民出版社，1996 年，第 416 页。

万吨。其中澜沧铅矿排放46 713万标准立方米，折合废气量84.2万吨。这些废气中所含有害物质为粉尘、二氧化硫、一氧化碳、氮氧化物等。铅矿 60 米高的烟囱排放的冶炼废气中，夹带着直径小于 0.1 微米的铅飘尘。加之县城处于低洼盆地，废气不易被大气稀释，使长期排放的冶炼废气笼罩在勐朗坝上空，造成大气的铅污染。经监测，勐朗坝每立方米大气中的含铅量为 0.001 45—0.002 76 毫克，为国家规定的居住大气铅含量标准的2—3 倍。

（三）土壤污染[1]

由于工业废气、废水、废渣的长期排放，加之施用化肥、农药和化学除草剂等因素，县城周围的土壤受到较严重污染，其中亦以铅污染最为突出。污染程度因距污染源远近而有不同，水田受污染的程度比旱地高，表土略高于热土。1983 年监测结果表明，澜沧铅矿附近的水田中，每千克土壤的含铅量最高为 6707 毫克，平均为 1067.5 毫克；旱地土壤每千克最高含量 568 毫克，平均为 103.0 毫克。

（四）征收排污费[2]

1985 年，开始向澜沧铅矿、上允白糖厂、酒厂、县人民医院、竹塘铅厂、第六十一医院等单位征收超标排污费，当年共征收 33.86 万元。1986 年，征收 29.75 万元。1989 年，开征 6 个单位，共征收 52.3 万元。1990 年，开征 10 个单位，共征收 61.1 万元。所征排污费上缴财政，大部分用于污染治理补助和开展监测活动。

四、生态环境保护

县内生态环境保护采取的主要措施有天然林保护、小流域治理、植树造林、控制毁林开荒、退耕还林、速生丰产林建设等，其中 1986 年、1988 年开展飞机播种造林共两次 3.77 万公顷。

另外，21 世纪初，澜沧拉祜族自治县人民代表大会常务委员会通过并颁布了《云南省澜沧拉祜族自治县环境污染防治条例》等 7 个规定，并多次组织人大代表和政协委员进行考察；环境保护部门重点对糯扎渡省级自然保护区和景迈芒景千年万亩古茶树园、南丙河水源区生态保护情况进行监督检查、监察，从而使县内生态环境恶化的趋势不断得以控制。

---

[1] 澜沧县地方志编纂委员会编：《澜沧县志》，昆明：云南人民出版社，1996 年，第 416 页。
[2] 澜沧县地方志编纂委员会编：《澜沧县志》，昆明：云南人民出版社，1996 年，第 416 页。

第十四节　其他州、市、县环境保护史料

一、大关县环境保护史料

1984 年，县内始设机构履行环境保护职能，但鉴于无专业设施和专业人才，以及县内工业污染企业较少，加之对环境保护的思想意识模糊等诸多因素，直至 2005 年未开展造纸、水玻璃、电石、硅铁等高耗能工业企业造成的水、大气污染监测、监督和治理工作。仅逐年对县城和乡镇集镇环境卫生进行督促检查和清扫，对乱弃的动物尸体进行坑埋。[①]

二、凤庆县环境保护史料

（1）环境保护局[②]。1984 年 7 月，凤庆县城乡建设局改称凤庆县城乡建设环境保护局。1990 年 2 月成立了凤庆县环境监理站。1999 年 12 月，凤庆县环境保护局从县城乡建设环境保护局分出单设，局内设办公室、政策法规监督管理科、污染控制科、自然生态保护科 4 个行政科室及环境监理站、环境监测站 2 个事业职能站。成立了中国共产党凤庆县环境保护局支部委员会、局工会委员会、局妇女小组。

（2）环境保护委员会。1984 年 12 月 29 日，凤庆县环境保护委员会成立，环境保护委员会下设办公室在原县城乡建设环境保护局。1999 年 12 月，县城乡建设环境保护局分设为县建设局和环境保护局，环境保护委员会办公室的工作职能由凤庆县环境保护局履行。

三、耿马傣族佤族自治县环境保护史料[③]

各族人民依赖自然环境繁衍生息，饮水靠自流或掘浅层水井，村寨四旁竹木为生活所需培植，榕树和"神林"则被赋予宗教色彩从而保存下来。但随着人口的剧增，社会性生产的发展，人民生活水准的提高与改善，实际生活中遇到了生态环境不平衡而带来的各种自然灾害后，环境保护工作才逐步提了出来，被人们认识而引起重视。1950 年

---

① 云南省大关县地方志编纂委员会编：《大关县志（1978—2005）》，昆明：云南人民出版社，2010 年，第 125 页。

② 凤庆县地方志编纂委员会编：《凤庆县志（1978—2005）》，昆明：云南人民出版社，2014 年，第 257 页。

③ 耿马傣族佤族自治县地方志编纂委员会编：《耿马傣族佤族自治县志》，昆明：云南民族出版社，1995 年，第 389 页。

后，环保工作曾经历过 1958 年群众性的除"四害"讲卫生，20 世纪 60 年代初的改造村寨道路、水井和绿化，70 年代的"两管五改"，推广无害厕所及 80 年代的人畜饮水工程实施。随着环保管理机构和市政环保队伍的建立，城镇农村环境有了明显的改观。1988 年"11·6"地震后，城市集镇重建对绿化林园、供排水等环保市政设施做了规划。县城配备了洒水、吸粪、垃圾等环保运输工具及定点垃圾桶，城镇环保工作进入了一个新的发展阶段。

耿马县城传统上是靠中沟水和浅层井供水，1969 年修建 1 条管径 150 毫米、全长 3442 米的引水管道，采用泉水为水源，建成 1000 立方米/日自来水蓄水池，实现自来水管道供水。1976 年龙陵地震，来水量减少，1981 年选择新的水源点，增设 1750 米新管与原输水管道连接。

四、贡山独龙族怒族自治县环境保护史料[①]

（1）生态环境状况。贡山处于怒江峡谷北端和独龙江峡谷区内，土地肥沃、雨量充沛，适应各种农作物生长，加上立体地型造就的气候，形成了从谷底到山巅，起自北热带边缘，跨越了从南亚热带到高山草原的 7 个气候带、7 个土壤和植被带谱，生物资源种类繁多，具有珍稀、遗种和特有三种兼备的优势，是独特的寒、温、热三个气候带兼备的物种基因库，已知的种子植物达 168 科 200 多种。药用植物达 100 多种。花卉品种达 250 余种，其中兰花就有 70 余种。主要植被类型有干热河谷灌木丛、亚高山寒带灌丛草甸和针叶林带、针阔混交林带及人工造林等。全县林业用地面积 2 万公顷，森林覆盖率为 40.5%。

但长期以来，刀耕火种的农业造成对土地过量垦殖和对森林资源的滥砍滥伐，加上频繁的地域性灾害，使生态环境连遭破坏，环境日趋恶化，严重威胁着人民的生命财产安全。因此，贡山生态环境特征是资源丰富，但生态十分脆弱。

（2）生态保护。为了合理利用和开发贡山的生态资源，县委和县政府采取了大力加强农田水利建设、实施绿色工程、合理开发林业资源等多种措施。

首先，实施退耕还林的计划，到 2000 年完成 3000 亩高产稳产田的计划；其次，积极发展绿色产业，到 2000 年，完成植树造林 7 万亩，其中实施完成板栗 2 万亩、油桐 1 万亩、核桃 1 万亩、茶叶果树药材 1 万亩的"2111"绿色工程。

贡山处于怒江自然保护区的北端，为了有效地保护境内的动植物资源，保护自然景观，观察研究自然规律，开展科学研究，合理开发利用自然资源，贡山独龙族怒族

---

① 贡山独龙族怒族自治县志编纂委员会编：《贡山独龙族怒族自治县志》，北京：民族出版社，2006 年，第 315 页。

自治县根据上级指示及有关规定，成立了自然保护管理所，积极宣传《中华人民共和国森林法》和《中华人民共和国野生动物保护法》及有关政策法规，对保护区进行了有效保护。

（3）机构。贡山独龙族怒族自治县建设机构始建于 1933 年，设置建设科，统辖县境内街道、桥梁等工程的建设。1957 年后撤销，建设工作先后分属农木、工交、计划委员会等部门管理，1984 年起成立贡山独龙族怒族自治县城乡建设环境保护局。局下设有建筑勘察设计、工程质量检查站、环境监测站、房地产开发公司等单位。

维持县城供水，但水量不足，水质不符合标准。1987 年新辟石房河水源，在县城西北 4 千米处的石房河上筑坝引水，建成 3000 立方米/日自来水厂，有沉淀、过滤净化设备。利用重力直流向县城供水，1989 年 8 月自来水厂由县水电局划归县城乡建设局管理。

县城原本供水设施简陋，管道零乱，管网系统不健全，很多单位自设专管，地下明管暗管交错。震后重建的城镇新区都按给水供水的要求做了规划并在重建中实施。

城乡村寨的雨水、污水都是明排自流。1955 年县城筑街道时认为斜坡街道无须排水设施，雨水、污水满街流淌。1985 年改建时设有石砌矩形排水明沟，雨水污水仍然顺街流淌。1990 年初改造的耿马大街对排水系统进行大的改造，明沟变暗管，县城新区则按规划中的排水设计方案实施。集镇村寨也在重建家园中把排水设施改造作为一个重要的内容，乡镇排水排污有了改观。

五、鹤庆县环境保护史料[①]

（一）环境保护

1983 年，成立鹤庆县城乡建设环境保护局。1993 年，成立鹤庆县环境监测站，负责县辖区内环境质量的监测工作。1997 年 7 月，成立鹤庆县环境监理所，后于 2003 年更名为鹤庆县环境监察大队，负责县辖区内排污单位的监管和排污费征收。1998 年，鹤庆县城乡建设环境保护局分设为鹤庆县规划建设局和鹤庆县环境保护局，由鹤庆县环境保护局负责辖区内的环境保护工作。鹤庆县环境保护局下设办公室、自然保护股、环境监察大队、环境监测站。

（二）环境质量

鹤庆县严格执行环境保护的法律、法规和环境管理各项制度，严把"亮点四线"即

---

① 云南省鹤庆县县志编纂委员会编：《鹤庆县志》，昆明：云南人民出版社，2014 年。

北衙工业园区、草海湿地，大丽公路沿线、西山沿线、漾弓江及县辖区内金沙江沿线、大丽铁路沿线生态环境保护的环境监测和环境监察关。加大对排污单位的环境监察力度，重点对北衙工业片区的洗选企业进行监察，严防偷排、漏排洗选废水影响下游地区群众生产生活。完成鹤庆县的主要河流、龙潭地表水常规监测和重点区域北衙锅厂河溶洞、锅厂河、落漏河白莲村大桥段、落漏河新坪大桥段水质监督检测；完成县城大气、功能区噪声常规监测。

（三）环境监测

1990 年，鹤庆县环境监测站成立，属独立法人机构，编制 5 人，为财政拨款的国有社会公益性环境保护技术事业单位，属于国家环境监测三级站，行政上受鹤庆县环境保护局领导，技术业务受大理白族自治州环境监测站指导。1993 年，鹤庆县开始监测空气环境质量。

六、河口瑶族自治县环境保护史料①

（一）低碳能源建设

1997 年，河口瑶族自治县启动以节柴改灶、小水电、沼气池建设为内容的农村能源建设工程。

1998 年，河口瑶族自治县林业局在桥头乡实施推广农村沼气池建设工程。为顺利推广沼气池，打消农民对沼气不了解而不愿建池的顾虑，县林业局采取以点带面、典型引路的工作方法，在桥头乡老汪山村委会选点建池进行样板示范。沼气池建设后，召开现场会，组织干部和群众到示范点参观，让群众亲身感受和了解沼气池带来的好处，增强群众建池的信心和决心，通过示范和宣传动员，沼气池建设在桥头乡顺利展开。县林业局按照国家给予的补助政策，对每口沼气池补助水泥、砖等物资款，其他沙、毛石料等材料由农民自备，由县林业局能源站技术人员负责施工，安装管线、炊具等配套用具，待沼气池产气后，再交付农户使用，让农户放心用上沼气。当年，县林业局在桥头乡推广建成沼气池 18 口。随后县林业局在各乡镇逐步推开了沼气池建设工作。

（二）环保旅游

1989 年，河口瑶族自治县成立环境监测站，属国家四级站，但由于历史原因，县

---

① 河口瑶族自治县地方志编纂委员会编：《河口瑶族自治县志（1978—2005）》，昆明：云南人民出版社，2015 年，第 149 页。

环境监测站未能独立开展监测工作。1998 年，县环境监测站归并县建设局下属科室环保股，全面负责对河口瑶族自治县环境状况进行监测。

（三）环境管理机构

河口瑶族自治县于 1982 年成立县城乡建设环境保护局之初便下设环保股，负责辖区内的环境监察、环境管理工作，当时只有 1 名环保专职工作人员。1998 年有 2 名工作人员，2001 年有 3 名工作人员。

（四）环境监测

1989 年河口瑶族自治县环境监测站成立，为国家 4 级站，每年开展 4 次空气质量例行监测，4 个出境河流断面每月一次水质监测等工作由红河哈尼族彝族自治州环境监测站完成。

（五）污染治理

河口瑶族自治县自 1995 年实施环境目标责任制度，按照每一届河口瑶族自治县人民政府与红河哈尼族彝族自治州人民政府签订的环境目标责任书中的规定，由县人民政府召集相关责任部门，将目标责任书中的各项指标层层分解到各部门，县人民政府每半年召开一次会议研究检查目标责任书落实执行情况，针对存在的问题提出解决方案。

河口瑶族自治县列入红河哈尼族彝族自治州限期治理达标排放的企业有 2 家：河口磷酸盐厂和河口制胶厂，河口磷酸盐厂投入治理资金 170 万元，河口制胶厂投入治理资金 230 万元，经红河哈尼族彝族自治州环境监测站监测验收全部达标排放，圆满完成 2000 年"零点行动"计划。

河口瑶族自治县持州级排污许可证的企业 5 家：河口制胶厂、河口磷酸盐厂、河口金成化工有限公司、河口绿洲果汁有限公司、河口红河水泥有限公司。持县级排污许可证企业 1 家，即河口汇丰矿业有限公司。经过 2000 年的达标排放行动，企业排污量大幅缩减，所有企业均未超标排放。

七、红河县环境保护史料[1]

（一）环境保护概况

红河县属农业县，加强以森林为核心的农业自然生态环境保护和土地资源管理，是

---

[1] 红河县地方志编纂委员会编：《红河县志（1978—2005）》，昆明：云南人民出版社，2015 年，第 55 页。

工作的重点和难点。1978 年以来，国家先后颁布《中华人民共和国森林法》《中华人民共和国环境保护法》《中华人民共和国水资源保护法》等法律法规，作为国家基本国策贯彻实施。通过各级党委、政府和广大干部群众的努力，生态失衡、自然环境恶化、自然资源破坏严重等问题，在一定程度上得到控制，在局部地区和领域成效显著。随着经济发展，人口增长，人类对环境的破坏、对资源的需求矛盾日趋加剧。从全局看，环境保护工作面临的形势还在恶化，特别是农业自然生态环境存在的问题仍然严峻，公众环保意识有待进一步提高，工作任重道远。

（二）农业自然生态环境保护

红河县历史上山林繁茂，水源丰富，野生动植物种类繁多。据 1959 年普查，全县森林面积 185 万亩，覆盖率达 59.6%，农业自然生态环境良好。

1986 年林业普查结果显示，全县森林面积仅 41.3 万亩，覆盖率仅占 13.6%。森林面积的大量减少造成水源减少，水土流失，干旱严重，自然灾害频繁，县城周边荒漠化严重，一些珍稀野生动植物灭绝和濒临灭绝，自然生态严重失衡等恶果。种植业普遍使用化肥、农药，造成土质硬化，水源污染，河流污染。

十一届三中全会以后，国家颁布《中华人民共和国森林法》《中华人民共和国土地管理法》《中华人民共和国环境保护法》《中华人民共和国水资源保护法》等法律。通过正确处理林业与种植业的关系，稳定山权林界，落实林业生产责任制，开展人工植树造林、飞机播种造林、封山造林、退耕还林，发展沼气、太阳能等替代能源，节约森林资源，开发绿色支柱产业，设置专职机构，配备专职人员管理环境保护工作等措施，农业生态环境得到一定程度的恢复和改善。

（三）工业污染治理

1978 年以来，红河县先后发展制糖、采矿、石膏粉加工、冶炼、建筑材料、棕麻制品、自来水、农副产品加工、酿酒等国营、集体、私营等中小型企业，并多集中在县城和城郊，工业废气、粉尘、污水等不同程度地造成环境污染。随着城乡城镇化建设步伐的加快，城镇住房增多，城镇人口增加，城镇功能配套设施建设不完善，生活污水排放不规范，生活垃圾乱堆乱放，家禽家畜乱放养，城乡集镇环境脏乱差突出，城镇环境不同程度地受到污染和破坏。随着机动车的增多，车辆废气排放问题日益突出，也不同程度地对大气造成污染。

（四）环保机构人员

1978 年设红河县林业局，专职林业工作，局下设 14 个工作机构。14 个乡镇设林业站和 3 个水源管理站。1983 年 12 月成立红河县城乡建设环境保护局，内设环境保护股，专职人员 1 人。1985 年红河县农业局设农业环保工作站。1992 年 3 月，红河县水利局设水政水资源管理股，专职人员 2 人。1988—1990 年，环保工作由环境卫生管理站兼做。1990 年 7 月，设环保专职人员 2 名。

八、华坪县环境保护史料[①]

（一）环境保护概况

华坪县处于金沙江中游地区，是国家《三峡库区及其上游水污染防治规划》的范围。全县环境保护工作起步晚，投入较少。随着经济的发展，以工矿业为主的环境污染逐年加剧，农村面源污染扩大，生态破坏日益严重。1978 年改革开放后，全县紧紧依托矿产、水能、光热等资源的区位优势，不断强化"工业强县、工业富县"的理念，培育了以煤炭、电力、建材、化工等为重点的工业群体。同时，随着全县产业结构的转型升级，小城镇建设、资源能源开发、旅游产业发展和连带产业崛起；城镇生活污染、资源开发活动干扰破坏生态，优势产业拓展对特定资源环境的负面影响等，都伴随人流、物流的增量而加剧，对区域环境负荷形成重大压力。截至 2005 年，全县强化环境监测、环境治理，投入资金 569.8 万元，施工项目 6 个，其中，废水治理项目 3 个，废气治理项目 2 个，固体废弃物治理项目 1 个。通过治理，天蓝、地绿、水清、气新的美丽华坪逐渐形成。

（二）机构

1. 华坪县环境保护局

1983 年前，华坪县城乡建设环境保护工作由华坪县计划委员会主管。1983 年 12 月 25 日，华坪县城乡建设环境保护局成立，环保机构从县计划委员会独立出来分设，对全县的城乡建设环境保护工作进行全面的管理。1986 年，华坪县城乡建设环境保护局设立环保股，有工作人员 1 人。1998 年 5 月 2 日，华坪县城乡建设环境保护局分设华坪县环境保护局，核定编制 6 名，行政编制 4 名，设置 4 个职能股室。

2. 华坪县环境监测站

1990 年 10 月，华坪县环境监测站（四级站）建立，属事业单位，隶属于华坪县城乡建设环境保护局。1996 年，环境监理所成立，属股所级事业单位，隶属于华坪县城

---

① 华坪县地方志编纂委员会编：《华坪县志（1978—2005）》，昆明：云南人民出版社，2016 年，第 641 页。

乡建设局，暂定监理人员 5 名，列入事业编制，经费从所收的监理费中列支，行政性收费实行收支两条线，先交后返，自收自支。

九、会泽县环境保护史料[①]

1986 年，会泽县环卫站有临时人员 30 人，清扫保洁面积 12 万平方米，主要是钟屏路西段、老街、东西直街上段、头道巷、二道巷、盈仓街、堂琅街、西车站、东直街上段等。购置垃圾桶 50 只，置于主要街道和人口密集区；购买 1 辆解放牌垃圾车，运输城区生活垃圾；在县城西郊乌龙幕村征地 5.40 亩修建围墙堆放垃圾，为会泽最早的垃圾处理设施。1991 年，有环卫工人 48 人，承担近 8 万平方米的街道清扫和垃圾运送。环卫站内分工明确，责任到人，27 人清扫街道，10 人清运垃圾，4 人检查监督，5 人管理垃圾场，2 人全面负责；投资 35 万元，扩大乌龙幕垃圾处理场 4.20 亩，建立发酵池、干燥场、筛选场；购入移动式筛选机 1 部和 1.50 吨装载机 1 辆的配备设施，日处理能力 200立方米，并建盖环卫站办公室和车库，投资 30 万元。20 世纪 90 年代中期，随着城市扩大，人口增多，新购置 2 辆解放牌垃圾车及 1 辆拖拉机运输垃圾。1996 年，为改善城区环境，撤走原置于钟屏路的垃圾桶，实施生活垃圾"袋运化"，购买 1 辆东风牌袋装垃圾车，用于收集钟屏路的生活垃圾，既改善了环境，又方便了沿街近 2 万名人民群众的生活。1998 年，因乌龙幕垃圾堆放场地处近郊，影响周围群众的生活环境，重新选址于以礼村，距县城 15 千米。1999 年，会泽县委、县政府决定对城区街道进行大规模改造，翻修钟屏路、西直街上段，新建翠屏直街、东西直街下段，2000 年工程竣工并投入使用。2000 年，县城通宝路工程完工，城区保洁面积增至 37 万平方米，县城有生活垃圾车 3 辆，袋装垃圾车 1 辆，拖拉机 1 辆，临时清扫保洁人员 50 余人，日产近 40 吨的生活垃圾得到有效处理。

[①] 云南省会泽县志编纂委员会编：《会泽县志》，昆明：云南人民出版社，2008 年。

第四章 云南省环境保护法规条例

"六五"以来，通过对国民经济结构的调整，云南国民经济以较快的速度稳定发展。同时，经济迅速发展也给云南脆弱的生态环境带来更大的压力。云南环境污染和生态破坏总体呈蔓延发展趋势：一是缺乏对污染物排放总量的有效控制。二是森林植被破坏、水土流失严重、生态环境继续恶化。三是环境条件恶劣引起的自然灾害增多及珍稀动植物濒临灭绝等。云南的环境污染集中于城市，另外，乡镇企业对环境造成的污染令人担忧，滇池富营养化已成为云南较为突出而又紧迫的水环境问题。环境污染给人民群众的利益造成了一定的损害。1985 年以来，云南省人民对改善环境、保护环境的要求越来越强烈，据不完全统计，人民群众来访人员 2900 人次以上，来信 170 封以上，全省发生较大污染事故 270 起以上，由此引起的赔款在 1020 万元以上，罚款在 70 万元以上。云南省人民代表大会和省人民政府重视地方环境保护工作，也重视地方环境立法工作。1979 年以来，云南省制定、颁布了几个地方环境保护法规和标准，即省人民代表大会常务委员会批准实施的 3 件；省人民政府批准实施的 6 个；省环境保护委员会和其他有关厅局联合发布的 2 个。[1]

云南环境法制体系的建立，把过去直接干预、大包大揽的行政管理办法，改到以法律为依据，使用宏观调控的科学管理办法上来，充分发挥了各部门在保护环境中的作用，建立了大家动手、分工负责的环境管理体制。1985 年以来，云南大中型项目的"三同时"执行率为 100%。1987 年全省工业总产值较 1985 年增长了 13.94%，但同期废水排放量只增加了 1.98%，说明了在制度保证下的"三同时"工作得到加强，是减缓污染发展速度的主要原因[2]。

---

① 周如海、柴林军：《云南环境法制建设初探》，《云南环保》1991 年第 1 期，第 17 页。
② 周如海、柴林军：《云南环境法制建设初探》，《云南环保》1991 年第 1 期，第 17 页。

首先，云南环境法制建设工作存在的问题是管理机构不健全。截至 1990 年底，17个地、州、市，仅昆明市有独立的环境管理机构；127 个县（市）中，只有 4 个县（市）有独立的环境管理机构。全省县级环保管理人员 201 人，平均每县不足 2 人，有的还属兼职，工作关系不顺，职责不清，难以贯彻和执行国家、省关于环境保护的法律、方针及政策，极大地影响了环境执法工作的开展。其次，是云南环境立法不健全、不配套和法规体系中地方环境保护特色不浓。例如，乡镇企业环境管理方面的立法、农业环境保护方面的立法、自然保护区管理方面的立法、云南高原湖泊合理开发和保护方面的立法、地方环境法规体系中程序方面的规定等都缺乏。已有的地方环境法规和标准，也还需要补充和完善。最后，就是环境法律知识普及不够得力。云南是多民族、经济较不发达的待开发区，人口居住比较分散，给普法工作带来一定的困难。改革开放以来，乡镇企业发展已近 40 万个，加上人为活动的影响，环境污染较多，生态环境遭到破坏，不按环境保护有关规定而超标排放污染物的事件时有发生，有的已经引起环境污染纠纷和造成严重的污染事故。如果不增强广大群众和企业的环境保护意识，将不利于环境保护工作的社会化，做到人人守法和保证环境法律的贯彻执行[①]。

第一节　云南环境保护法规条例

（一）云南省环境保护条例（1992 年）[②]

（1992 年 11 月 25 日云南省第七届人民代表大会常务委员会第二十七次会议通过，1992 年 11 月 25 日公布施行）

第一章　总　　则

第一条　为保护和改善生活环境与生态环境，防治污染和其他公害，合理利用和保护各种自然资源，保障人体健康，促进我省环境保护与国民经济协调发展，根据《中华人民共和国环境保护法》，结合云南省实际，制定本条例。

第二条　本条例所称环境，是指影响人类生存和发展的各种天然的和经过人工改造的自然因素的总体，包括大气、水、湖泊、土地、矿藏、森林、草原、野生生物、自然遗迹、人文遗迹、自然保护区、风景名胜区、城市和乡村等。

---

① 周如海、柴林军：《云南环境法制建设初探》，《云南环保》1991 年第 1 期，第 18 页。
②《云南省环境保护条例》，《云南政报》1993 年第 2 期。

第三条　本省行政区域内的一切单位和个人，必须遵守本条例。

第四条　保护和改善环境是各级人民政府的职责，各级人民政府必须制定保护生态环境、防治环境污染和其他公害的对策与综合措施，并付诸实施。

第五条　一切单位和个人都有保护环境的义务，有责任采取必要措施保护生态环境，防治环境污染和其他公害，遵守当地人民政府保护环境的有关规定，并有权对污染和破坏环境的单位和个人进行检举和控告。

第六条　全省环境保护工作要坚持全面规划，合理布局，预防为主，防治结合，综合治理和污染者付费的原则。

第七条　各级人民政府和有关部门，应当切实将环境保护目标和措施纳入国民经济和社会发展中长期规划和年度计划，并将保护环境的费用纳入各级人民政府和部门的预算，确保其实施。

第八条　各级人民政府应鼓励环境保护科学技术的研究和开发，依靠科技进步，推广无污染、少污染、低消耗、综合利用率高、污染物排放少的新技术、新工艺，新设备，广泛开展环境保护的国际合作和科技交流。

第九条　各级环保、工交、农林、水利、科技等行政主管部门应当加强对环境保护科学技术的研究和开发的组织领导，推广环境保护实用技术，制定环境保护科学技术研究的发展规划和计划。

各级教育行政主管部门应当把环境保护宣传教育列入教育规划和教学计划。高等学校、中等专业学校应当按有关规定，设置环境保护专业或者课程。

各级文化、新闻出版、广播电视行政主管部门应当加强对环境保护的宣传和监督。

第十条　对保护和改善环境做出有显著成绩的单位和个人，由人民政府给予奖励。

第二章　环境管理机构和职责

第十一条　云南省环境保护委员会是省人民政府环境保护行政主管部门，对全省环境保护工作实施统一监督管理。

自治州、省辖市人民政府、地区行政公署设环境保护局，作为同级人民政府和地区行政公署的环境保护行政主管部门，负责对本行政区域内的环境保护工作实施统一监督管理。

各县级市和环境污染、生态破坏严重的县人民政府设环境保护局，其他县也要相应的设立环境保护管理机构，作为同级人民政府的环境保护行政主管部门，负责对本行政区域内的环境保护工作实施统一监督管理。

乡、镇人民政府应当有专人管理环境保护工作。

第十二条　省环境保护委员会主要职责是：

（一）对全省环境保护工作实施统一监督管理。

（二）监督、检查国家环境保护法律、法规在我省的贯彻执行情况。

（三）拟定地方环境保护法规、规章、政策和标准。

（四）编制我省环境保护的中长期规划、年度计划，并负责协调、指导和监督实施。

（五）归口管理全省自然保护工作，统筹全省自然保护区的区划、规划和组织协调工作，负责向省人民政府提出申报建立国家级和省级自然保护区的审批意见，监督重大经济活动引起的生态环境变化，对自然资源的保护和合理利用，实施统一监督管理，会同有关部门制定、实施生态环境考核指标和考核办法。

（六）负责本行政区域内的环境污染监督管理及其他公害的防治工作。

（七）组织全省环境监测，科学研究，宣传教育及监理工作。

（八）调查处理重大环境污染事故，协调跨地区污染纠纷。

（九）按规定受理环境保护行政复议案件。

（十）其他法律、法规规定应当履行的职责。

第十三条　各州、市、县（区）人民政府、地区行政公署环境保护行政主管部门的主要职责是：

（一）对本行政区域内环境保护工作实施统一监督管理。

（二）监督检查环境保护法律、法规、规章和标准的贯彻执行，负责本行政区域内的环境监理工作。

（三）编制本行政区域内的环境保护中长期规划和计划。

（四）负责本行政区域内的环境污染监督管理及其他公害的防治工作。

（五）对本行政区域内的自然保护工作实施统一监督管理。

（六）组织开展环境监测和环境保护宣传教育工作。

（七）调查处理本行政区域内环境污染、生态破坏事故和环境纠纷。

（八）受理单位或者个人对污染与破坏环境行为的检举和控告。

（九）按规定受理环境保护行政复议案件。

第十四条　各级公安、渔政、交通、铁道、民航等管理部门，依照有关法律的规定对环境污染防治实施监督管理。

县级以上人民政府的土地、矿产、林业、农业、水利行政主管部门，依照有关法律的规定对资源的保护实施监督管理。

第十五条　各企业、事业单位可根据本单位的环境保护工作实际情况，自行决定设立管理机构及人员配备。

第三章　环境监督管理

第十六条　各级人民政府对本行政区域内的环境质量负责，根据当地实际情况，制定本行政区域内的环境保护目标，实行目标责任制。环境保护目标责任制的执行情况作为考核政府政绩的重要内容；各级政府每年向同级人民代表大会或常务委员会报告当地环境质量状况和改善环境质量已采取的措施。接受人民代表大会及其常务委员会的监督检查。

第十七条　城市人民政府应当开展城市环境综合整治工作按照城市性质、环境条件和功能分区，合理调整产业结构和建设布局，严格控制废水、废气、固体废物、噪声对城市环境的污染，努力改善和提高城市环境质量。

城市环境综合整治定量考核工作由云南省环境保护委员会会同云南省城乡建设委员会负责，每年公布考核结果。

第十八条　省人民政府根据本省需要，对国家环境质量标准中未作规定的项目，可以制定云南省地方环境质量标准并报国务院环境保护行政主管部门备案。

对国家污染物排放标准中未作规定的项目，可以制定云南省污染物排放标准；对国家污染物排放标准中已作规定的项目，可以制定严于国家污染物排放标准的云南省污染物排放标准，并报国务院环境保护行政主管部门备案。

在本省行政区域内排放污染物的，执行云南省污染物排放标准。云南省污染物排放标准未作规定的项目，执行国家污染物排放标准。

第十九条　云南省环境保护委员会会同有关部门组织环境监测网络。环境监测实行资质审查制度。

县级以上环境保护行政主管部门所属的环境监测机构的监测数据是环境保护监督管理和行政执法的依据。

各行业主管部门和企业事业单位的环境监测机构，经环境监测资质考核合格，分别负责本部门和本单位的环境监测工作。受县级以上环境保护行政主管部门委托，其监测数据经委托部门核查后具有本条第二款效力。

第二十条　在污染物的监测数据发生争议时，由自治州、省辖市、地区行政公署环境保护行政主管部门的监测站进行技术仲裁。仲裁不服的，由云南省环境监测中心站进行技术终结裁定。

第二十一条　省、省辖市、自治州人民政府和地区行政公署环境保护行政主管部门定期发布环境状况公报。

第二十二条　在县级以上环境保护行政主管部门的环境监理机构中设立环境监理员，对污染源实行现场监督。

第二十三条　县级以上环境保护行政主管部门，有权对本行政区域内一切破坏生态、污染环境和产生其他公害的单位和个人进行现场检查。被检查的单位和个人必须如实反映情况，提供以下资料：

（一）污染物排放情况。

（二）防治污染设施的操作、运行和管理情况。

（三）监测仪器、设备的型号和规格以及校验情况，所采用的监测分析方法和监测记录。

（四）建设项目防治污染的设施与主体工程同时设计、同时施工、同时投产使用的情况。

（五）限期治理的执行情况。

（六）污染事故情况以及有关记录。

（七）与污染有关的生产工艺，原材料使用方面的资料。

（八）其他与污染防治有关的情况和资料。

现场检查人员必须出示证件，并为被检查的单位和个人保守技术秘密和业务秘密。

第二十四条　跨行政区域的生态破坏、环境污染和其他公害的防治工作，由有关的地方人民政府或地区行政公署协商解决，协商不成的，由上一级人民政府协调解决，做出决定。

第四章　保护和改善环境

第二十五条　对自然资源的开发利用，实行"谁开发谁保护，谁破坏谁恢复，谁利用谁补偿"的原则和"开发利用与保护增殖并重"的方针，造成自然环境破坏的单位和个人负有补偿整治的责任。

第二十六条　开发利用自然资源的建设项目，以及建设对自然环境有影响的设施，必须执行环境影响评价制度。对生态环境造成影响和破坏的，由开发建设的单位或个人给予补偿和恢复。

第二十七条　在生活居住区、文教区、疗养区、饮用水源区、自然保护区、名胜古迹和风景游览区，不得建设污染环境的工业生产设施；建设其他设施，其污染物排放不得超过规定的排放标准，已建成的设施，其污染物排放超过规定排放标准的要限期治理。

第二十八条　切实保护一切水体不受污染和破坏，保持和恢复水质的良好状态，保护的重点是滇池、洱海、泸沽湖、抚仙湖、星云湖、杞麓湖、异龙湖、阳宗海、程海和南盘江、金沙江水系。

禁止围湖造田，过量放水，防止破坏湖泊生态环境。

第二十九条　加强饮用水源的保护，合理开发利用地下水资源，禁止过量开采。

未经处理达标的有毒有害的工业废水不得向水体排放；禁止向水体倾倒固体废弃物。

防止地下水污染，严禁将有毒有害的废水、工业废弃物直接向溶洞排放或采取渗漏方式排放、倾倒。

第三十条　保护农业生态环境，发展生态农业，防治农业环境的污染和破坏。

合理施用化肥、农药，防止破坏土壤和污染农作物。不准生产、销售和使用国家禁止的高毒高残留农药；推广综合防治和生物防治措施，减轻农药对农作物和水体的污染。

禁止在陡坡地开荒种地；已经开垦不宜耕种的陡坡地，由县（市）人民政府作出规划，逐步退耕还林还草。

禁止将有毒有害废水直接排入农田。农作物灌溉用水，应当符合农田灌溉水质标准。

第三十一条　加强对生物多样性的保护和合理利用，逐步建立野生珍稀物种及优良家禽、家畜、作物、药物良种保护和繁育中心。

保护珍贵和稀有的野生动物、野生植物，保护益虫益鸟。严禁猎捕、出售国家和本省列入保护对象的野生动物，严禁采挖、出售国家和本省列入保护对象的野生植物。

第三十二条　县级以上人民政府对珍贵稀有野生动物、野生植物的集中分布区域，重要的水源涵养区域，具有重大科学文化价值的地质构造、著名溶洞、重要化石产地和冰川、火山、温泉等自然遗迹，人文遗迹，古树名木，应划定为自然保护区或者自然保护点，采取措施加以保护。

严格保护西双版纳等地的热带雨林。

第五章　防治环境污染和其他公害

第三十三条　向环境排放污染物的企业事业单位，必须建立健全环境保护责任制度，制订污染防治考核指标，采取有效措施，防治有毒有害污染物对环境的污染和危害。

禁止违反国家规定向环境排放、倾倒剧毒废液、废气、固体废物以及废弃的放射性物质。

第三十四条　对污染物实行集中控制和治理。污染严重的行业逐步实行集中的专业化生产，并对排放的污染物进行集中处置，防止扩散和产生环境危害。

第三十五条　实行排污许可证制度。向环境排放污染物的企业事业单位，必须依照国家规定，向所在地环境保护行政主管部门申报登记，申报登记后领取排污许可证，排放污染物的种类、数量、浓度等需作重大改变时，应在改变的十五天前重新申报登记。

排污单位必须严格按照排污许可证的规定排放污染物，禁止无证排放。

第三十六条　一切建设项目，必须执行先评价，后建设的环境影响评价制度，办理环境影响报告书（表）经审查批准后，方可定点、设计和施工，严格防止对环境的污染和破坏。

第三十七条　一切建设项目，必须执行防治环境污染及其他公害的设施与主体工程同时设计、同时施工、同时投产使用的制度。

凡改建、扩建和进行技术改造的工程，必须对原有的污染源同时进行治理。在施工阶段，环境保护行政主管部门应对污染防治设施的施工情况进行检查。项目建成后，其污染的排放必须达到国家或者省规定的污染物排放标准。

第三十八条　建设项目可行性研究阶段编制的环境影响报告书（表），必须遵守国家有关建设项目环境保护管理规定，经项目主管部门预审，并依照规定程序报有审批权的环境保护行政主管部门审查批准，未经审查批准的，有关部门不得办理设计任务书的审批手续。

建设项目在初步设计阶段，必须编制环境保护篇章。凡环境保护篇章未经环境保护行政主管部门审查同意的，有关部门不得批准初步设计，不得办理施工执照。

第三十九条　建设项目防治环境污染的设施必须经审批环境影响报告书（表）的环境保护行政主管部门竣工验收合格后，方可投入生产或者使用。未经验收合格的，工商行政管理部门不发给营业执照。

防治环境污染的设施不得擅自拆除或者闲置，确有必要拆除或者闲置的，必须征得所在地环境保护行政主管部门同意。

第四十条　排放污染物超过国家或者本省规定的污染物排放标准的企业事业单位，按照国家规定缴纳超标准排污费，并负责治理。

水污染防治法另有规定的，依照水污染防治法的规定执行。

征收排污费实行"统一领导，分级管理"的原则。中央、省属企业事业单位的排污费，由省环境保护委员会负责征收和管理；自治州、省辖市、地区行政公署属排污单位的排污费由同级环境保护行政主管部门负责征收和管理；县属及县以下排污单位的排污费由县环境保护行政主管部门负责征收和管理；三资企业的排污费由审批项目的环境保护行政主管部门负责征收和管理。

排污费、超标准排污费，由环境保护行政主管部门负责征收，实行省、地（自治州、省辖市）、县三级财政预算管理，专款专用，不得挪作他用，并根据国家和省有关规定的范围使用。

第四十一条　加强城镇噪声和振动的管理。各种产生振动、噪声的设备和机动车辆，要安置防振、消声装置，使其达到规定的标准；一时难以达到标准的，只能在规定的区域和时间内进行行驶、搅拌、振动、灌注等作业。

第四十二条　各级人民政府要加强对城乡集体、个体企业的环境管理。城乡集体、个体企业，根据当地自然条件和环境特点，发展无污染或污染少的生产项目。

排放污染物的城乡集体、个体企业，必须到当地环境保护行政主管部门办理排污申报手续。经批准后，方可向工商行政管理部门办理营业执照。

第四十三条　一切单位和个人从事对环境造成严重污染的电镀、制革、造纸制浆、漂染、有色金属冶炼、土硫磺、土炼焦以及噪声振动等严重扰民的工业项目，经县级以上环境保护行政主管部门会同有关部门审查批准后，方可在环境条件允许的情况下建设投产，但必须有防治污染设施，各项污染物的排放要达到国家或者本省规定的标准。

第四十四条　对从事矿业开采的一切单位和个人，由县级以上环境保护行政主管部门征收生态环境补偿费，用于生态环境的恢复和保护，具体办法由省人民政府制定。

第四十五条　加强对放射源性环境的监督管理，防治放射性环境污染。

凡产生放射性废物和废放射源的单位和个人，必须向省环境保护委员会申报登记，并统一由省放射性监理所集中管理和处置，按规定交纳费用。

第四十六条　鼓励企业积极开展资源综合利用，实行"谁投资，谁受益"的原则，按照国家有关规定，产品享受减免所得税和调节税的优惠政策。

第四十七条　各级人民政府支持、鼓励环境保护产业和绿化、美化环境的产业发展。

第四十八条　承担污染治理工程的单位，必须经省环境保护委员会进行资质审查，取得《云南省环境污染治理证书》后，方能承担污染治理工程。

在本省生产、销售的环境保护产品、装备要符合国家和本省规定的环境保护产品、装备质量标准。

第四十九条　对造成环境严重污染的企业事业单位实行限期治理。

中央或者省人民政府管辖的企业、事业单位的限期治理，由省人民政府决定；自治州、省辖市人民政府、地区行政公署管辖的企业事业单位的限期治理，由自治州、省辖市人民政府、地区行政公署决定；县级或县级以下人民政府管辖的企业事业单位的限期治理，由县级人民政府决定。

被限期治理的企业事业单位必须如期完成治理任务。同级环境保护行政主管部门负责检查和验收。

第五十条　因发生事故或者其它突发性事件，造成或可能造成污染事故的单位，必须立即采取措施处理，及时通报可能受到污染危害的单位和个人，并向当地环境保护行政主管部门和有关部门报告，接受调查处理。

环境保护行政主管部门接到污染事故报告后，应当及时会同有关部门调查处理，并立即向当地人民政府报告，人民政府要及时采取有效措施，解除或者减轻危害。

第五十一条　加强经济开发区、高新技术开发区、科技开发区、旅游度假区、边境口岸的环境管理，具体管理办法由省人民政府制定。

第五十二条　从本省行政区域外引进技术和设备的单位，必须遵守国家和本省的环境法律、法规和政策，不得损害本省的环境权益和放宽环境保护规定。禁止将国内外列入危险特性清单中的有毒、有害废物和垃圾转移到本省处置，严格防止转移污染。

第六章　法　律　责　任

第五十三条　建设项目环境影响报告书（表）、环境保护设计篇章未经审批，擅自施工的，环境保护行政主管部门除责令停止施工补办审批手续外，对建设单位及其法人代表处以罚款。

第五十四条　违反本条例规定的有下列行为之一，由县级以上环境保护行政主管部门或者其他依法行使环境监督管理权的部门视不同情节，给予警告或者处以罚款：

（一）拒绝环境保护行政主管部门现场检查或者在被检查时弄虚作假的。

（二）拒报、谎报和不按时申报污染物排放事项，或者违反许可证规定超量排放污染物的。

（三）不按国家规定缴纳超标准排污费的。

（四）违反国家规定，引进不符合我国和本省环境保护规定要求的技术和设备，或者将产生严重污染的生产设备转移给没有污染防治能力的单位和个人使用的。

（五）建设项目的防治污染设施没有建成或者没有达到国家规定要求，投入生产或者使用的；擅自拆除或者闲置防治污染设施的。

（六）未经环境保护行政主管部门批准，擅自从事对环境有影响的生产经营活动的。

（七）违反有关规定排放、倾倒剧毒废液、废气、固体废物以及废弃的放射性物质，擅自从事对环境影响的生产经营活动的。

（八）造成环境污染事故或者在事故发生后，不及时通知、报告或不采取有效处理措施的。

（九）生产、运输、销售、使用国家禁止的高毒高残留农药造成污染的。

（十）破坏自然环境和农业生态环境，造成严重后果的。

（十一）擅自生产、销售不符合环境保护质量标准的环境保护产品、装备或者未取得《云南省环境污染治理证书》从事环境污染治理工程施工的。

（十二）利用渗坑、渗井、裂隙、溶洞排放、倾倒污染物或者采用稀释等方法排放未经处理的污染物的。

（十三）其他严重污染环境或者破坏环境的。

第五十五条　对逾期未完成限期治理任务的企业事业单位，除依照国家规定加倍征收超标准排污费外，还可根据所造成的危害后果处以罚款，或者责令停业、关闭。

前款规定的罚款由环境保护行政主管部门决定，责令停业、关闭，由作出限期治理决定的人民政府决定；责令中央直接管辖的企业事业单位停业、关闭，须报国务院批准。

第五十六条　违反本条例规定，造成土地、森林、草原、水、矿产、渔业、野生植物、野生动物等资源破坏的，依照有关法律的规定承担法律责任。

第五十七条　缴纳排污水费、超标准排污费、生态环境补偿费或被行政处罚的单位和个人，不免除消除污染、排除危害和赔偿损失的责任。

第五十八条　县级环境保护行政主管部门可处以一万元以下罚款；自治州、省辖市、地区环境保护局可处以五万元以下罚款；省环境保护委员会可处以二十万元以下罚款；超过罚款限额的，报上一级环境保护行政主管部门批准。罚款应解缴同级财政。

第五十九条　当事人对行政处罚决定不服的，可以在接到处罚通知之日起十五日以内，向作出处罚决定机关的上一级机关申请复议；对复议决定不服的，可以在接到复议决定之日起十五日内，向人民法院起诉。当事人也可以在接到处罚通知之日起十五日内，直接向人民法院起诉。当事人逾期不申请复议，也不向人民法院起诉，又不履行处罚决定的，由作出处罚决定的机关申请人民法院强制执行。

第六十条　违反本条例规定，造成重大环境污染事故，导致公私财产重大损失或者人员伤亡，构成犯罪的，对有关直接责任人员依法追究刑事责任。

第六十一条　环境保护监督管理人员滥用职权、玩忽职守、徇私舞弊的，由其所在单位或者上级主管机关给予行政处分，构成犯罪的，依法追究刑事责任。

第七章　附　　则

第六十二条　本条例的解释，属于条文本身需要进一步明确界限的，由云南省人民代表大会常务委员会负责。

属于条例应用方面的问题，由云南省环境保护委员会负责。

第六十三条　本条例自公布之日起施行，《云南省环境保护暂行条例》同时废止。

（二）云南省环境保护条例（1997年修正）

（1992年11月25日云南省第七届人民代表大会常务委员会第二十七次会议通过；1992年11月25日公布施行；1997年12月3日云南省第八届人民代表大会常务委员会第三十一次会议修正）

第一章 总 则

第一条 为保护和改善生活环境与生态环境，防治污染和其他公害，合理利用和保护各种自然资源，保障人体健康，促进我省环境保护与国民经济协调发展，根据《中华人民共和国环境保护法》，结合云南省实际，制定本条例。

第二条 本条例所称环境，是指影响人类生存和发展的各种天然的和经过人工改造的自然因素的总体，包括大气、水、湖泊、土地、矿藏、森林、草原、野生生物、自然遗迹、人文遗迹、自然保护区、风景名胜区、城市和乡村等。

第三条 本省行政区域内的一切单位和个人，必须遵守本条例。

第四条 保护和改善环境是各级人民政府的职责，各级人民政府必须制定保护生态环境、防治环境污染和其他公害的对策与综合措施，并付诸实施。

第五条 一切单位和个人都有保护环境的义务，有责任采取必要措施保护生态环境，防治环境污染和其他公害，遵守当地人民政府保护环境的有关规定，并有权对污染和破坏环境的单位和个人进行检举和控告。

第六条 全省环境保护工作要坚持全面规划，合理布局，预防为主，防治结合，综合治理和污染者付费的原则。

第七条 各级人民政府和有关部门，应当切实将环境保护目标和措施纳入国民经济和社会发展中长期规划和年度计划，并将保护环境的费用纳入各级人民政府和部门的预算，确保其实施。

第八条 各级人民政府应鼓励环境保护科学技术的研究和开发，依靠科技进步，推广无污染、少污染、低消耗、综合利用率高、污染物排放少的新技术、新工艺，新设备，广泛开展环境保护的国际合作和科技交流。

第九条 各级环保、工交、农林、水利、科技等行政主管部门应当加强对环境保护科学技术的研究和开发的组织领导，推广环境保护实用技术，制定环境保护科学技术研究的发展规划和计划。

各级教育行政主管部门应当把环境保护宣传教育列入教育规划和教学计划。高等学校、中等专业学校应当按有关规定，设置环境保护专业或者课程。

各级文化、新闻出版、广播电视行政主管部门应当加强对环境保护的宣传和监督。

第十条 对保护和改善环境做出有显著成绩的单位和个人，由人民政府给予奖励。

第二章 环境管理机构和职责

第十一条 云南省人民政府环境保护行政主管部门对全省环境保护工作实施统一监督管理。

自治州、市、县人民政府和地区行政公署的环境行政主管部门，对本行政区域内的环境保护工作实施统一监督管理。

乡、镇人民政府应当有专人管理环境保护工作。

第十二条　省环境保护行政主管部门的主要职责是：

（一）对全省环境保护工作实施统一监督管理。

（二）监督、检查国家环境保护法律、法规在我省的贯彻执行情况。

（三）拟定地方环境保护法规、规章、政策和标准。

（四）编制我省环境保护的中长期规划、年度计划，并负责协调、指导和监督实施。

（五）归口管理全省自然保护工作，统筹全省自然保护区的区划、规划和组织协调工作，负责向省人民政府提出申报建立国家级和省级自然保护区的审批意见，监督重大经济活动引起的生态环境变化，对自然资源的保护和合理利用，实施统一监督管理，会同有关部门制定、实施生态环境考核指标和考核办法。

（六）负责本行政区域内的环境污染监督管理及其他公害的防治工作。

（七）组织全省环境监测，科学研究，宣传教育及监理工作。

（八）调查处理重大环境污染事故，协调跨地区污染纠纷。

（九）按规定受理环境保护行政复议案件。

（十）其他法律、法规规定应当履行的职责。

第十三条　各州、市、县（区）人民政府、地区行政公署环境保护行政主管部门的主要职责是：

（一）对本行政区域内环境保护工作实施统一监督管理。

（二）监督检查环境保护法律、法规、规章和标准的贯彻执行，负责本行政区域内的环境监理工作。

（三）编制本行政区域内的环境保护中长期规划和计划。

（四）负责本行政区域内的环境污染监督管理及其他公害的防治工作。

（五）对本行政区域内的自然保护工作实施统一监督管理。

（六）组织开展环境监测和环境保护宣传教育工作。

（七）调查处理本行政区域内环境污染、生态破坏事故和环境纠纷。

（八）受理单位或者个人对污染与破坏环境行为的检举和控告。

（九）按规定受理环境保护行政复议案件。

第十四条　各级公安、渔政、交通、铁道、民航等管理部门，依照有关法律的规定对环境污染防治实施监督管理。

县级以上人民政府的土地、矿产、林业、农业、水利行政主管部门，依照有关法律的规定对资源的保护实施监督管理。

第十五条　各企业、事业单位可根据本单位的环境保护工作实际情况，自行决定设立管理机构及人员配备。

第三章　环境监督管理

第十六条　各级人民政府对本行政区域内的环境质量负责，根据当地实际情况，制定本行政区域内的环境保护目标，实行目标责任制。环境保护目标责任制的执行情况作为考核政府政绩的重要内容；各级政府每年向同级人民代表大会或常务委员会报告当地环境质量状况和改善环境质量已采取的措施。接受人民代表大会及其常务委员会的监督检查。

第十七条　城市人民政府应当开展城市环境综合整治工作，按照城市性质、环境条件和功能分区，合理调整产业结构和建设布局，严格控制废水、废气、固体废弃物、噪声对城市环境的污染，努力改善和提高城市环境质量。

城市环境综合整治定量考核工作由云南省环境保护行政主管部门会同云南省城乡建设行政主管部门负责，每年公布考核结果。

第十八条　省人民政府根据本省需要，对国家环境质量标准中未作规定的项目，可以制定云南省地方环境质量标准并报国务院环境保护行政主管部门备案。

对国家污染物排放标准中未作规定的项目，可以制定云南省污染物排放标准；对国家污染物排放标准中已作规定的项目，可以制定严于国家污染物排放标准的云南省污染物排放标准，并报国务院环境保护行政主管部门备案。

在本省行政区域内排放污染物的，执行云南省污染物排放标准。云南省污染物排放标准未作规定的项目，执行国家污染物排放标准。

第十九条　云南省环境保护行政主管部门会同有关部门组织环境监测网络。环境监测实行资质审查制度。

县级以上环境保护行政主管部门所属的环境监测机构的监测数据是环境保护监督管理和行政执法的依据。

各行业主管部门和企业事业单位的环境监测机构，经环境监测资质考核合格，分别负责本部门和本单位的环境监测工作。受县级以上环境保护行政主管部门委托，其监测数据经委托部门核查后具有本条第二款效力。

第二十条　在污染物的监测数据发生争议时，由自治州、省辖市、地区行政公署环境保护行政主管部门的监测站进行技术仲裁。仲裁不服的，由云南省环境监测中心站进行技术终结裁定。

第二十一条　省、省辖市、自治州人民政府和地区行政公署环境保护行政主管部门定期发布环境状况公报。

第二十二条　在县级以上环境保护行政主管部门的环境监理机构中设立环境监理员，对污染源实行现场监督。

第二十三条　县级以上环境保护行政主管部门，有权对本行政区域内一切破坏生态、污染环境和产生其他公害的单位和个人进行现场检查。被检查的单位和个人必须如实反映情况，提供以下资料：

（一）污染物排放情况。

（二）防治污染设施的操作、运行和管理情况。

（三）监测仪器、设备的型号和规格以及校验情况，所采用的监测分析方法和监测记录。

（四）建设项目防治污染的设施与主体工程同时设计、同时施工、同时投产使用的情况。

（五）限期治理的执行情况。

（六）污染事故情况以及有关记录。

（七）与污染有关的生产工艺，原材料使用方面的资料。

（八）其他与污染防治有关的情况和资料。

现场检查人员必须出示证件，并为被检查的单位和个人保守技术秘密和业务秘密。

第二十四条　跨行政区域的生态破坏、环境污染和其他公害的防治工作，由有关的地方人民政府或地区行政公署协商解决，协商不成的，由上一级人民政府协调解决，做出决定。

第四章　保护和改善环境

第二十五条　对自然资源的开发利用，实行"谁开发谁保护，谁破坏谁恢复，谁利用谁补偿"的原则和"开发利用与保护增殖并重"的方针，造成自然环境破坏的单位和个人负有补偿整治的责任。

第二十六条　开发利用自然资源的建设项目，以及建设对自然环境有影响的设施，必须执行环境影响评价制度。对生态环境造成影响和破坏的，由开发建设的单位或个人给予补偿和恢复。

第二十七条　在生活居住区、文教区、疗养区、饮用水源区、自然保护区、名胜古迹和风景游览区，不得建设污染环境的工业生产设施；建设其他设施，其污染物排放不得超过规定的排放标准，已建成的设施，其污染物排放超过规定排放标准的要限期治理。

第二十八条　切实保护一切水体不受污染和破坏，保持和恢复水质的良好状态，保护的重点是滇池、洱海、泸沽湖、抚仙湖、星云湖、杞麓湖、异龙湖、阳宗海、程海和南盘江、金沙江水系。

禁止围湖造田，过量放水，防止破坏湖泊生态环境。

第二十九条　加强饮用水源的保护，合理开发利用地下水资源，禁止过量开采。

未经处理达标的有毒有害的工业废水不得向水体排放；禁止向水体倾倒固体废弃物。

防止地下水污染，严禁将有毒有害的废水、工业废弃物直接向溶洞排放或采取渗漏方式排放、倾倒。

第三十条　保护农业生态环境，发展生态农业，防治农业环境的污染和破坏。

合理施用化肥、农药，防止破坏土壤和污染农作物。不准生产、销售和使用国家禁止的高毒高残留农药；推广综合防治和生物防治措施，减轻农药对农作物和水体的污染。

禁止在陡坡地开荒种地：已经开垦不宜耕种的陡坡地，由县（市）人民政府作出规划，逐步退耕还林还草。

禁止将有毒有害废水直接排入农田。农作物灌溉用水，应当符合农田灌溉水质标准。

第三十一条　加强对生物多样性的保护和合理利用，逐步建立野生珍稀物种及优良家禽、家畜、作物、药物良种保护和繁育中心。

保护珍贵和稀有的野生动物、野生植物，保护益虫益鸟。严禁猎捕、出售国家和本省列入保护对象的野生动物，严禁采挖、出售国家和本省列入保护对象的野生植物。

第三十二条　县级以上人民政府对珍贵稀有野生动物、野生植物的集中分布区域，重要的水源涵养区域，具有重大科学文化价值的地质构造、著名溶洞、重要化石产地和冰川、火山、温泉等自然遗迹，人文遗迹，古树名木，应划定为自然保护区或者自然保护点，采取措施加以保护。

严格保护西双版纳等地的热带雨林。

第五章　防治环境污染和其他公害

第三十三条　向环境排放污染物的企业事业单位，必须建立健全环境保护责任制度，制订污染防治考核指标，采取有效措施，防治有毒有害污染物对环境的污染和危害。

禁止违反国家规定向环境排放、倾倒剧毒废液、废气、固体废物以及废弃的放射性物质。

第三十四条　对污染物实行集中控制和治理。污染严重的行业逐步实行集中的专业化生产，并对排放的污染物进行集中处置，防止扩散和产生环境危害。

第三十五条 实行排污许可证制度。向环境排放污染物的企业事业单位，必须依照国家规定，向所在地环境保护行政主管部门申报登记，申报登记后领取排污许可证，排放污染物的种类、数量、浓度等需作重大改变时，应在改变的十五天前重新申报登记。

排污单位必须严格按照排污许可证的规定排放污染物，禁止无证排放。

第三十六条 一切建设项目，必须执行先评价，后建设的环境影响评价制度，办理环境影响报告书（表）经审查批准后，方可定点、设计和施工，严格防止对环境的污染和破坏。

第三十七条 一切建设项目，必须执行防治环境污染及其他公害的设施与主体工程同时设计、同时施工、同时投产使用的制度。

凡改建、扩建和进行技术改造的工程，必须对原有的污染源同时进行治理。在施工阶段，环境保护行政主管部门应对污染防治设施的施工情况进行检查。项目建成后，其污染的排放必须达到国家或者省规定的污染物排放标准。

第三十八条 建设项目可行性研究阶段编制的环境影响报告书（表），必须遵守国家有关建设项目环境保护管理规定，经项目主管部门预审，并依照规定程序报有审批权的环境保护行政主管部门审查批准，未经审查批准的，有关部门不得办理设计任务书的审批手续。

建设项目在初步设计阶段，必须编制环境保护篇章。凡环境保护篇章未经环境保护行政主管部门审查同意的，有关部门不得批准初步设计，不得办理施工执照。

第三十九条 建设项目防治环境污染的设施必须经审批环境影响报告书（表）的环境保护行政主管部门竣工验收合格后，方可投入生产或者使用。未经验收合格的，工商行政管理部门不发给营业执照。

防治环境污染的设施不得擅自拆除或者闲置，确有必要拆除或者闲置的，必须征得所在地环境保护行政主管部门同意。

第四十条 排放污染物超过国家或者本省规定的污染物排放标准的企业事业单位，按照国家规定缴纳超标准排污费，并负责治理。

水污染防治法另有规定的，依照水污染防治法的规定执行。

征收排污费实行"统一领导，分级管理"的原则。中央、省属企业事业单位的排污费，由省环境保护行政主管部门负责征收和管理；自治州、省辖市、地区行政公署属排污单位的排污费由同级环境保护行政主管部门负责征收和管理；三资企业的排污费由审批项目的环境保护行政主管部门负责征收和管理。

第四十一条 加强城镇噪声和振动的管理。各种产生振动、噪声的设备和机动车辆，要安置防振、消声装置，使其达到规定的标准；一时难以达到标准的，只能在规定的区域和时间内进行行驶、搅拌、振动、灌注等作业。

第四十二条　各级人民政府要加强对城乡集体、个体企业的环境管理。城乡集体、个体企业，根据当地自然条件和环境特点，发展无污染或污染少的生产项目。

排放污染物的城乡集体、个体企业，必须到当地环境保护行政主管部门办理排污申报手续。经批准后，方可向工商行政管理部门办理营业执照。

第四十三条　一切单位和个人从事对环境造成严重污染的电镀、制革、造纸制浆、漂染、有色金属冶炼、土硫磺、土炼焦以及噪声振动等严重扰民的工业项目，经县级以上环境保护行政主管部门会同有关部门审查批准后，方可在环境条件允许的情况下建设投产，但必须有防治污染设施，各项污染物的排放要达到国家或者本省规定的标准。

第四十四条　对从事矿业开采的一切单位和个人，由县级以上环境保护行政主管部门征收生态环境补偿费，用于生态环境的恢复和保护，具体办法由省人民政府制定。

第四十五条　加强对放射源性环境的监督管理，防治放射性环境污染。

凡产生放射性废物和废放射源的单位和个人，必须向省环境保护委员会申报登记，并统一由省放射性监理所集中管理和处置，按规定交纳费用。

第四十六条　鼓励企业积极开展资源综合利用，实行"谁投资，谁受益"的原则，按照国家有关规定，产品享受减免所得税和调节税的优惠政策。

第四十七条　各级人民政府支持、鼓励环境保护产业和绿化、美化环境的产业发展。

第四十八条　承担污染治理工程的单位，必须经省环境保护委员会进行资质审查，取得《云南省环境污染治理证书》后，方能承担污染治理工程。

在本省生产、销售的环境保护产品、装备要符合国家和本省规定的环境保护产品、装备质量标准。

第四十九条　对造成环境严重污染的企业事业单位实行限期治理。

中央或者省人民政府管辖的企业、事业单位的限期治理，由省人民政府决定；自治州、省辖市人民政府、地区行政公署管辖的企业事业单位的限期治理，由自治州、省辖市人民政府、地区行政公署决定；县级或县级以下人民政府管辖的企业事业单位的限期治理，由县级人民政府决定。

被限期治理的企业事业单位必须如期完成治理任务。同级环境保护行政主管部门负责检查和验收。

第五十条　因发生事故或者其它突发性事件，造成或可能造成污染事故的单位，必须立即采取措施处理，及时通报可能受到污染危害的单位和个人，并向当地环境保护行政主管部门和有关部门报告，接受调查处理。

环境保护行政主管部门接到污染事故报告后，应当及时会同有关部门调查处理，并立即向当地人民政府报告，人民政府要及时采取有效措施，解除或者减轻危害。

第五十一条　加强经济开发区、高新技术开发区、科技开发区、旅游度假区、边境口岸的环境管理，具体管理办法由省人民政府制定。

第五十二条　从本省行政区域外引进技术和设备的单位，必须遵守国家和本省的环境法律、法规和政策，不得损害本省的环境权益和放宽环境保护规定。禁止将国内外列入危险特性清单中的有毒、有害废物和垃圾转移到本省处置，严格防止转移污染。

第六章　法律责任

第五十三条　建设项目环境影响报告书（表）、环境保护设计篇章未经审批，擅自施工的，环境保护行政主管部门除责令停止施工补办审批手续外，对建设单位及其法人代表处以罚款。

第五十四条　违反本条例规定的有下列行为之一，由县级以上环境保护行政主管部门或者其他依法行使环境监督管理权的部门视不同情节，给予警告或者处以罚款：

（一）拒绝环境保护行政主管部门现场检查或者在被检查时弄虚作假的。

（二）拒报、谎报和不按时申报污染物排放事项，或者违反许可证规定超量排放污染物的。

（三）不按国家规定缴纳超标准排污费的。

（四）违反国家规定，引进不符合我国和本省环境保护规定要求的技术和设备，或者将产生严重污染的生产设备转移给没有污染防治能力的单位和个人使用的。

（五）建设项目的防治污染设施没有建成或者没有达到国家规定要求，投入生产或者使用的；擅自拆除或者闲置防治污染设施的。

（六）未经环境保护行政主管部门批准，擅自从事对环境有影响的生产经营活动的。

（七）违反有关规定排放、倾倒剧毒废液、废气、固体废物以及废弃的放射性物质，擅自从事对环境影响的生产经营活动的。

（八）造成环境污染事故或者在事故发生后，不及时通知、报告或不采取有效处理措施的。

（九）生产、运输、销售、使用国家禁止的高毒高残留农药造成污染的。

（十）破坏自然环境和农业生态环境，造成严重后果的。

（十一）擅自生产、销售不符合环境保护质量标准的环境保护产品、装备或者未取得《云南省环境污染治理证书》从事环境污染治理工程施工的。

（十二）利用渗坑、渗井、裂隙、溶洞排放、倾倒污染物或者采用稀释等方法排放未经处理的污染物的。

（十三）其他严重污染环境或者破坏环境的。

第五十五条　对逾期未完成限期治理任务的企业事业单位，除依照国家规定加倍征收超标准排污费外，还可根据所造成的危害后果处以罚款，或者责令停业、关闭。

前款规定的罚款由环境保护行政主管部门决定，责令停业、关闭，由作出限期治理决定的人民政府决定；责令中央直接管辖的企业事业单位停业、关闭，须报国务院批准。

第五十六条　违反本条例规定，造成土地、森林、草原、水、矿产、渔业、野生植物、野生动物等资源破坏的，依照有关法律的规定承担法律责任。

第五十七条　缴纳排污水费、超标准排污费、生态环境补偿费或被行政处罚的单位和个人，不免除消除污染、排除危害和赔偿损失的责任。

第五十八条　县级环境保护行政主管部门可处以 10000 元以下罚款；自治州、省辖市、地区环境保护行政主管部门可处以 50000 元以下罚款；省环境保护行政主管部门可处以 20 万元以下罚款；超过罚款限额的，报上一级环境保护行政主管部门批准。罚款全部上缴国库。

第五十九条　当事人对行政处罚决定不服的，可以在接到处罚通知之日起十五日以内，向作出处罚决定机关的上一级机关申请复议；对复议决定不服的，可以在接到复议决定之日起十五日内，向人民法院起诉。当事人也可以在接到处罚通知之日起十五日内，直接向人民法院起诉。当事人逾期不申请复议，也不向人民法院起诉，又不履行处罚决定的，由作出处罚决定的机关申请人民法院强制执行。

第六十条　违反本条例规定，造成重大环境污染事故，导致公私财产重大损失或者人员伤亡，构成犯罪的，对有关直接责任人员依法追究刑事责任。

第六十一条　环境保护监督管理人员滥用职权、玩忽职守、徇私舞弊的，由其所在单位或者上级主管机关给予行政处分，构成犯罪的，依法追究刑事责任。

第七章　附　　则

第六十二条　本条例的解释，属于条文本身需要进一步明确界限的，由云南省人民代表大会常务委员会负责；属于条例应用方面的问题，由云南省人民政府环境保护行政主管部门负责。

第六十三条　本条例自公布之日起施行，《云南省环境保护暂行条例》同时废止。

（三）《云南省环境保护目标责任制实施办法》（云政发［1994］3号）

第一条　为了保证环境保护目标责任制的实施，根据《中华人民共和国环境保护法》和《云南省环境保护条例》等法律、法规，结合我省实际，制定本办法。

第二条　自治州、省辖市人民政府，地区行政公署应当制定本行政区域内的环境保护目标，推行政府环境保护目标责任制，签订环境保护目标责任书（以下简称"责任书"）。

第三条　"责任书"由自治州、省辖市人民政府，地区行政公署提出方案送省人民政府环境保护行政主管部门审核后报省人民政府审定。

"责任书"方案应当包括本办法规定的考核内容和指标，各项内容和指标的分值分配，完成内容和指标的责任单位，考评标准四部分。

各项内容和指标应当附有年度计划。

第四条　"责任书"由自治州、省辖市人民政府，地区行政公署与省人民政府签订，每届政府签订一次，经双方法定代表人签字后生效。

在实施过程中，需对"责任书"内容和指标作修改时，由自治州、省辖市人民政府，地区行政公署提出修改意见，送省人民政府环境保护行政主管部门审核同意后或者由省人民政府环境保护行政主管部门提出修改意见，送自治州、省辖市人民政府，地区行政公署征求意见后，报省人民政府批准。

第五条　"责任书"考核的内容和指标为：

（一）考核内容：

（1）环境保护目标和措施是否纳入本辖区国民经济和社会发展计划，环境保护投资是否按计划落实。

（2）环境保护机构、人员设置及环境保护经费、设备与本辖区的环境保护工作是否相适应。

（3）各类自然保护区的管理情况。

（4）政府（行署）负责人组织协调、督促检查、安排布置环境保护工作的情况。

（二）考核指标：

（1）市、县人民政府所在地区大气、水环境质量达到的标准。

（2）城市环境综合整治定量考核成绩。

（3）重点工业污染源、限期治理项目的治理立项数和完成数。

（4）建设项目"环境影响报告书（表）"及"三同时"执行率。

（5）完成排污申报登记的企业占全部排污企业的比例，发放排污许可证的企业数及其污染负荷占全部排污企业污染负荷的比例。

（6）市、县人民政府所在地区水源地管理及饮用水源地水质达标率。

（7）造林面积及造林成活率。

（8）污染事故处理率。

第六条　"责任书"的考核实行百分制计分。其中，考核内容为 40 分，考核指标为 60 分。各项具体分值在签订"责任书"时由考评机关规定。

第七条　自治州、省辖市人民政府，地区行政公署对"责任书"的完成情况，应当每年进行检查，并于次年三月底前将自检报告报省人民政府环境保护行政主管部门。

第八条　责任期满，由省人民政府组织有关部门对签订"责任书"的自治州、省辖市人民政府，地区行政公署进行考核评分。

第九条　"责任书"的完成情况，作为考核政府（行署）工作政绩的主要依据之一，并向同级人民代表大会和省人民政府报告。

第十条　根据考评得分，由省人民政府按下列规定给予奖励或者处理：

（一）考评得分在 70—75 分的，发给奖金 10000 元；考评得分超过 75 分的，每增加 5 分，奖金增加 2000 元。奖金的 5%直接奖给得奖地区负责此项工作的政府（行署）负责人，95%由得奖地区政府（行署）根据各责任单位（个人）完成工作情况进行分配。考评得分在 85 分以上的，同时给予荣誉表彰。

（二）考评得分在 60—69 分的，不奖不罚。

（三）考评得分不满 60 分的，由该地区政府（行署）向省人民政府写出书面检查，并提出切实可行的改进措施。其政府（行署）负责人在年度公务员考核中不能评为优秀。考评机关可以对其给予通报批评。

第十一条　依照本办法第十条规定使用的环境保护目标责任制奖励资金由省财政解决。

第十二条　未及时提交合格的"责任书"方案和自检报告的地区，除责令其限期完成外，考评机关可以对其给予通报批评。

第十三条　环境保护目标责任制的考评结果向社会公布。

第十四条　自治州、省辖市人民政府，地区行政公署可以同所辖市、县（区）人民政府及责任单位签订"责任书"，其内容、考核要求和奖罚办法，由自治州、省辖市人民政府，地区行政公署根据本办法的原则，结合本地实际情况予以确定。

第十五条　本办法由省人民政府环境保护行政主管部门负责解释。

第十六条　本办法自印发之日起实施。

（四）《云南省边境口岸地区环境保护规定》（云南省人民政府令第40 号）

《云南省边境口岸地区环境保护规定》于 1996 年 11 月 11 日省人民政府第 31 次常

务会议通过。

第一条　为保护和改善边境口岸地区的生活环境与生态环境，根据《云南省环境保护条例》，结合云南省边境口岸地区实际，制定本规定。

第二条　本规定所称边境口岸地区，是指经国务院或者省人民政府批准的口岸所在地的边境管理区。

第三条　凡在云南省边境口岸地区从事生产、经营活动的一切单位和个人，必须遵守本规定。

第四条　边境口岸地区各级人民政府应当对本辖区的环境质量实行行政领导负责制，建立健全环境保护机构，制定环境保护规划，落实环境保护措施，促进环境保护和国民经济的协调发展。

第五条　边境口岸地区各级人民政府应当加强环境综合整治和城市（镇）环境定量考核工作，并定期向同级人民代表大会常务委员会（主席团）和上一级人民政府报告。

第六条　鼓励发展环境保护产业、绿化美化环境产业、旅游产业和生态农业；鼓励企业开展资源综合利用，并享受有关优惠政策。

第七条　边境口岸地区的建设、施工单位必须配套建设垃圾清扫、收集、储存、运输、处置设施，及时清运、处置建设施工过程中所产生的垃圾，防治环境污染。

任何单位和个人必须在指定的地点倾倒、堆放、填埋垃圾。

第八条　从境外引进技术和设备，应当符合无污染或者少污染的要求；对其产生的污染，境内不能解决的，应当同时引进相应的环境保护设施，并与主体工程同时设计、同时施工、同时投产使用。

第九条　未经批准禁止从境外引进废弃的车辆、机械在境内拆卸、改造。

第十条　禁止向国际河流及其支流排放、倾倒工业废渣、垃圾和油类、酸类、碱类或者剧毒废液等污染物质。

第十一条　禁止将境外的废物在境内倾倒、堆放、运输和处置。

限制进口可以做原料的废物；确有必要进口的，建设使用单位必须进行风险评价，并编制《进口废物环境风险报告书》，经当地环境保护行政主管部门同意后，再由省环境保护局签署意见，报国家环境保护局批准后方能实施，其实施过程必须接受当地环境保护行政主管部门的监督。

第十二条　因环境污染产生的损害赔偿纠纷，当事人可以向县级以上环境保护行政主管部门或者其他依法行使环境监督管理权的部门申请处理，对处理决定不服的，可向人民法院起诉；当事人也可以直接向人民法院起诉。

涉外环境纠纷，必须报国家、省环境保护局并会同有关部门按涉外的有关规定协调解决。

第十三条 对违反本规定第八条规定的，由县级以上人民政府责令停止生产，可以并处 5000 至 10000 元的罚款。

第十四条 对违反本规定第九条规定的，由县级以上环境保护行政主管部门责令停止违法行为，可以并处 3000 元至 5000 元罚款。

第十五条 对违反本规定第十条和第十一条第一款规定的，由县级以上环境保护行政主管部门责令停止违法行为、限期改正，可以并处 5000 元至 10000 元罚款。

违反第十一条第二款规定的，由县级以上环境保护行政主管部门责令补办手续，可以并处 3000 元至 5000 元罚款。

第十六条 违反其他法律、法规及规章的，由有关行政主管部门依法予以处罚。

第十七条 罚款一律上缴国库，收取罚款须使用财政部门统一制发的票据。

第十八条 当事人对处罚决定不服的，可依法申请复议或者提起行政诉讼，逾期不申请复议、不起诉又不履行处罚决定的，由作出处罚决定的机关申请人民法院强制执行。

第十九条 本规定由云南省环境保护局负责解释。

第二十条 本规定自发布之日起施行。

（五）《云南省环境保护条例奖惩实施办法》（1995 年 4 月 28 日云南省人民政府令第 21 号）

第一条 根据《云南省环境保护条例》（以下简称《条例》）的有关规定，制定本办法。

第二条 符合下列条件之一的单位或者个人，由县级以上人民政府授予环境保护先进单位或者环境保护先进个人的荣誉称号，并给予奖励，奖励所需费用由同级财政解决：

（一）在防治环境污染方面取得显著成绩的。

（二）在保护高原湖泊等自然环境或者农业生态环境方面取得显著成绩的。

（三）在环境科研方面取得显著成绩的。

（四）在利用废水、废气、废渣等废弃物为主要生产原料方面取得显著成绩的。

（五）在环境管理、环境监督理、环境监测或者环境保护宣传教育方面取得显著成绩的。

（六）在处理环境污染事故、生态破坏事件及其他环保违法案件方面取得显著成绩的。

（七）在检举、控告污染或者破坏环境等违法行为方面取得显著成绩的。

第三条 对基本符合本办法第二条规定条件之一的单位、集体和个人，由县以上环境保护行政主管部门、有关行政主管部门或者所在单位给予奖励。

第四条　违反《条例》第四十一条规定的，责令限期改正；情节严重的，并处1000元以上3万元以下罚款。

第五条　依照《条例》第五十三条规定处以罚款的，对建设单位处1000元以上2万元以下罚款；对法定代表人处500元以上1000元以下罚款。

第六条　依照《条例》第五十四条规定处以罚款的，按下列规定执行：

（一）有第（一）、（二）项行为之一的，处300元以上3000元以下罚款。

（二）有第（三）项行为的，处1000元以上1万元以下罚款。

（三）有第（四）、（五）、（六）项行为之一的，处5000元以上5万元以下罚款。

（四）有第（七）、（八）、（九）项行为之一的，处5000元以上10万元以下罚款。

（五）有第（十）、（十一）、（十二）项行为之一的，处1万元以上20万元以下罚款。

第七条　依照《条例》第五十五条规定处以罚款的，处1万元以下罚款。

第八条　不按国家和我省规定缴纳排污费的，依照《云南省征收排污费管理办法》的规定处罚。

第九条　本办法所规定的行政处罚，由县以上环境保护行政和主管部门依照《条例》第五十八条规定的权限有决定。

其他依法行使环境监督管理权的部门的行政处罚权限，依照有关法律、法规的规定执行。

罚款上交同级财政。

第十条　当事人对行政处罚决定不服的，可以依照有关法律、法规的规定申请复议或者向人民法院提起诉讼。

当事人逾期不申请复议、不起诉，又不履行处罚决定的，由作出处罚决定的机关申请人民法院强制执行。

第十一条　环境监督管理人员滥用职权、玩忽职守、徇私舞弊的，依照《条例》第六十一条规定追究法律责任。

第十二条　实施环境保护目标责任制的县级以上人民政府，由上一级人民政府依据考评结果给予奖惩。考评内容和奖惩标准依照《云南省环境保护目标责任制实施办法》执行。

第十三条　本办法由云南省环境保护局负责解释。

第十四条　本办法自发布之日起施行。1988年4月11日省人民政府批准发布的

《云南省环境保护暂行条例奖惩实施办法》同时废止。

第二节 水环境保护法规条例

一、滇池水环境保护

（一）滇池水系环境保护条例（试行）（1980 年 4 月 1 日 昆革【1980】46 号）

滇池是我国重要水系，列为全国主要保护水系之一。遵照《中华人民共和国宪法》第十一条关于"国家保护环境和自然资源，防治污染和其他公害"和《中华人民共和国环境保护法（试行）的规定》精神，为加强滇池水系水源的保护管理，特制订本条例。

第一部分　总　　则

第一条　滇池是滇中地区调节气候的主要湖泊，是昆明地区工农业生产和生活用水的主要水源，是发展我市事业的主要基地。要认真贯彻"全面规划，合理布局，综合利用，化害为利，依靠群众，大家动手，保护环境，造福人民"的方针，搞好滇池水系的环境保护。

第二条　保护滇池，防治污染，人人有责。凡滇池水系沿岸地区的国家机关、企事业单位、驻军、人民公社、人民团体、人民群众等必须遵守和执行本条例，对违犯本条例者大家有权进行监督和检举。

第三条　必须保护滇池水系，防止滇池生态破坏。在发展工农业生产和开发利用水资源的同时，要密切注意防止供水、用水和排水对滇池水系的影响。

第二部分　加强管理的范围和要求

第四条　我市水资源属于全民所有。滇池水系河流（盘龙江、金汁河、大观河、船房河、明通河、采莲河、运粮河、新河、王家堆渠等）、湖泊、水库等，均按本条例规定予以保护。

第五条　凡使用滇池水系水资源的单位，必须向所在地区水利部门提出申请，经批准方可使用。

严禁任意开发地下水，防止水源枯竭和地面沉降。确需开发使用的，须向所在地区的水利部门提出申请，经批准方可开发使用。

第六条　各单位要合理用水，节约用水，尽量减少对水资源的污染。水利部门对用水单位实行收费制度（包括地下水）。

第七条　滇池水系应加强植树造林，保护水土，涵养水源。严禁乱砍滥伐，乱开发矿业，防止水土流失。

第八条　严禁在滇池沿岸和水系上游建立污染环境的企业、事业单位。

第三部分　对排放污物实行收费制度

第九条　凡是向滇池水系排放污水的单位，必须向所在地区环保部门登记并领取排污许可证。所排污水必须符合国家规定的排放标准，不符合标准的实行收费。

按照国家规定，工业"废水"排放标准分为两类：第Ⅰ类，能在环境或动植物体内蓄积，对人体健康产生长远影响的有害物质，即含汞、镉、砷、铅、元素磷、放射性物质及其他无机化合物和六价格化合物的"废水"。第Ⅱ类，其长远影响小于第Ⅰ类的有害物质的"废水"。第Ⅱ类，其长远影响小于第一类的有害物质的"废水"。这两类"废水"从1980年起按下列办法收费：

第Ⅰ类污水，以超过标准最高的一种毒物为依据，按其超标倍数收费。超标准一倍以下，每吨每月收费一角：超标一倍以上、五倍以下，每吨每月收费两角；超标五倍至二十倍，每吨每月收费四角；二十倍至五十倍，每吨每月收费八角；五十倍至一百倍，每吨每月收费一元五角；一百倍至二百倍，每吨每月收费三元；二百倍至一千倍，每吨每月收费五元；一千倍以上，每吨每月收费拾元。

第Ⅱ类污水，每排放一吨超标污水，每月收费一角。

上述两类超标污水，1981年后，每过一年，每吨每月加收费五分。

对已有污水处理装置，经处理后仍超标的可酌情少收费。

第十条　严禁使用渗坑、裂隙、溶洞、深井、漫溢式稀释等办法排放有毒有害"废水"，防止工业污水渗漏，确保滇池水系和地下水不受污染。违者根据用水量按第九条办法执行。

第十一条　严禁向滇池和滇池水系的河道、水库倾倒垃圾、"废渣"，防止滇池河道淤塞、污染。从1980年五月一日起，凡向滇池水系排放"废渣"，每吨收费120元。

第十二条　滇池中带有发动机的船只的污水，必须经过处理，达到国家排放标准；超过标准的，按第九条收费办法执行。

第十三条　农村人民公社和社队企业要做好化肥、农药以及所属企事业单位的防污治理工作。

农田尽量少用和不用六六六、滴滴涕等残毒农药。禁止使用汞制剂、砷制剂等剧毒农药。

严禁围湖造田改地，违者每亩罚款三千元，并限期恢复水面，过期不执行者加倍罚款。

第十四条　排污量及有毒物质含量，由排污单位自行按月测定，报送所在地区监测站认可。发生异议时，由市环境保护监测站仲裁。

第四部分　奖励与惩罚

第十五条　认真执行本条例，有下列事迹之一者，由市革命委员会（人民政府）和有关县、区革命委员会（人民政府）给予荣誉或物质奖励：

（一）对综合利用、治理滇池水系污染有显著成绩者。

（二）在水资源保护和科学研究、监测中有所发现和发明创造成绩显著者。

（三）发现水系水质污染事故能及时报告、检举并与之做斗争有成效者。

第十六条　违反本条例，有下列行为一者，按以下情况分别处理：

（一）纯属责任事故而排放污物的，应作为生产事故处理，追究有关人员责任，给予必要的经济制裁。

（二）有"三废"处理设施不坚持使用，环保部门勒令其限期恢复使用，到期仍不使用，让"三废"继续排放的，要追究责任，给予必需的经济制裁。

把环保投资、设备、材料挪作他用，经教育不改的，追究有关人员责任，给予必要的经济制裁。

（三）对造成环境污染，危害工农业生产和人民身体健康的单位，各级环境保护机构要分别情况，报经同级人民政府批准，予以批评、警告、罚款或者责令赔偿损失、停产治理（一次罚款五千元至五万元）。

（四）对严重污染和破坏环境，引起人员伤亡或者造成农、林、牧、副、渔业重大损失的单位的领导人员、直接责任人员或其他公民，要由各级环境保护部门报经同级人民政府和政法部门追究行政责任、经济责任、法律责任。

第五部分　排污费的交纳及使用方法

第十七条　当月排污费应于下月内向所在地人民银行交纳，入市环境保护局账户。过期不交纳的，按月累计罚滞纳金 10％，由该单位流动资金开户行从该单位的流动资金中如数扣缴。企业交纳的排污费，摊入成本；被罚款项目只能在企业基金中支出。

第十八条　排污费是地方环境保护的专用资金，应全部用于环境保护，不得挪用。经费的使用范围：工矿企事业的"三废"治理；环境污染区域性综合防治；奖励环境保护工作的先进单位和个人；环境保护监测、科研费用的补助。

使用办法：排污费由市环境保护局集中掌握，统筹分配合理使用，一般以百分之五十分配给交费单位用于环境保护，百分之五十由市环境保护局统一安排使用。各主管部门和环保部门对以上款项的使用，要严格按使用范围和国家有关的财务管理规定办理。

年终有结余的可结转下年度继续使用。

上述用于环境保护建设项目的经费，所需材料、设备等，请计划委员会予以安排。

第六部分　附　　则

第十九条　螳螂川沿岸各企业按省革委云革发〔1979〕243 号六：关于颁发《螳螂川水域保护暂行条例（草案）》的通知执行。

第二十条　本条例今后如与国家颁布的有关环境保护的条例、规定有不符合时，以国家颁布的为准。本条例解释权属市环境保护局。

第二十一条　本条例自 1980 年 5 月 1 日起执行。

（二）滇池保护条例（1988 年）

第一章　总　　则

第一条　滇池是著名的高原淡水湖泊，属国家重点保护水域之一，对维护区域生态系统的平衡有着重要作用，是昆明城市用水、工农用水的重要水源。

第二条　为保护和合理开发利用滇池流域资源，防治污染，改善生态环境，促进昆明市经济、社会可持续发展，根据有关法律、法规的规定，制定本条例。

第三条　本条例以保护滇池流域内的地表水和地下水资源为中心。加强水污染防治工作，保护和改善水质。滇池水资源应当实行科学管理，在加强保护和治理的前提下，合理开发利用。

第四条　滇池保护范围是以滇池水体为主的整个滇池流域。按地理条件和不同的功能要求，划分为三个区：滇池水体保护区；滇池周围的盆地区；盆地区以外、分水岭以内的水源涵养区。

第五条　保护滇池的原则是：全面规划，统一管理，严格执法，综合整治，合理利用，协调发展。实现环境效益、社会效益和经济效益的统一。

第六条　在滇池保护范围内保护、管理、开发、利用资源的所有单位和个人必须遵守本条例。

第七条　在滇池保护范围内的各级人民政府，应认真贯彻实施本条例，定期向同级人民代表大会或者常委会报告本条例的执行情况。

第二章　管理机构和职责

第八条　昆明市滇池保护委员会是滇池流域综合治理的组织领导机构，负责滇池保护、治理重大问题的研究和决策。

昆明市滇池保护委员会办公室（昆明市滇池管理局，下同）在昆明市滇池保护委员会的领导下，统一协调和组织实施有关滇池保护和治理的具体工作，主要职责是：

（一）宣传贯彻国家有关法律、法规和负责本条例的贯彻实施；协调、检查和督促各有关县、区、部门依法保护滇池。

（二）组织制定滇池的保护、开发利用规划和综合整治方案，并负责组织和监督实施。

（三）拟定滇池综合治理目标责任对各有关县、区和部门目标责任的完成情况进行检查、督促和考核。

（四）组织拟定相应的滇池保护管理配套办法，并督促贯彻执行。

（五）在滇池水体保护区内和主要入湖河道集中行使水政、渔政、航政、水环境保护、土地、规划等方面的部分行政处罚权，设立滇池保护管理的专业行政执法队伍，实施滇池管理综合执法。

（六）在滇池水体保护区以外的滇池流域内行使涉及滇池保护方面的行政执法监督检查职责。

（七）负责滇池污染治理项目的初步审查工作，参与项目法人的确定及对项目的实施进行监督。

（八）参与滇池流域内开发项目的审批工作，提出审查意见。

（九）负责筹集、管理和使用滇池治理基金。

（十）办理市人民政府和市滇池保护委员会交办的其他有关事项。

前款第（五）项的具体实施方案由市人民政府另行制定。

第九条　五华、盘龙、西山、官渡区，呈贡、晋宁、嵩明县人民政府的滇池专管机构，滇池沿岸和水源涵养区内的有关乡（镇）人民政府，在市滇池管理局统一协调、指导和监督下，按照确定的滇池综合治理目标责任，负责本行政辖区内滇池的保护、管理和行政工作。

第十条　滇池保护委员会的成员单位和滇池旅游度假区管委会应当依法履行各自职责，配合市滇池管理局实施本条例。

第三章　滇池水体保护

第十一条　滇池水体保护区是正常高水位 1887.4 米（黄海高程，下同）的水面和湖滨带以内区域。

湖滨带为滇池水域的变化带和保护滇池水域的过渡带，是滇池水体不可分割的水陆交错地带，是滇池水体不可分割的水陆交错地带。其具体范围是：

（一）正常高水位 1887.4 米水位线向陆地延伸 100 米至湖内 1885.5 米之间的地带。对低于滇池最低工作水位 1885.5 米的低洼易涝、易积水区域，到此区域外围边缘。

（二）在河流或沟渠入湖口为滇池二十年一遇最高洪水位 1887.5 米控制范围内主弘线左右各 50 米的地带。

滇池水体保护区的具体界线由市人民政府组织有关部门勘测后划定，树立界桩。

第十二条　为保证国民经济的可持续发展和人民生活的需要，适当增加蓄水量。按照优化调度的原则，确定滇池外湖（外海）控制运行水位为：

正常高水位 1887.4 米，相应蓄水容积约 15.6 亿立方米；最低工作水位 1885.5 米，相应蓄水容积约 9.9 亿立方米；特枯水年对策水位 1885.2 米，相应蓄水溶剂约 9 亿立方米；二十一年遇最高洪水位 1887.5 米；汛期限制水位 1887.0 米。

内湖（草海）控制运行水位为：正常蓄水位 1886.8 米；最低工作水位 1885.5 米。

第十三条　滇池水质执行国家 GHZBI-1999《地表水环境质量标准》及滇池水环境质量标准。外湖（外海）水质按Ⅲ类水标准保护，内湖（草海）水质按Ⅳ类水标准保护。

第十四条　保护和恢复滇池入湖河道的自然生态，有计划、有步骤地清理、治理、改造滇池出入湖河道，疏浚滇池。

第十五条　禁止在滇池水体保护区内围湖造田、围堰养殖及其他侵占或缩小滇池水面的行为；禁止在湖滨带范围内取土、取沙、采石；禁止损坏堤坝、桥闸、泵站、码头。航标、渔标、水文。科研、测量、环境监测、滇池水体保护界桩等设施；未经市滇池保护委员会批准，不得在界桩内构筑任何建筑物。

第十六条　禁止在滇池网箱养殖水产品。禁止在滇池禁渔区、禁渔期内进行捕捞。禁止使用小于最小网目尺寸和其他限制使用的网具及捕捞方法进行捕捞。禁止私自打捞对净化滇池水质有益的水草和其他水生植物。

第十七条　禁止向滇池水体保护区内和入湖河道内倾倒土、石、尾矿、垃圾、废渣等固体废弃物。禁止向滇池和通往滇池的河道排放未达到排放标准或者超过规定控制总量的废水。

第十八条　从严控制在滇池水域航行的机动船只数量。经允许在滇池水域内航行的一切船只，应当有防渗、防漏设施，不得向水体排放、倾倒有毒有害的液体、固体废弃物和扔弃垃圾。

第四章　滇池盆地区保护

第十九条　合理调整区域工业结构，鼓励发展节水型、无污染的工业。

经批准新建、改建和扩建的企业和项目的污染防治设施，必须与主体工程同时设计、同时施工、同时投产。达不到"三同时"要求的，不得试车投产。

严禁在滇池盆地区新建钢铁、有色冶金、基础化工、石油化工、化肥、农药、电镀、造纸制浆、制革、印染、石棉制品、土硫黄、土磷肥和染料等污染严重的企业和项目。

第二十条 按照"谁污染、谁治理"的原则，排放超标废水和倾倒固体废弃物的单位或个人，应根据滇池综合整治和限期治理的要求进行整改，禁止用渗井、渗坑、裂隙、溶洞或者稀释办法排放有毒有害废水。

含重金属或者难以生物降解的废水，应当在本单位内单独进行处理，未经处理达标的，禁止排入城市排水管网或者河道。

第二十一条 一切新建、改建、扩建和转产的企业，应当执行国家建设项目环境保护有关法律法规的规定。禁止一切单位和个人将有毒有害的项目和产品委托或者转移给没有污染防治能力的企业生产。

市、县（区）、乡（镇）人民政府应当加强对企业的管理，对造成环境污染的企业，限期达到国家或者地方的污染物排放标准；到期达不到治理要求的，依法停止其生产。

第二十二条 新建卫星城镇、居住小区、大中型企业，要建立清污分流制的排水管网，污水处理设施应当与其他基础设施同步配套建设。老城区应当结合旧城改造，同时改造排水管网。

第二十三条 滇池流域内种植农作物，主要施用有机肥，合理施用化肥，积极推广施肥新技术和农业综合防治措施。禁止销售和使用国家禁止的高毒、高残留农药和除草剂。滇池流域内的城市及农村的固体废弃物必须进行资源化、无害化处理。

第二十四条 禁止在滇池面山、风景名胜区取土、取沙、采石及新建陵园、墓葬，防止水土流失和破坏自然景观。

第五章 水源涵养区保护

第二十五条 在滇池保护范围内应当大力植树造林，绿化荒山，提高森林覆盖率，二十五度以上的坡耕地要限期退耕还林还草，防治水土流失，改善生态环境。禁止毁林垦殖和违法占用林地资源。

保护森林植被和野生动物、植物资源，禁止乱砍滥伐、偷砍盗伐林木及乱捕滥猎野生动物。

第二十六条 采取有效措施解决能源问题，有计划地营造薪炭林，积极发展农村沼气、秸秆气化、液化气、节柴灶、太阳能，推广以煤、电代柴，有计划地实现生态农业的目标要求。

第二十七条 保护泉点、水库、坝塘、河道，禁止直接或者间接向水体排放末达到排放标准的污水和倾倒固体废弃物；禁止在岸坡堆放固体废弃物和其他污染物。对没有水源涵养林、河堤树的泉点、水库、坝塘、河道周围，应当限期植树造林。

第二十八条　在滇池保护范围内采矿，必须按照国家有关规定处理尾矿、矿渣，采取拦截、回填、复垦、恢复植被等措施；禁止乱挖滥采。

第二十九条　为保护水源涵养区的森林植被，必须从滇池流域范围内收取的滇池水资源费中，确定适当比例返还到水源涵养区，用于恢复和发展森林植被，保持水土。

第六章　综合治理和合理开发利用

第三十条　加大滇池污染综合治理的力度，增加水量，改善水质。合理控制城市规模和人口机械增长，调整产业结构。

第三十一条　实行污染物总量控制制度，严格控制排入滇池的氮、磷数量。禁止在滇池流域范围内使用含磷洗涤用品及不可自然降解的泡沫塑料餐饮具和塑料袋。

第三十二条　有计划地在湖滨带内建设生态修复系统，逐步恢复湿地。对湖滨带内的耕地和鱼塘要因地制宜逐步退耕还湖、退塘还湖，建设前置塘、前置库，营造环湖林带。

第三十三条　对污染严重、治理技术难度大、代价高，限期治理又达不到要求的企事业单位，按隶属关系，由环境保护部门报经同级人民政府批准，限期关、停、并、转、迁。

第三十四条　广开渠道，加强对滇池污染治理的科学研究和科普宣传。积极推行生物治理，建立污染治理新技术推广运用制度，增强全社会对滇池污染治理的环保和科学意识。

第三十五条　滇池流域资源的开发利用，要符合国土整治和昆明市城市总体规划的要求，根据经济和社会可持续发展的要求，以维护湖泊生态环境良性循环为准则，充分发挥滇池的综合效益。

第三十六条　对滇池流域水资源实行取水许可制度，实行计划用水，厉行节约用水，采取中水回用措施，提高水的重复利用率和污水处理能力及效果。增强调蓄能力，实现水资源的优化配置和调度，确保城市生活用水和工农业用水。

第三十七条　保护、开发利用滇池的主要水生动植物，科学合理发展渔业生产。

第三十八条　保护滇池流域的自然景观和文物古迹、历史遗址、园林名胜。合理开发利用风景资源，发展旅游事业。

第三十九条　滇池保护范围内磷矿资源的开发，必须符合滇池保护的原则，应当采用先进的生产工艺、治理技术和现代管理技术。

第四十条　各企业事业单位应当通过技术改造和工艺改革，提高资源的利用率；对废水、废气和固体废弃物开展综合利用，实现资源化、无害化。

第四十一条　对滇池流域水资源实行有偿使用，受益地区、单位、个人应当缴纳水资源费。水资源费的征收办法按国家和省的规定办理。

第四十二条 保护、治理滇池的资金，按下列渠道和方式筹集：

（一）各级政府投资。

（二）收取的滇池水资源费及污水处理费。

（三）滇池治理基金。

（四）国内外贷款。

（五）社会捐赠及其他。

第七章 奖励和处罚

第四十三条 符合下列条件之一的单位和个人，分别由市人民政府、市滇池管理局和有关部门，给予表彰和奖励：

（一）积极防治水污染，成绩显著的。

（二）在计划用水、节约用水、提高用水重复利用率方面成绩显著的。

（三）对滇池保护和开发利用在监测、科研、宣传等方面成绩突出的。

（四）对保护水资源、森林植被、水产资源、风景名胜、水利设施、航道设施、水文、科研、测量、环境监测、滇池水体保护界桩等设施成绩突出的。

（五）依法管理滇池卓有成效的。

（六）检举、控告违反本条例行为有功的。

（七）其他对保护和开发利用滇池有特殊贡献的。

第四十四条 违反本条例，有下列行为之一的，由市滇池管理局责令限期改正或限期拆除，并可以视情节轻重，按下列规定给予处罚：

（一）在滇池水体保护区内有围湖造田、围堰养殖及其他侵占或缩小滇池水面和湿地行为的，按每平方米 50 元处以罚款。

（二）未经批准在界桩内构筑建筑物的，处以 10000 元以上 50000 元以下罚款。

第四十五条 违反本条例，有下列行为之一的，由滇池管理局责令限期改正，赔偿损失，可以处 2000 元以上 5000 元以下罚款；情节严重的可以处 5000 元以上 10000 元以下罚款：

（一）在滇池水体保护区内取土、取沙、采石的。

（二）损坏堤坝、桥闸、泵站、码头、航标、鱼标、水文、科研、测量、环境监测、滇池水体保护界桩等设施的。

第四十六条 违反本条例，有下列行为之一的，由市滇池管理局视情节轻重，按下列规定给予处罚：

（一）在滇池内网箱养殖水产品的，没收网箱等养殖工具，可以并处 2000 元以上

10000 元以下罚款。

（二）在滇池禁渔区、禁渔期内进行捕捞的，没收捕捞工具，可以并处 50 元以上 5000 元以下罚款。

（三）使用小于最小网目尺寸和其他限制使用的网具及捕捞方法进行捕捞的，没收捕捞工具，可以并处 50 元以上 1000 元以下罚款。

（四）私自打捞对净化滇池水质有益的水草和其他水生植物的，处 50 元以上 500 元以下罚款；

（五）在滇池航行的船只上向水体扔弃垃圾的，处 100 元以上 500 元以下罚款。

第四十七条　违反本条例，有下列行为之一的，由市滇池管理局责令限期改正，并视情节轻重，按照《中华人民共和国水污染防治法实施细则》第三十九条的规定处以 10 万元以下罚。

（一）向滇池水体保护区和主要入湖河道内倾倒土、石、尾矿、垃圾、废渣等固体废弃物的。

（二）向滇池和通往滇池的主要入湖河道排放未达到排放标准或者超过规定控制总量废水的。

（三）在滇池航行的船只向水体排放、倾倒有毒有害的液体和固体废弃物的。

第四十八条　违反本条例规定，其违法行为在滇池水体保护区以外的，分别由相关行政主管部门视情节轻重，按有关法律法规的规定给予处罚。

第四十九条　违反本条例，情节严重的，对有关责任人员可以由其所在单位或上级行政主管部门给予行政处分。构成犯罪的，依法追究刑事责任。

第五十条　市滇池管理局和有关行政主管部门工作人员在滇池保护和管理工作中玩忽职守、滥用职权、徇私舞弊的，由其所在单位或上级行政主管部门给予行政处分；构成犯罪的，依法追究刑事责任。

不履行本条例规定或越权审批、违法审批的单位，由其上级行政主管部门对主要责任人和单位主管领导给予行政处分。

第五十一条　当事人对行政处罚决定不服的，可以依法申请行政复议或提起行政诉讼。

逾期不申请行政复议的，不向人民法院起诉，又不履行行政处罚决定的，作出处罚决定的机关可以申请人民法院强制执行。

第八章　附　　则

第五十二条　本条例自一九八八年七月一日起施行。

二、云南省程海管理条例（1993 年）

（1995 年 5 月 31 日云南省第八届人民代表大会常务委员会第十三次会议通过）

第一条　为加强永胜县程海的管理、保护和合理开发利用，根据《中华人民共和国水法》、《中华人民共和国渔业法》《中华人民共和国水污染防治法》及有关法律、法规的规定，结合程海实际，制定本条例。

第二条　程海属国家所有，即全民所有。程海的管理、保护和开发利用，应当全面规划、统一管理、合理利用、综合治理，坚持经济效益、社会效益和生态效益的统一。

第三条　程海最高水位为 1501 米（黄海高程，下同）最低控制水位为 1499.2 米。程海的水域及最高水位线外水平距离 30 米内的岸滩为程海的管理范围。东瓜岭至营盘山、大梨园至小尖山的程海集水区为保护范围。在程海的管理、保护范围内从事生产、生活及其他活动的单位和个人都必须遵守本条例的规定。

第四条　程海由永胜县人民政府统一管理。

程海管理局是永胜县人民政府统一管理程海的职能机构，归口水行政主管部门。其主要职责是：

（一）宣传贯彻执行国家有关法律、法规、规章及本条例。

（二）会同有关部门实施程海的管理、保护和开发利用规划。

（三）审批取水许可证，征收水资源费；批准船舶入湖；确定封湖禁渔日期；发放捕捞许可证，征收渔业资源增殖保护费。

（四）行使管理范围内的水政、渔政、行政处罚权，维护正常的水事活动和渔业秩序。

（五）办理县人民政府有关程海管理的其他事项。

第五条　公安部门要在程海建立相应的机构，负责程海管理范围内的社会治安管理。

第六条　永胜县人民政府各有关部门及沿湖乡、村，应按照本条例的规定，加强对程海的管理和保护。

第七条　程海水资源的保护和开发利用规划，由永胜县人民政府会同丽江地区行政公署水行政主管部门编制，报省水行政主管部门审查批准执行。

第八条　程海是偏碱性深水湖泊，其水质的保护，除保持碱性的稳定外，其他各项标准按国家地面水环境质量Ⅱ类标准执行。永胜县水行政主管部门和环保部门应在程海及引水河道上建立监测水质的设施，对水质进行监督测和研究。

第九条　程海管理范围内的岸滩，除现有宅基地、承包土地外，由程海管理局统一营造环湖防护林。程海保护范围内的森林，永胜县林业行政主管部门和有关乡（镇）、村必须加强管理。宜林荒山，由县人民政府统一规划，组织造林绿化。

第十条　在程海管理、保护范围内新建、改建、扩建和转产的项目，必须执行环境影响评价制度，防止对程海环境的污染和破坏。原建成的项目造成程海水质污染的，应按照国家规定的有关水质排放标准和谁污染谁治理的原则，限期进行治理，未完成治理任务的，按《中华人民共和国环境保护法》第三十九条的有关规定办理。对造成程海补水工程仙水河水质污染的县城污水，由县人民政府组织治理。

第十一条　禁止在程海管理范围内挖砂、采石、爆破、取土、弃置砂石或者淤泥，禁止盗伐、毁坏环湖绿化林；禁止破坏、移动界桩。

第十二条　禁止在程海水域范围内围湖造田、围湖养殖以及其他缩小湖面的行为。

第十三条　禁止入湖打捞水草。因科研、引种和管理需要打捞的，必须经程海管理局批准。

第十四条　禁止直接或间接地向注入程海的河道和水域排放工业废水、生活污水；倾倒工业废渣、垃圾和其他废弃物。禁止将含有汞、镉、铅、砷、铬、氰化物、黄磷等有毒有害的废液、废渣向水域排放、倾倒或埋入岸滩地下。

第十五条　禁止炸鱼、毒鱼、电力捕鱼和其他酷鱼行为；禁止网箱养鱼；禁止使用不利于鱼类生长的渔具、网具捕鱼。

第十六条　禁止使用燃油机动船从事捕鱼、航运、旅游。管理、科研需要使用的，必须经程海管理局批准。

第十七条　永胜县人民政府水行政主管部门每年应当制定程海水量调度计划，报县人民政府批准实施。调度计划应当包括外流域引水的数量、水质及生产生活需要从程海取水的数量。

第十八条　直接从程海取水的，必须申请取水许可证，具体办法，按《云南省实施〈中华人民共和国水法〉办法》第三十一条、三十二条的规定办理，并按国家的有关规定缴纳水资源费。安装机械取水设备的，应在进水口修筑拦鱼装置。

第十九条　在程海从事渔业的单位或个人，应申请取得捕捞许可证，并按规定缴纳渔业资源增殖保护费，按照批准的作业类型、时限、渔具、网具和起水标准进行作业。捕捞许可证不得涂改、买卖、出租或转让。

第二十条　在鱼类产卵季节，实行封湖禁渔。湖区内设立常年禁渔区，禁渔区的范围，由永胜县人民政府确定并公告。

第二十一条　在程海从事螺旋藻生产、加工，必须经永胜县人民政府批准；从事银鱼和其他特种水产品收购、加工、销售的，必须持有工商行政管理部门核发的营业执照，禁止无证经营。

第二十二条　在程海引进、推广水生动植物必须进行科学论证，由永胜县人民政府报省渔业行政主管部门批准。

第二十三条　程海资源的开发利用，必须兼顾当地群众利益，带动沿湖经济发展。

第二十四条　鼓励国内外投资者对程海进行科研和资源开发。永胜县人民政府应为投资者创造良好的投资环境，做好协调服务工作。

第二十五条　保护治理程海的资金，除收取应缴纳的资源费外，地方财政要拨出专项资金，给予扶持。

第二十六条　符合下列条件之一的，由永胜县人民政府或上级机关给予表彰和奖励：

（一）宣传贯彻执行有关法律、法规、规章和本条例有突出成绩的。

（二）在保护水质、防治水污染工作中做出突出成绩的。

（三）保护集水区植被、造林绿化、防治水土流失，成绩显著的。

（四）在资源管理、保护、开发、利用和科学研究方面有突出贡献的。

（五）在治安管理工作中做出显著成绩的。

（六）检举、控告违反本条例行为有功的。

第二十七条　违反本条例第十三条、第十六条及第二十一条规定的，除分别没收打捞水草的工具，燃油机动船，生产、加工螺旋藻的设备及水产品外，可以并处 500 元以下的罚款。违反本条例的其他禁止性行为，其他法律、法规已规定处罚的，依照该法律、法规的规定处罚。

第二十八条　抗拒、阻碍程海管理局或者有关部门工作人员依法执行公务的，由公安机关依照《中华人民共和国治安管理处罚条例》的有关规定予以处罚；构成犯罪的，依法追究刑事责任。

第二十九条　当事人对行政处罚不服的，按照《行政复议条例》和《中华人民共和国行政诉讼法》的规定办理。对治安管理处罚不服的，依照《中华人民共和国治安管理处罚条例》规定的程序办理。

第三十条　程海管理局和有关管理部门工作人员玩忽职守、滥用职权、徇私舞弊的，由其所在单位或者主管机关给予行政处分；构成犯罪的，依法追究刑事责任。

第三十一条　本条例的具体应用问题由永胜县人民政府负责解释。

第三十二条　本条例自 1995 年 10 月 1 日施行。

三、云南省抚仙湖管理条例（1993 年）

（1993 年 9 月 25 日云南省第八届人民代表大会常务委员会第三次会议通过；1993 年 9 月 25 日公布；1994 年 1 月 1 日起施行）

第一章　总　则

第一条　为加强对抚仙湖的保护、管理和合理开发利用，根据《中华人民共和国水法》《中华人民共和国渔业法》《中华人民共和国环境保护法》《中华人民共和国水污染防治法》及有关法律、法规的规定，结合抚仙湖实际，制定本条例。

第二条　抚仙湖属于国家所有，即全民所有。对抚仙湖要坚持保护的方针，开发利用应当坚持生态效益、经济效益、社会效益相统一的原则，全面规划，统一管理，综合防治。

第三条　本条例适用于抚仙湖水域及其集水区。隔河以上星云湖集水区除外。

第四条　抚仙湖由玉溪地区行政公署（以下简称玉溪行署）统一管理。

第五条　抚仙湖最高蓄水位为 1722.0 米（黄海高程，下同），最低运行水位1720.5 米。

第二章　管理机构和职责

第六条　抚仙湖管理局是玉溪行署统一管理抚仙湖的职能机构，归口水行政主管部门，其主要职责是：

（一）宣传和贯彻执行有关法律、法规和本条例。

（二）按照玉溪行署批准的抚仙湖保护管理和综合开发利用规划，组织、协调和监督有关部门实施。

（三）行使水政渔政航政行政处罚权，维护正常的水事活动和渔业生产秩序。

（四）制定抚仙湖水量年度调度计划和年度取水总量控制计划；组织实施取水许可制度、征收水资源费；管理海口节制闸。

（五）对抚仙湖内有关水资源和水产资源的保护、开发、水域和滩地的利用以及改变水质的活动进行监督管理。

（六）对抚仙湖管辖区内的生态环境、水土保持、旅游开发等进行协调指导。

（七）对抚仙湖水域统一进行渔业规划，增殖渔业资源；组织发放捕捞许可证、征收渔业资源增殖费。

（八）会同有关部门组织关于抚仙湖保护、治理、开发、利用的科学研究。

（九）批准船只入湖航运，负责港航监督，收取船舶安全管理监督费。

第七条　抚仙湖公安局属玉溪公安处领导，负责维护抚仙湖水域及沿湖旅游风景点的社会治安管理。需要追究刑事责任的案件，按照"属地管理"的原则，依法移送当地司法机关处理。

第八条　澄江、江川、华宁三县人民政府及其所属有关部门，负责抚仙湖集水区宣传、贯彻实施本条例；协同抚仙湖管理局管理本水域的渔业生产，保护水资源，防止水污染；组织当地群众在荒山、荒沟、荒丘种树种草、营造水源涵养林、风景林，防治水土流失。

第三章 保护治理

第九条　加强对抚仙湖生态环境、自然环境的保护，维护抚仙湖的生态系统。加强对抚仙湖的水资源、渔业资源、森林资源、野生动物以及周围的文化名胜、古迹、旅游景点、鱼沟、鱼洞和名木古树的保护。

第十条　抚仙湖水量调度必须保证湖水位不低于本条例第五条规定的最低运行水位。在特殊干旱时期，经过专门论证，需要使用最低运行水位以下的湖水时，必须报经玉溪行署批准，并报省人民政府水行政主管部门备案。

第十一条　在抚仙湖最高蓄水位以下的湖盆范围内修建水上设施，必须以玉溪行署批准的建设规划为依据，具体建设方案应当报送抚仙湖管理局审查同意。

第十二条　抚仙湖水质按国家地面水环境质量标准Ⅱ类标准保护。禁止向抚仙湖及入湖河道内倾倒、排放工业废渣、生活垃圾、残油、废油、船舶垃圾和其他废弃物。禁止在湖滩地堆放固体废弃物和其他污染物。禁止将含有汞、镉、砷、铬、氰化物、黄磷等有毒有害废液、废渣向水域排放、倾倒或者埋入湖滨地下。禁止以任何方式向抚仙湖水域排放未经处理的工业废水、生活污水。禁止在抚仙湖集水区内利用溶洞、渗井、渗坑、裂隙排放工业废水、生活污水。

第十三条　在抚仙湖集水区不得新建、扩建污染水体、破坏生态环境的工矿企业和其他项目。原建成的工矿企业和其他项目应按照国家规定的有关水质排放标准和谁污染谁治理的原则，限期进行治理。所有排污单位，应当按照有关法律、法规的规定，严格执行环境影响评价制度和排污许可证制度，并按规定缴纳排污费。严格限制在抚仙湖集水区设置排污口。确需在抚仙湖集水区设置排污口的，必须报经所在县的水行政主管部门和抚仙湖管理局的同意，才能向环境保护部门申报排污许可证。

第十四条　抚仙湖禁止使用燃油机动船捕鱼。需要使用燃油机动船从事航运、旅游、科研和水上治安、管理的须经抚仙湖管理局批准。

第十五条　禁止围湖造田和围湖造鱼塘。禁止在抚仙湖集水区毁林毁草开垦。

第十六条　在鱼类产卵繁殖季节实行封湖禁渔。封湖起止日期，由抚仙湖管理局规定；封湖期内禁止任何单位和个人在湖区收购银鱼。禁止炸鱼、毒鱼和电力捕鱼。禁止网箱养鱼、禁止使用不利于鱼类生长和渔业发展的网具捕鱼。

第十七条　在抚仙湖引进、推广水生生物新品种，应当由抚仙湖管理局组织论证，报省渔业行政主管部门批准。

第十八条　禁止在抚仙湖周围有科研、旅游价值的鱼沟、鱼洞和湖中孤山岛、沿湖风景规划区开山炸石、砍伐树木。确需在沿湖其他地点开山采石的，由所在地县水土保持主管部门会同环境保护主管部门和抚仙湖管理局指定采石地点，采石单位必须采取措施保护水土资源，并负责治理因采石造成的水土流失。

第四章 开 发 利 用

第十九条 保护和合理开发抚仙湖集水内的地下水资源。在集水区打深井开采地下水（含地下热水）的，需报经所在县的 水行政主管部门和抚仙湖管理局批准。农民生活用水打浅井的除外。

第二十条 开发利用抚仙湖的水资源，应当在保持良好的生态环境和自然景观的前提下，统筹兼顾居民生活、农业、渔业、环保和航运等方面的需要。抚仙湖水资源的开发利用规划，必须报经省水行政主管部门会同有关部门审查同意，由玉溪行署批准。

第二十一条 直接从抚仙湖取水的，必须申请取水许可证，并按照国家的有关规定缴纳水资源费。沿湖农田灌溉少量取水，家庭生活、畜禽饮水取水和其他少量取水的除外。

第二十二条 在抚仙湖从事渔业捕捞的单位和个人，必须申请捕捞许可证，并按照规定缴纳渔业资源增殖保护费。从事捕捞的单位和个人应当按照捕捞许可证核准的作业方式、场所、时限和渔具数量进行作业。捕捞许可证不得买卖和转让。

第二十三条 国内外投资者在抚仙湖风景区建设疗养、度假、水上体育活动设施和其他旅游服务设施，必须按照统一的规划进行，严格报批手续。陆上和水上旅游设施的建设，不得污染水质。

第二十四条 所收取的水资源和渔业资源增殖保护费，以及水上船舶安全管理监督费，坚持取之于湖，用之于湖的原则。专户储存，专款专用。收支预决算报同级财政，由同级财政、审计部门监督使用。抚仙湖管理局的经费列入玉溪地区财政预算。

第五章 奖励与处罚

第二十五条 认真贯彻执行本条例和有关法律、法规和规章，符合下列条件之一的单位和个人，由抚仙湖管理局及有关主管部门或者上级机关给予表彰和奖励：

（一）在保护抚仙湖水质，防治水污染工作中做出显著成绩的。

（二）保护集水区天然植被，造林绿化、防治水土流失，成绩显著的。

（三）保护和增殖渔业资源，发展渔业生产，成绩显著的。

（四）保护风景区，保护水工程和水文观测、环境监测设施以及在节约用水工作中成绩显著的。

（五）对保护、治理和合理开发利用抚仙湖提出重大的合理建议或者进行科学研究，成绩显著的。

（六）在依法管理抚仙湖和治安管理工作中做出显著成绩的。

第二十六条　对违反本条例的水事违法行为，由抚仙湖管理局依照《中华人民共和国水法》和《云南省实施〈中华人民共和国水法〉办法》的有关规定进行处罚。

第二十七条　对违反本条例的渔业违法行为，由抚仙湖管理局依照《中华人民共和国渔业法》和《云南省实施〈中华人民共和国渔业法〉办法》的有关规定进行处罚。

第二十八条　对违反本条例的环境违法行为，由县以上环境保护部门依照《中华人民共和国环境保护法》、《中华人民共和国水污染防治法》和《云南省环境保护条例》的有关规定进行处罚。

第二十九条　对违反本条例的其他行政违法行为，由有关的行政管理机关分别按照有关法律、法规、规章予以处罚。

第三十条　拒绝、妨碍抚仙湖管理局或者有关部门工作人员依法执行公务的，由公安机关按照《中华人民共和国治安管理处罚条例》予以处罚；情节严重，构成犯罪的，依法追究刑事责任。

第三十一条　当事人对行政处罚决定不服的，可以在接到处罚通知之日起十五日内，向作出处罚的上一级主管部门申请复议；对复议决定不服的，可以在接到复议决定书之日起十五日内向人民法院起诉。当事人也可以在接到处罚通知之日起十五日内，直接向人民法院起诉。逾期不申请复议或者不向人民法院起诉又不履行处罚决定的，由作出处罚决定的机关申请人民法院强制执行。对治安管理处罚不服的，按照《中华人民共和国治安管理处罚条例》规定的程序办理。

第三十二条　抚仙湖管理局、公安局或有关管理部门的工作人员玩忽职守、滥用职权、徇私舞弊的，由其所在单位或者上级主管机关给予处分；其中构成犯罪的，依法追究刑事责任。

第六章　附　　则

第三十三条　玉溪行署可根据本条例制定贯彻实施的具体办法。
第三十四条　本条例的具体运用由玉溪行署负责解释。
第三十五条　本条例自 1994 年 1 月 1 日起施行。

四、云南省星云湖管理条例（1995 年）

（1996 年 3 月 29 日云南省第八届人民代表大会常务委员会第二十次会议通过）

第一条　为了加强对江川县星云湖的保护、管理和合理开发利用，根据《中华人民共和国水法》、《中华人民共和国环境保护法》、《中华人民共和国渔业法》及有关法律、法规的规定，结合星云湖实际，制定本条例。

第二条　星云湖的保护、管理和开发利用，坚持生态效益、社会效益、经济效益相统一的原则，全面规划，合理利用，统一管理，综合防治。

第三条　星云湖最高运行水位为 1722.5 米（黄海高程，下同），最低运行水位1721.5 米。

星云湖水质的保护按国家地面水环境质量Ⅲ类标准执行。

第四条　星云湖的湖区属国家所有。星云湖的湖区岸线（包括湖堤）由江川县人民政府勘定，并设立界标。

第五条　星云湖水域及沿岸枣园至新西大河口段公路以下，头咀道班至自来水厂段二级公路以下、大凹红石岩一级抽水站取水口至红坡脚村南段最高水位线外水平距离20 米内，其余沿岸最高水位线外水平距离100 米以内，为星云湖的管理范围。星云湖径流区为保护范围。

在星云湖管理、保护范围内从事生产、生活及其他活动的单位和个人都应遵守本条例。

第六条　江川县人民政府对星云湖实行统一管理，并组织有关部门编制和实施星云湖综合治理规划。星云湖的水资源开发利用规划，由江川县人民政府会同玉溪地区行政公署水行政主管部门编制，报省水行政主管部门审查批准。

第七条　江川县人民政府水行政主管部门是星云湖的管理职能机构。其主要职责是：

（一）宣传执行国家有关法律、法规、规章及本条例。

（二）会同有关部门实施星云湖综合治理规划。

（三）执行星云湖水量运行规定，协调管理隔河调节闸。

（四）审批发放取水许可证，征收水资源费；管理入湖船舶；确定封湖禁渔期限；办理捕捞许可证、垂钓证；征收渔业资源增殖保护费。

（五）行使水政、渔政行政处罚权，保障正常的水事活动，维护渔业生产秩序。

（六）办理江川县人民政府交办的有关星云湖管理的其他事项。

第八条　江川县林业行政主管部门和有关乡镇对星云湖保护范围内的森林应加强管理。宜林荒山，由县人民政府统一规划，组织造林绿化。

第九条　江川县人民政府公安、环保等有关部门及沿湖乡、镇，应按各自的职责依据有关法律、法规及本条例的规定，加强对星云湖的保护和管理。

第十条　保护治理星云湖的资金，除收取应缴纳的资源费外，地方财政应列入预算，拨出专款。

第十一条　禁止在星云湖湖区内围湖造田、围湖养殖以及其他缩小湖面的行为。

第十二条　禁止向注入星云湖的河道和水域排放超过水质排放标准的工业废水、生活污水倾倒工业废渣、垃圾和其他废弃物。禁止将含有汞、镉铅、砷、铬、氰化物、黄磷等有毒有害废液、废渣向水域排放、倾倒或埋入湖岸滩地。

第十三条　禁止在星云湖管理范围内新建建筑物。对保护、管理星云湖确需建设的项目，须经江川县人民政府批准。在星云湖保护范围内新建、改建、扩建和转产的项目，应执行环境影响评价制度，防止对星云湖环境的污染和破坏。原建成的项目造成星云湖水质污染的，按照国家规定的有关水质排放标准和谁污染谁治理的原则，限期进行治理，未完成治理任务的，按《中华人民共和国环境保护法》第三十九条的有关规定办理。县城生活污水造成星云湖水质污染的，由江川县人民政府负责组织治理。

第十四条　禁止在星云湖沿湖面山的大营跳鱼沟至红石岩村、大麦地枣园至海门新西大河口、头咀道班至杨家咀村回头山等地段采砂、取土、开山炸石。确需在面山的其他地段采砂、取土、开山炸石的，应经县水行政主管部门审查，报江川县人民政府批准。开采单位必须负责恢复植被，防止水土流失。

第十五条　禁止在星云湖网箱养殖、围栏养殖。禁止炸鱼、毒鱼、电力捕鱼和其他酷鱼行为以及使用破坏鱼类资源的渔具、网具捕鱼。禁止在鱼类产卵孵化期入湖打捞水草。

第十六条　禁止在星云湖水域内使用燃油机动船，湖泊管理和科研等确需使用的，报江川县人民政府批准。

第十七条　禁止损坏星云湖湖碑、界标、水闸和水文监测、环境监测设施。

第十八条　在鱼类产卵和速长期，实行封湖禁渔。封湖日期由县水行政主管部门公告。

第十九条　在星云湖从事渔业捕捞作业的，应按规定申办捕捞许可证，缴纳渔业资源增殖保护费，按照批准的作业类型、时限、渔具、网具和起水标准进行作业。在星云湖钓鱼的，应办理垂钓证。

第二十条　在星云湖引进、推广水生物新品种，应经过试验并进行科学论证，由江川县人民政府报省渔业行政主管部门批准。

第二十一条　在星云湖从事银鱼和其他特种水产品收购、加工的单位和个人，应经县水行政主管部门同意，由工商行政管理部门核发营业执照。禁止无证经营。

第二十二条　直接从星云湖取水的，应按有关规定申办取水许可证，缴纳水资源费。安装机械取水的，应在进水口修筑拦鱼装置。

第二十三条　符合下列条件之一的，由江川县人民政府或上级机关给予表彰和奖励：

（一）宣传贯彻执行有关法律、法规、规章和本条例有突出成绩的。

（二）保护水质、防治水污染成绩显著的。

（三）保护植被、造林绿化、防治水土流失成绩显著的。

（四）对资源保护、管理、开发利用进行科学研究有突出贡献的。

（五）保护渔业资源，发展渔业生产成绩显著的。

（六）治安管理成绩显著的。

（七）检举、控告违反本条例行为有功的。

第二十四条　违反本条例第十五条、第十六条、第十九条第二款、第二十一条的，除分别没收其养殖、打捞、垂钓工具、燃油机动船、加工设备及水产品外，可以并处500元以下罚款。

第二十五条　违反本条例第十一条、第十二条、第十三、条、第十四条、第十七条、第十八条、第十九条第一款的，按有关法律、法规的规定处罚。

第二十六条　抗拒、阻碍江川县人民政府水行政主管部门和有关部门工作人员依法执行公务的，由公安机关依照《中华人民共和国治安管理处罚条例》的有关规定处罚。构成犯罪的，依法追究刑事责任。

第二十七条　当事人对行政处罚不服的，依照《中华人民共和国行政诉讼法》和《行政复议条例》的规定办理。

第二十八条　水行政主管部门和有关管理部门工作人员违反本条例，玩忽职守、滥用职权、徇私舞弊的，由其所在单位或主管机关给予行政处分；构成犯罪的，依法追究刑事责任。

第二十九条　本条例的具体应用问题由江川县人民政府负责解释。

第三十条　本条例自1996年5月1日起施行。

五、西双版纳傣族自治州澜沧江保护条例（1991年）

（1991年5月1日西双版纳傣族自治州第七届人民代表大会第五次会议通过，1991年5月27日云南省第七届人民代表大会常务委员会批准）

第一章　总　则

第一条　为了加强澜沧江的资源保护，维护生态平衡，合理开发利用，促进我州经济和社会发展，根据《中华人民共和国宪法》、《中华人民共和国民族区域自治法》及有关法律法规，制定本条例。

第二条　本条例的保护范围：系指澜沧江流经西双版纳傣族自治州境内188公里的水域和沿岸的自然资源。

澜沧江一级支流勐往河、南果河、勐养河、纳版河、流沙河、罗梭江、南阿河、南腊河等河流的保护，由各县人民政府根据本条例规定的原则，结合各地实际，制定具体办法。

第三条　自治州人民政府要把澜沧江的保护和合理开发利用纳入国民经济发展计划，坚持在维护生态环境的良性循环保护自然景观的前提下，实行统一规划、保护治理、合理开发、协调发展的方针。逐步恢复澜沧江沿岸的植被，加快航运、水利、旅游等事业的开发建设，充分发挥澜沧江的综合效益。

第四条　自治州内的一切国家机关、驻州人民解放军、武装警察部队、社会团体、企业事业单位、城镇、农村的自治组织和全体公民，以及一切外来人员，都必须遵守本条例，并有权对破坏澜沧江资源及生态环境的行为进行监督、检举和控告。

第二章　水　域　保　护

第五条　水域保护范围：自治州内澜沧江的水体、河道、河床、堤岸，及一切航运、水文、水利等设施和无堤防的江段，其保护范围根据历史最高水位确定。

第六条　在澜沧江水域内禁止一切有损于河床、堤岸、自然景观的行为。进行下列活动的，必须报经县以上水利部门批准，按照指定的时间、地点、范围进行：

（一）采石、挖沙、取土、采矿、淘金。

（二）爆破、钻探。

（三）开采地下资源及进行考古发掘。

第七条　在澜沧江水域内不得弃置、堆放阻碍行洪、航运的物体。在航道内不得弃置沉船，不得设置碍航渔具，不得种植水生植物。未经允许不得在水域内构筑任何建筑物。

第八条　在澜沧江保护范围内不得排放超过规定标准的废水；不准向水域内倾倒尾矿、垃圾、废渣等废弃物及有毒物体；不准新建污染环境。破坏生态平衡和自然景观的工业生产设施。已经建成的设施，其污染物排放超过规定标准的，限期治理。

第九条　在澜沧江航行的一切船只，不得向水体直接排放有毒有害污水、污物、废油等；运输有毒有害物质的船只，应当有防渗、防溢、防漏设施。

第十条　禁止在澜沧江水域内炸鱼、毒鱼、电力捕鱼等酷鱼滥捕，以及措杀国家列入保护的水生动物的行为。

第十一条　禁止任何单位和个人侵占、毁坏澜沧江水域范围内的一切航运、水文、水利、环境监测等设施。

第十二条　有关部门要定期进行水文监测和水质化验，为澜沧江的保护和开发利用提供科学依据。

第三章　防护林的保护及管理

第十三条　澜沧江防护林的范围：澜沧江沿岸非平坝地段第一道分水岭以内。

第十四条　澜沧江保护范围内的防护带，要认真保护，严禁乱砍滥伐，毁林开垦，严防山林火灾，搞好森林病虫防治。

第十五条　本条例颁布实施前，一切单位、个人经批准在防护林带内种植的橡胶、茶叶等长期经济林木维持现有面积，不得扩大。

澜沧江防护林带内的经济林木，可按林地权属进行抚育和更新性质的采伐，并要编制采伐方案，由县级林业部门审核发放采伐许可证。禁止皆伐。

第十六条　澜沧江防护林带内禁止种植粮食和其它短期经济作物，本条例颁布实施前已种植的，必须退耕还林。对耕地确有困难的少数村寨，由县人民政府在防护林带以外给予适当调整；确需继续耕种的，应在澜沧江非平坝顾段 1000 米以外，坡度在 25°以下，并报经自治州人民政府澜沧江主管部门批准。

澜沧江防护林带内退耕的土地，由林业部门作出规划设计，能自然还林的实行封山育林，不能自然还林的，按照林地权属，进行人工造林，限期恢复森林植被。

禁止在澜沧江的江堤坡面从事一切危及坡体稳定的活动。

第十七条　澜沧江沿岸的重要自然景观，溶洞、古树名木、文物古迹等，应严格保护，禁止砍伐和破坏。

第十八条　澜沧江防护林带为禁猎和其它妨碍野生动物生息繁衍的活动。

第四章　水域的开发和利用

第十九条　自治州的自治机关鼓励和支持国内外的经济实体和各种社会力量参加澜沧江的开发，建设适应经济发展的航运事业，建设电站及其它水利工程，发展渔业生产等。

第二十条　澜沧江水资源的开发利用，应由自治州人民政府澜沧江管理机构会同有关部门进行统一规划，综合考察，作出总体设计，报请自治州人民政府批准后施行。任何单位和个人在澜沧江水域，从事航运、旅游等经营活动和进行科学考察等活动，必须向澜沧江主管部门提出申请，经批准后方能进行。

第二十一条　开发利用澜沧江资源，应当服从澜沧江开发的总体安排，实行兴利与除害相结合的原则，兼顾当地人民的生产生活。

第五章　管理机构和职责

第二十二条　自治州设立澜沧江管理委员会，作为自治州人民政府领导下的澜沧江主管部门。其主要职责是：

（一）贯彻执行国家、省、自治州有关法律法规、政策及本条例的规定。

（二）各部门在澜沧江保护范围内的建设项目，必须先将工程建设方案送澜沧江管理委员会审查同意后，方可按程序履行审批手续。

（三）协调各有关职能部门的关系。

（四）监督、检查、落实对澜沧江的管理保护措施。

第二十三条　澜沧江管理委员会下设办事机构，具体负责管理委员会的日常工作。澜沧江管理所需经费列入州财政预算。

第二十四条　农业、林业、水利、建设环保、交通航运、土地管理、公安等部门，根据本条例及有关法律法规，在澜沧江管理委员会的统一协调下，各司其职。

<h3 style="text-align:center">第六章　奖励和处罚</h3>

第二十五条　对认真贯彻执行本条例，为澜沧江保护做出贡献的单位和个人，由各有关部门评定，澜沧江管理委员会同意，报请自治州人民政府给予表彰或奖励。

第二十六条　国家工作人员有下列行为之一的，管理委员会责成有关部门分别给予批评教育、行政处分、行政处罚，直至移送司法机关依法处理。

（一）违反本条例规定，不履行管理保护职责的。

（二）玩忽职守，造成澜沧江水体严重污染的。

（三）滥用职权，擅自批准单位或个人在澜沧江保护范围毁林开垦，破坏自然资源，造成重大损失的。

第二十七条　违反本条例第六条、第七条规定的，由县人民政府河道主管部门或者有关主管部门责令其停止违法行为，赔偿损失，采取补救措施，可以并处警告、罚款、没收非法所得；应当给予治安管理处罚的，由公安机关按照治安管理处罚条例的规定处罚，构成犯罪的，依法追究刑事责任。

第二十八条　违反本条例第八条、第九条规定的，由县以上人民政府行政、环保部门或者交通部门的航政机关责任人员，由所在单位或上级主管机关给予行政处分，并依照水污染防治的规定责令其停止或者关闭。

第二十九条　违反本条例第十条规定的。根据情节轻重由渔政管理部门没收其渔获物和违法所得，并处以罚款、没收其捕捞工具，构成犯罪的，依法追究刑事责任。

第三十条　违反本条例第三章各项禁止性规定的，由林业主管部门或者有关主管部门分别处以没收非法所得，赔偿损失，或者罚款，依法追究刑事责任。

第三十一条　毁林开垦视同滥伐林木处罚。构成犯罪的，依法追究刑事责任。

第三十二条　当事人对行政处罚决定不服的，可以在接到处罚通知之日起 15 日内，向作出处罚决定的上一级机关申请复议，对复议不服的，可在接到复议决定之日起

15 日内，向人民法院起诉，当事人逾期不申请复议或者不向人民法院起诉，又不执行处罚的，由作出处罚决定的机关申请人民法院强制执行。

第七章　附　　则

第三十三条　本条例由西双版纳傣族自治州人民代表大会审议通过，并报经云南省人民代表大会常务委员会批准生效。

第三十四条　本条例由西双版纳傣族自治州人民代表大会常务委员会负责解释。

六、云南省水资源费征收管理暂行办法（1997 年 3 月 31 日云南省人民政府第 41 号令发布）

第一条　为保障和促进水资源的合理开发利用与保护，维护国家对水资源的权益，充分发挥水资源的综合效益，根据《中华人民共和国水法》和《云南省实施〈中华人民共和国水法〉办法》等有关法律、法规，结合本省实际，制定本办法。

第二条　本办法适用于云南省行政区域内利用水工程或者机械提水设施直接从江河、湖泊和地下取水的单位和个人。

第三条　有下列情形之一的，暂不征收水资源费：

（一）在农村为家庭生活、畜禽饮用取水的。

（二）为农业灌溉取水的。

（三）其他零星少量取水的。

（四）国家和省另有规定的。

第四条　确有特殊情况的单位和个人，可以向县级以上水行政主管部门申请减免水资源费。

第五条　水资源费由取水口所在地的县级水行政主管部门负责征收。地、州、市水行政主管部门主管的湖泊，水资源费由地、州、市水行政主管部门组织征收。城市规划区地下水的水资源费，水行政主管部门可以委托城市建设行政主管部门征收。

第六条　水资源费的征收标准，依照本办法附表规定执行。

各州、市人民政府和地区行政公署根据当地水资源状况，在本办法附表规定的幅度内确定具体征收标准。

第七条　征收水资源费必须持有物价主管部门核发的行政事业性收费许可证，使用财政部门统一制发的行政事业性专用收费票据。

第八条　水资源费按取水设施的实际取水量计收。取水单位或者个人应当在取水设施上安装量水设备。无量水设备的，可以按取水设施的最大取水量计收。水资源费列入成本。

第九条　水资源费按季征收。取水单位或者个人应当于每季末 10 日内到指定的征收单位缴纳水资源费。逾期缴纳的，按日加收 2‰的滞纳金。

第十条　征收的水资源费实行分级分成管理：

（一）省辖市、地区直接征收的水资源费，上缴省 40%，自留 60%。

（二）县（市）征收的水资源费，上缴省 20%，上缴地、州、市 20%，自留 60%。

（三）自治州直接征收的水资源费，上缴省 35%，自留 65%；自治县征收的水资源费，上缴省 15%，上缴地、州、市 15%，自留 70%。

第十一条　负责征收水资源费的水行政主管部门，应当于当年 7 月和翌年 1 月将前半年所征收的水资源费按本办法第十条规定的比例，分别上缴省和地、州、市水行政主管部门。

第十二条　县级以上水行政主管部门征收和提留的水资源费，应当分别全额上缴同级财政，纳入地方预算外资金管理，作为水资源管理建设专项资金，专款专用，跨年结转使用，不得挪作他用。

水资源费的使用，由县级以上水行政主管部门会同有关部门按规定编制年度使用计划，由同级财政部门根据年度使用计划审核批准后拨付。

第十三条　水资源费主要用于下列开支：

（一）水资源的考察、调查评价、规划，编制水的供求计划和其他水资源管理的基础工作。

（二）水资源保护的研究和管理。

（三）水资源管理和水政管理的基础设施、设备和装备。

（四）节约用水措施的研究和推广。

（五）城市地下水的开发、利用和保护。

（六）水政水资源管理人员的培训和水法制宣传。

（七）奖励在水资源管理、科研方面有突出贡献的单位和个人。

第十四条　水行政主管部门应当加强水资源费的征收管理工作，建立健全财务管理制度。财政、物价、审计部门对水资源费的征收、使用和管理进行监督检查。

第十五条　水资源费征收部门坐支、截留、挪用水资源费或者不按本办法的规定上缴和使用的，由其上级主管部门会同财政、审计部门进行清查，收缴违纪资金，并对有关责任人员给予行政处分。

本资源费征收部门工作人员玩忽职守、滥用职权、徇私舞弊的，由其所在单位或者上级主管部门给予行政处分；构成犯罪的，依法追究刑事责任。

第十六条　取水单位或者个人有下列行为之一的，由县级以上水行政主管部门责令改正或者责令停止取水，处警告或者200元以上2000元以下罚款；对有关责任人员由其所在单位或者上级主管部门给予行政处分：

（一）拒缴水资源费的。

（二）改装、使用不合格量水设备的。

（三）拒绝接受水资源费征收部门检查的。当事人对行政处罚决定不服的，依照《中华人民共和国水法》第四十八条规定办理。

第十七条　使用供水工程供应的水，按照规定向供水单位交纳过水费的不适用本办法。

第十八条　本办法由省水利水电厅负责解释。

第十九条　本办法自1997年7月1日起施行。本办法施行前各地制定的有关规定与本办法不符的，按本办法执行。

附：云南省水资源费征收标准（表4-1）

表4-1　云南省水资源费征收标准

取水类型＼征收标准＼取水水源	江河	湖泊	地下水
工业取水	2—4	3—5	4—6
生活取水	1.0—1.5	1.5—3	2—4
水力发电取水	0.1—1	0.2—1.5	1—2
火力发电取水	0.2—1.5	0.5—2	0.6—2.5
其他取水	1—4	2—6	4—8

单位：水力发电取水为分/千瓦小时，其余类别取水为分/立方米

第三节　环境污染与治理法规条例

一、昆明市市容环境卫生管理实施细则（1984年12月4日昆政发〔1984〕176号）

第一章　总　　则

第一条　为加强城市市容环境卫生管理，维护市容整洁，保障人民身体健康，把我市建设成为整洁、优美、文明的社会主义现代化城市。现根据中华人民共和国城乡建设环境保护部颁发的《城市市容环境卫生管理条例（试行）规定》精神，结合我市的实际情况，制定本实施细则。

第二条　城市市容环境卫生管理工作的方针是：全面规划，合理布局，专群结合，

综合治理，美化环境，造福人民。城市市容环境卫生管理工作的任务是：保证在城市建设和管理中，美化市容，妥善处理废弃物，防止环境污染，创造文明整洁的生活环境，保护人民身体健康，促进国家现代化建设的发展。

第三条　城市的所有单位和个人，既有享受良好市容环境卫生的权力，也有维护和改善市容环境卫生的义务。

第四条　城市（包括市属县的县城）市容环境卫生事业的建设，要纳入城市规划以及市、县（区）人民政府的经济和社会发展计划。

第五条　各县（区）政府和各有关部门，应当结合开展"五讲四美三热爱"活动和爱国卫生运动，大力宣传搞好市容环境卫生的管理法规和科学知识，树立共产主义道德观念，遵守公共秩序和社会公德，培养爱清洁、讲卫生的优良风俗习惯，树立维护城市市容环境卫生的新风尚。

第二章　市容环境卫生的管理

第六条　城市的临街单位、商站和住户，要对建筑物、门面、广告、橱窗、招牌、标语等，定期进行维修和装饰，经常保持整洁、美观、完好。同时要负责搞好周围卫生和绿化工作。任何单位和个人不准在阳台、窗外和街道两侧堆放垃圾、污物、包装物品和各种有碍观瞻的物品。

第七条　维护公共场所的环境卫生：

（一）机场、车站（包括公共汽车始末站）、停车场、码头、影剧院、展览馆、绿化地带、体育馆（场）、公园、大商场等公共场所应由本单位设置垃圾容器，配置专人清扫保洁。

（二）经营蔬菜、瓜果、饮食、禽蛋及其他物品的商店和经批准设置的摊点，要自行设置垃圾容器、收集瓜果皮核、冰棒纸、菜叶、包装盒、废纸、烟头、残渣剩饭、废水污物等废弃物。商店及摊点要指定专人按规定的保洁范围时清扫，以保持周围环境的整洁。农贸市场、综合市场、菜场由工商行政管理部门、蔬菜公司加强管理，设置专人负责清扫保洁。

（三）城市码头，由航运部门负责搞好水上卫生。

第八条　建筑、施工单位在市区、城镇施工建设时，必须严格遵守《昆明市市政管理条例》，自觉维护市容环境卫生的整洁，并做到：

（一）园林绿化部门及有关单位应当保持沿街树木、绿篱、花坛、草坪的整洁美观。清理整修作业时所产生的废枝、渣土，应送往指定地点。

（二）清掏下水道的污泥，要实行容器装运，并及时清运离现场，污染路面要及时用水冲洗干净。

（三）因施工作业需要断路而影响垃圾、粪便清运的，施工单位应事先向所辖区环境卫生管理站报告，经同意并采取妥善施后，方可施工作业。

第九条　城市或近郊区道路、公路两侧，不准倾倒垃圾，不准堆积肥料和设置肥料转运点。

不准向河流、下水道内倾倒垃圾、粪便、动物尸体等。

第十条　除公安局批准外，城市内严禁养狗。饲养其他家禽、牲畜要有栏有厩，不准在街巷放养或在人行道上圈养。

禽畜栏厩经常打扫，勤除厩粪、消除蚊蝇孳生条件，搞好卫生，不得污染周围环境。

第十一条　各种交通工具进入城市要保持车容整洁，并做到：

（一）客运列车进入市区城镇应当关闭车内厕所。

（二）公共汽车内要设置废票箱，不得尚街抛撒废票。

（三）装卸、运输砂石、水泥、石灰、煤炭等各物资和废土、废料、垃圾、粪便等各种废弃物的车辆，要装载适量，捆扎盖好、封闭严密，不得沿途泼撒和滴漏。各种物资装卸完毕后，必须及时清扫场地。

（四）畜力车进入市区应配带有效的粪兜和清扫工具，遗撒的粪便和饲料应及时清扫干净。

（五）航运船只不得把废物排入市区江河水域。

第十二条　每个公民都要自觉遵守公共卫生秩序，尊重社会公德，做到不随地大小便，不乱扔果皮、菜叶、纸屑、烟头、冰棒纸棍；不随地吐痰、擤鼻涕；不乱倒垃圾、污物、粪便和污水；不在建筑物上乱写乱画。

第三章　清扫与保洁管理

第十三条　各地区、各单位的市容环境卫生实行条块结合，以块为主的原则。各临街单位、商店和院坝要建立门前"三包"责任制，做到见脏就扫，经常保持环境整洁。

第十四条　机关、团体、部队、企业、事业单位应坚持卫生劳动日活动，负责街道办事处所划分的卫生责任区的清扫保洁工作，参加环境卫生突击活动。遇有冬季降雪，各单位应当按当地政府所划分的地段，及时参加扫雪，各单位应当按当地政府所划分的地段，及时参加扫雪，清除积水，以保证交通畅通和环境整洁。

第十五条　盘龙、五华两区环卫站专业队伍负责清扫的主要街道，坚持夜间一大扫，白天全日保洁。其他街巷的清扫保洁由街道办事处组织民办清扫员包干负责，做好经常性（包括垃圾库桶）周围的保洁工作。

第十六条　郊县区城镇和城郊结合部的街巷清扫保洁工作，由县、区环保站、街道办事处（镇）组织民办清扫员干负责。

第十七条　街道办事处和居民委员会应加强本地区的市容环境卫生管理、监督、组织定期和不定期的检查评比，使市容环境卫生工作经常化，制度化、规范化。

第四章　废弃物的收集和管理

第十八条　居民的生活垃圾必须倒入垃圾库（桶）内。倒垃圾的时间为：下午五点至次日晨七时。垃圾由辖区的环卫站按时组织清运，做到日产日清。

第十九条　公共单位、工业、商业、服务行业、市政、建筑修缮等单位产生的工业废渣、工程污泥、渣土和经营性垃圾等废弃物，必须自行收集且运往指定地点，不准倒在垃圾库（桶）内。无办自行清运的单位，要与运输单位或辖区环卫站协商，签订代运合同，按清运量交纳代运费。

第二十条　医院、屠宰场、生物制品厂、科研单位等产生的含有病菌、病毒和放射性物质的垃圾、污物、患者排泄和污水，由本单位负责按有关规定采取封闭措施单独存放，自行消毒、焚烧处理。

第二十一条　各种动物的尸体，由畜主在远离水源和居住区的地方实行深埋或火化处理，不得任意丢弃。

第二十二条　盘龙、五华两区厕所的粪便，由两区环卫站统一管理。除专业队伍负责清运的厕所外，其余厕所的粪便和郊县（区）城镇机关单位、部队、学校、工矿企事业单位厕所的粪便，采取由辖区环卫站与农村签订合同的方法，逐时逐日清运，并搞好厕所卫生。对于不执行合同规定事项，不按时清运，经指出后仍不改进者，环卫部门有权进行处理，直至终止合同，另行安排。

第二十三条　任何单位或个人，未经批准，不准随意进入市区乱掏粪便；不准在市区内积肥、造肥、私盖厕所或设置粪便收集转运点；不准自行与农村社员挂色运粪便或以粪易物。

第二十四条　在市区内运送粪便的车辆、人员必须服从城市市容环境卫生监察人员的管理。不得在公共场所和正在营业的饮食店门前停放粪具。运粪车辆、粪箱、粪具必须清洗干净，严封不漏。如有泼撒溢漏粪便时应立即冲洗干净。

第二十五条　各种垃圾和粪便的清运时间，一律为夜晚路灯亮后至次日晨七时前，冬季为七时半（专业清运队的时间另行规定）。清运时要做到：垃圾日产日清，粪便及时清运，车走场地净。

第二十六条　城市公私厕所由产权部门负责检查维修，使用部门要设专人负责管理。做到天天打扫，定期冲洗和喷洒高效低毒杀虫药剂，保持厕所整洁。

第二十七条　城郊农村设置的积肥场地，应当远离生活居住区、公共场所、交通要道、水源地、食品厂等，并采取封闭措施。

第二十八条　每个公民要爱护厕所卫生。做到大便、小便、便纸、痰涕、烟头入坑入槽，不在厕所墙壁上涂画刻写和弄脏厕所墙壁，爱护厕所内的水电挂勾等设施。

第五章　环境卫生设施管理

第二十九条　城市环境卫生设施的建设要纳入城市建设规划。各种环境卫生设施的建设地点，一经批准后，任何单位或个人不得阻碍施工。

第三十条　凡新建、改建、扩建房屋时，要按照规划同时对环卫设施（厕所、化粪池、垃圾库（桶）、排水系统等）和清运车辆的通道进行设计，做到同时施工、同时完工、同时交付使用。环卫设施的设计会审、工程验收工作要有市环境卫生管理处参加。水冲厕所必须有市环卫处的验收合格证方能接通下水道。对陈旧的环卫设施，应逐步进行改造，以适应清运机械化发展的需要。

第三十一条　影剧院、公园、游览区、长途车站、码头、展览馆、机场候机室、停车场等公共场所应设置痰盂、果皮纸屑箱和符合卫生要求的公共厕所。

第三十二条　任何单位和个人不准占用、改建、移动和损坏公共厕所、贮粪池、垃圾库（桶）等环卫设施；不准依附环卫设施搭盖建筑物；不准在垃圾桶内焚烧纸屑和其他物品，不准倾倒大小便；不准进行有损于公共卫生设施的一切作业。

第三十三条　因建设或其他原因必要拆迁环卫设施时，应由建设单位事先向辖区环卫站申请，报经市环卫管理处批准，并负责易地重建，做到先建后拆。

第六章　管理权限和职责范围

第三十四条　昆明市规划建设管理局统一归口管理城市市容环境卫生工作。其职责是：组织和领导全市市容环境卫生事业的建设；编制长远发展规划和年度计划；检查、监督城市市容环境卫生方针、政策、法规的执行；组织检查评比，总结交流经验。

第三十五条　昆明市环境卫生管理处是昆明市人民政府主管市容环境卫生的职能机构。各县（区）环境卫生管理站是各县（区）人民政府主管市容环境卫生职能机构。其职责是：严格执行国家和地方政府颁布的城市市容环境卫生管理法规，组织市容管理队伍，行使管理职能；参与制定城市规划，编制环境卫生专业规划及审批公共、民用建筑中卫生设施的设计；组织和领导专业队伍清扫街道、清运垃圾和粪便，修造和维护环境卫生设施；对民办清洁员负责的市区和郊区环境卫生工作，实行检查、监督和指导；开展科学研究逐步实现生活废弃物无害化处理和综合利用。

第三十六条　昆明市市容环境卫生监察队是执行各级政府颁发的有关市容环境卫生管理条例、通告、规定和本《细则》的管理和执法队伍。市容卫生监察人员在执行任务时，要随身配戴标志，罚款时要开给统一印发的收据。对于冒充卫生监察人员进行敲诈勒索的人，要依法处理。

第三十七条　各级管理市容环境卫生的部门和工作人员，要忠于职守，执法守法；要加强宣传教育，礼貌待人，办事公道，不徇私情。

第三十八条　本市市容环境卫生管理工作，实行市、县（区）镇（街道办事处）三级管理。各县（区）、镇（街道办事处）居民委员会应有一位负责同志分管此项工作。县（区）设环境卫生管理站，镇（街道办事处）设一名专职市容环境卫生管理员，按照上述规定的职责范围，充分发动和依靠群众，搞好市容环境卫生工作。

环卫职工是搞好市容环境卫生的专业队伍，既是服务员，又是宣传员和监督员。每个公民应尊重环卫职工的辛勤劳动，支持环卫职工的正常工作。

第七章　奖励与处罚

第三十九条　各级人民政府和主管部门对于积极宣传和认真执行本《细则》，在保护和改善市容环境卫生，加强管理和监督工作做出显著成绩的单位和个人，应给予必要的精神鼓励和物质奖励。

第四十条　对违反本《细则》规定，有下列妨害市容环境卫生行为之一的，除进行批评教育，令其就地打扫卫生外，还将视情节轻重，分别给予警告、罚款、没收物资、拘留等处分。情节严重者，将给予必要的刑事处分。处罚规定如下：

（一）在街上或公共场所随地吐痰、擤鼻涕、随地大小便者；乱扔瓜果皮核、烟头、废纸弃物者；乱倒垃圾、污水粪尿者；筛灰、拌肥、焚烧物品者，罚卫生劳动二至八小时，或处以罚款三角至二元。

（二）乱倒生产、经营性垃圾者，装卸、运输的各种物资、废弃物散落，滴漏污染环境者；遗弃牲畜粪便或饲料者；不按规定及时清除工程弃土、弃料、污泥、修整的树木枝叶者，按污染面积每天每平方米罚款三角，并对直接责任者（或驾驶员）罚款五至十元，扣留的运输工具每日交保管费一元。

（三）在城市和近郊区道路、公路两侧倾垃圾、积肥或设置肥料转运点者，除令其限清除外，罚款五至三十元。情节严重者，罚款五十元以上。

（四）随意进入市区掏粪者，分别处以不同罚款：挑担者罚款三至五元；车辆、拖拉机罚款五至三十元；情节严重者罚款五十元。污染路面者按每天每平方米罚款三角，扣留的运输工具每日交纳保管费一元。

（五）在街道上营业的摊点、售货亭不按规定打扫周围卫生、乱倒残汤剩水、炉火废渣、废物纸屑者，对主要负责人处以五至十元的罚款。

（六）在市区街巷放养家禽的，罚款五角至二元；养猪、狗、羊等家畜限期不处理的，没收其家畜。

（七）偷窃、损坏环境卫生设施者，除追回原物或收取赔偿费外，并处以设施原价一倍的罚款，情节严重，态度恶劣者还要给予必要的刑事处分。

（八）对其他妨害市容环境卫生者的处罚，可参照上述条款进行处理。

罚款当场交清或限期交付。对拒不认罚，教育无效者；污辱、殴打市容环境卫生监察人员者，将依照《中华人民共和国治安处罚条例》予以处理。情节严重者，将给予必要的刑事处分。

第八章　附　　则

第四十一条　本《细则》由各级市容环境卫生管理部门负责实施，卫生、公安、交通、工商、城建、市政、园林、商业等部门积极配合协助执行。

第四十二条　本《细则》适用于昆明市所辖盘龙、五华两区及郊县区的城镇及工矿企业。

第四十三条　本《细则》的解释权属昆明市环境卫生管理处。

第四十四条　本《细则》自公布之日起执行，原有的昆明市革命委员会一九七二年八月一日颁布的《关于加强城市管理若干问题的暂行规定》中的第二部分《关于加强城市卫生管理的规定》和昆明市革命委员会环境卫生管理处一九八零年十月十五日颁布的《昆明市市容卫生管理实施细则》同时作废。

二、《云南省景谷傣族彝族自治县环境污染防治条例》（1999 年）

（1999 年 7 月 28 日景谷傣族彝族自治县第十三届人民代表大会第三次会议通过；1999 年 9 月 24 日云南省第九届人民代表大会常务委员会第十一次会议批准）

第一条　为了保护和改善自然生态环境和生活环境，防治环境污染，保障人体健康，实现经济、社会与环境保护协调发展。根据《中华人民共和国民族区域自治法》、《中华人民共和国环境保护法》及有关法律法规，结合自治县实际，制定本条例。

第二条　自治县行政区域内的一切单位和个人，必须遵守本条例。

第三条　自治县、乡（镇）人民政府必须坚持经济建设、城乡建设、环境污染防治同步规划、同步实施、同步发展的指导思想，把环境污染防治纳入自治县国民经济与社会发展计划。

第四条　自治县人民政府应把环境污染纳入法制宣传教育规划，有计划地开展环境保护宣传教育。每年 6 月第一周为自治县环境保护宣传教育周。

第五条　自治县环境保护局是自治县人民政府环境保护行政主管部门，对本县辖区内的环境保护工作实施统一监督管理，本条例涉及到的农业环境污染防治、城镇垃圾和污水处理等，由自治县人民政府农业、城建等行政主管部门依法监督管理。

第六条　自治县人民政府设立污染治理专项资金，专款专用。资金来源：

（一）县级财政每年收入的 1%。

（二）企业、事业单位和个人缴纳的排污费和超标排污费。

（三）捐赠和其他资金。

第七条　自治县工业发展布局应当符合城乡（镇）规划和环境保护的有关规定；在建设项目批准之前，必须进行环境影响评价，按规定报环境保护行政主管部门审批。

第八条　新、扩、改建项目，必须采用无污染或少污染的新技术、新工艺、新设备。

新建工业项目，防治污染设施必须与主体工程同时设计、同时施工、同时投产使用。

已建成投入使用的污染治理设施，未经环境保护行政主管部门批准，不得闲置、拆除和改变用途。

第九条　超标排放污染物的企业、事业单位、个人工商户，必须限期治理达标。

发生环境污染事故的企业、事业单位、个体工商户，必须立即采取措施进行处理，并及时向环境保护行政主管部门和有关部门报告，接受调查处理。

第十条　科学使用农药、化肥、农膜，推广生态农业，防治农业环境污染。禁止使用剧毒、高残留农药。

禁止向农田排放或倾倒工业废水、废气、废渣。

第十一条　县城建立无害化垃圾处理场，推行生活垃圾分类袋装化；乡（镇）集镇实行垃圾分类统一处理。

生活垃圾必须运送到指定的垃圾存放点。生产垃圾和建筑垃圾由单位运送到指定地点倒放。禁止乱倒垃圾或在非指定地点燃烧垃圾。

第十二条　县城和乡（镇）集镇应按规划建立污水处理设施。

城镇的生活污水必须排入污水沟，禁止乱排乱倒。

第十三条　建立饮水水源保护区，按国家地面水环境质量Ⅱ类标准保护。禁止在饮水水源保护区内建设有污染的项目。

威远江及流经乡（镇）集镇河流的水质依其功能类别按国家地面水环境质量标准保护。

第十四条　自治县大气环境质量按二类区保护，执行国家二级标准。

第十五条　县城规划区内执行国家规定的城市区域环境噪声标准。工业企业、建筑工地、文化娱乐场所向周围生活环境排放的边界噪声，不得超过其所在区域的类别标准。

第十六条　自治县辖区内，凡向环境中排放污染物的企业、事业单位、个体工商户，必须向自治县环境保护行政主管部门申报登记，并缴纳排污费。所收取的排污费全部用于自治县环境污染防治。

第十七条 在环境保护和工业污染防治工作中做出显著成绩的单位和个人，由自治县人民政府表彰奖励。

第十八条 违反本条例规定，有下列行为之一的，由环境保护行政主管部门给予处罚：

（一）违反第七条、第八条第二款规定的，责令停止施工，并视情节处1000元以上10000元以下罚款。违反第八条第三款规定的，视情节处1000元以上8000元以下罚款。

（二）违反第九条第一款规定的，除按国家规定加收超标准排污费外，视情节处1000元以上10000元以下罚款；对逾期治理不达标的，报经县以上人民政府决定，责令停业、关闭。违反第九条第二款规定的，赔偿损失，并视情节给予警告或者处500元以上5000元以下罚款。

（三）违反第十二条第二款规定的，处50元以上500元以下罚款。

（四）违反第十三条第一款规定的，责令停止施工，并视情节处1000元以上5000元以下罚款。

（五）违反第十五条规定的，责令改正，并视情节处100元以上1000元以下罚款。

（六）违反第十六条规定的，限期登记，补交排污费，并视情节处1000元以上10000元以下罚款。

第十九条 违反本条例第十条规定的，由农业行政主管部门给予处罚。违反第一款规定的，赔偿损失，并视情节处50元以上300元以下罚款；违反第二款规定的，赔偿损失，并视情节处1000元以上10000元以下罚款。

第二十条 违反本条例第十一条规定的，由城乡建设行政主管部门责令清除，并视情节处50元以上1000元以上罚款。第二十一条 自治县环境保护行政主管部门和其他有关行政主管部门的工作人员，在环境保护工作中，玩忽职守、滥用职权、徇私舞弊的，由所在单位或上级主管部门给予行政处分。构成犯罪的，由司法机关依法追究刑事责任。

第二十二条 当事人对行政处罚决定不服的，按照《中华人民共和国行政复议法》和《中华人民共和国行政诉讼法》的规定办理。

第二十三条 本条例具体应用中的问题，由自治县人民政府负责解释。

第二十四条 本条例经自治县人民代表大会通过，报云南省人民代表大会常务委员会批准后公布施行。

第四节　自然资源保护法规条例

一、自然保护区

（一）昆明市松华坝水源保护区管理规定（1989年12月29日昆政【1989】274号）

第一章　总　　则

第一条　为保护好松华坝水源区，保证人民生活和工农业生产用水，维护昆明城乡的防洪安全，促进昆明市的经济、社会发展，根据《中华人民共和国水法》、《中华人民共和国森林法》、《中华人民共和国环境保护法》、《中华人民共和国水污染防治法》和《滇池保护条例》等法律、法规，结合本市实际，特制定本规定。

第二条　松华坝水源保护区的范围是松华坝水库和松华坝水库汇水面积中嵩明县的大哨乡、白邑乡、阿子营乡；官渡区的双哨乡、小河乡、双龙乡的麦地塘办事处和乌龙、庄房办事处的11个村，龙泉镇上坝办事处和中坝办事处在松华坝水库以上的山地。

第三条　松华坝水源保护区的管理与综合整治应纳入市、县（区）的国民经济和社会发展计划与财政预算。

第四条　松华坝水源保护区的管理以保护、增加森植被和保持水土为中心，以保护水质为重点，以维护生态环境良性循环为目标，坚持保护水源与开发整治并重，上、下游统筹兼顾的原则，实现经济、社会、环境三大效益的统一。

第五条　松华坝水库的水质按照国家《地面水环境质量标准》（GB－3838－88）Ⅱ类标准进行保护。

第六条　一切单位和个人都有保护松华坝水源保护区的义务，并有对破坏、损害松华坝水源保护区的行为进行监督、检举和控告的权利。

第二章　保护与管理

第七条　松华坝水源保护区的林木主要为水源涵养林。原有的林木和今后新种的林木，国家、集体、个人产权不变，谁种谁有，任何单位和个人都不得擅自砍伐、任意侵占和损坏。

第八条　保护区内采伐林木必须坚持林木的消耗量低于生长量的原则，由市林业局制定年度采伐限额，逐级下达执行。并由县（区）林业部门负责监督检查，不得突破。农户因建房需要砍伐林木时，在采伐限额内由县（区）、乡办事处核定，并做到伐一种十，先种后伐，经验收合格后发给砍伐证方可砍伐。

第九条　有计划地营造薪炭林，积极发展沼气、节柴灶、太阳能，以减少用作燃料的林木的消耗。保护区内的机关、部队、企事业单位和以烧柴为主要能源的农村工副业，应当实行以煤代柴。

第十条　任何单位和个人不准在坡度为二十五度以上的禁垦地区开垦，已经开垦的，应当限期退耕还林或还草。需要在坡度二十五度以下的地区扩大耕地面积时，五亩以下由农户提出申请，乡人民政府或办事处审核后，报县（区）人民政府批准；超过五亩的由县（区）人民政府审核后，报市人民政府批准。

第十一条　不得在幼林地、封山育林区和松华坝水库正常蓄水线以上200米范围内放牧。

第十二条　在保护区内，不得进行烧山、烧灰积肥、野炊、烧蜂、放火驱兽和出售腐质土等破坏植被的活动。

第十三条　建立专业护林防火和群众护林防火相结合的队伍，平均每万亩林地配置五至十名专职和兼职的护林防火人员。在林业治安工作繁重的地方，设立林业公安派出所，依法加强管理。

第十四条　禁止在林地、陡坡和水工程安全区范围内挖砂、取土、炸石。确因建设需要的，须经保护区管理机构批准，由申请单位负责采取生物措施和必要的工程措施，以恢复地貌和植被，并按规定交纳资源补偿费和育林保证金。

第十五条　保护区的水资源属于国家所有，即全民所有。农村集体经济组织所有的水塘、沟渠、小水库中的水属集体所有。保护区内的水资源实行统一管理与分级相结合的制度。松华坝水库由市水利局负责管理，河道由县（区）水利局负责管理，沟渠、泉点（龙潭）、坝塘、小水库由乡政府、办事处负责管理。

第十六条　不得在保护区内新建基础化工、农药、电镀、造纸制浆、制革、印染、石棉制品、硫黄、磷肥等有污染的企业和项目。

第十七条　松华坝水源保护区不得开辟为旅游、疗养区，不得兴建各种旅游、疗养设施。

第十八条　禁止向河道、水库排入未按排放标准处理的工业废水；不得向水库或水库上、下游河渠倾倒土、石、垃圾、死畜等废弃物；不得在距泉点（龙潭）100米、河道两岸各50米和水库周围200米范围内堆放和存贮化肥、农药、石油制品等有毒有害物品。

第十九条　保护区的内不得销售、使用国家禁止的低效高毒、高残留农药。废弃的农用塑料膜、瓶、袋、箱应回收处理，不得任意弃置或擅自掩埋。

第二十条　市、县（区）环境保护局，松华坝水库管理处、乡（镇）人民政府、办事处应共同加强对保护区的环境保护，环保部门应定期监测，作出环境评价。积极治理老污染，严格控制新污染。

第二十一条　在松华坝水库内禁止从事下列活动：

（一）运送农药、化肥、石油类产品及其他有毒有害物质。

（二）清洗装贮过油类或者有毒、有害污染物的车辆、容器。

（三）游泳和进行其他水上体育活动。

（四）毒鱼、电鱼、炸鱼。

（五）在非指定区域捕鱼、钓鱼或网箱养鱼。

第二十二条　保护野生动物资源，禁止到保护区狩猎、捕杀濒危的陆生、水生动物和有益的或者有重要经济、科学研究价值的鸟、兽、虫。

第二十三条　禁止损坏水工程、堤防、护岸和防汛、水文监测、环境监测、通讯、交通、护林防火等设施。

第三章　整治与开发

第二十四条　保护区的整治与开发以生物防治为主，工程治理为辅，进行全面规划布局，调整产业结构，发展生态经济，使经济与环境相互协调。

第二十五条　保护区内实行工程造林与群众造林并重的原则，按照"乔、灌、草"结合和针阔混交的种植方针，以营造水源涵养林为主，兼顾薪炭林、经济林和用材林。对原有的疏林和灌木林分期进行抚育改造，对新造的幼林地实行封山育林。继续推行退耕还林，自退耕之年起按已定的补偿政策连续补偿十年。

第二十六条　保护区内人均应稳定一亩以上耕地面积，提高单产，做到粮食自给有余。保护区内林业开发与整治的近期目标为：力争在本世纪内人均拥有一亩以上经济林，形成果品基地，增加经济收入；人均一亩以上薪炭林，加上推广节柴灶、沼气池、太阳能等，就地解决生活能源；人均一亩左右用材林，解决区内必要的用材自给。造林应把水源涵养林、经济林、薪炭林、用材林结合起来，以经济林为先导，长短结合，兴林致富、实现经济效益和生态效益的统一。

第二十七条　防治农业污染。鼓励农户施用农家肥、少用化肥，合理施用农药，积极推广生态农业和生物防治新技术。

第二十八条　保护区水资源的开发利用和水害防治，由市水利局进行统一规划，市、县（区）、乡、办事处分级负责进行建设和维修。在提高城乡防洪和供水能力的同时，首先应满足保护区人畜饮水的需要，并逐步扩大水浇地面积。

第二十九条　松华坝水源保护区综合开发整治的具体要求与目标，由滇池和松华坝保护区专管机构拟定《松华坝水源保护区综合开发整治纲要》，报市人民政府批准后，按年度组织实施。

第三十条　为搞好保护区的整治、开发与保护，各级政府各部门应针对保护区的实际，实行特殊扶持政策和措施，逐年实施。

第四章　机构与职责

第三十一条　在昆明市滇池保护委员会及其办公室的领导下，设立松华坝水源保护区管理处，其主要职责是：

（一）贯彻并监督执行有关保护环境和自然资源的法律、法规、规章和本规定。

（二）会同市政府有关部门及有关县（区）制定保护、整治开发计划和实施方案并督促检查其执行。

（三）负责多渠道组织筹集资金和监督、检查资金的使用情况。

（四）会同市政府有关部门和有关县（区）审查上报或批准建设项目。

（五）按照规定的权限处理违反本规定的单位和个人，奖励成绩显著的单位和个人。

（六）组织开展保护、整治、开发的科研工作。

（七）办理上级机关交办的其他事项。

第三十二条　保护区内的县（区）、乡（镇）人民政府及其办事处，应将保护区的保护、管理与整治工作纳入任期目标责任制，保证本规定在本行政区域的有效实施。

第三十三条　市人民政府各有关部门应对保护区的管理、整治开发积极予以支持和帮助，结合本部门的业务，按照综合整治纲要的要求，分年度制定具体措施和办实事项目，并确保落实。

第五章　奖励与处罚

第三十四条　对执行本规定成绩显著的单位或个人，符合下列条件之一的，由市、县（区）人民政府和保护区管理机构给予表彰和奖励：

（一）个人或每户成片植树造林五亩以上，单位植树造林三十亩以上，经验收合格的。

（二）在保护森林、植被，防治水土流失，降低林木消耗，防治森林病虫害等方面取得明显效果的。

（三）检举、控告乱砍滥伐、毁林开荒，污染水源，破坏水利设施及其他违反本规定行为有功的。

（四）报告山林火警、扑救山火有功的。

（五）连续五年无重大山林火灾事故的。

（六）以科学技术帮助保护区发展经济，在监测、科研、宣传普及等方面作出显著成绩的。

（七）对保护区的管理、建设有其他突出贡献的。对单位的奖励可以发给奖金1000 元至 10000 元，对个人的奖励可以发给奖金 100 元至 1000 元。对单位奖励 5000 元以上的由市人民政府批准；其他奖励由县（区）人民政府或保护区管理机构批准。

第三十五条　对违反本规定的单位或个人，依照有关法律、法规和规章制度予以处罚；有关法律、法规和规章未作明确规定的，依照本规定第三十六条予以处罚。

第三十六条　违反本规定，有下列行为之一的，除责令其立即停止违法行为和承担相应的民事责任外，由保护区管理处对单位处以 1000 元至 10000 元的罚款；对个人处以 100 元至 10000 元的罚款，对负有责任的人员，由所在单位或上级主管机关给予行政处分：

（一）乱砍滥伐林木，毁林开荒、违反封山育林规定的。

（二）引起山林火灾不扑救、不报告造成损失的。

（三）对已发生的森林病虫害，不积极组织防治、扑救，使森林资源造成损失的。

（四）用渗井、渗坑、裂隙、溶洞或稀释等办法排放有毒有害废水，或用其他方法污染水源的。

（五）损害水库枢纽工程、河道闸坝，损坏防汛设施和水文监测，通讯、护林防火等设施的。

（六）擅自进行爆破、打井、挖砂、采石、取土造成水土流失或危害水工程安全的。

（七）狩猎、毒鱼、炸鱼、电鱼造成危害的。

（八）有关工作人员玩忽职守、滥用职权、徇私舞弊、违反规章制度造成损失的。

（九）对检举、控告人员进行打击报复的。

（十）对执行公务的人员进行阻挠和殴打的。

第三十七条　违反本规定，依照《中华人民共和国治安管理处罚条例》应受处罚的，由公安机关予以处罚；构成犯罪的，依法追究当事人的刑事责任。

第三十八条　当事人对行政处罚不服的，可以在接到处罚通知之日起 15 日内，向作出处罚决定的机关的上一级机关申请复议；对复议决定不服的，可以在接到复议决定之日起 15 日内，向人民法院起诉。当事人也可以在接到处罚通知之日起 15 日内直接向人民法院起诉。当事人逾期不申请复议或者不向人民法院起诉，又不执行处罚决定的，由作出处罚决定的机关申请人民法院强制执行。

第六章 附 则

第三十九条 本规定具体应用的问题由昆明市滇池保护委员会办公室负责解释。

第四十条 本规定自发布之日起施行，过去发布的有关规定与本规定不符的，以本规定为准。

（二）《云南省西双版纳傣族自治州自然保护区管理条例》（1992 年）

（1992 年 7 月 28 日云南省第七届人民代表大会常务委员会第二十五次会议批准）

第一章 总 则

第一条 为了加强对西双版纳国家级自然保护区自然环境和自然资源的保护管理，维护自然生态平衡，拯救濒危的热带、亚热带生物资源，为科研和生产服务，造福人类，根据《中华人民共和国民族区域自治法》、《中华人民共和国森林法》、《中华人民共和国野生动物保护法》等有关法律，结合我州实际，制定本条例。

第二条 西双版纳国家级自然保护区包括勐养、勐仑、勐腊、尚勇、曼稿五片，总面积二十万公顷。经确定的自然保护区的面积和界线，不得随意变更，确须变更，必须经原审批机关批准。

第三条 西双版纳国家级自然保护区实行全面保护自然环境，大力发展生物资源，积极开展科学研究，合理经营利用，发挥多种效益，为社会经济发展服务的方针。

第四条 本州内活动的单位和个人都必须遵守本条例。

第五条 保护好自然保护区的自然环境和自然资源是全州各族人民应尽的义务和职责。各级人民政府应加强对自然保护区工作的领导，禁止一切破坏自然保护区自然环境和自然资源的行为，支持和督促各级管理部门做好自然保护区的各项工作。

第六条 州内其它森林和野生动物类型自然保护区依照本条例进行管理。

第二章 管理机构和职责

第七条 西双版纳国家级自然保护区的自然环境和自然资源，由自然保护区的管理机构统一管理，设立西双版纳州国家级自然保护区管理局，行使对自然保护区行政管理职能，由州人民政府领导，业务上受省林业厅指导。

管理局下设自然保护区管理所，管理所受所在县人民政府和管理局双重领导。

管理所以下可设立若干个保护管理站。

第八条 管理机构的主要职责是：贯彻执行国家关于自然保护区的法律、法规和政策；开展保护自然的宣传教育；负责保护区的行政管理，保护和发展珍贵、稀有的动、植物资源；依法查处破坏自然环境和自然资源的违法行为；开展科学研究，探索自然演变的规律和合理利用森林和野生动植物资源的途径，为社会主义建设服务。

第九条　自然保护区设立林业公安机构，行政上受自然保护区管理机构领导，业务上受当地公安机关和上级林业公安机关领导。

自然保护区公安机构的主要职责：保卫自然保护区的自然资源和国家财产；依法查处破坏自然保护区资源和设施的违法犯罪行为；配合当地公安机关维护辖区的社会治安。

第十条　自然保护区管理可实行职工个人、家庭承包或委托自然保护区内和边缘村寨群众承包管护等办法，建立健全岗位责任制。

自然保护区局、所应同所在和毗邻的县、乡（镇）人民政府及有关单位，组成联合保护委员会，制定保护公约，共同做好管理保护工作。

第三章　管　理　保　护

第十一条　自然保护区分为核心区和实验区，核心区只供经批准的人员进行观测研究活动，实验区可以进行科学实验、教学实习、参观考察和培育驯化珍、稀动植物等活动。

自然保护区划定前原已定居在自然保护区的村寨群众，位于核心区的，由当地政府统筹安排，有计划地组织搬迁出自然保护区，妥善安置。位于实验区的，根据国家的有关规定，划定生产经营范围，合理解决群众的生产生活问题。

第十二条　任何单位和个人，不得侵占自然保护区和损坏其设施，也不得进入自然保护区内建立机构、修筑设施。确因国家建设需要，在自然保护区内进行施工作业的，建设单位应事先提出报告，经自然保护区原审批机关批准后才能进入自然保护区内施工。并按规定向自然保护区管理部门交纳资源损失赔偿费，施工中接受管理部门的监督，不得伤害各种野生动物。

自然保护区及其边缘均不得兴建污染环境、破坏生态的机构和设施，对原已兴建的应逐步迁出。

第十三条　自然保护区内严禁采伐林木、猎捕野生动物、毁林开垦、开山炸石、挖沙取土、军事演习和从事其他有害于野生动植物资源的活动。因科研、教学、展出等特殊需要，需捕捉、采集野生动植物标本的，须按审批权限，报经上级林业主管部门批准，在指定的时间、地点和范围内，按批准的品种、数量捕捉和采集，并按规定交纳资源保护管理费。

第十四条　未经批准，任何单位和个人不得在自然保护区内收购竹木、藤条、药材、花卉、野生动物及其他林产品。

第十五条　凡需进入自然保护区从事科研、教学、考察、参观、拍摄影视片、登山等活动的，须事先向自然保护区管理部门提出申请，经批准方得入内。进入自然保护区的人员，应当遵守有关法规和自然保护区的管理制度，并交纳保护管理费。

第十六条　严格控制自然保护区以外的人员迁入自然保护区内定居，一经发现，坚决清理遣返原籍。原居住在自然保护实验区的村寨群众，应当严格遵守自然保护区的有关规定，在划定的生产经营范围内从事种植业、养殖业和加工业等经营活动，并接受管理部门的指导和监督。

第十七条　自然保护区内野生动物经采取防范措施后，仍发生伤害人、畜，损害庄稼造成群众的损失，由管理部门调查核实给予经济补偿，经常伤害人畜的猛兽，由管理部门组织猎捕清除。

第十八条　任何部门和单位同国外签署涉及自然保护区的协议，接待其人员到自然保护区从事有关活动，必须征得管理部门的同意。

第十九条　自然保护区应建立资源档案，并指定专人登记管理。

第四章　合　理　利　用

第二十条　自然保护区可在科学研究的基础上，开展经济植物的培育繁殖和经济动物的饲养驯化，为社会经济发展提供新的种源和应用技术。

第二十一条　自然保护区管理部门可按照国家批准的自然保护区总体规划、设计，在实验区内利用荒山荒地、水面，开展种植业、养殖业和旅游服务业等多种经营活动。所得收入除按国家有关规定交纳税收外，其余用于自然保护区的建设和自然保护事业。

自然保护区在实验区和保护区的边缘欢迎国内外有关部门和个人独资或与自然保护区合资开办旅游业，按有关规定依法管理。

自然保护区在开展上述多种经营活动时，应吸收当地群众参加，以增加经济收入。

第二十二条　在实验区，自然保护区管理部门在不破坏自然资源的前提下，按审批权限报经批准后，可以有组织、有计划、有指导地合理采集利用林副产品。

第五章　奖励与惩罚

第二十三条　在自然保护区保护管理工作中有下列情形之一的单位和个人，由州人民政府或自然保护区管理机构给予表彰和奖励。

（一）在拯救珍稀濒危野生动植物资源中成绩显著的。

（二）在查处破坏自然保护区生态环境、猎杀野生动物和破坏自然保护区设施中成绩显著的。

（三）在自然保护区科学研究中有突出贡献的。

（四）发展、利用自然资源效益显著的。

（五）敢于同破坏自然资源的违法犯罪行为作斗争事迹突出，以及举报重大案件有功的。

（六）宣传自然保护事业并在工作中作出突出贡献的。

（七）在扑救森林火灾中事迹突出的。

第二十四条　违反本条例，有下列行为之一的，根据情节轻重，分别予以批评教育、责令其按保护管理费或资源损失补偿费标准 3 至 5 倍缴纳赔偿费，构成犯罪的，依法追究刑事责任。

（一）在自然保护区内盗伐林木、毁林开垦、开山炸石、采矿、取土，未经批准猎捕野生动物和采挖植物的。

（二）擅自在自然保护区内采集收购竹木、藤条、野生药材、花卉及其他林产品或者猎捕野生动物的。

（三）擅自进入自然保护区从事旅游、科研考察、教学实习、拍摄影视片、登山活动的。

（四）破坏自然保护区设施或擅自移动界标的。

（五）擅自在自然保护区内修建建筑物和设施的。

有第（一）、（二）项行为的，并处没收非法所得，有第（五）项行为的，并对其建筑物予以没收或限期拆除；毁林开垦，情节严重构成犯罪的，按滥伐林木罪追究刑事责任。

第二十五条　阻碍管理人员进行正常管理工作的，按《中华人民共和国治安管理处罚条例》予以处罚；以暴力殴打、伤害管护人员或对检举、揭发的公民行凶报复的，依法惩处。

第二十六条　自然保护区的管理人员，应当模范遵守国家法律、法规和政策，廉洁奉公，忠于职守。因失职造成损失的，由管理机构或上级主管部门给予行政处分，构成犯罪的，依法追究刑事责任。

第二十七条　对违反本条例行为的行政处罚，由自然保护区管理所或者公安派出所以上的管理部门或其授权的单位作出决定。

当事人对行政处罚决定不服的，可在接到处罚通知之日起十五日内，向作出处罚决定的上一级机关申请复议。对上一级机关的复议决定不服的，可在接到复议决定之日起十五日内，向法院起诉，当事人也可以在接到处罚通知之日起十五日内，直接向人民法院起诉，当事人逾期不申请复议或者不向法院起诉又不执行处罚决定的，由作出处罚决定的机关申请人民法院强制执行。

第六章　附　　则

第二十八条　本条例经西双版纳傣族自治州人民代表大会审议通过，报云南省人民代表大会常务委员会批准后生效，并报全国人民代表大会常务委员会备案。

第二十九条　本条例由西双版纳傣族自治州人民代表大会常务委员会负责解释。

（三）《云南省风景名胜区管理条例》（1996 年）

（1996 年 5 月 27 日云南省第八届人民代表大会常务委员会第二十一次会议通过；1996 年 5 月 27 日公布；1996 年 8 月 1 日起施行）

第一章　总　　则

第一条　为严格保护、统一管理、合理开发和永续利用风景名胜资源，加快风景名胜区的建设，促进经济和社会发展，根据有关法律、法规，结合云南实际，制定本条例。

第二条　本条例适用于我省行政区域内各级各类风景名胜区。

第三条　本条例所称风景名胜区，是指风景名胜资源较为集中、由若干景区构成、环境优美、具有一定规模、经县级以上人民政府审定命名并划定范围、供游览、观赏或者进行科学文化活动的地区。

本条例所称的风景名胜资源，是指具有观赏、文化或者科学价值的自然景物和人文景物。

第四条　风景名胜区景区内不得设立各类开发区、度假区等。本条例施行前已设立的开发区、度假区与风景名胜区景区交叉的区域和设在风景名胜区内的各类公园、游乐园等，执行本条例及风景名胜区管理的有关法律、法规。

风景名胜区与自然保护区及文物保护单位等交叉的区域，由县级以上人民政府统一规划，明确职责分工，做好管理工作。

第五条　县级以上人民政府应当加强对风景名胜区管理工作的领导。

省建设行政主管部门主管全省风景名胜区工作；地、州、市、县建设行政主管部门按照本条例规定的职责主管本行政区域内的风景名胜区工作。

旅游、文化、宗教、交通、工商、公安、农林、水利、环保、土地等部门按照各自的职责，配合建设行政主管部门和风景名胜区管理机构做好风景名胜区管理工作。

第六条　风景名胜区或者景区应当设立统一的管理机构，行使本条例规定和县级以上人民政府授予的管理职能，全面负责风景名胜区或者景区的规划、保护、利用和建设，接受建设行政主管部门的管理和指导。

第七条　对在风景名胜区的保护、规划、建设和管理工作中成绩显著的单位和个人，由县级以上人民政府或者建设行政主管部门给予表彰、奖励。

第二章　设立和规划

第八条　设立风景名胜区，应当先进行风景名胜资源调查、评价，确定其资源状况、特点及价值。

风景名胜区依照国家有关规定，按其景物的观赏、文化、科学价值和环境质量、规模大小等，划分为三级：国家重点风景名胜区，省级风景名胜区，市、县级风景名胜区。

第九条　风景名胜资源的调查、评价由建设行政主管部门组织。国家重点风景名胜区、省级风景名胜区和市、县级风景名胜区按国家和省的有关规定进行审定和公布。

风景名胜区经审定公布后，因情况变化，需要升级的，按照规定的程序重新审定；应当降级或者撤销的，由建设行政主管部门提请原审定机关批准。

第十条　风景名胜区经审定公布后，应当及时编制规划。风景名胜区规划分为总体规划和详细规划。

编制风景名胜区规划，应当由具有相应规划设计资质的单位承担。风景名胜区规划按国家和省的有关规定组织技术鉴定和审批。

第十一条　经批准的风景名胜区规划，必须严格执行，任何单位和个人不得擅自变更。确需变更的，须按规定程序另行报批。

第三章　保　　护

第十二条　风景名胜区应当保持其原有自然和历史风貌。

风景名胜区管理机构应当配备专门人员，健全保护制度，落实保护措施。在风景名胜区景区入口处和有关景点，应当设置保护说明和标牌。

风景名胜区内的所有单位、居民和进入风景名胜区的游人，都必须遵守风景名胜区的各项管理规定，爱护景物、设施，保护环境，不得破坏风景名胜资源或者任意改变其形态。

第十三条　风景名胜景区及其外围地带，按其景观价值和保护需要，以各游览景区为核心，实行三级保护。

（一）一级保护区为核心保护区，是指直接供人游览、观赏的各游览区域以及需要进行特别保护的其他区域。

（二）二级保护区为景观保护区，是指风景名胜区范围以内、一级保护区范围以外的区域。

（三）三级保护区为外围保护区。

一、二、三级保护区范围由所在市、县人民政府依据批准的风景名胜区规划界定，并树立界桩标明。

第十四条 属国家所有的风景名胜资源及其景区土地不得以任何名义和方式出让或者变相出让。

建在风景名胜区内、影响风景名胜资源保护的单位和设施，应当在规定的期限内迁出。

第十五条 风景名胜区应当建立健全植树绿化、封山育林、护林防火和防治林木病虫害的规章制度，保护好植物生态环境。

禁止采伐风景名胜区内的林木。确需间伐更新的，须经风景名胜区管理机构同意，并按规定办理批准手续。

风景名胜区内的古树名木经调查鉴定后，应当登记造册，建立档案，设置保护说明，严加保护，严禁砍伐、移植。

在风景名胜区景区内采集标本、野生药材等，须经风景名胜区管理机构同意，按规定办理有关手续后，方能定点限量采集，并不得损坏林木和景观。

第十六条 风景名胜区内的水源、水体应当严加保护，禁止污染和过度利用；禁止围、填、堵、塞水面和围湖造田。

风景名胜区的地形地貌应当严加保护。在一、二级保护的区域内，禁止开山采石、挖沙取土和葬坟。风景名胜区景区内的工程建设，禁止就地取用建筑材料。

第十七条 风景名胜区内的动物及其栖息地应当严加保护。禁止伤害或者捕杀受保护的野生动物。

未经检疫合格的动植物，禁止引入风景名胜区。

第四章 建 设

第十八条 风景名胜资源应当在严格保护的前提下合理开发。风景名胜区的各项建设活动必须按经批准的风景名胜区规划进行。

在风景名胜区及其外围保护区进行建设活动，必须采取有效措施，保护景物和环境。工程竣工后，必须及时清理场地，进行绿化，恢复环境原貌。

鼓励合作开发风景名胜资源，保护投资者的合法权益。

第十九条 风景名胜区规划批准前，不得在风景名胜区内建设永久性设施。需要建设的临时建筑物和设施，必须经建设行政主管部门批准。因实施风景名胜区规划以及因保护、建设、管理需要拆除临时建筑物或者设施时，建设单位或者使用者必须在规定的期限内无条件拆除，所需费用自行负担。

风景名胜区设立前已有的建筑物或者设施，凡不符合规划、污染环境、破坏景观景物、妨碍游览活动的，必须在规定的期限内拆除或者迁出。

第二十条 不得在风景名胜区内建设与风景、游览无关或者破坏景观、污染环境、妨碍游览的设施。

一级保护区内除建设景点和少数游览设施外，禁止建设其他设施。确需修建车行道和索道的，应当保护原地形地貌，与景观和周围环境相协调。

二级保护区内禁止建设与风景和游览无关的设施。

三级保护区内禁止建设污染、破坏环境的设施。

第二十一条　风景名胜区内的新建、改建、扩建项目，除按规定办理手续外，还必须申办《风景名胜区建设许可证》。

申办《风景名胜区建设许可证》，由建设单位持有关批准文件，向风景名胜区管理机构提出申请，经审查同意后，按下列权限办理：

（一）国家重点风景名胜区和省级风景名胜区的一级保护区内的建设项目以及其他特殊建设项目，由省建设行政主管部门核发《风景名胜区建设许可证》。

（二）省级风景名胜区的二、三级保护区内的建设项目，由地、州、市建设行政主管部门核发《风景名胜区建设许可证》，并报省建设行政主管部门备案。

建设行政主管部门在收到《风景名胜区建设许可证》申请报告及有关材料后，应当在一个月内给予答复。

《风景名胜区建设许可证》由省建设行政主管部门统一印制。

第五章　管　　理

第二十二条　县级以上建设行政主管部门在同级人民政府领导下管理风景名胜区工作的主要职责是：

（一）宣传并组织实施风景名胜区管理的有关法律、法规。

（二）组织风景名胜资源调查、评价和风景名胜区申报列级；组织编制、鉴定及按规定权限审批风景名胜区规划。

（三）监督、检查风景名胜区的保护、开发、建设和管理工作。

（四）核发《风景名胜区建设许可证》。

（五）归口管理风景名胜区及其管理机构。

风景名胜区管理机构的主要职责是：

（一）宣传并执行风景名胜区管理的有关法律、法规、规章和规范性文件，制定本风景名胜区的管理制度。

（二）组织实施风景名胜区规划。

（三）对本风景名胜区内的生态环境、资源保护、开发、建设和经营活动实行统一管理。

（四）审查风景名胜区内的建设项目。

（五）核发《风景名胜区准营证》.

（六）负责负景名胜区管理人员的业务培训。

第二十三条 设在风景名胜区的所有单位，除各自业务受上级主管部门领导外，都必须服从管理机构对风景名胜区的统一规划和管理。

第二十四条 凡在风景名胜区从事商业、食宿、娱乐、专线运输等经营活动的单位和个人，须经风景名胜区管理机构同意，取得《风景名胜区准营证》后，方可办理其他手续，经批准后在风景名胜区管理机构指定的地点和划定的范围内依法从事经营活动。

风景名胜区管理机构在收到《风景名胜区准营证》申请及有关材料后，应当在 20 天内给予答复。

第二十五条 风景名胜区内的所有单位和个体经营者，都应当负责风景名胜区管理机构指定区域内的清扫保洁和垃圾清运处理。未按规定清扫、清运和处理的，由管理机构指定的单位有偿代为清扫、清运和处理。

设在风景名胜区水源、水体附近的接待、娱乐设施，所排废水必须进行截流处理，达到国家规定的污水排入城市下水道水质标准后方能排入下水道。

第二十六条 风景名胜资源实行有偿使用。依托风景名胜区从事各种经营活动的单位和个人，应当交纳风景名胜资源保护费。

使用风景名胜区内道路、供水、排水、环境卫生等设施的单位和个人，应当交纳风景名胜区设施维修费。

风景名胜资源保护费和风景名胜区设施维修费的收取、使用、管理办法，由省财政、物价部门会同省建设行政主管部门拟订，报省人民政府批准执行。

风景名胜区游览票价实行国家定价，具体标准由县级以上物价管理部门按管理权限核定。

第六章 法律责任

第二十七条 违反本条例，有下列行为之一的，由建设行政主管部门分别予以责令停止建设、限期拆除、没收违法建筑或者设施，并可根据情节处以违法建设工程总造价 2%—5%或者每平方米 200 元以下的罚款：

（一）未经批准擅自建设永久性建筑或设施的。

（二）不按规定期限自行拆除临时建筑或设施的。

（三）未取得《风景名胜区建设许可证》擅自进行建设的。

第二十八条 违反本条例，越权批准风景名胜区内建设项目的，其批准文件无效，对直接责任人和有关负责人，由其所在单位或者上级主管部门给予行政处分，可以并处500 元以上、2000 元以下的罚款。

第二十九条　违反本条例，有下列行为之一的，由风景名胜区管理机构给予处罚：

（一）损毁景物、改变原有地形地貌、开山采石、挖沙取土、葬坟的，除责令改正、恢复原状、赔偿经济损失外，可处以 200 元以上、5000 元以下罚款。

（二）未经风景名胜区管理机构同意采集标本、野生药材等的，没收其非法所得，可以并处 200 元以上、1000 元以下罚款。

（三）未经批准或者未按批准的地点和范围从事经营活动的，除责令改正或者吊销《风景名胜区准营证》外，没收非法所得，可以并处 200 元以上、1000 元以下罚款。

（四）不服从风景名胜区管理机构统一管理，破坏景区游览秩序的，予以警告、责令改正。

第三十条　在风景名胜区内违反有关法律、法规，构成犯罪的，依法追究刑事责任。

第三十一条　当事人对行政处罚决定不服的，可以在接到处罚决定之日起 15 日内，向作出处罚决定机关的上一级机关申请复议；也可以直接向人民法院起诉。当事人逾期不申请复议、不起诉又不履行处罚决定的，由作出处罚决定的机关申请人民法院强制执行。

第三十二条　建设行政主管部门或者风景名胜区管理机构违反本条例的，分别由其上级主管部门或者同级建设行政主管部门依法查处；其工作人员玩忽职守、滥用职权、徇私舞弊的，由所在单位或者上级主管部门给予行政处分；构成犯罪的，依法追究刑事责任。

第七章　附　则

第三十三条　本条例具体应用的问题由省建设行政主管部门负责解释。

第三十四条　本条例自 1996 年 8 月 1 日起施行。

二、森林资源

（一）云南省西双版纳傣族自治州森林资源保护条例（1992 年）

（1992 年 7 月 28 日云南省第七届人民代表大会常务委员会第二十五次会议批准）

第一章　总　则

第一条　为了保护森林资源，维护生态平衡，发展林业生产，适应国家经济建设和人民生活需要，根据《中华人民共和国民族区域自治法》、《中华人民共和国森林法》及有关法律，结合自治州实际，制定本条例。

第二条 自治州区域内的森林资源，包括林地以及林区内野生的植物和动物，属于本条例的保护范围。自然保护区的森林资源保护，按《云南省西双版纳傣族自治州自然保护区管理条例》等有关规定办理。

森林，包括防护林、用材林、经济林、薪炭林、特种用途林。林木，包括树木、竹子。林地，包括郁闭度零点三以上的乔木林地，疏林地，灌木林地，采伐迹地，火烧迹地，苗圃地和宜林荒山。

第三条 坚持以营林为基础，普遍护林，大力造林，采育结合，永续利用的方针。保护和发展国家、集体和个人的森林资源，鼓励各族人民发展林业，提高森林覆盖率。

第四条 州县林业局是本级人民政府的林业行政主管部门，依法管理本辖区内的林业工作；林业公安局、林业派出所在州、县林业主管部门和公安机关的领导下，依法行使职权。

乡（镇）林业工作站是指导和组织发展林业生产的基层单位。受县林业局委托，行使林业行政管理职能；村公所、办事处设护林员，由乡人民政府委任，履行巡护森林，制止破坏森林资源行为的职责。

第二章 森林资源管理与保护

第五条 各级人民政府应制定林业发展规划。林业主管部门要定期进行森林资源清查，开展森林资源监测和监督工作，建立资源档案，掌握资源变化情况，研究保护、发展森林资源对策。

第六条 国有山林、集体山林和自留山，由县级人民政府颁发山林权证，山林权属一经确定，不得随意变更。发生山林权属纠纷，按有关规定由各级人民政府调处。

加强林地的保护和管理，因建设需要占用征用国有林地或集体林地的，10亩以下由县人民政府批准，10亩至20亩的，由州人民政府批准。并按建设占用征用林地，砍伐林木有关规定给予补偿。

第七条 国有山林应设置经营管理单位，有计划地组中华人民共和国成立营林场，集体山林应采取个人承包、联户承包和办集体林场的方式进行经营管理。

国有林场，应编制森林经营方案，报上级主管部门批准后实施。林业部门应指导集体林场和承包荒山造林的工矿企业、机关、部队、个体承包户编制森林经营方案。

第八条 辖区内昆洛、景仑、小腊、允大公路两侧非平坝地段200米以内，县、乡公路两侧非平坝地段50米以内，电站周围及引水渠两侧非平坝地段100米以内，水库周围第一分水岭以内的山林为防护林。禁止种植粮食及短期经济作物。属国有山林的由县林业主管部门同公路、水库、电站管理部门，签订合同，委托代管；属集体山林的，由乡（镇）人民政府加强管理。

第九条　辖区内的风景名胜、自然景观，和有保护价值的森林资源，由县人民政府批准，建立县级自然保护区。古树名木，列为国家保护的濒危珍稀树木实行保护。

第十条　建立健全州、县、乡（镇）护林防火机构，落实护林防火责任制。每年元月至五月为森林防火期，防火期内要实行昼夜值班。林区用火要严格实行报批手续。发生火灾立即报告，并组织扑救，及时做好火灾案件查处工作。

保护林业设施，禁止破坏或擅自移动护林防火设施和林业标志。

第十一条　州、县林业部门设立森林植物检疫站，对进出辖区的木材、苗木、种子及林产品进行检疫，签发检疫证书。对进出境的森林植物检疫按国家有关法律、法规办理。

对辖区内的森林资源进行病虫调查，划定疫区，保护区，提出封锁、扑灭疫情的措施。

第十二条　禁止毁林开垦，和毁林采脂、采药及其他毁林行为。未经批准，不得在林区采石、采矿、采土。

第十三条　禁止盗伐、滥伐森林或其他林木。任何单位和个人，禁止无证收购木材（薪柴）、竹材、藤条（皮）。

第十四条　加强野生动物管理。列为国家保护的野生动物，禁止猎捕。特殊需要的，要实行《狩猎证》、《特许猎捕证》、《驯养繁殖许可证》和《运输证》制度。禁猎区和禁猎期内，严禁狩猎。林业、工商部门及时查处非法猎捕、倒卖野生动物及其产品的行为。

因保护野生动物造成群众损失，由管理部门核实后，当地人民政府给予经济补偿。

第三章　植　树　造　林

第十五条　自治州森林覆盖率的奋斗目标为60%，各级人民政府要根据本条例的要求，搞好林业区划，制定植树造林长远规划和短期实施计划。

第十六条　国有宜林荒山，要有计划地开展植树造林，保证造林质量。

鼓励国家机关、部队、企事业单位、集体或个人承包荒山造林，签订承包合同，谁造谁受益。承包两年不造林，或改变林地用途，由发包方收回。

凡郁闭度达到0.3以上的乔木林、竹林、火烧迹地禁止毁林造林。灌木林、疏林地的林分改造，须经县林业主管部门核实，报州林业主管部门批准。

第十七条　贯彻"以封为主，封育结合"的原则，对符合封育条件的林地，由县林业主管部门报请县人民政府批准公布，因地制宜地采取全封、半封、轮封的方法，实行封山育林。

第十八条　国营、集体林场按照经营方案，有计划地绿化造林，为群众造林做出示范，采伐迹地要当年更新，成活率和保存率要达到国家标准，不得欠帐。

机关、学校、工矿企业驻地和部队营区，由各单位负责绿化造林；鼓励有条件的农户兴办家庭林场。

大力营造薪炭林，谁造谁有。要改灶节柴。分级制定薪柴消耗定额，积极提倡以煤、电代柴，推广使用太阳能和沼气，降低薪柴消耗。

第十九条　州、县、乡（镇）各级人民政府营造样板林，实行集约化经营，为植树造林做出表率。

县林业局、乡（镇）林业站要建立苗圃基地，做好苗木供应和造林技术指导。苗圃基地应纳入城镇建设总体规划。

第二十条　每年六月为自治州的义务植树月，并实行义务植树登记卡制度。未履行植树义务的公民，由各级绿化委员会令其限期补植或按规定收取绿化费。

提倡和鼓励种植纪念树。

第四章　森林采伐经营管理

第二十一条　森林实行全额管理，限额采伐。采伐限额包括商品木林（竹木）、农民自用材、生活和工副业烧柴。

木材实行计划生产。国有林、集体林、农民自留山、轮歇地生产的木材，都必须纳入木材生产计划。木材生产由上级计划、林业部门下达。县计划、林业部门根据当年的采伐计划，将国有林采伐分解到林场，集体林采伐分解到乡（镇）或集体林场，由乡（镇）分配到村。

第二十二条　采伐林木必须办理采伐许可证，凭证采伐。

国有林场应将伐区作业设计和上年度更新验收证明，按隶属关系报上级林业主管部门批准后，核发《采伐许可证》，采伐结束，由林业主管部门进行伐区作业质量验收。

集体林由县林业主管部门委托乡（镇）林业站，按采伐计划办理《采伐许可证》，并进行采伐、更新检查验收，农民房前屋后种的自用零星林木除外。

第二十三条　木材、竹材、薪柴、藤条（皮）运输一律实行运输许可证制度。出州的由州林业局或委托县林业局核发运输证，州内运输由县林业局核发州内运输证。

第二十四条　实行木材、林产品经营许可证制度。国营、集体、个体专业户的木材、藤器、竹器加工经营，均由林业部门办理《木材、林产品经营许可证》。农民利用房前屋后种植的木材、竹材、藤条（皮）加工的在集贸市场上出售的产品除外。

未办理《木材、林产品经营许可证》的，工商部门不予办理《营业执照》。

第二十五条　国有林生产的统配材，按计划委员会、林业主管部门下达的调拨指标销售。在采伐限额内生产的造纸材，抚育间伐的椽子、毛杆、薪柴等林区剩余物可以议销。

集体林生产的木材，由乡（镇）林业站办理运输证和销售证明后方可出售。

第二十六条　经省人民政府批准后，可在州内主要交通要道设立木材检查站。州、县林业行政管理部门、林业公安可依法对过往运输木材、薪柴、竹材、藤条（皮）的车辆，进行流动检查。执勤人员，必须佩戴使用有关部门颁发的标志和证件。

第二十七条　木材公司、林场可在销区设立木材供应点（门市部），出售木材和木制品。群众自留山和房前屋后的自产木材，经乡（镇）林业站办理运输证和销售证明后方可出售。工商、林业、税务部门应加强木材市场管理。

第五章　林　业　基　金

第二十八条　建立州、县、乡（镇）三级林业基金制度。林业基金包括：

（一）育林基金的留成部分。

（二）林政管理费。

（三）林区管理建设费。

（四）国有荒山承包费。

（五）上级拨款。

（六）州、县、乡、镇财政拨款。

（七）上级国家机关规定征收的有关费用及其他林业费用。

（八）自筹经费。

第二十九条　林业基金是发展林业生产的专项资金，实行分级筹集，按比例解交，专项存储。林业基金的使用要报上级林业主管部门批准，受同级财政部门监督，专款专用。主要用于：营林造林、迹地更新、林政管理、森林和野生动植物保护、植物检疫、采伐林区道路延伸、林区管理建设、基层林业站和木材检查站的建设，林业技术培训、林业科技研究及护林防火等林业事业开支。

第六章　林　业　科　技

第三十条　实行科技兴林。建立健全林业科研及推广体系，开展科技咨询，科技服务，科技交流，科技承包工作。

第三十一条　林业科研围绕生态林业、重点抓好良种选育、营林造林、森林防火、病虫害防治、林产品加工综合利用等方面的研究，推广现代科技成果。

第三十二条　建立林业干部教育制度，加强基层干部教育培训工作，大力普及林业科技知识。

第七章　奖励与惩罚

第三十三条　认真执行本条例，有下列情形之一的单位和个人，由各级人民政府给予表彰奖励，有突出贡献者给予重奖。

（一）加强森林资源保护，制止毁林开垦、乱砍滥伐、乱捕滥猎成绩显著的。

（二）辖区内连续三年未发生森林火灾的；或预防、扑救、查处森林火灾案件有显著成绩的。

（三）在植物检疫、森林病虫害防治及林业科研方面有突出贡献的。

（四）绿化造林、迹地更新、封山育林成绩显著的。

（五）积极改灶节柴，以煤、电代柴，推广使用太阳能和沼气，降低薪柴消耗成绩显著的。

（六）积极制止违法行为，检举揭发犯罪人员，抓获罪犯有功的。

第三十四条　违反本条例规定，有下列行为之一的单位和个人，视情节轻重分别由林业主管部门或司法机关惩处。

（一）毁林开垦，毁林采脂、采药和其他毁林行为的，未经批准在林区采石、采矿、采土的，责令其赔偿损失，并处以一至四倍罚款，限期还林。情节严重构成犯罪的，按滥伐林木罪追究刑事责任。

（二）毁坏防护林、古树名木、珍稀树木，破坏自然景观、风景名胜的，没收违法所得，按照用材林价格赔偿损失外，并处以五至十倍罚款。情节严重的，依法追究刑事责任。

（三）擅自进入封山育林区进行各种活动，损坏幼树，影响林木生长的，责令赔偿损失，并处以损失金额一至三倍的罚款。

（四）侵占林业用地种植粮食及短期作物或其他经营活动的，按当地收益的一至三倍罚款，限期退耕还林。

（五）无证收购木材（薪柴）、竹材、藤条（皮）的，除予以没收外，并处以实物价款一至三倍的罚款。情节严重，构成投机倒把罪的，依法追究刑事责任。

（六）国营、集体林场超计划采伐林木的，将超供所得作为育林基金上缴外，并扣减下年木林生产计划或采伐指标。情节严重，对直接责任者以玩忽职守罪追究刑事责任。

（七）无证运输木材、竹材、薪材、藤条（皮）的，扣留运输工具及产品，限七天以内补办运输证件，逾期不补办的，没收其运输产品，并处以没收价款 10%—30%的罚款；运输数量超过运输证件限量的，没收其超过部分的产品；使用伪造、倒卖、涂改、过期木材运输证，或起止地点与运输证不相符合又无正当理由的，收缴运输证件，没收运输产品，并处以没收价款的 10%—15%的罚款；以暴力威胁、殴打木材检查人员，或强行冲关拒绝检查的，除按本条例处理外，情节严重，触犯刑律的，由司法机关依法处理。

（八）偷漏、抗拒、欠缴林业基金的，除责令缴纳外，视情节轻重处以应缴林业基金二至三倍的罚款；不按期或不按规定缴纳的，按日处以应缴基金 5%的滞纳金；对直接责任者给予适当的处分和罚款。经处理后仍不上缴的，由开户银行强行划缴。

第三十五条　违反本条例第二十四条规定，有下列行为之一的，由林业主管部门根据情节，分别或并处警告、经营产品价值的 5%—200%的罚款、没收经营

产品、责令停业整顿、吊销《木材、林产品经营许可证》的处罚。

（一）未办理《木材、林产品经营许可证》擅自开业的。

（二）超出核准登记的经营范围和经营方式，从事经营活动，或不按规定办理变更登记、重新登记、注销登记的。

（三）伪造、涂改、出租、转让、出卖或者擅自复印《木材、林产品经营许可证》的。

（四）擅自转移经营地点或从事非法经营活动的。

（五）不按规定缴纳林政管理费用的。

（六）违反其他规定的。

第三十六条　违反本条例规定，有下列行为的，由林业主管部门按照下列法律、法规条款处罚：

（一）违反护林防火有关规定，按照《森林法实施细则》第二十二条第四款及《森林防火条例》处理。

（二）盗伐、滥伐森林或其他林木的，按照《森林法》第三十四条处罚，情节严重的，移送司法机关追究刑事责任。

（三）采伐不更新的，按照《森林法实施细则》第二十二条第二款及《森林采伐更新办法》处罚。

第三十七条　违反本条例及野生动物保护管理有关法规的，由野生动物管理部门或工商、海关部门按照《野生动物保护法》第四章有关规定处罚。

非法出售、收购、运输、携带、豢养国家重点保护的野生动物及其产品的，由工商行政管理部门或野生动物管理部门没收实物和违法所得，并处以实物价格一至五倍的罚款。情节严重，构成投机倒把罪、走私罪的，依法追究刑事责任。

第三十八条　所收罚款全部上交同级财政。

第三十九条　国家工作人员玩忽职守，滥用职权，徇私舞弊，使森林资源遭到破坏，造成损失的，由行政管理部门给予行政处分或补偿损失。情节严重的，依法追究刑事责任。

第四十条 当事人对行政处罚决定不服的，可以在接到处罚通知之日起十五日内，向作出处罚决定的上一级机关申请复议。对复议决定不服的，可在接到复议决定之日起十五日内，向人民法院起诉。当事人也可以在收到处罚决定书之日起三十日内，直接向人民法院起诉。逾期不申请复议或者不起诉又不履行处罚决定的，由作出处罚决定的机关申请人民法院强制执行。

第八章 附　则

第四十一条 本条例由西双版纳傣族自治州人民代表大会审议通过，报云南省人民代表大会常务委员会批准后生效，并报全国人民代表大会常务委员会备案。

第四十二条 本条例由西双版纳傣族自治州人民代表大会常务委员会负责解释。

（二）云南省木材经营管理暂行规定

为了保护森林资源，整顿木材流通秩序，合理调节木材流通中的经济利益关系，调动各方面的积极性，发展林业，根据《森林法》和中共中央、国务院中发〔1987〕20号文件及国家有关规定，结合云南省实际，特作如下暂行规定：

一、木材经营实行"严格管理，集约经营，联合销售，让利于民"的方针。

二、木材经营由县（含县，下同）以上林业主管部门严格管理。木材经营活动应在县以上林业主管部门管理下，按省下达的计划指标进行，不得突破。

三、木材统一由县以上木材公司、国营林业局、国有林场和具备经营木材条件的集体林场、联营林场经营，其他单位未经批准一律不准经营。

经营木材的企业，必须按国家规定具备与其经营规模相适应的资金、运输设备、检验手段和贮木场地等条件，并报经地州市以上林业主管部门核准，发给《木材经营许可证》。再报县以上工商行政管理部门核发营业执照后，方可经营。严禁个人倒卖贩运木材。

乡镇木材加工厂，由县林业主管部门核定加工指标，按计划加工销售木制成品、半成品，不得经营原木。

以木材为原料的加工企业，不得收购无采伐证、运输证、销售证的木材。

林区供销社应按照批准的限额采伐计划，只能在指定地点收购和经销抚育间伐材生产的锄把、扁担、抬杠、竹木制品等生产、生活用具。

经营木材的企业，必须实行政企分开，不得兼有行政管理职能。

四、经营木材的企业，应端正经营思想，逐步建成服务经营型的经济实体，充分发挥主渠道的作用。在自愿互利的前提下，积极发展经济联合体，产销直接见面，减少中间环节，实行产、运、加工、销售一条龙，统一收购，联合经销，合理分益。优先保证国家统配材上调任务的完成。国营制材加工企业应充分挖掘内部潜力，扩大成品、半成品产销量。除特殊情况外，到"八五"末期应基本做到原木不出省。

五、加强边贸木材市场管理，积极发展经营木材的专业集团企业。凡经营木材的商号，必须具备经营木材的条件，并经边境地州边贸部门和林业主管部门核准，由边境地州林业主管部门发给《木材经营许可证》，当地县以上工商行政管理部门核发营业执照后方可经营。经营木材的商号，只能经营进口木材。凡需与省外联营的，必须报省林业主管部门批准，发给《木材经营许可证》，再报省工商行政管理部门核发营业执照。

木材出口贸易，由省林业部门和省外贸部门联合经营，其他部门一律不得经营。国家一、二级保护树种的出口，还应按规定将树种、数量、规格、售价、产地报省林业主管部门审核后报林业部批准。

六、木材销售一律纳入年度售销计划，按省计划委员会、省林业厅核准的计划指标进行销售。对木材购销应严格管理。出县木材的购销合同，由县林业主管部门和县工商行政管理部门负责检查监督；出省木材的购销合同，由省林业主管部门和省工商行政管理部门负责检查监督。

七、加强木材运输管理，实行运输许可证。出口的木材未经省林业和外贸主管部门批准，不得运出省外。木材运输应严格执行林业部发布的《木材运输检查监督办法》。不出省的木材，使用由省林业主管部门统一印制的《木材运输许可证》；出省的木材，使用由林业部印制的《木材运输许可证》。公路、铁路、水路运输木材要证随车（船）行。凡无《木材运输许可证》的木材，使用涂改、伪造的运输证以及其他各种无效运输证运输木材，或超过运输证签注数量运输木材的，一律按违法运输处理。

出省木材必须严格执行林业部、铁道部、交通部《关于实行凭证运输木材制度有关问题的通知》（林资字〔1991〕102号），由省林业主管部门或其委托单位统一提报运输计划。

铁路、码头、公路沿线的贮木场或木材中转场（站），必须逐级申请经省林业主管部门批准后设立；凡未经批准设立经营木材中转业务的场（站）必须关闭。非林业部门不得自行经营木材贮运业务。

八、加强集贸市场木材管理。产材县的木材公司和国营林业局可在销区乡镇设立木材供应门市部（点），出售木材和木制品。销材县木材公司也可组织货源，设点供应，当地县人民政府可以指定集贸市场从事木材交易。上市的木材必须持有采伐证、准运证和销售证明。

农民在自留山自产的零星木材，凭证伐证经乡林业站签注后，到指定的木材市场上出售，也可交当地有木材经营权的单位代购代销。

木材市场的管理，以当地工商行政管理部门为主，林业、公安、税务等有关部门配合。

九、进一步强化木材检查站的工作。木材检查站的设立，应报经省人民政府批准。有条件的地方，木材检查站由林业、公安、税务、工商等部门联合组建。

木材检查人员必须秉公执法，对无证运输和证货不符的木材，有权扣留，并按林业部发布的《木材运输管理办法》处理。检查站工作人员，应按《木材检查站管理办法》的规定，严于律己，廉洁奉公，不得徇私舞弊，贪污受贿。

十、保护林农利益，取消不符合规定的收费。产材区的地、州、市、县应根据省物价局、省林业厅的规定制定在公路边向集体和林农收购木材的最低保护价，保护生产者的合法权益。县市木材公司和经营木材的单位，经营集体林区生产木材销售后的利润，实行再分配返还，其比例不得少于销售利润总额的 35%，返利以后再缴纳所得税和上缴利润。分配返还的所得部分，主要用于林区县的乡村林业发展基金和必要的集体福利建设事业。

严格按国家和省的规定收取税费。集体林区生产的木材，除按规定收取育林基金、林区管理建设费、林政管理费、林政管理服务费和进入市场销售的市场管理费外，任何部门和单位不得以任何借口擅自增加。各级政府和铁路、航运、公路、林业、公安、工商等部门，未经国务院主管部门或省政府批准而自行规定的木材收费，一律停止执行。确需保留的木材收费项目，必须按程序重新报省政府批准。

十一、加强领导，搞好服务。省地州市林业主管部门和木材经营企业，应当面向林区，面向基层，帮助产材县制定林业发展规划，认真组织实施；及时提供信息服务。大力帮助开拓省内外、国内外产品销售市场；帮助引进资金、设备和技术；有计划地分期分批培训各种专业技术人才和管理人才；加强林区公路建设，改善木材运输条件，保障安全生产。

十二、本规定从发布之日起执行。凡过去云南省有关木材经营管理的规定与本规定不符的，一律按本规定执行。

（二）云南省林地管理办法（1997 年）

第一条　为了加强林地的保护和管理，合理开发利用林地资源，根据《中华人民共和国森林法》《中华人民共和国土地管理法》等法律、法规，结合本省实际，制定本办法。

第二条　在本省行政区域内林地的保护管理和开发利用，适用本办法。

第三条　本办法所称林地，包括郁闭度 0.3 以上的乔木林地、疏林地、灌林木地、采伐迹地、火烧迹地、苗圃地和国家规划的宜林地。

第四条　林地的保护管理和开发利用，应当坚持土地管理部门统一管理和林业行政主管部门专业管理相结合的原则。

县级以上林业行政主管部门根据法律、法规和本办法的规定，负责本行政区域内林地的保护管理工作。

未经省级以上林业行政主管部门审核同意，任何单位或者个人不得擅自改变林地管理的隶属关系。

第五条　县级以上林业行政主管部门，根据土地利用总体规划和林业发展长远规划，负责编制本行政区域内林地的保护和利用规划，报同级人民政府批准后实施。

林地的保护和利用规划，未经原批准机关同意，不得变更。

第六条　国家所有、集体所有的林地和单位或者个人使用的林地，由县级以上人民政府登记造册，核发证书，确认所有权或者使用权。

县级以上人民政府依法颁发的林权证书是林地所有权或者使用权的法律凭证，不得伪造、涂改。

依法取得林地使用权的单位或者个人，应当在当地林业行政主管部门的监督下负责竖立林地权属四至界限的界桩、界标，并加以保护。

第七条　变更林地的所有权或者使用权的，必须向原发证机关提出申请，经审核同意后，依法办理权属变更登记手续，更换林权证书。

国有林地使用权的出让，经省级以上林业行政主管部门审核同意后，再按土地管理的有关规定办理出让手续；续体林地使用权的出让，按国家有关规定办理。

第八条　享有林地使用权的单位和个人，不得擅自将林业用地变为非林业用地。

改变国有林地为非林业用地，应当报省级以上林业行政主管部门审核同意；改变集体林地为非林业用地，应当报县级以上林业行政主管部门审核同意。

第九条　林地所有者或者使用者为有利于经营管理，相互之间调换林地使用权的，必须签订调换林地协议书，并按照本办法第七条的规定办理林地权属变更手续。

第十条　因建设和生产需要占用、征用林地的单位和个人，在申请时必须提供下列文件，并经县级以上林业行政主管部门初审同意：

（一）符合国家建设程序规定的国务院主管部门或者县级以上人民政府批准的设计任务书或者其他批准文件。

（二）被占用、征用林地的权属凭证。

（三）占用、征用林地调查设计和采伐林木调查设计文件。

（四）林地补偿费、林木补偿费、安置补助费和森林植被恢复费协议书。

禁止任何单位和个人擅自或者越权审批占用、征用林地。

第十一条　农村居民建盖住房需占用少量林地的，申请人必须持乡林业站的书面审核意见，按《云南省土地管理实施办法》的规定办理审批手续。

第十二条　占用、征用林地的单位或者个人必须按规定办理林地使用许可证，并按批准的面积、位置使用林地。需采伐林木的，必须在当年森林采伐限额以内向所在林地的县级以上林业行政主管部门办理林木采伐许可证。

第十三条 砍伐占用、征用林地上的林木，按批准文件指定的地点或者伐区设计，由用地单位将伐倒木集中归堆，交林木经营单位或者林木所有者处理。

第十四条 经依法批准占用、征用林地的单位或者个人应当按本办法的规定向被占用、征用林地的单位、个人支付林地补偿费、林木补偿费、安置补助费，向县级以上林业行政主管部门交纳森林植被恢复费。

因临时占用林地损坏植被的，由用地单位或者个人负责恢复植被。难以造林恢复的，可以在当地林业行政主管部门指定的地点营造相应面积的新林；无力恢复植被的，应当向当地林业行政主管部门交纳森林植被恢复费。

县级以上林业行政主管部门收取的森林植被恢复费，由省、地、县三级按照 2：2：6 的比例分配使用，必须专款用于异地造林和森林植被的恢复，不得挪作他用。

第十五条 占用、征用林地的补偿费标准为：

（一）郁闭成林林地，按占用、征用时该林地上林木蓄积量价值的 3 至 5 倍计算。

（二）天然幼龄林地和灌木、薪炭林地，视林木生长状况，按郁闭成林林地的 30% 至 60% 计算。

（三）人工幼龄林地，按造林、抚育、管护成本费的 4 倍计算。

（四）经济林林地（包括果园、竹林），按盛产期年产量价值的 6 倍计算。

（五）特种用途林林地，按郁闭成林林地的 4 倍计算。

（六）防护林林地，按郁闭成林林地的 3 倍计算。

（七）苗圃地，按前 3 年平均年产值的 6 倍计算。

（八）宜林地、未成林林地，按郁闭成林林地的 30% 计算。

占用、征用省辖市或者州人民政府、地区行政公署所在地的市（县）和开远市规划区内的林地，可以根据本地实际，适当提高补偿费标准，但最高不得超过本条各项规定标准的 1.5 倍。

第十六条 砍伐林木的补偿费标准为：

（一）用材林：人工幼龄林每株按造林总成本的 8 倍计算，天然幼龄林每株按人工幼龄林的 30% 计算，中龄林和近熟林，按占用、征用林地时，该林地林木蓄积量价值的 80% 计算，成熟林和过熟林，按所采伐木材价值的 30% 计算。

（二）防护林和特种用途林，按用材林补偿费标准的 5 倍计算。

（三）经济林，按当地前 3 年同种盛产期林木平均年产值的 2 倍计算。

（四）珍贵树种，按树种木材价值的 10 倍计算。

（五）苗圃地苗木，按当地同种苗木出圃时的售价计算。

第十七条　占用、征用林地的安置补助费标准为：占用国有林地的，按前 3 年平均年产值的 4 倍计算；征用集体林地的，按前 3 年平均年产值的 2 倍计算。也可以用安置被占用、征用林地单位的多余劳动力就业等其他方式代替交纳安置补助费。

第十八条　占用、征用林地森林植被恢复费的标准按当地同种人工林营造同面积的丰产林郁闭成林所需费用计算。

第十九条　擅自或者越权审批林地和不按批准的位置、面积进行划拨的，批准文件无效，责令退还所占用、征用的林地；对直接责任人员由所在单位或者上级主管部门依法给予行政处分；构成犯罪的，依法追究刑事责任。

第二十条　违反本办法有下列行为之一的，由县级以上林业行政主管部门按下列规定处理；构成犯罪的，依法追究刑事责任：

（一）伪造、涂改林权证书的，处以警告或者 5000 元以上 1 万元以下罚款。

（二）擅自调换林地的，责令改正，处以 1000 元以上 1 万元以下罚款；造成森林资源损失、破坏的，按有关规定予以赔偿。

（三）因毁林开垦或者其他违法行为造成林地破坏、水土流失的，责令改正违法行为、赔偿损失，可以处 1000 元以上 1 万元以下罚款。

（四）擅自移动或者破坏界桩、界标的，责令限期恢复，限期内未恢复的，按重新恢复所需的实际费用赔偿损失，可按每个桩（标）处 50 元以上 100 元以下罚款。

（五）擅自改变林业用地为非林业用地的，责令限期恢复原状，可处以每平方米 10 元以上 20 元以下罚款。

第二十一条　不按规定支付林地补偿费、林木补偿费、安置补助费和交纳森林植被恢复费的，逾期 1 日加收 3‰的滞纳金。

第二十二条　当事人对行政处罚决定不服的，可以依法申请行政复议或者提起行政诉讼。

逾期不申请复议、不起诉，又不履行处罚决定的，由作出处罚决定的机关申请人民法院强制执行。

第二十三条　林地行政管理人员或者有关国家工作人员玩忽职守、滥用职权、徇私舞弊的，由所在单位或者上级主管部门依法给予行政处分；构成犯罪的，依法追究刑事责任。

第二十四条　本办法由云南省林业厅负责解释。

第二十五条　本办法自发布之日起施行。

（三）《云南省珍贵树种保护条例》（1995 年）

第一条　为保护、发展和合理利用珍贵树种资源，根据《中华人民共和国森林法》、《中华人民共和国野生植物保护条例》及有关法律、法规，结合本省实际，制定本条例。

第二条　本条例所称的珍贵树种，是指分布于云南省境内的国家公布的一级、二级珍贵树种和本省公布的珍贵树种的原生树种（含根、茎、树皮、叶、花、果实、种子）。

本省珍贵树种名录，由省林业行政主管部门组织拟定，报省人民政府批准公布。

人工种植、培育的珍贵树种，按照一般树种的管理规定执行。

第三条　任何单位和个人在本省行政区域内必须遵守本条例。

第四条　县级以上林业行政主管部门负责本行政区域内珍贵树种的保护管理工作。

各级工商、公安、环保、国土资源、科技、交通、教育、外事、检疫等部门按照各自的职责，做好珍贵树种的保护工作。

第五条　县级以上人民政府应当在珍贵树种天然集中分布的地区，划定自然保护区或禁伐区；零散分布的珍贵树种由当地人民政府或林业行政主管部门采取措施，加以保护。

县级以上林业行政主管部门应当定期组织珍贵树种资源调查，作出标记，建立资源档案，掌握资源消长情况；制作珍贵树种标本和图片向群众宣传教育。

第六条　禁止任何单位和个人采伐珍贵树种，挖取珍贵树种树根，采集其枝叶、果实、种子，剔剥其活树皮。因科研、教学、人工培育种植、国家建设项目和对外交流等特殊需要的，按照下列规定报批：

（一）国家一级珍贵树种，由省林业行政主管部门报国家林业行政主管部门批准。

（二）国家二级和本省珍贵树种，由省林业行政主管部门批准。

经批准采伐珍贵树种的单位和个人，必须按照限定的树种、数量、时间、地点和方式进行采伐。

第七条　需要出口本省珍贵树种及其制品的，应当经出口者所在地的地州市林业行政主管部门审查，报省林业行政主管部门审核同意后，按有关规定办理出口手续。

第八条　运输珍贵树种，必须持有省林业行政主管部门或者其授权单位核发的特种运输证件。

第九条　禁止在划定的珍贵树种保护区、禁伐区内排放废水、废气，倾倒废渣，或者从事取土、堆物等破坏珍贵树种生存环境的活动。

第十条　移植珍贵树种活立木出县境的，应当经县级林业行政主管部门审核，报地州市林业行政主管部门批准；

出省的，应当逐级报省林业行政主管部门批准。

第十一条　禁止出售、收购、加工国家一级珍贵树种及其制品。

出售、收购、加工国家二级和本省珍贵树种及其制品的，应当逐级报省林业行政主管部门批准。

第十二条　外国人申请在本省境内对珍贵树种进行野外考察的，应当经省林业行政主管部门审核后，按照有关审批权限批准。

第十三条　各级人民政府应当制定规划，因地制宜，建立树木园或苗木基地，营造珍贵树种林。

鼓励、支持有关科研、教学单位和有条件的企业、事业单位及个人，开展珍贵树种的科学研究、引种驯化、人工培育种植和合理开发利用。

第十四条　符合下列条件之一的单位和个人，由县级以上人民政府或者林业行政主管部门给予奖励：

（一）认真贯彻和执行珍贵树种保护的法律、法规、规章和政策，对珍贵树种的保护做出突出贡献的。

（二）研究和合理开发利用珍贵树种取得显著成绩的。

（三）对破坏珍贵树种的行为依法制止或者检举，协助有关部门查处有功的。

第十五条　违反本条例，有下列情形之一的，由县级以上林业行政主管部门或者工商行政主管部门按照职责分工予以处罚；构成犯罪的，依法追究刑事责任：

（一）未经批准采伐珍贵树种的，责令停止违法行为，没收采伐工具、实物、违法所得，可以并处违法所得十倍以下的罚款；没有违法所得，情节严重的，可以并处三万元以下的罚款。

（二）不按照批准树种、数量、地点、时间和方式采伐或者采集本省珍贵树种的，没收采伐实物和违法所得，可以并处违法所得五倍以下的罚款；没有违法所得，情节严重的，可以并处一万元以下的罚款。

（三）出售、收购、加工国家一级珍贵树种及其制品的，责令停止违法行为，没收实物和违法所得，可以并处违法所得十倍以下的罚款；没有违法所得，情节严重的，可以并处五万元以下的罚款。

（四）擅自出售、收购、加工国家二级和本省珍贵树种及其制品的，责令停止违法行为，没收实物和违法所得，可以并处违法所得五倍以下的罚款；没有违法所得，情节严重的，可以并处二万元以下的罚款。

（五）擅自挖取树根，采集枝叶、果实、种子，剔剥活树皮等毁坏本省珍贵树种的，责令停止违法行为，没收实物和违法所得，可以并处违法所得五倍以下的罚款；没有违法所得，情节严重的，可以并处一万元以下的罚款。

（六）外国人擅自对本省珍贵树种进行野外考察的，责令停止违法行为，没收所采集的珍贵树种和考察资料，可以并处一万元以下的罚款。

（七）伪造、变造、转让、买卖本省珍贵树种采集证件、出口批件或者许可证明的，责令改正，没收违法所得，可以并处一万元以下的罚款。

（八）未经批准移植珍贵树种活立木的，没收采挖工具、实物和违法所得，可以并处违法所得五倍以下的罚款；没有违法所得的，可以并处五千元以下的罚款。

第十六条　破坏珍贵树种生存环境的，由县级以上林业行政主管部门会同环保、国土资源行政管理部门责令其停止破坏活动，限期采取补救措施，可以并处三万元以下的罚款。

第十七条　当事人对行政处罚决定不服的，可以依法申请行政复议，也可以依法提起行政诉讼。

第十八条　珍贵树种管理部门及其工作人员越权审批、滥用职权、徇私舞弊的，或者不履行保护珍贵树种的宣传教育等法定职责致使珍贵树种受到损害的，由所在单位或者上级主管部门给予行政处分；构成犯罪的，依法追究刑事责任。

第十九条　本条例自 1995 年 12 月 1 日起施行。

（四）《云南省自然保护区管理条例》（1997 年）

（1997 年 12 月 3 日云南省第八届人民代表大会常务委员会第三十一次会议通过　根据 2018 年 11 月 29 日云南省第十三届人民代表大会常务委员会第七次会议《云南省人民代表大会常务委员会关于废止和修改部分地方性法规的决定》修正）

第一条　为保护自然环境和自然资源，加强自然保护区的建设和管理，根据《中华人民共和国环境保护法》、《中华人民共和国自然保护区条例》等有关法律、法规，结合本省实际，制定本条例。

第二条　本条例所称自然保护区，是指本省行政区域内国家或地方县级以上人民政府以自然保护为目的，依法划出一定面积的陆地、水域予以特殊保护和管理的区域。

第三条　凡在本省行政区域内建设和管理自然保护区，必须遵守本条例。

第四条　一切单位和个人都有保护自然保护区内自然环境和自然资源的义务，并有权对破坏、侵占自然保护区的单位和个人进行检举、控告。

对保护、建设和管理自然保护区以及在有关的科学研究中做出显著成绩的单位和个人，由县级以上人民政府给予奖励。

第五条　县级以上人民政府要把自然保护区的保护、建设和管理，纳入国民经济和社会发展计划，并作为任期目标责任制的重要考核内容之一。

第六条　自然保护区的保护、建设和管理应当坚持"全面规划、积极保护、科学管理、永续利用"的方针；妥善处理好与当地经济建设和居民生产、生活的关系。

第七条　县级以上人民政府环境保护行政主管部门对辖区内自然保护区实施综

合管理。

其主要职责是：对自然保护区的建设和管理工作进行协调、监督、检查；会同有关部门拟订自然保护区的发展规划；组织自然保护区的列级评审；组织查处污染事件、会同有关部门组织查处破坏、侵占自然保护区的重大事件，经同级人民政府批准，管理一些综合类型或特殊类型的自然保护区。

县级以上人民政府林业、地矿、农业、水利等行政主管部门主管相关类型的自然保护区。

其主要职责是：负责主管的自然保护区的区划、规划、建设和管理工作；建立自然保护区的管理机构；制定保护和管理措施；组织查处破坏、侵占自然保护区的事件。

第八条　自然保护区的管理机构负责自然保护区的具体管理工作。

其主要职责是：依法保护自然保护区内自然环境和自然资源，调查自然资源并建立档案，组织环境监测；制定自然保护区的各项管理制度；组织实施自然保护区的规划；宣传有关法律、法规，进行自然保护知识的教育；负责自然保护区界标的设置和管理。

第九条　凡具有下列条件之一的，应当建立自然保护区：

（一）有代表性的自然生态系统区域。

（二）珍稀、濒危野生动植物物种的天然集中分布区域。

（三）具有特殊保护价值的森林、湿地、水域。

（四）具有重大科学文化价值的地质构造、溶洞、化石分布区、冰川、火山、温泉等自然遗迹。

（五）需要予以特殊保护的其他自然区域。

第十条　自然保护区分为国家级、省级、州、市级和县（市）级。

国家级和省级自然保护区由省有关自然保护区行政主管部门或者委托所在地有关自然保护区行政主管部门管理；

州、市级自然保护区由同级有关自然保护区行政主管部门或者委托所在地有关自然保护区行政主管部门管理；

县（市）级自然保护区由同级有关自然保护区行政主管部门管理。

第十一条　国家级自然保护区的建立，由自然保护区所在地的州、市人民政府或省有关自然保护区行政主管部门向省人民政府提出申请，经省级自然保护区评审委员会评审后，由省环境保护行政主管部门提出申报意见，报省人民政府同意后，由省人民政府向国务院申报。

省级自然保护区的建立，由自然保护区所在地的州、市人民政府或省有关自然保护区行政主管部门向省人民政府提出申请，经省级自然保护区评审委员会评审后，由省环境保护行政主管部门提出审批意见，报省人民政府批准公布，并报国家环境保护行政主管部门和国家有关自然保护区行政主管部门备案。

州、市级和县（市）级自然保护区的建立，由自然保护区所在的县、自治县、市、自治州人民政府或者省人民政府有关自然保护区行政主管部门提出申请，经州、市级或者省级自然保护区评审委员会评审后，由省人民政府环境保护行政主管部门进行协调并提出审批建议，报省人民政府批准，并报国务院环境保护行政主管部门和国务院有关自然保护区行政主管部门备案。

第十二条　建立跨行政区域的自然保护区，由相关行政区域的人民政府协商一致后提出申请，并依照第十一条规定的程序报批。

第十三条　国家级自然保护区的范围和界线按国家相关程序确定，并予以公告。

省级、州、市级和县（市）级自然保护区的范围和界线由省人民政府确定，并予以公告。

省级、州、市级和县（市）级自然保护区的撤销及其性质、范围、界线、功能区的调整或者改变，由省人民政府批准。

任何单位和个人，不得擅自移动自然保护区的界标。

第十四条　自然保护区可以分为核心区、缓冲区和实验区。

核心区禁止任何单位和个人进入。因科学研究确需进入的，应当依法获得批准；不得建设任何生产设施。核心区内原有居民确有必要迁出的，由自然保护区所在地的县级以上人民政府予以妥善安置。

缓冲区经自然保护区管理机构批准可以进入从事科学研究观测活动；不得建设任何生产设施。

实验区不得建设污染环境、破坏资源或者景观的生产设施。开展参观、旅游活动的，由自然保护区管理机构编制方案，方案应当符合自然保护区管理目标，不得开设与自然保护区保护方向不一致的参观、旅游项目。

自然保护区内部未分区的，依照核心区和缓冲区的规定管理。

第十五条　自然保护区建立后由有关自然保护区行政主管部门负责组织编制总体规划，按自然保护区的级别报同级人民政府批准后实施。

第十六条　在自然保护区实验区内的建设项目，建设前应当进行环境影响评价。

第十七条　自然保护区的建设和管理经费来源：

（一）本省县级以上人民政府批准建立的自然保护区，按自然保护区的级别列入同级人民政府的财政预算。

（二）国内外团体、个人捐赠。

（三）自然保护区管理机构组织开展与自然保护区发展方向一致的生产经营活动的收益。

（四）其他收入。

第十八条　自然保护区内禁止下列行为：

（一）砍伐、放牧、狩猎、捕捞、采药、开垦、烧荒、开矿、采石、挖沙等，但是法律、行政法规另有规定的除外。

（二）倾倒废弃物。

（三）超标排放污染物。

第十九条　违反本条例第十三条第四款规定的，由自然保护区管理机构责令其改正，并根据情节轻重处以100元以上3000元以下的罚款。

第二十条　违反本条例第十八条第一项规定的，由县级以上有关自然保护区行政主管部门或者受授权的自然保护区管理机构责令其停止违法行为，没收违法所得，限期采取补救措施，对自然保护区造成破坏的，可以处以300元以上10000元以下的罚款。

违反第二项、第三项规定的，由县级以上环境保护行政主管部门责令其停止违法行为，限期治理，并根据情节轻重处以300元以上10000元以下罚款。

第二十一条　违反本条例规定，在自然保护区核心区、缓冲区内建设任何生产设施，实验区内建设污染环境、破坏资源或者景观的生产设施的，由县级以上有关自然保护区行政主管部门责令限期拆除，并根据情节轻重处以5000元以上50000元以下罚款。

第二十二条　违反本条例规定，造成自然保护区重大污染、破坏事故，造成财产重大损失或者人身伤亡的，承担民事责任；构成犯罪的，依法追究刑事责任。

第二十三条　自然保护区管理机构违反本条例规定，有下列行为之一的，由有关自然保护区行政主管部门责令改正，对直接责任人由其所在单位或者上级机关给予行政处分：

（一）拒绝环境保护行政主管部门或者有关自然保护区行政主管部门监督检查，或者在被检查时弄虚作假的。

（二）开展参观、旅游活动未编制方案或者编制的方案不符合自然保护区管理目标的。

（三）开设与自然保护区保护方向不一致的参观、旅游项目的。

（四）不按照编制的方案开展参观、旅游活动的。

（五）违法批准人员进入自然保护区的核心区的。

（六）有其他滥用职权、玩忽职守、徇私舞弊行为的。

第二十四条　环境保护行政主管部门、自然保护区行政主管部门和自然保护区管理机构的有关人员滥用职权、玩忽职守、徇私舞弊的由其所在单位或者上级机关给予行政处分；构成犯罪的，依法追究刑事责任。

第二十五条　当事人对有关自然保护区管理部门依据本条例规定作出的行政处罚不

服的，可依法申请复议或提起诉讼。当事人逾期不申请复议，不起诉，又不履行处罚决定的，由作出处罚决定的机关申请人民法院强制执行。

第二十六条　本条例自1998年3月1日起施行。

（五）《云南省珍稀濒危植物保护管理暂行规定》

第一章　总　则

第一条　为了保护培育繁殖、合理开发利用珍稀濒危植物，减缓、防止珍稀濒危植物的灭绝，根据《中华人民共和国森林法》、《云南省环境保护条例》及其他有关法律法规，结合本省实际，制定本规定。

第二条　在本省境内从事珍稀濒危植物的采集、培育、繁殖、研究和其他涉及珍稀濒危植物开发利用的单位和个人，必须遵守本规定。

第三条　本规定所称珍稀濒危植物，是指国务院环境保护委员会公布的《珍稀濒危植物名录》中云南省拥有的植物和云南省人民政府公布的省级重点保护的珍稀濒危植物。

第四条　国家保护依法开发利用珍稀濒危植物资源的单位和个人的合法权益。

各级人民政府应当鼓励和支持有条件的单位和个人在不造成物种减少的前提下引种、培育、繁殖和合理开发利用珍稀濒危植物。

第五条　对珍稀濒危植物保护、研究工作做出显著成绩的单位和个人，应当给予奖励。

第六条　一切单位和个人都有保护珍稀濒危植物的义务，并有权检举、监督、制止破坏珍稀濒危植物的行为。

第二章　机构和职责

第七条　经省人民政府批准成立的云南省生物多样性保护委员会负责协调、组织有关部门搞好全省珍稀濒危植物保护管理工作。

省林业主管部门负责全省林区中珍稀濒危植物的保护管理工作；省农业主管部门负责全省牧地、农地和水域珍稀濒危植物的保护管理工作；省城建主管部门负责全省城市公园、风景区的珍稀濒危植物的保护管理工作。

第八条　县级以上人民政府根据本辖区范围内的珍稀濒危植物状况，可以设立相应的保护管理机构，也可以按现行职责分工，分别由环保、林业、城建、农业等职能部门负责。

第三章　保护和管理

第九条　云南对国家重点保护的野生植物名录中云南拥有的珍稀濒危植物实行优先保护。加强对珍稀濒危植物生长环境的保护管理，划定自然保护区、保护点或建立专门基地实行特别保护。

第十条　珍稀濒危植物保护的范围包括：国家和云南省公布的珍稀濒危植物名录中云南省拥有的珍稀濒危植物和云南省属于下列范围中特有的珍稀濒危植物：

（一）数量极少或者濒临灭绝的植物，特别是濒临灭绝的云南特有的属、种植物。

（二）数量较少而分布范围狭小的珍稀植物，或者需要保存野生种源的野生植物。

（三）尚有一定数量，而分布范围在逐渐缩小的珍稀濒危植物。

（四）珍贵、稀有、濒危的农业品种。

（五）一百年以上的古树和具有特殊历史意义的纪念树。

第十一条　省级重点保护的珍稀濒危植物名录的确定及其调整，由省环保部门制定，报省人民政府批准公布。

第十二条　各级行政区域内的珍稀濒危植物资源调查和建立资源档案制度等工作，由同级政府的环保、林业、农业、建设等职能部门按其职责分工负责。

第十三条　各级人民政府要推动有关部门加强对零散分布的珍稀濒危植物的保护管理工作，在其集中分布区域划出保护区域，建立保护标识物，制定措施，负责管理。

第十四条　县级以上人民政府可以根据需要建立珍稀濒危植物保护区。在保护区、保护点、植物园、树木园、公园、风景区内，各主管部门要做好珍稀濒危植物的保护引种繁育和造林工作，并使之普及化、规模化。

第十五条　珍稀濒危植物保护区的列级评审，由环保部门作出，报同级人民政府审核，报上一级人民政府批准。

第十六条　林区和自然保护区内的珍稀濒危植物的具体保护管理办法，由省林业主管部门制定。

第十七条　公园和风景区内的珍稀濒危植物的具体保护管理办法，由省城建主管部门制定。

第十八条　牧地、农地和水域内的珍稀濒危植物，含农业品种的具体保护管理办法，由省农业等主管部门制定。

第十九条　因特殊需要采集、出售、收购、出口珍稀濒危植物，应按照国家和省的有关规定经有关部门批准，领取许可证后方可进行。

第二十条　经营珍稀濒危的植物的单位和个人，必须经珍稀濒危植物所在地的县级有关管理部门审核批准后，方可凭证到当地工商行政管理部门申请登记。

第二十一条　持有环保、林业或者有关部门颁发的执法检查证的工作人员，有权对一切采集珍稀濒危植物及其产品交易和加工活动进行检查、监督和制止，有权扣留非法采集的珍稀濒危植物。

第二十二条　运输、携带珍稀濒危植物及其产品出省或者出境的，必须持有珍稀濒危植物放行证。

第二十三条　各级人民政府应当为珍稀濒危植物保护管理工作提供必要的经费，并列入国民经济计划和财政预算。

第二十四条　采集珍稀濒危植物的单位和个人，必须按照批准采集的种类和数量，向批准和发放特许采集证的部门交纳珍稀濒危植物资源保护管理费。有关单位有义务将一切采集、引种、研究、经营活动的结果向发证单位书面汇报，以建立保护动态档案。

大专院校、科研单位以保护、教学、科研和科普教育为目的进行的采集珍稀濒危植物活动，应向省级或种源所在地的林业、农业、环保、城建等有关部门办理审批手续，可不收取管理费。

收取珍稀濒危植物资源保护管理费，必须按省有关收费的规定执行。

第二十五条　外国人在本省旅游或进行其他活动时，不得采集和收购珍稀濒危植物的标本、种子、苗木。

第二十六条　因科学研究的需要，与国外进行珍稀濒危植物标本、种子、苗木及其产品的交换，必须逐级上报有关部门批准。

第四章　法律责任

第二十七条　对违反本规定的单位和个人，由县级以上有关部门按下列规定给予行政处罚：

（一）破坏、毁损珍稀濒危植物或其生长环境的，责令停止破坏活动，限期恢复原状，处以恢复原状所需费用 2 倍以下的罚款。

（二）违反本规定采集珍稀濒危植物的，没收采集的全部植物或超采部分的植物以及所使用的工具，并处以 1000 元以上至 10000 元以下的罚款。造成损害的，应当承担赔偿责任。非法经营、贩运、收购珍稀濒危植物及其产品的，除没收珍稀濒危植物及其产品外，对当事人处以 5000 元以上至 30000 元以下罚款。

（三）伪造、倒卖、转让采集证、有关批准文件或者放行证的，吊销证件，没收违法所得，处以 10000 元以下的罚款。

（四）对阻碍执法人员执行公务或容留、窝藏非法采挖珍稀濒危植物的人员，除批评教育外，视情节轻重处以 500 元以上至 3000 元以下的罚款。

第二十八条　当事人对行政处罚决定不服的，可以依照《中华人民共和国行政诉讼法》、《行政复议条例》的规定申请行政复议、提起行政诉讼。当事人逾期不申请复议、不起诉、又不履行处罚决定的，作出处罚决定的机关可以申请当地人民法院强制执行。

第二十九条　珍稀濒危植物资源管理部门工作人员玩忽职守、营私舞弊造成珍稀濒危植物重大损失的，由珍稀濒危植物管理部门给予行政处分，并从重处罚。情节严重，构成犯罪的，依法提交司法机关追究刑事责任。

第五章　附　则

第三十条　州、市、县人民政府，地区行政公署，省级林业、环保、城建、农业等有关部门，可以根据本规定，制定保护本行政区域内或本系统、行业内珍稀濒危植物的具体办法和措施。

第三十一条　本规定由云南省生物多样性保护委员会负责解释。

第三十二条　本规定自发布之日起施行。

三、动物资源

（一）《云南省陆生野生动物保护条例》（1996 年）

（1996 年 11 月 19 日云南省第八届人民代表大会常务委员会第二十四次会议通过；根据 2012 年 3 月 31 日云南省第十一届人民代表大会常务委员会第三十次会议《云南省人民代表大会常务委员会关于修改 25 件涉及行政强制的地方性法规的决定》修正）

第一条　为了保护、发展和合理利用野生动物资源，维护生态平衡，根据《中华人民共和国野生动物保护法》、《中华人民共和国陆生野生动物保护实施条例》等法律、法规，结合本省实际，制定本条例。

第二条　在本省行政区域内从事陆生野生动物的保护管理、驯养繁殖、开发利用、科学研究的单位和个人，都必须遵守本条例。

第三条　本条例所称陆生野生动物是指国家、省重点保护的和有益的，有重要经济、科学研究价值的陆生野生动物（以下简称野生动物）；所称野生动物产品，是指野生动物的任何部分及其衍生物。

省重点保护的野生动物名录，由省人民政府公布，报国务院备案。

有益的和有重要经济、科学研究价值的野生动物名录，由省林业行政主管部门制定并公布，报省人民政府备案。

第四条　各级人民政府应加强对野生动物资源的管理，执行加强资源保护、积极驯养繁殖、合理开发利用的方针，制定保护、发展和合理开发利用野生动物资源的规划和措施。

在野生动物资源保护、科学研究和驯养繁殖方面做出显著成绩的单位和个人，由各级人民政府或林业行政主管部门给予表彰或奖励。

第五条　县以上林业行政主管部门主管本行政区域内野生动物的保护工作。其主要职责是：

（一）宣传和执行野生动物保护的法律、法规。

（二）组织对野生动物资源的调查，建立资源档案。

（三）审批、发放野生动物管理的有关证件。

（四）组织对野生动物的拯救收容。

（五）依法查处违反本条例的行为。

（六）按规定征收野生动物保护的有关费用。

（七）其他法律、法规规定的有关职责。

自然保护区管理机构负责辖区内野生动物的保护工作。

公安、工商、海关、交通、运输、环保、动物检疫等有关部门，按照各自的职责，做好野生动物的保护工作。

第六条　禁止非法猎捕野生动物。因科研、教学、展览、驯养繁殖，需要猎捕国家重点保护野生动物的，按国家有关规定办理；需要猎捕省重点保护野生动物的，由省林业行政主管部门批准；需要猎捕有益的或者有重要经济、科学研究价值野生动物的，由地、州、市林业行政主管部门批准，报省林业行政主管部门备案。

第七条　州、市、县人民政府、地区行政公署应当根据保护野生动物资源的需要，规定禁猎期；对野生动物集中栖息繁衍的场地，候鸟迁徙停留场地以及越冬栖息的沼泽、水域划为禁猎区。并报省林业行政主管部门备案。

第八条　在禁猎区内新建、扩建工程项目，立项前，应当征得同级林业行政主管部门的同意。

第九条　有关单位和个人对野生动物可能造成的危害，应当采取必要的防范措施。对在非保护区造成人员伤亡的个别猛兽，经地、州、市林业行政主管部门核实后，报同级人民政府批准，进行专门处理。属国家一级保护野生动物的，按国家有关规定办理。

在非保护区因紧急自卫而击伤、击毙猛兽，经地、州、市林业行政主管部门调查属实的，可不予追究，所获动物必须上缴。

因保护野生动物受到损失的单位和个人，有权依法获得补偿。具体补偿办法由省人民政府制定。

第十条　对受到自然灾害威胁和受伤、受困、病残、迷途的国家和省重点保护的野生动物，县以上林业行政主管部门应当及时采取拯救措施，可以根据需要设立拯救收容机构，具体负责拯救收容工作。

第十一条　各级人民政府应当将野生动物保护所需经费列入财政预算。野生动物资源保护管理费、资源损失补偿费和国内外捐赠的野生动物保护款项，用于野生动物资源的保护。

第十二条　各级人民政府应制定扶持办法，鼓励具备条件的单位和个人驯养繁殖野生动物。驯养繁殖野生动物的单位和个人，须按下列规定申请领取驯养繁殖许可证:属国家重点保护野生动物，按国家有关规定办理；属省重点保护野生动物，报省林业行政主管部门批准；属有益的或者有重要经济、科学研究价值的野生动物，由地、州、市林业行政主管部门批准，报省林业行政主管部门备案。

驯养繁殖野生动物的单位和个人应当建立野生动物谱系档案。

第十三条　经营驯养繁殖国家和省重点保护野生动物或其产品的单位和个人，必须凭省林业行政主管部门核发的经营许可证，向当地工商行政管理部门申请登记注册；经营驯养繁殖的其他野生动物的，必须经地、州、市林业行政主管部门批准，向当地工商行政管理部门申请登记注册。

经营利用野生动物或者其产品的，应当按有关规定缴纳资源保护管理费。

第十四条　省外的单位或个人到我省收购驯养繁殖的国家和省重点保护野生动物或其产品的，应当持所在地省级林业行政主管部门的证明，并经我省的省林业行政主管部门批准。收购其他驯养繁殖的野生动物或其产品的，应经地、州、市林业行政主管部门批准。

第十五条　在省内运输、携带、邮寄野生动物或其产品的，必须到所在地、州、市林业行政主管部门办理运输准运证；出省的，必须到省林业行政主管部门或者委托的单位办理运输准运证。铁路、公路、民航、航运、邮政等部门凭运输准运证办理有关手续。

第十六条　从境外带入我省边境地区的国家和省重点保护野生动物，由当地野生动物拯救收容机构作价收容并及时报动物检疫部门检疫，禁止其他单位和个人收购；税务、动物检疫部门根据作价基数按国内野生动物的税费标准收取税费。

野生动物拯救收容机构收容的野生动物，必须严格按有关规定管理，不得擅自出售。

第十七条　禁止任何单位和个人非法收购、出售、加工、运输、携带、邮寄野生动物或其产品。禁止为其行为提供工具、场所及其他便利条件。

第十八条　从事饮食业的单位和个人，不得非法经营野生动物或者其产品。

第十九条　未经省林业行政主管部门同意，不得为经营野生动物或者其产品制作、发布广告。

第二十条　禁止伪造、倒卖、转让狩猎证、特许猎捕证、运输准运证、经营许可证、驯养繁殖许可证。

第二十一条　林业公安机构、自然保护区管理机构、森林武警部队、经省人民政府批准设立的木材检查站和乡林业工作站，有权依法扣押非法猎捕、出售、收购、携带和无证运输的野生动物、野生动物产品及其猎捕、装载工具。

公安、交通、铁路、民航、航运等部门有权依法扣留无证运输的野生动物或其产品。

第二十二条　违反本条例规定，有下列行为之一的，按以下规定处罚；构成犯罪的，依法追究刑事责任：

（一）非法猎捕国家重点保护野生动物的，依照国家有关规定处罚。非法猎捕省重点保护或有益的、有重要经济、科学研究价值野生动物的，由林业行政主管部门没收猎获物、猎捕工具和违法所得，并处以相当于猎获物价值 8 倍以下的罚款。

（二）非法收购、出售、加工、运输、携带、邮寄野生动物或其产品的，由工商行政管理部门或者林业行政主管部门没收实物和违法所得，可以并处相当于实物价值 10 倍以下的罚款；为上述行为提供工具、场所及其他便利条件的，查封场所，没收违法所得，可以没收工具，处 10000 元以下罚款。

（三）违反第十八条规定的，由工商行政管理部门或者林业行政主管部门没收违法所得，可以并处相当于实物价值 10 倍以下的罚款；违反第十九条规定的，由工商行政管理部门按有关规定处罚。

（四）未取得驯养繁殖许可证、经营许可证或超越许可证规定范围驯养繁殖和经营野生动物的，由林业行政主管部门没收实物和违法所得，可以并处 500 元以上 3000 元以下罚款。

（五）违反第二十条规定的，由林业行政主管部门没收违法所得，可以并处 20000 元以下罚款。

（六）在自然保护区、禁猎区破坏野生动物生息繁衍场所的，由林业行政主管部门责令停止破坏行为，限期恢复原状，并处相当于恢复原状所需费用 3 倍以下的罚款。

第二十三条　林业、工商行政管理部门的检查人员执行公务时，应当出示执法证件，被检查的单位和个人应当接受检查。

第二十四条　当事人对行政处罚决定不服的，可以依法申请行政复议或者直接向法院提起诉讼。逾期不申请复议或者不向法院起诉又不履行处罚决定的，作出处罚决定的机关可以申请人民法院强制执行。

第二十五条　有关部门依法扣押、没收的野生动物或者其产品，应当及时移交当地林业行政主管部门处理。

第二十六条　野生动物保护管理工作人员玩忽职守、滥用职权、徇私舞弊的，由其所在单位或者上级行政主管部门给予行政处分；构成犯罪的，依法追究刑事责任。

第二十七条　从国外进口的野生动物或其产品，属《濒危野生动植物种国际贸易公约》附录一的，参照国家一级保护野生动物进行管理；属附录二和附录三的，参照国家二级保护野生动物进行管理。

第二十八条　本条例具体应用的问题，由省林业行政主管部门负责解释。

第二十九条　本条例自1997年1月1日起施行。

（二）《云南省西双版纳傣族自治州野生动物保护条例》

（1996年4月2日云南省西双版纳傣族自治州第八届人民代表大会第五次会议通过；1996年7月24日云南省第八届人民代表大会常务委员会第二十二次会议批准）

第一条　为了加强对野生动物资源的保护和管理，维护生态平衡，根据《中华人民共和国民族区域自治法》、《中华人民共和国野生动物保护法》和有关法律法规，结合西双版纳傣族自治州（以下简称自治州）的实际，制定本条例。

第二条　本条例保护的野生动物是指自治州境内国家级、省级和自治州列入保护范围的陆生、水生野生动物。

亚洲象、印支虎、野牛、白颊长臂猿、熊狸、鼷鹿、世蜥、孔雀等珍稀野生动物为重点保护对象。列入州级保护范围的野生动物名录，由自治州人民政府决定公布。

本条例所称野生动物产品是指野生动物的皮、毛、肉、血、骨、蹄、牙、角、卵、尾、内脏和制成品等。

第三条　自治州、县（市）林业行政主管部门、渔业行政主管部门分别主管辖区内的陆生、水生野生动物保护管理工作。

各乡（镇）、村公所（办事处）、村民委员会和有关企业、事业单位，实行野生动物辖区保护管理责任制。

第四条　自治州野生动物行政主管部门设立野生动物拯救收容站，其主要职责是：

（一）接收救护幼兽和受伤、病残、迷途、饥饿的野生动物。

（二）接收依法没收的野生动物。

（三）按规定对收容的野生动物进行处理。

第五条　自治州人民政府建立保护野生动物基金。基金主要用于保护的野生动物造成人畜伤亡、农作物损失的补偿和保护的野生动物的保护管理工作。基金的来源：

（一）州、县（市）财政拨款。

（二）上级部门拨款。

（三）州、县（市）留成的野生动物资源保护管理费。

（四）野生动物资源损失补偿费。

（五）处理野生动物案件的罚没收入。

（六）社会各界、国际保护组织的捐赠款。

第六条 自治州境内各级自然保护区、澜沧江防护林区、风景林区及野生动物栖息繁衍场所为禁猎区。在禁猎区内，禁止一切猎捕和其它妨碍野生动物生息繁衍的活动。

第七条 保护野生动物生存、栖息的环境。禁止破坏保护的野生动物的巢、穴、洞及其他污染破坏行为。

凡需要在保护的野生动物生存、栖息环境内设置旅游景点、观察点、瞭望台等设施的，必须报经自治州野生动物行政主管部门批准，办理许可证。

第八条 保护的野生动物可能对人、畜、农作物及其他财产造成危害时，有关单位和个人应当采取防范措施，尽可能减少损失。

对多次造成人畜伤亡的个别猛兽，由州野生动物行政主管部门核实，经州人民政府批准，专门进行处理。

当个别猛兽危及人身安全时，可以采取驱赶、捕捉等防卫措施，并及时报告州野生动物行政主管部门按前款程序处理。

因保护野生动物受损的单位和个人有权依法获得补偿，补偿办法由自治州人民政府制定。

第九条 禁止猎捕、杀害保护的野生动物。

禁止烧山打猎、撵山打猎或以任何借口指派群众打猎；禁止使用军用武器、地枪、土炮、炸药、毒药、铁夹、扣子、地弩箭、陷阱、烟熏等危害人畜安全的狩猎装置进行狩猎。

禁止非保护区管理人员和执行公务的人员，携带任何枪支进入自然保护区和禁猎区。

第十条 运输、携带、邮寄、托运保护的野生动物或者其产品出县（市）境的，应当凭特许猎捕证、狩猎证、驯养繁殖许可证，向县（市）野生动物行政主管部门提出申请，由州以上野生动物行政主管部门办理野生动物运输许可证。

凡无证运输、携带、邮寄、托运保护的野生动物或者其产品，由有关部门予以没收。野生动物交由野生动物拯救收容站统一饲养或放生，野生动物产品交由野生动物行政主管部门按有关规定统一处理。

第十一条 禁止收购、出售、加工利用保护的野生动物或者其产品。

禁止宾馆、饭店、酒楼、餐厅和个体饮食摊（点）经营保护的野生动物或者其产品。

第十二条 收购、加工、出售非保护的野生动物或者其产品的，须经州野生动物行政主管部门批准，办理经营许可证，凭证到工商行政管理部门办理营业执照。

第十三条 经批准捕捉、收购、利用、销售野生动物或者其产品的，由野生动物行政主管部门按照有关规定收取野生动物资源保护管理费。

第十四条 执行本条例成绩显著的单位和个人，由自治州、县（市）人民政府或者野生动物行政主管部门给予表彰奖励。

第十五条 违反本条例规定有下列行为之一的，由野生动物行政主管部门或其授权单位给予行政处罚；构成犯罪的，由司法机关依法追究刑事责任。

（一）非法猎捕、杀害州级保护的野生动物的，依照非法猎捕国家重点保护的野生动物的行政处罚标准执行。

（二）污染、破坏保护的野生动物巢、穴、洞及其栖息场所或未经批准擅自在保护的野生动物生存、栖息环境内设置旅游景点、观察站、瞭望台等设施的，责令停止违法行为，并处以相当于恢复原状所需费用三倍以下的罚款。

（三）擅自携带枪支、狩猎工具进入自然保护区、禁猎区或使用禁用工具、方法猎捕的，没收枪支、狩猎工具和猎获物；有猎获物的，处以相当于猎获物价值八倍以下的罚款；没有猎获物的，处二千元以下罚款。

（四）为非法猎捕者提供武器、弹药、交通工具或参与运输、倒卖、窝藏、分配赃物的，没收赃物、猎具和交通工具，并处以五百元以上二万元以下的罚款。

（五）无证或超范围运输、携带、邮寄、托运保护的野生动物或者其产品的，没收实物，并处以实物价值五至十倍的罚款。

（六）无证收购、加工利用野生动物或者其产品以及宾馆、饭店、酒楼、餐厅和个体饮食摊（点）经营保护的野生动物或者其产品的，没收实物和违法所得，并处以实物价值三至八倍的罚款。

第十六条 无证销售野生动物或者其产品的，没收实物和违法所得，并处以实物价值三至八倍的罚款。集贸市场以内的由工商行政管理部门执行处罚，集贸市场以外的由野生动物行政主管部门执行处罚。

第十七条 非法收购、出售野生动物或者其产品的，没收实物和违法所得，并处以实物价值三至八倍的罚款。国家设立海关的口岸由海关执行处罚，没有设立海关的口岸和过境通道由野生动物行政主管部门执行处罚。

第十八条 野生动物行政主管部门和有关部门的工作人员玩忽职守、滥用职权、徇私舞弊的，由其所在单位或者上级主管机关给予行政处分；构成犯罪的，由司法机关依法追究刑事责任。

第十九条 当事人对行政处罚不服的，依照《行政复议条例》和《中华人民共和国行政诉讼法》的规定办理。

第二十条　本条例由自治州人民代表大会常务委员会负责解释。

第二十一条　本条例报云南省人民代表大会常务委员会批准后公布施行。

（三）《云南省重点保护陆生野生动物造成人身财产损害补偿办法》（1998年云南省人民政府令第67号）

《云南省重点保护陆生野生动物造成人身财产损害补偿办法》已经1998年9月11日省人民政府第八次常务会议通过，现予发布施行。

第一条　为了保障公民、法人和其他组织因保护国家和省重点保护的陆生野生动物造成人身财产损害时享有依法取得政府补偿的权利，根据《中华人民共和国野生动物保护法》和《云南省陆生野生动物保护条例》等法律、法规，结合本省实际，制定本办法。

第二条　在本省行政区域内，国家和省重点保护的陆生野生动物（以下简称野生动物）造成人身财产损害有下列情形之一的，受害人有依照本办法取得政府补偿的权利：

（一）对正常生活和从事正常生产活动的人员造成身体伤害或者死亡的。

（二）对在划定的生产经营范围内种植的农作物和经济林木造成较大损毁的。

（三）对居住在自然保护区的人员在划定的生产经营范围内放牧的牲畜，或者在自然保护区外有专人放牧的牲畜以及圈养、归圈的牲畜造成较重伤害或者死亡的。

（四）经县以上林业行政主管部门认定，造成人身和财产损害的其他情形。

第三条　野生动物造成人身和财产损害，属于下列情形之一的，政府不承担补偿责任：

（一）对进行狩猎活动或者擅自进入自然保护区的人员造成身体伤害或者死亡的。

（二）对围观或者挑逗野生动物的人员造成身体伤害或者死亡的。

（三）对在划定的生产经营范围以外种植的农作物和经济林木造成损毁的。

（四）对野养散放或者擅自进入自然保护区内放牧的牲畜造成伤害或者死亡的。

（五）法律、法规规定的其他情形。

第四条　野生动物造成人身财产损害，属本办法第二条规定情形之一，受害人要求取得政府补偿的，应当保护现场，并在受损害之日起7日内向当地乡（镇）林业工作站或者自然保护区管理机构递交补偿申请书。申请书应当载明下列事项：

（一）受害人的姓名、性别、年龄和住址，法人或者其他组织的名称、地址和法定代表人或者主要负责人的姓名、职务。

（二）具体的要求、事实根据和理由。

（三）申请时间。

补偿申请人递交申请书确有困难的，可以口头申请，由接受申请的机构记入笔录。

第五条　乡（镇）林业工作站或者自然保护区管理机构接到申请后，应当及时对野生动物造成损害的情况进行调查核实。

调查核实工作必须客观、公正、准确，并在 1 个月内完成。调查人员不得少于两人，受害人及其亲属应当协助调查并提供证据。调查人员应当做好调查笔录，并如实填写调查登记表。

调查登记表由省林业行政主管部门统一印制。

第六条　乡（镇）林业工作站或者自然保护区管理机构的调查核实工作完成后，应当将调查登记表报送县级林业行政主管部门审核。

县级林业行政主管部门审核后，对事实清楚、证据确凿，并符合本办法第二条规定范围的，应当予以确认；对事实不清、证据不足的，应当进行复查或者发回重新调查；对不符合规定范围的，不予确认。

县级林业行政主管部门审核后，认为情况复杂、损害严重的，应当报送地、州、市林业行政主管部门复核；认为情况特别复杂、损害特别严重的，应当报送省林业行政主管部门复核。

第七条　县以上林业行政主管部门依法确认有本办法第二条规定的造成人身损害情形之一的，应当给予补偿，补偿金按照下列规定计算：

（一）造成身体伤害的，应当支付医疗费及因误工减少的收入。误工减少的收入每日的补偿金按照所在县（市）上年度职工日平均工资计算，最高额为所在县（市）上年度职工年平均工资的 2 倍。

（二）造成部分或者全部丧失劳动能力的，应当支付医疗费及一次性残疾补偿金，残疾补偿金根据丧失劳动能力的程度确定，部分丧失劳动能力的最高额为所在县（市）上年度职工平均工资的 4 倍，全部丧失劳动能力的最高额为所在县（市）上年度职工年平均工资的 8 倍。

（三）造成死亡的，应当支付死亡补偿金、丧葬费，总额为所在县（市）上年度职工年平均工资的 8 倍。

第八条　县以上林业行政主管部门依法确认有本办法第二条规定的造成财产损害情形之一的，应当给予补偿，补偿金按照当年的政府补偿费用与实际损害总额的比例计算，由县级林业行政主管部门在当年年底前确定具体的补偿金数额，并及时给付受害人。受害人生活确有困难的，经县级林业行政主管部门批准，可以预支部分补偿金，年终结算。

第九条　政府补偿费用列入各级财政预算，由各级财政按照财政管理体制分级负担，省财政和地、州、市、县财政各负担一半。省对地州市的年度补偿经费一年一定，包干使用。

政府补偿费用实行专款专用，不得挪作他用。

县以上财政、审计部门依法对政府补偿费用实施监督。

第十条 驯养繁殖、运输野生动物的单位或者个人，因管理不善致使野生动物逃逸造成人身财产损害的，由驯养繁殖、运输单位或者个人依法承担民事责任。

第十一条 虚报、冒领、骗取补偿金的，由县以上林业行政主管部门责令退回补偿金；情节严重的，处警告或者处虚报、冒领、骗取补偿金 1 倍以上 3 倍以下的罚款；构成犯罪的，依法追究刑事责任。

第十二条 国家工作人员违反本办法，玩忽职守、滥用职权、徇私舞弊的，由所在单位或者上级主管部门给予行政处分；构成犯罪的，依法追究刑事责任。

第十三条 本办法自发布之日起施行。

四、《云南省荒山有偿开发的若干规定》（1994 年）

（1994 年 11 月 30 日云南省第八届人民代表大会常务委员会第十次会议通过；根据 2001 年 11 月 30 日云南省第九届人民代表大会常务委员会第二十五次会议《关于修改〈云南省荒山有偿开发的若干规定〉的决定》修正）

第一条 为充分开发和合理利用土地资源，促进农村经济的发展，根据《中华人民共和国土地管理法》及有关法律、法规的规定，结合我省实际，制定本规定。

第二条 本规定适用于可开发的国有和集体所有的裸露土石山（包括荒坡、荒沟、荒滩）、野生草山、覆盖度低于 30%的灌丛地和乔木林郁闭度低于 0.1 的荒地。

第三条 本规定所指的荒山有偿开发，是指按本规定有偿取得荒山使用权从事发展林业、种植业、养殖业及其必要的辅助设施建设。

从事非农产业开发利地下的矿藏资源开发及其它性质的开发，按国家的有关规定另行办理。

第四条 荒山开发，必须符合土地利用总体规划,有利于水土保持和坐态平衡；禁止毁林开荒和在 25 度以上的陡坡开垦耕地。

凡已划给学校的用地，公路、铁路及江河、湖泊、沟渠两旁划定的保护用地，水利工程保护范围内的土地，村民共用的牧场，道路、薪炭林地，有权属纠纷的荒山，有专门用途的荒山以及不宜出让的其它荒山，不得出让其使用权。

第五条 鼓励和支持国家机关、企业、事业单位、集体和个人采用各种形式开发荒山，不受行政区域、行业、身份、职业和国籍的限制。

第六条 荒山开，可以采用出让、承包、租赁取得土地使用权或合作开发。可以独资经营、合资经营、股份制、股份合作制经营。

第七条　荒山使用权的出让可以采取拍卖、招标、协议等方法进行。

出让、承包、租赁荒山开发的双方，应当签订合同，明确开发使用的面积、期限、用途、金额及双方的权利和义务。荒山使用者应按合同规定，交纳土地使用权出让金或承包金、租金。

县级以上人民政府国土资源行政管理部门负责荒山使用权出让、承包、租赁的登记、发证的管理工作。林地和牧草地的使用权出让、承包、租赁的登记、发证的管理工作，分别依照《中华人民共和国森林法》、《中华人民共和国草原法》的有关规定办理。

第八条　国有荒山使用权的出让、承包、租赁，由县级以上人民政府的国土资源行政管理部门，将使用权在一定年限内出让、承包、租赁给荒山使用者，并向其收取出让金或承包金、租金。

集体荒山使用权的出让、承包、租赁，由荒山所有者的村（社）将使用权在一定年限内出让、承包、租赁给荒山使用者，并向其收取土地使用权出让金或承包金、租金。

原已划定由国有林场、农场、畜牧场、工矿企业及科研机构使用的荒山由使用单位组织开发或与有开发能力的单位、集体、个人合作开发。使用单位无力开发的，也可报经当地人民

政府批准，依照本规定承包、租赁开发。

第九条　出让、承包、租赁荒山开发的年限，由出让、受让双方根据开发的难易和经营的项目确定，最长年限可到五十年。合同期满后，荒山使用者如要求续期使用的，经出让、受让双方同意，可办理续期使用合同。

第十条　县级以上人民政府国土资源行政管理部门收取的出让金、承包金、租赁金，全额上交同级财政，专户存储，用于荒山开发。

村（社）收取的出让金、承包金、租赁金，属村（社）所有；用于荒山开发、农田水利建设和扩大再生产，由乡（镇）人民政府监督使用。

国有林场、农场、畜牧场、工矿企业及科研机构等单位收取的承包金、租赁金属国家所有，经县以上人民政府批准，可以部分或全额留给原单位使用，用于扩大再生产。

第十一条　取得荒山使用权的受让人及承包人、承租人，对其按合同开发的荒山有自主经营权、产品处分权、收益权；以出让方式取得荒山使用权的受让人，在按合同规定的使用年限内有入股权、抵押权、转让权和继承权。任何单位和个人不得侵犯其合法权益。

转让、转包、转租和继承荒山使用权，应依法进行变更登记。

第十二条　对出让、承包、租赁开发的荒山，应按合同规定进行开发利用；改变荒

山用途的，必须经所有者同意，并依法更改合同内容；未按合同规定并发和使用的，所有者有权终止合同，收回荒山使用权。

第十三条 对原己出让、承包、租赁和其它形式开发的荒山应维护原出让、承包、租赁和其他开发者的合法权益，来经原开发者同意，不得改变原有的合同关系。如荒山所有者和使用者双方同意改变原出让、承包、租赁及其它开发的方式的，可按本规定重新签订合同。未按规定开发的，由所有者收回。属国家所有的，由县级以上国土资源行政管理部门报同级人民政府批准收回；属集体所有的，由村（社）收回，收回的土地，可依照本规定进行出让、承包、租赁。

第十四条 对已承包和划给农户的责任山、自留山，已开发的应按各地原有的规定继续执行。尚未开发的，由所有者责成原使用者限期开发，不愿开发的，由所有者收回。

第十五条 国家和集体因建设需要征用、使用已开发的荒山，应按有关规定对荒山的所有者和使用者给予补偿。

第十六条 各级人民政府要加强荒山有偿开发的领导，可根据本规定制定有关的具体办法，并提供必要的服务，以促进荒山开发。

第十七条 各级人民政府的林业、农业、水利、畜牧、财政、商业、乡镇企业及银行、供销等部门，要为荒山开发提供信息、规划、种苗、资金及产前、产中、产后的有关服务和技术指导，并依法进行行业管理。

第十八条 司法机关对破坏荒山开发的违法事件，要依法及时查处，以维护荒山所有者与开发者的合法权益。

第十九条 对在荒山开发中作出显著成绩的单位和个人，由各级人民政府或有关行政管理部门给予表彰或奖励。

第二十条 本规定自公布之日起施行。

参 考 文 献

《保山地区年鉴》编辑委员会编：《保山地区年鉴（1992）》，潞西：德宏民族出版社，1992年。

《保山地区年鉴》编辑委员会编：《保山地区年鉴（1993）》，昆明：《云南年鉴》杂志社，1993年。

《保山地区年鉴》编辑委员会编：《保山地区年鉴（1997）》，潞西：德宏民族出版社，1998年。

《保山地区年鉴》编辑委员会编：《保山地区年鉴（1999）》，潞西：德宏民族出版社，1999年。

昌宁县志编纂委员会编：《昌宁县志》，潞西：德宏民族出版社，1990年。

楚雄市地方志编纂委员会编：《楚雄市志》，天津：天津人民出版社，1993年。

《楚雄州年鉴》编辑委员会编：《楚雄州年鉴（1991）》，昆明：云南大学出版社，1991年。

《楚雄州年鉴》编辑委员会编：《楚雄州年鉴（1992）》，昆明：云南大学出版社，1992年。

《临沧地区年鉴》编纂委员会编：《临沧地区年鉴（1998）》，昆明：云南民族出版社，1999年。

大理白族自治州地方志编纂委员会编：《大理白族自治州年鉴（1990）》，昆明：云南民族出版社，1990年。

大理白族自治州地方志编纂委员会编：《大理白族自治州年鉴（1991）》，昆明：云南民族出版社，1991年。

大理白族自治州地方志编纂委员会编：《大理白族自治州年鉴（1992）》，昆明：云南民族出版社，1992 年。

大理白族自治州地方志编纂委员会编：《大理白族自治州年鉴（1998）》，昆明：云南
民族出版社，1998 年。

德宏年鉴编辑部编：《德宏年鉴（1998）》，潞西：德宏民族出版社，1998 年。

德钦县志编纂委员会编：《德钦县志（1978—2005）》，昆明：云南人民出版社，
2011 年。

峨山彝族自治县志编纂委员会编：《峨山彝族自治县志》，北京：中华书局，2001 年。

洱源县志编纂委员会编：《洱源县志》，昆明：云南人民出版社，1996 年。

凤庆县地方志编纂委员会编：《凤庆县志（1978—2005）》，昆明：云南人民出版社，
2014 年。

富源县志编纂委员会编：《富源县志（1986—2000）》，昆明：云南人民出版社，
2006 年。

个旧市志编纂委员会编：《个旧市志》，昆明：云南人民出版社，1998 年。

耿马傣族佤族自治县地方志编纂委员会编：《耿马傣族佤族自治县志》，昆明：云南民
族出版社，1995 年。

贡山独龙族怒族自治县志编纂委员会编：《贡山独龙族怒族自治县志》，北京：民
族出版社，2006 年。

广南县地方志编纂委员会编：《广南县志》，北京：中华书局，2001 年。

河口瑶族自治县地方志编纂委员会编：《河口瑶族自治县志（1978—2005）》，昆明：
云南人民出版社，2015 年。

红河县地方志编纂委员会编：《红河县志（1978—2005）》，昆明：云南人民出版社，
2015 年。

红河州年鉴编辑部编：《红河州年鉴（1998）》，潞西：德宏民族出版社，1998 年。

红河州年鉴编辑部编：《红河州年鉴（1999）》，潞西：德宏民族出版社，1999 年。

华坪县地方志编纂委员会编：《华坪县志（1978—2005）》，昆明：云南人民出版社，
2016 年。

建水县地方志编纂委员会编：《建水县志》，北京：中华书局，1994 年。

金平苗族瑶族傣族自治县地方志编纂委员会编：《金平苗族瑶族傣族自治县志
（1978—2007）》，北京：方志出版社，2012 年。

景洪县地方志编纂委员会编：《景洪县志》，昆明：云南人民出版社，2000 年。

昆明市地方志编纂委员会编：《昆明市志》第二分册，北京：人民出版社，2002 年。

昆明市人民政府编：《昆明年鉴（1990）》，北京：新华出版社，1991 年。

昆明市人民政府编：《昆明年鉴（1993）》，昆明：《云南年鉴》杂志社，1993 年。

昆明市人民政府编：《昆明年鉴（1994）》，昆明：《云南年鉴》杂志社，1994 年。

澜沧拉祜族自治县地方志编纂委员会编：《澜沧拉祜族自治县志（1978—2005）》，昆明：云南人民出版社，2012 年。

澜沧县地方志编纂委员会编：《澜沧县志》，昆明：云南人民出版社，1996 年。

李广润：《一九八七年云南省环境保护工作总结》，《云南环保》1988 年第 1 期。

刘群主编：《迪庆藏族自治州志》，昆明：云南民族出版社，2003 年。

《西双版纳年鉴》编辑委员会编：《西双版纳年鉴（1997）》，昆明：云南科技出版社，1997 年。

《云南年鉴》编辑部编：《云南年鉴（1986）》，昆明：《云南年鉴》编辑部，1986 年。

《云南年鉴》编辑部编：《云南年鉴（1987）》，昆明：《云南年鉴》编辑部，1987 年。

《云南年鉴》编辑部编：《云南年鉴（1988）》，昆明：《云南年鉴》杂志社，1988 年。

《云南年鉴》编辑部编：《云南年鉴（1990）》，昆明：《云南年鉴》杂志社，1990 年。

《云南年鉴》编辑部编：《云南年鉴（1991）》，昆明：《云南年鉴》杂志社，1991 年。

《云南年鉴》编辑部编：《云南年鉴（1992）》，昆明：《云南年鉴》杂志社，1992 年。

《云南年鉴》编辑部编：《云南年鉴（1993）》，昆明：《云南年鉴》杂志社，1993 年。

《云南年鉴》编辑部编：《云南年鉴（1994）》，昆明：《云南年鉴》杂志社，1994 年。

《云南年鉴》编辑部编：《云南年鉴（1998）》，昆明：《云南年鉴》杂志社，1998 年。

《云南年鉴》编辑部编：《云南年鉴（2000）》，昆明：《云南年鉴》杂志社，2000 年。

云南省保山市志编纂委员会编：《保山市志》，昆明：云南民族出版社，1993 年。

云南省大关县地方志编纂委员会编：《大关县志（1978—2005）》，昆明：云南人民出版社，2010 年。

云南省大姚县地方志编纂委员会编：《大姚县志》，昆明：云南大学出版社，1999 年。

云南省地方志编纂委员会编：《云南省志》卷六十七《环境保护志》，昆明：云南人民出版社，1994 年。

云南省鹤庆县志编纂委员会编：《鹤庆县志》，昆明：云南人民出版社，2014 年。

云南省会泽县志编纂委员会编：《会泽县志》，昆明：云南人民出版社，2008 年。

云南省剑川县志编纂委员会编：《剑川县志》，昆明：云南民族出版社，1999 年。

云南省景谷傣族彝族自治县志编纂委员会编：《景谷傣族彝族自治县志》，成都：四川辞书出版社，1993 年。

云南省开远市地方志编纂委员会编：《开远市志》，昆明：云南人民出版社，1996 年。

周如海、柴林军：《云南环境法制建设初探》，《云南环保》1991 年第 1 期。

后　记

　　本书是云南大学服务云南行动计划项目"生态文明建设的云南模式研究"（KS161005）的中期成果之一。西南环境史研究所自创立以来便从事云南生态环境研究工作，鉴于云南环境保护工作所取得的经验及教训，云南历史上的环境污染、环境治理等史料应当以资料汇编的书本形式保留下来，这对于云南省乃至我国环境保护事业，甚至是当下生态文明建设的理论与实践探索都有极其重要的现实意义和学术价值。

　　本书于2016年6月开始搜集资料，由于云南省环境保护史料较为分散，且信息量庞大，资料搜集工作与编辑、分类、考证、修改同时进行，一直到2017年11月结束，历时1年零6个月。在对1972—1999年云南环境保护情况进行翔实梳理的基础上，系统搜集整理了云南省环境保护事业起步以来的相关文献资料，冀望本书能够记载云南环境保护工作中的重要历程及实践足迹，便于学习者、研究者、建设者从中汲取养分，更好地保护云南省得天独厚的自然资源禀赋，云南环境保护与生态文明建设难舍难分，云南省的环境保护工作对于推进云南乃至我国生态文明建设具有重要作用。

　　"学史以明志，知古而鉴今"，书稿虽然以粗糙的面目面世，很大部分仍有待于进一步补充和完善，部分内容亦有待深入考辨，不足之处敬请指正！

周　琼　杜香玉

2018年11月于云南大学西南环境史研究所